KB133720

INTRODUCTION TO MILITARY STUDIES
군사학개론

군사학
연구총서
1

INTRODUCTION
TO MILITARY
S T U D I E S

군사학개론

군사학연구회 지음

플래닛미디어
Planet Media

서문

인류는 평화를 갈구한다. 그러나 인류의 염원과 달리 전쟁은 현재에도 지속되고 있다. 전쟁은 인간의 생명과 재산을 파괴하는 용서할 수 없는 죄악이지만, 다른 한편으로는 문명의 생성과 소멸, 국가의 흥망성쇠를 결정하는 사회적 동인動因과 동학動學으로 작용하는 복잡한 정치적·사회적 현상이다. 그래서 전쟁과 군사현상에 대한 연구는 개인과 국가의 생존을 넘어선 인류의 관심사로 오랜 역사와 전통을 가지고 있다.

군사학은 전쟁의 과정을 연구하는 학문이다. 국제정치학이 전쟁의 원인과 결과에 초점을 맞추는 반면, 군사학은 전쟁 수행 그 자체를 주된 연구대상으로 한다. 한국연구재단의 학문체계 분류에 의하면 군사학은 사회과학의 한 분야로서 군사이론, 국방정책, 군사전략, 전술, 전쟁, 무기체계, 군사정보, 국방행정, 군사지리, 군의학, 지휘통솔, 군비통제, 군사사 등을 다룬다. 즉, 국제정치학이 전쟁의 원인을 규명하고 이를 억제하기 위해 노력한다면, 군사학은 그러한 억제가 실패하고 전쟁이 발발할 때 싸워 승리하기 위한 학문이라 할 수 있다.

이로 인해 군사학은 다른 학문분야와 다르게 하나의 독립된 학문으로 발전이 지연되었다. 군사학이 전쟁 수행에 주안점을 둠으로써 군인들만의 전유물로 간주되었고, 군 내에서 직업군인들을 중심으로 연구하고 교육하는데 주력했기 때문이다. 그러나 서구에서는 제1차 세계대전 이후 전쟁이 총력전 양상을 띠고 전쟁 수행이 각 국가의 정치·경제·사회적 영역과 긴밀하게 연계됨으로써 군사학을 별도의 학문 영역으로 분리하여 연구하기 시작했다. 한국에서는 이러한 노력이 결실을 거두지 못하다가 2002년 육군본부가 '군사학 학위 제정계획'을 정책적으로 추진하고, 2004년 대전대학교에 최초로 군사학과가 개설되면서 비로소 군사학이 학문으로 자리매김하게 되었다.

2014년 현재 65개 대학에서 육군과 협약하여 군사관련 학과를 개설하였다. 군사학과는 대전대학교 등 13개교, 부사관과는 대덕대학 등 44개교, 기타 군사학 관련 특수학과는 구미대학 등 8개교에 개설되어 있다. 육군과 협약하지 않고 자체적으로 군사학 과정을 개설하여 학사학위를 수여하는 대학도 일부 있다. 또한 해·공군도 군사관련 학과를 개설하는 협약을 체결하고 있으며, 대학에서 군사학 석사 및 박사과정도 개설하고 있다. 그리고 군사학이 민간영역으로 확산됨에 따라 다양한 연구소와 학회가 만들어지고 군사학 연구를 위한 저변이 확대되고 있다.

군사학과가 개설된 지 10년이 지나고 군사학 교육 및 연구에 대한 요구가 커지고 있으나, 이 분야를 연구하는 학생 및 연구자들이 참고할 수 있는 표준교재 개발 노력은 미흡했다. 지금까지 다수의 군사학 개론서가 발간되었으나 군사학의 범주와 학문의 특수성에 대한 관점이 상이하여, 군사학에 입문하는 군사학도들이 오히려 혼란을 겪기도 한 것이 사실이다.

이러한 상황에서 국방대학교가 주도하여 군사학 연구를 위한 컨소시엄을 구성하고 군사학 교재 발간을 추진한 것은, 매우 시의적절하고 의미 있는 일로 평가할 수 있다. 이번에 국방대학교가 주도한 군사학 연구 컨소시엄은 국방대학교 교수들과 민간대학 군사학과 교수들이 공동으로 군사학관련 주제에 대해 연구하고, 참고교재를 함께 집필함으로써 군사학 연구 및 교육 활성화에 기여하고자 구성되었다. 이는 군사학에 대한 공통된 학문적 인식을 공유하고 민군 학자들의 노력을 결집하여 군사학의 학문적 발전을 위한 시너지 효과를 거둘 수 있다고 본 것이다. 이 책은 그러한 노력의 첫 결실이다.

이 책『군사학개론』은 군사학에 처음 입문하는 군사학과 학생과 일반인이 쉽게 이해할 수 있도록 내용을 구성하는데 주안점을 두었다. 우선 책의 구성은 집필진이 모여 '군사학'이라는 학문에 접근하면서 알아야 할 가장 기초적이고 필수적인 주제들을 논의하여 결정했다. 그리고 각 주제에 대한 집필은 그 분야에서 가장 권위 있는 전문가가 담당했다. 다만 12명의 저자가 저술에 참여하면서 논의의 범위나 수준 면에서 일관성이 다소 부족하다고 본다. 이에 대해서는 독자 여러분의 애정 어린 이해와 조언을 부탁하며, 이를 바탕으로 더 좋은 군사학 교재를 집필하기 위해 노력하겠다고 약속한다.

이 책이 발간되기까지 많은 분이 도움과 조언을 주셨다. 우선 군사학 교재 개발 컨소시엄을 주관한 국방대학교에 감사한다. 이번 컨소시엄을 적극 후원해 준 대전대학교, 충남대학교, 건양대학교에도 감사한다. 그리고 컨소시엄을 추진하면서 열정적으로 사업을 추진한 박창희 교수님과 집필에 참여하신 국방대학교 김병조·신용도·권헌철 교수님, 대전대학교 이필중·김정기·최북진 교수님, 건양대학교 이종호 교수님, 청주대학교 박효선 교수님, 원광대학교 임채홍 교수님, 영남대학교 김종열 교수님, 조선대학교 김재철 교수님께 감사의 인사를 전한다. 또한 군사학 연구 컨소시엄에 관심을 갖고 출간을 허락하신 플래닛미디어 김세영 사장님과 저자들의 원고를 꼼꼼하게 편집해준 직원들에게도 감사한다.

2014년 2월
집필진을 대표하여
박용현

차례

CHAPTER 3 ————————————————————

전쟁의 이해 │ 최북진(대전대학교 군사학과 교수)

CHAPTER 4 ————————————————————

전쟁 양상의 변화 │ 김정기(대전대학교 군사학과 교수)

CHAPTER 11 ────────────────────────────────

민군관계 │ 김병조(국방대학교 안보정책학과 교수)

CHAPTER 12 ────────────────────────────────

국방경제 │ 신용도(국방대학교 국방관리학과 교수)

CHAPTER 1

군사학이란 무엇인가

INTRODUCTION TO MILITARY STUDIES

박용현 | 대전대학교 군사학과장

육군사관학교를 졸업하고 대전대학교에서 군사학 박사학위를 받았다. 육군 군사학 발전 연구위원으로서 군사학이 학문으로 자리매김하는 데 기여하고, 대령으로 예편한 후 한국 최초 군사학과 창설을 주도하였다. 2004년부터 대전대학교 군사학과 교수로 재직하고, 2012년부터는 학과장을 맡고 있다. 장교의 품성과 자질 향상, 군사학과 학생지도와 잠재역량 계발, 군 리더십, 위기관리, 국가안전보장 등에 관심을 갖고 연구하고 있다.

I. 군사학의 기원과 발전

1. 군사학의 기원

인간은 욕망과 자유 의지 때문에 갈등, 충돌, 투쟁을 야기한다. 인류는 출현 이후 식량을 획득하기 위한 수렵과정에서 동물을 상대로, 또는 같은 인간끼리 식량, 여자, 영토, 노예 등을 확보하기 위하여 무력과 전투기술을 사용했다. 욕구와 이익을 추구하는 과정에서 개인과 집단 간에 투쟁이 발생하는데, 특히 국가수준의 대규모 투쟁이 '전쟁'이다.

전쟁은 문명의 생성과 소멸, 국가의 흥망성쇠를 결정하는 사회적 동인動因[1]과 동학動學[2]으로 작용하는 복잡한 정치적·사회적 현상이다. 그래서 인류의 역사는 전쟁의 역사라고 해도 과언이 아니다. 현재에도 전쟁이 일어나고, 진행되고 있다. 전쟁은 인류가 영토의 확장, 지배와 착취, 생존 및 자기 보존, 집단의 독립과 응집 등의 사회적 활동과정에서 폭력을 사용하는 자연적이고 필연적인 사회현상이다.

이와 같은 전쟁과 군사현상에 대하여 전쟁술, 전투술, 장군의 술, 군사이론, 리더십 등은 고대부터 철학, 정치학, 물리학 등의 학문분야에서 사변적思辨的[3]이고 당위적當爲的[4]인 관점에서 논의되었다.

그리스 철학자 아리스토텔레스Aristoteles는 전쟁과 평화에 관하여 "평화의 도덕적 가치는 개인과 국가를 위해서 가장 필요한 것이다. 전쟁은 평화를 보전하기 위한 수단 외에는 아무 것도 아니다"라고 강조했다.[5] 베게티우스Vegetius는 "만일 그대가 평화를 원하거든 전쟁을 준비하라"라고 말했

---

1 어떤 사태를 발생시키거나 현상을 변화하게 하는 직접적인 원인.

2 시간의 흐름에 따라 일어나는 사건과 현상의 변동과 변화의 특성을 연구하고 분석하는 학문.

3 경험에 의하지 않고 순수한 사유만으로 인식하려는 것.

4 마땅히 있어야 할 것 또는 마땅히 행해야 할 일이라고 요구되는 것. 무조건 성취해야 할 목적이나 절대적으로 준수해야 할 규범 등을 의미한다.

5 윤형호, 『전쟁론: 평화와 실제』(서울: 한원, 1994), pp.9-10.

다[6]. 2,500년 전에 손무孫武는 『손자병법孫子兵法』 시계편始計篇에서 "장수는 지모, 신망, 인애, 용기, 엄정을 갖추어야 한다將者, 智, 信, 仁, 勇, 嚴也"라고 기술하고 있다.[7]

인류는 개인과 집단의 생존과 독립을 위해 전쟁을 억제하고, 유사시 전쟁에서 승리하기 위해 군사력을 건설하고, 군사력을 운영하는 데 요구되는 전쟁술, 전투술, 군사이론 등에 많은 관심과 노력을 기울여 왔다. 학문으로 정립된 것은 최근의 일이지만, 군사학은 고대부터 인류 역사와 함께 발전해왔다.

2. 전투술과 군사이론의 발전[8]

군사학의 기원이 되는 전투술과 군사이론의 발전과정을 고대 및 중세, 근대 및 현대로 구분하여 살펴보고자 한다.

(1) 고대 및 중세

개인 전투술은 전사들이 전차, 말 또는 마차를 타고 이동하여 일대일로 공격하는 전투기술이다. 트로이 전쟁의 영웅인 아킬레우스Achilleus의 무용武勇을 예로 들 수 있다.

집단 전투술은 집단이 형성되고 리더가 출현함에 따라 개인 전투술에서 발전했는데, 그 전형典型으로 중무장한 장갑보병Hoplite으로 구성된 아테네군의 밀집대형인 팔랑크스Phalanx가 있다. 팔랑크스의 집단 전투술은 8열 횡대로 대열을 이루어 적과 격돌하면서, 사상자가 발생하면 후방 열에서 병사를 보충하여 대형을 유지하는 방법이다. 이는 집단 충격력과 기동

---

6 윤형호, 『전쟁론: 평화와 실제』, p.10.

7 노병천, 『도해 손자병법』(서울: 가나문화사, 1991), p.30.

8 정성, "군사학의 기원과 이론체계", 『군사논단』 제41호 (2005), pp.90-100; 황진환 외 공저, 『군사학개론』(서울: 양서각, 2011), pp.3-4; 이명환, "군사학의 학문 패러다임 연구", 『공군사관학교 논문집』 제50집 (2002), p.6의 내용을 요약·보완·정리했다.

성이 요구되므로 강인한 체력과 훈련, 규율, 리더십이 핵심이었다.

개인 및 집단 전투술은 군대를 지휘하는 최고의 리더인 장군의 술art of generalship로 발전했다. 그리스의 정치가 클레이스테네스Cleisthenes는 장군들의 심리와 행동 통제 차원에서 리더십 위주로 장군의 술을 발전시켰으며, 이는 페리클레스Perikles에 의해 웅변술, 부대관리와 군사력 운용의 용병술을 포함하는 군사술로 더욱 발전했다.[9]

고대에 군사이론을 체계화한 동서양의 대표적인 저술은 『손자병법』과 『군사학 개요Epitoma Rei Militaris』를 들 수 있다. 약 2,500년 전에 손무가 저술한 『손자병법』은 시대와 무기체계, 상황의 변화를 초월하여 동서를 막론하고 그 가치를 높이 평가받는 병서이다. 『손자병법』은 부전승사상不戰勝思想[10], 단기속결사상短期速決思想[11], 만전사상萬全思想[12]을 바탕으로 전쟁과 용병술用兵術에 관한 내용을 수록하고 있다.[13]

베게티우스는 『군사이론 요약』에서 로마군의 지상군과 해군의 전술, 성채 공격 및 방어법 등의 전술이론과 군 조직·편제와 관련된 이론, 전투에서 기습의 중요성, 정보와 훈련의 중요성 등에 관한 전략적 원칙 등을 기술했다.[14] 이외에도 역사의 아버지로 불리는 헤로도토스Herodotos는 아테네와 스파르타의 전쟁과 역사를 이야기 형식으로 기술했고, 투키디데스Thucydides는 '미래를 알기 위해 과거를 알아야 한다'는 인식을 바탕으로 최초 전쟁역사 기록인 『펠로폰네소스 전쟁사』를 저술했다.

기원후에도 그리스의 철학자 오나산데르Onasander는 장군의 임무·자질

---

9 정성, "군사학의 기원과 이론체계", p.91 내용을 재정리했다.

10 전쟁을 하지 않고 목적한 바를 달성하는 것이 최선임을 주장하는 사상.

11 장기전으로 발전하면 전력이 약화하고 국가재정이 고갈되고 피폐하여 이익이 없다고 주장하는 사상.

12 전쟁의 결심, 준비, 수행에 빈틈없는 태세를 갖추는 것을 강조하는 사상.

13 노병천, 『도해 손자병법』, p.16.

14 정성, "군사학의 기원과 이론체계", p.92.

등 리더십에 관한 사항과 전투 시 지형의 이용, 기동, 감시, 훈련 등의 전술적 이론 및 전투에서 승리 후 종결방법 등에 관한 전략적 차원의 이론을 저술했다.

한편 로마의 장군 프론티누스Frontinus가 그리스와 로마의 군사책략 사례, 전쟁에서의 윤리문제 등에 관한 군사이론서『군사론De re militari』을 저술했다고 전해지나, 이 책은 소실되었다.

뛰어난 군사이론 저술가 아일리아누스 탁티쿠스Aelianus Tacticus는 알렉산드로스 대왕의 후계자들에 의해 수행된 마케도니아군의 전술 및 훈련에 관한 사항을 상세하게 저술했다. 그가 저술한 책『전술론Taktikē theōria』은 중세까지 장군들뿐 아니라 모든 병사의 필독서가 되었다.

후일 인쇄술이 발명되자 1552년 이탈리아의 로보르텔리Robortelli가 이 책을 인쇄하여 출판했다. 이 인쇄본에는 아일리아누스의 저술 내용 중 기동술, 전술, 무장 등을 설명한 그림 50여 개와, 8열 횡대로 구성된 아테네군의 밀집대형 팔랑크스의 개인 간 간격, 지휘관 배치 등에 대한 상세한 그림이 포함되어 있다.[15]

이탈리아의 외교관 및 정치가였던 마키아벨리Machiavelli는 1521년『전술론Dell'arte della guerra』을 저술했다. 이 책은 부대배치, 전투대형, 전투전술, 보병술, 기병술, 포병술, 성의 공방술, 지형술, 책략 등 전술적 이론과 로마군의 전사戰史 분석을 기초로 전쟁의 원인, 전쟁의 본질, 전쟁 수행전략, 군인의 자세, 리더십 이론 등 전략적 이론을 수록했다.

『전술론』은 정치 및 군사이론에 있어 위대한 고전 중 하나로 프로이센의 프리드리히 대왕, 프랑스의 나폴레옹 황제를 비롯한 후대의 정치가와 장군들에게 크게 영향을 미쳤다.

---

15 정성, "군사학의 기원과 이론체계", p.93.

(2) 근대 및 현대

동양의 『손자병법』과 더불어 서양에서 최고의 병서^{兵書}로 꼽는 것이 클라우제비츠^{Carl von Clausewitz}의 『전쟁론^{Vom Kriege}』이다. 클라우제비츠는 나폴레옹 전쟁에서 자신의 경험과 베를린 육군대학에서의 군사학 연구를 바탕으로 『전쟁론』을 저술했다.

그는 사물을 실증적으로 바라보는 인식체계를 기반으로 『전쟁론』에서 전쟁의 본질과 현상을 구성하는 요소와의 연관성을 파악하여 전쟁이론을 체계화했으며, 전쟁의 역사를 통해 발전해온 전쟁술^{Art of War}에 대한 체계적 분류를 시도했다.

클라우제비츠의 『전쟁론』은 현대적 의미에서 양병과 용병의 개념을 설정했으며, 전쟁술의 본질적 문제를 용병술로 인식했다. 이러한 이론체계는 군사학 학문체계를 정립하는데 있어 기초를 제공했다고 볼 수 있다.

대^大 몰트케^{Helmuth Karl Barnhard von Moltke}는 베를린 육군대학 학생 시절 클라우제비츠의 제자였으며, 『전쟁론』에서 주장하는 이론을 절대 추종했던 프로이센군 총사령관이다. 대 몰트케는 군사이론은 과학^{science}을 넘어서는 술^{art}의 영역이 존재하므로, 전쟁을 정치의 연속으로 보는 클라우제비츠의 견해와 다르게 정치는 군사작전에 영향을 주어서는 안 되며, 정치와 전쟁은 분리되어야 한다고 주장했다.

리델하트^{Basil Henry Liddell Hart}는 영국의 대표적 군사전략가로서 나폴레옹의 280여 전투를 분석하여 『전략론^{Strategy}』을 저술했다. 전투력의 운용에 있어서 보병뿐 아니라 모든 전투력의 사용, 공군력에 의한 근접지원 및 적의 병참선 파괴의 필요성을 강조했다. 국가차원의 대전략을 논하면서 적의 저항이 강한 곳은 견제하고, 적의 저항이 약한 곳이나 측방·후방을 기습하여 전쟁에서 승리를 추구하는 간접접근전략이론을 정립했다. 탱크를 운용한 기동전, 정부의 핵심시설에 대한 공격, 인구밀접지역에 대한 공격, 전략폭격 등의 필요성도 주장했다. 리델하트는 전술적 차원으로부터 국가전략(대전략)차원까지를 이론적으로 정리했다. 그의 이론은 당시 많은

〈표 1-1〉 전투술과 군사이론의 발전과정

시대 구분/군사이론가		전투술/군사이론
고대 · 중세	고대 그리스	개인 전투술, 집단 전투술(팔랑크스)
	클레이스테네스 (BC 570?~508?)	심리술, 행동술 위주의 장군의 술
	손무(BC 541~482)	전쟁과 용병술을 본질적 관점에서 설명
	페리클레스 (BC 495?~429)	웅변술, 부대관리, 군사력 운용 위주
	베게티우스(BC 4세기)	지상군·해군 전술, 성채 공방술, 군 조직, 편제, 기습, 정보, 훈련의 중요성 등 포괄적 군사술
	오나산데르(1세기)	장군의 임무 등 리더십, 전투대형·기동·감시·훈련 등 전술이론
	프론티누스 (35?~103?)	로마·그리스 군사책략 사례, 전쟁에서의 윤리문제 등. 『군사론(De re militari)』 저술
	아일리아누스 탁티쿠스 (4세기)	마케도니아군의 구체적인 전술, 훈련 등 군사이론, 중세까지 군인의 필독서인 『전술론(Taktike theoria)』 저술
	마키아벨리 (1469~1527)	부대배치, 전투대형, 전투전술, 보병술, 기병술, 포병술, 성채 공방술, 지형술 등 전술이론 및 전쟁의 원인·본질, 전쟁 수행전략 등 전략이론
근대 · 현대	클라우제비츠 (1780~1831)	총체적 군사이론의 과학적 분석, 군사이론 및 전쟁술에 대한 체계적 분류 시도 - 넓은의미의 전쟁술: 양병 및 용병 - 좁은의미의 전쟁술: 용병
	대(大) 몰트케 (1800~1891)	클라우제비츠의 전쟁론을 기초로 독일군의 전술·전략적 개념 수립, 정치와 전쟁의 영역을 분리
	리델하트 (1895~1970)	전술적 차원으로부터 대전략의 이론정립, 간접접근전략 제시
	머핸(1840~1914)	전략의 지평을 직접적이고 단기적 승리의 차원에서, 지정학적 중요 지역의 점령 등 지구적·장기적 차원으로 승화
	두에(1869~1930)	제공권 확보 개념과 전략폭격이론
	브로디(1910~1978)	핵무기 출현에 따른 억제전략이론

젊은 장교들이 숙독하고, 제2차 세계대전 시 독일이 수행한 전격전Blitzkrieg 전술의 중심 교리가 되었다.

머핸Alfred Thayer Mahan은 미국의 해양 전략가이다. 그는 해양을 국가발전 과 번영을 위한 중요한 가치로 인식했고, 그의 사상은 당시 고립주의를 지 향하던 미국으로 하여금 세계차원의 전략에 눈을 뜨게 했다. 그는 지구차 원의 전략이론을 만들었으며 자원 확보의 중요성을 강조했다.

항공기가 등장하면서 두에Giulio Douhet 등에 의해 전쟁 수행에서 제공권 확보의 중요성과 함께 적국의 인구 밀집지역과 산업시설을 폭격하여 적 의 전투의지를 말살시키는 전략폭격이론이 대두했다.

이후 원자폭탄이 개발되자 브로디Bernard Brodie, 칸Herman Kahn 등은 핵무기 가 그 가공할 위력 때문에 전쟁을 억제할 수 있다는 관점에서 억제전략이 론을 제시했다.

전투술과 군사이론은 전쟁의 양상 및 사회구조와 문화, 무기체계의 발 전에 따라 고대로부터 현대까지 개인 전투술, 집단 전투술, 장군의 술, 용 병술, 전쟁술 등에 관한 군사이론으로 발전했다. 앞에서 설명한 전투술과 군사이론의 발전과정을 요약하여 제시하면 〈표 1-1〉과 같다.[16]

3. 주요 국가 군사학의 발전[17]

각 국가는 전쟁과 군대와 관련된 역사적 경험과 전통, 안보환경과 민군관 계, 학문 발전의 수준과 특징 등의 영향에 따라 군사학에 대한 관점과 발 전수준에 차이가 있다. 주요 국가의 군사학 발전과정을 살펴보면 다음과 같다.

---

16 정성, "군사학의 기원과 이론체계", pp.99-100.

17 황진환 외 공저, 『군사학개론』, pp.4-17; 군사학학문체계연구위원회, 『군사학 학문체계와 교육 체계 연구』(서울: 육군사관학교 화랑대연구소, 2000), pp.6-160을 필자가 요약·보완·정리했다.

(1) 미국

미국에서는 독립 초기부터 남북전쟁 이전까지 군사학의 중요성이 크게 부각하지 않았다. 미국의 건국 초기 지도자들이 군사부분이 비대화되는 것을 경계하고 미국을 위협할 만한 주변국가가 존재하지 않았기 때문에, 군사학에 대한 관심이 미흡하고 연구도 거의 이루어지지 않았다.

상비군 장교 양성을 위한 사관학교 창설도 지속적인 반대로 인해 늦어지다가 1802년 웨스트포인트West Point 육군사관학교, 1845년 아나폴리스Annapolis 해군사관학교가 창설되면서 군사학의 학문적 정체성이 서서히 확립되기 시작했다.

남북전쟁(1861~1865)을 전후하여 미군은 전쟁에서의 승리와 군사력 건설에 미치는 과학기술능력의 중요성을 인식하고, 군사학의 영역을 전쟁과 군사문제의 한정된 영역에서 군사과학기술 분야로까지 확대하기 시작했다.

1878년 미국 육군은 육군대학을 설치하고, 독일식의 참모본부 제도를 도입했다. 1881년에는 군사력의 역할, 군사체제의 기술공학적 연구, 전쟁 및 전략에 관한 연구 등을 위한 육군 대학War College, 1884년에 해군 대학Naval War College, 1901년에 육군대학원Army War College을 설립하여 학위를 수여하기 시작했다.

제1차 세계대전 후 1920년대에는 각종 전술교범을 발간하고, 1924년에 군의 과학기술인력 양성을 위해 육군산업대학Army Industrial College을 창설했다. 이 학교는 1946년에 해군·공군·해병대 장교들을 교육하는 국방산업대학원National Defense Industrial College으로 발전했다.[18]

제2차 세계대전 이후부터 미국에서는 본격적으로 군사학이 독자학문으로 정착되기 시작했으며, 냉전이 심화된 1950년대 들어 학문으로서의 군사학 성립 가능성에 대한 논의가 군 내외 학자들에 의해 활발히 전개되

---

18 황진환 외 공저, 『군사학개론』, p.5.

기 시작했다.

이후 베트남 전쟁에서의 패배로 인한 충격이 전환점이 되어, 미군은 군사학 교육과 이론적 체계화에 대한 관심을 기울이게 되었다. 베트남 전쟁이 벌어지던 1970년부터는 민간대학의 석사 및 박사과정에 장교들을 위탁하여 교육하는 제도가 운용되었고, 1973년에는 교리사령부(TRADOC)를 창설해 군사교리의 개발 및 연구를 강화하는 기반을 마련했다.

미국에서 군사학 연구와 교육의 획기적인 변화는 1974년 지휘참모대학에 군사학 석사과정MMAS: Master of Military Art and Science이 신설된 것이다. 이 과정은 1976년에 학력 인증을 받았으며, 1987년에는 고급 군사연구학교SAMS: School of Advanced Military Studies로 독립되었다.

이후 미군은 민간영역과 학문적 교류를 활성화하는 한편, 군사학을 고유의 학문영역으로 발전시키기 위한 노력을 전개했다. 이러한 노력은 1990년 발간된 『군사교육 정책서Military Education Policy』에 반영됨으로써 군사전문 교육체계의 틀을 체계화하는데 기여했다. 이 책자는 1996년에 『장교전문 군사교육 정책서Officer Professional Military Education Policy』로 개정되었고, 이후 주기적으로 발간하여 군사학과 군의 교육체계의 발전에 기여하고 있다.

또한, 민간분야에서도 1839년에 개교한 미국 버지니아 군사학교Virginia Military Institute는 민간대학이지만 사관학교에 버금가는 군사교육을 실시하며 실제로 약 40%의 학생들이 졸업 후 미 연방군 및 주방위군 장교로 임관한다.

앞에서 논의된 것을 종합해 보면 미국에서는 이미 1950년대부터 군사학이 하나의 독자학문으로 민간분야에서 인정받기 시작했고, 미군은 민간대학의 군사관련 분야에 위탁교육을 실시하며, 군사학의 연구와 연구 인력을 확대하고 있다. 그러나 군사학 학위 수여 등을 통해 학문으로서 위상이 뚜렷이 정착된 반면, 군사학 학회 등 학문 공동체는 미흡한 편이다.

(2) 러시아

1917년 10월 볼셰비키 혁명에 반대하는 백군의 군사적 저항에 직면하게
되자, 초대 국방인민위원에 임명된 트로츠키Leon Trotsky 등은 무너진 제정러
시아 출신 장교들의 군사적 전문성과 자율성을 인정하고 그들의 군사적
전문지식을 빌리고자 생각했다.

그렇지만 구세프Sergei I. Gusev, 프룬제Mikhail V. Frunze 등 볼셰비키 혁명가들은
장병들이 볼셰비즘Bolshevism으로 철저히 무장되어야 한다고 주장했다. 이
러한 상반된 논쟁은 1921년 6월《군대와 혁명》이라는 군사지에 프룬제가
발표한 "적군을 위한 통일된 군사교리"라는 논문에 의해 촉발되었다.

트로츠키파와 구세프-프룬제파의 논쟁은 1925년에 트로츠키가 권력
투쟁에서 패배하며 끝이 났고, 프룬제 주도로 군에 대한 당의 이념적·우
월적 지위를 바탕으로 군사개혁을 시행하고 제반 군사조직을 개편했다.
이로써 전쟁과 군사현상의 연구와 군대의 교육도 마르크스-레닌주의에
기반을 두게 되었다.

1953년 스탈린이 사망한 이후부터 구소련에서는 군사학의 학문적 성
격과 대상에 대한 탐구가 시작되었고, 군사학의 이론적 성격, 대상, 구조
에 대한 활발한 논의가 이루어졌으며, 핵무기 출현 이후 전략, 작전술과
군 구조 등 다양한 연구가 촉진되었다. 그러나 전쟁과 군사문제는 공산당
주도하의 이념 연구기관이 군사학 연구에 대하여 공식적 해석을 제시하
고 있었기 때문에 군사학은 구소련 붕괴 시까지 독자적인 학문으로 정착
이 미흡했다.

군사문제에 관한 연구는 대규모 작전의 중요성, 과거 전쟁 경험에 대한
철저한 계량적 분석을 통한 이론화가 강조되었고, 전역 연구는 체계적이
고 계량적인 분석을 촉진했다.

핵무기 출현 이후에는 핵전쟁 상황하의 작전술 이론이 연구되었으며,
군사학을 '무력전의 준비와 수행'의 범위로 제한하려는 경향을 보였다. 대
표적으로 사브킨V. Ye Savkin은 전쟁은 경제적·외교적·이념적·과학적·기

술적 수단들이 복합적으로 운용되지만 군은 단지 군사작전만을 수행하기 때문에, 군사과학기술 같은 전쟁과 군사현상 이외의 지식은 군사학의 영역에서 제외했다.

1991년 구소련의 붕괴와 함께 마르크스-레닌주의의 영향과 기반도 붕괴하자 러시아의 군사학은 새롭게 독자학문으로 발전하기 시작했다. 연구영역 측면에서도 기존의 무력사용과 관련된 제한적인 영역(전략, 작전술, 전술 등)에서 점차 사회과학(군사법, 군사심리, 군대윤리), 자연과학(군사지리, 군사지형 등), 공학(탄도학, 군사사이버네틱스 등) 같은 영역으로 확대되었다. 현재 러시아는 총참모대학 교육(2~3년) 후 군사학 석사학위를 수여하며, 상위 교육기관인 군사대학원(3~5년)에서는 군사학 박사학위를 수여하고 있다.

(3) 영국

식민지 지배와 관리 및 그 과정에서 겪은 소규모 전투, 유럽 대륙에 동맹군과 연합군으로 군사적으로 개입한 경험 등이 영국 안보환경의 특징이라 할 수 있다.

당초 영국에서는 섬나라의 지정학적 특징으로 말미암아 대규모 병력으로 전쟁을 수행하는 대륙국가(독일, 프랑스 등)에 비해 군사이론의 발전이 미흡했다. 군 교육기관은 실제 전투임무 수행에 필요한 작전이나 전술 또는 무기체계운용과 같은 군대의 실무를 교육하는 수준이었다. 그러다가 1802년 장교 양성을 목적으로 하는 샌드허스트 사관학교Sandhust Royal Military Academy가 설립되고, 1831년 왕립국방연구소Royal United Service Institute for Defense Studies가 설립되면서 군사학이 태동하기 시작했다.

영국은 제1차 세계대전 기간 풀러John Frederick Charrls Fuller와 리델하트 같은 걸출한 군사이론가들을 배출했으며, 이들에 의해 군사학의 학문적 토대를 마련했다. 또한 제2차 세계대전 이후부터 마이클 하워드Michael Howard, 폴 케네디Paul Kennedy, 브라이언 본드Brian Bond 같은 학자들이 외교사와 전쟁사 연구를 바탕으로 국제관계와 전략문제로 연구 주제를 확대했다.

제2차 세계대전 이후 1946년 재개교한 군사과학대학에서는 초급 기술 과정과 고급 공정기술과정에서 수학, 탄도학, 물리학, 화학, 토목공학, 기계공학, 전기전자공학 등을 교육하고 학사학위를 수여하기 시작했다. 군사학의 연구범위가 자연과학 부분으로 확대되었으며, 연구방법론 측면에서도 기존의 역사적, 철학적 접근 이외에 과학적 접근이 시작되었다.

1925년 왕립국제문제연구소Royal Institute of International Affair, 1958년 국제전략문제연구소International Institute for Strategy Studies 등의 연구소가 설립되어 영국의 군사학은 독자학문으로서 정체성이 정립되었으며, 군사학 연구인원도 증가했다.

영국의 군사학이 독자학문으로 정착되는 계기는 1964년에 저명한 전략연구가이며 국제정치학자인 마이클 하워드가 런던대학 킹스 칼리지King's College 내에 전쟁연구학과Department of War Studies를 창설한 것이다. 전쟁연구학과를 중심으로 전쟁 역사, 전략, 외교, 군사기술 등을 망라하는 군사학의 연구 전통이 수립되고, 학사, 석사, 박사 학위를 수여하는 학과로 발전하면서 영국 군사학 발전의 중심이 되었다.

또한, 1984년 크랜필드Cranfield 기술연구소(후에 크랜필드대학교)에 기술분야 석사과정이 개설되고, 이후에 박사과정도 개설되었다. 크랜필드대학교는 현재 석사, 박사 학위과정에 장교들을 위한 위탁교육을 실시하고 있으며, 국방과 군사관련 연구를 수행하고 있다.

⑷ 중국

중국은 혁명의 수행방법이나 군대건설의 이론 측면에서 구소련의 볼셰비키 혁명의 경험과 교훈을 도입했다. 그러나 물적 기반이 취약한 현실 때문에 중국은 소련과 다른 방안을 모색할 수밖에 없었다.

마오쩌둥毛澤東은 이러한 취약점을 극복하기 위해 홍군(중국 공산당군)을 중심으로 유격전을 수행했다. 국민당 군대를 소모시키고, 홍군을 확장하여 중국을 공산화하는 전략을 세우고 유격전의 전술, 지구전 전략을 선택하여 혁명과 전쟁 수행을 결합시키는 인민전쟁사상을 내세웠다. 마오쩌둥의 군대건설과 전쟁 수행의 이론과 방법은 1949년 중국 공산혁명의 성공 이후 중국군의 사상적 기반이 되었다.

1949년 중화인민공화국이 수립되면서 중국군은 전시 상황의 군 지휘체계, 편성, 교육 및 훈련제도를 개편하고 재정비하는 작업에 착수했다. 또한 1950년 2월 중소동맹 체결에 따라 소련으로부터 전차와 항공기를 포함한 군사장비와 기술을 지원받으면서 소련의 군사학 교육체계를 주요 모델로 삼게 되었다. 1950년대에는 구소련을 모방한 초·중·고급의 3급제 지휘학교 체제를 확립했고, 육군의 각 병종과 신설된 해·공군의 간부를 양성하기 위해 필요한 기술전문학교가 설립되었다.

이에 따라서 군사학의 학문적 연구범위가 전통적인 고유영역(전략, 작전, 전술)에서 과학기술 분야로 점차 확대되었다.

중국은 한국의 육군대학과 유사한 성격의 군사교육기관인 남경군사학원 최고군사학부南京軍事學院 最高軍事學府가 1951년 설립되면서 군사학 발전의 전기를 마련했다. 1957년에는 대부대 지휘관의 육성과 군사학 이론 연구를 위해서 고등군사학원이 설치되었으며, 군사부문에서는 방면군 전역과 작전지휘, 마르크스-엥겔스, 레닌, 스탈린, 마오쩌둥의 군사·정치·철학 분야 연구, 사회과학 분야 군사연구 등이 활성화되어 중국의 군사학은 독자학문으로서 정체성을 확립하게 되었다. 또한, 연구영역도 전통적인 군사이론 분야에서 이공계열로 확대하고, 1953년 국방핵심기술을 연구하기 위한 국방과학기술대학이 설립되었다. 현재 이 대학은 국가차원의 연구시설을 다수 보유한 최고의 이공계 대학이다.

1978년부터는 등소평이 군의 개혁을 주도하면서 현대전 수행에 부합하는 군사학 학문체계와 교육체계를 수립하고자 군사학에 대한 이론적 연구를 장려했다. 특히, 1985년의 국방대학 설립은 군사학 이론 연구를 한 단계 더 발전시키는 주요 전환점이 되었으며, 이를 통해 고급지휘관의 통합교육과 군사학의 학문적 연구수준을 고양시킬 수 있게 되었다. 현재 국방대학에서는 사단급 이상 고급지휘관 및 참모, 군 지도간부와 국가기관의 고위 지도간부를 대상으로 교육을 실시하고 있으며, 군사학 석사 및 박사학위 과정을 설치하여 국방이론 및 정책에 대한 고급연구 기능도 수행하고 있다. 또한 1999년에는 중국 인민해방군 정보공학대학을 설립하여 컴퓨터, 통신, 토목, 무기체계 등 이공계 교육 및 연구를 지속적으로 확대하고 있다.

(5) 독일

독일의 군사학을 논함에 있어 빼놓을 수 없는 대표적인 인물이 클라우제비츠이다. 그는 전쟁과 군사력의 본질, 전쟁 수행, 군사력 운용 등에 대해 체계적이면서도 종합적인 학문 연구의 기틀을 세웠다. 그의 대표적 저서인 『전쟁론』은 유럽에서 군사이론 연구가 활발히 이루어지는 중요한 계기가 되었다.

1801년 샤른호르스트Gerhard von Scharnhorst가 발족한 군사협회에서 샤른호르스트, 마센바흐Christian von Massenbach, 클라우제비츠, 보이엔Hermann von Boyen 등 유능한 청년장교들이 국민개병제도, 참모제도, 군사조직 및 편성, 전투기술 및 훈련 등에 대한 연구를 했다. 그러나 이러한 연구들은 작전과 전술, 용병 등의 특정 영역에 머물고 연구방법도 전쟁역사 서술에 주로 국한되었기 때문에 독자학문으로서 정체성이 미흡했다.

제1·2차 세계대전을 거치면서 소小 몰트케Helmuth Johannes Ludwig von Moltke, 슐리펜Alfred von Schlieffen, 구데리안Heinz Wilhelm Guderian 같은 걸출한 전략가·군사이론가들을 배출하면서 독일의 군사학은 독립학문으로 정착되기 시작했다. 그러나 제2차 세계대전의 패배로 독일이 패전국으로 전락하고 동·서독으로 분단되면서 독일의 군사이론 연구도 위축되었다.

그 후 동독의 군사이론은 구소련의 영향을, 서독은 나토(NATO)의 영향을 받게 되었다. 동독의 경우 독자적인 군사이론은 존재하지 않았으며, 소련에 전적으로 따르는 수준으로 전락했다. 서독의 경우에도 대부분의 군사연구가 나토 회원국의 일원으로 수행되었다.

1950년대 이후 서독의 군사연구는 과거 독일의 군사사상과 제1·2차 세계대전의 경험을 분석하는데 초점이 맞추어졌다. 연구는 크게 세 영역에서 이루어졌다. 첫째, 군사력의 본질에 대한 논의, 둘째, 전시와 평시 군사력의 성공적인 운용에 관한 연구(전략연구), 셋째, 성공적인 군사력의 건설과 관련된 군사정책 연구 등이다.

1957년 지휘참모대학이 설립되어 육·해·공군의 일반참모과정과 직능과정을 개설했으며, 각 군과 관련된 전술교리, 군사전략 및 국가안보, 그리고 정치학, 사회학, 심리학, 기술학 등 포괄적인 학문분야까지 교육을 실시하기 시작했다. 또한 1972년에는 연방군대학교를 설립하여 경제학, 경영학, 교육학, 사회학, 기계학, 전자정보학, 토목환경학, 역사학, 정치학 등 일반 학문분야도 교육하고 있다. 독일의 군사이론 연구는 지속적으로 발전하지만 전쟁과 군사력에 관한 이론을 단일한 과학적 학문의 주제로 인식하지 않고 있으며, 패전·분단 등의 영향으로 독일 통일 후에도 군사학이 독립적인 학문으로 정착이 미흡하고, 군사학 학위를 수여하지 않고 있다.

4. 한국 군사학의 발전[19]

(1) 학문정립 이전기

한국에서 군사학이 독립된 학문으로 발전하는 데는 많은 어려움이 있었다. 첫째, 오천년 역사를 통해 많은 역사서와 군사관련 문헌이 존재하기는 하지만 이것들은 체계적인 군사이론이 아닌 정치·사회·역사와 연계된 일부분으로 기술되어 군사연구라고 보기는 어렵다. 둘째, 미국·영국·러시아·독일 등 군사적으로 오랜 전통과 역사를 가진 국가들과는 달리 한

---

19 황진환 외 공저, 『군사학개론』, pp.14-17; 군사학학문체계연구위원회, 『군사학 학문체계와 교육체계 연구』, pp.191-198를 요약·수정·재정리했다.

국은 1945년에 독립국가로 출발한 이후 이렇다 할 군사적 전통을 형성하지 못했다. 셋째, 6·25전쟁과 전후 복구기를 거치면서 주된 관심이 북한과의 대치 상황과 이에 대응한 군사력 건설과 유지에 집중되었다.

해방과 6·25전쟁을 거치면서 한국군의 군사이론과 군사교육체계의 대부분은 미군으로부터 도입되었고, 독자적인 현대식 군대를 건설한 경험이 미흡한 한국군은 군사 선진국이자 동맹국인 미국에 의존할 수밖에 없었다.

1978년 육군사관학교의 이재호 교수가 《육사신보》의 "자주국방을 위한 전문교육의 일고"에서 육군 및 육사의 교육을 비판하고, 주체적인 군사학 연구와 체계정립이 필요하다고 주장했다. 이를 계기로 한국군은 군사학 연구와 학문체계 수립의 중요성을 인식하게 되었고, ①군사인문 분야, ②군사관리 분야, ③군사과학 분야, ④국방외국어 및 군사문제 분야 등 세부 연구분야를 제시했다. 이는 당시 많은 관심과 반향을 일으켰으며, 한국의 군사학 관련 논의가 활발하게 이루어지는 계기가 되었다. 또한 군사학의 중요성과 필요성을 인식하고, 기초적인 단계이지만 군사학의 연구대상이 제시되었다는 점에서 의의가 있다.

육군사관학교 이재호 교수가 주체적인 군사학 연구와 체계 정립이 필요하다고 주장한 이후 이 문제는 20여 년간 지속적으로 논의되어 왔다. 그러나 군사학 학문체계 정립의 필요성을 절감하면서도 ①군사학의 학술적 연구의 중요성에 대한 인식 부족, ②군사정보의 독점과 미공개, ③군의 폐쇄적 운영, ④미국식 학제의 모방과 답습, ⑤정책적 추진의지 부족 등으로 군사학 연구 및 발전이 지연되었다.[20]

---

20 박용현, "전문직업장교의 육성을 위한 일반대학 군사학과 교육과정에 대한 연구", (대전대학교 대학원, 2013), p.1.

(2) 학문 정립기

1970년대 말부터 군사학에 대한 학문적 관심이 높아지고 연구대상에 대한 언급도 있었지만, 군사학의 필요성과 중요성에 대해 강조한 것에 불과했다. 군사학 학문체계에 대한 본격적인 논의의 시작은 1980년 육군본부가 육군정책연구를 광범위하게 전개하면서 만든 정책연구 3집 『간부정예화방안』에서 볼 수 있다. 이 연구보고서는 군사전문가 양성을 위한 교육훈련 체계를 재정립하고, 육군대학과 민간대학의 제휴 및 군사학 석사과정 신설 등의 내용을 포함하고 있다.

이어서 1981년 들어 국방대학원의 석사과정 신설에 즈음하여 '군사학 이론과 교육체계 정립'을 주제로 국방학술 세미나가 개최되었다. 이 세미나에서 이종학은 "군사학은 전쟁의 본질과 성격 및 무력전의 준비와 수행에 관한 통일된 지식의 체계"로 사회과학에 속한다고 주장했다. 이상우는 "군사학은 경험, 규범, 정책 과학을 포괄하며 군 교육기관에서 군사학 학사학위를 수여해야 한다"고 의견을 제시했다. 이 세미나에서는 군사학 이론체계의 확립과 양성-보수 교육체계 확립이 거듭 강조되었다. 대부분 발표 및 토론자들이 독립학문으로서 군사학의 존립 가능성을 인정하고, 미국과 구소련 등 다른 국가들의 군사학 교육체계 등을 검토하면서 이를 토대로 한국적 적용방안을 광범위하게 토론했다.

이후 1983년 육군본부는 '군사이론 대국화 추진방향' 연구를 통해 그동안의 대외 의존적 모방에서 벗어나 한국적 군사이론과 사상을 정립하고, 전술적 차원의 교리연구에서 탈피하여 독창적이고 고유한 군사이론의 대국화를 이룩하자는 주장을 제기하면서 군사학 발전과 정착을 위한 연구기관 설립, 군사학 연구회 활동의 장려, 군사문제연구소의 창설 유도 등을 구체적으로 언급했다.

1984년 육군사관학교 교수 백종천은 『국제정치논총』에 게재한 글에서, 많은 사회과학도들이 군사학을 하나의 학문으로 인정하는 것을 꺼리는 점도 있고, 군사학이 다른 분야와 달리 실천적 의미를 많이 포함하고 있지만, 군사이론을 구상하는 과정에서 보여준 객관적·합리적·분석적 판단은 충분히 과학적 성격을 보여준다고 주장했다.

1991년 육군사관학교 장기발전계획에 군사과학대학원(이공계 대학원) 설립(안)이 제시되었으며, 국방대학원에서는 1992년에 '군사학 학문체계 정립방향'을 주제로 안보학술세미나를 개최했다. 이 세미나에서 온창일은 군사학과 군사학체계를, 하대덕은 한국의 군사학 학문체계 정립 방향을, 황병무는 사회과학 학문체계의 구성요건과 군사학에 관한 의견 등을 제시했다. 군사학이 학문으로 성립 가능하다는 공감대는 있었으나 군사이론의 학문화를 위한 가시적인 후속조치와 연구 실적이 미흡하다고 논의되었다. 군사학 교육체계에 초점을 맞추었던 1980년의 세미나와는 다르게 '군사학의 학문체계 정립방안'까지 관심을 확대했다.

1999년에는 육군사관학교에서 '군사학 학문체계 및 교육체계'라는 주제로 군사연구세미나가 개최되었다. 여기에서는 군사학이 학문으로 당당히 성립할 수 있다는 주장이 강하게 제시되었으며, 앞으로 군사학을 학문으로서 가르치고, 군사학 학위 수여 여부에 대한 결론만 남았다는 주장이 제기되었다. 아울러 특수목적 대학으로서 사관학교의 핵심전공은 군사학이어야 한다는 주장도 제기되었다.

이러한 논의과정을 거치면서 한국의 군사학은 독자학문으로서 정체성을 확립했다. 군사학의 연구영역은 전통적인 군사 분야에서 사회과학 및 자연과학 분야로 확장되면서 학문적 연구활동이 활발해졌다.

(3) 학문 정착기

1980년대와 1990년대를 통해 많은 학문적 논의를 거치면서 군사학은 하나의 독립된 학문체계로 정립되었고, 2000년대 들어서면서부터는 본격적인 학문으로 정착되기 시작했다.

우선 2000년에 그동안의 학문적 논의를 집대성한 연구는 육군사관학교 군사학학문체계연구위원회가 발간한 『군사학 학문체계와 교육체계 연구』이다. 이 책에서는 각국의 군사학 발전 실태와 군사학 학문체계 정립 방향에 대해서 심도 있게 다루었다. 2000년 이후에는 기존의 군사학 학문체계 연구에 대한 종합적 정리를 시도하는 연구가 증가하고, 어떻게 하면 군사학을 발전시켜 나갈 것인가에 대한 논의가 늘어났다.

2002년 육군본부 인사참모부 개인교육과(현재 인적자원개발처)에서 '군사학 학위 제정계획'을 정책적으로 추진함으로써 군사학이 학문으로 태동하게 되었다. 육군은 ①군사학의 연구 및 발전, ②군사전문인력의 저변 확대, ③우수한 군 간부 육성에 기여, ④군 위상과 자긍심 고양, ⑤군사적·직업적 전문성 제고, ⑥학·군 및 민·군 교류와 협력 확대, ⑦안보의식과 대군 신뢰 증진 등을 목적으로 군사학 학위 제정계획을 추진했다.

이 계획에 의거 교육과학기술부, 학술진흥재단과 협의하여 ①평생교육법에 의한 군사학 학사(고등군사반 수료자 등), ②사관학교 설치법에 의한 군사학 학사(육·해·공군사관학교와 3사관학교), ③고등교육법에 의한 군사학 학사(민간대학 군사학과 졸업생) 등의 3개 분야 기관에서 군사학 학위를 수여할 수 있게 되었다.

2001년부터 대전대학교와 육군이 공동연구를 통한 협력 끝에 2003년 8월 27일 대전대학교 경영행정사회복지대학원(특수대학원)에 군사학 석사과정을 최초 개설했다. 육군과 대전대학교는 2003년 2월 10일 '군사학 발전 협력 합의서'와 2004년 1월 5일 '군사학과 운영에 관한 협력 합의서'를 체결함으로써 대전대학교에 군사학과가 한국 최초로 개설되었다. 2004년 3월 2일 군사학과 신입생 60명(남 50명, 여 10명)이 입학함으로써 군사학이 하나의 학문 분과로 대학에 자리매김하게 되었다. 또한, 육군은 2005년에 경남대학교, 원광대학교, 조선대학교와 협약을 체결하여 군사학과를 개설했다. 2009년 대전대학교는 정규 대학원에 군사학 석사·박사과정을 개설했다. 2010년에 건양대학교, 영남대학교, 용인대학교, 청주대학교에 군사학과가 개설되어 2013년 현재 8개 대학이 육군과 협약하여 군사학과를 개설했다.[21]

이러한 추세 속에서 2005년부터 군 장교 양성교육기관인 육·해·공군 관학교와 3사관학교도 학문적 접근에 의한 군사학 교육체계로 개편하여 군사학 학사학위를 수여하고 있다. 일반대학에도 군사학과, 부사관학과, 군특수장비학과 등 군사관련 학과들이 개설되고 있다. 대전대학교 군사학과 개설을 필두로 여러 대학에 군사학 관련학과가 개설되어 군사학의 확산과 발전의 계기가 되었다. 또한 2007년에 국방대학교에 군사학 박사 과정이 신설되었다.

2004년부터 군사학과 개설대학에 군사연구원(소)가 설립되고 있으며, 2008년 육군사관학교를 중심으로 한국군사학교육학회가 설립되어 해마다 학술세미나를 개최하는 등 군사학 학문공동체도 확산되고 있다.

II. 군사학의 특성과 개념

군사학의 본질적 연구영역은 전쟁과 군사현상에 대한 연구이지만 연구목적은 국가목표와 이익을 달성하기 위하여 안보정책, 국방정책, 군사정책의 목표를 달성하는 데 있다.

이와 같은 목적을 달성하기 위하여 사용하는 주 수단은 군사력이지만, 정치와 외교, 경제와 과학기술, 사회와 문화 등 국가 기능요소와 상호작용하며 영향을 받는다. 일반 학술의 이론과 연구방법을 군사학의 연구에 이용하기도 한다. 군사학은 학술적 연구와 활용 측면에서도 일반학술과 교류·통섭·융합될 수밖에 없기 때문에 종합 과학적 학술이다.

군사학은 연구의 영역과 대상, 연구목적과 활용, 관련 학술 등과 수준과 차원 측면에서 매우 복잡한 관계와 계층이 혼재되어 있다. 이 절에서는 먼

---

21 박용현, "전문직업장교의 육성을 위한 일반대학 군사학과 교육과정에 대한 연구", pp.1-2.

저 군사관련 용어와 개념을 이해하고, 군사학의 학문성 논란과 군사학의 특성, 군사학의 개념과 정의를 살펴보고자 한다.

1. 군사관련 용어와 개념의 이해

(1) 학문, 학술, 과학

군사학의 개념과 정의를 이해하기 위하여 먼저 학문, 학술, 과학의 개념에 대한 이해가 필요하다.

학문學問은 사람과 사물, 기록과 경험, 간접경험 등에 의해 검증된 이론의 체계화된 지식knowledge, scholarship, 지식의 연구 및 탐구studies 활동, 지식을 배워서 익히는leaning 교육의 의미를 포함한다.

과학科學, science은 자연 및 사회현상 등을 포함한 모든 현상을 설명하는 원리, 원칙, 법칙 등에 대한 이론을 제시하고, 그 이론을 가설, 통계, 인과관계 등을 통해 검증하는 것을 말한다.

기술技術, arts, technique, skill은 예술, 기술, 기교, 기량, 기법 등을 의미한다. 기술은 창조적 차원, 기술적 차원, 기법과 기량의 차원으로 구분할 수 있다. 창조적 차원의 기술arts은 화가가 작품을 창작하거나 음악가가 작곡을 하는 예술, 그리고 전쟁 및 전투에서 기만, 기습과 같이 꾀를 내어 적을 공격하는 용병술 등을 들 수 있다. 기술적 차원의 기술technique은 자동차를 생산하는 데 요구되는 과학기술, 자동차를 제작하는 기술 등을 말할 수 있다. 기법과 기량 차원의 기술skill은 개인화기, 공용화기의 사격술, 각개전투와 같은 개인 전투기술 등과 같은 전투기술의 숙달, 숙련 방법에 관한 기술이다. 통상 기술을 줄여서 술術이라고 칭한다.

학술學術, arts and science은 과학적 방법에 의해 검증된 학문의 이론과 기술을 포괄하는 개념이다. 일반적으로 학문은 이론적인 학문성을 추구하고, 기술은 실용성을 추구하는 경향이 있다.

군사학은 전쟁과 군사현상과 이와 관련된 분야를 연구하는 학술이다.

(2) 군사정책, 국방정책, 안보정책

'군사'軍事, mailitary affairs는 '민사'民事, civil 'affairs에 대별되는 용어로, 군대, 전쟁, 군사자원(무기장비, 전투원, 군사이론과 기술 등) 등을 포괄하는 개념이다.[22] 군사는 일반적으로 전쟁, 군대, 군인, 군사력, 방위 및 안보 등에 관한 총칭으로 안보, 국방과 같은 용어로 혼용하거나 혼동하여 유사한 개념으로 사용되기도 한다.

국방國防, national defense은 국가방위의 줄인 말로 외국의 침략에 대비태세를 갖추고 국토를 방위하는 일이다. 국방은 두 가지로 구분할 수 있는 데 광의의 국방은 국가의 정치, 경제, 과학기술 등 국가의 모든 수단과 총력에 의한 국가방위이고, 협의의 국방은 군사력에 의한 방위이다.[23]

안보安保, security는 국가안전보장의 줄인 말로 "군사·비군사 분야의 다양한 위협으로부터 국가목표를 달성하기 위하여 국가의 제 가치를 보전·향상시키고, 정치·외교·사회·문화·경제·과학기술 등의 정책체계를 종합적으로 운용하여 위협을 효과적으로 배제하고, 위협 발생을 방지하며, 유사시 사태에 대처하는 것"으로 정의할 수 있다.[24]

정책 수행 주체 측면에서 군사·국방·안보정책을 살펴보면 다음과 같다. 안보정책은 국가의 정치, 경제, 과학기술 등 모든 수단을 활용하여 정부차원에서 수행한다. 국방정책은 군사력을 바탕으로 정부 부처와 협력하여 국방부에서 수행한다. 국방정책은 안보정책의 하위정책이다. 그러나 종종 안보정책과 국방정책을 혼동하는 경우가 있다. 군사정책은 "국방정책의 일부로서 군사력의 건설, 유지, 조성 및 운용을 도모하는 오로지 군사에 관한 정부의 제반활동 또는 지침"[25]이다. 군사정책은 국방정책의 하

---

22 이강언 외, 『신편 군사학개론』(서울: 양서각, 2007), p.3.

23 이강언 외, 『최신 군사용어사전』(서울: 양서각, 2009), p.65.

24 차영구·황병무, 『국방정책의 이론과 실제』(서울: 오름, 2004), p.40.

25 앞의 책, p.40.

위정책이며, 합동참모본부와 육·해·공군에서 수행한다. 정책과 전략을 기능면에서 구분하면 정책은 주로 군정과 양병에 관한 사항이고, 전략은 군령과 용병에 관한 사항이다.

⑶ 군사사상, 군사이론, 군사교리, 용병술의 관계

사상思想, thought은 특정 현상에 대한 사유를 통해 일정한 체계와 형식이 갖추어 인식된 내용을 말한다. 군사사상은 "국가목표를 달성하기 위해서 현재 및 장차 전쟁에 대한 올바른 인식을 토대로 어떠한 전쟁의지와 신념으로 어떻게 전쟁을 준비하고 수행할 것인가에 대한 관념적 체계"[26]이다.

이론理論, theory은 사물의 이치, 지식을 규명하기 위하여 논리적으로 일반화한 명제와 지식이다. 군사이론은 전쟁과 군사현상 관련 이론을 규명 및 검증한 지식체계이다.

군사교리는 군사사상과 군사이론을 바탕으로 군사적 환경과 상황에 부합하게 사고하고 행동하는데 요구되는 표준적인 군사력 운용 지침과 체계이다. 용병술은 적과 상황에 부합하게 창조적으로 군사력을 운용하는 술Art, 術이다.

요약하면, 군사사상은 전쟁과 군사현상에 대한 사고와 인식의 체계이며, 군사이론은 군사사상을 바탕으로 전쟁과 군사현상에 대한 규명된 지식체계이다. 군사교리는 군이 공식화한 용병술 적용과 운영을 위한 행동체계이며, 군사력의 규모와 용병술의 수준에 따라 군사전략, 작전술, 전술로 구분하고 있다.

2. 군사학의 학문성 논란

군사학의 학문성에 대해서 두 가지 상반된 견해가 존재해왔다. 하나는 긍정적인 견해이고 또 다른 하나는 부정적인 견해이다.

---

26 『한국군사사상』(대전: 육군본부, 1992), p.24.

(1) 부정적 견해

군사학을 학문으로 체계화하는 데 부정적인 견해를 가진 기존의 주장은 다음과 같다. 첫째, 군사학은 고유의 학문영역이 모호하기 때문에 단일 독립학문으로 성립하기 곤란하다. 전쟁과 군사현상은 인문학, 사회과학, 기초과학, 응용과학, 의학 등의 학문과 연결되어 영향을 받기 때문에, 군사학은 범과학적trans-scientific이고 편재적ubiquitousness인 특성을 가질 수밖에 없다는 것이다. 또한 군사지식을 상황에 부합되게 창조적으로 적용하는 술術적 영역이 존재하기 때문이다.

둘째, 군사학은 실천 중심적 성격을 가지고 있기 때문에 이를 보편적으로 적용하는 데에는 한계가 있다. 전쟁과 군 외에 적용이 제한되고, 용병술 같은 술적 영역은 이론적 체계화와 과학적 연구방법에 한계가 있다는 것이다.

셋째, 전쟁의 불확실성 때문에 군사학을 과학적으로 이론화하는 것이 불가능하다. 학문이란 과학적이어야 하는 데 전쟁은 모순과 마찰의 연속이기 때문에 이를 이론화하기가 곤란하다는 것이다.

넷째, 미국 및 서방 선진국들은 독자적인 군사학 학사학위를 수여하지 않고 있다. 러시아와 같이 군사학을 학문으로 인정한 국가도 군사학에 대한 석사와 박사학위는 수여하나 군사학 학사학위는 부여하지 않는다는 점을 들어 군사학의 학문체계 정립에 대한 부정적인 견해를 보이고 있다.

다섯째, 군사학이 조직적 파괴와 살상을 전제로 하기 때문에 도덕적 차원에서 이를 학문으로 인정하기가 곤란하다. 군사문제를 체계적으로 정립하여 연구한다는 것은 조직적인 파괴행위를 더욱 조직화하고 이의 효과를 극대화하여 주어진 목적을 완벽하게 달성하는 데 기여한다는 의도가 내재되어 있다고 볼 수 있다. 실천적으로는 전쟁에서 이기기 위하여 많은 연구와 노력을 기울이면서도, 도덕적으로는 전쟁 촉진이 연구대상이 아니고 규제의 관계 상황이라는 이율배반적인 성격이 있기 때문에 군사학의 학문체계 정립에 소극적이었다는 것이다.

여섯째, 군사학 학문공동체 형성이 미흡하다는 점이다.[27]

(2) 긍정적 견해

긍정적 견해에 기초한 주장들은 다음과 같다. 먼저 육군사관학교의 군사학 학문체계 연구위원회가 2000년에 발간한『군사학 학문체계와 교육체계 연구』라는 책자에서 제시된 내용이다.

첫째, 군사학은 전쟁 및 군사력 건설과 사용 등에 관한 고유 연구주제 영역을 가지고 있다.

둘째, 군사학도 세부분야에서는 실천적 학문(규범과학, 정책과학) 또는 이론적 학문(군사과학을 비롯한 경험과학적 분야)으로 성립할 수 있다. 군사학이 경험적 지식의 축적을 중요시하지만 정책 과학적 지식을 보다 강조하는 사회과학 단일학문으로 정립되기 위한 요건은 갖추고 있다.

셋째, 군사연구가 비록 전쟁현상을 다루고 가장 효율적인 전쟁 수행원칙과 방법을 추구한다 하더라도, 그 목적과 중심은 항상 전쟁 방지, 신속한 전쟁의 종결과 평화 회복, 정의 회복에 있다고 보아야 한다.

넷째, 전쟁을 군사학의 주제영역 중 비상시의 문제영역으로 본다면, 이러한 전쟁의 불확실성을 이유로 모든 군사연구의 과학적 탐구를 거부하는 것은 바람직하지 않다.

다섯째, 서방세계에서 학사학위를 수여하지는 않으나 군사학 석사나 박사학위를 수여하고 있다.

결국 군사학의 학문성을 인정하는 학자들의 지속적인 주장과 연구노력에 근거하여 오늘날 한국에서는 군사학이 독립학문으로 그 뿌리를 내려가고 있다. 그 예로, 한국의 민간대학에서 군사학과가 설치되고, 군사학 전공과정이 개설되어 군사학 학사학위가 수여되고 있을 뿐만 아니라, 육·해·공군 사관학교 등에서도 군사학 학사학위가 수여되고 있는 것이다.

---

27 김열수, "군사학의 학문체계 정립",『군사논단』제39호 (2004), pp.194-195.

군 내외 교육기관에서 군사학 관련 석사 및 박사학위 과정이 증가하고 있는 추세이다.[28]

3. 군사학의 특성[29]

군사학은 학문 수요자(소비자 혹은 수혜자), 연구대상, 연구목적, 적용대상 등의 측면에서 특수한 성격을 지니고 있다. 이 중 가장 현저한 특징은 실용성이 중요하다는 점이다. 이러한 성격으로 인하여 군사학의 학문성에 대한 논란이 대두하고 있는 실정이다. 군사학이 지닌 특수한 성격을 살펴보면 다음과 같다.

먼저, 수요자들의 특수성이다. 일반학문의 지식은 인간의 욕망을 충족시키는 다양한 가치를 지니고 있다. 예를 들면, 의학의 진리는 보편적 인간들에게 적용되고, 기상학적 진리는 태양계 안에서 보편적으로 적용되며, 물리학적 진리는 태양계는 물론 우주 전체에 적용되는 법칙이라고 할 수 있다. 따라서 지식의 가치는 인간에게 다양한 환경과 여건에 대한 적응력을 길러주기 때문에 학문 분과로 정립되어 있는 지식들은 보편적인 가치를 제고시켜 준다. 보편적 가치를 추구할 수 있는 진리를 발견하여 보편적인 인간에게 적용되고 활용할 수 있는 것이다.

그러나 군사학 분야의 지식은 오로지 군사Millitary Affair 분야에만 필요한 지식이다. 지식 활동 결과의 혜택이 궁극적으로는 사회 전체에 돌아간다 하더라도 그것은 전문지식을 가진 군사전문가들의 활동을 통해서 이루어지는 파생적 혜택이지 군사학적 지식이 국민 개개인에게 직접 이익을 주는 것은 아니다. 그래서 군사 분야에 종사하는 자들에게 군사학적 지식을 갖추라고 촉구할 필요는 있으나, 일반시민이 직접적으로 군사 분야의 전문지식을 가질 필요는 없다.

---

28 황진환 외 공저, 『군사학개론』, pp.24-25.

29 박용현, "전문직업장교의 육성을 위한 일반대학 군사학과 교육과정에 대한 연구", pp.43-45.

두 번째로는 연구대상의 특수성이다. 군사학 분야의 전문지식은 오로지 전쟁과 군사현상軍事現象, Military Affairs Phenomenon 과 관련하여 필요한 지식이다. 전쟁이라는 현상은 일상적으로 해결해야 하는 문제와는 다른 돌발적인 상황이다. 즉 일반 사회인의 일상적인 관심사와 직결시키기가 어렵다.

군사학은 일반현상과는 다른 군사현상을 연구대상으로 하기 때문에 다음과 같은 특성이 있다. ①군사학 연구대상의 핵심은 전쟁과 군사현상이지만 군사현상은 인문, 사회, 자연과학, 의학 등의 모든 분야와 연관되기 때문에 종합 과학적 특성이 있다. 그래서 연구대상이 광범위하고 다양하다. ②군사력의 설계 및 건설, 유지와 관리, 운영 및 사용 등의 무력을 사용하는 폭력성을 지닌다. ③연구대상의 적용 환경이 전쟁과 군사현상에만 적용되는 극한성이 있다. 이러한 특수성 때문에 군사현상의 인과관계의 연구를 통한 이론(원리)개발과 이러한 이론들의 실용성 제고를 위한 방안을 제시하는 활동은 일반사회 현상을 다루는 일반학문과는 차별성이 존재하게 된다.

세 번째로는 군사학의 연구목적이 일반분야 학문 활동 목적과 다른 특수성을 지니고 있다는 사실이다. 일반 학문의 경우 학자들이 하는 일은 진리 그 자체를 발견하고 발전시켜 실생활의 활용방법을 제시하여 사회를 발전시키는 것이다. 즉, 일반적으로 학문 활동의 목적은 학문 발전과 사회 발전에 기여Contribution하는 데 있다. 학문 발전에 기여는 객관적이고 보편적인 진리Principle를 발견하여 이론Theory을 개발 및 발전시켜서 기여하게 된다. 사회 발전에 기여는 이러한 이론들이 활용되어 인간의 삶과 사회 발전에 기여한다는 것이다. 즉 연구의 목적(연구활동)은 학문 발전과 사회 발전에 기여하는 데 있다. 반면에 군사학의 목적은 무력(군사력)을 사용하여 평화를 유지하고, 전쟁을 억제하고, 국가를 방위하고, 유사시(전쟁 시) 승리를 보장하여 국민의 재산과 생명을 보호하고 국가의 안전을 보장하는 데에 있다.

네 번째로는 군사이론 적용과 활용에서의 특수성이다. 군사이론 적용의 궁극적 목적은 평화유지, 전쟁 억제, 전쟁에서의 승리 등에 있다. 군사력의 건설과 운용 및 사용은 싸울 상대, 즉 적이 있어 양병과 용병에서 군사이론 적용의 상대성을 고려하여 적용해야 한다는 것이다. 특히, 용병술은 불확실한 전쟁 현상에서 지휘관의 지혜와 직관에 의해 군사이론을 창조적으로 적용해야 하기 때문이다. 그래서 실천 중심적인 실용성을 추구하는 경향이 있어 이론 개발을 목적으로 연구하는 실증적 연구와 정책대안 제시를 목적으로 연구하는 규범적 연구, 경험을 바탕으로 연구하는 경험과학적 연구 경향이 있다.

앞에서 살펴본 바와 같이 군사학은 나름의 특수성이 있지만 그 연구목적은 일반학문과 마찬가지로 사회발전에 있으며, 단지 목표 달성의 수단이 상이할 뿐이다. 혹자는 이러한 군사현상의 특수성을 고려하여 한국에서의 군사학을 학문성이 결여된 분야라고 주장하지만, 그래도 군사학은 2000년대 들어와 하나의 학문으로 인정되어 자리매김하고 있다. 이미 영국을 포함한 유럽, 러시아, 미국, 중국, 일본 등의 학계에서는 근대부터 군사학이 하나의 학문 분과로 연구가 활발하게 이루어져 왔다. 그러나 한국에서는 군사학의 학문성에 대한 논란으로 연구가 미미한 수준이다.

4. 군사학의 개념과 정의

포괄적으로 군사학은 모든 형태와 종류의 전쟁과 군사현상을 학술學術 차원에서 연구하는 것을 의미한다. 이는 전쟁과 군사현상의 유형·무형 요소는 물론 이에 영향을 미치는 요소도 포함한다. 따라서 군사학의 범주와 대상은 매우 포괄적이며 다양하고 광범위하다.[30] 주요 국가의 군사학의 개념과 정의를 살펴보면 〈표 1-2〉와 같다.[31]

---

30 황진환 외 공저, 『군사학개론』, pp.18.

31 군사학학문체계연구위원회, 『군사학 학문체계와 교육체계 연구』, pp.90-160.

국가	개념과 정의
미국	전·평시 군사력 개발, 운용 및 지원에 관한 연구. 또한 국가목표 달성을 위한 군사력의 적용과 국력의 제요소인 경제적, 지리적, 정치적, 사회심리적 요소들 간의 상호관계에 관한 연구. (지휘참모대)
	군사력 개발, 운용 및 지원에 관한 연구인 동시에 전·평시에 국내외적 관계 하에서 국가정책의 도구로서 군사력 사용에 관한 연구. 또한 군사력과 국력의 지리적, 경제적, 정치적, 과학적, 사회심리적 제 요소와의 상관관계에 관한 연구. (미군 야전교범)
러시아 (구소련)	무력전의 성격·본질·범위, 군대가 군사작전을 수행하는데 갖추어야 할 병력, 수단과 방법 및 이외의 보장에 관한 지식체계. 무력전의 객관적 법칙을 탐구하고 군사술의 이론에 관한 문제, 군사력의 건설과 준비에 관한 문제, 군사기술상의 무장을 연구하고 군사적-역사적 경험들을 분석하는 연구. (구소련)
	전쟁의 군사-전략적 성격, 전쟁을 미연에 방지하는 방안, 군 및 국가의 침략 격퇴 준비, 자국 수호를 위한 무력전의 원칙, 방법 등에 관한 지식체계. (러시아)
영국	전쟁과 평시 군사력 운용 및 전쟁예방을 위한 군사과학기술과 사회현상의 개념으로 사용.
독일	전쟁이론, 전쟁학, 군사학, 방위학, 국방과학 등의 군사이론 위주 개념으로 사용하며 술의 영역을 강조.
중국	전쟁에 대한 연구를 통하여 군사전략과 군사방침을 제정하고, 무장역량의 건설을 기획하고, 무기 및 기술 장비를 발전시키며, 이로써 전쟁의 준비와 실시 등의 군사활동을 이론적으로 지도하는데 사용하는 과학.

앞의 표에서와 같이 주요 국가에서 군사학의 개념과 정의는 대부분 전쟁과 군사현상을 포함하여 이와 관련된 분야에까지 영역을 확대하고 있다.

한국의 육군, 연구기관, 주요 학자의 군사학의 개념과 정의를 살펴보면 〈표 1-3〉과 같다.[32]

---

32 황진환 외 공저, 『군사학개론』, pp.19.

〈표 1-3〉 한국의 군사학의 개념과 정의

구분	개념/정의	출처
광의	국가안보 문제의 군사적 차원에 관한 하나의 지식체계로서, 전·평시 군사력의 역할, 발전, 운용 및 지원 문제와 국가목표 달성을 위한 군사력 사용에 직접적으로 영향을 미치는 경제, 지리, 정치, 과학, 사회심리 등 국력요소 간의 상호작용관계를 이론적으로 연구하는 것	육군본부, "21세기를 향한 장기 교육훈련 정책연구방향" (1990)
	광의의 군사학(군사력과 더불어 전쟁문제 포함)은 전·평시 국가목표 달성을 위해 전쟁의 본질과 성격을 연구하고, 군사력의 개발, 운용 및 지원 그리고 이와 긴밀히 연관된 요소들에 대한 학술적 연구	육군사관학교, "군사학 학문체계와 교육체계연구" (2000)
중간	군사력(또는 넓은 의미의 힘) 사용에 관련된 현상에 대한 경험적·논리적 분석을 기초로 하여, 반복되는 규칙을 근거로 군사적 명제를 개발함으로써 하나의 지식체계를 이룩하는 것을 목적으로 함	백종천, "국가안보, 국가방위 및 군사연구" (1984)
	무력전을 중심으로 한 국가총력전을 대비하기 위한 군사용병, 군사정책, 기타 군사에 관한 이론을 연구하는 학문	하대덕, "군사학 학문체계 정립방향" (1992)
	전쟁을 억제하며 평화를 유지하고, 전쟁을 신속히 종결시켜 다시 평화를 회복·유지하는데 필요한 사상, 이론, 제도와 정책, 정략과 외교 및 군사력과 이의 운용교리를 총괄하여 연구하는 학문분야	온창일, "군사학과 군사학체계" (1992)
	사회과학의 한 분야로서 군사력과 분쟁과정을 연구대상으로 하고, 군사력 건설 및 유지, 운용, 그리고 기타 군사 분야를 연구범위로 하여 이를 경험적, 정책적, 규범적으로 연구하는 학문	윤종호·김열수, "군사학 학문체계 정립 및 군사학 학위수여 방안" (2002)
	· 전쟁현상(사회현상): 전쟁 준비/전쟁 수행의 학술 · 인간요소: 양병과 용병에 관한 학술 · 기능적 주체: 군사력 준비/행사에 관한 학술	진석용, "대전대학교 군사학과의 설치경과 및 운영계획" (2003)
협의	전쟁의 본질과 성격 및 무력전의 준비와 수행에 관한 통일된 지식의 체계	이종학, "군사학의 이론체계" (1980)
	협의의 군사학(군사력 중심)은 전·평시 국가목표 달성을 위한 군사력의 개발, 운용, 지원 그리고 이에 긴밀히 연관된 요소들에 대한 학술적인 연구	육군사관학교, "군사학 학문체계와 교육체계연구" (2000)

〈표 1-3〉과 같이 한국에서 군사학은 다양하게 정의되고 있다. 이러한 다양성은 근본적으로 군사학 연구의 범위와 방법에 대한 인식의 차이에서 비롯한다. 대체로 협의로는 군사학을 전쟁과 군사현상에 한정하는 경

향이 있으며, 중간 수준으로는 여기에 더하여 군사현상에 직접 관련되는 분야로 한정하고 있다. 광의로는 전쟁과 군사현상 및 이에 관련된 모든 분야로 개념을 확장하고 있다. 이렇듯 군사학의 영역과 대상을 고려하여 분류했을 때의 장단점을 살펴보면 〈표 1-4〉와 같다.[33]

〈표 1-4〉 군사학의 영역과 대상에 따른 장단점

구분	장점	단점
광의의 군사학	군사에 관한 모든 분야를 연구범위로 선정	고유한 학문적 대상과 범위 설정 곤란, 학위 부여 곤란
중간 범위의 군사학	군사과학기술의 적용 및 운용분야 포함, 종합학문이라는 단점 극복, 군사와 관련된 대부분의 업무를 연구대상으로 설정, 사회과학으로서 위상 확립	군사과학기술의 연구개발분야 제외
협의의 군사학	고유한 학문적 범위 설정	군사학 범위 축소, 군사학이 용병술이라는 인식, 군대는 용병의 영역만 존재한다는 오해

군사학을 광의 개념으로 정의하는 방안은 군사와 관련된 모든 분야를 군사학의 연구범위로 설정하여 매우 다양한 주제를 연구할 수 있다는 장점이 있다. 그러나 군사학의 고유한 학문적 대상과 영역이 애매하다는 단점이 있다. 군사학 학위 수여는 군사학이 연구대상이 한정된 단일 학문이라는 것을 전제로 하기 때문에, 군사학을 종합학문으로 정의하면 학위 수여에 제약이 있을 수 있다.

군사학을 협의로 정의하는 방법은 전쟁과 군사현상의 본질적이고 핵심적인 분야로 한정한 것이다. 이 방안은 군사학이 종합과학이라는 비판에서 벗어나 독립적인 학문으로서 위상을 갖게 해 주는 장점이 있다. 그러나 군사학의 범위를 너무 축소했다는 단점과 군사력의 건설이나 지원과 기

---

33 황진환 외 공저, 『군사학개론』, pp.20-21.

타 군사 분야가 군사학의 범위에 포함되기 어렵게 된다. 명칭이 군사학이기 때문에, 군대는 좁은 학문적 지식만 있으면 작동하는 조직이라는 오해를 받을 수도 있다. 그리고 군사학이 학문으로서의 위상을 폭넓게 갖기보다는 오히려 좁은 군사술로 인식될 우려가 있다.

중간 범위로 정의하는 방법은 광의의 군사학에서 이공계 과학기술 분야를 제외하는 방법이다. 군사학은 군사과학기술 자체를 연구범위로 삼는 것이 아니라 군사과학 기술자들이 개발한 실체를 어떻게 적용할 것인가, 개발된 무기체계를 어떻게 효율적으로 운용할 것인가를 연구범위로 볼 수 있다. 군사과학기술 분야는 군사학의 영역보다는 일반 학문체계의 영역에 그대로 두는 것이다. 이 방법은 군사과학기술 분야를 군사학의 대상에서 제외했다는 단점이 있는 반면 다음과 같은 장점도 있다.

첫째, 군사과학기술의 적용 및 효율적 운용에 대한 부분을 포함함으로써 군사과학기술의 중요성을 충분히 고려할 수 있다. 둘째, 군사학이 종합학문이 아니라 독립된 학문으로서 위상을 가질 수 있다. 셋째, 군사력이 군사력의 운용만을 대상으로 연구하는 학문이 아니라 군사력 건설과 유지 등 군사와 관련된 대부분의 분야를 연구하는 학문으로 정립될 수 있다. 넷째, 군사학이 자연과학과 사회과학을 혼합한 학문으로서가 아니라 사회과학으로서의 위상을 확실하게 설정할 수 있다. 즉, 군사학이 군사력과 분쟁과정을 연구대상으로 인간행태를 연구하는 학문이라는 점을 부각시킬 수 있다.

앞에서 논의한 내용을 바탕으로 군사학의 연구목적, 기능, 영역과 대상, 방법을 분석해보면 다음과 같다.

군사학의 연구목적은 평화를 유지하기 위해 전쟁을 억제하고, 전쟁 시에는 승리하기 위한 것이며, 평시에는 국가목표를 달성하고, 국가 이익을 증진하는 데 있다.

군사학의 기능은 국가의 안보정책과 국방정책의 목표를 달성하고 수행하는 것으로, 정치와 외교, 경제와 과학기술, 사회와 문화 등의 국가 기능요소와 협력하여 군사력 건설과 유지 및 관리, 군사력의 운용 등을 수행한다.

군사학의 영역과 대상을 개념적으로 살펴보면, ①본질적인 측면에서는 전쟁과 군사현상이고, ②목적과 기능면에서는 국가안보와 국가방위이며, ③실용적 측면에서는 전쟁과 군사현상, 안보와 국방에 관련된 영향요소와 상호작용요소에 관련된 학술의 활용이다.

군사학의 연구방법은 ①학술 연구의 과학적 방법을 사용해야 한다. ②철학, 자연과학, 사회과학 등의 학술 이론을 활용하거나 연구 및 접근방법을 이용해야 한다. ③군사학의 연구와 활용에 영향요소 및 상호작용요소의 학술과 교류, 통섭, 융합하여 발전시켜야 한다.

앞에서 논의한 내용을 바탕으로 재정의하면, 군사학은 '국가목표와 국가이익을 달성하기 위하여 전쟁과 군사현상 연구를 중심으로 안보정책과 국방정책의 달성을 위한 군사력의 건설과 유지 및 관리. 군사력 운용에 관한 지식과 이에 영향을 미치는 제반 요인간의 상호작용을 연구하는 학술체계'라고 정의할 수 있다.

III. 군사학 학술체계

1. 학술체계와 교육체계 이해

학술체계는 목적과 내용에 따라 연구대상과 영역, 연구분야와 세부 주제를 논리적으로 체계화한 것이다. 교육체계는 배우고 가르치는 사람들의 입장에서 성취하고 실현할 목적과 목표에 따라 교육과목과 과정을 설계한 체계이다. 통상 교육체계는 학문 연구에서 발견한 진리, 즉 원리 및 원칙, 법칙 등의 이론을 바탕으로 설계하므로 먼저 학문체계를 정립하는 것이 중요하다. 교육체계는 학문체계를 기초로 설계하여 교육할 때 효과적이기 때문이다. 그렇다고 학문체계가 없거나 미흡하다고 교육하지 않거나, 교육을 할 수 없다고는 말할 수 없다. 부모가 자식을 교육하듯이 상황과 필요에 따라 교육을 하는 경우도 있다.

교육체계는 그 조직의 교육이념(목적)과 목표를 기초로 그 조직의 특수성과 필요성에 의해 교육 중점, 교육분야(과목), 교육내용(주제)을 결정한다. 교육대상의 연령, 지적수준, 사회적 경험 등 교육 대상자의 수준과 능력을 고려하여 교육목표 달성에 필요한 교육기간을 결정하거나 결정된 교육기간을 고려하여 교육과정을 설계한다. 교육체계는 교육목표 달성과 교육과정의 효율성 제고를 위하여 교육과목과 내용의 양적·질적 수준, 연계성 등을 고려하여 계획적, 순서적으로 배열한 교육과정의 설계도이다.

교육체계는 교육시설, 장비, 교수능력 등 교육환경과 자원에 제약을 받으며, 사회, 학문, 과학기술의 변화와 발전 추세에 영향을 받는다. 교육체계는 다양한 영향요소와 상반된 요소가 혼재한 복잡하고 다단계적인 과정이다. 외적요소와 내적요소, 객관적 요소와 주관적 요소, 장기적 요소와 단기적 요소, 그리고 상황적 요소 등이 상호작용하며, 발전을 촉진하거나 대립하기도 한다. 군사학과 교육체계 설계에 있어서도 ①학문성과 실용성, ②군과 대학의 요구, ③교육과목의 선정, ④교육시간의 배분, ⑤교육환경과 자원, ⑥수요자(학생)와 설계자 욕구(교수. 대학) 등이 대립하고 상호작용한다.[34]

2. 군사학의 연구대상과 영역

학술체계는 연구영역과 대상에 관한 세부 연구주제와 이론의 지식체계이다. 한국에서의 군사학 개념 정의가 다양하듯이 군사학의 학문체계가 어

---

34 박용현, "전문직업장교의 육성을 위한 일반대학 군사학과 교육과정에 대한 연구", pp.46~47.

떠한가에 대한 논의도 다양하게 전개되어 왔다. 한국의 군사학 학문체계
는 외국의 연구들에 영향을 받았지만, 한국적인 군사학 학문체계가 정립
되어 제시되었다고 볼 수 있다. 외국의 학자와 기관의 군사학학술체계의
특징은 〈표 1-5〉와 같다.[35]

라이더의 군사이론은 군사학 자체보다는 군사이론Military Theory을 중심의
분류하고 있으며, 미국은 국가정책 실현 수단으로서 군사 학술을 분류하
고 있다. 러시아는 무장투쟁 중심으로 분류하고 있으며, 전쟁의 사회 경제
적 연구, 국방정책 영역은 군사학 분야에서 제외하고 있다. 중국은 전쟁지
도와 군사력 건설 중심으로 분류하고 있다.

〈표 1-5〉 외국의 군사학술체계의 특징

구분 학자	군사학 분야 구분	특징
라이더, 군사이론 (1983)	1. 군사문제의 사회-정치적 분석 　(1) 군사문제 일반이론 　(2) 군사력 이론 　(3) 전쟁이론 　(4) 평시 정책 지원수단으로서 군사력 　(5) 비교연구 2. 군사력 운용의 이론 　(1) 군사력 운용의 일반이론 　(2) 평시 군사력 사용 이론 　(3) 군사술 이론 　(4) 전쟁 대비 군사력 준비 이론 　(5) 군사경제학 　(6) 군사과학기술 　(7) 군사사 　(8) 군사 유관 학과목 3. 군사정책이론 　(1) 군사정책의 일반이론 　(2) 군사교리의 이론과 연구 　(3) 전력 태세	• '군사학' 자체보다 　는 '군사이론(Military 　Theory)' 중심의 　분류 • 대단히 포괄적인 군 　사이론 범주 설정

---

35 군사학학문체계연구위원회, 『군사학 학문체계와 교육체계 연구』, pp.303-304.

미국 군사학	1. 군사력의 개발, 운용 연구 (군사R&D, 군수지원관리, 인사운용관리, 체계운용관리, 교육훈련, 무기공학, 전략/전술OR, 개념분석연구 등) 2. 국가정책에 따른 군사력 사용 연구 (전쟁학, 전략/전술, 전사 및 교리, 참모운용, 분쟁연구 등) 3. 군사력과 국력요소 상관관계 연구 (안보지원, 민군관계, 국방경제, 국방체계관리, 군사사회심리, 군 직업윤리, 연합군관계, 군사정책수립, 지역연구, 과학기술 등)	• 국가정책 실현 수단으로서의 군사연구 영역 설정
러시아 군사학	1. 군사술 이론 (전력론, 작전술론, 전술론, 부대/병력의 보장) 2. 군대건설 이론 (군 편성, 전투준비태세/동원태세, 간부 양성, 주둔지배치 및 조직, 비축/예비물자 조성) 3. 군사경제이론 (군 교육이론, 군인교양이론) 4. 군사경제이론 5. 군사사 (전쟁사, 군사사상사, 군사술사, 군대건설사, 군사사상사, 군사사 자료학, 군사고고학, 군사통계학)	• 무장투쟁 중심의 군사학 개념 정의 • 전쟁의 사회·경제적 연구, 국방정책 영역은 군사학에서 배제
중국	1. 군사사상 (군사변증법, 고대군사사상, 자산계급군사사상, 무산계급군사사상) 2. 군사학술 (전략학, 전역할 전술학, 군대지휘학) 3. 무장역량건설이론 (군제학, 군사교육훈련학, 군사관리학, 군대정치공작학, 군사후근학) 4. 군사역사 (전쟁사, 군사사, 군사과학사, 군사문헌편찬학, 군사사과학) 5. 군사지리 (군사지리학, 군시기상학) 6. 군사기술 (병기학, 사격학, 탄약학, 탄도학, 해군기술학, 공군기술학, 장갑병기술학, 군사공정학, 탄도도탄학(彈道導彈學), 핵물리학, 항천학(航天學), 군용전자학, 군용화학) 7. 변역학과(邊繹學科) (군사우주학, 전쟁동원학, 군사경제학, 군사법학, 군사미래학)	• 전쟁 지도, 군사력 건설 중심

대전대학교 진석용은 일반학문의 학술의 틀을 준용해서 〈표 1-6〉과 같이 학문체계를 제시하고 있다. 학술은 학문과 기술로, 학문은 철학과 과학으로 분류하고, 철학은 군사사상과 전쟁철학으로, 사회과학은 군사력의 준비(건설, 유지, 육성), 군사력의 행사(운용, 전략전술, 리더십(장수술),정보(C4ISR), 군사사(전사, 군사제도사, 무기발달사)로 분류하며, 자연과학은 군사지리·기상학, 무기학(무기체계)으로 분류했다. 기술은 용병술과 각종 군사훈련 프로그램으로 분류했다.[36]

〈표 1-6〉 진석용의 군사학 분류

일반학문	군사학적 응용분야

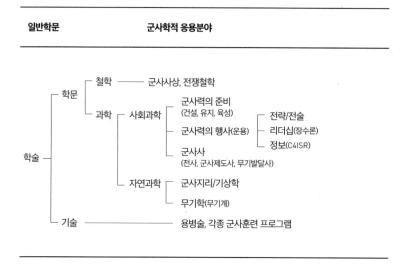

1979년에 육군본부에서 제시한 군사학 학문체계는 군사학을 사회과학적인 학문으로 보고 군사학을 국가안보, 군사역량과 활용, 군사교리와 전략 및 전술, 군사정보, 군사제도, 군사관리, 지휘통솔, 연구와 분석방법으로 분류하여 〈표 1-7〉과 같이 세부내용을 제시했다.

---

36 진석용, 『대전대학교 군사학과의 설치경과 및 운영계획』(대전대학교 연구보고서, 2003), p.18

〈표 1-7〉 육군본부가 제시한 군사학 학문체계(1979년)

구분	세부내용
국가안보문제	국력요소, 대외관계, 민군관계, 정치군사문제, 국가발전과 군의 역할
군사역량 및 활용	군사력 구성과 편성, 군사력 소유와 준비, 활용, 작전, 전쟁계획, 동원계획, 지휘통제문제
군사교리, 전략·전술	전략계획, 교리, 모의연습
군사정보	우방 및 적성국 정보, 적위협, 자료처리 방법
군사제도	국방정책 결정과정과 제도, 군사과학기술의 영향
군사관리	국방정책상 관리기술, 자원, 무기, 조직, 인사, 인력관리, 소요결정
지휘통솔	개인 및 집단행위, 민간관리 및 조직관리 기술, 직업윤리
연구분석방법	군사연구와 평가, 보고방법

출처 「1980년대 육군정책 제3집: 간부정예화방안」, (서울: 육군본부, 1979), pp.137~138.

육군사관학교 군사학학문체계연구위원회에서 기존의 군사학 학문체계를 바탕으로 보완하여 제시한 군사학 학문체계는 〈표 1-8〉과 같다. 이 학문체계는 군사학을 종합 학문적인 광의의 학문으로 개념과 정의를 토대로 세부분야를 망라하고 있으며, 군사학을 사회과학적 학문으로 인식하여 기존의 포괄적 영역과 대상을 중간 수준으로 한정하여 세부분야를 선정한 체계이다.

이 체계는 전쟁 본질 및 현상, 안보정책, 군사력 운용, 군사력 건설과 유지, 전쟁과 군사력 연관분야로 영역을 분류하고 있다.

〈표 1-9〉 국방대학교의 군사학 학문체계는 교육체계 관점에서 연구범위를 선정하고, 〈표 1-8〉에 비해 연구영역과 대상을 축소하고 세부분야를 간명하게 했다. 이 체계는 군사력 건설, 군사력 지원, 군사력 운용, 기타 군사분야, 기본 분야로 분류하여 제시하고 있다.

〈표 1-8〉 육사 군사학학문체계연구위원회의 학문체계

주요 분야	주요 영역	관련 주요 학과목
전쟁 본질 및 현상 연구분야	전쟁학/군사사상	전쟁론(본질론, 현상론, 예방론), 전쟁 원인론, 군사사상
안보정책 연구분야	안전보장정책/국제정세 연구/지역연구/국가전략/ 국방경제	국방론, 국가전략, 핵전략, 지역군사연구, 북한학, 군비통제, 군사동맹 및 협력, 국방경제, 민군관계, 분쟁연구
군사력 운용 연구분야	군사전략/작전술/전술/지휘·통솔/군사/군사정보	전략론, 작전술론, 전술론, 참모학, 군수, 군사정보, 지휘론
군사력 건설· 유지 연구분야	군사제도(편성, 충원, 동원 등)/군대교육훈련/무기체계/군사관리	군사제도, 군대교육학(교육, 훈련), 무기체계, 무기관리(인사관리, 인력관리, 조직관리, 자원관리)
전쟁 및 군사력 연관 연구분야	전쟁사 및 군사사/무기발달사/군사교리발달사	6·25전쟁사, 세계전쟁사, 군사사, 한국군사사, 군사사상사, 외국군대사, 무기발달사, 군사교리발달사
	군사지리·기상/군사법·전쟁법/군사심리/군대윤리/군대사회학/군사의학/군사과학기술	군사지형학, 군사기상학, 군사지리, 지정학, 군사법, 전쟁법, 군사심리학, 군대윤리, 군사사회학, 군사의학, 군사과학기술(C4I, 전자전, 사이버네틱스, 핵공학, 군사화학생물학, 군사구조물, 컴퓨터의 군사적 운용, 탄도학, 군사항공우주학, 군사 환경문제 등)

출처 군사학학문체계연구위원회, 「군사학 학문체계와 교육체계 연구」, (서울: 육군사관학교 화랑대연구소, 2000), p. 301.

〈표 1-9〉 국방대학교의 군사학 학문체계

연구범위	세부 과목
군사력 건설	국방정책개론, 국방기획관리, 국가·군사동원, 군비통제, 군사외교, 무기체계획득관리, 국방획득관리, 미래전과 군사혁신 등 8개 과목
군사력 지원	국방조직론, 군대 리더십, 계약 및 협상관리, 국방조달관리, 회계감사, 군사관리 등 6개 과목
군사력 운용	세계전쟁사, 6·25전쟁사, 해전사, 공군전사, 미국군사론, 러시아군사론, 중국군사론, 일본군사론, 북한군사론, 정보와 국방, 지형과 기상, 한국의 군사사상, 군사전략개론, 연합 및 합동작전, 전략과 무기체계, 항공우주전략, 해양전략, 전쟁계획과 전쟁지도, 위기관리, 저강도 분쟁, 작전술, 정보전자전 체계 등 23개 과목
기타 군사 분야	민군관계론, 군대직업윤리, 국방경제론, 심리학 개론 등 4개 과목
기본 분야	군사학 연구방법론, 전쟁철학·사상, 전쟁과 군사관계법, 국가안보론, 국제안보기구론 등 5개 과목
계	46개 과목

육군사관학교 군사학교육체계연구위원회는 〈표 1-10〉과 같이 군사학 학문체계를 교육체계 관점에서 군사 기초소양, 안보, 군사력 운용 및 유지, 군사력 개발 및 건설, 기타(보조역할) 분야로 학문 영역을 분류하고 있다.

〈표 1-10〉 육사 군사학교육체계연구위원회의 군사학 학문체계

학문영역	내용
군사 기초소양 분야	• 종합학문인 군사학의 근간이 되는 기초지식과 소양을 부여할 수 있는 분야 • 전쟁의 본질 및 현상에 대한 이해 • 전쟁 및 군대와 관련된 역사, 사회현상 및 과학 분야 이해
안보 분야	• 군사학 학문체계상 상위 개념으로 군대의 궁극적인 존재 목적 및 국가안보와 관련된 제반 분야 • 국방 및 군사 정책과 관련된 분야 이해 • 한반도 주변국의 군사정책에 관한 이해 • 북한에 대한 이해
군사력 운영 및 유지 분야	• 군사력의 효과적/효율적 운영 및 유지와 관련된 국방관리 분야 • 국가전략, 군사전략, 작전술 등 군사력의 운영에 대한 이해 • 군사력 운용 교리에 대한 이해 및 숙달(훈련 포함)
군사력 개발 및 건설 분야	• 최적의 군사력을 개발 및 건설하고 이를 효율적으로 유지하기 위한 기초지식과 안목 증대 가능 분야 • 군사 연구개발(R&D)과 무기체계 등 군사력 개발 및 건설 관련분야
기타 (보조역할 분야)	• 연관된 제요소 • 각 국가 및 군 특성에 필요한 분야 (예: 군사영어, 외국어, 체육 등)

출처 「군사학 교육체계 발전방안연구(최종보고)」, (군사학교육체계연구위원회, 2005), p.4.

살펴본 바와 같이 군사학 학문체계는 연구영역과 대상의 관점 및 교육체계의 관점에서 연구되고 논의되었다고 볼 수 있다. 교육체계 관점에서 연구된 군사학 학문체계는 연구영역과 대상 관점에서 분류하기 때문에 오류가 있을 수 있다.

군사학 학술체계에 대한 논의에 앞서 학문체계의 개념을 살펴보고자 한다. 학술체계는 그 연구대상과 영역을 특정한 방식과 형식에 의해 서로 결합한 분류체계이다. 대상^{對象, object, subject, targret}은 어떤 일의 상대, 목표, 목적이 되는 것을 의미한다. 영역領域, category, area, domain은 범위, 범주의 같은 의미로 사용되며, 활동, 기능, 효과, 관심 등이 미치는 일정한 범위를 말한다.

학술체계는 학술연구 대상과 영역을 학술의 특성에 의해 범위를 설정하고 분류한 체계이다. 학술체계는 고정된 체계가 아니며, 학문성과 실용성이 결합하고, 학문 간 교류, 통섭, 융합되는 추세에 따라 계속해서 진화하고 있다.

군사학 학술연구 대상과 영역을 일반학문과 연계하여 구분하면 〈그림 1-1〉과 같다. 본질적 연구는 협의의 군사학술로 전쟁과 군사현상에 관한 연구이다. 실용적 연구는 중간 수준의 군사학술로 본질적 연구를 중심으로 안보와 국방에 관한 연구를 포함한다. 연관적 연구는 광의 군사학술로 일반학술과 사회현상이 군사학술에 영향 미치는 요소와 상호작용하는 요소에 관한 연구이다.

〈그림 1-1〉 군사학 학술체계의 대상과 영역

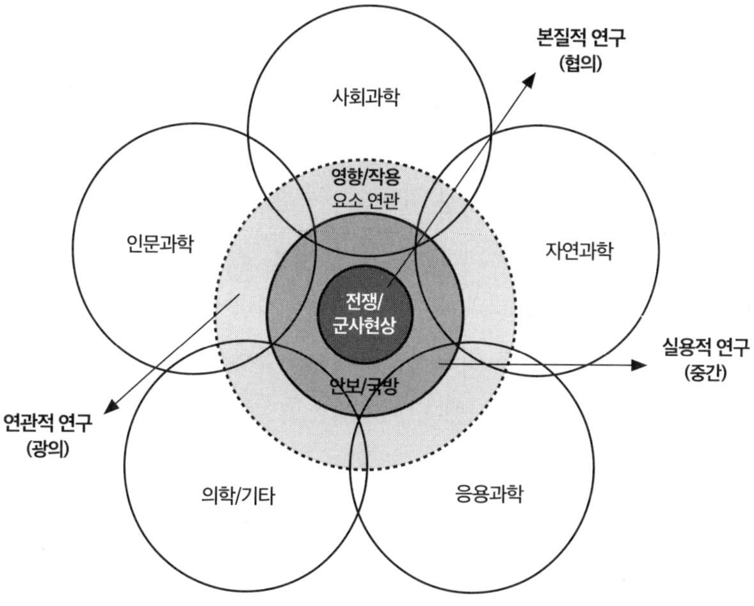

앞에서 논의한 군사학 학술체계를 분석해 보면, 군사학 학술체계의 분류는 일반학문의 분류체계를 준용하는 방안, 군사교육체계를 고려하여 분류하는 방안, 군사학술의 특성을 고려하여 분류하는 방안이 있을 것이다.

일반학문의 분류 체계를 준용하여 분류하면 일반학술과 학술적 교류, 통섭, 융합을 통해 군사학술 발전에 유리하나 군사학술의 대상과 영역이 다양하고 광범위하기 때문에 군사학술의 본질적 연구, 군사학술의 특성, 학위 수여에 제약이 있을 수 있다.

군사교육체계를 고려하여 분류하는 방안은 교육 소요를 식별하고, 교육체계를 설계하는 데 유용하나 군사학술의 연구대상과 영역을 설정하는 데 제약이 있을 수 있다.

군사학술의 특성을 고려하여 분류하는 방안은 연구목적에 부합하고 실용적 활용에 용이하나, 복잡하고 중복되어 분류 구분이 명확하지 않을 수 있다. 그래서 군사학 학술체계는 지속해서 논의되고 발전되어야 한다. 군사학술의 특성을 고려하여 분류하여 군사학술체계를 제시하고자 한다.

군사학 학술체계의 대상과 영역을 분류하면 대분류는 본질적 분야인 전쟁과 군사현상 연구, 국가목표 달성을 위한 안보정책과 국방정책 연구, 군사정책 달성을 위한 군사력의 건설과 유지 및 관리 연구, 군사력 운용에 관한 연구, 이에 영향을 미치는 상호작용에 관련된 연관 연구로 분류할 수 있다. 중분류는 전쟁, 군사현상, 안보정책, 국방정책, 군사력 건설, 군사력 육성과 관리, 군사력 운용, 군사관련 학술 활용, 군사관련 영향과 상호작용 분야로 구분했다. 그러나 소분류는 관점에 따라 중첩되고 세부분야를 분류하는 데 한계가 있다. 이는 지속 논의하여 합의가 필요하다. 소분류는 대표적인 분야의 예를 제시했다. 이와 같은 관점에서 군사학 학술체계를 제시하면 〈표 1-11〉과 같다.

〈표 1-11〉 군사학 학술체계 분류

대분류	중분류	소분류
전쟁·군사현상 및 군사정책 연구	전쟁	군사사상, 전쟁이론 등 (전쟁의 본질·예방·억제, 동맹 등)
	군사현상	군사사, 전쟁사, 군사제도사 등
	군사력 건설	군사정책론, 군 조직구조론, 무기체계론 등
	군사력 육성·관리	군 운영관리론, 군 교육훈련론, 군사제도 혁신론 등
	군사력 운용	군사전략론, 작전술론, 전술론, 지휘론, 참모론, 군사정보론, 군사교리, 군사혁신 등
안보·국방정책 연구	안보정책	안전보장이론, 안보정책이론, 국가전략, 민군관계, 국제관계론주변국 군사론. 북한학 등
	국방정책	국방정책론, 국방조직론, 국방기획관리론, 국방획득관리론, 국방동원론 등
군사 연관 연구	과학기술 활용	군사과학기술, 정보전자전, 미래전, 사이버전, 군사지리, 군사기상 등
	영향 및 작용	군사경제, 군사심리, 군대윤리, 군사환경 등

CHAPTER 2

군사학 연구방법론

INTRODUCTION TO MILITARY STUDIES

이필중 | 대전대학교 군사학과 교수

육군사관학교와 경북대학교 경제학과를 졸업하고, 미국 위스콘신대학교에서 경제학 석사학위, 영국 애버딘대학교에서 정치경제학(국방경제) 박사학위를 받았다. 육군3사관학교 경제학과 교수, 국방부기획관리실 정책실무자, 국방대학교 안전보장대학원 교수를 거쳐 2009년부터 대전대학교 군사학과 교수로 재직하고 있다. 군사학연구방법론, 국방예산, 군사력 건설, 군사경제론, 국방획득관리 등에 관심을 가지고 연구하고 있다.

I. 군사학에서의 연구방법

앞부분에서 이미 군사학의 개념, 학문체계, 연구대상 및 범위, 군사부문의 특징 등에 대해서 살펴보았다. 본장에서는 군사軍事, military affairs[1] 현상을 인식하고, 분석하고, 결과를 도출하고, 도출한 결과를 해석하는 등의 연구활동에 근간이 될 수 있는 연구방법에 대해서 살펴보도록 하겠다.

이러한 연구활동은 목표(또는 목적)에 따라 크게 두 가지로 구분할 수 있다. 첫째는 기간, 시기, 상황, 환경 등에 따라서 반복적으로 나타나고 있는 현상[2]의 인과관계 또는 원리를 발견하기 위한 연구활동, 즉 실증적 연구 Positive Research이다. 둘째는 과거나 현재의 현상이 안고 있거나 미래에 나타날 것으로 예상되는 문제점과 그 원인을 찾아서 규명하고, 이러한 문제점을 극복해서 목표를 달성하는데 필요한 전략·정책 또는 대안對案을 구하는 규범적 연구Normative Research이다. 전자의 경우 학문(군사학) 발전에, 후자는 군사 및 국방발전에 연구활동의 목적을 두고 있다.

따라서 실증연구에서 다루는 기본 명제는 'what will be'이다. 이는 하나의 군사(국방)현상의 인과관계를 규명하여 이론을 발견한다. 이를 토대로 원인변수들의 변화를 예측하여 미래의 군사현상을 예측할 수 있다. 규범연구에서 다루는 기본 명제는 'what should be'이다. 이는 한국의 군사 및 국방부문이 현재 안고 있는 문제점과 예상되는 미래의 문제점을 찾아내는 연구활동, 그리고 이러한 문제점을 해결하여 한국의 군사 및 국방 발전목표를 달성할 수 있는 정책을 탐색하는 연구활동을 말한다.

---

1 군사라는 용어는 군사부문에서 軍事, 軍司, 軍師, 軍史, 軍使, 軍士 등 다양한 의미로 사용되고 있다. 일반적으로 군사(軍事, military affairs)는 軍司, 軍師, 軍史, 軍使, 軍士 등 타 부문의 현상(사안)들을 포괄하는 의미로 광범위하게 사용되고 있으며, 본장에서도 이러한 의미로 사용하고자 한다.

2 여기에서 현상(現狀, the status quo)이란 어떠한 원인변수의 상호작용에 의해서 나타나는 결과를 의미한다. 즉 원인변수의 상호작용 없이는 결과가 생성될 수 없다.

예를 들어 우리는 이미 반복적인 경험을 통하여 국민들의 국가관 및 애국심은 군대의 무형전투력과 정비례관계에 있다는 것을 알게 되었다. 따라서 대한민국의 초·중·고·대학생 등 젊은 세대의 투철한 국가관과 애국심은 미래 한국군의 높은 무형전투력을 예상할 수 있게 되는 것이다. 현재 한국 젊은이들의 국가관과 애국심은 매우 낮고, 기성세대에서는 이념 갈등이 팽배하면서 한국군의 사기는 저하되고 있다. 이로 인해서 한국군의 무형전투력은 매우 낮은 수준에 머무르게 된다. 이러한 현실의 문제점을 극복하여 전투력을 극대화하려면 원인이 되는 요소들의 치유대책을 강구해야 할 것이다. 여기에서 국민들의 국가관, 애국심과 한국군의 무형전투력의 상관관계를 밝히려는 노력이 실증연구이고, 이러한 상관관계를 활용하여 현재와 미래의 결과(문제)를 예측하여 이를 극복하기 위한 대안을 찾는 연구활동이 규범연구이다.

군사현상에 대한 연구활동은 연구대상을 '어떻게(어느 방향, 관점에서) 바라볼(인식할) 것인가, 또는 어떻게 접근할 것인가'에 따라서 구분할 수 있다.[3] 연구활동에 있어서 군사현상에 대한 인식과 접근은 매우 중요하다. 왜냐하면 전쟁 중심적이냐 평화 중심적이냐, 정치 중심적이냐 군사 중심적이냐, 거시적이냐 미시적이냐에 따라서 동일한 군사현상의 연구에 있어서 현상에 대한 인식, 연구방법, 연구내용과 연구결과가 상이하고, 이러한 연유로 해서 군사부문 연구활동의 결과가 초기 연구목적에 상치相馳 directly opposed, discord되는 현상이 나타나기 때문이다.[4]

군사현상에 대한 연구활동은 매우 광범위하다. 이는 군사학의 연구범위가 인문·사회·자연과학[5] 등을 포괄하고 있기 때문이다.

---

3 여기에 관련된 철학적·가치관적 사안은 다음 절에서 간략하게 논의할 것이다.

4 따라서 규범적 연구활동에 있어서는 특히, 당시의 국민 및 사회집단 대다수의 가치관과 인식에 의해서 접근이 이루어져야 한다.

5 자연과학 분야는 기초과학(이학), 응용과학(공학), 의학 및 기타를 포괄한다.

군사현상의 연구에서 많은 부분이 연구영역에 대한 초기의 규정(인식)과 핵심연구대상의 개념화 방법에 따라서 좌우된다. 여기에서 초기 규정은 일상적 범주의 분류방법 채택, 가정(가설), 주체의 개념, 이익집단의 분류 및 개념 등을 말한다.

예를 들면, 군에서의 리더십에 대하여 연구를 하는 경우 우선 군에서의 리더십이란 무엇이며, 어떠한 역할을 하고, 리더십의 파급효과는 어떠한지에 대한 일반적인 사안에 대한 설명을 하게 된다. 이를 초기의 리더십에 대한 규정(인식)이라 한다. 또한 범주의 분류 단계에서 고급제대 리더십과 중급제대 리더십, 하급제대 리더십 등으로 분류한다면 고급·중급·하급제대의 리더십이란 무엇이며 어떠한 특성이 있는가에 대하여 설명을 하게 된다. 다음은 이러한 리더십 중에서 중급제대 리더십에 대하여 연구를 하겠다고 핵심연구대상을 설정하게 된다. 이를 핵심연구대상의 개념화conceptualization 단계라 한다.

이러한 과정을 거쳐 핵심연구대상인 중급제대의 리더십이 부대 운영, 전투능력 등과 어떤 상관관계가 있는지에 대한 가정假定, assumption 혹은 가설假說, hypothesis을 설정하게 된다.[6] 즉 '중급제대에 있어서 지휘관의 리더십이 부대 운영과 전투능력의 향상에 가장 밀접한 관계가 있다'라는 가정(가설)을 세우게 된다.

연구과정에서 범주의 분류, 개념화 등 초기 규정이 이루어지면 관찰 또는 분석과정을 거쳐서 연구결과를 도출한다. 분석과정에서 어떠한 방법을 채택하느냐에 따라서 연구 가능범위가 제한을 받게 된다. 즉 최초 현상에 대한 개념과는 상이한 개념을 가진 분석방법에 의해서 연구결과가 제한된다는 것이다.[7] 여기에서 상이한 개념을 '과학적 기법에서의 개념'이라

---

6 사전적 의미로 가설은 어떤 사실이나 이론체계를 검증하기 위하여 설정한 가정, 가정은 사실이 아니거나 또는 사실인지 아닌지 분명하지 않은 것을 임시로 인정하는 것을 말한다.

7 여기에서 상이한 개념이란 초기 규정에서 현상에 대한 개념과 분석과정에서 채택되는 분석기법 상의 개념의 차이점이다. 즉 현상에 대한 기술적(記述的)인 개념과 분석과정에서 사용되는 통계적

고 하며, 사회과학 더 나아가 군사학 연구에서는 이러한 상이한 과학적 개념들의 관계를 연계하는 작업이 무척이나 어려운 사안이다. 특히 군사 분야는 그 특성상 인문, 사회, 자연, 물리, 의학 등 광범위한 부문들을 포괄하고 있기 때문에 이러한 어려움이 상존하고 있다.

즉 군사현상은 대부분 사람(인문·사회), 조직(사회), 장비·시설·무기체계(물리 등 자연과학) 등의 요인변수들이 작용하여 종합적으로 나타나는 결과이다. 따라서 군사현상을 분석(연구)한다는 것은 사람, 조직 및 장비 등이 어떻게 상호작용하여 하나의 군사현상을 탄생시켰는지를 규명하는 작업을 말한다.

이러한 연구활동은 크게 초기, 중간 및 최종단계로 구분할 수 있다. 초기단계에서는 군사현상에 대한 초기 규정(요인변수들의 구분, 분류 및 개념정의 등)에 의해서 연구목적, 연구범위, 연구대상, 연구방향 및 연구방법 등이 결정된다. 다음 중간단계에서는 요인변수들, 즉 사람, 조직 및 시설·장비, 무기체계 등의 역할을 규명하는 작업이 이루어진다. 이 단계가 분석단계이다. 이 단계에서는 이미 초기단계에서 도출 및 분류된 요인변수들을 분석할 수 있는 학문분야별 과학적 기법들(개념정의 및 분석기법 등)을 이용하여 역할에 대한 분석이 이루어진다. 따라서 최초단계에서의 개념정의와 중간단계에서의 개념정의가 상이하다는 사실이다.

최종단계에서는 이미 초기단계에서 이루어진 초기화(요인변수들의 도출, 분류 및 개념화 등)와 중간단계에서 규명된 요인변수들의 상호작용을 연계(통합 혹은 종합)시키는 작업이 이루어진다. 이 단계에서 최종적인 결과(군

기법, 조사방법, 기타 계량적인 기법 등에서의 개념과 가정 등의 차이를 말한다. 예를 들어 '군부대에서의 제대별 지휘관의 리더십과 전투력의 상관관계에 관한 연구'라는 주제로 연구를 한다면, 우선 제대별 지휘관의 리더십에서 사단장, 연대장, 대대장, 중대장, 소대장 및 분대장들의 리더십의 개념이 상이할 것이다. 동일한 부대가 아닌 이상 각자 갖추어야 할 요소들이 다르기 때문에 연구주제에 나온 리더십의 개념과 실제 제대별 리더십의 개념 간에는 차이가 있다는 것이다. 다른 예를 든다면 '한국의 군사능력'에 관한 연구를 하는 경우 질적인 분석기법(정성적 분석기법)과 양적인 분석기법(정량적 분석기법)을 동시에 사용해야 하며, 지상·공중·수상 군사력의 능력측정 방법이 상이할 것이다. 이러한 경우 각각의 분석방법에 따라서 '군사능력'에 대한 개념이 상이할 것이다.

사현상)에 대한 요인변수들의 상호역할을 종합(통합 및 연계)적으로 규명할 때는 인문·사회학(사람, 조직 등) 및 자연과학(장비·시설·무기체계 등)적 분석기법을 독립적으로 적용할 수가 없다. 각 분야의 현상들은 그 분야에서 사용되는 과학적 기법을 적용하고, 도출된 결과들의 인과관계 변수들을 다시 종합하여 연구대상의 군사현상을 통합된 과학적 분석기법을 활용하여 최종 결과를 도출하는 것이다. 따라서 최초의 개념은 분야별 사안의 분석기법 적용시의 개념과는 상이하게 된다. 그러나 최종 종합적 분석에서의 개념은 초기의 개념과 동일성을 유지해야 된다.

예들 들어 한국의 군사능력에 대하여 연구를 하는 경우 우선 군사능력의 개념을 정의하고 연구범위에 육·해·공군의 군사능력과 공통전력분야의 능력, 인력 및 부대, 무기체계, 운용체계, 전략 및 전술 등을 포함하게 될 것이다. 이러한 범위에서 각 요소에 대한 개념정의가 필요하게 된다. 이와 같이 초기 연구범위와 개념화 단계를 거쳐서 관찰 및 분석 단계에서는 분야별로 적용할 적합한 모델링과 과학적 분석기법들을 선택하게 되고, 이러한 작업이 끝나게 되면 선택된 기법에서의 각 요소에 대한 개념정의가 이루어지게 된다. 이 단계에서는 각 요소가 해당하는 학문 분과별로 인문·사회 및 자연과학 분야에서 사용할 수 있는 과학적 기법들을 적용한 분석이 이루어져서 분야별 결과를 도출하게 된다.

다음 단계에서는 분야별로 도출된 결과에 초기 개념화 단계에서 제시된 과학적 기법을 적용하여 연구활동이 이루어지게 된다. 이러한 과정을 거쳐서 최종적으로 한국의 군사능력에 대한 결과가 도출된다. 여기에서 초기의 개념화 단계의 개념과 학문분야별 과학적 분석기법에서의 개념은 상이할 수 있다는 것이다.

이러한 관점에서 본다면, 군사현상에 대한 학문연구활동에 있어서 연구대상을 분석하기 위해 적용 가능한 과학적 기법(통계 및 계량기법, 면접, 조사방법 등)을 개념화하고, 이론화하고, 추상화하는 방법들을 독립적으로 구분하여 취급하는 것은 잘못된 판단이다. 즉 흔히들 일반 사회현상 및 자연현상에 대한 연구활동에 있어서 인식론과 방법론을 구분하여 독립적인 영역으로 치부하고 있으나, 모든 연구활동에서는 인식론과 방법론이 서로 보완적으로 이루어지고 있다.

예를 든다면 계량적 분석방법을 택하는 경우 먼저 이론에 근거한 모델을 설정하고, 이를 계량적 기법을 활용하여 분석하게 된다. 이러한 연구절차는 자연과학에서도 동일하다. 때로는 이러한 절차를 거치지 않고 이론적 기초를 생략하고 바로 기존의 분석모델을 활용하는 경우도 있다. 기존의 분석모델은 일반화된 고유의 모델이지만 이러한 모델들도 모두 이론에 기초하여 만들어졌기 때문이다.

다음은 연구활동에 있어서 효과적인 방법의 발전이다. 이는 인과추정因果推定에 관련된 사안, 즉 원인변수들(사람, 조직, 장비·시설·무기체계 등)의 상호작용에 의해서 형성된 결과(군사현상)를 규명하는 작업을 말한다. 설명說明/기술記述에 의해서 이루어지는 군사현상의 인과관계 추정은 학문연구활동의 근본이다.

연구활동에 있어서 설명/기술은 현상을 구성하는 사건들 사이의 관계(원인변수들의 상호작용)에서 규칙성[8]을 발견하면서부터 출발한다. 그러나 군사학뿐만 아니라 사화과학은 규칙성을 발견하는데 만족할 만한 성공을 거두지 못했다. 이는 학문의 역사와 발전이 타학문에 비해 미천하다는 사실을 말해주고 있다. 따라서 군사 및 사회현상을 정확하게 설명할 수 있는 이론의 개발과 미래를 예측하여 예상되는 문제들을 치유할 수 있는 정확한 정책을 발견하는데 한계성이 상존한다는 것이다. 여기에서 규칙성의 발견은 군사현상을 설명하는데 근간이 되는 군사학 분야의 이론을 개발하고 발전시키는 핵심적 요소이다. 따라서 이러한 결과는 군사학의 학문발전과 정책발전 두 가지 부문에 영향을 미치고 있다.

군사학은 학문으로서 역사가 짧아서 연구결과가 타 학문에 비해 미비

---

8 일정한 관계가 동일한 조건하에서 반복적으로 나타나는 현상을 말한다.

하다. 즉 군사학 분야 이론이 축적되지 못하고 있는 실정이다. 이로 인해 군사현상을 설명하고 해석하는데 많은 오류를 범하고 있다. 군사학 연구는 군사현상이 일반 타부문의 현상과 다르다는 인식하에 출발해야 하지만, 현실은 군사 분야 전문가들이 이러한 인식을 부정하거나 간과한 채로 타 학문의 이론과 연구방법을 무분별하게 도입하여 사용하고 있다.

다음은 군사현상의 핵심 연구대상에 대한 연구활동 결과의 해석 단계에서 수반할 수 있는 사안으로 이는 국방정책의 발전과 깊은 연관이 있다. 즉 군사현상에 대한 가설(가정)의 검증과 결과에 대한 해석이 정량적 분석定量的 分析, Quantitative Analysis 결과와 정성적 분석定性的 分析, Qualitative Analysis 결과의 혼합에 의해서 이루어져야 한다는 것이다. 특히 전자의 방법을 적용하여 도출된 연구결과를 전적으로 신뢰하는 것은 크나큰 오류를 자아낼 수가 있다. 특히 군사학 분야에서 이러한 현상이 많이 발생하고 있는 게 현실이다. 이는 앞에서 언급된 바와 같이 군사학문의 짧은 역사와 이로 인한 연구활동의 제한으로 인해 학문발전이 아직은 미천하기 때문이다. 또한 이는 아마도 일부 연구자들(계량주의자들)이 연구방법의 문제가 아니라 패러다임이나 군사이론 또는 직관의 문제로 치부 해 버리는데 만족하고 있기 때문이기도 하다. 그러나 사실 경험적 연구뿐만 아니라 이론화에 있어서도 나름대로 독자적인 연구방법들이 있다.

또 하나의 중요한 사안은 계량적 연구방법의 제한성을 기본적으로 인식해야 한다는 사실이다. 이는 군사현상에 대한 인과관계를 계량적 방법의 기본인 함수관계로 정확하게 규정할 수 없기 때문이다. 즉 군사현상의 인과관계 이론에서 제시되고 있는 결과변수(가변 변수)의 영향요인 변수들(독립변수들)을 수리적 함수관계가 정확하게 포괄할 수가 없다는 것이다. 예를 든다면 적정수준의 국방예산 규모에 대한 연구를 할 경우, 계층 분석적 의사결정AHP: Analytic Hierarchy Process기법 등의 계량적 모델들이 국방예산규모 결정에 영향을 미치는 요소 모두를 포괄할 수가 없기 때문에 적지 않은 영향요인들이 생략되고 있다는 점에 유의해야 할 것이다. 또한 이러한 기법들이 과연 국방 분야의 예산을 설명하고, 분석하고, 해석하는데 적합한 기법들인가 하는 의문이 있다. 이는 다분히 계량적 모델들의 약점인 중요변수들을 제외한 미미한 변수들의 생략으로 연구결과의 해석 단계에서 계량적 분석모델의 분석결과를 전적으로 신뢰한다는 것은 무리가 따른다는 것이다. 따라서 광범위하고 복잡한 과정과 수많은 변수들의 상호작용에 의해서 도출되는 군사현상을 대상으로 하는 학문연구활동에 있어서는 이러한 문제들에 대한 세밀한 관찰이 있어야 할 것이다.[9]

군사현상에 대한 연구방법의 범주는 연구 설계, 분석방법, 주제 그리고 설명하고 이해하는 방법에 대한 명료화, 추상화까지도 포괄하고 있다.[10] 즉 이는 군사현상에 대한 연구활동은 분석방법, 군사사회현상 및 군사이론과 과학철학 분야 등을 포괄하고 있음을 말한다. 이러한 범주로 볼 때 논증 및 검증은 철학적인 성격을 지니게 된다. 그러나 실제에 있어서 군사학 연구 시 철학내용의 구체적인 성격, 체계 및 구성요소 간의 관계 등에 대해서 이해할 필요는 없다.

군사학 및 사회과학에서 가능한 연구대상들은 단일 연구모델에 한정시킬 수 없을 만큼 다양성을 지니고 있다. 이러한 특성은 하나의 지배적인 연구모델의 존재를 부정하고 있다. 이는 군사현상의 연구에 필요한 학문분야는 다차원의 학문분야와 다차원적인 연구방법의 적용이 가능하다는 것을 의미하고 있다. 이러한 현상은 군사학에 있어서 자연과학 분야와 사회과학 분야 그리고 또 다른 학문분야의 지식 및 연구방법의 이용가능성을 인정하고 있다.

---

9 계량적 분석기법을 활용하여 도출된 연구결과를 전적으로 신뢰하여 특정 분야의 의사결정 시 주요 정책변수로 사용하는 경우 크나큰 정책적 오류를 범할 수도 있다.

10 현상 및 사실을 연구한다면, 우선 초기화 단계에서 요인변수의 도출과 분류, 개념화가 이루어지고, 연구목적, 연구범위, 연구대상, 연구방향 및 연구방법 등이 결정된다. 다음 중간단계에서는 요인변수들의 역할을 규명하는 작업이 이루어진다. 즉 연구방법이 초기, 중간, 최종단계의 연구활동을 연계시켜주는 역할을 한다. 앤드루 세이어 지음, 이기홍 옮김, 『사회과학방법론』(서울: 한울아카데미, 1999), p.18 참조.

II. 군사학의 과학적 이론 정립[11]

1. 과학철학

19세기 이후 과학이 급성장하면서 주관적 해석의 당위성이 부정되기 시작했다. 즉 하나의 독립적인 가치관·인식관에 따라서 모든 현상을 설명할 수는 없다는 것이다. 과학은 논리성, 실증성, 객관성 등의 속성을 지니고 인간이 알 수 있는 현상, 즉 경험할 수 있는 현상을 다루어 문제의 소재와 해결을 분명하게 한다. 경험을 초월하는 사안의 경우에도 경험에 입각한 논리적 초월의 범주로 다루기 때문에 과학의 영역은 항상 경험의 세계에 국한된다. 그래서 과학의 세계는 사실적이며 실제적이다. 과학적 분석을 통해 얻는 지식은 논리적 설명의 체계에 의해서 과학적 이론이 된다.

군사학의 경우에도 군사현상을 인식하여 분석하고 분석결과를 토대로 하나의 이론을 발견하여 정리하게 되는데 이를 '군사이론'이라고 한다. 예를 들어 무형전력의 형성에 연계된 각 요소의 상호작용을 분석하고, 분석결과를 설명하고 해석하는데 요소별 역할을 규명하여 논리적·경험적·객관적으로 설명이 되고, 해석된 결과에 대해 일반적으로 공감대가 형성되면 이를 '무형전력의 형성에 관한 과학적 이론이 성립한다'라고 하는 것이다. 일반적 공감대의 형성이란 보편타당성을 의미하며, 이는 무형전력(결과변수)과 각 요소(원인변수)의 상호작용이 반복적으로 또는 규칙적으로 나타난다는 사실을 말한다. 즉 무형전력과 각 요소 간의 상관관계를 일반화할 수가 있으며, 이를 무형전력의 이론이라고 한다는 것이다. 또한 이러한 무형전력은 군사세계에서 나타나고 있는 실제적 사실인 것이다.

---

11 과학의 사전적 의미는 알아가는 것, 일깨워가는 것을 의미한다. 따라서 과학적 활동이란 연구 또는 학습활동을 말한다. 본절에서는 군사학의 연구활동 중에서 인식론 즉 군사현상을 어떻게 인식하고, 이러한 인식에 적합한 이론을 개발하는 데 근간이 되는 현상에 대한 연구자들의 철학, 또는 가치관에 관련된 내용을 알아보겠다. 이는 군사학 연구방법론에서 이론의 근원이라고 볼 수 있다.

과학철학Philosophy of Science이란 철학적으로 어떠한 현상을 규명하고 설명과 해석을 할 경우 수학이나 물리학 등과 같은 과학적 객관성에 의해서 논리성, 실증성을 입증하는 것을 말한다.[12] 따라서 어떠한 영역의 철학연구가 과학적 속성에 의해서 이루어질 경우, 예를 든다면, 사회, 종교, 경제, 정치 및 군사부문의 철학영역이 과학적 논증을 하는 경우 과학철학의 입장에서 연구를 한다고 말할 수가 있다. 따라서 과학철학은 과학적 지식을 규명하려는 것을 목적으로 한다.

여기에서 과학이란 '어떤 가정하에서 일정한 인식목적과 합리적인 방법에 의해 세워진 광범위한 체계적인 지식'을 말한다. 또한 과학자들의 범주에는 우주선을 제조하는 기술자들이나, 이론이나 정책을 개발하는 전문가들을 말한다. 예를 든다면 군사학에서 전쟁을 규명하는 경우, 먼저 '전쟁은 평화를 위해서 필요한 것이다'라는 가정 위에서 이를 군사중심military oriented 또는 평화중심peace oriented적 인식하에(인식목적) 가정을 합리적 방법(철학)을 사용하여 규명하고 검증하여 일반화과정을 거쳐서 체계화시킨 지식(이론)이 '전쟁이론'인 것이다. 여기에서 실증주의자들은 과학적 지식은 특정한 구조와 기능을 가진 지식으로 간주하고 있다.[13]

일반적으로 과학방법론상 경험과학을 과학이라고 한다. 또한 경험과학은 자연과학과 인문사회과학으로 구분된다.[14] 이러한 경험과학은 법칙 또는 준법칙적 명제들로 구성되어있고, 명제들로부터 논리적으로 도출된 가설의 검증을 통해 경험적으로 입증할 수 있어야 하며, 대상 현상에 대한

---

12 Hans Reichenbach, *The Rise of Scientific Philosophy* (Berkely and Los Angeles: University of California Press, 1968), pp.117-124; 김준섭, 『과학철학서설』(서울: 정음사, 1963), p.13.

13 특정한 구조와 기능에서 이론을 구성하는 요소들 즉 가변변수(종속변수)와 독립변수(원인변수)들의 관계가 구조이며, 기능은 각 독립변수들의 역할(상관관계)을 말한다.

14 군사학은 경험과학에 속하는 학문으로 자연과학과 인문사회과학을 포괄하고 있다. 특히 인문사회과학과 연계된 분야의 군사사회 현상은 자연현상과 다른 인간의 추상적 사고이므로 계급, 집단, 시대, 계층에 따라서 상이한 요소들을 도출할 수 있다. 따라서 군사학이란 군사세계에서 군인들의 합리적 행위를 분석대상으로 하는 학문으로 자연현상과는 상이하게 일정한 인위적, 창조적인 요소들을 포함하고 있다.

설명 및 예측을 논리적으로 도출할 수 있어야 한다. 이러한 세 가지의 요건에 의해서 특정지을 수 있는 지식이 과학적 지식이다.

경험과학의 목표는 경험세계에 있어서의 어떤 현상을 묘사하고, 이러한 현상을 간결하고 체계적으로 이해하여 설명하고, 예측하게 할 수 있는 일반원리나 이론을 수립하는 데 있다. 앞에서 논의된 바와 같이 경험적 연구는 연구문제와 관련된 현상의 분석을 통해 결과를 도출하게 된다. 따라서 자연과학과 인문사회과학 및 군사학을 포함하여 많은 연구들이 경험적 연구를 통해서 이론과 지식을 발전시키고 있다. 이러한 경험적 연구는 이론을 개발하는 실증연구와 미래현상의 극복과 사회문제를 해결하기 위한 정책 개발을 하는 규범연구로 구분된다.

과학철학은 인식론적 분석이 주가 되며, 확률이론theory of probability이나 귀납적 논리logic of induction 등을 확립하는 사안을 다룬다. 따라서 과학철학자는 개념적·방법론적 쟁점을 분석하고 연구자의 다양한 지식과 경험이 어떻게 일치되는가를 밝혀낸다.[15] 인문사회과학철학은 윤리적으로 중립적인 위치에 있고 관심의 내용이 방법론에 치중하기 때문에, 이론정립의 논리나 이론의 정당성에 관한 논리에 관심이 집중되고 있으며, 사회현상의 과학적 검증여부에 초점을 집중시키고 있다.

인문사회과학철학과 인문·사회철학의 차이는 전자의 경우에는 방법론적 성격을 지니고 있으나 후자는 사회현상의 이론을 규명하는 것으로 실체문제를 파악하는 즉, 바람직한 사회의 건설 등과 같은 바람직한 사회체제나 사회를 이룩하려는 노력을 말한다. 따라서 사회과학이나 자연과학, 그리고 순수과학이나 응용과학이나 모두 그것을 대상으로 하는 철학이되, 방법에 있어서 척도나 기호논리를 구사하는 이른바 과학적 분석을 하게 된다. 즉 과학철학은 현실과 유리된 영역에 머물렀던 철학을 현실과 연

---

15 Karel Lambert and Gordon G. Brittan Jr., *An Introduction to the Philosophy of Science* (Englewood Cliffs, N. J.: Prentice-Hall, 1970), pp.1-3.

결시킨 새로운 철학으로 변화시키는데 커다란 공헌을 했다.[16]

과학적 이론을 정립하기 위해서는 현상의 실체를 파악하고 이를 어떻게 인식하는지를 이해해야 한다. 즉 인식의 주체인 인간이 인식대상인 어떠한 현상이나 사실에 대한 인식활동을 통해서 과학적 지식을 얻게 되는 것이다. 지식은 숙지熟知에 의한 지knowledge of acquaintance와 기호記號의 지symbolic knowledge가 있다. 이러한 지식을 지각된 자료sensed data를 통해서 얻는 것이 현상학Phenomenology, 지각된 자료에 인간의 마음이 작동하여 해석을 하고 원리를 밝히는 것이 경험주의Empiricism이다.

이러한 경험주의는 급진적 경험주의Radical Empiricism와 실증주의Logical Realism로 구분된다. 전자는 경험세계에 지나치게 의존하는 경우를 말하며, 후자는 공리에서부터 출발하여 연역적 논리전개 과정에서 최대한의 지적활동을 하는 경우를 말한다.[17] 과학철학은 기존의 가설을 기반으로 이론을 전개하는데 비해 인식론은 기존의 가설과 일반적인 근거를 탐구하는 것이다. 형이상학은 실체의 기본요소가 무엇인가를 알고자 하는 철학으로 실재론Realism, 일원주의Monism, 회의주의Skepticism 및 주의주의Voluntarism가 있다. 근대과학의 기초는 일원주의에 속하는 관념론Idealism이 지배하고 있었다. 이는 존재, 근거, 원리 등이 실체냐, 이상이냐, 또는 물리적인 것이냐, 인간의 의지냐, 혹은 아무것도 아닌가 등에 대해서 탐색할 경우를 말한다.

형이상학은 실체나 존재 등 가장 근원적인 것을 탐구하는 것이다. 따라서 합리적이지만 검증이 불가능한 신조信條에 근거한 철학, 이성에 모순되지 않지만 이성을 초월한 철학, 또는 합리적인 근거를 제시하는 철학이다. 이에 비해서 과학철학은 어떠한 철학적 세계관에 의한 신조를 전제로 하지 않고 있기 때문에 논리적 실증주의와 구별된다.

---

16 Hans Reichenbach, *The Rise of Scientific Philosophy*, Ch. 18.

17 Joyotpaul Chaudhuri, "Philosophy of Science and F.S.C. Northrop: The Elements of a Democratic Theory," *Midwest Journal of Political Science*, XI (1, February 1967), pp.44-72; Oliver Benson, *Political Science Laboratory* (Columbus, Ohio: Charles E., Merrill, 1969), pp.1-2.

실증주의는 내재실증주의와 검증실증주의로 구분된다. 전자는 과학적 진술의 모든 체계는 부여된 즉 주어진 여건들을 기술로 환원되어야 한다는 것이며, 후자의 경우에는 과학적 주장들은 검증이 가능해야 한다는 것이다. 그러나 실제로 부여된 것에 한정하게 되면 이론적인 면을 거부하게 되고, 검증가능성을 지나치게 강조하면 자칫 의미 없는 명제로 전략하게 된다. 왜냐하면 모든 자연법칙을 다 검증할 수 없기 때문이다. 논리실증주의가 합리성, 즉 언어적/개념적 명석성과 상호주관적 이해성을 추구하고 정밀한 검토와 엄격한 논증을 기함으로써 과학철학에 기여한 점은 확실하나, 스스로 범위를 한정시켜서 중요한 철학문제를 배제시켰다는 결함을 지니고 있다. 과학철학은 실증주의적 세계관信條을 버렸기 때문에 즉, 전제로 하지 않기 때문에 실증주의와 같은 비판을 받아들일 수가 없다.

이상에서 과학철학의 속성과 인식론과 형이상학의 관계에 대해서 살펴보았다. 다음은 기초개념으로서 공간Space, 시간Time, 물질Materials, 자연법칙 Laws of nature 및 지식Predictive knowledge 등이 과학철학과 어떤 관계가 있는지 살펴보도록 하겠다.[18] 과학철학에서 공간의 개념은 물리적 공간을 말한다. 수학적 공간같이 정의를 내려서 규정하는 가상의 공간이 아니라 물리적 공간은 실재하는 공간으로 사실에 입각하여 경험을 할 수가 있다. 따라서 수학적 공간은 분석적인데 반하여 물리적 공간은 현실성이 있다. 물리적 공간에서의 현실적 경험성이 궁극적으로 과학철학이 추구하는 개념이다.

과학철학에서의 시간은 논리적이면서 약간은 추상적이다. 따라서 시간의 개념은 정확하고 객관적이다. 동시에 일상생활에 근거하고 있으므로 경험적이다. 시간은 엄격한 실험에 의하여 분석되는 상대적 개념이다. 과학철학에서의 물질은 물리적 실험과 철학적 분석이 즉, 과학적 실험과 수학적 분석을 토대로 물질에 관한 새로운 개념을 정리할 수 있다.

---

18 Hans Reichenbach, *The Rise of Scientific Philosophy*, Part two; 김준섭, 『과학철학서설』, pp.15-35 참조.

자연법칙은 물리학의 발달로 미시세계에서는 인과법칙이 타당성을 상실하고 이를 극복하기 위해 확률법칙이 보완되었다. 마지막으로 지식에 관한 이해는 분석적/연역적 지식과 종합적/귀납적 지식에 대해서 이루어진다. 연역적 지식은 정당화의 문제를 다루는 지식이며, 귀납적 지식은 관찰된 사실을 위한 이론의 정당화를 주제로 하는 지식이다.[19] 경험과학에서는 연역적 논리는 논리적 필연성을, 귀납적 논리는 내용의 공허성을 채워주기 때문에 한쪽에 치우치지 않고 모두가 중요하다. 또한 귀납적 논리는 예측적 지식을 가능하게 해준다.

현대 논리학이 대두하면서 지식을 직접적인 관찰결과에 근거한 귀납적 설정의 체계로 해석하게 되었다. 지식을 이성으로만 얻는 것이 아니라 내용을 지니며 예측적인 것으로 이해하는 즉, 지식을 기능적으로 생각하는 입장이다. 이는 기호논리학에 의존하는 논리적 경험론에 의해 분명해졌다. 철학의 전통적 분류에 속하는 논리, 지식론, 형이상학, 윤리와 사회철학 같은 범주 속에서 과학철학이 연구되어왔지만 아직까지도 그 정의나 목적이나 방법에 있어서 명확한 성격을 드러내놓지는 못하고 있다.

그러나 과학철학은 자연과학과 인문사회과학을 같은 입장에서 보면서 역사주의에서 탈피하여 논리적 분석을 주 무기로 삼으며 정밀하고 실증적인 결론을 얻고자 노력하고 있다. 과학철학은 지식의 현상을 검토하고 인식론을 전개하기 때문에 경험적이며 예측에 집중한다. 그러므로 과학철학의 기본 입장이자 사명은 각 분야의 연구를 논리적, 과학적으로 다져주고, 분야 간 지식의 관련성과 통일성을 찾도록 노력한다. 이러한 가운데 전제되는 과학적 지식은 상식이나 이성을 전제로 하던 종래의 철학보다 객관성을 갖게 되고 보다 실증적이 되지 않을 수 없게 된다.

---

19 Hans Reichenbach, *The Rise of Scientific Philosophy*, pp.229-249.

2. 과학

과학은 물질세계의 판단에 대한 태도에 따라 수학과 철학으로 구분된다. 물질세계의 판단은 종국적이고 근본적인 것만을 받아들인다. 그러나 과학의 소재는 보편적 동의를 구할 수 있는 즉시적 판단으로 구성된다.[20] 과학 중 한 분야인 물리학은 다른 분야의 과학과는 달리 실체의 규명에 있지 않고 규명의 방법, 즉 물리적 방법에 있다. 따라서 물리학은 측정의 과학이라고도 한다.

과학적 활동은 기술description, 규칙의 발견discovery of regularity과 이론과 법칙의 형성을 통해서 인간의 주변세계를 이해시킨다. 이러한 과학의 특성[21] 중 첫째는 논리성logical이다. 논리성은 귀납induction과 연역deduction의 논리전개방법에 의해서 타당성이 이루어진다. 따라서 과학적 논리 전개 시 두 가지의 전개방법은 필수적이다.

둘째로 과학은 어떤 사상事象이든 자연적 발생이 아니라 원인에 의해서 발생하며, 그 원인에 대한 논리적 확인을 전제로 하는 결정론적deterministic 사상이다. 즉 원인에 대한 개연성을 가지고 얼마나 더 진실에 가까운가에 따른 논리(확률적·추계적 결정론 등)를 말한다.

셋째로 과학의 목적은 개별적이고 특별한 사상의 설명이 아니라 일반적 이해를 위한 설명에 있다. 역사학의 접근방식은 특정 사실에 관해서 모든 것을 밝히려는데 사용하지만, 과학은 일반화의 가능성이 중요한 특성 중에 하나이다.

과학의 네 번째 특성은 간결성이다. 되도록 적은 수의 요소만을 추려서 사상의 원인으로 간주해서 설명하려고 한다. 즉 과학은 단순성과 설명력의 극대화를 추구하고 있다.

---

20 Norman Robert Campbell, *Foundations of Science: The Philosophy of Theory and Experiment* (New York: Dover, 1957), pp.15-37.

21 Earl R. Babbie, *Survey Research Methods* (Belmont, California: Wadsworth, 1973), pp.12-19 참조.

다섯 번째로 과학은 특정적specific이다. 즉 과학이 일반적인 특성을 가지고 있지만 어떤 대상을 연구할 때에는 분명히 밝혀야 할 개념의 뜻은 조작적 과정을 통하여 특정할 수밖에 없다는 사실이다. 예를 들어 군사조직의 발전이라는 개념을 다른 개념과 연관시켜 어떤 연구를 할 때 구성원들이 성향을 측정할 것인지, 구조가 분화되고 기능이 전문화된 상태를 측정하겠다는 것 인지를 분명하게 밝혀야 연구가 진행이 된다. 따라서 연구의 결과로 새로운 사실이 발견되고 이를 해석할 경우에도 특정화시킨 범위 안에서 해석이 유효한 것이다.

여섯 번째로는 경험적으로 검증이 가능해야 한다. 과학의 양태는 일반 법칙이나 방정식의 형태이다. 이러한 형태는 경험적인 자료를 모아서 분석, 검증을 통해서 이루어진다. 경험적 검증이란 상이한 주장을 반증함으로써 본래의 주장을 보다 확고하게 입증하는 것이다.

다음으로 과학은 간주관적間主觀的, intersubjective이다. 흔히들 과학은 객관적이라고 말하지만 엄격히 따져보면 연구자는 자신의 동기에서부터 비롯되는 적에 지배받아 주관적인 것에서 벗어날 수가 없기 때문에 어떤 연구자들도 객관적인 연구를 했다고 말할 수가 없다. 그러나 과학이 간주관적間主觀的이라고 말하는 것은 두 과학자가 상이한 주관을 가지고 동일한 실험을 통해서 동일한 결과를 도출할 수가 있다는 것이다. 즉 상이한 주관이라도 이들 간에는 공통점이 있다는 것이다.

마지막으로 과학은 수정이 가능하다. 만약에 두 연구자가 발견해 낸 결과가 서로 상치한다면 어느 한쪽이 맞는 것이라고 말할 수가 없다. 즉 수많은 이론들이 반증되어 다른 이론으로 대치되고 있어 한 시대를 구가하던 이론도 상황의 변화에 따라서 수정된다는 것이다. 따라서 과학이 어쩌면 진리를 추구하기보다는 유용성utility을 탐색하려는 것이라고 말할 수도 있을 것이다.

3. 과학적 접근방법

과학적 접근방법은 일반적으로 다음과 같은 몇 가지의 전제와 특성을 가지고 있다.[22] 첫째, 과학적 방법은 자연에 대한 통일을 전제로 한다. 자연현상에는 일정한 통일성이 있다. 이러한 통일성 없이는 공공성이나 객관성이 요체가 되는 과학이 성립할 수 없다. 자연의 통일성에 관련된 명제는 자연적 분류, 영구성 및 결정론이 있다. 자연적 분류의 명제에서는 자연현상 가운데 서로 유사성을 지니는 것이 있는데 이것들이 과학적 분류의 기초가 되어 현상기술의 기본요소, 항목, 기능, 구조, 과정 등이 된다. 이러한 유사성의 유형에는 구조적, 기능적, 구조-기능적인 분야의 세 가지가 있다.

영구성은 시간개념과 연계되는 명제로써 시간의 일관성이 유지되어야만 과학의 과정에서 일관성이 유지되어 과학이 성립하게 된다. 이는 통제와 예측을 가능케 하기 때문에 불가분의 명제이다. 마지막으로 결정론의 명제는 자연적 결정론이다. 자연적 결정론은 하나의 사상은 시간적으로 선행사상과 연계되어 있기 때문에 앞의 사상이 뒤의 사상을 결정하는데 지대한 영향을 준다는 것이다. 과학적 방법이 이러한 시간적 연속성과 연계된 사상을 분석하기 위한 방법이라는 사실이다. 따라서 결정론은 영구성과 함께 통제와 예측을 가능하게 하는 기본요소이다. 이러한 관계를 일반적으로 인과관계라고 한다.

인간은 사물의 현상에 대하여 무한히 인식하고 기억하며 추리한다. 이러한 것을 인간의 지적활동이라고 한다. 과학적 활동은 바로 이러한 인간의 지적활동 보다 정확하게 할 것인가를 지원하는 활동이다. 그러나 이러한 지적활동은 인지의 대상이나 인식자들이 처한 환경이나 이외의 여러 매개변수들의 작용 때문에 유동적이어서 완벽할 수가 없는 것이다. 따라서 과학적 방법은 이러한 미비한 부분의 객관성과 합리성을 높여주는 것

---

22 김재은,『교육·심리·사회과학연구방법』(서울: 익문사, 1971), pp.55-64, 66-71.

이지만 한계성이 존재하는 것도 사실이다. 이러한 한계성으로 과학적 활동에는 근사치의 사고idea of approximation가 지배한다.

과학적 방법의 특성으로는 체계성, 경험성과 실증성, 객관성, 일반성과 추상성, 보편성, 계량성 및 예측성 등이 있다. 과학적 방법은 과학적 연구를 하는 방법으로써 과학적 법칙과 이론을 정립하는데 사용되고 있다. 즉 과학이라는 속성을 배경으로 현상 속에 내재하고 있는 제반법칙을 정확하게 찾아내어 만인이 믿도록 하는 연구이자 방법인 것이다. 이를 위해서는 방법들이 체계적, 경험적, 실증적, 객관적 및 계량적이어서, 연구결과가 일반성, 추상성과 보편성을 지녀서 미래의 유사한 상황에서 동일한 결과가 나오리라는 예측이 가능하도록 해야 한다.

과학적 방법은 인간의 지적활동을 통하여 과학적 진리를 탐구한다. 따라서 무한한 추리력을 필요로 한다. 그러나 이는 막연한 상상이 아니라 논리적이어야 한다. 따라서 과학적 논리를 전개하기 위해서는 연역적deductive인 측면에서는 분석의 세계, 수학의 세계와 경험의 세계 또는 사실의 세계를 규정하고 공리axiom에서 출발하여 정리theorem, 가설hypothesis로 연결되는 일련의 과정을 논리적 전개방식을 동원하여 진술하는 것이다. 이러한 과정에서 경험적 사실과 일치되는 경우를 과학적 법칙이 발견되었다고 한다. 또한 귀납적inductive인 측면에서는 경험의 세계에서 일정한 사실에 입각하여 일반화를 시도하는 것으로써 연역적 측면과는 반대의 과정을 거치게 된다. 이와 같이 전개과정이 체계적 일관성을 가지고 논리가 모순되지 않도록 이루어져야 한다.

일반적 공리에서 출발한 일반사항은 아직 문제규명의 이전 단계에서 가설적 상태이므로 경험의 세계에서 검증되어야 한다. 경험의 세계에서 타당성이 입증되면 하나의 진리로 판명되어 하나의 이론으로 탄생하게 된다. 이론은 경험의 세계에서 많은 사람들에게 실증적으로 입증됨으로써 객관성을 지니게 된다. 즉 과학적 방법은 위에서 기술한 바와 같이 경험적, 실증적, 객관적 속성을 지니게 된다는 것이다. 또한 보편성은 동일한 조건 하에서 미래의 다른 조건(상황)에서도 동일한 사실을 반복할 수 있다고 믿는 정도이다. 법칙도 보편성이나 일반성의 속성을 지니고 있다. 즉 시공을 초월하여 진리로 받아들이는 보편화된 일반성이라는 것이다.

또한 과학적 방법이 구현하고자 하는 것 중의 하나가 이론의 예측력이다. 즉 과학적 방법을 통해서 도출된 과학적 이론이 예측 가능해야 한다는 것이다. 연역적 체계에서 가설의 형태로 표현되는 변수와 변수의 관계를 정확한 분석방법에 의해서 경험적으로 입증할 때 하나의 이론이 탄생하며, 이는 미래사실에 대한 예측력을 지니게 된다. 이러한 예측력은 설명력과 함께 이론의 중요한 기능이다.

일반적으로 법칙과 이론의 주요기능은 현상에 대한 규명을 통해 이해를 촉구하는 것이며 더 나아가서는 연역적 모형의 견지에서 볼 때 예측까지 가능하다는 것이다. 따라서 모형이나 법칙은 현상을 설명하는데 사용되며, 이론은 법칙을 설명하는데 사용된다. 이는 법칙은 새로운 사실을 예측할 수 있게, 이론은 새로운 법칙을 예견시켜준다는 사실을 의미한다.

과학적 방법은 사회과학 분야의 연구에 일정한 한계를 지니고 있다. 이는 연구대상으로서 인간행위가 근본을 이루고 있는 사회현상의 속성 때문에, 그리고 과학이 근본적으로 가치의 문제를 외면하기 때문이다. 따라서 군사현상들은 자연과학과 사회과학 분야를 커버하기 때문에 특히 사회현상과 연계된 군사현상의 연구 시에는 주의를 기울여야 한다.

4. 인문사회과학과 자연과학 방법론의 차이점

인문사회과학은 소재subject matter, 대상, 방법 및 전제presupposition 등에서 근본적으로 자연과학과 구별된다. 과학은 경험과학과 비 경험과학으로 구분된다. 전자의 경우에는 인간의 세계에서 발생하는 사안들을 탐구하고 묘사하고 설명하며 예측하고자 노력한다. 따라서 경험과학에서 행해지는 설명들statements은 경험에 의해 규명된 사실에 따라 실험, 체계적 관찰, 면접이나 조사, 심리학적 또는 임상학적 검증 등의 방식을 이용하여 입증되어져야 한다. 이러한 경험과학의 성격 때문에 경험적 검증이 없이도 성립 가능한 논리학이나 순수수학 같은 비경험과학과는 구별된다.

이러한 경험과학은 자연과학과 인문사회과학으로 대별할 수 있다. 그러나 양자의 경계는 모호하다. 방법론이나 과학적 탐구의 합리성에 연관된 여러 발견에 의해서 공동으로 적용할 수 있는 공통성을 지니기도 한다. 양자의 소재나 대상의 차이에도 불구하고 과학적 지식의 추구와 이를 이루고자 하는 방법론상에서의 협동성은 이러한 양면성의 존재를 말해주고 있다. 이러한 양자의 유사성과 상이점은 다음과 같이 요약할 수 있다.

첫째로 연구대상에서의 차이점이다. 자연과학은 객관의 세계를 연구대상으로 하나 사회과학은 인간이나 인간의 의도적 행위를 대상으로 한다. 따라서 후자의 경우에는 일정한 법칙에 의해서 언어를 통해서 소통하고 상호작용하기 때문에 사실을 정확하게 그려주지 못하는 한계가 있다.[23]

둘째로는 예측과 의사소통에서의 차이이다. 자연과학에서 설명력이 미래의 사태에 대한 예측까지도 가능하게 하지만 사회과학에서는 예측보다는 인간관계에서의 의사소통에 보다 중심을 두고 있다는 점이다.

셋째는 법칙과 관습에서의 차이이다. 위에서 기술한 바와 같이 법칙은 인과 기능에 따른 것으로 일반화의 속성을 지니고 있다. 일정한 법칙이 없는 설명은 두 사상의 단순한 시차적 언급일 뿐이다. 따라서 설명은 일정한 법칙이 있어야하는데 사회과학에서는 이를 구비하기가 어렵다는 점이다. 관습은 인간의 행동을 규제한다. 관습은 보편화된 법칙의 경지에까지 이르지는 못하지만 전래되어온 고유성 때문에 설명력이 존재한다.

넷째로는 이론과 구성적 의미의 차이를 말한다. 사회과학의 이론은 자연과학의 경험의 연역적 통일성을 제시해주지 못하고 있다는 점이다. 따

---

23 J. Donald Moon, "In What Sense are the Social Sciences Methodologically distinctive?" (Unpublished mimeo presented at 1974 Annual Meeting of the American Political Science Association), pp.5-6; 김광웅, 『사회과학 연구방법론: 조사방법과 계량분석』(서울: 박영사, 1984), p.42.

라서 사회과학은 연역적 이론보다는 현상을 해설하는 정도에 머물고 있다. 따라서 사회과학적 의미이론은 어떤 행위에서 전제된 것과 그 속에 함축되어있는 것을 찾아내려고 하기 때문에 과학적 이론 보다는 철학적 이론에 가깝다.[24]

또 다른 면에서의 차이점은 사회과학에서 다루고 있는 대상은 극히 가변성이 존재한다는 것이다. 즉 인간의 행위를 다루기 때문에 어떤 규칙성을 찾기가 매우 어렵다는 것을 말해주고 있다. 즉 사회과학에서의 가치판단은 복잡하고 불가분의 관계가 다양하다는 것이다.

5. 접근방법과 연구방법

연구대상이 결정되면 연구 설계가 이루어져야 한다. 설계는 연구의 목적, 문제의 본질, 조사를 위한 적정대안 등을 고려해서 이루어진다. 연구목적이 설정되면 연구의 범위와 방향이 결정되고, 연구문제의 본질에 따라서 가장 적정한 접근방법이나 기능적 범주로 나뉜 연구방법이 선택된다.

접근방법은 연구자가 사용하려고 하는 정신적 사상을 명시적으로 진술陳述한 것으로 연관개념聯關概念[25]이 필요하고, 문제의식을 갖고, 절차를 지니며 마지막으로 전망의 성격을 지니고 있다.[26] 이러한 접근방법의 분류는 정치, 경제, 사회발전 등 다양하게 이루어지고 있다. 접근방법이든 연구방법이든 연구대상으로서의 주제에 따라 사용되는 유형은 극히 유동적이다. 연구자들의 관점에 따라서 상이한 방법들이 채택되고 있으나, 주제에 걸맞지 않는 접근방법이 선택되지 않도록 주의를 기울여야 할 것이다.

여기에서는 이러한 다양한 접근방법을 군사 분야에 적용하는 것 중심

---

24 김광웅, 『사회과학 연구방법론』, p.29.

25 예를 들어 '한국군의 전투능력'의 경우 한국군과 전투능력의 특성과 특징을 나타내는 연구자의 생각을 설명하는 것을 말한다.

26 한배호, 『비교정치론』(서울: 법문사, 1971), pp.40-43.

으로 요약하겠다.[27] 첫째는 규범적인 접근방법으로 이 방법은 선택에 영향을 미치는 가치와 규범의 분석에 치중한다. 이 분석방법의 주요변수는 가치와 규범이다. 또한 구체적 가설을 제시하지 않고 일반적 전제만을 놓고 연구를 시작한다. 둘째는 구조적 접근방법이다. 이 방법의 분석적 과제는 사회체제의 유지와 발전에 필수적인 체제와 기능적 제 요소들이다. 분석의 대상은 거시적으로 국가와 정부기관 및 집단 등이다. 셋째는 행태적 접근방법이다. 이 접근방법의 분석과제는 학습과 사회화 과정에 관한 것으로 문화적 가치와 규범의 내면화, 개인적 욕구와 동기, 이념과 성향 등이다. 넷째는 체제와 기능적 접근방법으로 가장 보편화된 방법 중 하나이다. 위에서 설명된 구조적 접근방법과 중복되는 점이 많다. 다섯째는 생태론적 접근방법으로 기술과 관리를 통한 능률의 제고라는 단면만 보면 상황에 대한 고려를 생략할 수도 있다. 그러나 인력으로 조정 가능한 범위가 상대적으로 축소되면서 외부환경으로부터의 도전과 그에 의한 지배를 고려해 생물학적 견해인 생태론적 접근방법을 원용하고 있다. 여섯째는 사회과정 접근법이다. 산업화, 도시화, 산업화, 문자해득력, 산업적 이동성, 과학화, 정보화와 같은 사회현상이나 군사현상의 일부를 연구의 대상으로 삼고 실제 자료들을 양적으로 수집하여 가설검증에 임한다. 변수와 변수와의 관계를 다룬다는 점에서 행태적 접근방법으로 분류되고 있다. 일곱째는 비교역사적 접근방법이다. 이는 역사상에 나타난 사회와 군사현상들을 비교, 분석하는 가운데 사회나 군사의 실제적인 진화를 고찰하고 분류하며 하나의 양태 속에서 작용하는 요소들에 대해서 가설을 정립한다. 그러나 특정사회의 특정 역사적 시점에서 나타나는 독특한 현상을 분석한다는 장점이 있으나 일반성의 결여로 이론을 정립하는 데는 어려움이 있다는 약점이 있다. 여덟째는 법률 및 제도적 접근방법으로 법률, 규정과 정부기구에 대한 연구를 중점으로 삼고 있다. 법률이나 제도에 관한

---

27 자연과학적 접근방법은 명확하게 분류되고 있으므로 여기서는 생략하겠다.

연구가 다른 연구의 지표가 되어 어떤 체제, 조직의 성격, 또는 문화적 특성을 쉽게 파악할 수 있는 장점이 있다. 그러나 급격하게 변화되는 사회와의 간격으로 전체 현상에 대한 해석이 정확하지 않다는 약점도 있다. 마지막으로 행정적 접근방법이다. 이 방법은 초점을 정부의 기능에 두고 관료체제의 발전을 근대화라고 생각한다. 이 접근방법은 특히 조직이론의 취향이 강하여 정치발전도 보다 효율적이고, 보다 적응도가 높고, 보다 복합적이면서 합리적인 조직체의 생성이라고 간주하고 있다.

다음은 인문사회과학에서 주로 사용하는 연구방법에 대해서 개괄적으로 살펴보기로 하겠다. 첫째로는 역사적 연구방법이다. 이 방법은 과거를 객관적이고 정확하게 재현하는데 중점을 두고 있다. 과거 어떤 시기 또는 기간에 군사현상이나 사회현상에 어떤 연구들이 행해졌는가를 추리해 본다거나, 어떤 사안이 어떻게 변화되어 왔는가를 알아보는 연구방법이다. 두 번째는 기술적 연구방법으로 관심의 영역과 현상을 체계적으로 묘사하는데 실증적이고 정확하게 이루어진다. 여론조사, 사례조사, 업무분석, 설문지, 면접, 관찰, 문헌조사 및 서류분석 등이 이 범주에 해당한다. 이 방법에서는 관계를 설명할 필요가 없고, 가설을 검증할 필요도 없으며, 예측도 할 필요가 없다. 다만 구체적인 사실의 정보를 구해서 현상을 서술하면 된다. 세 번째는 발전적 연구방법으로서 시차에 따른 성장이나 변화의 연속과 유형을 조사하기 위해 실시한다. 이 방법은 시간에 따라서 성장 및 발전의 유형, 발전 정도 및 방향 등을 종단적인 측면에서의 연구와 시간적인 변화보다는 여러 사례 간의 비교를 통해 변화의 본질과 변화의 정도를 간접적으로 보는 횡단적 연구 및 유형이나 조건들을 예측하기 위해 과거의 변화유형을 검토하는 연구 등이 포함된다. 넷째는 사례 및 현지연구방법이다. 이 방법은 개인, 집단, 기관 또는 지역사회와 같은 사회단위의 배경, 현상 및 환경적 요인 등을 집중적으로 연구하는 것이다. 다섯째는 상호관계 연구방법으로서 둘 혹은 그 이상의 변수들의 변화 정도를 파악하는 연구이다. 이 연구는 실증방법으로나 통제, 조작을 하기에는 지나치게 복잡한 변수들 간의 관계를 분석할 경우에 적합한 연구방법이다. 이 연구방법의 약점으로는 인과관계를 정확하게 규명해주지 못하고, 독립변수들에 대한 통제가 완벽하지 않기 때문에 실험방법만큼 정밀하지 못하고, 간혹 허위상관관계를 사실로 믿게 할 위험이 있으며, 관계라는 것이 때로는 임의적일 수가 있다는 것 등을 들 수 있다. 이 연구방법은 계량적 연구에서 가장 보편적으로 쓰이고 있는 방법 중의 하나이다. 여섯째는 인과관계 연구방법으로 있는 그대로에서 변수들 간의 인과관계를 규명하는 연구이다. 이미 발생한 이후의 사건에서 자료를 수집하기 때문에 그 원인을 찾기 위해 과거를 거슬러 올라가지만 결과를 놓고 분석하는 일종의 사후연구이다. 확실한 실험을 할 수 없는 복잡한 환경 여건에서 할 수 있는 방법이고 현상의 본질에 관한 사항을 정확하게 파악할 수 있는 방법이다. 그러나 독립변수를 통제할 수 없는 약점이 있기 때문에 예견되는 가설을 미리 확실하게 해놓고 난 후 연구를 시작해야 한다. 또한 원인 변수가 이미 다른 내적 변수에 포함되어있는 경우가 많기 때문에 중복되는 부분을 없앤다는 것이 어렵다. 일곱 번째는 비교연구방법이다. 둘 이상의 대상을 놓고 서로 비교하는 방법을 말한다. 비교는 현상 간의 상대적 측정을 의미하므로 표준화된 객관적 기준 하에서 연구를 하는 것이 아니다. 이 방법은 일반적으로 일정한 시간에 있어서 하나의 차원에서 연구가 이루어진다. 그러나 몇 개의 차원을 설정하여 단일 지표로 만들어 하나 이상의 차원을 비교할 수도 있다. 또는 하나의 현상을 놓고 시간을 달리해서 비교하는 종단적인 연구도 가능하다. 여덟 번째는 실험연구방법이다. 이는 인과관계를 분석하기 위해 실험집단과 통제집단을 구성하고, 일정한 자극을 투사하여 두 집단의 차이를 통해 자극의 효과를 찾아내는 연구방법이다. 이 연구방법의 특징은 실험요인으로서의 변수관리에 세심해야 하고, 통제집단을 설정해야 하며, 변수들의 분산을 극대화하고, 외적 변수들의 분산을 최소화하며, 오차의 범위를 최소한으로 줄여야 한다. 또한 내적 타당성은 필수 조건으로서 실험방법의 1차적 목적이며, 외적 타당성은 2차적 목적이다. 여기서 내적 타당성이란 연구에서 실험조작이 진정으로 오차를 유발시키는가의 문제이고, 외적 타당성이란 실험을 통한 발견이 어느 정도 대표성을 지니고 일반화할 가능성이 있는가의 문제이다. 아홉 번째는 준^準실험연구방법이다. 이는 변수의 통제나 조작이 최대한 허용되지 않는 상황에서 실험에 유사한 연구를 하는 방법이다. 따라서 내외의 타당성에 영향을 미칠 만한 요인을 확인하고 부분적 통제를 가하면서 실험을 한다. 마지막으로 동적 연구방법이다. 이는 실제의 상황에 직접 적용하도록 새로운 기술과 방법을 개발하고 문제를 해결하려는 연구방법이다. 이 연구방법은 실제 경험 세계에 직접적으로 타당하고 실용적인 특성을 지닌다. 감동적이고 편린적인 접근보다는 훨씬 짜임새 있는 준거를 제시해 주기도 한다. 그러나 타당성이 내외로 미약하기 때문에 과학적 엄밀성과는 거리가 있다. 목적이 극히 상황 의존적이고 표본이 제한을 받으며 독립변수를 통제하기가 어렵다. 따라서 연구결과가 실용적인 차원에서는 유용하지만, 일반지식의 정립에까지 기여하지 못하는 약점이 있다. 이 외에도 분류연구방법이 있는데 이는 연구대상을 보다 정확하고 의미 있게 기술하기 위한 방안을 만드는 연구를 말한다.

이상에서 연구를 위한 접근방법과 연구방법에 대해서 개괄적으로 살펴보았다. 그렇다면 군사학에서의 연구방법은 어떻게 할 것인가? 모두에서 설명한 바와 같이 군사학은 사회과학 분야와 자연과학 분야를 포괄하는 대상들을 연구활동의 범주로 하고 있다. 따라서 군사 분야의 연구활동도 역시 두 부문에서 사용하고 있는 연구방법들을 사용해야 한다. 어쩌면 이러한 속성이 연구활동의 제한성을 극복시켜줄 수 있다는 것이다. 군사학의 연구활동에 있어서 연구하고자 하는 대상에 따라서 자연과학적 연구방법이나 사회과학적 연구방법 중에서 적합한 방법을 선택하면 된다. 그러나 현실에 있어서는 자연과학에서 주로 활용하고 있는 연역적 기법과 계량적 기법들의 논리적 명쾌성 때문에 사회과학에서 사용되고 있는 연구방법들이 소외당하고 있는 실정이다. 그러나 사회과학적 방법론들이 지니고 있는 서술적 논리성의 장점들은 연구결과들이 정확하면서도 사실적 설명력이다. 이러한 장점은 자연과학에서 사실분석결과의 왜곡을 극복시킬 수가 있다. 따라서 군사학의 연구대상에 따라 적합한 방법론의 채택이 매우 중요하다. 따라서 계량적이고 단편적인 자연과학의 연구방법은 군사현상의 핵심인 인간의 행위의 결과가 연구의 대상이 될 경우에는 설명력이 떨어질 수밖에 없다는 한계성을 인지해야 할 것이다.

III. 군사연구의 방법론

군사연구와 군사학연구의 개념에는 차이점이 있다. 그러나 이러한 차이점에도 불구하고 연구자들은 이를 동일한 개념으로 간주하고 있다. 군사연구는 군사현상을 연구대상으로 한다. 그러나 군사학연구는 군사현상의 인과관계를 설명하고, 분석하고, 미래를 예측하는데 필요한 학문적 이론 및 검증방법을 새롭게 개발하고 발전시키는 학술활동이다. 여기에는 연구대상을 어떻게 인식할 것인가와 연구활동 및 결과에 대한 일반화 즉 공감대를 형성하기 위한 논리, 검증 등의 과학적 방법들을 포괄하고 있다. 군사학개론은 군사학연구 입문과정으로, 군사이론에 대한 연구보다는 군사현상에 대한 연구활동을 이해시키는 수준이어야 한다. 그러니 군사학연구방법론이 아닌 군사연구방법론으로 표기하는 것이 옳을 것이다. 이절에서는 군사현상을 어떻게 이해하고, 분석하고, 검증하는가, 또한 이러한 연구활동에 필요한 기초개념은 무엇인가에 대하여 논의하겠다.

1. 기초 개념

연구방법론이란 추상적 수준의 명제와 경험적 수준의 가설과 논리적 관계의 파악을 통해 자연과 인문·사회현상을 설명하고 예측할 수 있는 지식 또는 이론을 개발하는 체계적인 방법을 말한다. 예를 든다면 '국방부가 무기시장에 깊게 개입하면 장기적으로 무기시장에 부정적인 영향을 미친다'라는 명제가 있다고 하자. 이 명제를 검증하기 위해서는 먼저 '도산위기에 처한 무기를 생산하는 방위산업회사운영에 국방부가 개입하여 회사를 회생시켰다면 장기적으로 주가지수에 영향을 미칠 것이다'라는 연구가설을 세운다. 이 가설의 검증으로 '도산위기에 처한 기업을 도산하도록 버려두는 것이 국방부가 회사운영에 개입하여 도와주는 것보다 주가지수를 안정적인 성장으로 이끌 수 있다'라는 사실을 이론으로부터 유도할 수 있다. 이러한 방법을 정책대안이라고 한다.

이러한 연구를 수행하기 위해서는 먼저 개념concept이 무엇인가를 이해해야 한다. 연구자들이 현상 지각을 통하여 어떤 생각이나 관념을 갖게 되는데 이를 '개념'이라고 한다. 따라서 개념은 연구자들의 어떤 현상에 대한 생각이고 이것을 언어로 표현하는 것이 용어이다. 개념은 이론을 구축하는 가장 기본이 되는 요소이다.

예를 들어 어떤 연구자가 한국의 군사력에 대하여 연구하고자 할 경우 연구대상은 한국의 군사력이다. 그런데 이는 두 가지 용어로 구성된 말이다. 첫째는 한국이고, 둘째는 군사력이다. 첫 번째 한국에 대한 연구자의 생각은 먼저 남한과 북한으로 분단된 국가의 남한을 의미하고, 군사조직은 육·해·공군 및 해병대로 구성되어 있으며, 북한과 대치하고 있는 등의 특징이 있는 국가이다. 두 번째 군사력에 대한 연구자의 생각은 병력과 무기체계 및 기타 등의 요소로 구성되었다는 것이다. 따라서 한국과 군사력에 대한 연구자의 생각이 한국 군사력에 대한 연구자의 개념이다.

이러한 개념은 그 수준에 따라서 현실의 세계에서 점차 상위의 개념으로 올라가게 된다. 이를 개념의 추상화라고 한다.[28] 〈그림 2-1〉에서와 같이 한국의 해군 무기체계인 한국형 구축함(KDX)에 대한 개념의 추상화는

---

28 추상이란 사물이나 개념 등에서 공통되는 특성이나 속성을 추출하여 파악하는 것이다.

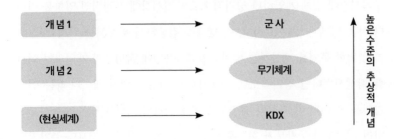

〈그림 2-1〉 개념의 추상화 단계

먼저 현실세계의 실체인 한국형 구축함(KDX)에 대한 개념, 무기체계, 군사(해군), 한국 등과 같이 현실의 실체에서 높은 수준의 추상적 개념으로 개념화를 하게 된다.

다음은 정의definition이다. 정의란 과학적 용어의 의미를 구체적으로 밝히는 것으로써 개별적 사실이 다른 사실과 연결될 때만 의의significance가 있다. 즉 위의 예에서 한국의 군사력이란 정의는 한국이라는 개별사실과 군사력이라는 개별사실이 연결됨으로써 의의가 있다는 것이다. 이때 연구자는 한국의 군사력을 '북한과 대치하고 있는 남한 육·해·공·해병대의 병력과 무기체계'로 정의하게 된다.

개념, 용어 및 정의의 관계는 〈그림 2-2〉와 같이 설명할 수 있다.

다음은 일반화generalization이다. 일반화는 가상의 모집단population을 설정하고 이를 대표할 수 있는 표본sample을 설정하여 표본으로부터 얻은 결과를 바탕으로 모집단의 특성을 파악하는 과정을 말한다. 예를 든다면, 한국군 병력의 일반화는 육·해·공군 및 해병대의 병력을 모집단으로 설정하고 한국군의 육군부대 중 1·2·3군사령부에서 1개 대대씩, 해군의 1·2·3함대에서 1개 전단과 공군부대 중 대구, 수원, 평택, 군산 및 강릉기지의 1개 비행대대와 해병대사령부 예하 각 여단의 1개 대대를 표본으로 설정한다. 이러한 표본의 특징을 분석하고, 여기에서 나온 분석 결과를 바탕으로 하여 한국군 병력의 특징을 파악하는 일련의 과정이 일반화이다.

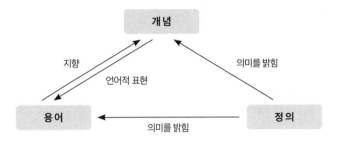

〈그림 2-2〉 개념, 용어, 정의의 관계

다음은 법칙law이다. 법칙은 어떤 일반적 명제를 통해 설명되고 있는 현상과 현상 또는 사물과 사물들의 특성과 특성 사이에 존재하는 일정한 관계를 말한다. 즉 군대 지휘관의 리더십과 장병들의 사기, 장병들의 사기와 전투력 사이에서 반복적으로 나타나는 동일한 관계를 말한다. 예를 든다면, 대전제로써 연대장의 리더십이 훌륭하면 장병들의 사기가 높아지고, 연대전투력은 상승한다. 이에 대한 소전제로는 '훌륭한 지휘관을 둔 부대는 부대원의 사기와 전투력이 높다'라는 것이다. 이러한 대전제와 소전제 사이에는 '훌륭한 지휘관이 지휘하는 부대는 전투력이 높다'라는 관계의 결론이 나온다. 이러한 결론이 어떤 특정군단의 대대(모집단)의 경우 예하 사단 각 연대에서 1개 대대씩 차출하여 표본으로 설정하고 표본 대대장들의 지휘능력과 부하들의 사기, 전투력의 관계를 분석하여 일정한 관계(지휘능력, 사기와 전투력이 정비례)가 반복적으로 나타나게 되면 법칙으로 규명이 된다.

이러한 원리(지휘능력, 사기, 전투력의 정비례관계)가 반복적으로 나타나게 된다면 일반화 과정을 거쳐 법칙이 형성된다. 지휘관의 지휘능력, 사기, 전투력 등의 개별 사실을 연결시켜서 이들이 정비례관계에 있다는 보편타당한 설명이 형성되는 것이다. 즉 사실관계의 규칙성을 표현하고 있다. 이는 이론적(원리) 개념(리더십, 사기, 전투력에 대한 연구자의 생각)간의 관계라고 한다. 여기에서 일반론이란 경험적 사실들(표본들의 지휘능력, 부대사기, 전

투력들의 분석결과) 간의 관계(정비례)를 말한다.[29]

2. 연구진행

일반적으로 연구진행 순서는 6단계로 나눈다. 1단계에서는 문제를 파악하는 단계identifying a problem, 2단계는 연구문제관련 문헌조사reviewing the literature, 3단계는 연구를 구체화시킨 연구가설 설정developing research hypotheses, 4단계는 자료수집collecting data, 제5단계는 자료 분석analyzing the data, 마지막으로 6단계는 결과해석interpreting the results 단계이다.

1단계에서는 연구자가 먼저 연구대상과 연구목적을 선정하고, 연구대상에게서 목적에 부합하는 문제점을 파악하여 연구주제research topic를 설정한다. 연구주제는 학문 영역에 따라 세분화할 수 있으며 연구대상, 목적, 문제점과 직접적인 관계가 있다. 연구주제를 지나치게 넓게 설정하면 일관성이 있는 구체적인 연구문제를 만들기가 어려워진다. 반대로 연구주제의 범위가 지나치게 좁으면 연관된 기존의 연구 및 자료가 적어서 연구진행 시 애로가 발생할 우려가 있다. 따라서 넓은 범위의 연구주제를 점점 좁혀가면서 구체적인 연구문제로 세분화해야 한다.

〈그림 2-3〉에서는 연구주제를 구체화하는 과정을 예를 들어 설명하고 있다. 그림에 나타난 과정을 거치면서 연구주제가 설정되고, 설정된 주제에 대한 구체적인 연구를 진행하게 된다.

연구주제의 선정원칙으로는 먼저 연구주제에 대해 연구자가 관심이 있고, 예상되는 연구결과가 연구자에게 의미가 있어야 한다. 또한 실질적으로 연구의 진행이 가능한지 판단해야 한다. 즉 연구를 진행하기 위한 사전 연구결과와 이를 검증할 수 있는 경험적 데이터 등 자료가 충분해야 한다.

예를 들어 한국의 '군사력건설정책 발전방안'에 관한 연구를 하고자 한

---

29 이론적 논의에 있어서 하나의 설명이 차지하는 논증방식상의 위치나 성격에 따라서 가정(assumption), 공리(axiom), 가설(hypothesis) 및 법칙(law)으로 구분하고, 이 모든 것을 일반론이라고 한다.

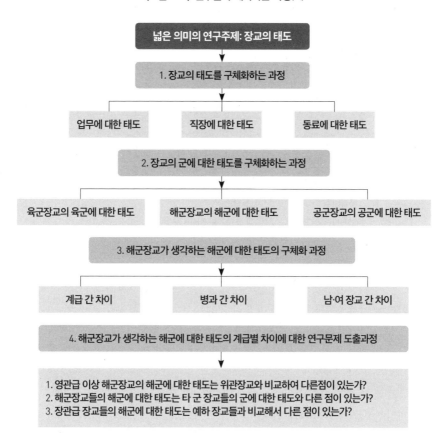

〈그림 2-3〉 연구를 구체화하는 과정(예)

넓은 의미의 연구주제: 장교의 태도

1. 장교의 태도를 구체화하는 과정

업무에 대한 태도　　직장에 대한 태도　　동료에 대한 태도

2. 장교의 군에 대한 태도를 구체화하는 과정

육군장교의 육군에 대한 태도　　해군장교의 해군에 대한 태도　　공군장교의 공군에 대한 태도

3. 해군장교가 생각하는 해군에 대한 태도의 구체화 과정

계급 간 차이　　병과 간 차이　　남·여 장교 간 차이

4. 해군장교가 생각하는 해군에 대한 태도의 계급별 차이에 대한 연구문제 도출과정

1. 영관급 이상 해군장교의 해군에 대한 태도는 위관장교와 비교하여 다른점이 있는가?
2. 해군장교들의 해군에 대한 태도는 타 군 장교들의 군에 대한 태도와 다른 점이 있는가?
3. 장관급 장교들의 해군에 대한 태도는 예하 장교들과 비교해서 다른 점이 있는가?

다면, 연구의 목적은 '한국군사력 건설정책에 대한 발전방향의 제시'이며 연구대상은 한국의 군사력 건설정책이 된다. 또한 국방재원 부족으로 필요한 수량만큼 무기체계를 확보하지 못하여 주변 국가들로부터 군사위협을 받는다면, 이것이 곧 한국 군사력 건설정책의 문제점이 된다. 이러한 문제점을 극복하기 위한 정책적 대안을 제시하기 위해 우선 문제의 원인이 무엇인가를 파악해야 한다. 과거와 현재의 한국 군사력 건설정책을 분석하고, 미래 예상되는 군사위협에 필요한 군사능력(국가방위능력)의 수준을 도출한다. 이를 목표로 군사력 건설정책 문제에 대한 원인을 파악하고, 극복 방안과 미래 예상위협에 대처할 방안을 정책대안으로 제시한다.

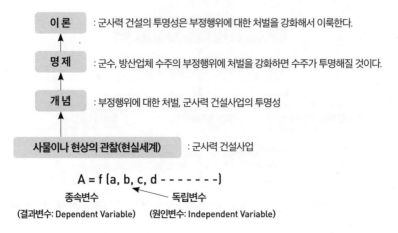

<그림 2-4〉 연구과정

이론	: 군사력 건설의 투명성은 부정행위에 대한 처벌을 강화해서 이룩한다.
명제	: 군수, 방산업체 수주의 부정행위에 처벌을 강화하면 수주가 투명해질 것이다.
개념	: 부정행위에 대한 처벌, 군사력 건설사업의 투명성
사물이나 현상의 관찰(현실세계)	: 군사력 건설사업

$$A = f(a, b, c, d - - - - - - -)$$

종속변수   독립변수

(결과변수: Dependent Variable)   (원인변수: Independent Variable)

연구문제 탐색과정에서는 다양한 시각과 풍부한 상상력이 요구된다. 따라서 기존 연구를 학습하고 관련 자료를 수집해서 다양한 관점에서 연구문제를 인식해야 한다.

2단계에서는 연구문제에 관련된 문헌조사가 이루어진다. 경험적 연구에 대한 문헌조사는 대부분 기존 연구문제들을 연구자가 직접 조사하여 파악하고 결론을 내리게 된다.

연구문제의 탐색은 기존 연구의 질문에 대한 모집단을 변화시켜서 이루어진다. 이는 기존의 연구문제를 다른 모집단에 적용하여 새로운 연구문제를 만들 수가 있기 때문이다. 또한 연구대상이 되는 변수들을 기존의 연구와는 다르게 변화시킴으로써 새로운 연구주제를 착안할 수도 있다. 모집단과 변수를 변화시키는 경우 변화된 모집단의 구성과 새로운 변수들의 논리적 관계를 확인하여 변수들의 개념적 연결의 파악이 필요하다. 이는 기존 문헌의 개념적 연결을 무시하고 단순한 모집단이나 변수를 바꾸어서 새로운 연구문제를 만들려고 하는 경우 이미 설정된 넓은 의미의 연구주제를 벗어날 수 있기 때문이다.

다음은 연구를 구체화시킨 연구가설의 설정이다. 연구가설은 제시된 연구문제를 검증하기 위해 기존의 이론이나 명제로부터 하나의 구체적인 설명이다. 예를 들어 한국의 군사력 건설정책을 연구주제로 한다면, 현재나 미래의 군사력 건설정책에 대한 문제점들을 탐색한다. 탐색된 문제점들을 검증하기 위해 기존의 이론이나 경험에 근거해서 '군사력 건설정책은 정부의 재정정책에 의해서 영향을 받는다'라는 명제를 세운다.[30]

이 명제의 옳고 그름을 검증하기 위해서 '한국의 군사력 건설정책은 정부의 재정운용정책에 의해서 직접적인 영향을 받고 있다'라는 연구가설을 설정한다. 다음 단계에서는 필요한 자료들을 수집하고, 이러한 자료들을 이용(연구, 분석)해서 결과를 산출하고 이를 해석하여 결론을 도출한다.

〈그림 2-5〉에서와 같이 연구는 크게는 명제와 관련된 개념의 추상화 수준과 연구가설과 관련된 변수들의 경험적 수준으로 분류된다. 경험적 수준에서는 현실의 세계에서 현상(사안)이나 사물의 관찰이나 조작이 가능하다.

〈그림 2-5〉 개념, 명제, 연구가설, 경험적 수준의 관계

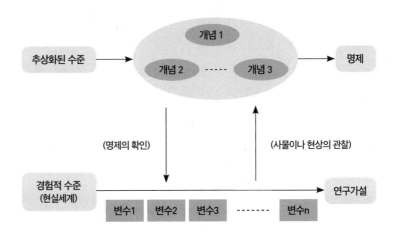

---

30 여기에서 명제란 문제에 대한 하나의 논리적 판단내용과 주장을 언어 또는 기호로 표시한 것으로, 옳고 그름(참과 거짓)을 판단할 수 있는 내용을 말한다. 즉 실제 현상(한국의 군사력 건설정책)에 대한 연구자의 생각(개념)이 다른 연구자들의 생각에 비교해서 어떠한 특징을 가지고 표현되는지를 나타내는 문장이다.

IV. 군사연구방법의 종류

위에서 논의된 군사연구방법은 수집된 자료의 형태, 자료수집환경, 연구목적, 논리전개 방법, 연구결과의 형태 및 분석방법에 따라서 구분된다. 먼저 수집된 자료의 형태에 따라서 질적 연구 또는 정성적 연구qualitative research와 정량적 연구 또는 계량적 연구quantitative research로 구분된다.

질적 연구는 연구자가 연구대상이나 현상을 이해하거나 사물에 대하여 어떻게 인식하고 있는지를 조사하여 연구자의 주관적인 느낌(생각)을 글로 기술하거나 묘사하는 방법을 말한다. 정량적 연구는 어떤 현상이나 사물을 측정하여 나타난 수치화된 자료를 분석하여 수학이나 통계적 측정과정을 이용하여 연구결과를 얻는 방법이다. 자료의 수집환경에 따른 연구의 구분은 실험연구와 현장연구가 있다. 즉 연구대상이 변화를 일으키는 환경과 동일하거나 조작된 환경을 실험실에 구비해놓고 변화현상을 연구하는 실험실 연구와 직접 현장에서 변화하는 현실과 현상을 연구하는 현장연구로 구분된다.

연구목적에 따른 구분은 탐색적 연구와 결론적 연구로 구분되며, 결론적 연구는 기술적 연구와 인과관계 연구로 세분화된다. 탐색적 연구는 연구주제에 대한 선행연구나 사전지식이 거의 없는 상태에서 연구문제에 대한 방향을 잡아보고, 연구주제에 대한 보다 넓은 시야를 구할 목적으로 진행하는 연구방법을 말한다. 어떤 주장을 검증하거나 확인하려는 목적보다는 연구주제에 대한 방향, 연구가설의 검증이나 전체적인 흐름 및 추세를 파악하기 위해 실시하는 연구를 말한다. 이러한 연구로는 사례연구case study, 관측연구observational research 및 역사연구historical research 등이 있다.

결론적 연구conclusive research는 어떤 현상이나 사실(사물)에 대하여 이미 설정된 가설을 검증하거나 의사결정에 도움을 주기 위하여 실시하는 연구를 말한다. 이러한 결론적 연구는 검증방법에 따라 기술적 연구descriptive

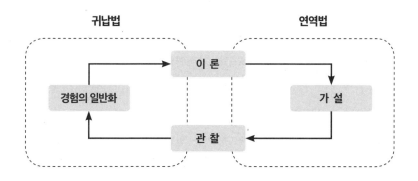

〈그림 2-6〉 과학적 연구과정(1)

귀납법   연역법

이 론

경험의 일반화   가 설

관 찰

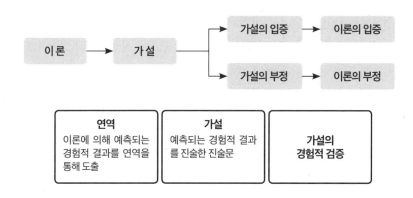

〈그림 2-7〉 과학적 연구과정(2)

이 론 → 가 설 → 가설의 입증 → 이론의 입증
                 가설의 부정 → 이론의 부정

연역 이론에 의해 예측되는 경험적 결과를 연역을 통해 도출	가설 예측되는 경험적 결과를 진술한 진술문	가설의 경험적 검증

research와 인과관계 연구causal research로 구분된다.

기술적 연구는 연구대상의 환경이나 특성을 확인하거나 정보를 파악하기 위한 목적으로 진행되는 연구이다. 이 연구방법은 탐색적 연구보다는 심층적인 분석이 가능하다. 그러나 통계적 기법을 사용하는 경우에는 일부 정보가 요약될 수도 있어 세심한 주의가 필요하다.[31]

인과관계연구는 어떤 특정한 현상이 왜, 어떻게 일어났는지를 파악하

---

31 정보의 요약이란 통계적 기법을 사용하여 정량적 분석을 하는 경우, 계량적 모델의 일부 원인 변수들의 정보가 생략된다는 한계점을 의미한다.

는 연구로서 분석적 연구analytical research 또는 설명연구explanatory research라고도 한다. 원인과 결과의 관계에 대한 증거를 파악하는 연구형태로 현재상황의 인과관계를 파악하여 미래에 대한 예측에 적용하는 연구를 말한다.

다음은 논리전개방법에 따른 구분으로 연역적 연구deductive research와 귀납적 연구inductive research가 있다. 연역적 연구는 포괄적인 이론에 대한 논리적인 체계를 고려하였을 경우 특정한 관측결과가 어떻게 나타났는지를 경험적으로 관찰하는 연구방법이다. 이는 일반적인 이론으로부터 특정한 사례를 추론하는 연구이다. 예를 들어 '군의 장교지원율은 국가경제의 활성화와 반비례관계가 있다'라는 이론이 있다면 한국의 경우 과연 이러한 이론과 일치하는지의 진위眞僞 여부를 과거 한국의 경제성장률과 한국의 직업장교의 지원율을 관찰하여 이를 검증하는 연구이다.

이와 비교하여 귀납적 연구는 경험적으로 관찰된 사실로부터 일반적인 이론을 도출하는 연구방법을 말한다. 위의 예에서와 같이 과거 한국의 경제성장률과 장교지원율을 관찰하였을 때 경제성장률이 높을 때 장교지원율이 하락하는 현상이 지속적으로 발생했다면 '경제성장률과 장교의 지원율은 반비례관계에 있다'라는 사실이 입증됨으로써 경제성장률과 장교의 지원율에 관한 일반적 이론을 도출할 수가 있다는 것이다. 〈그림 2-6〉과 〈그림 2-7〉에서 이러한 두 연구방법에 대해서 설명을 하고 있다.

CHAPTER 3 ────────────────

전쟁의 이해

INTRODUCTION
TO MILITARY
STUDIES

최북진 | 대전대학교 군사학과 교수

육군사관학교를 졸업하고 대전대학교에서 군사학 박사학위를 받았다. 2012년부터 대전대학교 군사학과 교수로 재직하고 있다. 주로 전쟁사, 그중에서도 특히 전쟁의 종결에 대하여 연구하고 있다.

인류가 항구적인 평화를 염원하며 지속적으로 전쟁을 예방하고 억제하려고 노력함에도 불구하고, 전쟁은 인류 역사와 함께 줄곧 존재해왔다. 오늘날에도 전쟁은 수시로 도처에서 발생하고 있다. 즉 전쟁은 인간이 결코 제거할 수 없는 존재인 것이다. 전쟁과 평화의 관계는 유기체적 관계를 맺고 있어 평화는 전쟁을 머금고 있으며 전쟁은 평화를 안고 있다고 볼 수 있다.[1] 따라서 평화를 보장하기 위해서는 적극적으로 전쟁에 대비해야 하며 이를 위해서 전쟁을 이해하는 것은 선결 요건이 된다. 또한 전쟁에 대한 이해는 군사학 연구의 기본으로서 다양한 군사 분야 연구의 토대이기도 하다.

전쟁이 복잡하고 다양한 양상을 띠면서 발전해왔기 때문에 이에 대한 접근 방법도 다양하지만 일반적으로 전쟁의 본질, 원인, 형태, 수행과정으로 나누어 살펴볼 수 있다.

I. 전쟁의 본질

전쟁의 본질에 대한 설명은 분석자의 시각만큼 다양하고 복잡한 것이다. 이에 대해 정치학·사회학·법학·심리학·군사학 관점에서 접근하여 연구를 해왔다. 군사적인 관점에서 현재까지 가장 존중되는 전쟁에 관한 본질적인 설명은 클라우제비츠가 『전쟁론』에서 제시한 "적에게 우리의 의지를 강요하는 폭력행위"이다. 현재 우리 군도 이러한 개념을 받아들이고 있다.

---

1 온창일, 『전쟁론』(서울: 집문당, 2008), p.253.

1. 전쟁의 정의

다양하고 복잡한 형태로 나타나는 전쟁을 정의하는 것은 쉬운 일이 아니다. 이러한 전쟁에 대한 정의는 전쟁 양상의 변화와 함께 국제법적, 사회학적, 심리학적 관점 등에서 다양하게 설명되어 왔다.

전쟁은 넓은 의미로는 "살아있는 실체들 사이에 발생하는 모든 적극적인 적대 혹은 투쟁", "적대적인 힘 또는 원칙 사이의 갈등 현상"으로, 좁은 의미로는 "국가 또는 정치집단 간의 폭력이나 무력을 행사하는 상태로, 특히 둘 이상의 국가 간에 어떠한 목적을 위해서 수행되는 싸움"[2]이라고 볼 수 있다. 웹스터사전에서는 전쟁을 "국가 또는 정치집단 간에 어떠한 목적을 위하여 수행되는 싸움"이라고 정의하고 있다. 여기서는 군사학적 관점에서 전쟁의 주체, 목적, 수단을 중심으로 전쟁의 정의를 살펴본다.

먼저 전쟁의 주체는 누구인가. 전쟁을 국가 간 무력충돌 현상으로 본다면 당연히 그 주체는 국가가 된다. 그러나 전쟁의 주체를 국가로 한정하면, 국내에서 서로 다른 정치집단이 충돌하는 내전은 전쟁이라 정의하지 못한다. 오늘날 대부분의 군사이론가들은 중국의 국공내전, 베트남전쟁 시 베트민의 게릴라전, 초국가적 조직인 알카에다를 상대로 한 테러와의 전쟁 등을 모두 전쟁의 범주에 넣는다. 즉 전쟁의 주체는 국가뿐만 아니라 정치집단도 포함하는 것이다.

다음은 전쟁의 목적이다. 전쟁의 목적은 전쟁을 통하여 달성하려는 어떤 성과이고 전쟁을 필요로 하는 전쟁 발발의 원인이다. 클라우제비츠는 전쟁목적을 '나의 의지를 관철시키는 것'으로 보았고 리델하트는 '보다 나은 평화'를, 퀸시 라이트Quincy Wright는 '정치적 갈등 해결'로 보았다. 결국 전쟁은 정치적 목적을 달성하는 것이며 이러한 정치적 목적은 궁극적으로 국가이익과 국가목표이다. 따라서 전쟁의 목적은 정치적 목적인 국가의 이익과 목표의 달성이라고 할 수 있다.

---

2 황진환 외 공저, 『군사학개론』(서울: 양서각, 2011), p.40.

전쟁의 수단은 좁은 의미에서 무력을 포함한 군사력이고 넓은 의미에서는 군사력을 포함한 정치·경제·기술·심리까지 포함한다. 제1차 세계대전 이후 전쟁은 그 범위가 확장되어 군사력뿐만 아니라 정치력·경제력·기술력 등 모든 자원이 투입되는 총력전 양상으로 변화했다. 오늘날 현대전에서는 비군사적 수단의 역할이 증대하고 있다.

이와 같이 전쟁의 주체, 수단, 목적 등의 내용을 종합해보면 전쟁이란 '상호 대립하는 국가 또는 정치집단이 군사력 혹은 비군사적 수단을 이용하여 벌이는, 정치적 목적을 달성하기 위한 무력 충돌 현상'이라고 정의할 수 있다.

전쟁에 대한 주요 군사이론가와 군사교범의 정의는 다음과 같다.

〈표 3-1〉 전쟁에 대한 정의

클라우제비츠	나의 의지를 실현하기 위해 적에게 굴복을 강요하는 폭력행위
몽고메리	경쟁관계에 있는 정치집단 간 장기적 무력충돌
퀸시 라이트	정치집단이나 주권국가 간 정치적 갈등을 각기 상당한 규모의 군대를 동원하여 해결하려는 극단적 군사적 대결
미 야전교범 (100-1)	국제적, 국가적, 국가 이하 규모가 화합될 수 없는 정치적 견해나 목적이 군사력 간 혹은 비군사적 수단 간에 발생하는 극단적 충돌
합동기본교리1 (2009. 10)	상호대립하는 2개 이상의 국가 또는 이에 준하는 집단이 정치적 목적을 달성하기 위해 자신의 의지를 상대방에게 강요하는 조직적인 폭력행위이며 지속적인 대규모 전투작전

한편 전쟁과 무장분쟁Armed Conflict을 엄밀하게 구별하는 명확한 기준은 없다. 대체로 무장분쟁은 폭력을 통한 행위자의 목적 추구를 위한 수단으로 정의하며 전쟁을 무장분쟁의 가장 극단적인 형태로 간주한다.[3] 즉 무장분쟁은 갈등에서 전쟁으로 이어지는 연속선상에 있다고 볼 수 있다. 양

---

3 서상문, 『중국의 국경전쟁: 1949~1979』(서울: 국방부 군사편찬연구소, 2013), p.45.

자 모두 정치적 이익 충돌에 의해 발생하지만, 분쟁이 비폭력적 대립관계 혹은 투쟁이라면 전쟁은 이것이 무력충돌로 발전한 상태라고 할 수 있다. 그렇다면 어디까지가 분쟁이고 어디서부터가 전쟁인가. 국가들의 분쟁 데이터를 지속적으로 수집, 정리하고 있는 웁살라 전쟁갈등정보 프로젝트 Uppsala Conflict Data Project Correlates of War는 누적 사망자가 연간 1,000명 이상일 때는 전쟁으로, 그 이하일 때는 무장분쟁으로 분류하고 있다.[4]

2. 전쟁의 속성

전쟁의 속성에 대해서는 전쟁의 폭력성과 정치의 종속성 범주에서 논의할 수 있다. 클라우제비츠는 『전쟁론』에서 절대전쟁과 현실전쟁 개념을 변증법적 방법을 통해 설명하고 있다. 클라우제비츠가 제시한 개념 중 절대전쟁이란 현실에서 일어날 수 없는 관념적인 전쟁으로, 전쟁에서 자신의 의지를 강요하기 위해 폭력을 사용하고 상대방 역시 마찬가지이기 때문에 어느 한쪽이 완전히 패배할 때까지 폭력을 무제한적으로 사용하여 극단적 상황에 이른다. 이는 적대적인 감정, 적보다 우세한 힘을 발휘하고 적을 무장해제하기 위한 폭력의 상호작용이 나타난다는 뜻이다.

다음은 전쟁의 정치에 대한 종속성이다. 전쟁은 정치의 수단으로서 정치 목적에 종속되고 현실적으로 국가는 전쟁이란 수단을 정치의 한 방편으로 사용하고 있다. 클라우제비츠는 관념적인 절대전쟁 개념의 반명제로 전쟁이 정치에 종속되는 현실전쟁 개념을 제시했다. 현실에서의 전쟁은 교전 당사국들의 폭력이 극한 상황에 치닫지 않게 제약하는 여러 요인에 의해 제한을 받을 수밖에 없으며, 결국은 정치적 목적이 지배하게 된다고 설명하고 있다.

또한 클라우제비츠는 전쟁은 세 가지 성격을 띠고 있다고 했다. 첫째로 전쟁은 국민 또는 민족의 적대감정과 적대의도에서 연원한 원초적인 폭

---

4 서상문, 『중국의 국경전쟁』, p.47.

력성을 갖는다. 둘째로 전쟁은 개연성과 우연성을 갖고 있어 지휘관의 창의성과 천재성이 발휘될 수 있으며, 셋째는 전쟁이 정부의 정치적 도구로서 정치에 종속된다는 것이다. 이러한 세 가지 성격 가운데 어느 하나를 무시되거나 치중하게 되면 엄청난 마찰에 부딪치게 되므로 균형을 이루는 것이 중요하다.[5]

전쟁의 정치에 대한 종속성에 대하여 반대되는 주장도 제기 되었다. 대표적으로 루덴도르프는 『국가총력전』에서 제1차 세계대전 이후 전쟁이 총력전으로 발전함에 따라 전쟁의 본질이 변화했기 때문에 전쟁과 정치의 관계도 변화해야 하며, 전쟁이 국민 생존의 최고 표현이기 때문에 정치가 전쟁에 따라야 한다고 주장했다.[6]

그러나 정치가 국가를 대변하고 국가가 존재하는 한 정치는 계속되며 전쟁 수행은 국가행위의 일부이고 정치의 흐름 속에서 나타나는 특이 현상이기 때문에 전쟁은 정치에 종속되어야 한다. 특히 오늘날 핵무기시대에 있어서 핵전쟁은 그 어떤 정치적 수단이 되어서는 안 되며 전쟁은 정치에 종속되어야 하고 최후의 수단으로 활용되어야 한다.

3. 전쟁의 목적과 목표, 수단

전쟁은 목적에 따라 그 규모와 수행방법도 달라진다. 전쟁의 목적은 보통 '국가이익의 달성'이라는 무형적·추상적인 용어로 표현한다. 그러나 상황에 따라 구체적으로 전쟁목적을 제시하는 경우도 있는데, 영토나 자원 탈취, 위협 제거, 이념이나 종교적 문제 해결, 국제연합에 의한 강제조치 이행, 기타 정치적 해결 등이 이에 해당한다.

방자의 입장에서는 적의 전쟁목적을 거부하는 것이 바로 전쟁목적이 된다.[7] 클라우제비츠는 전쟁의 목적을 '적에게 자기 의지를 강요하는 것'

---

5 카알 폰 클라우제비츠 지음, 김만수 옮김, 『전쟁론』 제1권 (서울: 갈무리, 2006), p.81.

6 루덴도르프 지음, 최석 옮김, 『국가총력전』(서울: 재향군인회, 1972), p.32.

으로 본다. 이러한 전쟁의 목적은 합리적이어야 하고 국가능력으로 실현 가능하며 국내외적으로 정당한 것으로 인정될 수 있어야 한다.

전쟁의 목표는 전쟁목적을 달성하기 위하여 요구되는 조건이나 과제라고 할 수 있다. 전쟁의 목적이 추상적인 반면에 전쟁의 목표는 구체적이면서 명확한 형태를 지니게 된다. 클라우제비츠는 적의 저항력을 굴복시키는 것이 전쟁목표라고 하면서 이를 위해서는 적의 전투력의 격멸, 적 영토의 점령, 적의 의지의 굴복을 들었다.[8] 이러한 전쟁목표는 명확하고 달성 가능해야 하며 가장 효과적으로 전쟁목적 달성에 기여할 수 있어야 한다.

전쟁의 수단은 군사력과 국외적인 동맹관계 등이 모두 포함된다. 특히 제1차 세계대전 이후 국가의 가용한 모든 수단이 동원되어 전쟁에 기여하게 되었다. 이 중 군사력은 국가안보 또는 전쟁을 위하여 특별히 육성된 국가의 공식적이면서 전문적인 강제력으로 전쟁의 핵심수단이다. 이러한 군사력은 상비전력, 예비전력, 군사잠재력으로 분류하여 유지·관리한다.

상비전력은 즉각적인 행동을 취할 수 있도록 평시 준비된 강제 군사력으로 협의의 군사력으로 불리기도 한다. 예비전력은 상비전력을 보완·보충하기 위하여 사전에 지정되어 유사시 곧바로 상비전력으로 전환되는 전력이며, 군사잠재력은 필요시 상비·예비전력으로 전환시킬 수 있는 국가 총체적인 역량으로 주로 국가의 규모, 인구와 경제력, 국민적 의지 등에 의해 결정된다.

전쟁의 수단에 있어 유형적 요소와 함께 무형적인 요소도 중요하다. 여기에는 장병의 사기와 전투의지, 훈련 정도, 지휘관들의 군사적 식견과 통찰력, 국민들의 애국심과 상무정신 등이 포함된다.

---

7 박휘락, 『전쟁, 전략, 군사 입문』(파주: 법문사, 2005), p.7.

8 카알 폰 클라우제비츠 지음, 김만수 옮김, 『전쟁론』 제1권, p.84.

II. 전쟁의 분류

전쟁에 대한 분류는 전쟁을 보다 체계적이면서 포괄적으로 이해하고 전쟁의 특성을 연구하는데 도움을 줄 수 있다.[9] 전쟁은 복잡한 현상이기 때문에 다양한 차원에서 분류하여 살펴볼 수 있다. 전쟁의 목적, 수단, 수행전략, 수행공간, 전쟁치열도 등을 기준으로 분류할 수 있으며 자세한 내용은 다음과 같다.

먼저 목적에 따라 독립전쟁, 혁명전쟁, 민족주의전쟁, 제국주의전쟁, 종교전쟁 등으로 대별한다. 독립전쟁은 식민지 상태에서 독립을 목적으로, 혁명전쟁은 기존의 정부를 붕괴시키고 새로운 정부를 세우려는 목적으로 수행되며 민족해방전쟁·인민전쟁으로 불리기도 한다. 제국주의전쟁은 식민지 쟁탈이나 세력권 확장을 목적으로 한 전쟁이며, 이외에도 민족 간에 일어나는 민족주의전쟁, 종교적 신념 차이에서 일어나는 종교전쟁이 있다.

〈표 3-2〉 전쟁의 분류

기준	분류
목적	독립전쟁, 혁명전쟁, 종교전쟁, 민족주의전쟁, 제국주의전쟁 등
수단	총력전, 제한전쟁, 핵전쟁, 재래식전쟁 등
수행전략	섬멸전, 소모전, 마비전, 기동전 등
수행방식	정규전, 비정규전, 유격전, 전복전 등
공간	전면전쟁, 국지전쟁
치열도	고강도전쟁, 중강도전쟁, 저강도전쟁

---

9 황진환 외, 『군사학개론』, p.45.

또한 전쟁은 핵무기의 사용여부에 따라 재래식전쟁과 핵전쟁으로 구분할 수 있다. 미국이 태평양전쟁에서 원자폭탄을 사용한 이후 오늘날까지 핵무기를 사용한 전쟁이 나타나고 있지는 않지만, 핵전쟁과 핵전략은 현대전에서 여전히 간과할 수 없으며 특히 북한의 핵무기 개발은 한반도에서 핵전쟁에 대한 위협을 증가시키고 있다.

그리고 국가가 전쟁을 수행하는데 있어서 전장의 범위와 무기체계 등에 제한을 두지 않고 국가의 총역량을 사용하는 총력전과 전쟁의 목적에 따라 투입한 군사력 규모나 무기 사용 등에 제한을 가하는 제한전쟁으로 구분할 수 있다. 같은 전쟁에서도 전쟁 당사국은 총력전 개념인 반면 전쟁에 참가하는 동맹국 입장에서는 제한전쟁의 성격을 띠게 된다.

또한 전쟁은 수행전략 차원에서 섬멸전, 마비전, 소모전 등으로 구분할 수 있는데 섬멸전은 적의 군사력을 철저히 파괴하여 저항의지를 박탈하는 전쟁이다.[10] 마비전은 적의 저항의지를 말살하는데 목표를 두고 적 전투력을 심리적으로 파괴하고 지휘체계를 붕괴시켜 승리하려는 전쟁이다. 기동전이란 기동을 통하여 적의 심리적 마비를 추구함으로써 최소전투로 결정적 승리를 달성하려는 전쟁 수행방식이다. 즉 섬멸전은 적 군사력 격멸, 마비전은 적 지휘부 붕괴, 기동전은 군사력 격멸과 적 저항의지 말살을 위한 기동을 강조한 전쟁이라고 볼 수 있다. 소모전은 장기간에 걸쳐 적이 자원을 소모하도록 강요하여 승리하려는 전쟁이다.

전쟁 수행방식에 따라서는 정규전과 비정규전으로 구분할 수 있는데 정규전은 통상적으로 국제적으로 승인된 국가의 군복을 입은 군인들이 주체이고 국제법을 존중하는 방향으로 수행되는 반면에 비정규전은 적지나 적 점령 지역에서 현지주민이나 침투한 정규군 요원이 주로 외부 지원이나 지시를 받아 수행하는 군사 및 준군사 활동을 말한다. 비정규전은 다시 유격전, 전복전, 분란전 등으로 구분할 수 있다.

---

10 박휘락, 『전쟁, 전략, 군사 입문』, pp.36-37.

전쟁은 또한 지리적 영역에 따라 전면전쟁과 국지전으로 구분할 수 있다. 전면전쟁이란 국토의 모든 부분이 전장이 되는 전쟁이며 국지전쟁은 국토의 일부분에서 수행하는 전쟁이다. 이 역시 상대적 개념으로 강대국 입장에서는 국지전쟁이지만 약소국 입장에서는 전면전쟁이 된다. 전쟁은 수행하는 장소에 따라 지상전, 해전, 공중전으로 나누기도 한다. 그 외 전쟁 분류에 대한 예는 다음과 같다.

〈표 3-3〉 군사이론가별 전쟁 분류방식

이론가	전쟁 분류
존 콜린스 (Jhon Collins)	전면전쟁, 제한전쟁, 혁명전쟁, 냉전
퀸시 라이트 (Quincy Wright)	국가간전쟁, 제국주의전쟁, 시민전쟁
카를 폰 클라우제비츠 (Carl Von Clausewitz)	절대전쟁, 현실전쟁
줄리언 라이더 (Julian Lider)	교전상대: 국가간전쟁, 국가대전쟁, 혼합전쟁
	이슈: 국가적 목적, 사회적 목적, 복합 목적
	전쟁행위: 핵전쟁, 재래식전쟁, 비정규전
윌리엄 린드 (William S. Lind)	1세대·2세대·3세대·4세대전쟁
기타	저강도·중강도·고강도전쟁

III. 전쟁의 원인

전쟁을 이해하는데 필수적으로 알아야 할 부분이 전쟁의 원인이다. 전쟁 연구의 근본적인 목적이 전쟁을 예방하는데 있으므로, 전쟁의 원인을 알아내야만 전쟁을 예방하고 억제할 수 있다. 즉 전쟁의 원인을 규명하고 이해하는 것은 궁극적으로 전쟁 발생을 최대한 예방할 수 있는 처방을 찾는 것이다.

전쟁은 복합적인 요인에 의해서 일어난다. 전쟁의 원인에는 전쟁을 바로 야기하는 즉각적 원인이 있고 잠재하고 있는 근본적인 원인이 있다. 제1차 세계대전은 오스트리아-헝가리 제국의 황태자 프란츠 페르디난트 Franz Ferdinand가 세르비아 청년에게 암살당하는 사건으로 촉발했다. 이것이 즉각적 원인이다. 그러나 근본적으로는 열강들의 식민지 경쟁, 슬라브 민족과 게르만 민족 갈등, 경제적인 동맹체제의 형성, 보불전쟁 이후 독일과 프랑스 사이의 긴장 등 여러 요인이 잠재하고 있었다.[11]

전쟁은 이러한 즉각적 원인과 근본원인이 연계되어 발생한다. 만약에 오스트리아 황태자 암살 사건이 발생했더라도 근본적인 원인이 없다거나 약했다면 전쟁은 발생하지 않고 단순한 사건으로 처리되었을 것이다. 반대로 근본 원인이 강하게 작용하고 있었다면 암살사건이 발생하지 않았어도 언젠가 다른 요인에 의해서 전쟁은 촉발했을 것이다.

지금까지 전쟁에 대한 연구는 다양한 각도에서 이루어졌다. 퀸시 라이트 Quincy Wright는 전쟁의 원인을 과학적 원인, 역사적 원인, 실천적 원인이라는 세 가지 측면으로 구분하여 설명하면서, 전쟁기원의 분석요소로 기술적·법률적·사회학적·심리학적 관점 등을 제시했다.[12]

전쟁에 대한 과학적 연구를 시도한 브레머 Stuart A. Bremer는 정치·경제·사회·지리적 조건에 의해 전쟁이 진행된다고 보았고 월츠 Kenneth W. Waltz는 인간, 국가, 국제체제 차원에서 접근했다. 온창일은 정치집단의 생존보장이나 다른 집단의 생존을 거부하기 위하여, 정치집단의 실질적 이익 또는 명분적 이익을 위하여, 기타 감정, 승리에 대한 집착이나 환상, 우발적이거나 의도적 사건 등의 범주로 설명하고 있다.[13] 이를 바탕으로 여기서는 수

---

11 박창희, 『군사전략론』, (서울: 플래닛미디어, 2013), p.35.

12 퀸시 라이트 지음, 육군본부 옮김, 『전쟁연구』(육군인쇄창, 1979), pp.101-110.

준별 측면(인간·국가·국가체제), 경제적 측면, 문화적 측면, 종교적 측면에서 살펴보도록 한다.

1. 수준별 측면

미국의 국제 정치학자 월츠는 인간, 국가, 국제체제라는 세 가지 분석수준에서 전쟁 원인에 대해 접근했다. 먼저 인간 측면에서 전쟁은 인간의 본성과 이기심, 저돌적인 충동과 어리석은 판단에 의해 기인한다고 보았다. 어떤 국가의 대외 행위도 궁극적으로 파고들면 정책 결정에 참여하는 자연인에 의해 결정되는데, 인간이 국가지도자로서 정책결정자 역할을 수행할 때 의사결정에 영향을 미치기 때문이다. 이에 대해 로렌츠[K. Z. Lorenz]는 인간도 동물과 마찬가지로 공격본능을 갖고 있으며 공격 행위는 유전적으로 물려받은 본능적 행위라고 말한다.[14] 이러한 인간의 공격본능은 자신과 종족을 보호하고 식량을 획득하는데 필요한 영토를 확보하며 타인이나 타 종족을 지배하여 자기 민족 중심의 위대한 제국을 건설하려는 정치적 욕망을 자극하게 되는데, 이러한 본능이 국가 사이에서 집단적으로 분출되면 전쟁으로 발전한다고 보았다. 심리학자 댈러드[John Dallard]는 좌절-반응이론을 제시했는데 인간의 공격행위는 항상 좌절을 전제로 하고 반대로 좌절은 어떤 형태의 공격행동을 일어나게 한다는 것이다.[15] 즉 자신을 좌절시킨 대상이나 또 다른 희생양을 목표로 공격할 수 있다는 것이다. 또한 인간의 오인[Misperception]에 의해 전쟁이 일어난다고도 볼 수 있다. 정치지도자나 정책결정자들이 상대방에 대한 오인, 선입견에 따른 왜곡이나 오해 등 잘못된 인식을 가질 수 있으며 이는 전쟁으로 발전된다고 보는 것이다. 한편 인간의 의식적·무의식적 동기가 전쟁의 원인이 되

---

13 온창일, 『전쟁론』, p.86.

14 이상우, 『국제관계이론』(서울: 박영사, 1979), p.147.

15 앞의 책, p.151.

기도 한다. 의도하지 않는 인간의 감정이나 여론, 민족주의 등이 작용하여 인간이 전쟁을 결심하게 되는 것이다.

다음은 전쟁의 국가적 원인이다. 이는 국가정책 결정에 영향을 미치는 국내 상황에 중점을 두고 접근하는 것이다. 국가는 인간의 집합체이고 전쟁이 국가 혹은 집단을 단위로 이루어진다는 측면에서 국가는 인간적 수준보다 더 중요한 전쟁의 원인을 제공한다고 볼 수 있다.

월츠는 한 국가의 호전성은 그 국가의 정치적 제도의 특성, 생산과 분배의 양식, 엘리트의 구성, 국민성 등에 의해 결정된다고 보았다.[16] 궁극적으로 그 국가의 정치체제에 의해 영향을 받을 수 있다는 것이 지배적인 견해이다. 대체로 민주주의 체제 국가들은 민주적 정치문화와 제도, 정당정치, 군에 대한 문민통제와 국민 여론 등으로 인해 전쟁에 개입하는 것이 쉽지 않다. 그러나 마르크스-레닌주의자들은 자본주의 국가들이 자국의 경제적 이익을 위해 제국주의 전쟁을 획책한다고 주장한다. 자본주의의 최고 단계에서 필연적으로 나타나는 제국주의가 전쟁을 통한 식민지 재분할을 야기한다고 보는 것이다.

럼멜R. J. Rummel은 자유주의 전쟁이론에서 "자유주의 체제 간에는 상호 간에 폭력을 배제하는 경향이 있다. 폭력은 최소한 어느 일방의 국가가 비非자유주의 국가일 때 일어난다", "자유는 폭력을 억제하며 한 나라가 더 자유로울수록 그 나라는 폭력에 덜 휘말린다"라고 했다.[17]

끝으로 국가 간 상호대립, 갈등을 일으키는 국제체제 때문에 전쟁이 발발한다고 보고 있다. 국제체제가 갖는 무정부적 성격은 국가의 군사력 사용을 제어하고 구속할 수 없기 때문에 세계적인 정부가 존재하지 않는 한 국가들은 필요한 경우 군사력을 사용하려 할 것이고, 그로 인해 전쟁의 가능성은 항상 존재한다는 것이다.

---

16 황진환 외, 『군사학개론』, p.57.

17 이상우, 『국제관계이론』, p.169.

만일 세계적 정부가 수립되고 모든 국가가 범세계적 정부의 통제를 받는다면 전쟁은 제어될 수 있을 것이다. 그러나 통상 민족단위로 이루어진 국가들은 주권을 포기하지 않을 것이기 때문에 국제적 무정부 상태는 현실적으로 지속될 수밖에 없다. 국가들은 자국의 이익을 추구할 것이며 다른 국가의 이익과 충돌할 경우 전쟁이 발발할 수밖에 없는 것이다.

월츠는 국제체제에서의 세력균형이론에서 전쟁의 원인을 국제관계의 무정부적 특징과 이로 인해 생기는 안보딜레마Security dilemma에 있다고 보았다. 개별국가들의 정책과 행동을 조정·통제하는 초국가적 기구가 부재한 상황에서 국가 간 협동과 조화는 기대할 수 없으며, 자연적으로 여러 국가 사이에서 세력차가 형성되고 전쟁은 불가피하다.[18] 즉 전쟁과 평화를 세력균형의 유지와 파괴로 본 것이다. 모겐소Hans J. Morgenthau 역시 국제무대에서 힘의 추구는 절대 변할 수 없는 본성으로 보았다. 국제무대는 각국의 국력을 행사하는 각축장이 될 수밖에 없다. 이런 힘의 투쟁은 직접대립과 경쟁의 형태로 전개되며 세력균형을 통해 안정을 이루게 되나, 세력균형이 한계점에 도달하면 전쟁 발발 가능성이 높아진다고 보았다. 세력균형 방법으로는 분할 및 통치, 보상, 군비경쟁, 동맹, 균형과 활동 등을 제시했다.[19]

다음은 국제 체제에서 전쟁은 일정한 주기를 두고 발발한다는 이론이다. 오간스키A. F. K. Organski는 각 국가는 힘의 크기에 따라 최강의 지배국으로부터 최약의 종속국가에 이르는 계층적 위계질서에 위치해 있는데, 전쟁은 국제정치질서를 지배하려는 기존의 강대국과 이 지배권에 도전하는 신흥강대국 사이에 지배권 쟁탈전 형식으로 일어난다는 '힘의 전이 이론'을 주장했다.[20] 이외에도 모델스키George Modelski의 장주기longcycles 이론, 길핀R. G. Gilpin의 패권전쟁 이론, 리처드슨L. F. Richardson의 군비경쟁 이론 등이 있다.

---

18 윤형호, 『전쟁론』(서울: 한원, 1994), p.287.

19 황진환 외, 『군사학개론』, p.58.

20 이상우, 『국제관계이론』, p.232.

2. 경제적 원인

전쟁과 경제는 불가분 관계이며 경제적 이익 확보가 전쟁의 원인으로 작용한다. 정치집단 또는 국가가 영토의 확장, 식민지 취득, 해양도서 장악 등을 이유로 전쟁을 하는 것은 사실상 기존旣存자원이나 부존賦存자원의 확보에 있다고 볼 수 있다. 이 가운데 식량이나 석유, 석탄, 철광석 등의 기존자원 확보를 단시간 내에 획득할 수 있는 실리로 본다면 해양도서 쟁탈전은 해양 및 해저자원 확보 등의 잠재적 실리와 해로海路와 연관된 전략적 상업적 이점을 얻기 위해서이다.

제2차 세계대전 시 히틀러가 주장한 생활권Lebensraum 이론이나 군국주의 일본이 주장한 대동아공영권大東亞共榮圈은 배타적 경제적 이익을 최대한 확보하려는 의도였다. 1980년 이라크의 이란 침공으로 시작된 이란-이라크 전쟁도 유프라테스 강과 티그리스 강 하구의 이란 측 영토를 점령하여 수로를 확보하고 페르시아 만 지역에서 주도적 위치를 차지하여 경제적 이익을 추구하기 위해서였으며, 1982년 아르헨티나의 선공으로 시작되어 영국과 치른 포클랜드 전쟁 역시 섬 주위의 대륙붕에 매장된 것으로 추정된 석유자원이 목적이었다. 1990년 이라크의 쿠웨이트 침공 역시 페르시아 만 지역의 제해권을 보다 확실하게 장악하고 막대한 석유자원 확보를 통한 경제적 이익을 추구하는 것이 목적이었다. 오늘날 터무니없는 일본의 독도 영유권 주장, 중국과 일본 간의 센카쿠 열도尖角列島, 중국과 베트남 간의 시사 군도西沙群島에 대한 분쟁도 경제적 이익 획득 목적이 저변에 깔려 있다.

전쟁이 경제적 원인에 있다는 이론으로는 먼저 레닌의 제국주의 전쟁이론을 들 수 있다. 경제구조를 핵심 변수로 삼으면서 자본주의 사회에서 부의 불균등한 분배가 대외적으로 팽창주의와 제국주의 정책 그리고 나아가 자본주의 국가 간의 전쟁을 야기한다는 것이다. 자본주의가 고도로 발달한 국가에서는 시장 독점을 위한 세력권 확보 투쟁을 벌이게 되는데 이것이 곧 자본주의 독점단계인 제국주의라는 것이다. 즉 레닌은 식민지 확보와 식민지의 재분할을 전쟁의 원인으로 보았다. 또한 맥피[Alec Lawrence Macfie]는 경제적 회복상태가 한창일 때, 즉 경제가 상승곡선을 타고 올라가 번영의 정점에 이르렀을 때 국가 간 전쟁이 일어날 가능성이 크다는 무역·산업주기 이론을 주장했다. 즉 무역주기 또는 산업주기는 국제간 상호 복잡한 의존구조를 갖게 되며 이것이 전쟁의 원인으로 작용한다는 것이다.

3. 문화적 원인

새뮤얼 헌팅턴[Samuel P. Huntington]은 "인류사는 문명사이며 인류의 발전을 문명이 아닌 다른 용어로 이해하기는 불가능하다"라고 했다.[21] 인류의 발전과 불가분 관계에 있는 전쟁 역시 문화적 요인이 크게 작용했다.

문화와 문명의 개념을 구별하는 것은 쉽지 않지만, 문화가 정신적인 개념이라면 문명은 야만에 반대되는 보다 물질적이고 기술적인 특징을 갖는다고 볼 수 있다. 문화와 문명은 모두 세대를 거치며 면면히 이어져온, 사회에서 중요하게 여기는 가치 또는 기준 사고방식을 담고 있다.[22] 존 린[John A. Lynn]은 문화를 집단이나 공동체가 공유하는 가치, 신념, 이상, 경험, 또는 선입관 등을 통합하는 것이라 했다.[23] 국가의 행위는 문화적 요소에 의하여 표출되며 전쟁도 마찬가지로 문화에 큰 영향을 받는다.[24] 최근에 전쟁과 문화에 관한 연구가 본격적으로 이루어지고 있다. 전쟁에 대한 문화사적 접근에서 선구자라고 할 수 있는 존 키건[John Keegan]은 『세계전쟁사 A History of Warfare』에서 전쟁은 문화적 행위로 아시아, 이슬람, 서양 문화에서 전쟁방식이 각각 다른 특징을 지닌다고 보았다.

빅터 핸슨[Victor Davis Hanson]은 『서구의 전쟁방식』, 『살육과 문화』에서 고대

---

21 새뮤얼 헌팅턴 지음, 이희재 옮김, 『문명의 충돌』(서울: 김영사, 1997), p.45.

22 앞의 책, p.47.

23 존 린 지음, 이내주·박일송 옮김, 『배틀, 전쟁의 문화사』(서울: 청어람미디어, 2006), p.29.

24 황진환 외, 『군사학개론』, p.62.

그리스의 전쟁방식이 2,500년이나 지속된 서구적 전쟁방식을 확립했다고 주장한다. 그리스인들이 치열한 전투에 기꺼이 참여한 것은 농경지에 대한 침탈 위협 때문이 아니라 어떤 적도 그리스 평원을 아무런 저항을 받지 않고 지나갈 수 없다는 문화적 신념·관념 때문이었다. 한편 존 린은 『배틀, 전쟁의 문화사Battle: A History of Combat and Culture』에서 이들의 주장을 비판하면서 개별 문화권 내에서 형성된 해당사회의 군사적·사회적 신념, 기대, 선입관 사이의 상호관계를 고찰한 결과, 서로 다른 문화권의 사상과 이상형이 각자의 전쟁방식에 영향을 미쳤다고 주장한다. 즉 서양의 전쟁방식과 동양의 전쟁방식은 다른 것이 아니라 그 시대의 문화적 영향을 받는다는 것이다.

헌팅턴은 이데올로기 대결이 끝난 앞으로의 세계는 몇 개의 문명권으로 나뉘고, 이들 간에 대립구도가 형성되어 충돌이 발생하고 전쟁이 일어날 것이라고 주장했다. 이러한 문명권은 서구문명, 이슬람문명, 중화문명, 힌두교문명, 동방정교문명, 불교문명, 라틴아메리카문명, 아프리카문명, 일본문명권으로 구분했다.[25] 이들의 주장은 각기 주장하는 바가 조금씩 상이하지만 전쟁과 문화가 밀접한 관계가 있다는 공통점을 갖고 있다.

문화가 전쟁의 원인으로 작용하는 것은 국가가 전략을 선택할 때 문화의 영향을 받기 때문이다. 전략문화 형성에 영향을 주는 요소로는 국가의 역사적 경험, 지정학적 위치, 특정 가치와 신념에 대한 선호, 정치형태 등 다양하다. 먼저 역사적 경험으로써 옛날 고구려에서는 대륙 세력과 오랜 항쟁을 통하여 진취적 기상과 상무정신, 전쟁을 두려워하지 않는 문화가 형성되었으며, 이스라엘 역시 유구한 고난의 역사가 오늘날 적극적 방위 전략의 원인으로 작용했다.

지정학적 위치 역시 전략문화 형성에 직접적인 원인으로 작용한다. 제2차 세계대전 시 영국은 해군을 중심으로 봉쇄전략을, 독일은 육군 중심으

---

25 새뮤얼 헌팅턴, 『문명의 충돌』, pp.17-27.

로 주변국의 위협에 대해 단기 결전 전략을 채택했다.

특정 가치에 대한 신념, 선호도 역시 전쟁의 원인으로 작용하는데 히틀러가 아리안족의 우수성을 강조하면서 열등민족 지배에 대한 정당성을 부여한 나치즘이나, 아시아인에 의한 대동아 건설로 아시아 각국의 번영과 평화를 도모하겠다는 일본의 침략 정당화 논리 등을 들 수 있다.

4. 종교적 원인

종교적 영향력의 확대 또는 타종교에 대한 제거가 전쟁의 원인으로 작용했다. 이슬람교가 창시(610년)되고 그 세력이 중앙아시아 지역까지 확장되어 대이슬람제국을 건설했으며, 오늘날 중동지역에 이슬람권이 형성되었고 이 지역에서 이슬람 자치국들이 기반을 다져오고 있다.

이 과정에서 기독교의 성지인 예루살렘을 이슬람 국가가 장악하게 되자 중세 기독교 국가들이 성지순례를 위해 예루살렘에서 이슬람교를 제거하고 기독교 국가를 세운다는 명분을 앞세우고 8차에 걸친 십자군전쟁(1096~1270)을 일으켰다. 즉 기독교와 이슬람교 간의 종교전쟁이 일어난 것이다. 또한 기독교 신·구교 간의 갈등으로 시작된 30년전쟁(1618~1648)이 유럽 대륙의 세력다툼으로 확산되고, 현대에 들어서는 유고슬로비아 연방 해체 과정에서 종교전쟁이 발생하기도 했다.

십자군전쟁이 끝난 오늘날에도 기독교를 바탕으로 한 서양세계와 이슬람을 기반으로 하는 중동세력 간의 갈등을 십자군전쟁의 연장으로 보기도 한다. 루엘랑에 의하면 초기 기독교 사상에서는 정당방위를 위해서도 살인을 해서는 안 되었으나, 3세기 아우구스티누스에 의해 특별한 조건과 제한에서 정당한 전쟁일 경우 사람을 죽일 수 있다는 '정당한 전쟁' 개념이 형성되고 이어서 하느님의 원수들과 전쟁을 할 수 있다는 논리로 변화되었으며, 이러한 정당한 전쟁 개념은 십자군전쟁, 종교재판, 16세기 종교전쟁, 식민지 전쟁 등을 정당화하는데 작용했다.[26]

이슬람교도 역시 이슬람교에 의한 세계 정복이라는 종교적 제국주의를 목표로 성전을 추구했다. '지하드'란 아랍어로 '어떤 정해진 목표에 대한 투쟁'이란 뜻으로 전쟁이 신의 뜻에 이루어져 그 자체로 성스러운 것이지 인간이 스스로 저지른 행위가 아님을 강조했다. 이후 '지하드'는 종교적으로 정당한 전쟁, 정의의 전쟁이라는 명분으로 사용하고 있다. 지하드의 목표인 이슬람 제국의 건설을 위해 전쟁이 발발하기도 하지만 이슬람교도 자체의 문제점이 지적되기도 한다. 헌팅턴은 20세기 말에 이슬람교가 서구와 갈등을 증폭시키는 요인으로 이슬람교도 증가에 따른 대규모 실업자 발생, 이슬람 문명에 대한 독특한 가치와 개성에 대한 자긍심, 이슬람 세계에 서구의 개입에 대한 반발, 공산주의 붕괴 후 서구와 이슬람이 서로 위협으로 인식, 정체성에 대한 인식 확산 등이 작용한다고 보았다.[27]

정치적 목적 달성이 전쟁의 근본적인 원인으로 작용한다고 할 수 있지만 지금까지 살펴본 바와 같이 인간적, 국가적, 국제체제 측면과 경제적 측면, 문화적 측면, 종교적 측면 등이 복합적으로 작용하고 있음을 알 수 있다.

IV. 전쟁의 과정

전쟁은 어느 날 갑자기 일어나는 것이 아니다. 어떤 공식적이고 체계적인 단계를 거쳐 이루어지는 것은 아니지만 일반적으로 갈등, 분쟁, 위기, 전쟁이라는 단계를 거치게 된다.[28]

먼저 갈등 단계는 국가나 집단 간의 이익이나 목표가 상충되어 양립할

---

26 황진환 외, 『군사학개론』, p.64.

27 새뮤얼 헌팅턴, 『문명의 충돌』, p.283.

28 조영갑, 『국가위기관리론』(서울: 선학사, 2006), p.27.

수 없는 상황에서 나타나는 개념적이고 비가시적인 경쟁상태로, 이때부터 위기가 시작한다고 볼 수 있다. 분쟁 단계는 갈등이 원활히 해결되지 않은 상태에서 힘으로 위협하고 협박하는 시기로서 구체적이고 가시적인 대립상태이다. 위기 단계는 군사력을 간접적·심리적으로 사용하는 전쟁 긴박기로서 전쟁 혹은 평화의 길로 가느냐 하는 전환점이며 이러한 위기관리가 실패했을 때 군사력을 직접 사용하는 전쟁으로 치닫게 된다. 이후 전쟁 수행단계는 선전포고를 하거나 기습적으로 개시되어 쌍방 간에 무력을 행사하고 한 정치집단의 항복이나 휴전협정 등에 의해 종결된다.

1. 위기관리

국가위기란 국가, 국가이익, 또는 국가안보의 수단인 정치, 외교, 정보, 군사, 경제, 사회, 문화, 과학기술 등에 중대한 위해가 가해질 가능성이 있거나 가해지고 있는 상태를 말한다.[29] 위기관리는 이러한 위기를 효과적으로 예방·대비·대응·복구하기 위하여 국가가 자원을 기획·조직·집행·통제하는 제반 활동과정이다.

이는 전쟁이냐 평화냐 하는 갈림길에 해당하는 중대한 상황으로, 위기를 잘 관리하면 전쟁을 예방할 수 있지만 그렇지 않으면 전쟁이 발발하게 된다. 즉 국가의 위기관리란 군사적·비군사적 위기를 사전에 예방하거나 효과적인 대응 및 복구를 통하여 그 피해와 영향을 최소화하고 조기에 위기 이전 상태로 복귀시키는 활동이라고 할 수 있다.

또한 이는 적의 침공이나 테러 및 대량살상무기, 자연적 재해 및 인위적 재난, 마약 및 범죄 등으로부터 국가의 기능이나 국민의 안위를 위태롭게 하는 위기가 발생했을 때 그 피해를 최소화하기 위한 정책 개발 및 준비, 계획, 훈련, 응급 및 복구 등의 제반조치 활동을 포함한다.[30]

---

29 『합동기본교리』(서울: 합동참모본부, 2009), p.65.
30 『국가위기관리지침』(국가안보회의 사무처, 2005), pp.8-21.

과거에는 위기관리의 개념이 전통적인 군사안보 위주의 개념으로 사용되었으나 최근에는 전통적 안보는 물론 경제와 사회, 환경 등 다양한 분야에서 위기상황 발생 가능성을 사전에 예측하고 효과적인 대응을 통해 위기를 해결하는 과정으로 확대되고 있는 추세이다.[31]

이러한 위기관리 유형은 위협의 근원을 해소하는 방식에 따라 교섭적 위기관리, 수습적 위기관리, 적응적 위기관리로 구분할 수 있다.[32]

교섭적 위기관리란 위협의 근원이 되는 상대방의 고의적이고 직접적인 도발행위로 유발된 위기를 군사적 수단이나 경제적 보상 또는 제제 등의 흥정을 통해 해결하려는 노력을 말한다.

수습적 위기관리란 국가 간에 발생한 위기와 자연재해 및 재난으로 발생한 위기로 구분할 수 있는데, 상황에 대한 통제와 대책을 위해 유관기관들과 협조기구 설치, 동맹국들과 관련 국제기구의 협조 및 공조체계 확립 등으로 사태수습 방안을 강구하고 사후보상과 재발방지를 위한 대책 등을 강구하는 것이다.

적응적 위기관리는 예기치 못한 변화로 인하여 위기가 발생할 경우 당면 상황을 신속히 파악하고 이에 대한 장·단기적 방안을 강구하여 효과적으로 대응하는 것이다.

위기관리에 있어 가장 중요하게 교려해야 할 사항은 그 위기를 조성한 적의 의도를 파악하는 것이며 이를 위해서는 위기상황의 발전과정에 대한 분석과 안보상황 및 피아의 관계 그리고 적의 내부문제 등을 상대방 입장에서 검토해야 한다.[33]

위기가 발생하면 이를 효과적으로 관리할 수 있도록 어떤 절차에 따라 대응하게 되는데 일반적으로 상황전개, 위기평가, 방책개발, 방책선정, 실행계획수립, 실행 절차 순으로 진행된다. 그러나 꼭 단계별 순서대로 적용

---

31 박계호, "한반도 위기발생시 미국의 역할 결정요인에 관한 연구" (충남대학교 대학원, 2012), p.31.
32 앞의 논문, p.42.

되는 것은 아니며 위기상황 전개에 따라 몇 개의 단계가 거의 동시에 이루어질 수도 있다. 위기관리는 위기상황이 해소되거나 국가총력 방위를 위한 전시체제로 전환되는 것과 동시에 종결된다.

2. 전시체제 전환

위기상황 평가 결과 전쟁 징후가 농후한 경우에 국가의 모든 기능을 신속히 전시체제로 전환하여 정부의 기능을 지속적으로 유지하고 군사작전을 효율적으로 지원하며 국민생활의 안정을 도모함으로써 국가총력방위태세를 확립한다.[34]

전시체제 전환의 핵심은 충무사태, 통합방위사태, 국가동원령, 계엄령 등을 선포하는 것이다. 충무사태란 국가비상사태 시 사전조치를 강구하기 위한 비상사태 명칭을 의미하며 단계별로 1~3종 사태로 구분한다. 통합방위사태는 적의 침투와 도발 및 위협에 대응하여 선포하며 갑종, 을종, 병종 사태로 구분한다. 국가동원은 전시 또는 이에 준하는 국가비상사태 시에 국가안보목표 달성을 지원하기 위하여 평시에 관리해오던 인적·물적자원을 적시에 전력화함으로써 전쟁지속 능력을 보장하는 것이다. 동원범위에 따라 총동원과 부분동원, 시기에 따라 전시동원과 평시동원, 형태에 따라 정상동원과 긴급동원, 대상자원에 따라 인원·물자·기타 동원으로 구분하며 이러한 국가동원은 병역법과 비상대비 자원관리법, 국가전시지도지침, 충무계획을 근거로 시행한다.[35]

전시체제 전환에서 완벽한 군사작전 준비태세를 갖추는 것은 그 무엇보다도 중요하다. 여기서 군사작전이란 전쟁, 분쟁 또는 평시에 국가 및 군사전략목적을 달성하기 위하여 전장 또는 그 외의 특정지역에서 군사

---

33 『합동기본교리』, p.66.

34 앞의 책, p.67.

35 앞의 책, p.37.

적 수단을 사용하는 제반 군사활동이다. 이러한 군사작전의 목적은 평시에는 전쟁을 억제하고 전시에는 전쟁에서 승리하여 국가를 방위하고 국익증진과 평화유지에 기여하는 것이다. 군사작전의 작전준비태세란 적이 적대행위를 하기 이전에 군사작전 준비를 완료한 최종상태이다. 군은 적의 침투 및 국지도발, 전면전 등 군사적 위협뿐만 아니라 비군사적 위협과 미래의 잠재적 위협에도 동시에 대비해야 한다.

군사작전준비태세는 무엇보다도 신속하고 완벽하게 준비하는 것이 중요하지만 과도한 대응태세는 자원과 노력을 낭비할 수 있고 전투원의 피로를 증가시킬 수 있으므로 상황과 수준에 부합된 작전준비태세를 유지해야 한다. 또한 국가동원과 군의 작전준비태세 전환은 전쟁의 명분 축적과 대응시기의 적시성을 동시에 고려하여 결정해야 한다. 특히 적이 위기상황을 장기화할 경우에는 국가동원 등의 실질적인 조치가 초래할 물리적·심리적 악영향을 고려해야 한다. 또한 국가는 가능한 한 전쟁 상황으로 발전되지 않도록 비군사적인 노력을 지속적으로 실시해야 하며 진시체제 전환 단계는 전쟁 개시와 동시에 종결된다.

3. 전쟁의 수행

국가의 전쟁 수행은 전쟁에서 승리를 보장할 수 있도록 국가 및 국제적인 제반 역량을 효과적으로 동원하고 통합하기 위한 정부, 군대, 국민의 총체적인 활동이라고 할 수 있다. 즉 정부, 군대, 국민의 노력을 통합하는 것이 국가 전쟁에 있어서 가장 중요한 사항인 것이다. 현대의 총력전에서 군사지휘관이 전쟁을 전담하거나 단독으로 전쟁결과를 결정할 수는 없다. 직접적으로 무력 활동을 하는 군사 분야가 여전히 중요한 것은 사실이지만 군사 분야 역시 외교, 경제, 사회 등을 망라하는 국가 전체의 한 부분이어야 하고 군사지휘관은 정부의 통제에 절대적으로 따라야 한다. 치열한 군사작전이 전개되는 와중에서도 정치적 요소는 결정적으로 작용할 수 있다. 군사적 성과 자체만으로 전쟁을 종결될 수 없고 정치 및 외교를 통하여 활용 및 확대될 때 비로소 종결될 수 있는 것이다.

현대 전쟁 수행에서 국민적 요소의 비중도 더욱 증대하고 있다. 총력전이 보편화됨에 따라 전쟁지원 및 수행을 위한 국민들의 제반 노력이 국가의 역량을 구성하고, 이는 곧 전쟁 승패에 큰 영향을 주기 때문이다. 특히 현대에는 국민 여론이 국가지도자의 의사결정에 중대한 영향을 끼친다.

전쟁 수행과정에서 기본적으로 고려해야 할 사항은 적과 전략 환경에 대한 평가와 전쟁의 목적과 목표 설정, 전쟁계획 수립, 국민의 결집, 유리한 국제환경 조성, 군사작전 지도 등이다. 먼저 적국의 전쟁목적과 목표, 전쟁 수행방향과 주변 국가들의 태도, 세계 여론 등을 파악하여 이를 기초로 전쟁계획을 수립해야 한다. 다음으로 전쟁의 목적과 목표를 정립해야 한다. 전쟁의 목적은 전쟁의 준비와 수행을 위한 방향을 제시하고 전쟁에 대한 정당성의 근거가 될 뿐 아니라 국민의 의지를 결집시키며 국제사회로부터 지지와 지원을 획득하게 하는 중요한 요소이다. 따라서 전쟁의 목적은 국가의 역량과 국제관계 등을 고려하여 달성 가능해야 하며, 전쟁의 명분과 국가이익을 동시에 충족할 수 있어야 한다. 또한 전쟁 종결 이후 예상되는 국가 상태에 대한 명확한 비전을 제시할 수 있어야 한다.[36] 전쟁목표는 이러한 전쟁목적 달성에 필요한 조건으로, 구체적인 전쟁 수행방향이라고 할 수 있다.

이러한 전쟁목적 및 목표를 달성할 수 있도록 전쟁계획을 수립해야 하는데 여기에는 전쟁의 목적과 목표, 기본적인 수행방향, 개전의 시기 전쟁의 단계, 군사작전 지침, 동원사항, 전쟁 종결 조건 등 전쟁 수행에 있어서 중요한 사항들이 포함된다.

전쟁 수행 중 국가의 중요한 업무 중 하나는 국민을 결집시키는 활동이다. 국가는 국가의 인적·물적자원을 동원하고 후방의 안전보장, 전쟁 수행에 대한 국민들이 정신을 무장하는 데 집중적으로 노력해야 한다.

---

36 『합동기본교리』, p.29.

전 국민이 전쟁목적에 공감하고 자발적으로 전쟁목표 달성에 참여하도록 결집시켜야 하는데, 전쟁은 내면적으로 국민의 정신무장을 그 근본으로 하기 때문이다. 따라서 국가는 국민들에게 전쟁에 대한 정당성을 인식시키고, 승리에 대한 확신을 갖게 하며, 신속정확한 전황보도 등을 통해 현실감을 갖게 하여 총력전이 지속되도록 보장해야 한다.

오늘날 세계의 대부분 국가들은 유엔이나 개별적 국제관계를 통하여 긴밀하게 연결되어 있고 이러한 국가 간의 상호 의존성은 점점 강화되고 있으며 현대전에서 국제환경의 유·불리는 전쟁 수행에 밀접한 영향을 미친다. 따라서 국제적 여론으로부터 전쟁 수행에 대한 정당성을 인정받고 동맹국으로부터 지원을 획득하기 위한 노력이 필요하다.

또한 전쟁에 대한 군사작전 지도 역시 매우 중요한 과제이다. 군사지휘관에게 전쟁목적 및 목표를 부여하고 군사상 건의사항을 검토하여 승인 여부를 결정해야 한다. 군사작전 지도에 있어 군대의 전문성을 최대한 존중하고 군사지휘관의 재량권을 강화하는 것이 중요하다. 즉 군사지휘관의 전문성과 권위를 무시하거나 지나치게 간섭하지 않아야 한다.[37]

군사작전은 군사력을 효율적으로 운용하기 위하여 용병술체계에 따라 전략적·작전적·전술적 수준으로 구분할 수 있다. 전략적 수준의 군사작전은 국가 전쟁지도기구가 주관하여 전쟁의 목적과 목표를 설정하고 전쟁 수행개념을 구상하여 전쟁 수행을 지도하며 국제적인 협력과 국가동원, 국가 각 기관에 대한 조정과 통제를 하는 것이다. 작전적 수준은 군사전략목표 달성을 지원하기 위하여 군사작전을 계획·시행·유지하며 전술적 성공을 보장하기 위한 수단을 제공하는 등 전략적 수준과 전술적 수준을 연계시키는 활동이 포함된다. 전술적 수준의 군사작전은 작전적 목표 달성을 지원하기 위해 전술적 부대가 전투를 계획하고 수행하는 활동이다.[38]

---

37 박휘락, 『전쟁, 전략, 군사 입문』, p.257.

군사작전 지도에서 또 하나 중요한 사항은 주요 군사지휘관을 임명·교체하고 필요시에는 해임하는 권한이다. 군사작전의 승패는 지휘관의 역량과 긴밀하게 연관되어 있기 때문에 군사적인 전문성을 충분히 구비한 지휘관을 선발하는 것이 전쟁 승리의 가장 기초적이면서도 어려운 사항이다.

4. 전쟁의 종결

전쟁은 그 자체가 목적이 될 수 없다. 전쟁은 정치적 목적을 달성하는 수단으로서 정치적 목적이 달성되면 당연히 종결해야 한다. 따라서 전쟁 종결에 대한 계획은 전쟁계획 단계부터 수립해야 한다. 즉 전쟁을 개시하여 추구했던 목적이 달성되면 어떠한 방법 또는 형태로 전쟁을 종결시키겠다는 계획을 최초부터 수립해야 하는 것이다. 그러나 지금까지 많은 전쟁에서 최초 설정한 전쟁목적이 전쟁 종결 시까지 변하지 않고 유지되기는 어렵다는 것을 보여주고 있다.

6·25전쟁 시 중국군의 참전 목적은 최초에는 북한 지역에서 유엔군을 축출하고 완충지대를 확보하는 것이었으나, 중국군 2차 공세 이후 군사적 상황이 유리해지자 38도선을 돌파하여 한반도 전체를 석권하는 것으로 전쟁목적을 확대하고, 이후 다시 군사적 상황이 불리해지자 38도선에서 협상에 의한 전쟁 종결로 전환했다. 이와 같이 전쟁목적은 군사상황의 유·불리를 포함하여 여러 국·내외적 요소에 의해 변할 수 있다. 국가는 전쟁 수행 도중 항상 냉정하고 현실적인 시각으로 전황을 분석하고 전쟁 종결 조건과 방법을 지속적으로 검토하여 유리한 종결이 되도록 해야 한다.

전쟁 상황이 유리하다고 판단하여 무리하게 전쟁을 확대해서도 안 되지만 전쟁 종결에 지나치게 집착하여 전략적 수세에 빠지거나 전쟁을 일시적으로 봉합하는 차원에 그쳐서도 안 된다. 전쟁 종결에 대한 결정은 명

---

38 『합동기본교리』, p.43.

확한 국가전략목표를 바탕으로 전쟁이 종결된 이후에 유지해야 할 군사, 외교·안보, 정보, 경제 분야 등의 조건을 고려해야 한다. 전략적 차원에서 전쟁의 승리는 국가전략의 최종상태를 충족시키는 군사목표 달성과 전쟁 종결의 조건 달성을 통하여 획득할 수 있다.[39]

클라우제비츠는 적의 군사력을 격멸하고 적의 영토를 점령했더라도 적의 의지가 꺾이지 않는 한 전쟁이 종료되었다고 볼 수 없다고 했다. 따라서 일방적인 강압에 의한 전쟁 종결은 어렵고 평화협정 체결을 통해 전쟁 종결이 이루어질 수 있으며, 이러한 평화협정은 적이 승리할 가능성이 없을 때, 또는 승리하기 위해서는 지나친 희생이 요구될 때 가능하다고 했다.[40]

전쟁을 종결하는 방법은 강요에 의한 방법과 협상에 의한 방법으로 구분할 수 있다. 강요에 의한 방법은 적의 영토, 자원, 국민에 대한 점령 위협 또는 실제 점령을 통하여 사태의 해결을 강요하는 것이다. 이는 적의 지휘 및 통제시설 또는 기반시설의 핵심기능 및 자산을 파괴하거나 군사 능력을 무력화하여 적으로 하여금 우리의 의지를 거부하지 못하도록 강요하여 전쟁을 종결시키는 것이다. 협상에 의한 방법은 정치·외교·군사·경제적 활동을 통합하여 상대를 압박하여 적이 저항을 포기하고 양보하도록 유도하는 것이다.[41]

전쟁은 전쟁당사국은 물론 참전국 간의 이해관계와 국가이익이 얽혀있는 복잡한 현상으로 나타나기 때문에 전쟁을 종결할 시에도 국내외적으로 여러 요인이 작용한다.

전쟁 종결을 결정하는 요인에 대해 캐롤[Berenice A. Carroll]이 제시한 전쟁의 목표, 군사적 상황, 정신적 요소, 전쟁 비용, 전쟁의 피해 결과, 군사적, 경제적 잠재능력, 정치적 요소, 동맹관계, 평화협정 등 아홉 가지 요소[42]를

---

39 『합동기본교리』, p.71.

40 카알 폰 클라우제비츠, 『전쟁론』 제1권, pp.83-90.

41 『합동기본교리』, p.70.

포함하여 여러 주장이 있다. 이를 정리하면 전쟁 종결을 결정하는 국내적 요인으로는 전쟁의 목적과 목표, 군사적 상황, 전쟁비용과 전쟁지속 능력을 포함한 경제력, 전쟁지도 능력과 국민적 지지 등이 있으며, 국제적 요인으로는 동맹관계의 존재와 동맹국의 참전 여부, 제3자의 개입 등으로 볼 수 있다. 이러한 전쟁 종결요인은 전쟁의 형태에 따라 미치는 영향이 달라진다. 6·25전쟁과 같이 냉전체제에서 국제전이면서 제한전의 성격을 띠는 전쟁에서는 국내적 요인보다 국제적 요인이 더 크게 작용한다고 볼 수 있다.

---

42 Berenice A. Carroll, "How Wars End: An Analysis of Some Current Hypotheses", *Journal of Peace Research*, vol. 6, no. 4 (1969), pp.313-314.

CHAPTER 4

전쟁 양상의 변화

INTRODUCTION
TO MILITARY
STUDIES

김정기 | 대전대학교 군사학과 교수

육군사관학교를 졸업하고, 미국 조지아주립대학에서 정치학 박사학위를 받았으며, 러시아
총참모대학원 2년 과정을 수료하였다. 육군사관학교 교수부, 국방부 정책실, 주러시아 한국
대사관 등에서 근무하였다. 2006년 3월부터 대전대학교 군사학과 교수로 재직하고 있으며,
국방정책론, 국방조직론, 미래전쟁, 국가위기관리론, 군비통제론 등을 강의하고 있다.

I. 서론

인류는 오랜 옛날부터 인종과 집단, 국가 간 대립과 갈등 속에서 투쟁하면서 살아왔다. 다시 말해 전쟁은 인류 시작부터 인간이 살고 있는 곳이면 어디에서나 그칠 사이 없이 계속되어 왔던 것이다. 전쟁은 정치집단이 자신의 의지와 구상을 상대에게 강요하기 위해, 폭력적·비폭력적 수단을 조직적이고 집단적으로 사용하여 설정된 목적을 달성하려는 군사적 정치행위이다.

전쟁은 다양한 이유에서 그 양상을 달리하면서 변화했다. 인간의 투쟁은 초기에는 체력과 돌, 칼 등의 단순한 무기에 의한 동물적인 투쟁이었으나, 집단이 커지고 인간의 능력이 개발됨에 따라 점차 조직적인 전투로 변화하여 오늘날에는 가공할 위력을 지닌 핵무기의 위협 속에서 상호 대립하게 되었다. 뿐만 아니라 최근에는 정보·지식사회 도래에 따른 C4ISR 및 전쟁 수행방식의 획기적 발전에 따라 전쟁 양상도 급속하게 변화하고 있다.

본장에서는 전쟁 양상의 변화를 이해하기 위해 관련 이론을 살펴보고 지금까지의 전쟁 양상 변화를 개괄하며, 미래전 양상과 한반도에서의 전쟁 양상을 전망한다.

II. 전쟁 양상 관련 이론

전쟁 양상 변화를 이해하기 위한 가장 일반적인 방법은 시대별 전쟁 양상을 살펴보는 것이다. 전쟁은 과학기술과 무기체계를 비롯한 당시 사회의 여러 측면을 반영하기 때문이다. 학자에 따라 시대 구분도 다양한 기준에 의해 이루어지고 있다.

앨빈 토플러Alvin Toffler는 사회발전을 농경시대, 산업시대, 정보시대로 구분하고, 전쟁의 양상도 이러한 사회발전의 형태와 함께 변화해왔다고 주장한다.[1] 농경시대의 전쟁은 당시의 사회적 특성을 반영하여 농번기를 통해 주로 겨울철에 수행되었으며, 군인들은 전쟁을 위해 일시적으로 소집되었다. 이 당시 전쟁을 수행하는 군인들의 무기는 표준화되지 않았고, 칼·창·화살 등을 이용해 수행하는 백병전이 일반적인 전쟁방식이었다.

산업혁명과 근대국가의 발전은 산업시대 전쟁방식을 발전시켰다. 이 시대의 전쟁방식은 징집제도에 의해 소집된 대규모 군대를 가지고 대량생산방식으로 제작된 표준화된 무기를 사용하여 대량의 파괴를 가하는 방식이었다. 산업시대의 대표적인 전쟁이론인 총력전은 사회 전체를 하나의 전쟁기구로 전환시켜 전쟁을 수행하는 대표적인 대량파괴 전쟁방식이다.

정보시대의 전쟁 양상은 정보시대의 새로운 경제특성과 매우 유사하다. 첫째, 전쟁을 위한 생산과 파괴의 모든 영역에서 지식이 매우 중요한 부분을 차지한다. 즉, 지금까지 전쟁에서 지식이 중요하지 않은 시기가 없었지만 지금은 컴퓨터 계산능력, 통신능력 등 여러 가지 형태의 지식을 군사력의 핵심에 위치시키는 혁명이 일어나고 있다. 둘째, 생산의 탈대량화와 마찬가지로 선택한 표적을 정밀파괴하는 파괴의 탈대량화가 이루어진다. 즉 파괴할 필요가 있는 표적만 골라서 정밀파괴할 수 있게 됨으로써 불필요한 파괴를 최소화할 수 있게 되었다. 셋째, 정보시대 전쟁에서 점점 더 중요한 역할을 하고 있는 스마트한 첨단무기를 조작하고 운용하기 위해서는 높은 교육수준과 전문지식을 가진 스마트한 군인이 필요하게 되었다. 넷째, 군대와 민간인 모두가 높은 자발성과 창의성을 갖고 상황에

---

1 앨빈 토플러·하이디 토플러 지음, 이규행 옮김, 『전쟁과 반전쟁』(서울: 한국경제신문사, 1997), pp.35~45.

따라 혁신적으로 문제를 해결한다. 다섯째, 작은 규모의 부대가 보다 높은 융통성과 능력을 갖고 역할을 수행한다. 여섯째, 컴퓨터와 네트워크 등을 이용하여 각 시스템을 체계적으로 통합함으로써 보다 복잡해지는 임무를 효과적으로 수행한다. 일곱째, 컴퓨터와 네트워크체계, 감시수단, 타격 및 기동수단의 발전은 작전템포를 놀라울 정도로 가속화시키고 있다. 따라서 정보시대의 전쟁에서는 행동결정이 매우 빠른, 시간중심의 경쟁전략이 결정적으로 중요하다.[2]

마르틴 반 크레펠트Martin van Creveld는 전쟁은 군사기술, 즉 무기와 무기체계에 의해 결정되기보다는 총체적인 의미의 모든 기술의 영향에 의해 결정된다고 주장한다.[3] 무기와 무기체계는 주로 전쟁 수행기간 동안에 영향력을 발휘하나 전쟁방법 자체는 많은 다른 요소들에 의해 결정된다. 전쟁은 무기체계 이외에도 전술, 작전, 전략, 군수, 정보, 지휘·통제·통신, 조직 등 요소들의 영향을 받게 된다. 따라서 일상적인 과학기술 발전의 산물인 도로나 차량, 통신수단, 시계, 지도와 같은 것에서부터 복잡한 기술발전 요소를 전쟁방식에 고려해야 한다. 크레펠트는 총체적인 과학기술의 발전 측면에서 전쟁 양상을 도구의 시대, 기계의 시대, 체계(시스템)의 시대, 자동화의 시대로 구분한다.

듀푸이Trevor N. Dupuy는 전쟁 양상을 단순히 무기체계의 발달에 따라 근력의 시대, 화약의 시대, 기술의 변천 시대로 구분하여 설명한다.[4] 듀푸이에 의하면 근력의 시대에는 마케도니아의 사릿사, 로마의 단검, 영국의 장궁, 몽고의 활이 대표적인 무기였고, 화약시대에는 대포, 화승총火繩銃, harquebus, 총검이 전쟁방식을 변화시킨 주요 무기들이었다. 기술변천기에는 후장식

---

2 앨빈 토플러·하이디 토플러, 『전쟁과 반전쟁』, pp.98-122.

3 Martin Van Creveld, *Technology and War: From 2000 B.C. to the Present* (New York: The Free Press, 1989), p.2.

4 T. N. 듀푸이, 박재하 역, 『무기체계와 전쟁』(서울: 병학사, 1987) 참조.

소총, 후장식 대포, 기관총, 고성능 폭탄, 연발총, 전차, 전폭기, 탄도미사일, 원자폭탄 등이 결정적인 역할을 했다.

미 랜드연구소RAND Corporation의 아퀼라John Arquilla와 론펠트David Ronfeldt는[5] 인류역사를 통하여 전쟁 수행양상이 몇 가지 단계를 거쳐 변화해왔다고 주장하는데, 그 양상을 결정짓는 중요한 요인 중의 하나는 바로 전쟁 수행단위에 주어지는 정보가 교환되고 소통되는 방식이다. 첫째 단계는, 가장 초보적인 군사력 운용 형태인 혼전melée으로, 지휘 통제가 거의 전무하고 체계적 조직이나 정보의 흐름이 미미한 수준이다. 둘째 단계는 집단전massing으로, 기하학적 진영이나 포진 형태를 갖추고 전후방이 분명히 구분되는 수준의 전쟁 수행방식이다. 화력이나 전투력을 집중시키기 위해 전략과 전술의 개념이 도입되고, 예하 지휘관들에게 실시간 명령을 하달하는 수단으로 여러 가지 신호체계가 고안되었다. 셋째 단계는 기동전maneuver warfare으로서 대규모, 다수의 전투단위를 신속하고 동시적으로 운용하기 위해 전자통신 장비들이 동원되는 형태이다. 전격전blitzkrieg처럼 지상군과 공군이 기계화된 군사력과 합동으로 작전을 수행하는 단계가 기동전에 해당한다. 마지막 단계가 바로 스워밍swarming으로서 정보혁명으로 인해 비로소 가능해진 형태의 전쟁 수행방식이다.

스워밍은 다수의 독립적 혹은 준독립적인 전투단위들이 일정한 형태 없이 분산되어 포진하다가 일단 공격목표가 정해지면 전 방향에서 일제히 목표물을 공격해 들어가는 방식이다. 정보혁명으로 인한 전방위 네트워크의 존재가 이러한 스워밍을 가능케 해준다.

또한 최근 관심과 논란의 대상이 되고 있는 4세대 전쟁 이론도 있다. '4세대 전쟁'이란 용어는 1989년 윌리엄 린드William S. Lind와 그의 동료들에 의해 처음 사용되었다.[6] 4세대 전쟁 주창자들은 최근 전쟁의 양상이 새롭

---

5 John Arquilla and David Ronfeldt, *Swarming and the Future of Conflict* (Santa Monica, CA: RAND, 2000), pp.10-23.

게 진화하고 있다고 주장한다. 그들은 전쟁의 양상은 기술적·정치적·경제적·사회적 발전을 반영하여 진화하며, 최근 고유한 문화적·종교적 정체성에 바탕을 둔 반군세력이나 국제테러집단과 같은 비국가 행위자가 전쟁의 주요 행위자로 등장함으로써 기존의 국가 중심의 대규모 기동전 방식의 전쟁 수행방식은 더 이상 적합하지 않다고 주장한다.

린드의 주장을 보다 자세히 설명한다면 다음과 같다. 근대국가의 등장 이래 전쟁 양상은 지금까지 크게 3단계의 진화 과정을 거쳐 왔고, 현재 네 번째 단계, 즉 4세대 전쟁 양상으로 옮겨가고 있는 중이다. 그의 분류에 따르면 1세대 전쟁 시기는 베스트팔렌조약Peace of Westfalen 이후부터 나폴레옹전쟁에 이르는 시대로서, 이 시기에는 활강식 머스킷 소총과 밀집대형 전술과 같은 새로운 무기기술과 전술을 보유한 근대적 성격의 주권국가가 전쟁의 중요 행위자로 본격적으로 등장하게 된다. 전쟁의 2세대는 나폴레옹 전쟁 이후 제1차 세계대전에 이르는 시기로서, 대혁명 이후 주권국가의 성격이 국민국가로 바뀜에 따라 전쟁도 애국심과 민족주의로 무장한 대규모 국민군대 사이의 전쟁으로 바뀌게 되었다. 또한 산업혁명의 결과 보다 강력해진 화력과 통신 및 이동수단이 등장하게 되었고, 특히 장사정포와 전신, 철도가 전쟁에 사용되면서 소모전이 2세대의 특징이 되었다. 3세대 전쟁은 제1차 세계대전 이후 현재까지 이루어지고 있는 전쟁 양상이다. 기존의 세대와 달리 3세대 전쟁은 엄청난 화력과 정밀무기를 바탕으로 하는 기동전을 특징으로 한다. 특히 신속하고 정밀한 이동수단을 사용하여 적의 후방을 타격하여 신속하게 전쟁을 종결짓는 전략이 모색되었는데, 고성능 전투기와 전차를 중심으로 하는 전격전이 대표적인 이 시대의 전술로 등장했다. 4세대 전쟁의 가장 큰 특징은 비국가 행위

---

6 William S. Lind, Keith Nightengale, John F. Schmitt, Joseph W. Sutton, Gary I. Wilson, "The Changing Face of War: Into the Fourth Generation," *Marine Corps Gazette* (October 1989), pp.22–26.

자가 전쟁의 중요 행위자로 등장하게 되었다는 사실이다. 새로운 전쟁에서 전투는 국민군대 중심의 전투와 달리 분산된 전장에서 높은 기동력을 가진 소규모 비국가 조직에 의해 전개되며, 물리적 파괴가 아닌 적 내부의 사회적·문화적 붕괴를 목적으로 삼는다. 따라서 4세대 전쟁에서는 전투의 행위자 구분, 전선 구분, 더 나아가 전쟁과 평화의 구분이 모호해진다.

이러한 양상의 전쟁에서는 '전략적 중심strategic center of gravity'이 쉽게 파악되지 않으며, 따라서 결정적인 일격에 의한 적군의 섬멸보다는 장기적인 관점에서 적대세력 내부의 시민과 정책결정자의 마음을 사로잡아 적대세력 스스로 물러나거나 굴복하게끔 만드는 것을 추구한다. 린드가 구분한 전쟁의 세대는 대략〈표 4-1〉과 같이 묘사할 수 있다.

〈표 4-1〉 전쟁의 세대 구분

	1세대	2세대	3세대	4세대
시기	베스트팔렌조약 이후	나폴레옹전쟁 이후	제1차 세계대전 이후	20세기 중반 인민전쟁 이후
주요 행위자	국가	국가	국가	국가 및 비국가 행위자
특징	근대국가의 등장과 무력의 독점	국민군대의 등장과 소모전	대규모 기동력 중심 총력전	소규모/분권적 조직의 분란전, 저강도분쟁

그 외에 맥스 부트Max Boot는 화약혁명, 제1차 산업혁명, 제2차 산업혁명, 정보혁명에 의한 변화를 가지고 전쟁 양상 변화를 설명했다.[7] 퀸시 라이트Quincy Wright는 전쟁의 역사를 동물, 원시인, 문명인 그리고 현대전쟁의 4단계로 구분했다.[8]

---

7 맥스 부트 지음, 송대범·한태영 옮김, 『MADE IN WAR 전쟁이 만든 신세계』(서울: 플래닛미디어, 2007), pp.46-47.

8 Quincy Wright, *A Study of War* (Chicago: University of Chicago Press, 1965) 참조.

III. 전쟁의 시대적 양상 변화

본 절에서는 역사학자들에 의한 일반적인 시대 구분에 따른 전쟁 양상 변화를 개괄적으로 기술한다.

1. 고대의 전쟁

고대시대의 전쟁의 목적은 영토의 확장, 적대세력의 토지나 식량 약탈, 전쟁포로의 노예화 등이었다. 고대의 전쟁은 근본적으로 인간과 동물의 힘을 이용하는 물리적 에너지 이용의 시대로서 무기가 미칠 수 있는 영역이 극히 제한될 수밖에 없었으며 한 장수가 지휘할 수 있는 범위도 시야에 들어오는 한도로 제한될 수밖에 없었다. 힘의 근원이 사람의 근육이나 도구의 힘에 있었으므로 전투장소의 크기는 아주 제한되어서 당시의 군 사령관들은 상대편 전투대형을 서로 관찰하면서 자기편의 대형을 결정할 수가 있었다.

이 시대의 무기로는 공격용으로 검, 창, 투장 등이, 방호용으로는 갑옷과 방패가 있었다. 당시의 무기로는 대량살상은 불가능했고, 어느 일정 시점에 한 지점에서 수적 우세를 차지한 군대가 승리하는 것이 일반적이었기 때문에 군 지휘관들은 적보다 우세를 달성하는데 노력을 경주했다. 시민 다수가 농부이며, 농부들의 생업문제로 인해 장기전은 불가하여 대부분의 전쟁은 단기전으로 진행되었다.

당시 전승의 요체는 집중이었고 이를 실행하기 위한 전투의 진수는 돌격에 있었기 때문에 군 지휘관들은 돌격력을 강화하기 위해서 1~3열 정도의 횡대전술로부터 5~20열에 이르는 종대전술을 구상하기에 이르렀다. 그리스의 방진Phalanx, 로마의 군단Legion 같은 전투대형이 대표적이다. 전투종심이 클수록 돌격의 추진력이 강하다는 점에서 창이나 검을 소유한 보병대의 백병전 역량을 최대로 발휘하기 위하여 종대전술에 의한 대

집단전법^{大集團戰法}을 발전시키게 되었다.⁹

2. 중세의 전쟁

중세는 봉건제도, 십자군원정 등 종교전쟁, 그리고 기병의 시대로 특징지을 수 있다. 중세 봉건제도가 발전하게 된 이유는 소지주들을 제압할만한 강력한 중앙정부가 없는데서 나온 결과로서 봉건영주는 자신의 세력을 유지하기 위해 기사들에게 봉토^{封土}를 하사하고, 기사들은 그 대가로 병역을 제공했다. 봉건제도 하에서는 강력한 중앙정부가 없었기 때문에 전쟁의 목적은 제한적이었고, 규모는 비교적 소규모였다.

이러한 중세 봉건제도 하에서 군사적 특징으로는 중기병^{重騎兵} 및 기사계급의 등장을 들 수 있다. 900여 년에 걸쳐 보병은 그리스와 마케도니아의 중보병^{重步兵}으로 혹은 로마 군단의 전사로서 전장의 주역을 담당해왔다. 그러나 아드리아노플 전투¹⁰에서 수적으로 크게 열세했던 부족기병^{部族騎兵}이 로마 군단의 보병을 제압함으로써 보병의 시대는 지나고, 이후 약 1,000년간 이어질 기병 시대의 막이 올랐다. 100kg에 이르는 철갑을 착용한 중보병은 그 무게로 인해 이동에 어려움을 겪었고, 이로 인해 중보병 대신 말을 이용한 중기병이 출현하게 되었다. 따라서 이 시대의 전쟁은 중기병의 충격행동으로 싸우는 기병전이었으며, 성곽은 기사의 근거지로서 작전의 기지가 되었다.

그런데 봉건기사들은 기동성의 중요성을 무시하고 돌격에만 집착함으로써 공격용 무기의 중량을 증가시켰을 뿐만 아니라, 이러한 무기의 공격으로부터 방호될 수 있도록 호신장구의 중량까지도 증대시켰다. 이리하

---

9 예를 들어 마케도니아 방진은 4,096명의 중보병, 3,000명의 경보병, 1,024명의 기병으로 구성된 대규모집단이었다. 로마도 마찬가지여서 병력 450명이 오늘날 대대에 해당하는 코호트(Cohort)를 구성하고, 이 코호트 10개가 모여 다시 군단을(Legion)을 구성했다.

10 아드리아노플은 오늘날 터키 북서쪽 그리스 국경 근처에 있는 도시이다. 378년에 이곳에서 벌어진 서고트족과 로마 제국의 전투에서 서고트족이 로마군을 격파했다.

여 기동성은 상실되었다. 십자군원정을 제외하고는 장거리 원정이 없었고 전쟁은 비교적 신속하게 실시되고 종결되었다.

중세는 장원을 중심으로 하는 봉건제도였으므로 영주는 외적으로부터 안전을 도모하기 위해 봉건세력의 거점이며 기병작전의 기지로서 성곽을 쌓아야 했다. 중세의 전투는 바로 이 성곽을 중심으로 하여 전개되었으므로 성곽을 방어하는 전술과 성곽을 공격하는 공성전술攻城戰術이 발전하게 되었고 성을 공략하기 위해 장궁長弓이나 석궁石弓이 등장하게 되었다. 즉, 창과 칼로 무장한 밀집보병으로 성곽을 공격한다는 것은 거의 불가능하고, 또한 방자에게는 공자가 성에 가까이 접근하는 것을 저지하는 것이 가장 중요했기 때문에 칼이나 창 대신 장궁이나 석궁이 주요 방어무기가 되었다.

십자군전쟁을 통해서 흔들리던 중기병과 기사계급은 결정적으로 몽골군의 침입과 백년전쟁[11] 이후로는 더 이상 우위를 지속할 수 없게 되었다.

3. 근세 왕조전쟁시대

중세 봉건적 군사체제는 봉건 영주의 경제력 붕괴, 상공업의 발달 및 시민계급의 대두, 화포 및 소화기의 발명 등으로 말미암아 붕괴되었다. 근세전쟁시대는 봉건사회가 몰락한 이후 세력이 강해진 군주간의 왕권전쟁 시대로서 상비적常備的 용병군대와 화약 및 총포류의 출현이 이 시대의 군사적 특징을 이루고 있다.[12]

한때 힘을 쓰지 못했던 왕들이 절대군주가 되었다. 상공업의 발달과 함께 화폐경제의 신속한 팽창으로 군주는 병역의무를 원하지 않는 자들로

---

11 1339년부터 1454년까지 영국과 프랑스 간에 발생한 백년전쟁은 중세 봉건방식의 전쟁과 기사의 중요성을 저하시킨 전쟁으로서 1346년 크레시 전투에서 영국군의 장궁의 화력은 아드리아노플 전투 이후 1,000년간 차지해온 기병의 우위에 결정적인 종지부를 찍었다. 장궁의 유효사거리는 250야드(약 230미터)로 1분에 20발을 사격할 수 있고, 조작이 용이하고 관통력이 컸기 때문에 보병의 부활에 큰 역할을 했다.

부터 병역 대신에 돈을 받고 그 돈으로 용병을 채용할 수 있었다. 이리하여 군대의 성격이 기사중심의 봉건군대로부터 용병중심의 직업군대로 변하게 되었다. 이 직업 상비군은 봉건시대 징집군보다 규모가 더 크고 강력했다.

특히 화약을 이용한 공성포攻城砲는 봉건기사의 근거지인 성곽을 쉽게 파괴할 수 있었고, 중세의 말을 탄 기사는 더 이상 소총탄환을 방어할 수 없게 되면서 화승총과 머스킷으로 무장한 보병에게 밀려났다. 휴대용 소화기와 대포의 성능이 꾸준히 향상되면서, 창병은 그 수가 감소하다가 1700년 무렵 소켓식 총검이 달린 플린트락 머스킷이 표준 보병무기가 되자 전장에서 사라졌다. 이로써 근세시대의 전쟁은 기사계급 대신 시민계급, 기병 대신에 다시 보병이 중심적 역할을 맡게 되었다.

이 시기는 '제한전의 시대'로 지칭되고 있다. 몇몇 이유로 인해 당시의 전쟁은 제한된 목표를 위해, 제한된 자산을 동원하여 제한된 횟수의 전투를 통해 수행되었다. 이와 같은 이유로 첫째, 유럽에서 18세기는 절대 왕조의 시대였다. 이들 왕조의 군대는 왕위계승권 확보나 영토 분할 같은 왕조가 추구하는 목적 아래 전쟁을 수행했다. 이러한 목표는 전쟁에 관한 시민들의 열정을 자극하는 형태가 아니었으며, 전투에서 목숨을 바쳐야 할 분명한 이유도 되지 못했다. 고대 공화국이나 중세에 있어서는 전쟁에 참여하는 국민의 수가 막대했으나, 이 시기에 군주는 국민으로부터 유리된 직업군인을 이용하여 전쟁을 수행했다. 군주와 귀족 중심의 당시 사회에서 국가는 군주의 국가이지 국민의 국가가 아니었으므로 군대도 국민군이 아니라 군주를 위한 사병私兵에 불과했다. 둘째로, 상비군을 유지하기 위해서는 많은 비용이 들었기 때문에 사상자를 최소화하여 재정적 부담을 줄이기 위해 상호 전면 충돌을 회피했다. 따라서 적 주력敵主力의 격멸에 의한 결전 추구보다는 군대를 교묘히 이동하여 적의 후퇴를 강요하거

---

12 근세는 근대 이전, 르네상스 시기부터 절대주의, 중상주의가 전개되던 17~18세기를 말한다.

나 아니면 외교나 무력시위를 통하여 전의를 상실케하는데 중점을 둔 지구전을 수행했다. 즉, 제한된 목표를 위해 제한된 수단으로 싸우는 전형적인 제한전쟁이었다. 결과적으로 전투는 언제나 통제가 용이한 평야지대에서 밀집대형으로 실시되었다. 그러면서도 많은 희생이 따르는 격렬한 전투는 가급적 회피하고, 과감한 추격작전 같은 것은 상상할 수도 없었다.

이 시대에는 화약의 출현으로 말미암아 총포류가 개발되었으며 이러한 총포의 발달은 비록 적에게 결정적인 위협을 주지는 못했지만 전쟁 수행에 커다란 변화를 가져오게 했다. 총포의 출현 이전에는 전승의 요체인 돌격력을 강화하기 위해 5열, 10열, 또는 20열에 이르는 종대전술을 발전시켰으나 총포가 개발된 이후에는 종래의 대집단전법으로부터 탈피하여 총포를 충분히 활용할 수 있도록 종심縱深이 짧고 총을 소지한 병력을 옆으로 길게 배치할 수 있을 뿐만 아니라 적의 화포 공격에 대한 취약성을 크게 줄일 수 있는 횡대전술을 발전시키게 되었다.[13] 또한 당시의 머스킷 총은 발사 당시의 기압으로 인해 아측 요원들의 고막을 파괴하는 부작용이 있었고 총의 느린 발사속도나 짧은 유효사거리, 낮은 명중률 등으로 횡대대형이 종대대형보다 화력을 효과적으로 집중할 수 있었기 때문에 병사들을 일직선상에 배열했다. 결과적으로 선형전쟁Linear Warfare[14]이라는 용어가 등장했다. 선형대형은 전술적으로 보면 조잡한 형태로서 행군 이후 적과 교전을 위한 배치가 어려웠으며 배치 이후 공격도 쉽지 않았으나, 전술적 유연성을 지녔다. 선형대형에서는 선두열의 병사들이 머스킷을 발사한 다음 재장전을 위해 맨 뒤로 돌아가면 다음 줄의 병사들이 총을 발사하는 식으로 전투가 이루어졌다. 급박한 전투상황에서 이런 복잡한 기동을 하기 위해서는 엄격한 군기와 많은 훈련을 필요로 했다.

---

13 1631년 스웨덴군이 대승한 브라이텐펠트 전투에서 합스부르크군의 종심이 30열인데 비해 스웨덴군의 종심은 6열에 불과했다.

14 피아가 일정한 전선을 유지한 가운데 전개되는 전쟁 양상. 선형전에서는 전선과 후방이 구분되고, 쌍방의 전투병력이 일련의 협조된 공격과 방어를 통하여 전투를 벌인다.

4. 근대 국민전쟁시대

이 시대는 프랑스대혁명에 의한 국민군의 탄생, 산업혁명으로 인한 각종 무기의 발달, 그리고 군사적 천재인 나폴레옹의 등장 등으로 각종 군사 분야에 있어 근대적인 발전을 가져온 국민전, 섬멸전의 시대였다.

(1) 국민군(國民軍)의 형성

18세기 말 프랑스대혁명은 기본적으로 주권국민이라는 자각에서 비롯된 것으로서 군사 분야 전반에 걸쳐서 혁명적인 변화를 초래했는데, 1792년 프랑스 혁명정부가 제1차 대불對佛 동맹군의 침입을 격퇴한 발미Valmy 전투는 새로운 전쟁 양상을 예고하는 전투였다. 즉, 오로지 시민의 혁명적 열정과 애국심만으로 조직된 프랑스의 국민군대가 많은 훈련과 엄격한 군기로 무장된 프로이센-오스트리아 연합군을격퇴함으로써 국민군대의 우수성을 유감없이 보여주었다. 이 전투는 그해 4월 혁명에 반대하는 양국에 대해 선전宣戰한 이후 프랑스군이 최초로 승리를 거둔 전투이며 농민군이 귀족 군대를 격파한 최초의 전투이다.

프랑스혁명 이후 무엇보다도 중요한 변화는 전쟁이 이제 국왕만의 관심사가 아니라 국민 각자의 일이 되었다는 것이다. 그 당시 프랑스에 있어서 침공해오는 적으로부터 혁명을 수호하고, 자신의 생명과 재산을 보호해줄 수 있는 것은 오직 국민 자신 이외에 아무것도 없었기 때문이다. 이제 프랑스 국민들에게 있어서 전쟁이란 국가를 보위하고, 민족의 생존을 보장받기 위한 그들 자신의 투쟁이 되었다.

이른바 '국민군'은 바로 이러한 자각과 필요에 의해 형성되었다. 문제는 이들이 장기간 엄격한 규율 밑에서 철저한 훈련을 받아온 용병들처럼 실제 전투에 적응할 수 있느냐는 것뿐이었다. 그런데 아무런 군사훈련도 받지 못한 민병집단에 불과한 프랑스군이 발미 전투에서 승리한 것이다.

국민군에 의한 이 작은 승리에 자신감을 얻은 혁명정부는 1793년 8월 일종의 무장 국민총동원이라 할 수 있는 강제동원 법령을 선포했다. 이렇게 하여 사상 최초로 근대적 의미의 국민군이 형성되었다.

(2) 국민군 시대의 특성

이러한 국민군의 출현은 왕조시대의 전쟁관이 안주하고 있던 사상적·현실적 기반을 근원적으로 붕괴시켜 버리고, 몇 가지 전혀 새로운 가능성을 제시했다. 그 첫째는 국민전쟁 시대 전쟁 양상의 대표적 특성이라 할 수 있는 섬멸전 개념의 사상적 바탕이 형성되었다는 것이다. 즉 이제 전쟁은 군주들만의 이해다툼이 아니라 국민과 국민간의 생명을 건 투쟁으로서, 필연적으로 국민 상호간에 잔인한 적개심이 형성될 수밖에 없었고, 또 이런 상황에서 군사적으로 승리하려면 적으로 하여금 생명을 잃게 하거나, 아니면 적어도 이에 준하는 사태를 통해 적의 저항능력을 분쇄하는 길 밖에 없었으며, 바로 여기에서 유혈 전투를 통해 적 전투력을 격멸함으로써 승리를 추구하는 섬멸전 개념으로 발전하게 되었다.

둘째로는 국민개병제도의 시초라 볼 수 있는 징병제도를 들 수 있다. 혁명의 초기에는 혁명적 열정과 애국심이 국민군대를 조직할 수 있도록 해주었으나 그 후 전쟁이 장기화함에 따라 자발적 열의나 애국심만으로는 재정과 인적요소를 충당하지 못하게 되었다. 결국 1793년 프랑스 시민 중 20~25세 장정들에게 병역의무를 부과하여 징집을 실시함으로써 대규모 군사력을 형성할 수 있었다.

셋째로 부대 운용에 있어서 과거의 제약성에서 벗어나, 대규모의 부대로 과감하고 적극적인 작전을 전개할 수 있게 되었다. 즉, 이제는 국민군으로서의 사명감을 가지고 있는 군대이기 때문에 혼잡한 지형에서 혈전을 전개한다고 해서 군기 유지에 특별히 더 고심할 필요가 없었고, 병사들이 도망하는 일도 적어졌으며, 고통을 감내하고 생명의 위협을 극복하며 주어진 사명을 완수하는 군인적 자세가 점차 자리 잡았다.

나폴레옹전쟁 이후 이러한 국민군의 사상적 특성은 클라우제비츠Clausewitz, 조미니Jomini 등의 군사이론 천재들에 의해 정리·분석·정립되어 유럽 전 지역의 군사사상을 지배하게 되었고, 그 이후 세계 전쟁시대와 현대에 이르기까지 군사사상의 기저를 형성하고 있다.

(3) 산업혁명

산업혁명은 18세기에 영국에서 일어나 약 100년간에 걸쳐 독일, 프랑스, 미국으로 파급되어 갔는데, 이 산업혁명의 산물로 신형소총, 기관총, 철갑증기선, 철도, 전신 등이 등장하고 화포의 발전이 이루어졌다. 산업혁명 덕분에 규모가 커진 군대를 무장시키고 더 멀리 더 빠르게 이동시킬 수 있었다. 또한 전신 덕분에 군대의 이동을 통제할 수도 있었다. 후미장전식 소총과 기관총의 발전은 군에 전에 없는 파괴력을 안겨 주었다. 대포의 발전은 지상보다는 해상에서 더 큰 파급효과를 미쳤다. 강선 대포로 쏘는 고성능 폭탄의 도입은 목조선을 폐기시켰다. 무기와 장비 등이 대량생산되고, 대량수송체계(철도, 증기선)가 전장에 도입됨으로써 전쟁의 양상도 총력전 양상으로 변하여 대량파괴와 대량살상이 나타났다.

5. 제1차 세계대전

제1차 세계대전은 1914년 7월 28일부터 1918년 11월 11일까지 4년 3개월간 32개국이 참전한 최초의 세계대전이다. 또한 참전국의 전 국민과 자원이 총동원된 총력전이면서 베르 전투, 솜 전투에서와 같이 장기전, 소모전(진지전)으로 치달았다. 이는 참호·철조망·기관총에 의한 방어체계와 종심깊은 방어선 등으로 인해 방자의 화력이 공자의 기동을 압도했기 때문이다.

(1) 장기소모전

산업, 특히 중공업이 발전함에 따라 무기의 대량생산이 가능해졌다. 무기의 대량생산은 전쟁의 장기화와 광역화를 촉진하여 지속적으로 물자의 대량소모가 이루어졌고, 전쟁으로 소모한 물자를 보충하기 위해 국가의 생산력을 총동원하게 되었다.

그러나 제1차 세계대전에서는 국민의 자발적 총력總力을 기대할 수 없었다. 전쟁목적 자체가 국민 전체의 생존권 유지보다는 독점자본가 등 일부 계층의 이익을 증진시키는데 그쳤으므로, 전쟁 수행을 위해 국민의 총력을 집중시킬 만큼 내면적 기초가 견고하지 못했기 때문이다. 참전국들의 군대는 서로 상대방을 섬멸하는데 주력했으며 국민들은 자신도 모르는 사이에 전쟁에 끌려 들어갔다.

따라서 제1차 세계대전은 총력전의 양상을 보이기는 했으나 자발성보다는 국가권력에 의해 강제적으로 국민의 총력을 동원했다는 점에서 전쟁목적은 제한될 수밖에 없었다. 그러나 전쟁수단 면에서는 산업혁명이 성공함에 따라 고도의 무기체계가 무제한으로 도입됨으로써 무제한 전쟁의 성격을 띠게 되었다.

또한 제1차 세계대전 초기에 기동전을 통한 몇 차례의 대전투를 치른 끝에 전선이 교착상태에 빠지게 됨으로써 당시 독일군과 영국·프랑스 연합군이 상호대치하고 있던 서부전선은 개전 수개월 만에 스위스로부터 북해까지 하나의 긴 참호선으로 연결되었다. 즉 독일군은 슐리펜의 단기 결전 전략에 의하여 개전과 동시에 주도권 장악을 위해 대규모의 우회기동을 실시했으나, 전술적인 승리가 전략적인 승리로 연결되지 못함에 따라 쌍방의 병력과 화력은 균형을 이루게 되었다. 특히 기관총과 근대 화포의 위력이 증대함에 따라 진지전의 양상이 나타나게 되었고 전쟁은 지구전으로 장기화되었다. 이렇게 전쟁이 장기화됨에 따라 많은 인명과 장비가 피해를 입었다.

(2) 현대무기의 출현

제1차 세계대전 시 현대무기는 참호전이 시작된 전선교착 단계에서 나타나기 시작했다. 즉 참호전으로 말미암아 전쟁이 장기 소모전화하자, 이를 타개하고 돌파구를 찾기 위한 수단으로써 신무기가 등장하게 되었다.

이 당시 무기의 변화로는 기관총의 경량화와 전차, 독毒가스, 박격포, 총류탄, 화염방사기 등의 출현을 들 수 있다. 초기의 기관총은 무게가 무거워서 진지를 따라 이동하거나 즉각 사용하기에 오랜 시간이 소요되었으나, 1916년 봄에 경기관총이 개발됨으로써 한 사람이 휴대하고 다닐수 있을 정도로 가벼워졌으며, 최전방 공격진과 함께 행동하면서 분당 80~100발을 사격할 수 있었다. 또한 박격포가 등장하여 참호 속의 병력을 제압할 수 있었으며, 화학탄이 개발됨으로써 적에게 치명적인 타격을 입히게 되었다.

그러나 무기체계 면에서 가장 획기적인 사실은 전차Tank의 등장이었다. 당시 많은 장병들은 참호전에 있어서 기관총을 제압할 수 있는 새로운 무기를 바라고 있었다. 영국 공병의 스윈턴Swinton 장군은 미국의 무한궤도식 트랙터와 유사한 차량을 개발할 것을 제안하여 당시 해군상인 처칠의 지원으로 이를 제조했다. 새로운 돌파용 무기인 전차는 1916년 솜Somme 전투에서 처음으로 등장하여 그 효과를 발휘했으나, 화력이 약하고 기계적인 신뢰성이 결여되고 속도가 느리고 수적으로 제한됨으로써 결정적인 효과는 획득하지 못했다.

새로운 무기의 출현은 새로운 전쟁술을 탄생시킨다. 전쟁 양상에 의하여 무기의 필요성이 대두하고, 무기의 변화에 의하여 전술의 변화가 초래되기 때문이다. 공격전술 면에서는 기동성과 포병 화력의 증가로 지상부대, 특히 보병의 계속적인 작전이 가능케 됨으로써 돌파와 기동전술을 병행 실시할 수 있는 후티어Hutier 전술[15]이 등장하게 되었으며, 방어전술의 측면에서는 포병 화력의 피해로부터 전선을 유지하기 위하여 콘크리트나

---

15 제1차 세계대전 이전에는 거의 모든 국가가 적과 접촉하고 있는 제1전선에 대부분의 병력을 배치하고, 후방에 제2전선을 구축했기 때문에, 공격부대는 이러한 방어전선을 돌파하는데 막대한 물자와 인명을 소모하고도 별다른 성과를 거두지 못했다. 독일군 장군 후티어는 이러한 문제를 극복하기 위하여 새로운 돌파전술을 개발했는데 이 전술은 철저한 사전준비와 기습의 달성, 보병과 포병의 긴밀한 협동을 강조한다.

요새나 철조망을 이용한 구로^{Gouraud}의 종심방어전술^{縱深防禦戰術}**16**이 등장하
게 되었다.

6. 제2차 세계대전

제2차 세계대전은 연합국의 입장에서 볼 때 2개의 분리된 전쟁이었다. 하
나는 독일과의 전쟁이고 다른 하나는 일본과의 전쟁이다. 독일과의 전쟁
은 1939년 9월 1일 독일의 폴란드 침공으로 시작되어 1945년 5월 8일
독일의 항복으로 막을 내렸는데, 이 전쟁은 성격상 제1차 세계대전의 연
속이었다. 유럽의 주도권을 쟁취하고 나아가서 전 세계에 절대적인 강국
으로 군림하고자 한 독일의 국가적 목표는 제1차 세계대전과 제2차 세계
대전에서 공통적으로 나타난다.

　한편 태평양전쟁은 1941년 12월 7일 일본의 진주만 기습으로 시작되
어 1945년 8월 15일 일본의 무조건 항복으로 종식되었으며, 일본의 목표
는 극동에서 일본의 주도권을 확립하려는 것이었다.

　제1차 세계대전 이후 무기체계가 발전되고 전장이 광역화되며 군대 규
모가 거대화함에 따라 공격수단의 치명성이 증대하고 기동성도 향상되었
다. 이에 따라 방어수단도 향상되었고 국가 간의 전쟁은 국가의 존망을 결
정하는 성격을 띠게 됨에 따라 각국은 자기가 보유한 국력을 무제한으로
동원하지 않을 수 없게 되었으며 제2차 세계대전이 그 좋은 예이다.

　제2차 세계대전은 전쟁목적을 '국가와 국민의 생존'에 둠으로써 전 국
민의 내면에서 우러나오는 자발적 참여가 가능해졌으며, 전쟁수단에 있
어서도 국가 총력의 무제한 동원이 요구됨으로써, 비로소 무제한 전쟁의

---

16 독일군의 후티어 전술에 대항하여 프랑스의 구로우 장군이 발전시킨 전술. 구로우 장군은 전
선의 최전방을 주진지(主陣地)로 사용함으로써 적의 집중적인 공격준비사격에 의해 막대한 피해를
입었던 종전의 방어개념으로부터 탈피하여, 최전방에는 적의 습격을 물리칠 수 있을 정도의 소수
병력만 배치하여 관측임무를 수행하도록 하고, 주진지는 전초선 후방 약 1,800-2,700미터 거리에
위치시키고 주진지 후방에 예비대를 위치시켜 주진지가 돌파될 경우 역습을 실시하도록 하는 개
념의 종심방어전술을 발전시켰다.

성격을 띠게 되었다.

또한 제2차 세계대전은 전차, 항공기와 같은 신무기의 발달과 새로운 전략의 대두로 진지전에서 기동전으로 변화된 시기였다. 제2차 세계대전 초기에 '전격전'으로 알려진 독일의 항공·기갑 합동공세는 연합군의 사기를 저하시켰고 독일군은 하루에 50~60km, 때로는 100km까지 진군했다. 해전은 항공기 도입으로 완전히 다른 양상을 띠게 되었다. 전함을 중심으로 조직되었던 함대는 항공모함을 중심으로 재편성되었다.

7. 현대전쟁

현대전쟁 양상은 전쟁목적 면에서 국민의 일부 계층이나 정치집단 일부의 이익 보호를 위한 제한된 목적에서 국민 전체의 생존과 국가의 번영을 도모하기 위한 무제한의 목적으로 변화했다. 또한 현대전은 국가적 노력의 결정으로서 국가 및 국민의 정신적·물질적인 역량을 총동원해서 전쟁목적의 달성을 위해 조직하고 전력화하는 총력전의 양상을 보이고 있다. 이에 따라 전全 국민이 전쟁에 참여하여 군대와 함께 공동전선을 펴지 않고서는 그 임무를 성공적으로 수행할 수 없게 되었으며 이를 위해 평상시 전시에 대비하여 준비하지 않을 수 없게 되었다.

한편 핵무기와 같은 절대무기의 등장으로 파괴력이 극대화함으로써 전쟁의 본질에 변화를 초래했고, 선제기습의 기회 증대, 공격수단의 압도적 우위 및 결정적 방어수단의 부재로 인해 초전의 중요성이 더 증대하고 있다. 또한 종래의 전쟁이 평면적, 횡적전쟁이었다면 현대전은 기동성 향상 및 급속한 기계화로 인해 입체적·종적 전쟁으로 변모되어 지상·해상·공중 등 삼면에서 전쟁이 동시에 수행되고, 지상전투도 근접전투와 종심전투, 방어전투가 동시에 실시됨으로써 시간적·공간적으로 거의 제한을 받지 않게 되었다.

(1) 총력전화

전쟁의 총력전화는 근대국가 출현 이후 점차 강화되어 왔으며 현대에 이를수록 한층 심화하고 있다. 고대에도 부족 및 씨족의 전 집단이 참가하여 무제한적이고 총력적인 전쟁을 수행했으나, 그 당시에는 전쟁의 수행 주체가 국가가 아닌 일부 씨족 또는 부족 집단이었기 때문에 전쟁의 영향 범위가 그렇게 넓지 않았다. 국가가 형태를 갖추기 시작한 중세 때부터 전쟁이 다소 조직화되기 시작했으나 그 당시에는 전쟁이 군주의 개인적인 야심을 충족시키기 위한 사업이거나 일부 계층의 주도권 다툼에 불과했기 때문에 전체 국력을 다 동원하지는 못했다. 영토, 국민, 주권의 세 가지 요소가 구비된 근대국가에서부터 전쟁이 보다 더 조직화, 총력화되기 시작했다. 그러나 이때까지도 전쟁의 총력전화는 그리 심대한 정도는 아니었다.

제1차 세계대전 후기의 소모전에 이르러 총력전의 개념이 실체화되기 시작했다. 이때까지도 그 개념이 넓게 인식되지 못하고 국가의 동원도 자발성보다는 강제력에 근거하다가, 제2차 세계대전부터는 국민 스스로가 전쟁과 국가를 동일시하는 등 총력전이 당연하게 인식되었다.

오늘날 총력전은 기본적으로 군사부문과 비군사부문의 구별을 거부한다. 또는 군사적 효율성을 최우선할 것을 비군사부문에 강요한다. 왜냐하면 총력전에서는 군사와 비군사의 통합을 가장 효과적으로 달성하는 측이 승리할 확률이 높기 때문이다.

군사와 비군사의 구분이 비효율적이 된 총력전의 상황은 나아가 전시·평시의 구분 자체를 애매하게 만들고 있다. 전통적인 사고에서는 평시에는 최소한의 군대를 유지하다가 전쟁 발발 후에 국가의 모든 부문이 신속하게 군사력으로 동원, 전환된다. 그러나 현대전에서는 전쟁에 사용되는 무기·장비가 방대해지고 위력이 급증함에 따라 선제기습의 효과가 결정적이게 되었고, 무기·장비가 복잡해짐에 따라 생산에 많은 시간이 걸리게 되어, 과거와 같은 전쟁 발발 후의 동원과 전환은 쉽지 않게 되었다.

즉, 선제기습의 중요성과 군사무기·장비 생산에 많은 시간 소요는 전쟁 발발 이후의 군사력 확충노력을 비효율적이게 하고, 준비된 군사력이 전쟁의 승패를 좌우하게 되었으며, 결과적으로 전·평시를 엄격히 구분할수록 전쟁에서 패배할 확률이 높게 되었다. 그래서 각국은 평시부터 전쟁 준비에 진력하고 있을 뿐만 아니라, 장차 실제 전쟁에서 불리점을 없애고 상대방보다 유리한 입장에 서기 위하여 상호 경쟁하고 있다.

장차전의 전시·평시 구분의 애매성은 과거에는 전시에만 국한하던 군사력 운용의 개념을 혼란케 하고 있다. 장차전의 승패가 평시 전투준비태세에 결정적으로 의존하게 되고, 평시부터 적국과 각종 각축이 첨예화됨에 따라 쌍방은 전시의 교묘한 군사력 운용으로 인한 승리보다는 평시에 승리의 기반을 조성하는 것을 중시하게 되었다. 즉 현대에는 군사력 증강 자체가 군사력 운용과 비슷한 효과를 내게 되었다.

평시 군사력 운용은 전쟁 억제에 초점을 맞추고 있다. 과거의 전쟁 억제는 정책충돌을 해결하기 위한 외교적·정치적 노력으로 달성되었으나, 현대에는 군사력 사용의 위협이 그 바탕이 되고 있다는 점에서 차이가 난다. 예를 들면, 냉전기간 중 미국에서는 소련의 1차 타격 후에도 미국의 핵전력이 생존하여 보복을 가할 능력이 있어야 전쟁 억제가 가능하다고 보았으며 이 점은 소련도 마찬가지였다. 이러한 양국의 입장은 상충될 수밖에 없었으며 미·소의 군사력은 계속 증강되었다. 현대의 전쟁 억제는 현재에는 사용하고 있지 않더라도 장차 적에게 군사력을 사용할 수 있고, 사용할 경우 심대한 피해를 줄 수 있다는 인식을 심어줌으로써 달성하고 있다. 이것은 핵전력뿐만 아니라 비핵전력非核戰力에서도 마찬가지다.

(2) 전쟁규모의 확대

한 전쟁에 참가하는 군사력의 규모는 고대로 거슬러 올라갈수록 작았고, 현대에 이를수록 커지고 있다. 또한, 과거일수록 결정적인 1회 전투가 전체 전쟁의 승패를 결정했으나 현대로 올수록 전쟁의 승패에 필요한 회전

會戰의 숫자가 늘어나고 있다. 알렉산드로스 대왕이 페르시아 정복 시 대동한 병력은 3만여 명이었고, 칭기즈 칸이 말년에 보유한 병력의 규모는 약 20만 명에 불과했으며 대개 결정적인 하나의 전투에서 승리할 경우 1개국 정복이 완료되었다. 그러다가 19세기까지 전쟁에 참가하는 부대의 규모가 서서히 증대하여 나폴레옹은 1개 전역戰役에 20만 명 정도의 병력을 사용했다.

그러나 제1차 세계대전부터 참가 병력의 규모가 급격히 증대하면서, 몇 차례 전투나 전역의 결과로 전체 전쟁의 승패를 결정하기가 어렵게 되었다. 전쟁은 동원 가능한 쌍방의 최대 병력이 쌍방의 전 영토에서 일방의 전쟁지속력이 고갈될 때까지 지속되었다. 예를 들어 제1차 세계대전은 1914년 7월부터 1918년 11월까지 4년 3개월간 계속되어 32개국이 참전했고, 독일의 최초 병력만도 8개 야전군, 200만 명에 달했다. 한 지역에서의 전투 결과는 다소의 영토와 병력의 손상을 의미할 뿐, 전체 전쟁의 결과와는 큰 관계가 없었다. 제2차 세계대전 시에는 1개 회전의 과거와 같은 결정적 영향력은 거의 상실되었고, 전쟁의 규모도 특정국가 전 지역과 군사력을 포함하는 정도에까지 이르게 되었다. 1940년 5월 독일의 프랑스 침공, 1941년 6월의 독일의 소련 침공으로 시작한 전쟁은 프랑스와 소련의 전 국토에서 실시되었고, 양국의 전 군사력이 동원되는 등 참전 규모도 천문학적이었다.

(3) 핵무기와 전쟁

전쟁의 역사에서 현대를 의미 있게 해주는 요소는 핵무기의 등장이라 할 수 있다. 핵무기는 전쟁 양상에 중대하고 직접적인 영향을 미치지는 않았지만 전쟁개념과 전략개념의 변화를 초래했다. 즉, 과거에는 '어떻게 무기를 활용할 것인가'에 관심을 두었지만 현대에는 '어떻게 무기를 사용하지 못하게 하는가'에 관심을 갖게 되었다. 원자폭탄의 파괴력으로 인한 인류 종말이라는 재앙을 막기 위함이다.

또한 핵무기의 등장은 핵전쟁과 재래식전쟁으로 현대전쟁을 이분화하고 핵무기의 엄청난 파괴력은 전쟁을 통해 정치적인 목적을 달성하는 것 자체를 무의미하게 만들었다. 이로 인해 핵전쟁을 수단으로 선택할 수 없는 제한전쟁이 현대전의 특징으로 나타나게 되었다.

핵전쟁에 대한 예방은 기본적으로 군비통제와 억제전략에 의해 달성되어 왔다. 군비통제 측면은 핵확산금지조약(NPT)과 국제원자력기구(IAEA)에 의해 주로 수행되고 있다. 억제전략 측면에서 억제는 '상대로 하여금 아예 어떤 행위를 취하지 못하도록 하는 것'을 의미하는데, 개념 자체는 예전부터 존재해왔지만 핵무기의 출현으로 더욱 유효한 개념이 되었다. 왜냐하면 핵무기를 이용한 선제공격을 실시할 경우에 공자는 승리의 가능성보다는 감당하기 어려운 피해를 받을 가능성을 고려하지 않을 수 없기 때문이다. 억제의 논리는 핵보복이 가져올 엄청난 피해에 대한 두려움을 주어 핵무기를 사용하지 못하게 하는 것이다.

(4) 소련 붕괴로 인한 탈냉전시대 도래

21세기를 맞으면서 많은 사람들은 분쟁과 갈등이 종식되고 화해와 협력의 장이 열리기를 기원했다. 또한 이념과 진영 간의 대결로 얼룩졌던 냉전체제의 붕괴를 목도하면서 많은 사람들은 이제 전쟁과 분쟁의 공포로부터 벗어날 수 있을 것으로 기대하면서 화해, 협력, 군비감축 등을 논의했다.

그러나 냉전체제 종식 이후 형성되고 있는 새로운 국제질서는 그동안 냉전체제에 가려진 또 다른 문제들을 노출시켰다. 종교, 인종, 문화, 영토, 자원 등을 둘러싼 국가 간 또는 민족 간 분쟁이 표면화되는 한편, 테러 확산, 국제적인 범죄 증가, 난민 발생, 환경문제 등장, 대량살상무기 확산 등과 같은 초국가적 위협 요인들이 안보문제의 전면에 부상함에 따라 '전쟁의 패러다임' 자체가 변하고 있는 실정이다.

'새로운 전쟁'이라고 불리는 현대전쟁은 바로 비정규전, 비선형전, 무인전의 양상으로 변화하고 있다. 탈냉전시대의 전쟁 양상은 새로운 형태의 위협과 함께 등장한 비정규전(게릴라전, 테러리즘, 심리전, 평화유지작전)과 21세기 정보혁명에 의해 등장한 정보전(네트워크 중심전, 사이버전, 효과중심의 정밀교전, 비선형전, 동시·병렬적 통합작전, 적 중심 마비전)으로 대별 가능하다. 이 부분은 다음 절에서 보다 상세하게 다룬다.

IV. 미래전 양상 전망

미래전Future Warfare에 대한 개념은 특별히 정의되어 있지는 않다. 하지만 일반적인 통념으로 정치, 경제, 사회, 문화, 과학기술 등 인간사회를 구성하는 총체적인 현상의 새로운 변화에 따라서 미래에 새롭게 전개될 것으로 예상되는 전쟁 양상이나 형태라고 정의할 수 있다.[17]

미래의 모습을 그려보는 것은 쉬운 일이 아니다. 전쟁은 급속히 발전하는 과학기술의 영향을 많이 받고, 혁신적인 아이디어가 자주 나타나며, 새로운 개념이 빈번히 형성되는 분야이기 때문이다. 미래학자 토플러는 미래전 양상을 정보지식 중심전, 정보지식 기반전, 네트워크 중심전, 네트워크 기반전, 네트워크 환경전 등으로 간단히 표현했다. 그러나 좀 더 깊이 파고 들어가면 한 가지 용어로 표현하기 어려운 다양한 특징이 복합되어 있음을 알 수 있다.

본절에서는 과학기술 발전이 미래전에 미칠 영향을 살펴보고, 최근에 미국의 주도하에 치른 전쟁에서 나타난 양상을 분석한 다음, 미래전 관련 이론들의 발전추세를 검토하고 미래전 양상의 주요 특징을 전망해본다.

---

17 노계룡·김영길, 『한국의 미래전 연구실태 분석』(서울: 한국국방연구원, 1999), p.22.

1. 과학기술과 미래전

미래전 양상에 가장 큰 영향을 주는 요소는 과학기술의 발전에 따른 군사
전략 혹은 전쟁 수행개념의 변화와 무기체계의 발전이다. 전략개념이 무
기체계의 발전을 선도하느냐, 아니면 무기체계와 군사기술이 전략개념을
선도하느냐 하는 데에는 많은 논란이 있다. 하지만 고대 전쟁으로부터 최
근 이라크전쟁에 이르기까지 양자가 상호 밀접하게 영향을 주고받아 왔
다는 데에는 의문의 여지가 없다. 즉, 무기체계의 발전은 전략 및 전술을
변화시켰고 전략 및 전술의 변화는 새로운 무기체계를 발전시켰다.

무기체계의 개발을 통해 최신 작전개념의 구현을 가능케 하는 것은 과
학기술이다. 특히 최근 들어 급속히 발전하고 있는 과학기술의 발전은 미
래전의 모습을 좌우할 수 있는 결정적 요소로 대두되고 있다. 최근 과학
기술은 급속히 발전하고 있으며, 18~24개월마다 기술혁명이 발생하고,
현재 보유하고 있는 기술의 효용가치가 반으로 감소되는 기술반감기가
3~4년으로 단축되고 있다. 이러한 추세를 고려할 때 향후 50년간 과학
기술의 발전은 인류 역사 이래 축적된 모든 과학기술의 성과를 상회할 것
으로 전망하고 있다. 이러한 과학기술의 발전으로 인해 미래전쟁 수행개
념이 변화하고 있으며 이러한 전쟁 수행개념의 변화는 다시 전장공간 및
전투수단, 전투형태 등 전 분야에 걸쳐 커다란 변화를 가져올 것으로 예
상한다.

미래 과학기술의 발전에 따른 전장 상황의 변화는 다음과 같이 요약할
수 있다. 첫째, 센서의 발달로 인해 전장 상황이 유리알처럼 파악될 것이
다. 둘째, 미래의 핵심 전력으로써 하드웨어적으로는 우주전 수행체계(위
성, 감시장비, 위성무기 등)와 무인체계가 부상할 것이고 소프트웨어적으로는
이를 운용하기 위한 인적요소와 지원체계가 중시될 것이다. 셋째, 네트워
크에 의해 통합된 시스템 중심의 전쟁 수행방식이 크게 발전할 것이다. 넷
째, 기존의 재래식전력도 소규모의 제한전이나 국지전에서 여전히 활용
될 것이고, 지상차량, 함정, 로켓 및 항공기 등이 경량화, 고속화 및 스텔스

화되고 급속도의 전력 전개 및 배치가 이루어지며 전개된 무기체계를 통하여 적에 대한 치명적인 타격이 가능해질 것이다.

2. 최근 전쟁 사례 분석

최근 미국 주도로 실시된 걸프전, 코소보전쟁, 아프가니스탄전쟁, 이라크전쟁은 미래 지식·정보사회의 전쟁 양상이 어떻게 전개되어 나갈지를 잘 보여준 전쟁으로 평가된다. 이들 4개 전쟁은 과거 산업시대와는 궤도를 달리하는 새로운 전쟁 양상을 보여 주었다. 1991년 걸프전은 미국이 구소련의 위협에 대응하여 개발한 공지전투의 개념을 실전에 적용하여 역사상 최소의 희생으로, 최단기간 내에, 가장 스마트하게 승리한 전쟁으로 평가된다.

미국은 걸프전 이후 10여 년간 강도 높은 군사혁신을 추진하면서 확보한 전법과 전력을 가지고 2003년 이라크전쟁에 임했으며, 새로이 개발한 신속결정작전과 효과중심작전을 적용하여 첨단기술군의 절대적인 압도성을 유감없이 발휘했다. 본절에서는 이들 전쟁을 개관하고 여기에서 드러난 전쟁 양상의 특성 및 함의를 살펴본다.

(1) 최근 전쟁 사례 개관

최근 미국이 주도한 4개 전쟁은 전쟁의 수단과 방법의 혁명적 변화 추이를 여실히 보여주었다. 미군은 첨단 정보·기술력에 의해 단기간에 최소한의 희생으로 일방적인 승리를 거두었다. 최근 4개 전쟁을 개괄적으로 정리해 보면 〈표 4-2〉와 같다. 전쟁의 참여 주체 면에서 4개 전쟁은 모두 미국이 주도했지만 국제기구인 유엔(UN)의 역할이 중시되고 다국적군의 참여가 보편화되는 모습을 보여주었다. 다국적군의 형성은 탈냉전기 국제체제에서 자국의 이익을 중심으로 군사력을 운용하는 현상이 표출된 것이다.

최근 4개 전쟁은 과거 전쟁에 비해 상대적으로 초단기적으로 종결되었다. 공중 및 미사일작전의 비중이 크게 증대했지만, 지상전 투입 및 수행

구분	걸프전 (사막의 폭풍작전)	코소보전쟁	아프가니스탄전쟁	이라크전쟁
전쟁 원인	이라크군 쿠웨이트 점령	세르비아군 침공, 코소보 알바니아계 인종청소	알카에다의 9·11테러	후세인의 테러지원/ WMD 개발의혹
전쟁 기간	'91.1.17-2.28 (총 43일, 지상작전 100시간)	'99.3.24-6.10 (78일)	'00.10.7-12.22 (77일)	'03.3.20-4.14 (27일)
참가 국	지원국 50, 군사력 지원 38, 전투병력 지원 31	나토 14개국	10개국 * '02.2월 기준	5개국
병력	총 472,700(전역 내) 지상군 264,600 * '91.1월 기준	총 58,600 (인접국에 지상군 36,500명 배치) 코소보 해방군 8,000-20,000	다국적군 지상군 14,700 북부동맹군 12,000-15,000	총 324,400 지상군 203,650
주요 장비	탱크 3,090 장갑차 4,519 전투기 1,602 헬리콥터 1,700 항공모함 2	항공기 1,259 (전투기 680) 항공모함 3	항공기 500 항공모함 3 (항모 키티호크는 지원기지 역할만 수행)	탱크 966 장갑차 840 항공기 2,191(전투기 735, 폭격기 51) 항공모함 8 (영 헬기항모 1)
인명 손실	미군 사망 147, 부상 243, 다국적군 사망 99, 부상 434	전투손실 0 (훈련사망 2)	미군 사망 18, 부상 99	미군 사망 138 (전투 중 114) 영군 사망 24 (전투 중 23)
기타		장기간 평화유지작전 수행	안정화작전 장기화	안정화작전 장기화

출처 권태영·노훈, 「21세기 군사혁신과 미래전」(서울: 법문사, 2008), p.101.

태세 여부가 전쟁의 결정성 및 완결성에 큰 영향을 미쳤다. 또한 이라크
전쟁, 아프가니스탄전쟁에서 보듯이 전쟁의 종결보다 전후 안정화작전에
훨씬 더 많은 기간이 소요되는 현상을 보여주었다.

　미군은 4개 전쟁 각각의 특수성을 고려해서 첨단 기술전력을 적절히
운용하여 인명손실을 최소화하며 단기간에 승리를 거두었다. 걸프전의
경우 공중작전을 통해 이라크의 지휘통제체계와 지상전력을 마비시킨 이
후에 지상전력을 투입했고, 코소보전쟁은 지상전력을 실제로 투입하지

않고 공중전력과 미사일전력만 가지고 전쟁을 수행했다. 아프가니스탄전 쟁에서는 특수부대와 산악부대를 중심으로 한 소규모 지상군과 공중전력 을 효과적으로 결합한 작전이 전개되었으며, 이라크전쟁에서는 공중전력 과 지상전력을 동시에 투입하여 효과기반의 신속결정작전을 펼쳤다. 비 록 안정화작전이 장기간 지속되었지만 정규작전의 신속하고 결정적인 승 리는 실로 가공할만한 것이었다.

(2) 전쟁 양상의 주요 특성 및 함의

최근에 미국의 주도하에 실시된 4개 전쟁은 지금까지 인류가 경험한 전 쟁과는 근본적으로 그 양상을 달리하는 전쟁이었다. 미국의 정보 및 지식 기반의 첨단 기술전력이 산업시대의 전력보다 얼마나 더 우월한지를 여 실히 보여준 전쟁이었다. 최근전쟁에서 나타난 전쟁 양상의 변화추이와 함의를 요약하면 다음과 같다.

첫째, 첨단 기술전력에 의한 새로운 전쟁 수행방식의 압도적 우월성이 확인되었다. 4개 전쟁에서 미군은 속도, 기동성, 정밀성 등에 기반을 둔 새로운 전쟁 수행방식을 도입하여 일방적으로 주도권을 행사했다. 미군 은 항공전력과 정밀타격전력을 이용하여 먼저 적의 지휘통제체제를 마비 시키고 제공권을 장악한 후, 지상전력을 무력화시켰다. 이라크전쟁에서는 지상전력과 공중전력을 동시에 투입하여 심리적·정치적 충격을 최대화 함으로써 이라크군이 최후 수단으로 고려했던 도시都市지역 전투의 기회 마저 빼앗아버렸다.

둘째, 공중작전의 유효성이 획기적으로 증대했음에도 불구하고 지상작 전이 결정적 승리에 매우 중요함을 재확인시켜 주었다. 걸프전 시 공중타 격은 전체 전과의 30%나 차지했고 이라크군을 마비시키는데 상당한 역 할을 했다. 그러나 이라크군은 지상군이 투입될 때까지 참호나 장애물을 이용하여 상당수준의 전투력을 보존하고 있는 상태였다. 이라크전쟁에서 는 미국이 이라크군의 노출을 강요하여 정밀타격으로 격파했으나 전후 장기간 지속된 안정화작전은 지상군이 유일한 대안임을 각인시켜 주었다.

셋째, 전력의 통합적 운용과 합동작전 능력이 크게 향상되었다. 미군은 걸프전 이후 군사변혁을 지속적으로 실시한 결과 네트워크 중심전을 구현하기 위한 정보·감시·정찰 능력, 정보 처리 및 융합 능력, 표적 식별 및 정보 분배 능력을 획기적으로 발전시키고, 지상·해상·공중·우주전력을 네트워크에 의해 상호 시스템적으로 결합시킴으로써 제반 가용전력의 통합 및 합동운용성을 대폭 제고할 수 있었다.

넷째, 정보작전·특수전 등 비대칭적 전략의 보조적 성과도 적지 않았다. 미국은 후세인 정권과 탈레반 정권의 지지기반을 약화시키고 지도부를 분열시키기 위해 다양한 방식의 심리전, 공보작전 등을 전개했다. 특수전은 표적 탐지 및 식별을 위한 정보활동뿐만 아니라 대민작전, 항공전력의 표적 유도, 적지 종심작전 등으로 범위가 크게 확대되었다.

3. 미래전 이론의 발전 동향

(1) 공지전투

공지전투ALB: AirLand Battle는 냉전 당시 수적으로 나토군(미군)보다 압도적으로 우세한 바르샤바 동맹군(구소련군)의 위협에 대응하기 위해 미국이 개발한 작전방식이다. 특히 구소련군은 전선 후방에 강력한 기갑기동군OMG: Operational Maneuvering Group을 배치하고 있었는데, 이 기갑기동군을 이용하여 종심 깊이 공격을 해올 경우 나토군은 단기간 내에 와해될 우려가 있었다. 이와 같은 상황에서 미국은 공지전투/공지작전, 일명 스태리-모렐리 교리Starry-Morelli Doctrine를 개발하게 되었다.[18]

당시 구소련군의 최대 강점은 전선 후방에 위치한 강력한 제2, 제3후속 전력을 이용하여 작전적 돌파기동을 하는 것인데 미군의 입장에서는 구소련군의 이러한 강점을 무력화시키지 못하는 한 주도권 장악이 불가능할 것으로 판단하고, 종심전투를 최적의 대안으로 판단하게 되었다. 종심전투는 구소련군의 후속전력을 원거리에서 감시하고 통제하며 타격한다는 것인데, 이와 같은 원거리 감시·통제·타격 능력을 갖추기 위해서는 기술적인 뒷받침이 필요하다. 결국 당시 미국의 기술적 우위가 이러한 체제의 개발을 가능케 한 것이다.

공지전투는 미군이 전통적으로 유지해오던 화력소모전Fire-Oriented Warfare을 기동마비전Maneuver-Oriented Warfare으로 전환시킨 대변혁이었다. 공지전투는 미국의 전쟁 수행개념을 수세적 진지방어전에서 공세적 기동공격으로, 군별 작전운영에서 공·지 합동 통합작전개념으로, 근접전투에서 종심전투로 과감하게 전환시켰다. 미군은 이 교리에 따라 약 15년에 걸쳐서 종심감시, 종심통제, 종심타격체계를 발전시켰으며 이러한 전력체계는 1991년 걸프전 당시 큰 위력을 발휘했다. 미군은 이를 계기로 21세기 정보·지식시대 군사혁신을 세계에서 가장 선두에 서서 추진하고 있다.

(2) 오가르코프의 정찰–타격 복합체

미국의 공지전투 개념은 구소련군의 수뇌부로 하여금 새로운 군사이론을 개발하게 하는 자극제가 되었다. 당시 구소련은 중부유럽에서 나토와 대적하기 위해 기갑기동군을 배치하고 있었는데 구소련의 총참모장이었던 오가르코프Ogarkov 원수는 이 기갑제대들이 나토군의 장거리 탐지 및 미사일 타격에 매우 취약하다는 것을 발견했다. 즉, 나토군이 구소련의 제2, 제3후속제대들을 발견한 후 30분 이내에 수백 킬로미터 떨어진 거리에서 대전차유도미사일을 대량으로 발사할 경우, 구소련군의 기갑기동군은 재앙을 면치 못하게 된다는 것이었다.

오가르코프는 1984년 새로운 기술을 이용하여 조속히 군사변혁을 추진해야 한다고 역설했다. 구소련군이 그 당시 사용한 전투체계는 '정찰'과 '타격'을 전술적 차원에서 결합시킨 것이었는데, 기존의 전투방식을 개선

---

18 당시 미 육군 교육사령관 돈 스태리(Donn Starry) 장군과 교리개발부장 돈 모렐리(Donn Morelli) 장군의 이름을 땄다.

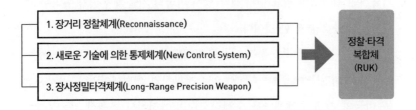

〈그림 4-1〉 정찰-타격 복합체 구성

1. 장거리 정찰체계(Reconnaissance)

2. 새로운 기술에 의한 통제체계(New Control System)

3. 장사정밀타격체계(Long-Range Precision Weapon)

정찰·타격 복합체 (RUK)

하는 수준에 불과했다. 이는 하나의 플랫폼에서 적의 목표를 탐지·발견하고 자체화력으로 파괴하는 체계로서 탐지 능력과 범위가 제한되고 사거리도 짧고 부정확했다. 그러나 새로운 군사기술을 활용하여 정확도가 매우 높은 장거리 정찰체계와 정밀타격체계를 연결·결합시키면, 전략적 차원의 새로운 '정찰-타격 복합체RSC: Reconnaissance-Strike Complex'가 창출된다는 것이다.

(3) 오웬스의 신 시스템 복합체계

미국의 전 합참차장 오웬스Owens 제독은 오가르코프 원수의 정찰-타격 복합체를 재해석하여 '신 시스템 복합체계SoS: A New System of Systems' 이론을 제시했다.[19] 신 시스템 복합체계는 정찰-타격 복합체와 동일한 3개 요소로 구성되어 있고 그 기본개념도 매우 유사하나, 3개 요소의 복합으로 인한 시너지 효과가 창출되는 과정을 정찰-타격 복합체 이론보다 더 잘 설명해준다는 평가를 받고 있다. 〈그림 4-2〉에서 보는 바와 같이 정밀감시·정찰체계와 정밀전력체계를 C4I체계로 연결시키면 2개 체계가 중첩되는 부분에서 새로운 전투수행능력이 창출되고, 이 새로운 능력들이 상호 연

---

19 William A. Owens, "The Emerging System of Systems", *U.S. Naval Institute Proceeding*, vol.121, no.5 (1995), pp.36-39; Idem, "The American Revolution in Military Affairs", *Joint Force Quarterly*, (Winter 1995-96), pp.37-38.

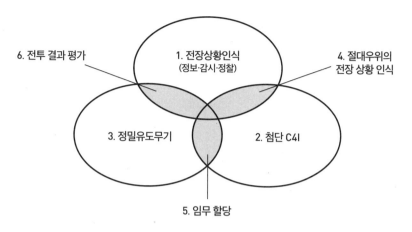

〈그림 4-2〉 신 시스템 복합체계

6. 전투 결과 평가

1. 전장상황인식
(정보·감시·정찰)

4. 절대우위의
전장 상황 인식

3. 정밀유도무기

2. 첨단 C4I

5. 임무 할당

출처 권태영·노훈, 『21세기 군사혁신과 미래전』(서울: 법문사, 2008), p.85.

결되어 일련의 전투행위 사이클을 형성함으로써, 시너지 효과가 극대화
되어 엄청난 위력을 발휘할 수 있게 된다는 것이다. 따라서 정보·감시·
정찰(ISR)과 첨단 C4I, 정밀유도무기가 상호 중첩되는 부분을 확대시키는
것이 중요하다.

⑷ 보이드의 OODA 루프

미 공군대령 보이드$^{John Boyd}$가 제시한 OODA 루프$^{OODA Loop}$ 이론은, 전투
행위는 관측^{Observe} → 판단^{Orient} → 결심^{Decide} → 행동^{Action}으로 연결된 하나
의 순환 고리^{Loop}를 형성하며, 이 고리를 빠르게 순환시킴으로써 적보다
우위를 확보할 수 있다는 이론이다. (〈그림 4-3〉 참조)

즉, 정보기술의 획기적인 발전을 이용하여 전장 상황인식의 우위를 달
성하고, 이를 바탕으로 보다 더 정확하고 신속한 결심이 가능하게 됨으로
써 지휘의 속도가 매우 빠르게 되고, 적이 행동하기 전에 먼저 행동을 취
할 수 있게 되며, 결과적으로 적은 아측에 대비할 준비시간을 박탈당하여
혼돈과 충격에 의해 패하게 된다는 것이다.

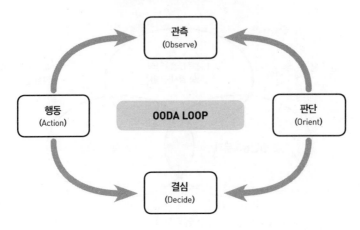

〈그림 4-3〉 보이드의 OODA 루프

출처 권태영·노훈, 『21세기 군사혁신과 미래전』, p.173.

보이드는 'OODA 루프'의 아이디어를 『손자병법』에서 찾았다고 한다. 클라우제비츠는 전투에서 결정적으로 승리하려면 적의 주력을 격멸해야 한다는 섬멸전을 강조한데 반해, 손자는 적의 심리적 갈등을 증폭시키면 살상을 감소하면서도 결정적으로 승리할 수 있다고 강조했다. 보이드도 적의 사기와 정신을 와해시키는 데 초점을 두고 OODA 루프 이론을 개발한 것이다.

미 육군은 보이드의 OODA 루프 이론을 '목표군사력'의 전투 수행개념으로 공식적으로 적용했다. 즉, ①먼저 보고See First → ②먼저 이해한 후Understand First → ③먼저 행동을 취함으로써Act First → ④결정적으로 전투를 종료한다Finish Decisively는 S-U-A-F의 사이클을 발전시켰다. 여기서 '먼저 보기' 위해서는 부단한 감시·정찰수단을 확보하여 전장의 모든 전투원이 전장 상황을 계속 공유할 수 있도록 해야 한다. '먼저 이해하기' 위해서는 모든 부대가 함께 참여하여 작전계획을 수립하고 지휘관이 의도하는 바를 순식간에 전파해서 행동으로 옮길 수 있어야 한다. '먼저 행동하기' 위해서는 합동으로 동시에 기동하고 전략적 타격을 가하여 적을 마비시킴으로써 적이 목적을 달성할 수 없도록 만들어야 한다. '결정적으로 종료하기' 위해서는 적의 능력을 지속적으로 파괴하여 적의 전의를 신속히 박탈해야 한다.

(5) 세브로스키의 네트워크 중심전

네트워크 중심전NCW: Network Centric Warfare은 기업들이 정보기술을 활용하여 경영혁신을 하는 방식을 군에 적용하기 위해 세브로스키Cebrowski 제독이 개발한 이론이다.[20] 즉, 기업은 정보기술을 이용해서 플랫폼에 초점을 둔 경영방식에서 네트워크에 중심을 둔 경영방식으로 바꾸어서 정보·지식시대의 새로운 경영혁신을 창출하고 있는데, 군도 지금까지 유지해온 플랫폼 중심전Platform Centric Warfare을 네트워크 중심전으로 변환하면 전장운영의 생산성·효율성·능률성·효과성을 대폭 증대할 수 있고, 아군의 희생을 최소화하면서 적을 단기간 내 마비시킬 수 있는 효과를 창출하여 결정

〈그림 4-4〉 네트워크 중심전의 이론적 모형

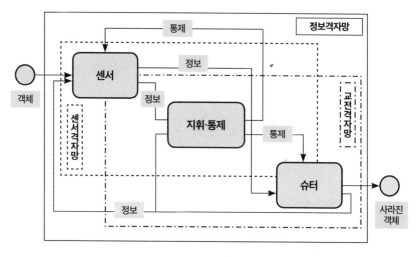

출처 권태영·노훈, 『21세기 군사혁신과 미래전』, p.214.

---

20 Vice Admiral Arthur K. Cebrowski and John J. Garstka, "Network·centric Warfare: Its Origin and Future", Naval institute Proceedings (www.usni.org/proceedings/Article 98/Procebrowski.html).

적으로 승리할 수 있다는 이론이다.

NCW의 기본구조는 〈그림 4-4〉에서와 같이 3개 격자망, 즉 정보격자망information grid, 센서격자망sensor grid, 교전격자망engagement grid으로 구성되어 있다. 정보격자망은 센서격자망과 교전격자망을 상호 밀접히 연결하여 하나의 커다란 센서-슈터 복합체StS: Sensors to Shooters를 형성한다. 센서격자망은 여러 가지 다양한 유형의 센서를 네트워크화하여 높은 수준의 전장 상황인식을 창출한다. 그리고 교전격자망은 높은 수준의 전장 상황인식을 활용하여 다양한 전투수단이 통합된 전투력을 대폭 증가시킴으로써, 플랫폼 중심의 방어체제에 고착되어 있는 적을 용이하게 패퇴시킬 수 있다는 것이다.

NCW은 PCW보다 훨씬 우월하다. 과거에는 대부분의 경우 플랫폼별로 독자적인 표적탐지수단과 타격수단을 보유하고, 이들 플랫폼 간 상호 연결이 이루어지지 않아 전체적인 시너지 효과를 기대할 수 없었다. 그러나 NCW에서는 전장의 개별 플랫폼을 모두 네트워크로 상호 긴밀하게 연결함으로써, 각 개별 플랫폼은 원거리에 위치한 다른 플랫폼들이 제공한 정보도 자동적으로 결합하여 활용할 수 있다. 때문에 표적을 추적 및 식별하고, 교전범위를 획기적으로 증대시키며, 교전시간을 크게 단축할 수 있다.

NCW에서는 '신속한 지휘speed of command'와 '자체동기화自體同期化, self-synchronization'가 특징인 매우 빠르고 효과적인 전투수행 스타일이 창출되는데, 신속한 지휘는 극적으로 향상된 정보우위를 활용하여 속도와 정밀성, 사정거리가 대폭 향상된 전력으로 적을 공격함으로써 적에게 심대한 충격을 줄 수 있는 위력을 갖고 있다. 과거 전통적인 지휘구조에서는 지휘관이 일방적인 지시를 통해 원하는 시간과 장소에 병력과 화력을 집중시키고자 해도, 하급부대는 나름대로의 작전리듬이 있기 때문에 상급부대가 원하는 시간과 장소에 병력과 화력을 집중시키는 것이 쉽지 않았다. 그러나 NCW에서는 각급 제대가 네트워크에 의해 실시간 정보를 공유하고 있기 때문에 상급부대의 의도와 상황을 파악하여 사전준비에 보다 많은 시간을 가질 수 있게 된다. 결과적으로 부대 자체 내에서 스스로 '동기화'하여 상급부대가 원하는 시간과 장소에 병력과 화력을 집중시킬 수 있게 됨으로써 매우 빠른 속도로 전투를 수행할 수 있다.

(6) 와든의 5원이론

5원이론Five Ring Theory은 미국 예비역 공군대령 와든John A. Warden이 미 공군의 핵심적인 미래전 이론으로 제시했으며, '병렬전쟁Parallel Warfare' 개념의 기초가 되고 있다.[21] 와든은 〈표 4-3〉과 같이 모든 생명과 조직(인간, 국가, 단체, 회사 등)은 5개의 핵심 요소(지휘부, 핵심 시스템, 하부구조, 시민, 전투 메카니즘)로 구성되었다는 점에 착안했다.

〈표 4-3〉 생명 및 조직의 5대 핵심구성요소

5개 요소	인간	국가	단체(마약조직)	회사(전기)
지휘부	두뇌: 눈, 신경	정부: 통신, 보안	두목: 통신, 보안	중역: 중앙통제체계
핵심 시스템	음식, 산소	에너지 (전기, 원유, 식량), 화폐 등	마약원료, 마약제조공장	입력체계(열, 수력), 출력체계(전기)
하부구조	근육, 뼈	도로, 항만, 공항, 공장	도로, 항공로, 해상수송로	송전선
시민	세포	시민	원료 재배인, 분배인, 가공처리인	회사 종업원
전투 메커니즘	백혈구	군대, 경찰, 소방	무장경호원	수선정비공

출처 권태영·노훈, 『21세기 군사혁신과 미래전』, p.178.

그는 모든 생명과 조직이 하나의 유기체로서 지닌 공통점을 더욱 단순화하여 〈그림 4-5〉와 같은 '5원체계 모형'을 도출했다. 이 모형에서 제1

---

21 Col, John A. Warden Ⅲ, USAF, "Air Theory for the Twenty-first Century", Battlefield of the Future: 21st Century Warfare Issues (www.airpower.maxwell.af.mil/airchronicles/battle/ chp4.html)

원인 지휘부는 국가전체 시스템을 지휘하는 국가의 가장 핵심적인 중추 조직이다. 제2원인 핵심체계는 국가시스템의 구성요소들을 긴밀하게 묶어주는 동력에너지 체계(전기, 석유, 식량) 및 화폐·금융체계와 같은 것이다. 제3원인 하부기반체계는 에너지, 식량, 원료, 제품 등을 운송·생산하는 기반시설(도로, 항만, 공항, 공장 등)로서 국가시스템을 작동시키는 기능을 수행한다. 제4원인 시민은 전투원을 제외한 일반 국민 전체이고, 제5원인 군대는 야전에 배치되어 있는 전투조직 및 전투원을 뜻한다.

와든의 동심 5원체계 모형은 미래전을 이해·발전시키는 데 있어서 매우 유용한 관점을 제공한다. 첫째, 상대하는 적을 '시스템의 관점'에서 파악함으로써 적의 중심COG: Center of Gravity을 신속·정확하게 파악할 수 있게 해준다.

둘째, 5원체계 모형은 시스템 상호간의 중요도를 식별하는데 매우 유용한 수단이 된다. 5원체계에서 내부의 원일수록 군사적 가치가 크다. 제1원 지휘부가 제5원 군대보다 더 중요하다. 전쟁을 신속히 종료하려면 적

〈그림 4-5〉 국가시스템의 5원체계 모형

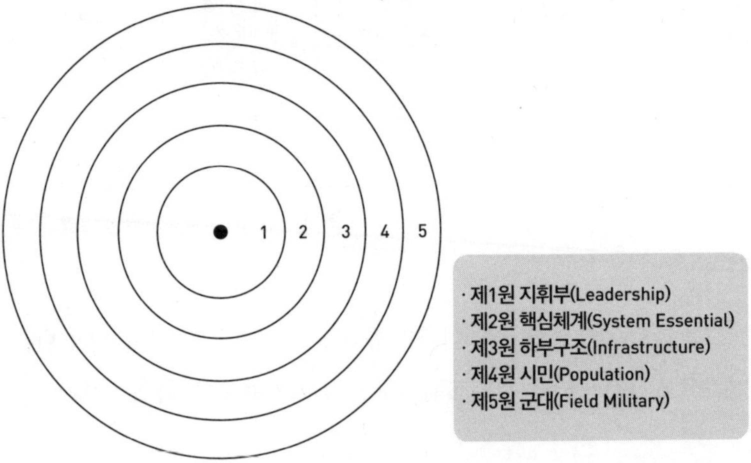

· 제1원 지휘부(Leadership)
· 제2원 핵심체계(System Essential)
· 제3원 하부구조(Infrastructure)
· 제4원 시민(Population)
· 제5원 군대(Field Military)

출처 권태영·노훈, 『21세기 군사혁신과 미래전』, p.179.

의 방패인 군인(제5원)를 파괴하기보다는 지휘부(제1원)를 파괴하는 것이 급선무이다.

셋째, 5원체계 모형은 미래전장운영방법을 전략적 차원에 중심을 두게 한다. 원거리 감시·정찰 능력과 장사정 정밀유도무기의 비약적인 발전으로 3개 수준의 전쟁(전술적, 작전적, 전략적)이 상호 중첩되고, 이에 따라 전략적 차원의 전장운영, 즉 제1원의 지휘부를 직접 공격하는 데 더욱 집중하게 되었다.

넷째, 5원체계 모형은 적의 의지를 단기간 내 강요할 수 있는 새로운 전쟁방식으로 '병렬전쟁'을 제시한다. 이는 5원체계 내의 모든 중심을 정확히 식별, 동시 병렬적으로 공격하여 국가 전체를 순식간에 마비, 무력화한다는 개념이다.

⑺ 바넷의 병렬전쟁

미국의 예비역 공군대령 바넷 Jeffery R. Barnett 은 와든이 제시한 병렬전쟁의 개념을 보다 더 구체화했다.[22] 병렬전쟁이란, 적의 중요 표적들을 아측이 보유하고 있는 다양한 타격수단으로 동시에 일제히 공격하여 적이 재정비·복구·회생할 시간을 주지 않고, 혼절·마비효과를 창출하여 단기간 내 전쟁을 종료하는 새로운 작전방식이다.

과거에는 표적에 대한 정보가 불확실하고 타격수단의 사거리와 정확도가 제한되어 적의 중심들을 순차적으로 장기간에 걸쳐 공격할 수밖에 없었다. 그러나 미래에는 적의 지휘부(제1원)까지도 정확하게 식별·판단할 수 있는 정보·감시·정찰 능력과 정확한 타격이 가능한 장사정 정밀타격 수단을 보유하게 됨으로써 와든의 5원체계의 모든 결정적인 표적을 아측의 모든 가용한 수단을 동원하여 동시에 병렬적으로 공격할 수 있게 된다.

---

22 Jeffery R. Barnett 지음, 홍성표 옮김, 『미래전』(서울: 연경문화사, 2000), pp.34-40.

병렬전쟁의 목표는 적의 모든 표적을 파괴하는 것이 아니고 적의 중심에 대한 선별적·효과적 공격을 '동시·병렬·초스피드'로 수행함으로써 적을 극심한 충격·마비·공황 상태에 빠뜨리는 것이다.

병렬전쟁은 다수·대량의 수단을 동시·동기화하는 작전이다. 매우 빠른 작전 템포와 기동성·고치사성을 유지하고 전장의 전 종심·전 지역에 걸쳐서 작전을 수행하게 된다. 그 결과 많은 전력이 단기간 내 동시적으로 파괴되어 적의 전쟁의지가 걷잡을 수 없이 붕괴한다.

(8) 비선형전/분산작전

비선형전Non-Linear Warfare은 전선을 기준으로 한 피아간의 구분이 희석된 상태에서 이루어지는 전투를 의미한다. 전선과 후방이 구분되고 쌍방의 전투병력이 일련의 협조된 공격과 방어를 통하여 대결하는 것이 선형전이라면, 비선형전은 이러한 선형전의 정도가 약화된 상태에서 이루어지는 전투를 의미한다 하겠다.

전쟁의 비선형성은 현대에 이르러 현저하게 부각하고 있다. 현대에는 항공기에 의해 지리적인 거리가 많이 극복되었고, 비정규전 등 새로운 전쟁 수행개념이 발전함과 더불어, 사이버공간을 통하여 지리적 거리에 제한받지 않는 정보의 유통과 전파가 보장되었기 때문이다.

오늘날 지금까지 통용되어온 접적·집중·선형전은 비접적·분산·비선형전으로 변화되고 있다. 선형전에서는 종심-전방-후방, 전선, 전투지경선, 화력통제선 등과 같은 인위적인 전투구획이 2차원 지도 위에 설정되고, 이에 의해 전투부대 간, 전투-지원부대 간의 협조대형을 형성해서 적과 교전한다. 그러나 비선형전에서는 아측의 전투부대들은 전선이 없고 후방이 없다. 사방 360도가 적에게 노출되어 있고 다면·다점·다방향·다차원의 전장에 놓여 있게 된다. 이들 부대들은 소규모로 넓은 전장에 분산되어 있지만, 네트워크로 밀접히 연결되어 전장가시화 및 정보공유화가 가능하고, 매우 민첩한 기동력으로 매우 빠른 템포의 작전을 수행할 수 있다. 특히 중요한 것은 지·해·공이 긴밀하게 합동하고 제 병종이 밀접하게 협동하여 시스템 차원에서 효과중심의 정밀종심작전이 가능하다는 점이다.

미래 전장에서는 아군 부대들은 생존을 위해 소규모로 분산, 비선형적으로 운영되다가, 필요시 적에게 다점·다방면에서 집중적으로 공격을 하고, 공격 후에는 다시 분산운영되는 모습을 보일 것이다. 이러한 비선형전이 소기의 목적을 달성하려면 정보우위, 네트워크화, 종심정밀타격, 압도적 기동 등의 능력이 확보되어야 한다.

미 해군대학원의 교수인 아퀼라John Arquilla는 21세기 첨단 네트워크기술을 적극 이용한 새로운 비선형 전법으로서 '벌떼작전/스워밍전술swarming tactics'[23]을 제시했는데 미 합참은 이 이론을 실제 작전에 적용하여 '분산작전Distributed Operations'이란 용어로 등장시켰다. 분산작전이란 분산된 상태에서 기습적으로 집중하는 전장운영방식을 말한다. 이는 오늘날 특수전부대들이 적진 깊숙이 침투하여 작전을 수행하는 것과 유사한 전투방식이라고 볼 수 있다. 이 소부대들은 규모는 비록 작고 분산되어있지만 네트워크로 긴밀히 연결되어 있기 때문에 전장에서 가용한 모든 전력요소를 신속하게 통합하여 지원받을 수 있다.

이 스워밍전술을 효과적으로 수행하기 위해서는 우세한 전장 상황인식과, 고도의 기동성/신출귀몰성elusiveness, 그리고 장사정 정밀타격능력 등이 네트워크 이동통신에 의해 상호 유기적으로 연계·결합되어야 한다.

(9) 뎁툴라의 효과중심작전

뎁툴라David A. Deptula 장군은 병렬전쟁에 숨겨져 있는 가장 중요한 원칙으로

---

23 벌들은 멀리 떨어져 사방으로 분산되어 있다가도 위기 시 '윙윙' 소리를 상호 교신의 수단으로 삼아 순식간에 무리를 이루어 특정 목표를 집중적으로 공격하고, 그 목적이 달성되면 다시 흩어지는 행태를 보인다. 이와 같은 행태를 응용한 것이 스워밍 전술이다.

서 '효과effect'를 찾아내고, 효과중심작전EBO: Effects-Based Operation의 개념을 구체화했다.[24] 병렬전쟁에서 가장 결정적인 원칙은 시간과 공간을 어떤 '목적'으로, 어떤 '요망효과'를 달성하기 위하여, '어떻게' 이용하느냐에 있다.

뎁툴라 장군은 아측의 군사력을 적의 군사력을 '파괴'하는 데 사용하는 것보다 적의 군사력을 '통제'하기 위해 사용하는 것이 더욱 유리하다고 판단했다. 여기서 '통제control'란 전략적 요소에 대한 적의 영향력을 아측이 지배할 수 있는 능력으로서, 적 시스템의 어느 한정된 부분에 특정한 효과를 달성하여 적 시스템 전체를 무력화하는 것을 의미한다.

효과중심작전은 정밀정보와 정밀타격능력을 고려하여 만든 효과 중심의 기획effects-based planning에 의해, 정보수단과 정밀타격수단을 사용하여 적의 중요한 표적들을 거의 동시적으로 타격함으로써 구현된다. 예컨대, 적의 방공시스템의 요소를 모두 파괴하는 것보다 전기를 공급하는 전력망을 단절시키면 군사력을 적게 사용하고서도 적의 방공시스템 전체를 무력화시킬 수 있다.

이러한 효과중심작전 사이클에서 가장 핵심적인 단계는 바로 효과기획이다. 효과기획은 목표를 달성하기 위해서 어떤 효과를 만들어야 되고, 그 효과를 얻으려면 연관된 원인에 바람직한 영향을 미칠 수 있게끔 어떻게 행동을 취해야 할 것인가를 분석한다.

과거 섬멸전과 소모전에서는 적의 표적들을 개별적, 순차적으로 파괴했다. 군사력의 크기가 전장/작전의 승패를 좌우한 '투입input' 중심의 전장운영방식이었다. 그러나 현대전 및 미래전에서는 '효과'에 기초해서 적의 핵심 표적을 선별하여 동시에 병렬적으로 파괴한다. 적의 시스템을 파괴하는 것이 아니라 통제하는 것이 승패의 관건이 되는 '산출output' 중심의 전장운영방식을 추구한다.

---

24 David A. Deptula, "Effects-Based Operations", Defense And Airpower Series(2001). (www.au.af. milau/awe/awegate/dod/to3202003_to319effects.htm) 참조.

(10) 전력사령부의 신속결정작전

신속결정작전RDO: Rapid Decisive Operation은 1999년 4월 국방기획지침에 의해 미 합동전력사령부가 제시한 새로운 미래작전개념이다. 이 지침은 미군의 전개성, 치사성, 민첩성, 생존성 등이 보장된 상태에서 적의 전략적 및 작전적 중심을 공격할 수 있는 합동작전 수행능력을 발전시켜 나갈 것을 요구했다. 미 합동전력사령부는 신속결정작전을 미군의 미래 합동전장운영개념으로서, 정치적·군사적 요망효과를 달성하기 위하여, ①지식 ②지휘통제 ③작전을 상호 연계·결합하여, 과도한 국가자원의 소모 없이, 최소의 인명피해와 물리적 파괴로, 단기간 내에 신속히 전쟁의 목적을 달성하는 작전방식이라고 정의하고 있다.[25]

신속결정작전(RDO)은 적의 핵심능력과 응집력을 손상시키기 위해 외교, 정보, 경제 등 국가의 모든 수단을 조화롭게 활용하여 군사행동을 취할 것을 요구한다. 그리고 적의 중심을 비대칭적인 방법으로, 다방면·다차원에서, 동시에 신속하고 과감하게, 효과중심으로, 합동·통합작전을 수행할 것을 강조한다. 또한 RDO는 영토나 지형을 점령하는 데 목적을 두는 게 아니라 작전의 기간과 템포를 장악함으로써 적이 효과적으로 대응하지 못하고, 적의 작전능력과 응집력에 막대한 손실을 가해 아측에 적대적 군사행위를 더 이상 취할 수 없도록 만든다. 결과적으로 RDO는 적을 혼돈·혼절·마비시켜 물리적 전쟁수단이 존재함에도 불구하고 통제력의 상실로 인해 대응하지 못하도록 하는 것이다.

RDO는 합동비전의 핵인 압도적 기동과 정밀교전을 정보작전과 연계·결합·통합하여 효과중심작전의 모습을 구체화하고, 네트워크 중심전, OODA 루프, 5원체계, 병렬전쟁, 비선형전, 비대칭전, 동시통합전 등의 미래전 이론을 통합적으로 수용하여 체계화한 것이라고 평가할 수 있다.

---

25 JFC, *Toward a Joint Warfighting Concept, Rapid Decisive Operations*, (RDO Whitepaper version 2.0, USJFCOM, 2002), pp.10~19.

4. 미래전 양상의 주요 특징

이 항에서는 미래전의 대표적인 특징적 양상으로서 전쟁 수행개념이 정보·지식·기술 중심으로 탈바꿈하는 획기적인 변혁 측면에서 네트워크 중심전, 효과기반작전, 신속결정작전, 비선형전을, 전쟁공간의 확대 측면에서 5차원전, 정보·사이버전을, 전쟁수단의 혁명적 변화 측면에서 무인로봇전과 비살상전을, 미래전의 제반 양상들을 전장에서 통합하여 운영하는 방법 측면에서 비대칭전, 동시통합전을 선정하고 각각에 대한 개념을 간략히 제시한다.[26]

(1) 전쟁 수행개념의 변화

최근 들어 전장에서의 효율성을 높이기 위해 다양한 전쟁 수행개념이 도입되고 있다. 네트워크 중심전[NCW: Network-centric Warfare], 효과기반작전[Effects Based Operation] 및 신속결정작전[Rapid Decisive Operation], 비선형전 등이 그것이다.

네트워크 중심전

네트워크 중심전(NCW)은 전투수행효과가 창출되는 구조를 설명하는 하나의 이론으로서, 전장의 여러 전투요소를 정보통신기술의 발전을 이용하여 효과적으로 네트워킹하면 지리적으로 분산된 전투요소들이 전장의 상황을 공유할 수 있고, 전력의 통합화가 가능해지며, 결과적으로 작전의 수행효과를 획기적으로 높일 수 있다는 이론이다.[27] 즉, 센서와 타격체계를 지휘통제체계를 통하여 유기적이고 효율적으로 연결시킴으로써 개별 센서, 타격체계 및 플랫폼의 위치와는 관계없이 언제 어디서든지 적을 식별하고 타격할 수 있는 전쟁 수행방법을 의미한다.[28] 과거의 플랫폼 중심

---

26 권태영·노훈, 『21세기 군사혁신과 미래전』(서울: 법문사, 2008), pp.205-276.

27 손태종·노훈 외, 『네트워크중심전』(서울: 한국국방연구원, 2009), p.43.

28 최근에는 네트워크 중심전(NCW)이 다른 전쟁 수행개념과 명확하게 구별되는 특징을 발견하

전과는 대칭되는 개념이라고 할 수 있으며 특히 지휘통제체계의 발달이 핵심적인 요소라고 할 수 있다.

효과기반작전

전쟁의 양상이 네트워크 중심으로 발전함에 따라 지휘통제부서와 같은 전략적·작전적·전술적으로 중요한 적의 중심을 공격하는 작전을 말한다. 이 작전은 압도적인 전투력에 의한 대량살상 또는 파괴 없이도 최소역량을 투입해서 극적인 효과를 얻고 동시에 병력도 절약할 수 있게 해준다. 하지만 이러한 효과중심작전은 필연적으로 우수한 C4ISR 체계 및 정밀타격체계 확보가 선행되어야 하는데 이는 적의 중심을 식별하기 위해서는 우수한 정보체계를 이용, 적을 실시간으로 관측해야 하기 때문이며 또한 C4I체계를 통하여 신속한 의사결정을 내림과 동시에 정밀타격체계를 이용하여 적의 취약점을 정확하고 효율적으로 공격할 수 있어야 하기 때문이다.

신속결정작전

종심기동, 종심정밀타격, 정보전 무기를 통해 기동의 속도성, 종심성 및 기습성을 획기적으로 증대함으로써 적에 대한 마비효과를 극대화하는 작전이다.

비선형전

과거에는 적의 핵심 중심부를 공격하기 위해서는 적의 전방군사력을 파괴하고 적의 영토를 점령하지 않으면 안되었다. 따라서 기동에 의한 병력과 화력의 집중과 영토점령이 중시되었다. 그러나 미래에는 장사정 정밀

기가 어렵다는 한계를 보임에 따라 미군은 '네트워크 중심 환경(Network-Centric Environment)'이라는 개념을 활용하고 있다.

유도무기와 사이버전 무기에 의해서도 적의 핵심 중심부를 효과중심으로 동시에 병렬적으로 공격함으로써 큰 인명피해와 대량파괴 없이 적의 저항의지를 파괴할 수 있게 되었다. 결과적으로 미래에는 지금까지 통용되어온 선형전이 비선형전으로 변할 것이다.

비선형전에서 아측의 전투부대들은 소규모로 분산되어 비선형적으로 운영되다가, 필요시 적에게 다방면에서 집중적으로 공격하고, 공격 후에는 다시 분산 운영되는 모습을 보일 것이다. 이러한 비선형전이 효과적으로 운영되기 위해서는 모든 부대가 네트워크로 긴밀히 연결되어 전장가시화 및 정보공유가 가능하고 매우 민첩한 기동력을 갖고 있어 매우 빠른 템포의 작전을 수행할 수 있어야 한다.

최근 논의되고 있는 가장 대표적인 비선형전 개념은 '분산기지'와 '벌떼작전/스워밍전술swarming tactics'이다. 분산기지는 분대 내지 소대 규모의 부대들을 적진 깊숙이 침투, 분산위치시켜서 이 부대들로 하여금 전장 상황을 실시간으로 파악, 전파토록 하고, 기동부대들과 정밀타격수단들을 표적에 유도하는 역할을 담당하도록 한다. 이 소부대들은 비록 규모는 작고 분산되어 있지만 네트워크로 긴밀히 연결되어 있기 때문에 전장에서 가용한 모든 전력요소를 신속하게 통합하여 지원받을 수 있다. 따라서 이 소부대들은 규모에 비해 훨씬 큰 전투력을 발휘할 수 있다.

벌떼/스워밍전술은 분산기지보다 한 단계 높은 전장운영개념이다. 스워밍전술은 고도로 네트워크화된 많은 소규모 기동부대들을 전장에 분산 배치해 놓은 상태에서, 필요시 이들 부대들이 적의 특정 목표에 일제히 신속하게 모든 능력을 집중하는 작전방식을 의미한다. 스워밍전술을 효과적으로 운용하기 위해서는 우세한 전장 상황인식, 고도의 기동성, 장사정 정밀타격능력 등이 네트워크로 상호 유기적으로 연계·결합되어 있어야 한다.

⑵ 전장공간의 확대 측면

전장공간의 확대 측면에서의 미래전 양상으로서는 5차원전과 정보·사이버전을 들 수 있다.

5차원전

무기체계의 능력이 획기적으로 광역화되고 장사정화·정밀화·네트워크화됨에 따라 전장공간은 과거의 지·해·공 영역이 보다 확장됨은 물론 우주 및 사이버공간이 추가됨으로써 미래전은 5차원전 양상을 띠게 될 것이다.

오늘날 지구상의 모든 컴퓨터가 네트워크로 연결되고 첨단 정보매체가 등장하면서 인터넷과 같은 정보공간이라는 새로운 공간이 출현했으며, 이러한 정보공간의 점유를 놓고 투쟁이 가속화되고 있다. 미래 정보사회에서는 이러한 사이버세계의 정보·지식 흐름을 혼돈·마비시키면 그 사회와 군대의 기능이 순식간에 마비된다. 과거 아날로그 시대에는 전혀 상상할 수 없던 새로운 전쟁 양상이다.

또한 우주체계와 관련된 과학기술의 발달로 인해 우주전력이 출현하고 있는데 우주전력은 기존의 군사 시스템과 통합될 경우, 군의 전력을 획기적으로 배가시킬 수 있는 요소가 되었다. 우주공간에서 운용할 수 있는 주요 군용 우주자산으로는 정찰 및 정보수집, 표적획득 및 정밀공격지원, 기상관측, 통신, 항법 지원 등 대부분 군사작전 지원을 수행하는 군사위성과 표적 파괴를 목적으로 우주에 배치되어 운용되는 공격용 무기가 있다.[29]

정보·사이버전

정보전은 정보작전의 일부분이다. 정보작전Information Operations은 "정보우위 달성을 목적으로 가용 활동과 능력을 통합·동시화하여 아군의 정보 및 정보체계는 방어하거나 보호하면서 적의 정보 및 정보체계를 공격하거나 영향을 주기 위한 전·평시 군사 및 군사관련 작전 활동"이며, 정보전은

"특정 상대 적에 대하여 특정 목표를 달성하거나 이를 진척시키기 위하여 위기시나 분쟁시에 수행하는 정보작전의 실제 수행과정이나 행동"으로 정의할 수 있다.[30] 다시 말해서 정보작전은 전시와 평시를 모두 포함하지만, 정보전은 위기 및 분쟁시에 실시하는 정보작전으로 정보작전은 비군사 분야(경제, 사회)도 포괄하지만, 정보전은 군사 분야 및 특정 목표에 한정하여 실시된다.

미래에는 사회가 정보·지식화됨에 따라 금융체계, 물류유통체계, 항공관제체계, 미디어체계 등 국가의 기간시스템이 모두 컴퓨터와 네트워크에 의해 운영·통제될 것이다. 이러한 국가의 매우 중요한 시설들이 공격을 받아서 마비될 경우 국가의 전체 기능이 마비되는 사태가 나타나고, 군사작전에도 치명적인 타격을 줄 수 있다.

사이버전Cyber Warfare은 "컴퓨터와 관련된 기반장비를 토대로 한 네트워크상의 공간(사이버공간)에서 다양한 사이버 공격수단을 사용하여 상대의 정보자산을 교란·거부·통제·파괴하여 상대의 통신체계·전산체계·국가정보체계 등 정보체계를 마비시키기 위해 위기시나 분쟁 시에 취하는 무형의 공격적인 행동이나 이에 대한 방어 행동"으로 정의할 수 있다.[31]

미래에는 혁신적으로 발전하는 정보기술을 기반으로 한 사이버공간의 확장과 함께 사이버전의 중요성이 매우 커질 것이다. 특히 군에서는 기존의 단일체계에 의한 전쟁 수행개념에서 첨단 정보기술을 기반으로 하는 네트워크 중심의 시스템복합체계로 발전하고 있고, 미래전쟁 수행에 대한 결심·기획·계획 및 실행과 지휘통제 수단에 이르기까지 네트워크에 절대적으로 의존하는 전쟁개념으로 전환되고 있다. 이러한 전 전력의 네

---

29 공격용 우주무기로는 레이저 및 입자빔, 고출력마이크로파 무기 같은 지향성 에너지무기, 고속으로 운동하는 탄자를 표적에 충돌시켜 표적을 파괴하는 운동성 에너지무기, 대위성(Anti-satellite) 공격무기 등이 있다.

30 배달형, 『미래전의 요체 정보작전』(서울: 한국국방연구원, 2005), p.83.

31 앞의 책, p.94.

트워크화, 즉 사이버공간으로의 확대는 전쟁의 효율성을 극적으로 높일 수 있는 장점을 가지고 있는 반면, 그것이 보호되지 못한다면 전쟁에서 치명적인 결과를 초래할 수 있는 잠재적인 위험을 내포하고 있다. 따라서 미래전에서는 사이버전의 중요성이 한층 고조될 것이다.

'사이버무기'란 상대방의 정보자산을 파괴, 와해, 침투함으로써 정보를 추출하고, 상대방의 통신체계, 전산체계, 국가정보체계 등을 마비시키는 사이버전의 공격수단을 의미한다. 이러한 사이버무기에는 소프트웨어적으로 작동하는 '소프트 공격무기'와 사이버공간상 시스템을 물리적으로 파괴하는 '물리적 파괴무기'가 있다. 소프트 공격무기에는 컴퓨터 바이러스, 해킹, 논리폭탄, 전자 우편 폭탄 등이 있고, 물리적 파괴무기에는 치핑, 재밍, 미생물무기, 나노머신, 전자폭탄(EMP탄) 등이 있다.

이러한 사이버전의 특성을 규정하면 다음과 같다. 첫째, 컴퓨터와 네트워크를 기반으로 하기 때문에 이를 다루는 인력은 고도의 전문성과 기술성을 요구한다. 따라서 사이버전에 대응하는 데에도 그에 상응하는 전문성과 기술성이 요구되기 때문에 효과적으로 대응하기가 매우 어렵다. 둘째, 사이버전은 저비용의 초보적인 공격기술로도 핵무기 못지않은 치명적인 손상을 줄 수 있다. 셋째, 사이버전 무기들은 범세계적으로 넓게 연결된 통합망에서 운용되기 때문에 원거리에서 공격이 가능하다. 넷째, 사이버전은 정치, 경제, 군사, 사회, 심리 등 모든 분야에 적용 가능하다. 다섯째, 사이버전은 비대면성과 익명성이란 특성 때문에 공격을 감지하거나 공격 자체를 입증하거나 고의성을 가려내기가 매우 어렵다. 여섯째, 사이버 공격무기는 상대측의 인명에 피해를 주거나 장비 및 시설을 외형적으로 파괴하지 않고 상대 국가, 조직, 군대의 기능을 무능화시킬 수 있다. 일곱째, 사이버전은 힘이 약한 국가 또는 집단이 강대한 국가에 비대칭적으로 대응할 수 있는 수단이 될 수 있다.[32]

---

32 권태영·노훈, 『21세기 군사혁신과 미래전』, p.225.

(3) 전투수단 측면

전투수단의 혁명적 변화 측면에서는 무인로봇전과 비살상전을 미래전의
대표적인 양상으로 들 수 있다.

무인로봇전

아직까지도 전장에서 가장 중요한 요소는 인간이다. 전장에서 작전을 수
립하고 무기체계를 운용하는 것은 여전히 인간이기 때문이다. 따라서 무
기체계의 지속적인 성능 발휘를 위해서는 무기체계를 운용하는 인간을
보호해야만 한다. 한편 인간의 가치 및 기본권에 대한 인식이 제고됨에 따
라 전장에서 인간에 대한 살상을 최소화하려는 노력이 미래에는 크게 증
가할 것이다.

그런데 인간을 보호하려는 노력 중 가장 핵심적인 것은 무기체계의 무
인화이다. 왜냐하면 무인화는 무기체계를 자율적으로 움직이게 하거나
인간이 무기체계를 안전한 원거리에서 조종함으로써 인력 피해를 최소
화할 수 있기 때문이다. 이러한 이유로 미래 무기체계는 무인화될 수밖에
없으며 인간은 전장으로부터 멀리 떨어진 곳에 위치한 채 다양한 무기들
을 조종·통제하게 될 것이다. 따라서 미래 전장에서 무인 무기체계 및 무
인로봇의 등장은 필연적인 현상이다. 기존의 전투 및 비전투 장비는 물론
병사가 수행하는 임무나 기존에는 불가능했던 새로운 임무를 무인로봇이
자율적으로 혹은 원격제어에 의하여 수행하게 하며, 무인로봇은 기존의
장비와 비교하여 위험하고, 어렵고, 지루한 임무를 수행하게 될 것이다.

현재 전장에 배치된 무인항공기UAV: Unmanned Aerial Vehicle 등이 그러한 무
기체계인데 그 대표적인 것으로는 프레데터RQ-1 Predator와 글로벌호크Global
Hawk 등을 들 수 있으며 이외에도 수많은 UAV 및 UCAVUnmanned Combat Aerial
Vehicle가 개발되고 있다. 현재 이러한 공중 무인체계는 주로 정찰 및 탐지
등의 감시임무만을 수행하고 있으나 앞으로는 이러한 임무 외에도 폭탄
투하 및 미사일 발사 등 정교하면서도 공격적인 다양한 임무를 수행하게

될 것이다.

한편 공중전력 이외에 지상전력 무인 무기체계를 개발하려는 노력도 진행되고 있다. 대표적으로 미국의 미래전투체계Future Combat System사업을 들 수 있다. 이 사업에서는 무인공격차량 및 감시정찰 등을 포함하는 무인 장갑차량과 병사운용 소형로봇, 통신중계 차량, 수송용 차량 및 지뢰탐지 차량 등을 포함하는 다목적 무인차량 등의 다양한 무인 무기체계 획득이 포함된다.[33]

비살상전

비살상이란 "사람을 의도적으로 치명 또는 영구 부상시키지 않고, 불필요 하게 무기를 파괴하거나 환경에 손상을 주지 않으면서, 적의 표적에 영향 을 미치는 능력"을 의미한다.[34] 비살상무기는 이러한 '비살상'을 목표로 하 여 만들어진 무기로서 인간의 치명적 손상과 자산 및 환경의 피해를 최소 화하면서 이들의 기능을 무능화할 수 있도록 만든 무기들이다.

이러한 비살상무기는 전통적인 살상무기를 적용하기 어려운 환경에서 매우 유용하게 사용할 수 있다. 비살상무기는 여러 수준의 전쟁 및 전투에 활용될 수 있는데 예를 들어, 폭동진압, 군중통제, 국제범죄, 테러범 체포, 인질구출, 평화조성 및 유지, 인도적 지원, 무력 시위, 접근거부 및 통제, 도시작전, 소규모 국지적 제한작전 등이 있다.

현재 다양한 비살상무기가 비밀리에 개발 또는 실전배치되어 있는 것으 로 알려져 있으며 비살상무기의 유형 및 주요 무기는 〈표 4-4〉와 같다.

---

33 최첨단의 로봇이 개발되어 무기화되는 현대전의 양상을 생생하게 보여주는 역작으로 피터 W. 싱어 지음, 권영근 옮김, 『하이테크 전쟁: 로봇 혁명과 21세기 전투』(서울: 지안출판사, 2011)가 있다.

34 권태영·노훈, 『21세기 군사혁신과 미래전』, p.245.

〈표 4-4〉 주요 비살상무기의 종류 및 용도

유형	주요무기
대(對) 센서형	저 에너지 레이저, 등방성(等方性) 라디에이터, 섬광탄 등
대 기동형	금속 윤활제, 강력부식제, 강력 윤활제, 고분자 점착제 등
대 인프라형	탄소섬유탄, 초저주파음탄 등
대 인형	금속진정제, 고섬광발생탄, 초저주파음탄, 비살상크레모아, 폭동통제분사기, 비살상 공중살포탄

출처 권태영·노훈, 『21세기 군사혁신과 미래전』, p.250.

(4) 통합운영 측면

미래전의 제반 양상들을 전장에서 통합하여 운영하는 방법상의 혁명적
변화로서는 비대칭전과 동시통합전을 들 수 있다.

비대칭전

일반적인 측면에서 정의한다면 비대칭전은 "전쟁에서 피·아 간의 차이점
(강·약점)을 이용해서 아측에게 최대한 유리하도록 하고 적에게는 최대한
불리하도록 하여 승리를 도모하는 전쟁방식"이라고 볼 수 있다.[35] 여기서
차이점의 대상 분야는 군사영역은 물론 국민의지, 국력, 사회체제 및 제도
등도 포함하며 군사 분야에 있어서는 유형(병력, 부대, 체계, 기술 등)과 무형
(전략, 전술, 교리, 훈련, 가치, 리더십, 사기, 응집력)을 망라한다. 즉, 비대칭전이
란 양측의 차이점을 분석해서 아측의 강점을 최대화하고 약점을 최소화
할 수 있는 방책과 적의 강점을 최소화하고 약점을 최대화하는 방책을 도
출하여 대담하게 수행하는 전쟁방식이라고 할 수 있다. 따라서 비대칭전
에서는 열세한 측도 적의 허점과 틈새를 잘 이용하면 전세를 유리하게 이
끌고 결정적인 승리도 가능하다는 인식이 기저를 이루고 있다.

---

35 권태영·노훈, 『21세기 군사혁신과 미래전』, p.261.

지식정보시대에 미국 등 주요 선진국들이 추구하는 비대칭적 접근은 원거리 신속투사형의 첨단정보기술군을 창출하는 데 목표를 두고 C4ISR체계+장사정 정밀타격체계+미사일방호체계+전자·정보전체계 등을 시스템 차원에서 통합하여 시너지 효과를 극대화하고, 전법으로서는 네트워크 중심전, 동시병렬전, 효과중심작전, 스워밍(벌떼) 전술 등을 개발하고, 조직편성은 소규모 분산 네트워크형, 신속 대기형, 모듈 편조형으로 발전시키는 데 중점을 두고 있다.

이에 대한 약세에 있는 국가 및 집단들의 비대칭적 접근은 ①C4ISR체계를 무력화시킬 수 있는 정보·사이버전, ②WMD를 이용한 위협, ③전쟁의 장기 지구전화, ④테러리즘 연대 모색, ⑤게릴라전, 도시전, 산악전, 기만전, 심리전 등을 복합적으로 활용한 전략이다.

동시통합전

동시통합전은 디지털 네트워크 전장에서 군사목표를 효과 위주로 신속히 달성하기 위해 가용한 전장공간과 수단 및 방책을 동시적으로 통합하여 운영하는 전쟁방식을 의미한다. 여기서 디지털 네트워크 전장이라 함은 넓은 작전지역에 분산 배치되어 있는 전력요소들이 네트워크로 상호 긴밀히 연결되어 정보를 공유한 상태를 뜻하고, 군사목표의 신속한 효과위주의 달성이라 함은 적의 전략적·작전적 중심에 가용한 모든 자산 및 노력을 동시적으로 집중함을 의미한다.[36]

이러한 동시통합은 전장공간의 동시통합, 전투체계 및 수단의 동시통합, 전장운영방식의 동시통합, 총합적 동시통합을 모두 포함하는 개념이다. 첫째, 전장공간의 동시통합에 관해 설명하자면, 20세기까지는 육지와 바다에서 전장의 승패가 결정되었으나 미래전에서는 우주, 공중, 해저, 지하의 공간을 통제하지 못하면 전승이 어렵게 될 것이다. 또한 미래전에서

---

36 권태영·노훈, 『21세기 군사혁신과 미래전』, p.269.

는 가상공간인 사이버공간이 새로운 전장으로 등장하고 있다. 따라서 앞으로는 지·해·공·우주·사이버의 5차원 동시통합전장, 수평공간과 수직공간의 동시통합전장, 현실공간과 가상공간간의 동시통합전장이 발전될 것이다. 둘째, 전투체계 및 수단의 동시통합은 전장에 참여한 다양한 정보·감시·정찰체계와 정밀타격체계, 그리고 기동플랫폼체계가 모두 지휘통제네트워크체계에 의해 긴밀히 상호 연결되어 동시통합적으로 운영됨을 의미한다. 셋째, 전장운영방식의 동시통합이란 전장운영방식이나 전법들이 주어진 전쟁 상황 및 여건에 가장 적합하게 동시통합적으로 조합됨을 의미한다. 대칭전과 비대칭전을 상호 연계하여 동시통합적으로 운용하는 것이 하나의 예가 될 수 있다. 마지막으로 총합적 동시통합이란 전장공간, 그 공간 내에 위치하고 있는 전투수단들, 그리고 그 수단들을 가장 효과적으로 사용할 수 있는 전장운영 방법들이 총체적으로 동시통합되면 시너지 효과가 최대화된다는 것을 의미한다.

V. 한국의 미래전 양상

대한민국의 입장에서 미래 분쟁은 주변국과의 분쟁과 북한과의 분쟁 두 가지를 고려할 수 있다. 중국, 일본, 러시아 등 우리를 둘러싼 군사강대국들의 경우 군사력의 양적 규모보다는 질적 능력의 극대화에 무게를 두면서 해·공군전력을 첨단화시키는 방향으로 나아가고 있다. 러시아는 과거 구소련 때만큼 군사력을 유지하고 있지는 못하지만 여전히 미국에 비견되는 군사강국 대접을 받고 있으며, 최근 미국에 이어 세계 2위 국방비 지출국가로 부상한 중국은 집중적인 군비투자로 소형무기, 장갑차에서 전투기, 잠수함, 핵무기, 대륙간탄도미사일 등 군사장비의 모든 단계를 생산하는 군사대국이 되어가고 있다. 일본 역시 세계 최고수준의 기술력 기반에 힘입어 세계 2위의 군사정보 수집 및 분석능력을 보유하고 최첨단 기술로 무장된 군사력을 보유하고 있다.

이와 같은 주변 강국들의 군사력 증강 문제가 우려가 되는 것은 사실이다. 그러나 한반도를 중심으로 한 주변국과의 분쟁 가능성은 매우 낮다. 일본과는 독도 문제, 중국과는 해상 어로 문제 등이 존재하고 있지만 이런 사항도 양국이 군사적 수단까지 동원해 해결해야 할 정도로 당면한 심각한 문제라고 보기는 어렵다. 또한 군사대국 미국이 동북아에서 패권적 지위를 유지하고 있는 한 군사적 충돌 가능성은 크지 않다고 볼 수 있다.

반면 북한의 위협은 현실적이다. 북한의 전면적 무력도발 가능성은 과거보다는 약화되었지만 미국이 다른 지역의 전쟁으로 인해 한국에 증원하기 곤란한 상황이 발생할 경우, 단기전으로는 승산이 있다는 판단 아래 북한이 전면전을 개시할 수도 있다. 본절에서는 주변국과의 전쟁 양상은 생략하고 한국 안보의 최대 위협요소인 북한과의 전쟁 발발 시 예상되는 전쟁 양상만 살펴본다.

1. 북한군의 전략 · 전술

북한의 기본목표는 대남 적화통일로서 이를 구현하기 위해 북한군은 기습전, 배합전, 속전속결을 요체로 하는 군사전략을 유지하면서 우리 군의 첨단전력과 현대전의 특성을 고려하여 다양한 전술의 변화를 모색하고 있다. 북한은 대량살상무기, 특수부대, 장사정포, 수중전력, 사이버전 능력을 포함한 비대칭전력의 집중적인 증강과 재래식전력의 선별적인 증강을 추구하고 있으며 이러한 추세는 계속될 것으로 전망된다.[37]

북한군은 소위 종심기동작전이라는 전법을 구사할 것으로 전망된다. 즉 전방의 사단(제1제대)이 기습적으로 한국군의 전방지역을 공격하여 돌파구를 형성하는 동시에 북한의 특수부대가 지 · 해 · 공을 이용하여 한국

---

37 『2012 국방백서』(서울: 국방부, 2012), p.24.

군의 후방으로 침투하여 주요 전략목표 파괴, 요인에 대한 암살 등을 시도한다. 일단 한국군의 전방을 돌파하면 북한군은 제2제대인 기계화부대를 투입하여 한국군의 종심으로 신속히 기동하여 한강 교두보를 확보한다. 그 다음 신속히 한강을 도하하고 한국의 주요 항만으로 진격하여 미군이 증원되기 전에 한반도를 점령한다.

이러한 북한군의 전략은 소련의 작전기동단(OMG) 전법을 모방한 것으로 기계화부대의 신속한 기동을 중시하는 전략이다. 한국군의 전방을 신속히 돌파한 다음 서울을 우회하여 신속히 남하하는 종심기동을 통해 한국군의 대응시간과 의지를 마비시키고 미군이 증원되기 전에 한반도를 석권한다는 것이다.[38]

북한의 주요 전력은 지상군을 중심으로 구성되어 있으며, 무기체계는 양적인 면에서는 북한군이 우세를 보이고 있으나 질적인 면에서는 한국군이 우수한 것으로 평가하고 있다. 북한 지상군은 병력, 전차, 화포, 지대공·지대지 미사일의 수에서 우세를 보이고 있다. 더구나 대량살상무기도 보유하고 있어 이를 사용할 경우 막강한 전력을 발휘할 수 있다. 해군력에 있어서 북한은 잠수함 및 소형 미사일 고속정, 소형 상륙함 위주의 전력을 보유하고 있고, 남한은 북한에 비해 대형함 위주의 전력을 보유하고 있다. 공군력에서는 양적인 면에서 북한이 다소 우위를 갖고 있으나 노후화된 기종을 대량으로 보유하고 있어 전력 발휘는 제한될 것이다.

2. 미래전 양상

한반도에서 전쟁이 발발한다면 북한의 선제기습공격으로 시작될 것이다. 북한군은 전선에서 약 30~40km 사이에 추진 배치되어 있기 때문에 수시간 내에 한국군의 주력이 배치되어 있는 제1 방어선인 FEBA A까지 도

---

38 김정익, 『한국의 미래 전쟁양상과 한국군의 합동작전개념』(서울: 한국국방연구원, 2010), pp.86-88.

달할 수 있을 것이다.[39] 따라서 한국군은 전쟁 개시 이후 비교적 짧은 시간 내에 북한군의 주력과 교전할 수밖에 없는 상황이다. 또한 북한은 공격 개시 이전 한국군 작전지역 후방에 침투하여 후방 교란을 시도할 것이다.

반면, 한국군은 북한의 공격 기도를 인지한 이후에는 우선 제공권 및 제해권 장악을 위해 전력을 활용할 것이다. 제공권을 장악한 이후에는 북한의 종심지역에 있는 전략표적에 대해 타격할 것이고, 따라서 한국군에 대한 근접지원 전력은 비교적 약할 것이다.

결과적으로 한국의 작전환경에서 북한과의 전쟁이 발발할 경우 예상되는 전쟁 양상의 가장 중요한 특징은, 최근 미국의 주도로 이루어진 이라크전쟁과 걸프전에서 실시한 것과 같은 여건 조성을 할 수 있는 시간이 부족하다는 것이다. 이라크전쟁과 걸프전에서 미국을 위시한 다국적군은 지상군의 교전 이전에 공중공격에 의해 여건 조성을 충분히 한 다음 지상전을 수행하는 방식으로 전쟁을 수행했다. 이를 위해서 걸프전에서는 39일이라는 시간이 소요되었고, 이라크전쟁에서는 수일의 시간이 소요되었다. 미군의 예를 따른다면 한국군은 지상군의 교전 이전에 북한군의 전투력을 40~50% 감소시켜야 한다. 그러나 한국의 작전환경상 북한군이 공격을 개시하여 한국군의 FEBA A에 도달하기 이전 불과 수시간 내에 북한군의 전투력을 이 정도로 감소시키기는 불가능할 것이다.

다시 말하면 한국군이 처한 상황은 북한군의 공격 개시 이후 이를 타격할 시간이 절대적으로 부족하다는 것이다. 때문에 지상군은 전투력이 강력한 적과 근접전투를 수행하지 않으면 안 되는 상황에 직면할 수밖에 없다. 한국의 여건상 적이 공격하기 이전에 미리 타격을 할 수는 없을 것이며, 이러한 점이 한국군이 미군이 수행하는 것과 같은 전쟁을 수행하고 싶어 하더라도 실현하기 어려운 장애물이 되고 있다. 따라서 한반도에서 전

---

39 전투지역전단(FEBA: Foward Edge of the Battle Area)은 엄호 및 차장부대가 작전하는 지역을 제외한 지상전투부대의 주력이 전개하고 있는 일련된 지역의 최첨단 한계를 뜻한다.

면전이 발발할 시에는 초전 근접방어가 중요하며, 한국군이 수행할 전쟁은 미국이 수행한 전쟁과는 다른 양상을 보일 것이다.

대북한 전쟁의 두 번째 특징은 개전 초 며칠이 한국에게는 매우 중요하다는 점이다. 한국 합동작전의 관건은 근접작전 즉, 지상작전의 수행 문제이다. 미군의 작전으로 대표되는 일반적인 지상작전은 공중전력에 의한 적 지상군의 와해 등 여건 조성이 충분히 이루어진 이후, 분산작전을 수행하면서 가용 화력을 이용하여 잔적을 신속히 소탕하고, 필요시 합동화력을 적용하는 형태의 작전을 수행하면 되겠지만, 한국의 경우 이러한 여유 있는 지상작전을 전개하기는 매우 어려운 것이 현실이다.

한반도에서 작전을 계획할 경우, 불과 수시간에서 하루 정도의 시간에 작전 여건을 조성해야 한다. 근접지역 합동작전에서 공군력의 적극적 사용으로 적의 전투력을 어느 정도 타격할 수는 있을 것이나, 북한의 전투력이 지상작전에 충분할 정도로 약화되지는 않을 것이다. 더구나 공군력은 제공권 장악을 위하여 초전 수일간 전투력을 집중해야 하기 때문에 지상작전의 근접지원은 우선순위가 떨어질 수밖에 없을 것이다.

해군력의 이용도 마찬가지이다. 해군력 또한 북한에 비해 우세한 전력을 보유하고 있지만, 해군력이 초전에 지상작전에 기여할 수 있는 바는 제한될 것이다. 해군의 지상작전 지원은 함포사격에 의해 이루어질 수 있지만 함포사격을 위해서는 지상에 근접해야 한다. 이 경우 해저수심과 적 지상군의 화포 사거리를 고려하여 지원해야 한다. 해군 함정이 보유하고 있는 함포 사거리가 약 20km임을 고려하면, 해군 함정이 지상작전을 지원할 수 있는 지역은 해안에서 그리 멀지 않은 일부지역만 해당된다. 따라서 우세한 해군력을 보유하고 있다 하더라도, 미래의 한국전에서 해군의 지상작전 기여 정도는 상당히 제한될 것으로 예상된다.

세 번째 특징은 한국군은 초전에 상당한 피해를 입을 수 있다는 점이다. 이에 따라 방어의 성공 문제와 관련하여 한국군 특히 지상군의 생존성 문제가 중요하게 대두할 수 있다. 한국군 전방지역의 방어는 북한의 화학탄을 포함한 포탄 공격에 취약한 상황이며 근접전투를 수행할 경우 많은 피해가 있을 것이라는 점에는 의문의 여지가 없을 것이다.

VI. 결론

전쟁 양상에 대한 바른 예측은 대단히 중요하다. 전쟁 양상은 미래에 어떻게 싸울 것인가를 결정해주는 작전개념의 기초가 되기 때문이다. 전쟁 양상에 대한 예측이 잘못되었을 경우에는 군사력 건설이 엉뚱한 방향으로 이루어지는 결과를 초래하게 된다.

전쟁 양상은 시대를 따라 끊임없이 변화해왔다. 그러나 역사상 혁명적인 변화가 일어난 것은 몇 차례 되지 않는다. 정보·지식사회 도래에 따른 전쟁 양상의 변화가 그 혁명적 변화 중 하나이다. 이러한 변화의 방향은 베트남전쟁의 참담한 교훈을 기초로 지속적인 군사혁신을 추진해온 미국이 새로이 개발한 전쟁 수행개념과 전장 운영방법, 전쟁수단 등에 의해 제시되고 있다. 주변 강대국들인 중국, 일본, 러시아도 이러한 변화를 주시하면서 자국의 안보환경과 국력에 부합하는 군사혁신을 추진하고 있다.

한국군도 미래전 양상의 변화에 대처하기 위해 미국의 발전방향을 참고로 하면서 우리나라만의 특수한 전장환경과 상대전력에 대한 분석을 토대로 한국의 특성에 맞는 국방개혁의 방향을 설정하고 추진하기 위해 부단히 노력하고 있다. '국방개혁 2020', '국방개혁 2012-2030' 등이 그 결과이다. 그러나 현재 제시된 개혁계획이 완결판이라고 할 수는 없다. 안보환경의 변화와 우리의 대응전략의 변화에 따라 지속적으로 수정·보완되어야 할 것이다. 특히, 북한의 핵 보유상황을 고려하여 국방정책과 군사전략, 군 및 부대구조, 전력체계 등을 재점검하고 그 결과를 국방개혁 계획에 반영할 필요가 있을 것으로 평가한다.

CHAPTER 5

군사전략

INTRODUCTION
TO MILITARY
STUDIES

이종호 | 건양대학교 군사학과 교수

육군사관학교를 졸업하고 육군대령으로 전역하였으며, 충남대학교에서 군사학 박사학위를 받았다. 2012년부터 건양대학교 군사학과 교수로 재직하고 있으며, 군사과학연구소 소장, 미래군사학회 부회장을 맡고 있다. 군사혁신론, 국방제도와 조직, 패권전쟁 등 군사이론과 관련된 주제를 연구하고 있다. 저서로는 『전쟁철학』(공저) 등이 있다.

I. 전략이란 무엇인가?

1. 전략의 기원

'전략' 개념은 동양과 서양에서 공히 비슷하게 발전해왔다. 먼저 동양에서 전략(戰略)이라는 용어는 글자 그대로 풀이하면 싸움할 전(戰)자와 꾀략(略)자를 합쳐 '싸움에 대한 꾀'라는 의미로, 전시의 군사력 운용개념이었다.

이 용어는 고대 중국의 주(周)나라 시대에 등장한 『육도(六韜)』, 『위료자(尉繚子)』 같은 병서에서부터 발전한 것이다. 『육도』에서는 '군략(軍略)'을 언급하고 있는데, 이는 적지에서 병력이 험난한 지형과 기상조건 아래 놓일 경우 이를 극복하는 방법으로써 서양에서의 전략과 유사한 의미를 갖고 있다. 또한 손무(孫武)의 『손자병법(孫子兵法)』에 나오는 '병자(兵者)'와 '용병지법(用兵之法)' 등도 전략의 의미와 맥을 같이하고 있다.

서양에서 전략(strategy)이라는 용어는 고대 그리스에서 그 기원을 찾을 수 있는데, 그리스어로 군사령관을 의미하는 'strategos/strategus'에서 유래했다. 당시 군사령관의 역할은 전장에서 상대의 전력과 전투대형, 지형 조건에 따라 부대를 배치하고 기동함으로써 전투의 승리를 추구하는 것이었다. 따라서 전략은 '장수의 용병술 또는 책략' 같은 의미로 사용되었다.

이렇게 전장에서 단순히 병력을 운용하는 군사령관의 용병술 차원에서 사용하던 전략이란 개념은 18세기 전쟁의 규모가 커지면서 세분화되기 시작했다. 클라우제비츠(Carl von Clausewitz)가 그의 저서 『전쟁론(Vom Kriege)』에서 "전략이란 전쟁목적을 달성하기 위한 전투의 사용이며, 전술은 전투에서의 전투력의 사용이다"라고 정의했듯 이전까지 전장에서 이루어지는 용병술 차원의 전략은 '전술'이라는 용어로 대체되었고, 대신 '전략'은 보다 넓은 차원에서 전쟁을 준비하고 수행하는 것을 의미하는 용어로 이해되기 시작했다.

제2차 세계대전 후 전략의 영역은 또다시 세분화되는데, 영국의 리델하트[B. H. Liddell Hart]는 1954년에 자신의 저서 『전략론[Strategy]』에서 국가가 담당하는 '대전략'과 군사 분야의 '전략'으로 분류하고, 전략은 "정책목적을 달성하기 위해 군사적 수단을 배분하고 적용하는 술"이라고 정의했다. 군사전략을 국가전략의 하위개념으로 본 것이다. 현재 미 국방부에서는 전략을 "국가정책을 최대한 지원하고, 승리 가능성을 높이면서 패배 가능성을 낮추기 위해 전시와 평시에 필요한 정치, 경제, 심리 및 군사력을 개발하고 사용하는 술과 과학"으로 정의하고 있다.[1]

오늘날에는 전략의 개념이 군사뿐만 아니라 비군사 영역으로까지 확대되어 매우 광범위하게 사용되고 있으며, '경영전략', '교육전략', '투자전략' 등의 용어가 일반화되고 있다.

2. 군사전략의 개념

군사전략은 군사력을 운용하는 기본 개념이고 불확실한 미래에 대비하기 위한 군사력 발전의 시발점이며 군사업무의 최고 상층부에 위치한다. 따라서 국방부, 합동참모본부 및 각 군 본부는 군사전략적 차원에서 업무를 수행한다. 군사전략의 정의는 시대, 국가, 상황에 따라 다양하게 기술되어 왔다.

군사전략을 클라우제비츠는 '전쟁이나 전역의 목표를 달성하기 위한 전투운용에 관한 기술', 앙드레 보프르[André Beaufre]는 '정책에 의해 설정된 목표를 달성하려는 방향으로 가장 효과적인 공헌을 하도록 군사력을 운용하는 술術'이라고 정의했는데, 이는 전략의 개념을 '군사력을 운용하는 술'로 국한한 것이다. 그러나 제1차 세계대전 이후 전쟁이 총력전 양상으

---

1 *Dictionary of Military and Associated Terms*(The US Joint Chiefs of Staff and Department of Defense, 1984), p.351. 온창일, 『전략론』(파주: 집문당, 2004), p.40에서 재인용.

로 변하면서 군사전략의 의미는 군사력 운용뿐만 아니라 군사력 건설 및 유지, 평시의 전쟁 억제기능까지 포함하게 되었다. 군사전략에 대해 앨프리드 세이어 머핸Alfred Thayer Mahan은 "전·평시를 막론하고 군대를 건설·유지하고 전쟁을 준비하고, 군대를 사용하는 기술", 리델하트는 "정책의 제 목적을 달성하기 위해 군사력 제 수단을 분배, 적용하는 기술"이라 했다.

한국군의 경우, 군사전략에 관한 다양한 정의를 제시한 『군사이론연구』에는 "전시의 군사력 운용은 물론 평시의 군사력 건설 및 유지를 통해, 전쟁을 유효하게 억지抑止하는 가장 효과적인 행동과정을 선택하는 사고방법"이라고 기술하고 있다. 합동참모본부의 『합동·연합작전 군사용어사전』에는 군사전략을 "군사목표를 달성하기 위하여 군사력을 건설하고 운용하는 술과 과학"이라고 정의하고 있다. 이를 종합하면 군사전략이란 ① 국가(안보)목표 및 국방목표를 달성하기 위하여 군사력을 건설 및 운용하는 술과 과학, ②(국가전략의 일부로서) 군사력의 실제적 사용 또는 사용의 위협으로, 국가(안보)목표를 달성하기 위하여 군사력을 건설하고 운용하는 술과 과학이라고 정의할 수 있다.

따라서 군사전략을 정의함에 있어 포함해야 할 주요 개념은 다음과 같다. 첫째, 군사전략은 어디까지나 그 국가의 당면 목표를 달성하기 위한 것이다. 둘째, 군사력 운용은 군사력의 건설 없이는 이루어질 수 없다. 셋째, 군사력 건설 이후에는 필연적으로 군사력 운용 문제가 대두한다. 마지막으로 군사력 건설 및 운용방법을 도출해 내기 위해서는 자연히 군사기술이 뒷받침되어야 하기 때문에, 전략개념을 정립함에 있어서는 상기 개념들을 포함시켜야 한다. 즉 군사전략은 그 자체만으로도 전력의 운용과 부대구조, 소요를 추정할 수 있는 의미를 지니고 있어야 한다.

군사전략은 전략의 타당성을 평가하는 요소인 적합성, 달성가능성 및 용납성에 의해 검증되어야 한다. 적합성은 전략이 국가·안보·국방목표에 부합하는가를 검토하는 것이며, 달성가능성은 전략개념 시행으로 목표 달성이 가능한지, 그 개념이 가용자원 및 능력으로 시행 가능한지 여부를 따지는 것이다. 용납성은 전략이 국내외적으로 용납될 것인가의 여부를 검토하는 것으로 도덕적 측면과 비용 대 효과 측면을 고려해야 한다.

군사전략은 다음과 같은 요건을 구비해야 한다. 첫째, 군사전략의 목표, 개념, 수단을 모두 구비해야 한다.[2] 이 세 가지 요소 중 어느 한 가지라도 누락될 경우에는 군사전략이라고 할 수 없다. 둘째, 현재의 군사전략을 토대로 미래의 위협에 효과적으로 대응할 수 있는 군사력 운용개념과 소요를 제기해야 한다. 셋째, 군사전략은 한 국가의 군사력 운용개념으로서 질적 수준을 최고로 유지해야 한다. 또한 국가안보전략에서 군사력이 수행할 과제를 부여한 후, 이를 기초로 군사적 과제를 도출하여 수행하게 한다.

II. 군사전략의 본질

현대 학자들 사이에 군사전략에 대한 견해는 여러 가지가 있으나, 여기서는 군사전략의 영역을 과학의 영역과 술의 영역으로 나누어 보도록 하겠다. 군사전략을 과학科學으로 인식하는 학자들은 군사전략 연구에서 이론화가 가능하다는 견해를 지니고, 반대로 술術로 인식하는 학자들은 군사전략의 이론화가 어렵다고 여긴다.

클라우제비츠는 과학의 목적은 지식이며, 술이 추구하는 목적은 창조적 능력이라고 했다. 따라서 군사전략의 본질에 관한 근본적인 문제를 제

---

2 군사전략목표는 군사능력 및 자원을 투입해야 할 특정 임무 또는 과업을 말한다. 이것은 군사력의 건설 및 운용 결과로 나타나는 최종상태이다. 군사전략개념은 전략적 상황의 예측 결과로 채택된 군사행동방안으로써 전략환경평가 결과로부터 미래의 예상되는 위협과 장차전 양상에 대응할 수 있는 군사력 운용개념, 군사전략목표를 달성하기 위한 군사력 운용방안이다. 군사자원은 임무를 달성하기 위한 수단(인력, 물자, 예산, 부대 등)인 군사력을 의미하는 것으로, 한 국가가 사용할 수 있는 군사적 힘의 원천이다.

기하고 역사적 사례의 비교분석을 통해 그 문제에 대한 해결책을 강구하며, 이를 군사전략이론으로 발전시키는 영역은 분명히 과학으로 볼 수 있다. 한편, 전쟁 현장에서 각종 군사전략이론과 군사교리를 적용하여 합리적인 전략을 계획하고 실행하는 경우에는 전략에 관한 지식이 아니라 창조적 능력을 추구하는 것이므로 술의 영역으로 볼 수 있다. 즉 군사전략은 과학이면서 동시에 술로 보는 것이 타당하다.

여기서는 일반적으로 군사전략이 목표, 개념, 수단으로 구성된다고 보고, 이를 토대로 군사전략의 이론적 기반을 설명하고자 한다. 즉 '무엇을 위해 어떤 수단을 어떻게 운용할 것인가?' 하는 것이다.

1. 군사전략의 술과 과학

군사전략은 준비·수행을 포함한 전쟁에 대한 이론 및 실제 전쟁에서의 행동방법이다. 군사전략을 '이론으로서의 전략(과학)'과 '실천으로서의 전략(술)'으로 구분하는 이유는 전략의 본질을 규명하기 위해서 먼저 학문적 이론체계를 모색하려는 것이다.

(1) 과학(科學): 이론으로서의 전략

전쟁 또는 전쟁 수행이론인 전략에서의 과학이란 '전쟁과 관련된 제반문제에 대해 경험과학적으로 원리를 분석해내고, 경험적 인지에 의해 실증적으로 검증하는 노력'이라고 할 수 있다. 이 정의를 구체적으로 설명하면 '전쟁과 관련된 제반문제'는 사회과학 측면에서 대상, 사실, 현상을 의미한다. '경험과학적 원리'란 과거로부터 최근에 이르기까지의 전쟁사를 개별적으로 연구하고, 이를 종합하여 승리의 효과가 되는 최대공약수를 발휘함으로써 전쟁의 원칙과 같은 보편화된 원리를 도출하는 과정을 말한다. '경험적 인지에 의해 실증적으로 검증'한다는 것은 가설의 입증을 위한 직접적·간접적 관찰을 통해서 전쟁 수행이론을 확립해 나간다는 것이다.

군사적인 의미에서 과학은 전쟁 승리에 관여하는 모든 원리를 이해하고 파악하려는 지성적 노력이다. 이것은 시·공간, 무기체계의 발전, 병력의 규모 등을 통해 인과관계를 분석해내는 보편타당한 진리를 말한다. 이러한 군사적 노력으로 논리적인 전개를 통하여 전쟁 원인에 관한 이론을 정립하는 경우가 있고, 경험과학적인 분석과 실증적인 검증을 통하여 승리의 요인을 밝혀내는 경우도 있는데, 수많은 전쟁 사례를 통해 공통적인 승리의 요인인 '목표, 집중, 기습, 절약의 원칙'을 밝힌 것이 그런 경우이다.

논리적인 이론의 전개와 관련된 추가적인 예를 들면 ①전쟁의 사회적 인과관계를 규명하고자 하는 전쟁 원인에 관한 이론, ②전쟁 수행을 위한 자원의 준비와 공급을 위한 이론 즉, 양병養兵에 관한 이론, ③전쟁사와 훌륭한 지휘관의 전훈분석戰訓分析을 통한 승리요인의 분석과 원칙 즉 전쟁의 원칙을 도출하는 것, ④전쟁 경험과 무기체계 발전의 상호작용 연구를 통한 교리의 개발, ⑤작전계획 검증이나 군사력에 대한 소요 판단 등 전쟁 연습을 통하여 법칙성을 연구하는 활동, ⑥핵무기 등장에 따른 억제 이론과 관련하여 안정과 군비통제 등 합리성을 전제로 한 전략이론, ⑦리처드슨 군비경쟁이론, 텔파이 기법에 의한 비용 대 효과분석, 란체스타 방정식 등 과학적 논리를 적용한 이론, ⑧군사혁신을 통한 무기체계의 획기적 발전 등이다.

군사전략의 본질을 규명하기 위해서는 과학으로서의 신뢰도가 높은 보편적 원리를 정립해 나가는 연구가 중요하다. 그러나 전쟁이란 우연성과 개연성이 지배하고 인간적인 속성으로 심리적인 요소가 작용하는 등 비과학적인 술적術的 요소가 있음을 또한 간과해서는 안 된다.

(2) 술(術): 실천으로서의 전략

군사술은 '전쟁에 관한 제 원리를 평가하고, 평가개념에 입각하여 올바른 결정에 어떻게 도달하는가를 이해하고 파악하는 것'이라고 정의할 수 있다. 즉, 군사력을 실제로 사용해야 하는지 말아야 하는지, 사용해야 한다면 언제, 어떻게 사용하며, 왜 그렇게 사용하는지를 논의하는 인지적 활동이다. 군사술에서는 이론에 토대를 둔 경험과 직관적 결심 내지는 상황조치가 중요하다. 직관은 판단, 추리, 경험 따위의 간접수단에 따르지 않고 대상을 직접 파악하는 일 또는 그 작용이나 지각을 말한다. 직관은 감성과 이성을 통해서 대상을 이해하고 설명하는 능력에서 나오는 것으로 반복할 수 없는 사고과정이다.

군사술은 실천영역의 선택적 운용방법으로서 비교적 덜 정확하고, 대체로 추상적이고 당위적인 가치관(처방, 진단, 추천, 경고 등)까지 포함하는 영역이다. 그래서 술術은 그 대상이 일반적으로 계량화하거나 법칙화할 수 없거니와 계량화할 필요가 없는 문제를 다루며, 혜안慧眼을 요구한다.

군사술은 이처럼 군사전략에 관한 창조적이고 자유로운 사고와 수행계획을 취급하는 영역으로 전쟁에서의 성공과 실패에 중요한 비중을 차지한다고 볼 수 있다. 전략개념에 연관해서 설명하면, 군사전략은 전쟁을 준비하기 위하여 군사력을 건설하고 운용하는 술과 과학, 즉 전략제대 지휘관이 전략을 구상하고, 절차에 따라 전쟁 수행계획을 수립하여 이를 실전에 적용하는 활동을 말한다. 전략은 본질적으로 실천을 전제로 하기 때문에, 과학적 요소와 술적 요소를 융합하고 최선의 방안을 선택해야 하는 분별력이 중요하다.

2. 군사전략의 구성요소

이상과 같이 군사전략의 본질에 접근하다 보면 군사전략이 어떠한 요소로 구성되었는지 의문이 생기게 된다. 군사전략은 목표, 방법(개념), 수단(자원)으로 구성되며, 이를 등식으로 표현하면 아래와 같다.

군사전략 = 군사전략목표 + 군사전략방법(개념) + 군사전략수단(자원)

---

(1) 군사전략목표

군사전략목표는 군사전략이 '무엇을Wʰᵃᵗ' 달성하려는 것인지를 설명한다. 이것은 국가가 의도하는 국가이익 또는 국가(안보)목표 및 국방목표를 실현하는 수단이고, 국가안보목표를 달성하기 위한 조건으로서의 군사목표[3]이다. 군사전략목표는 군사력을 건설하고 운용한 결과로 나타나는 바람직한 상태, 즉 군사적 최종상태이다.[4]

군사전략목표는 제반 현안 및 미래지향적 문제나 상황을 전략적으로 머릿속에서 구체적으로 상상하면서 그려낸 그림이므로 '전략적 비전Vision'이라고 표현하기도 한다. 군사전략목표(전략적 비전)는 국가안보목표를 달성하는데 기여하기 위하여 군사력이나 자원을 투입하여 달성해야 할 특정 임무 또는 과업을 말한다.

군사전략목표는 기간에 따라 장기 군사전략(군사력 건설전략)과 단기 군사전략(군사력 운용전략) 측면에서 달리 설정된다.

장기 군사전략 차원에서 군사전략목표

장기 군사전략목표는 군사력 역할 이행을 위해 조성하고자 하는 미래의 군사적 태세 및 군사적 조건을 의미한다.

군사적 태세는 군사적 수단·능력·시설을 통합한 국가방위체제의 전략적 준비, 전투 준비, 전투지속 등을 망라한 포괄적 개념이다. 다시 말해서

---

3 군사목표는 국가안보수단의 하나인 군사력의 운용을 통하여 추구하는 군사 분야에 대한 일반적인 목표를 의미한다. 『합동기본교리』(서울: 합동참모본부, 2009), p.22.

4 군사전략적 수준에서 군사적 최종상태와 군사전략목표는 같은 의미이다. 그러나 작전적 수준에서는 최종상태와 작전목표에 차이가 있다. 작전목표는 최종상태에 도달하기 위해 필요한 상황이나 조건으로, 작전 진전과정에서 필요한 군사적 조건이 목표로 선정된다.
군사적 최종상태란 군사작전을 통하여 달성해야 할 피아의 군사적 상황으로서 군사작전의 목표 달성을 규정하는 일련의 요구조건이며, 통상 특정한 작전에서 국가전략목표 달성을 위하여 군사적 수단을 더 이상 필요로 하지 않는 시점이나 환경을 나타낸다. 군사적 최종상태는 국가전략목표의 달성조건을 대부분 반영하고 군사력의 추가적인 기여나 지원조건을 포함할 수도 있다. 군사전략목표와 군사적 최종상태는 국가전략적 최종상태와 전쟁 종결조건을 바탕으로 결정된다. 『합동기본교리』, p.62.

군사적으로 갖추고자 하는 상태, 또는 군사적 수단(사단, 비행단, 함정, 무기체계, 조기경보체계 등)을 배열시켜 보는 것이다.

군사적 조건은 두 가지 의미가 있다. 첫째는 군사적 태세를 만들어내는 것이고, 둘째는 군사적 태세를 갖춘 후 다음 단계로 넘어가기 위한 상황조건이다. 『국가전시지도지침서』, 『국방전시정책서』, 『전쟁 수행지침서』에 제시된 전쟁의 단계, 즉 전쟁 임박단계, 개전 및 방어단계, 반격 및 격멸단계, 종전 및 전후처리단계는 군사전략 차원에서 단계별 군사적 조건이라고 할 수 있다.

군사적 조건은 군사력을 건설한 결과 나타나는 전방위 군사대비태세를 전개, 배비시켜 보는 상태를 의미한다. 예컨대 조기경보체계, 장거리 미사일, 잠수함, 폭격기, 원양함대 등 미래에 건설할 군사력을 전략환경평가를 통해서 전략적으로 배비시켜 보는 것이다.

예를 들면 해군의 함대사령부 및 공군의 비행단, 그리고 전략함대 및 전략공군을 어디에 배치할 것인가? 지상군의 작전사령부 예하 지역군단 및 기동군단, 항공작전사령부, 특수전사령부, 전략예비 등을 어디에 배치하여 운용할 것인가? 하는 등이다.

장기 군사전략목표의 설정은 군사전략기획의 초석을 놓는 과정으로서 이것은 위협출처(국제적, 주변적, 국내적 정세)별로 구체화 및 세분화하여 다양하게 도출할 수 있다.

단기 군사전략 차원에서 군사전략목표

단기 군사전략목표는 전쟁목표를 달성하기 위하여 총체적인 군사력을 운용하여 조성하려는 군사적 최종상태이다. 이것은 특정상황하에서 국가안보목표를 달성하기 위하여 군사력 운용을 통해 요망하는 결과적 상황 또는 군사력을 운용한 결과로써 나타나길 바라는 상황이며, 정치적 목표를 달성하기 위하여 모든 군사작전이 지향해야 할 군사목표이다. 따라서 단기 측면에서 군사전략목표는 제 국력요소의 운용을 통해 달성하려는 국가전략(국가안보전략), 전쟁목표(정치적 목표)의 하위목표이며 부분 목표라고 할 수 있다.

단기 군사전략목표는 국가안전보장회의에서 제시할 수 있는데, '전후 국가이익의 증진과 보호에 따라 유리한 국제 및 지역 질서의 조성' 또는 '전후 보다 나은 평화 상태의 조성' 등으로 나타낼 수 있다. 이것을 토대로 합동참모본부는 단기 군사전략목표로 전환하는데, '억제 실패 시 국가의 방위 또는 적 의지 분쇄' 또는 '한·미 연합방위체제 하에서 적 재도발 의지를 즉각 분쇄할 수 있는 방위태세 유지' 등으로 표현할 수 있다.

(2) 군사전략의 방법: 군사전략개념

군사전략의 방법은 '어떻게How' 군사자원을 운용하여 군사전략목표를 달성하는지를 설명한다. 군사전략개념은 군사전략목표를 달성하기 위하여 군사력을 건설하고 운용하는 지침 및 방향, 방책을 말한다. 즉 전략적 상황을 예측한 결과로 채택한 군사행동 방안이다. 군사전략목표를 달성하기 위해서는 군사력을 효과적으로 사용하는 최선의 행동방안을 모색해야 한다. 군사전략개념은 군사전략목표처럼 장기 군사전략(군사력 건설전략)과 단기 군사전략(군사력 운용전략) 측면에서 달리 설정된다.

장기 군사전략 차원에서 군사전략개념

장기 군사전략목표(군사목표)를 달성하기 위하여 잠재적 위협국에 대한 군사력 운용방안을 설정한다. ①시기별로는 남북대치기, 평화공존기(화해협력기), 통일기, ②대상별로는 대북한 위협, 잠재적 위협, 비군사적 위협에 따라, ③평시(북한 급변사태 포함), 국지도발 시, 전면전 시 등 상황에 따라 최선의 미래 군사력 운용지침 또는 방법과 수단을 선택하면 된다.

단기 군사전략 차원에서 군사전략개념

전시에 잠재적 위협국가에 대한 군사전략목표를 달성하기 위하여 군사력

(각 과업수행에 소요되는 지원 및 능력)을 운용하는 방안이다. 단기 차원의 군사전략개념은 전시 군사전략목표 달성 과업을 수행하기 위해 단계화하고, 이를 위한 여러 군사적 수단·활동·작전을 목적에 맞게 조직화하는 개념이다.

전시 군사전략의 개념은 크게 세 가지 관점에서 발전시킬 수 있다. 첫째, 전략적 단계화 및 단계간의 과업을 상호 연계시킨(유기적, 상호 보완적 조직화) 개념[5], 둘째, 작전사령부와 합동부대, 기관들의 과업을 상호 연계시킨 개념, 셋째, 전략지대(종심·근접·후방지대)별 과업들을 연계시킨 개념이다.

(3) 군사전략의 수단: 군사자원

군사전략의 수단은 군사자원을 의미한다. 군사자원은 특정자원이 군사전략목표를 달성하기 위하여 어떻게 사용되는지 설명한다. 군사자원에는 유형요소와 무형요소가 있고, 군사력과 비군사적 수단을 포함한다.

군사력은 국가의 안전을 보장하는 직접적이고 실질적인 국가안보수단의 일부이며, 군사작전을 수행할 수 있는 군사적인 능력과 역량이다. 군사력은 현존전력, 동원전력, 연합전력 등으로 구성된다. 군사자원은 정부가 위임한 비군사적 수단까지 망라한다. 예를 들면 총합적 억제전략 시행 시, 상황에 따라 정치·외교, 정보, 경제, 사회, 과학기술 등의 수단을 통제할 수도 있다. 또한 정부지원 및 민간지원 작전과 안정화작전 시에도 정부로부터 위임된 수단을 활용할 수 있다.

군사자원은 장기 군사전략(군사력 건설 전략)과 단기 군사전략(군사력 운용 전략) 측면에서 달리 설정된다.

---

5 전략적 단계의 예를 들면 전쟁 이전 단계, 수세전역 단계, 공세전역 단계, 평정 및 부대 재배치 단계 등 4단계로 선정할 수 있다.

장기 군사전략 차원에서 군사자원

지휘구조나 부대구조, 전력구조 판단과 연계하여 미래의 군사력 건설방향을 제시하는 것이다.

단기 군사전략 차원에서 군사자원

단기 군사전략에서 자원은 현재 군사능력만 고려한다. 군사자원이 한정되어 있기 때문에 군사전략목표 달성을 위한 우선순위와 과업에 따라 자원을 배분해야 한다. 또한 군사력을 운용하는 목적에 따라 사용 가능한 군사전략수단을 결정해야 한다. 왜냐하면 ①군사전략은 총력전 시 총체적 군사력 운용만을 다루는 것뿐만 아니라, ②군사력의 제한된 운용으로부터 사용 위협, ③더 나아가 군사력 개발까지 포괄하고 있기 때문이다. 또한 우선순위와 부여할 과업에 따라 예하 작전사령부, 합동부대, 각 군 본부, 연합사령부 및 기관에 효율적인 연합·합동자원과 협동자원을 배분해야 한다.

3. 군사전략의 위상

군사전략의 위상은 수평적 위상과 수직적 위상으로 구분할 수 있다. 먼저 군사전략의 수평적 위상은 용병술체계상 상부구조이며, 국가전략적 최종상태의 하위개념이다. 또한 국가안보전략의 부분으로서[6] 국가안보목표(정치적 목표 또는 전쟁목표)를 달성하기 위한 전·평시 전략을 수립하고 시행하는 것이다. 따라서 군사전략은 평시에는 전쟁을 준비하고 전쟁을 억제하며, 전시에는 전쟁을 수행하는데 기여한다.

군사전략의 수직적 위상은 전쟁활동의 핵심인 군사작전을 정치적 목적에 연결시키는 매개체 역할을 하는 동시에, 작전술 제대에 전략지시^{戰略指}

---

6 미국에서는 '국가적 군사전략(National Military Strategy)'이라는 용어를 사용하는데, 이 용어 자체가 군사전략은 국가전략의 일부분이라는 것을 함축하고 있다.

示, Strategic Directives**7** 또는 전략지침戰略指針, Strategic Guidance**8**을 하달하여 작전행동에 대한 지휘 및 통제(규제)를 하는 것이다.

따라서 군사전략의 위치는 국가안보전략과 작전술을 연계시킨다. 예를 들면 2003년 3월 20일에 발생한 이라크전쟁에 대해, 부시 행정부는 ①이라크 정부의 무장 해제, ②이라크 국민의 해방, ③심각한 위협으로부터 세계를 보호 등 세 가지 정치적 목적을 부여했다. 이에 따라 럼즈펠드Donald Rumsfeld 국방장관 및 리처드 마이어스Richard Myers 합동참모회의 의장은 ①이라크 정치·군사조직 제거, ②대량살상무기를 포함한 이라크의 완전한 무장해제 등의 군사전략목표를 제시했다. 이를 토대로 작전술 제대 지휘관인 프랭크스Tommy Franks 중부군사령관은 군사작전목표를 후세인 제거(참수작전) 및 바그다드 점령으로 선정했다.

4. 군사전략의 유형

군사전략의 유형은 전쟁의 유형만큼이나 다양하고 복잡하다. 각종 군사서적이나 교범, 학자나 군사이론가의 군사전략의 유형을 살펴보면 평시 전쟁 억제를 위한 억제전략과 억제 실패 시 국가방위를 위한 방위전략, 전·평시 적용되는 기타 군사전략으로 분류할 수 있다. 실제로 군사전략을 수립할 때 이러한 유형이 어떻게 사용되는가를 이해해야 한다. 억제전략은 선언적宣言的인 전략이며, 의지전달로 인식되는 전략인데 반해서, 방위전략은 행위가 필요로 하고 비밀을 요하는 구체적인 시행전략이라고 할 수 있다.

---

7 합동참모본부는 국가통수 및 군사지휘기구 승인 하에 연합사에 전략지시를 하달하여 지휘 및 통제를 한다.

8 정치지도자들이 설정한 정치적 목표를 구현하기 위하여 군사력을 운용하는 것에 관한 일반적인 지침이다. 초기 구비한 군사능력에 기초하여 부여된 전략적 과업을 완수하기 위하여 각 군 총장(군정계통인 각 군 본부) 및 각 사령관(군령계통인 작전사)에게 자원의 할당을 포함한 전략지침을 제시한다. (국방기획관리 기본규정 1054호)

III. 억제전략

현대전략의 가장 특징적인 변화를 한마디로 요약하면, 무력전 수행보다는 전쟁 억제에 비중을 두고 전략을 개발하고 있다는 것이다. 과거에는 전쟁에서의 승리만을 위해서 군사력 운용전략에 관심을 가졌지만, 제2차 세계대전 이후 핵무기 및 대량살상무기가 개발되면서 '전쟁이 일어나면 상호 공멸한다'는 인식하에 전략을 발전시키고 있다. 요즈음은 핵무기 및 대량살상무기의 사용뿐만 아니라 보유까지 억제하는 것에 초점을 맞추고 있다. 예를 들어서 미국은 북한의 핵무기 및 대량살상무기 보유에 대해 억제전략抑制戰略, Deterrence Strategy을 구사하고 있다.

1. 억제의 개념

'억제(deterrence)'는 라틴어로 공포심, 무서움 등을 뜻하는 'terrere'에서 유래했다. 즉 억제는 상대방에게 엄청난 공포를 심어줌으로써 결과에 대한 두려움으로 어떤 행위를 하지 못하게 심리적으로 제지하는 것을 말한다. 억제는 본질적으로 보복하겠다고 위협하여 적을 단념dissuasion시키는 것이다. 억제의 개념이 국제관계 및 국가안보전략에 본격적으로 사용되기 시작한 것은 일반적으로 '핵무기시대'라 부르는 제2차 세계대전 이후부터이다. 억제전략은 핵무기가 가지고 있는 가공할 파괴력을 이용해서 적대국의 침략이나 전쟁유발을 방지하려는 차원에서 사용되어 왔다. 따라서 최초의 억제전략은 핵전략이라고 할 수 있다.

2. 억제전략의 정의 및 기본개념

억제전략은 '적이 침략을 통해서 얻으리라고 예상하는 이익보다 손실이 더 크다는 것을 인식하도록 하거나, 여건을 불리하게 조성함으로써 적으로 하여금 침략행동을 단념케 하는 전략'이다. 즉, 적에게 공포심을 주어

전쟁을 도발하지 못하게 함으로써 평화를 달성하는 전략인 것이다. 적이 공격을 해서 얻는 이득보다 보복에 의해 얻는 피해나 침략에 의한 손실이 더 크다는 것을 사전 인식시켜, 적의 전쟁 도발의지를 말살하거나 확전을 방지한다.

한 국가가 침략을 하려고 할 경우, 그 침략에 의해서 얻을 수 있는 이익 이상의 손해를 받게 될 것이라는 것을 그 나라에 인식시켜서 침략을 미연에 방지하거나, 혹은 전쟁이 발발할 경우 그 전쟁의 규모 및 치열도가 확대할 위험성을 억제하기 위해 사용되는 국가전략이다.

억제전략이 성공하기 위한 조건은 능력과 의지, 환경(신뢰성)에 있다. 즉 ①적이 침략했을 때 거부할 수 있는 방위력이나 보복할 수 있는 충분한 보복능력을 갖추고, ②응징을 가하겠다는 강력한 의지를 표명하고, ③이러한 능력과 의지를 적이 인식토록 여건(신뢰성)을 제공하는 것이 중요하다.

(1) 이익과 손실 이론

억제전략은 억제자가 계산을 해서 판단한 결과가 억제자는 이익 〉 손실, 피억제자는 이익 〈 손실이 되게 하는 것이다. 결국 억제자가 이익과 손실을 합리적으로 계산하는 비영합게임전략Non Zero Sum Game Strategy이다. 냉정하고 침착한 계산을 해서, 어떤 행동에 대한 잠재적인 손익損益을 비교하여 균형관계를 판단할 능력이 요구된다.

제재적 억제전략이든 거부적 억제전략이든 총합적 억제전략이든 동일한 군사력을 가지고 방법만 달리하는 것이다. 억제자는 피억제자보다 보복력을 더 많이 보유하고 있고, 피억제자는 억제자보다 보복력이 열세하다는 이익과 손실 판단을 해서 침략행동을 단념하는 것이다.

(2) 공약전략 및 의사전달전략

억제전략은 내 의도를 상대방에게 전달함으로써 이루어지는 전략이며, 상대방을 설득해서 상대방의 자제를 유도해 내는 공약전략 및 의사전달

전략이다. 즉 억제전략은 당근(보상)을 주거나 채찍(벌)을 가하는 전략이라고 할 수 있다. 이를 수행하기 위해서는 기본적으로 상대방을 합리적 행위자로 간주하여 의사전달을 할 수 있도록 핫라인Hot Line을 구축해야 한다.

3. 제재적 억제전략

(1) 제재적 억제전략의 정의

잠재적 침략국에 대해 '만일 당신들이 침략을 개시한다면 보복전력으로 견딜 수 없을 정도의 제재를 가할 것'이라고 위협을 가해 공포심을 일으키게 함으로써 결국 침략을 포기하도록 하는 전략이다. 일명 '보복적 억제전략'이라고도 한다. 다시 말해서, 적이 감당할 수 없을 정도로 공포를 줄 수 있는 보복력을 구비하여 침략을 포기하게 하는 전략을 뜻한다. 대부분의 전략이론가들은 억제를 제재적 억제로 해석하고, 억제전략과 핵전략을 동일시하여 왔다.

예를 들어 우리의 평시 대북 전략개념이 북한이 침략을 자행할 시에는 한·미 연합전력으로 견딜 수 없을 정도의 보복을 할 것임을 인식시켜서 북한의 침략의지를 분쇄하는 것이라면, 이것은 제재적 억제전략인 것이다. 이 전략은 미국의 핵우산 제공으로 가능한 전략이며, 한·미 연합전력이 없으면 채택하기 어려운 억제전략이다.

(2) 제재적 억제 성립조건

이러한 제재적 억제를 달성하기 위해서는 보복능력의 충분성이 있어야 하고, 보복의지가 명확히 전달되어야 하며, 의지에 대한 신뢰성이 있어야 한다.

보복능력의 충분성(capability)

상대방이 견딜 수 없을 정도로 보복을 가할 수 있는 충분한 군사 능력(보복력)을 갖는 것이다. 상대방보다 월등한 군사력 필요하다. 사실 내포된 의미는 핵과 같은 전략무기이다. 제재적 억제를 위한 가장 효과적인 수단은 핵이며, 핵이 안 되면 핵 옵션(플로토튬을 비롯한 핵물질, 핵우산 등) 및 전략무기 보유가 필요하다.

보복의지의 전달(communication)

이것은 충분한 보복능력이 있다는 것과 강력한 보복의지를 상대국에게 인식시키는 것을 말한다. 즉 상대국에게 제재의지를 확실하게 전달해야 한다.

보복의지의 신뢰성(credibility)

아무리 확실하게 적대국에게 제재의지를 전달하더라도, 적대국이 그것을 단순한 공갈이나 협박 정도로 간주한다면 억제효과를 기대할 수 없을 것이다. 따라서 국가정책, 군사정책 및 전략에 보복력에 의한 제재의지를 명시하고, 이를 실행하는데 필요한 보복력의 충분성을 지속해야 한다.

만일 충분한 보복력 유지가 불가능할 경우에는 집단방위조약, 동맹조약 등을 체결한다. 이러한 조약의 신뢰도를 증진시키기 위한 수단은 조약체결국가의 군대와 군사시설 및 그들의 가족 등을 자국 영토 안에 주둔하게 하는 방법 등이 있다. 예를 들어, 만일 북한이 우리나라를 침략할 경우 미국이 강력한 제재를 한다고 의지를 표명한다고 해도, 북한은 이를 믿지 않으려 할 수도 있기 때문에 한·미 간에 상호방위조약을 체결하고, 한국에 미군을 주둔시키는 것은 곧 인계철선과도 같은 보복력의 자동발동조건을 보여주는 것이라고 할 수 있다.

(3) 제재적 억제전략의 유형

상호억제전략

상호억제전략Mutual Deterrence Strategy 이론은 미국과 구소련이 공포의 균형 하에서 서로를 억제할 수 있었던 억제전략으로, 그 유형에는 상호확증파괴전략과 상호확증생존전략(신축대응전략)이 있다. 상호확증파괴전략MAD: Mutual Assured Destruction Strategy은 1960년대 이후 미국과 구소련이 구사했던 핵 억제전략의 중추개념으로서, 1950년대 말 미국의 아이젠하워Dwight D. Eisenhower 대통령이 처음 채택했다. 적이 미사일을 발사해 공격해오면 미사일 도달 전후로 생존해 있는 보복력(2차타격능력)을 이용해 상대방도 전멸시키는 전략을 의미한다. 상호확증파괴전략의 목적은 상호협의하에 양쪽이 서로에게 억제능력을 발휘함으로써 어느 한쪽도 예방전쟁Preventive War이나 선제공격Preemptive Attack을 못하게 하는 것이다.

한편 상호확증생존전략MAS: Mutual Assured Survival Strategy은 구소련이 1970년 이후 핵전쟁 및 제한전에 동시 대비할 필요성 증대에 따라 취한 일종의 신축대응전략이다. 요격미사일 위주의 생존전략을 추구하고, 또한 재래식 전력에 의한 신속성 있는 선제공격을 강조한다.

상호확증생존전략의 개념과 유사한 신축대응전략은 미국이 1960년대 대량보복전략이 소규모 분쟁에 핵무기를 사용할 수 없다는 비판에 따라 취한 태도로, 적의 도발형태와 상황에 따라 핵에는 핵으로, 소규모 분쟁에는 재래식전력으로 유연하게 대응하겠다는 전략이다.

핵사용전략

미국은 그동안 핵을 가지지 않은 비핵국가들에 대해서는 선제 핵공격을 하지 않는 '선제 핵공격 포기정책No First Strike'을 표방해왔다.

미국은 1994년 제1차 핵태세 검토보고서Nuclear Posture Review Report와 2002년 제2차 핵태세 검토보고서를 통하여 '공포의 균형Balance of Terror'9에 의한 상호공멸이 가능한 과거의 상호확증파괴전략(MAD)을 핵전쟁 수행전략Nuclear Warfighting으로 수정했다. 또한 중국, 러시아, 이란, 이라크, 북한, 시리아, 리비아 등 7개국을 미국과 미국의 동맹국에 적대적인 잠재 핵공격 대상국가로 규정하고 즉각적이고 돌발적인 상황에 핵사용을 천명했는데,

이것을 제재적 억제전략이라 볼 수 있다.[10] 또한 미국은 2002년에 '국가 안보전략서'를 발간하면서, 필요시 테러위협국 및 대량살상무기를 보유한 국가에 대해서 전술핵을 사용하겠다는 선제공격전략을 포함했다.

미국은 2010년에 제3차 핵태세 검토보고서를 발간했는데, 핵무기 정책 및 핵 태세의 목표를 ①핵확산 및 핵테러 방지, ②미 국가안보전략에서 핵무기의 역할 축소, ③핵전력 감축하 전략적 억제 및 안정성 유지, ④지역적 억제 강화 및 미 동맹국과 우방국의 안전보장, ⑤안전하고, 안정적이며, 효과적인 핵무장 지속 유지 등에 두고 있다. 그 핵심 요지는 소위 '소극적 안전보장'이라는 원칙하에 NPT 준수 및 비핵국가에 대한 핵무기 사용 제한을 제시하고 있다. 또한 '핵무기 없는 세상'이라는 오바마 대통령의 비전을 구현하기 위해 핵무기의 수량을 감축하고, 그 역할을 축소하기 위한 핵확산 방지와 핵테러의 근절 등 제반조치들을 명시하고 있다.

핵우산과 확장억제전략

미국은 동맹국들에게 핵무기로 자국의 우방국을 보호해 주는 확대억제Extended Deterrence의 하나인 핵우산Nuclear Umbrella[11] 제공을 공약함으로써 나토(NATO) 및 일본의 핵무기 개발을 자제시켜 왔다.

그러나 2006년 북한이 핵무기를 개발하여 보유함에 따라 한국을 비롯한 동맹국이 핵우산 제공에 회의적인 반응을 보이자, 미국은 '확장억제전략Extended Deterrence Strategy'을 제시하여 미국의 핵 억제력(장거리 폭격기, 대륙간탄도미사일, 잠수함발사 탄도미사일), 재래식 타격, 탄도미사일방어(MD) 등

---

9 핵보유국이 서로 상대방을 전멸시킬 가능성이 있는 경우, 갈등이나 분쟁관계에 있는 두 행위자 또는 여러 행위자는 상대방의 핵공격을 유발시킬 위험한 행동을 삼가게 된다는 것을 의미한다.

10 미국의 핵무기 사용조건은 첫째, 적이 핵이나 화생무기로 공격해올 때, 둘째, 통상적인 무기로는 파괴할 수 없는 목표물(견고한 지하방카 등)을 파괴할 필요가 있을 때, 셋째, 새로운 첨단기술로 위협을 받을 때 등이다.

11 핵을 보유하지 않는 나라가 핵을 보유한 국가의 핵전력에 의해 보호를 받는 것을 말한다.

3대 수단을 동맹국의 보호를 위해 사용하겠다고 천명했다.

구체적으로 핵무기를 탑재한 항공기와 잠수함, 항공모함 등 핵전력과 재래식전력을 각각 한반도로 이동시키고, 북한이 핵무기를 사용할 때 공중에서 요격하겠다는 것이다. 또한 2010년 확장억제정책위원회가 한·미 국방장관이 서명한 국방협력지침에 명문화되어 설치, 운용되고 있다.

능동적 억제전략

북한이 핵무기를 개발하여 보유하자, 우리나라는 이것에 대응하기 위해 미국이 제공하는 확장억제전략 뿐만 아니라 '거부중심의 방어전략'에서 '능동적 억제전략Proactive Deterrence Strategy'으로 발전시키고 있다. 능동적 억제전략은 북한이 침략하면 능동적으로 적을 격멸하겠다는 것으로, 북한의 핵 및 미사일 등 비대칭전력의 공격징후가 포착되면 선제타격을 하는 전략을 의미한다. 이러한 능동적 억제전략을 수행하기 위해서는 한미연합 정보자산으로 북한의 핵 및 미사일 기지를 정찰·감시할 수 있는 능력을 구비해야 하고, 이를 타격할 수 있는 전력도 동시에 구축해야 한다.

4. 거부적 억제전략

제재적 억제전략을 위해서는 충분한 보복력의 보유가 핵심이라 할 수 있는데, 초강대국 외에는 단독으로 잠재적국에 대한 제재적 억제능력을 보유하기가 어렵기 때문에, 최소한 적의 침략을 거부할 수 있는 거부적 억제전략이 발전했다.

(1) 거부적 억제전략의 정의

거부적 억제는 잠재적 침략국이 침략을 통해 얻을 수 있는 이익보다, 그러한 침략에 수반되는 비용COST과 위험RISK이 훨씬 크다는 것을 인식하여 침략을 포기하게 하는 것이다.

이 경우 적이 공격을 할 수 없도록 취약성을 없애야 하는데, 핵무기 보유국은 적의 제1격으로부터 생존할 수 있는 제2격 능력을 보유하는 것이 중요하다. 반면에 재래식무기만 보유한 국가는 통상 거부적 억제의 성립 조건을 위한 군사력 건설을 충족했을 때 거부적 억제전략을 선택할 수 있다.

(2) 거부적 억제 성립조건

거부능력의 충분성

먼저, 거부능력의 충분성이란 침략국이 추구하는 전략적인 목적 달성을 거부할 수 있는 충분한 방어능력을 의미한다. 이것은 우리의 국방기본정책서나 합동군사전략서 같은 정책부서의 기획문서에서 다루고 있는 '방위충분성'이라는 개념과 같다. 즉 국가를 방위 가능한 적정수준의 전력을 유지하는 것이다.

①충분한 거부능력을 구비하기 위해서는 우선적으로 유사시 즉응체제가 확립되어 있어야 한다. 이것은 적의 의도를 조기에 파악할 수 있는 조기경보 및 감시능력과 군의 대비태세 구축, 국가동원태세 유지, C4I 체계의 생존성 유지 등 즉각 대응할 수 있는 능력을 보유하는 것이다.

②즉응태세가 있다고 해도 거부활동을 장기간 지속할 수 있는 능력이 없으면, 적국이 장기전을 추구하면서 침략을 감행할 수 있다. 따라서 거부활동을 장기간 지속할 수 있는 능력을 확보해야 한다. 예를 들면 전쟁지속능력을 증대시키기 위해 방공능력을 향상한다든지, 군사핵심시설의 취약성을 감소시킨다든지, 민방위체제를 유지하는 것 등이 해당된다.

③다양성 및 적합성의 보유이다. 다양성은 간접침략 등 다양한 형태의 침략에 대해 효과적으로 대응할 수 있는 비대칭전력을 확보해야 한다는 것이고 적합성은 안보딜레마를 유발하지 않도록 국력에 적합하게 거부능력을 유지한다는 것이다.[12]

국민적 결사항전 정신

장기적인 거부능력과 더불어 국민적 결사항전 정신을 보유하게 되면, 잠재적 침략국은 장기전으로 인한 인명손실이 증대됨으로써 반전여론 등 국민여론이 악화되어 결국은 전쟁지속의지를 포기하게 된다.

지금까지 제재적 억제개념과 거부적 억제 개념을 알아보았는데, 이 두 가지 개념의 큰 차이는 거부적 억제는 적국보다 능력이 약한 국가가 사용하며, 또한 제재적 억제에 비해 상대적으로 소극적, 수동적인 억제전략이라는 것이다. 그러나 대부분의 국가는 비용 대 효과를 고려하여 거부적 억제전략을 발전시키고 있다.

제재적 억제전략은 핵전략(주로 핵무기위주의 보복력)으로서 초강대국이 채택 가능한 군사위주의 억제전략이다. 한·미 연합전력을 이용한 대북 군사전략개념에 적용할 수 있다. 거부적 억제전략은 주로 재래식전략으로서 비군사적 수단과 군사적 수단을 결합한 국가전략적 차원의 억제 개념이다.[13]

(3) 거부적 억제전략의 유형

고슴도치전략

군사력의 보유 목표는 첫째, 외국의 위협에서 자국의 영토를 보전하고 행동의 자주성을 지키는 거부능력을 확보하는 것이며, 둘째, 상대방에게 영향력을 행사하여 자국의 이익을 신장하는 영향능력을 확보하는 것이다.

일반적으로 약소국은 거부능력위주로 군사력을 건설하고 강대국은 거부능력의 건설 및 운용뿐만 아니라 상대방에게 영향력을 행사하기 위한 영향능력의 건설과 운용을 구비하는데 초점을 맞춘다. 거부능력은 적의 공격했을 때 이를 격퇴하는 공세적 방위능력과 적이 공격을 감행하지 못

---

12 거부적 억제를 위한 적합성 측면의 예를 들면, 국력에 불균형을 초래할 정도의 과도한 거부능력을 가지면 당장은 거부가 달성될 수 있을지 모르지만 경제적으로 불안정이나 곤란을 초래하게 되고, 나아가서는 잠재적국의 침략을 유인할 수도 있게 된다는 점을 말한다.

13 군사적 수단은 거부능력(방위력)이다. 비군사적 수단은 거부활동을 장기간 지속할 수 있는 전쟁지속능력(민방위체제, 국가동원체제 등), 잠재적 침략국의 간접침략에 대한 다양한 거부능력 보유, 국민의 불굴의 저항의지 등이다.

하게 하는 억제능력이 있다. 영향능력은 적을 침략하는 공격능력과 적이 무엇을 하도록 강요함으로써 이득을 얻어내는 강압능력이 있다.

'고슴도치전략Porcupine Strategy'은 강대국과 약소국 간에 대립할 경우, 약소국이 선택할 수 있는 억제전략이다. 이 전략은 강대국이 영향능력(침략 또는 강압)을 발휘하여 얻어낼 수 있는 이익보다 더 큰 손실을 약소국이 강대국에게 입힐 수 있는 정도의 거부능력을 갖춤으로써 강대국이 영향능력을 포기하게 하는 것이다.[14]

비대칭억제전략

비대칭억제전략은 비대칭전략, 비대칭억제전략으로 구분할 수 있는데 그 핵심은 비대칭의 개념에 있다.

군사적인 의미에서의 비대칭 개념은 1999년 미 합동참모본부에서 다음과 같이 제시했다. "비대칭적 접근이란 적이 아측과 상당히 다른 작전방식을 사용하여 아측의 취약점을 이용하고 강점을 약화시키려는 시도로서, 주도권, 행동의 자유 및 의지에 충격 또는 혼돈과 같은 심리적 영향을 미치는데 주안을 둔다. 비대칭적 접근을 하려면 적의 취약점을 잘 평가해야 하고, 혁신적이고 비진통적인 전술·무기·기술 등을 사용해야 한다. 비대칭적 접근은 모든 전쟁 수준(전략적, 작전적, 전술적)에서 적용이 가능하고, 모든 유형의 군사작전에서 활용할 수 있다."

미 육군대학 전략연구소Strategic Studies Institute의 스티브 메츠Steven Metz는 "비대칭성은 군사 및 안보영역에서 주도권 또는 행동의 자유를 확보하기 위해서 아측의 유리점은 최대화시키고 적의 취약점을 잘 이용할 수 있도록 적과 다르게 행동·조직·사고하는 것이다"라고 정의했다.

---

14 강대국이 패배한 전쟁은 구소련과 아프가니스탄, 베트민과 중국, 베트민과 미국간의 전쟁(게릴라전/지구전) 등을 들 수 있다. 핵무기를 사용하지 않고 재래식무기를 가지고 평시에는 거부적 방위전략을 구사하고, 전시에는 거부적 적극방위전략을 선택하여 약소국들이 강대국을 이긴 전쟁이다.

첫째, 비대칭전략은 대체로 전쟁에서 피·아 간의 차이점(강·약점)을 이용해서 아측에게 최대한 유리하도록 하고, 적에게는 최대한 불리하도록 하여 승리를 도모하는 지략적 전쟁방식이다. 합동군사전략서에서는 비대칭전략을 "전략환경과 군사적 능력, 전쟁 수행방법의 변화를 고려, 적의 강점을 회피하고 약점을 공격하여 적이 효과적으로 대응하지 못하도록 함으로써 목표를 달성하는 전략"이라고 설명했다. 따라서 비대칭전략은 피아의 강·약점을 식별하고, 이를 기반으로 아측의 '강점 최대화·약점 최소화' 방책과 적측의 '강점 최소화·약점 최대화' 방책을 비교하여 최선의 방책을 도출하여, 아측의 강점으로 적의 약점을 공격하여 그 약점의 파괴로 적의 강점을 연쇄적으로 무실화 및 무력화함으로써 목표를 달성하는 전략이다.

좀 더 세부적으로 설명하면, '군사력이 약한 약소국의 비대칭전략'은 강대국의 군사능력이 매우 우세하기 때문에, 강대국의 군사력을 손상시킬 수 있는 취약성을 목표로 추구하는 전략이다. '군사력이 강한 강대국이 취할 수 있는 비대칭전략'은 약소국과 군사력 격차를 더욱 심화시켜 자국의 강점을 강화함으로써 단기간에 정치적 목적을 달성하는 전략이다. '군사적으로 동등한 약소국과 강대국의 비대칭전략'은 정치적 목적을 달성하기 위하여 각각 공자는 적극적인 목적하에 상대가 예상하지 못한 목표, 방법, 수단, 의지 등의 비대칭 전략을 추구하는 반면에, 방자는 군사력 차이가 대등하다는 인식으로 소극적 목적하에 비대칭 유형을 사용하는 전략을 추구한다.

둘째, 비대칭억제전략은 이슬람 근본주의자 같은 종교집단, 9·11테러 이후 알카에다 및 탈레반 등 비국가행위자 등이 테러, 자살폭탄공격 등 비정규전적 무력투쟁방식으로 정치적 목적을 추구하는 테러전략이다. 이 전략은 자기 행위에 대한 책임을 지지 않는 비국가행위자들이 주로 선택한다. 그러나 최근에는 약소국이 강대국에게 비대칭 목표, 수단, 방법, 의지로 대응하는 억제전략 차원에서 발전시키고 있다.

따라서 비대칭억제전략은 국가와 비국가행위자 뿐만 아니라 국가와 국가 간의 행위의 개념으로 발전하고 있다. 예를 들어 다시 정의하면 국력은 약하면서 군사력이 강한 약소국(북한), 국력은 강하면서 군사력이 약한 약소국(재래식전력은 강하지만 핵우산을 제공 받는 한국), 국력도 강하면서 군사력이 강한 약소국(이스라엘)들이 핵무기 및 화생무기, 미사일 등 비대칭수단으로 무장하여 강대국에 대응하는 전략이라고 할 수 있다.

5. 총합적 억제전략

앞에서 설명한 제재적 억제나 거부적 억제는 모두 군사력에 의한 억제전략이었다. 단 거부적 억제는 정신적 요소(즉 국민적 결사항전 정신)가 포함된다. 그러면 제2차 세계대전 이후 선진국 간에 전쟁이 발생하지 않은 이유가 이러한 두 가지 군사적 억제개념이 성공한 것일까? 그보다는 선진국가들이 전쟁 억제와 평화유지를 위해 지속해온 정치·외교적 활동과, 국제적 환경, 그리고 각 국가내부의 안정을 추구하는 등의 여러 가지 요인이 복합적으로 작용하여 전쟁이 억제되었다고 보는 것이 타당할 것이다. 이렇듯 현대세계에서 비군사적 수단에 의한 억제의 효용성이 높아짐에 따라, 군사뿐만 아니라 비군사적 수단까지 억제의 수단으로 활용하는 총합적 억제개념이 발전된 것이다.

(1) 총합적 억제전략의 정의

총합적 억제전략의 개념은 국가적 차원에서 군사적 수단뿐만 아니라 이용 가능한 모든 비군사적 수단까지 동원할 능력이 있음을 적에게 인식시켜 적이 침략을 포기하도록 하는 전략이다. 총합적 억제전략의 전제조건은 군사력이 뒷받침이 되지 않으면 효과가 없다는 점을 인식해야 한다.

(2) 총합적 억제전략의 유형

비군사적인 측면에서 총합적 억제전략의 유형에는 비적대적 억제로부터 비대의명분적 억제까지 다섯 가지가 있는데 다음과 같다.

비적대적 억제

먼저 비적대적 억제는 비군사적 수단을 사용하여 적대적 관계를 비적대적 관계로 개선하고 침략의 근원적 조건을 소멸시키는 것이다. 이는 대립적 관계에 있는 국가에 대해서 정치·경제·사회·문화 분야 등에서 다양한 신뢰관계를 구축하고 건실한 공존관계를 형성함으로써 달성할 수 있다.

예를 들면 우리가 식량지원 및 경제협력 등 제 분야에서 북한과 관계를 증진하고, 사회·문화적 동질감을 형성하며, 적대관계를 청산함으로써 평화공존관계를 이룩한다면, 이는 북한의 침략을 억제할 수 있는 가장 바람직한 방법이 될 것이다.[15] 김대중 정부 햇볕정책과 노무현 정부의 화해·협력 정책의 핵심은 적대관계 해소이다. 그러나 이와 같은 비적대적 억제는 그러한 노력의 과정에서 분쟁이나 전쟁이 발생할 수도 있다는 점에서 그 자체만으로는 전쟁 억제에 한계가 있다.

보상적 억제

보상적 억제는 정치적 요구를 강요하는 적대국에게 어떤 대가 즉, 경제 및 기술원조, 편의 제공, 또는 위신을 세워주는 등의 대가를 줌으로써, 군사력을 행사하지 않고도 정치적 요구를 거두었다는 만족감을 느끼도록 해서 침략행동을 방지하는 것을 말한다.

북한이 핵무기 개발 폐기조건으로 어떤 대가를 요구하는 것을 예로 들수 있다. 과거 북한의 핵무기 개발을 억제하기 위해서 경수로 지원이라든가 경제 지원 같은 대가(중유 공급)를 제공했다.

---

15 평화공존기는 통일기로 가는 과도기에 정치적 협상에 의해 남·북한 간 교류가 증대하고 극한 대립관계가 해소되며 군축진행으로 무력 위협은 감소하나, 상이한 자국의 체제를 방위하기 위해 군대는 계속 전력을 정비하는 불확실한 시기이다. 이 기간에 상이한 성격의 군대가 존재하는 상황에서 진정한 평화공존은 불가능할 것이며, 분쟁 발생의 위협은 상존할 수밖에 없다.

상황적 억제

상황적 억제란, 잠재적 침략국에게 불리한 국제적 상황을 조성함으로써 침략할 수 있는 여건을 해소하는 것이다. 예를 들면 남북대치 상황에서 우리가 주변국과 전방위적인 외교관계를 형성하여 중국이나 러시아를 통해 북한이 우리나라를 침략하지 못 하도록 영향력을 행사한다든지, 주변 4강이 보장하는 남북한 상호불가침조약을 체결하여 전쟁의 억제 여건을 조성함으로써 침략 여건을 제거하는 것이다. 만약 북한이 침략을 개시한다면 국제적으로 불리한 상황이 조성되거나 고립되기 때문에 북한이 전쟁을 억제한다는 것이다. 즉 적대국과 대립하고 있는 여러 국가로 하여금 적대국에게 위협을 가하게 하여, 적대국이 이들 국가들에게 경계와 대비를 하게 함으로써 자국 및 동맹국에 대한 침략행동을 일으킬 수 있는 여유를 가질 수 없게 하는 것이다.

상호의존적 억제

상호의존적 억제란 적대관계에 있는 나라와 경제적 수단 등을 통하여 상호의존적인 관계를 형성함으로써 만일 침략으로 그 관계가 파괴되면 국가이익에 막대한 손실을 초래하게 된다고 예상하기 때문에 침략을 단념한다는 것이다.

예를 들면, 대북 관계에 있어서 개성공단, 금강산 관광 개발 등 경제협력 등을 통해서 상호간에 이익이 있는 상호 의존관계를 공고히 하여 북한 경제에 극히 중요한 비중을 차지하게 함으로써, 북한이 경제적 이익 때문에 도발행위를 못하도록 하는 것이 바로 상호의존적 억제개념에 해당된다. 러시아나 중국-북한-남한-일본 간에 철도를 부설하거나 가스시설을 설치하여 경제적 의존관계를 심화시켜 침략을 단념토록 하는 것도 하나의 예라고 할 수 있다.

비대의명분적 억제

마지막으로 비대의명분적 억제는 정치적 수단으로 침략의 대의명분을 없애는 것이다. 즉 우리의 평화이미지를 고양하여 상대국의 침략의 명분을 없애는 것이다. 이를 위해서는, 평시부터 국제사회에 평화국가라는 이미지를 심어놓는 한편, 적대국가에게는 침략의 구실을 없애거나 침략을 감행하기 어려운 여건을 조성하는 것이다.

결국 지금까지 설명한 억제전략을 종합적으로 본다면, 이론적으로는 제재적 억제, 거부적 억제, 총합적 억제로 구분할 수 있으나, 실제적으로 한 국가가 전략을 채택할 때에는 이 중에서 하나를 채택하는 것이 아니라, 상황에 맞게 각 전략의 장단점을 활용하는 지혜가 필요하다. 특히 유념해야 할 것은, 전쟁 억제를 위해서는 어떠한 억제전략을 채택하더라도 자국을 방어할 수 있는 적정수준의 군사력 준비가 있어야 한다는 것이다.

IV. 방위전략

1. 방위전략의 개념 및 유형

방위란 국가나 정치집단이 평화와 안전 및 독립을 확보하기 위하여, 침략에 대하여 군사력을 불가결의 요소로 하는 방위력을 가지고 반응하는 활동이다. 즉, 군사력의 선제행사를 본질로 하는 침략에 대한 반응활동을 말한다. 즉 방위전략이란 억제전략이 실패했을 때 외부의 침략으로부터 국가를 방위하기 위한 전략을 말한다.

이와 같은 방위전략은 전략태세, 방위선, 기간별, 작전방식 등에 따라 구분할 수 있다. 방위전략의 유형은 특정 관점에서 분류해본 것이므로 일부는 서로 중복되기도 한다. 국가는 군사전략을 수립하는 과정에서 다양한 전략을 선택하고, 여러 가지 전략을 통합하여 채택하기도 한다.

- **목적** 한 국가의 평화와 안전 및 독립을 확보
- **주체** 주권국가 또는 정치집단
- **수단** 방위력(군사력+비군사적 수단)
- **현상** 침략에 대한 반응활동

2. 전략태세별 유형

(1) 수세전략: 국토방위전략

먼저 수세Defensive는 일단 적의 공세를 기다렸다가 가용한 모든 수단과 방법을 동원하여 적의 공격을 저지·격멸하는 수동적인 태세이다. 군사력 건설 및 운용의 주기능이 방어에 있는 전략이다. 이와 같은 수세전략은 지형의 이점 등을 활용할 수 있는 장점은 있으나 시기, 장소, 수단 면에서 주도권을 장악할 수 없고, 적의 방책에 따라서 대응해야 하는 불리한 면이 있다.

이 수세전략을 펴는 국가의 대표적인 예로 스위스를 들 수 있는데, 스위스는 기본적으로 영세중립국이라는 정치적 입장과 더불어 알프스와 같은 험난한 지형과 기상의 이점을 이용하여, 적의 공격력을 격퇴시켜서 국토를 방위한다는 개념을 적용하고 있는데, 이것은 전형적인 수세전략이다.

(2) 수세후 공세전략

수세후 공세전략은 기본적으로 공세적 작전으로 전략목표를 추구하되, 상대방의 선공을 전제로 전략적 수세를 취하다가 적이 공격하는 것과 동시에 반격한다는 전략이다. 다시 말해서 수세후 공세전략은 스스로 전쟁도발을 허용치 않기 때문에 초기에는 수세가 불가피하나, 일단 적의 침략을 받았을 때는 공세에 의한 강력한 응징에 의해 적의 승리를 거부한다는 입장인 것이다.

이 전략의 성공여부는 조기경보능력과 완벽한 방어준비태세, 전략적 완충공간 확보, 공세적 즉응태세 유지에 달려 있다. 이러한 수세후 공세전략은 현대 대부분의 민주국가들이 채택하고 있는 전략으로서 우리나라도 이 개념을 반영하고 있다. 예컨대, 제4차 중동전쟁 발발 이전 이스라엘은 바레브 라인을 구축하여 전략적 완충공간 120km를 확보했다. 실제 전략용어로 사용될 때에 수세후 공세전략은 즉응반격전략, 공세적 방위전략, 거부적 적극방위전략 등으로 응용된다.

(3) 공세전략

공세전략은 자주적이며, 능동적으로 행동의 자유를 보장하여 전쟁의 주도권을 장악할 수 있기 때문에, 유리한 입장에서 결전을 기도할 수 있다. 특히, 현대 첨단무기체계의 파괴력과 정확도 및 치명도가 극대화함에 따라 선제기습공격의 효과가 전쟁의 승패에 있어 거의 절대적이라는 측면에서 최대의 장점이 있다.

공세전략은 선제공격전략과 예방전쟁전략으로 구분할 수 있다.

선제공격전략

선제공격전략은 양국이 모두 전쟁의 불가피성을 인식하는 일촉즉발의 위기상황에서, 선제공격의 이점을 이용하고 기선을 제압하기 위해 먼저 공세를 취하는 전략이다. 다시 말해서 적의 공격이 긴박하다고 위협을 느낄 때(군사력을 전개/동원, 공격준비명령 하달, 공격의 징후발견시 등) 자위를 위해서 적이 공격하기 직전에 먼저 공격하는 전략을 말한다.

대표적인 예로 이스라엘은 삼면이 적대국(이집트, 요르단, 시리아, 레바논)에 둘러싸여 있고 전략적 종심이 극히 결여되어 있어 적의 기습 공격에 대처할 효과적인 방어와 반격을 위한 시간과 공간이 제한되기 때문에, 국가안보에 위협이 있다고 느끼면 선제공격을 적극적으로 사용한다.

예방전쟁전략

예방전쟁전략은 조만간에 일전이 불가피하다고 판단되는 긴장 속에서, 적이 유리한 전략태세 하에서 전쟁을 개시하는 것을 예방하기 위하여 적보다 앞서서 개전하는 공세전략을 말한다. 즉, 적이 공격할 계획 및 의도를 가지고 있으므로 지금 공격하지 않는다면 아측에 나중에 더 큰 손실을 초래할 것이며, 대체로 현재는 아측이 유리하다 판단될 때 적에 대해 공격을 실시하는 것이다. 국제법상으로는 불법으로 간주되고 있다.

예방공격의 동기는 크게 두 가지로 볼 수 있는데, 전쟁은 조만간에 불가피하다는 전제 하에, 하나는 적에 비해 아군의 능력이 어느 시점에서 판단하여 상대적으로 강하다고 느껴질 때 바로 그 시기를 이용하는 것이고, 다른 하나는 양측의 전력이 현재로서는 대등하나 상대방의 능력이 곧 보다 더 강해질 것이라는 예상과 우려 속에서 개전을 하는 경우이다.

1973년의 이집트의 이스라엘 공격을 예로 들 수 있다. 당시 이집트는 1967년 6일전쟁 이후 긴장이 팽배하고 있던 대^對이스라엘 관계가 조만간 전쟁의 재발로 치달을 것으로 판단했고, 또 그간 민족주의 측면에서 보복의 기회를 찾아오던 중 대이스라엘 전력이 어느 정도 대등한 시점인 1973년에 개전을 하게 된 것이다. 또한 이 시기는 실제로 이스라엘의 방위태세의 취약점이 최대로 노출된 상태에 있었으며, 따라서 이집트는 전쟁을 통하여 아랍권의 내부결속을 이룰 수 있다고 믿었던 것이다.

여기서 선제공격전략과 예방전쟁전략의 차이점을 살펴보면, 선제공격전략은 양자가 공히 전쟁의 불가피성을 인식하고 어느 한쪽이 먼저 선수를 치는 것임에 비해, 예방전쟁전략은 상대방보다도 아측이 전쟁불가피성을 더 긴박하게 인식하고 개전을 하는 것이 차이점이다. 이러한 선제공격도 적의 공격이 확실한 상황에서의 방어적 예방전쟁일 경우는 국제적으로 어느 정도 이해를 해주는 추세이다. 이것을 예방적 방위전략이라고도 한다. 그러나 현실적으로는 방어적 선제공격이냐, 기습을 위한 선제공격이냐 하는 명확한 증거를 확인하기가 쉽지 않아서 전쟁명분에 있어 국제적 지지를 얻기가 매우 어렵고, 또한, 국내적으로도 자유민주주의 체제 하에서 국민적 공감을 얻기도 어렵기 때문에 이러한 공세전략을 채택할 수 있는 여건은 극히 제한될 수밖에 없다.

(4) 선공과 선제공격의 구분

전쟁명분의 차원에서 선공先攻과 선제공격先制攻擊, preemptive attack은 엄격히 구별된다. 선공은 '단순히 먼저 공격하는 것(주로 기습에 의한 전개)'을 지칭하는 것이지만, 선제공격은 상대방의 도전행위보다 먼저 혹은 동시적으로 하는 공격행위이다. 선제공격은 기습적으로 개시할 수도 있고, 다른 방법으로 개시할 수도 있지만, 중요한 것은 전쟁에 정당한 명분을 제공해 준다는 점이다. 현행 국제법상으로 볼 때 선제공격은 상대방의 명백한 공격개시 행위를 탐지하고 상대방의 공격과 동시 또는 바로 직전에 행하는 자위적 정당방위인 것이다. 따라서 개전의 명분은 방위의 정당성에 있는 것이며, 선제공격을 감행했을 때에는 전쟁 발발의 책임이 상대방에게 있다는 입장을 취한다.

이와는 달리 예방공격豫防攻擊, preventive attack은 장차 자신의 불리점이 닥쳐올 것을 염려하여 현재 유리한 입장을 잃지 않기 위해서, 전쟁의 의도가 없는 상대방에 대하여 미리 공격을 감행하는 일종의 과잉방위이다. 그래서 예방전쟁은 자위권의 명분을 갖지 못하는 것이다.

또한 적의 선공을 선제공격이라고 표현하지 않는 이유는 바로 부당한 전쟁을 유발시킨 책임이 적에게 있기 때문이다. 따라서 만일 아측이 선제공격을 감행한다면 아측은 적의 명백한 전쟁도발을 미리 탐지하고 정당한 자위의 불가피한 조치를 취하게 됨을 의미하는 것이다. 따라서 선제공격은 아측에서 감행했을 때에만 정당한 것이며, 적의 침공은 경우에 따라서 예방전쟁이거나 불의의 기습공격이 될 것이므로 선제공격이라고는 할 수 없는 것이다. 그래서 단순히 선공이라고만 표현한 것이다.

3. 방위선별 유형

(1) 전진방위전략

전진방위전략이란 국경선 전방에서 결전을 수행하고자 하는 전략이다. 방위선 및 방위작전지역이 국경보다도 원격지역에 설정된 방위 형태를 말한다. 이 경우 군사비 부담이 가중되나 국토의 안전을 보장할 가능성이 높다. 작전술 및 전술에서 적지전장확대 개념을 국가적 차원에서 적용한 것이라고 이해하면 되겠다. 미국의 전진배치부대 및 전략적 유연성에 따른 전진돌출부대(해외주둔군) 등을 예로 들 수 있다.

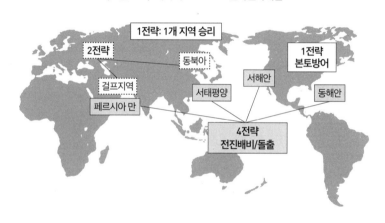

〈그림 5-1〉 미국의 1-4-2-1 군사전략개념

(2) 국경선방위전략

국경선 방위전략이란 국경선 지역에서 적을 격멸하려는 전략으로, 대부분의 국가가 채택하는 전략개념이다.

(3) 역내방위전략

역내방위전략이란 국토 내부에서 적을 방위하거나, 적을 국토 내부로 끌어들여서 격멸하는(방위하는) 전략으로서, 예컨대 구소련이 제2차 세계대전 당시 독일의 공격에 대하여 공간을 양보하는 대신 시간을 획득하여, 침략국의 전력을 약화시켜 격퇴한 사례를 들 수 있다. 또한 현재 일본의 전수방위전략이 이에 해당한다고 볼 수 있다.

그러나 이와 같은 방위선에 따른 구분은 이론상일 뿐이지 국토(영토)가 전장화될 때에는 전쟁에서 승리하더라도 국력이 소진되기 때문에 실제로 대부분의 국가는 전진방위형태를 취하고 있으며, 불가피한 상황에서만 국경선 방위나 역내방위를 택한다는 것을 인식해야 한다.

잠재적 위협 대비 권역별 방위개념은 감시권, 방위권, 결정권 등으로 설정할 수 있다. 감시권은 서울 중심으로 1,500~2,000km이며, 방위권은 북방은 휴전선으로부터 300km, 동·서·남방은 배타적경제수역(EZZ) 및 방공식별구역(KADIZ)과 같다. 결전권은 영해·영공·영토로 총력전을 수행하는 지역이다.

4. 전략수행기간에 따른 유형

(1) 속전속결전략

속전속결전략은 전투력 집중과 신속한 기동을 통해서 적의 핵심 전쟁 수행역량을 무력화시켜 조기에 전쟁을 종결시키려는 단기결전전략이다. 현대의 국가들은 전쟁이 장기전화 되면 국력의 소진은 물론, 국가지도자 입장에서는 반전여론의 증대 등으로 정치적 입지가 악화되기 때문에 대부분 속전속결전략을 취하고 있다.

군사전략기획측면에서 속전속결전략을 '조기 전승 달성이나 총체적 마비전략' 등 실천적 표현으로 기술이 가능하다.

(2) 지구전전략

지구전 전략은 여러 분야의 수단을 사용하여 장기적으로 적의 저항력과 전쟁의지를 소모시킴으로서 전쟁목적을 달성하려는 전략으로, 대표적인 예로 모택동의 지구전 전략을 들 수 있다.

5. 작전방식에 따른 유형

(1) 연속전략

연속전략Sequential Strategy은 모든 개별적인 군사작전의 전반적인 형태는 연속적으로 전쟁의 전후관계를 구성한다는 것이다. 즉, 최종목표에 이르는 중간과정에 연속적으로 여러 단계를 설정하는 전략으로서, 적으로 하여금 그들의 동맹국과 분리시키고 외부의 지원을 받지 못하게 하는 등 일련의 연속적인 노력들은 연속전략 개념하에서 이루어지는 것이다. 예를 들면 제2차 세계대전에서 연합군의 유럽침공작전이나, 걸프전 당시 전역계획을 제1단계 공중공격, 제2단계 지상작전으로 단계화한 경우 등을 들 수 있다. 연속공격전략은 국가의 구성체계(국가통수/군사지휘기구, 핵심체계, 사회기반구조, 일반국민, 야전군대)에 대한 각 중심을 순차적으로 공격하여 파괴함으로써 조기에 전승을 추구하는 전략이다.

(2) 누적전략

누적전략Cumulative Strategy은 전반적인 군사작전 형태는 상호 의존성은 없어도, 작은 군사행동에 대한 군사작전 활동으로 구성된다는 것이다. 이것은 개별적이며 자의적인 행동의 집합체로 이루어져 있어, 이로 인하여 결국 붕괴결과를 초래하게 된다는 전략이다. 즉 사소한 활동들이 모르는 사이에 누적되어 마침내 누적된 활동들의 총계가 중대한 가치(전체의 붕괴)를 발휘하게 되는 전략이다.

예를 들면 걸프전 당시 미국의 국가전략목표(전쟁목표)는 쿠웨이트로부터 이라크군의 즉각적이고 완전한 철수와 이라크 내 친미정권 유지에 두었다. 정치·외교적으로 유엔(UN) 결의안을 통과시켜 국제적 지지를 획득하여 이라크를 제재했으며, 경제적으로 경제봉쇄로 이라크의 전쟁지속능력을 약화시키고, 심리적(정보적)으로는 정의의 전쟁으로 침략자를 격퇴하기 위한 국민의지를 결집시키고, 국제적 지지를 획득했다. 그리고 군사적으로 미국은 다국적군을 구성하여 첨단무기를 동원하여 연합작전으로 이라크군을 격멸하는 전략을 수행했다.

(3) 병행전 전략

병행전 전략Parallel War Strategy은 두 가지 의미가 있다. ①존 워든John Warden의 5개 동심원 이론으로서, 〈그림 5-2〉처럼 국가의 구성체계(국가통수/군사지휘기구, 핵심체계, 사회기반구조, 일반국민, 야전군대)에 대한 각 중심을 동시 공격하여 파괴함으로써 조기에 전승을 추구하는 전략이다. 병행전 전략은 전략적, 작전적, 전술적 목표를 병행하여 동시에 공격하는 전략이다. 따라서 미래 군사 선진국들은 재래식전쟁에서 연속/누적전략보다는 병행전 전략을 활용하여 조기 전승을 추구할 것으로 예상된다. ②와일리J. C. Wylie 제독이 주장한 연속전략과 누적전략을 병행해서 실시하는 전략을 말한다.

〈그림 5-2〉 연속적 공격과 병행공격 전략

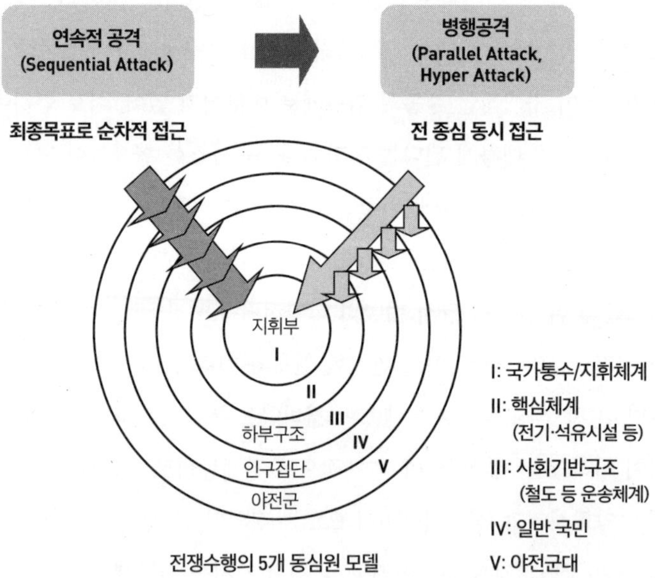

연속적 공격
(Sequential Attack)

병행공격
(Parallel Attack, Hyper Attack)

최종목표로 순차적 접근

전 종심 동시 접근

지휘부
I

II

III

하부구조

IV

인구집단

V

야전군

전쟁수행의 5개 동심원 모델

I: 국가통수/지휘체계

II: 핵심체계
   (전기·석유시설 등)

III: 사회기반구조
   (철도 등 운송체계)

IV: 일반 국민

V: 야전군대

V. 전·평시 적용되는 전략

1. 접근방법에 따른 유형

접근방법에 따라서는 직접전략과 간접전략으로 구분할 수 있는데, 이와 같은 구분 방법과 용어는 프랑스의 앙드레 보프르 장군이 그의 저서 『전략론』에서 최초 사용했고, 그 뒤 『행동의 전략Strategy of Action』에서 더욱 다듬어져서 일반화되었다.

(1) 간접전략

군사력은 보조적인 역할을 수행하게 되고, 오히려 심리적·외교적·정치적·경제적 방법 등을 통해 적의 행동의 자유는 축소시켜서 정치적 목표를 달성하려는 국가수준의 전략을 말한다. 간접전략은 정치·외교 및 경제·사회 등 비군사적 방법으로 행동의 자유를 확대하고, 그 틀 내에서 군사적 방법을 적용하는 전략이다. 즉, 핵무기에 의한 확전을 회피하는 범위 내에서 군사적 승리를 추구하는 것보다는 정치, 경제, 사회, 심리 등 다른 방법에 의해서 결정적인 승리를 쟁취하기 위한 술을 말한다.

간접전략은 국가전략차원의 전략으로써, 핵 억제력이나 정치적 억제력[16]에 의해서 무력행사가 제한되는 경우에 군사적 요소를 바탕으로 한 비군사적인 방법을 사용하여 요망하는 정치적 목적을 달성하려는 국가전략이다.

간접전략에서 제일 중요한 것은 행동의 자유freedom of action이다. 즉 행동의 자유가 어느 정도인가를 보고, 이 영역은 유지할 수 있는가, 또는 적이 이용할 수 있는 영역을 최소한도로 축소시키는 반면, 우리의 영역은 얼마

---

16 핵 억제력은 상호 공멸을 가져오므로 핵전쟁을 회피해야 한다는 것이다. 정치적 억제력은 의회에서 전쟁 승인을 하지 않을 시, 유엔 승인 불가 시 국제법 등에 의해서 군사력 사용이 제한되는 것을 말한다.

나 확장할 수 있는가를 확인해야 한다. 간접전략은 외부책략과 내부책략으로 구분된다. 간접전략은 외부책략이 주가 되고, 내부책략이 그 다음에 등장하는 식의 전략으로서, 외부책략에 의해 조성된 행동의 자유의 범위를 확인한 다음에 군사적인 방법인 내부책략이 사용되는 관계를 가진다.

(2) 직접전략

직접전략은 군사적 방법을 주 수단으로 직접적인 군사력의 사용이나 사용 위협을 통해 전쟁승리 또는 적의 억제를 추구하는 전략이다. 직접전략과 간접전략은 결국 전략수행의 주 수단에 따라 구분할 수 있다. 즉, 군사력이 주 수단이라면 직접전략이며, 보조수단이라면 간접전략이 되는 것이다.

직접전략은 군사적 방법을 주 수단으로 적 주력을 직접 지향하여 격파하려는 전통적인 군사전략이다.

2. 대응방법에 따른 유형

(1) 대칭전략

대칭전략은 상대방의 목적과 수단에 따라 맞대응하는 전략이다. 상대방이 핵무기를 사용하며 우리도 핵무기로 대응하고, 상대방이 재래식무기를 사용하면 우리도 재래식무기를 사용한다는 것이다.

(2) 비대칭전략

비대칭전략은 전략환경과 군사과학기술 발전 및 전쟁 수행방법 변화를 고려, 상대방과 비대칭적 접근에 의해 목표를 달성하고자 하는 전략이다.[17] 즉 적의 강점을 회피하고 약점을 이용하여 적이 효과적으로 대응하

---

17 비대칭전력은 상대방이 보유하고 있지 않거나(부동성) 또는 상대방보다 월등하게 많이 보유한 능력/전력(우월성)을 말한다.

지 못하도록 하는 전략이다. 여기서 비대칭적 접근에 대해서 구체적으로 설명하겠다. 이것은 비대칭 수단과 비대칭 대응으로 나눌 수 있다.

먼저 비대칭 수단은 적의 강점을 회피하면서 약점을 최대한 이용하여 효과를 극대화하기 위한 새로운 수단으로 대응하는 것이다. 예를 들면 북한의 화생무기, 핵, 미사일 등 대량살상무기 등을 들 수 있다.

비대칭 대응은 잠재적 군사위협에 대해 전력의 규모, 전투능력, 무기체계 면에서 적보다 상대적으로 유리하게 대응할 수 있는 다양한 수단을 확보하고, 적의 취약한 부분에 대해 전혀 다른 방법으로 공격하거나 능력을 과시함으로써 적이 효과적으로 대응하지 못하도록 하는 대응방법이다.

비대칭 대응은 부동성과 우월성의 원칙을 적용한다. 부동성은 적이 보유하고 있지 않거나 개발하지 못한 무기체계를 운용하여 적의 취약한 분야에 대하여 공격하거나 능력을 과시하는 것이다. 미국의 최첨단 무기체계 등이 대표적인 예라고 할 수 있다. 우월성은 적보다 양적·질적인 면에서 상대적으로 압도할 수 있는 능력을 보유함으로써 주도적인 대응을 하는 것이다. 북한의 다양한 대규모 포병능력, 중국의 거대한 인구, 이스라엘 민족의 애국심 등을 들 수 있다.

3. 대상기간에 따른 유형

(1) 장기 군사전략: 군사력 건설전략

장기 군사전략은 장기 목표년도에 추구할 전략목표를 설정하고, (장기)전략목표를 구현하기 위한 전략개념을 수립하며, 전략개념을 구사하는데 소요되는 수단을 산정하는 것으로써 군사력 건설방향을 제시한 양병養兵 위주의 전략이다.

(2) 단기 군사전략: 군사력 운용전략

차기년도 전쟁 발발을 가정하여 차기년도의 가용전력(건설된 군사력)을 제시하게 된다. 제시된 가용 전력을 기초로 전략목표를 설정하고, 전략목표 구현을 위해 전시 전략지침을 하달하고, 각 군 본부, 작전사령부, 합동부대에 과업을 부여하고, 자원을 할당하는 것으로써 작전계획을 선도하는 용병^{用兵}차원의 전략이다.

IV. 군사전략기획체계

군사전략은 합동기본교리 및 합동기획의 교리를 바탕으로 계획수립절차라는 분석의 틀을 이용하여 작성하고 있다. 군사전략의 최종 산물은 장기 문서인 합동군사전략서(JMS)와 단기 문서인 합동군사전략능력기획서(JSCP) 그리고 중기문서인 군사력의 소요제기 산물인 합동군사전략목표기획서(JSOP)이다.

용병술체계(전술, 작전술, 군사전략)는 산물을 전제로 하는 이론과 실제를 다루기 때문에, 제대별로 계획수립절차를 적용하여 실제 행동으로 옮기는 것이다. 예컨대 대대급 이상 전술적 수준 제대에서는 '전술적계획수립절차'를, 작전적 수준 제대에서는 정밀계획수립절차인 '합동작전계획수립절차(전역계획수립절차)'[18]를, 그리고 전략적 수준 제대에서는 '합동전략기획절차(군사전략기획과정)'[19]라는 모델을 적용하여 수립하는 것이다. 용병술의 상위차원인 군사전략기획의 대상은 군사전략이론을 바탕으로 군사전략을 작성하는 과정이다. 이것은 바로 산물을 전제로 하여 군사전략을 수립하는 과정이다.

---

18 『합동기본교리』, pp.98~102.

19 『합동기획』(서울: 합동참모본부, 2011), pp.32~42.

1. 군사전략기획

군사전략기획은 '군사전략'과 '기획'이란 용어로 구성되어 있다. 먼저 군사전략 수립 측면에서 정의하면 군사전략은 국가목표를 달성하기 위하여 군사적 측면에서 어떻게 전쟁을 준비하고 수행할 것인가에 대한 전·평시의 군사계획 및 행동방책을 말한다. 여기서 전쟁 준비는 군사력을 건설하고 유지하는 것으로 주로 행정·관리·예산 기능이 포함되며, 전쟁 수행은 건설된 군사력을 사용하는 것으로 어떻게 군사력을 사용할 것인가를 개념적으로 결정하는 사고과정을 의미한다.

다음으로 기획의 정의를 구체적으로 분석함으로써 군사전략기획에 내포된 의미를 이해하는데 그 효용성이 증대하고, 군사전략수립절차에 관한 분석의 모델이 어떻게 구성되는가를 쉽게 알 수 있다. 기획이란 '제 문제에 대하여 미래를 예측하고 구상하며, 목표를 설정하고, 대체행동방안 alternated course of action을 선택하여 그 목표를 달성하기 위해 가장 경제적이고 효율적으로 자원을 배분하는 계속적인 과정'이라고 정의할 수 있다.

이러한 정의된 기획은 다음과 같은 몇 가지 중요한 의미를 내포하고 있다. 첫째,'제 문제에 대하여 미래를 예측하고, 구상'하는 것은 국내·외 정세 전망이나 전략환경평가를 뜻한다. 둘째, '목표를 설정'은 합목적적으로 목표를 설정해야 함을 말한다. 즉, 이것은 미래의 전략환경평가를 판단한 결과를 토대로 목표를 설정해야 한다. 셋째, '대체행동방안을 선택'은 목표를 달성하기 위하여 어떻게 할 것인가 하는 방법을 강구하는 것이다. 여기서 대체행동방안은 선택이나 결심 이전의 대안 또는 목표 달성 가능한 제 방책들이다. 넷째, '그 목표를 달성하기 위해 가장 경제적이고 효율적이고 자원을 배분'은 수단을 의미하는 것으로써 자원의 우선순위를 결정하고 자원의 선택하는 문제를 다루기 때문에 지적인 용기가 요구되고 있다. 마지막으로 '계속적인 과정'이라는 것은 기획은 예측 판단의 불확실성으로 인하여 하나의 최선의 대안을 선택하는 것이다. 기획은 중·장기, 단기의 불확실한 요소를 다루는 문제이기 때문에 항상 상황판단을 해야 되고, 먼저 선택한 최선의 대안이라는 것이 상황 변화에 따라 극단적으로 최악의 대안이 될 수 있기 때문에 계속해서 최선의 대안에 대한 재검토가 필요하게 된다.[20] 그래서 기획은 하나의 최선의 대안을 계속 선택해 가는 과정임을 강조하는 것이다.

일반적으로 전략기획Strategic Planning은 "조직을 위한 효과적인 도구로서 환경과 경쟁자에 대한 전반적인 분석을 하는 평가단계, 목표·임무·전략 등 실행을 위한 기획단계, 목표를 달성하기 위한 계획을 수립하는 실행단계로 구성"된다.[21] 기획측면에서 보면 전략기획은 국가이익 및 국가목표 등 상위차원의 목표를 인식하고, 미래의 상황을 예측하고 평가하여 최선의 전략대안을 선택하는 과정이라고 할 수 있다.

그리고 군사전략기획이란 '군사기획의 일부로서 군사정책목표 또는 국방목표를 달성하기 위하여 군사력 운용개념을 정립하고 이에 따른 군사력 소요를 제기하는 일련의 기획과정'이라고 정의할 수 있다.

종합적인 시각에서 관련된 정의를 요약하면 군사전략기획(합동전략기획)이란 '용병체계의 상위의 군사력 운용개념(군사전략 차원)과 군사력 소요를 제기하는 일련의 과정으로서, 이를 위하여 전략환경평가에 따른 군사전략목표를 설정하고 군사전략개념을 수립하며, 군사전략개념을 실현하는 데 필요한 군사력을 요구(군사력 소요제기)하여 확정된 군사능력과 함께 작전계획의 발전을 위하여 할당하는 일련의 과정'이라고 할 수 있다.

즉, 합동전략기획(군사전략기획)은 국가목표를 달성하기 위한 군사전략목표를 설정하고, 군사전략개념 수립 및 군사력 소요제기를 하고, 전략능력을 구비하는 일련의 과정이다. 이 군사전략기획은 장기 군사전략기획(군사

---

20 프랑스는 제1차 세계대전의 경험에 의거하여 마지노선을 구축했는데, 이는 당시 수세 중심의 군사교리에서 최선의 전략이었다. 그러나 제2차 세계대전 시 독일이 전격전을 수행함으로써 마지노선은 붕괴하고 프랑스는 전쟁에서 패배하게 되었다. 최선의 전략이 최악의 방위전략으로 변한 것이다.

21 A. Lynn Daniel, "Strategic Planning: The Role of the Chief Executive," *Long Range Planning*, vol. 25, no. 2 (April 1992), pp.97~103.

력 개발전략)과 단기 군사전략기획(군사력 운용전략)으로 구분할 수 있다.

다시 정리하면 합동전략기획은 국가안보목표 및 국방목표 달성을 위하여 군사전략을 수립하고, 군사전략목표와 전략개념을 구현하는데 필요한 군사력 건설소요를 제기하여 건설된 군사능력에 기초하여 합동작전기획체계(JSPS)를 통해 과업부여와 자원을 할당하는 일련의 과정이다. 합동참모본부조직의 지휘관과 참모들이 합동군사전략서(JMS), 합동군사전략목표기획서(JSOP), 합동군사전략능력기획서(JSCP)를 작성해 나가는 논리적 사고 및 업무추진과정이다.

<그림 5-3> 합동전략기획체계(JSPS)와 문서체계

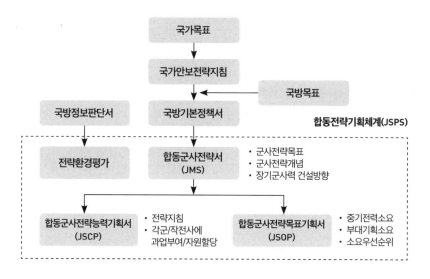

2. 군사전략기획과정[22]

군사전략기획과정은 일련의 기획과정을 통하여 구현되기 때문에, 군사전략기획과정의 기준과 토대를 제공할 개념적인 틀은 아래와 같이 6단계로 구성되어 있다.

- **제1단계** 상위목표의 인식
- **제2단계** 전략환경평가
- **제3단계** 기획가정 설정
- **제4단계** 군사전략목표 수립
- **제5단계** 군사전략개념 수립
- **제6단계** 군사력 소요제기/과업부여 및 자원 할당

군사전략기획과정은 군사전략의 구성요소인 군사전략목표, 군사전략 개념, 그리고 군사자원의 판단에 적용할 뿐만 아니라, 각 구성요소에 대한 핵심적인 세부사항에 대한 결심 시에도 활용 가능하다.

먼저 군사전략기획과정의 제1단계는 상위목표 인식인데, 이것은 헌법 전문, 국가목표, 국가안보목표, 국방목표 등에서 주어지거나 식별되며, 전쟁시에는 정치가로부터 정치적 목표(전쟁목표)가 부여된다.[23]

제2단계는 안보정세를 평가하고, 위협을 분석하는 전략환경평가이다. 제3단계는 기획가정 설정으로써 군사전략기획의 범위를 한정시켜 주기 때문에 이 단계는 필요하다.

---

22 체계(system)는 어떠한 목적을 가지고 일정기간 지속적으로 상호작용하는 두 개 이상의 개체를 계통을 세워 통일한 전체를 의미한다. 이러한 체계는 자체 내의 상호작용 시 과정(process)과 절차(procedure)를 수반한다. 과정은 일이 되어 나가는 경로이며, 절차는 일을 치르는 데 밟아야 하는 차례로 단계(phase)와 세부 단계(step)를 수반한다. 『합동기획』(서울: 합동참모본부, 2003), pp.180-181. 논자는 여기서 과정과 절차를 동일한 의미로 사용하고자 한다. 그런 의미에서 '기획과정'과 '수립절차'도 같은 의미이다. 이렇게 병행하여 사용하는 이유는 기존의 군사전략을 수립하기 위한 방법론이 다양하여 두 가지를 혼용하기 때문이다.

23 전쟁목표는 전쟁목적을 달성하기 위하여 국력을 지향해야 할 구체적인 지향점이다. 전쟁목표는 적의 침략을 격퇴 및 격멸하거나, 영토를 회복하거나, 적의 전쟁 수행 의지를 분쇄하는 등 최소의 국력손실로 단기간 내에 전쟁목적을 달성할 수 있도록 설정되어야 한다. 이에 반해 전쟁목적은 국가가 전쟁을 통해서 달성하고자 하는 국가의 정치적 목적이다. 전쟁목적은 적의 침략으로부터 국민, 영토, 주권을 보호하여 국가를 방위하는 것이다.

제4단계와 제5단계는 군사전략의 구성요소인 군사전략목표, 군사전략 개념, 군사자원에 대한 대안을 개발하고, 비교 평가하여 최적의 대안을 선정하는 것이다. 마지막 제6단계는 군사전략목표, 군사전략개념, 군사력 소요제기/과업 부여 및 자원 할당(군사력 소요판단) 등을 결심하는 의사결정과정이다.

(1) 상위목표 인식

군사전략의 수립은 상위목표(국가목표·국가안보목표·국방목표) 인식으로부터 출발한다. 국가안보전략이 수립되어 있다면 여기서 군사력 역할이 도출된다. 또한 국가안보전략이 부재일 경우도 국가안보목표와 안보위협에 걸린 국가이익을 평가하여 군사력이 담당해야 할 역할이 염출된다.

군사전략은 이러한 상위차원의 목표를 인식하여 주어진 국가안보목표를 전제로 한 행동계획으로서, 일련의 합목적적인 목표분석을 통해 그 나라 특성에 맞는 군사력의 역할을 도출하게 된다.[24]

군사력 역할 기술 방법은 지역별(세계, 동북아, 한반도)로 평시 억제의 개념, 전시 방위의 개념이 들어가야 한다. 그리고 전쟁이 미치지 못하는 군사활동인 침국지전시 합동작전(침투 및 국지도발대비작전, 무력시위 봉쇄 등), 정부기관 및 민간지원작전, 그리고 국외에서의 평화작전이 포함된 내용도 서술되어야 한다. 예컨대, 위의 도표처럼 군사력 역할의 도출은 상위목표를 분석하여 구체적인 역할을 종합적으로 염출하게 된다.

앞에서 설명한 국가목표[25], 국가안보목표와 국방목표로부터 분석한 군

---

24 군사기획 측면에서 군사전략은 전쟁을 준비하고 수행하는 특정 국가의 행동계획이나 행동방안이라고 정의할 수 있다. 그러므로 군사전략은 이론보다는 실천적으로 해석해야 한다.

25 우리나라의 국가목표는 1973년 2월 16일 국무회의에서 의결한 것으로 ① 자유민주주의 이념하에 국가를 보위하고 조국을 평화적으로 통일하며 영구적인 독립을 보존하고 ② 국민의 자유와 권리를 보장하고 국민생활의 균등한 향상을 기하며 복지사회를 실현하며 ③ 국제적인 지위를 향상시켜 국위를 선양하고 항구적인 세계평화에 이바지하는 것이다. 이것은 안보, 번영, 국가위신 등 세 요소로 요약할 수 있다. 『국방백서 2000』(서울: 국방부, 2000), p.51.

<표 5-1> 지역별 군사력 역할

구 분	군사력 역할
세계 (국제적)	국가가치·이익의 증진 및 보호, 지역 안전을 목적으로 한 다자간 안보협력을 강화, 연합군·PKO 일원으로서 제3세계에 군사력을 파병하여 군사적 측면에서 국제적 협력을 통한 능동적인 세계평화 유지에 기여
동북아 (주변국)	주변 강대국의 역학관계를 이용하여 주변국과 전방위 군사외교 및 협력을 통해 군사적 도발 억제 및 억제 실패 시 방위
한반도	세계/주변국/한반도의 전략환경평가를 바탕으로, 합목적적으로 조화·통합시킨 용병술을 구사할 수 있는 총합적 사고와 분별력을 갖추고 정보화시대에 부응하는 군으로 발전시킴으로써 평시 국가정책 지원을 뒷받침하고, 유사시 국가이익을 보호

사력의 역할은 ①전쟁을 억제하는 측면에서 국가목표로부터 '조국을 평화적으로 통일하며', 국가안보목표로부터 '한반도에서의 안정과 평화 유지', 그리고 국방목표로부터 '평화통일을 뒷받침하며'라고 각각 도출할 수 있으며, ②전쟁에서 승리하는 방위 측면에서 국가목표로부터 '국가를 보위하고, … 영구적인 독립을 보존한다', 그리고 국방목표로부터 '외부의 군사적 위협과 침략으로부터 국가를 보위하고'라고 각각 공통요소를 뽑을 수 있다. 따라서 군사력의 역할은 위의 ①, ②항을 종합하여 '전쟁과 분쟁 등 직접적 위협에 대처하고, 대북 화해·협력정책을 지원함으로써 평화통일을 뒷받침하며, 지역의 안정과 세계평화에 기여한다'라고 도출할 수 있다. 이러한 군사력의 역할은 군사전략목표를 설정할 때 기초자료를 제공한다.

또한 다른 방법으로 국가안보목표와 안보위협에 걸린 국가이익을 평가하여 국가정세판단을 통해서 지역별(국제 정세, 주변국 정세, 한반도 정세 등)로 다원적 안보위협(정치·외교, 정보, 경제·과학기술, 사회·문화, 군사적 위협)을 도출하고, 이 도출된 위협에 대해 다원적 안보수단에 의한 미연방지, 사전배제, 대처 방안(국가안보전략, 국가전략)을 모색한 후 군사력 역할을 염출할 수 있다.

예컨대 군사력 역할은 안보위협에 걸린 국가이익을 지향하면서 국가정세판단과 국가발전전망을 통해서 국가안보전략 또는 국가전략이 수립된 것을 염두에 두면서 아래 도표와 같이 세계, 동북아, 한반도 등 지역별로 선정할 수 있다.

(2) 전략환경평가

전략환경평가는 국·내외 안보정세를 평가하고 위협을 분석하며, 위협이 실제화되었을 때의 장차전 양상을 추정하는 것이다. 즉, 국가가 현재 당면하거나 또는 장차 예상되는 위협을 분석하고 '이러한 위협이 장차 어떻게 현실화할 것인가?'에 관한 미래전 양상을 추론하는 것이다. 여기서 정의된 전략환경평가는 안보정세평가, 위협분석, 장차전(미래전) 양상 추정 등 세 가지 요소로 구분된다.

전략환경평가를 통해 북한과 잠재적 위협국의 상대적인 군사역량을 비교하고 국제사회로부터 적에 대한 군사지원 가능성 및 연합 가능성을 판단하게 된다.[26]

전략환경평가는 그 구성요소를 토대로 안보정세평가 시에는 ①지역별(세계, 동북아, 한반도) 안보정세, ②대상별 위협분석, ③한반도의 지리 전략적 특성 등 우리나라의 여건과 특성을, 장차전 양상 추정 시에는 세계적인 군사발전추세 및 동맹국과의 관계 등을 고려한다.

평가 시 유의할 점은 안보정세평가, 위협분석, 그리고 장차전 양상 추정 등으로 구분하지만, 서로 연계되어 있으므로 통합적 관점에서 평가하는 것이다.

---

26 국방정보판단서와 국가안보전략서를 기초로 전략환경평가를 도출하며, 전략환경평가 결과는 '합동군사전략서', '합동군사전략능력기획서'에 포함되어 각종 기획문서의 작성과 합동작전계획 수립의 기초자료로 활용된다. 『합동기본교리』, p.61.

(3) 기획·가정 설정

가정이란 계획(전략)수립을 위한 판단 및 결심과정에서 반드시 알아야 할 확인된 사실이 없을 경우에 이를 대신하기 위하여 설정한다. 가정은 현 상황 및 미래 상황에 대한 추측과 예측인데, 불확실한 미래 상황을 기술하여 그것을 대체할 수도 있다. 즉, 미래 상황 그 자체가 가정이 될 수도 있다.

기획과정에서는 먼 미래의 불확실성으로 인해 통상 가정을 설정하고, 그 구비조건으로 필요성, 현실성, 논리성 등을 고려한다. 필요성은 군사전략을 기획하는데 필요한 사항이어야 하며, 현실성은 실제적으로 발생할 수 있는 사실에 근거한 사항이어야 하고, 논리성은 가정이 현실에 기초하여 합리성이 있어야 한다는 것이다. 그래서 가정 설정 시 기준은 군사전략 목표와 개념을 한정하는데 절대적으로 필요해야 하고, 적의 능력은 가정에 포함하지 않는다.

이를 고려해서 가정 설정 시 유의사항은 제외사항과 포함사항으로 구분할 수 있다. 가정의 제외사항은 자국이 통제할 수 있는 분야(자국이 취할 방책), 정보판단에 의하여 적이 취할 수 있는 방책, 전략적 제대의 지휘능력 범위 내에서 조치 가능한 적의 능력 등이다.

가정의 포함사항은 자국이 통제 불가한 사항, 즉 주변국과 유엔(UN)의 반응, 동맹관계(개입여부, 지원여부), 통일 여부, 전쟁 수행기간/지역(지구전/단기전 및 전쟁지역)[27], 적의 화생방무기 사용, 국방비 그리고 국가동원에 관한 사항 등이다.

가정 설정(예)에서 보듯이 가정은 대상기간, 분단상태, 동맹관계, 주변국, WMD(대량살상무기), 동원 등을 고려하여 설정하고 있다. 가정을 기술할 때에는 계획수립에 영향을 미치는 정도를 고려하여 대체로 긍정형 및 미래형으로 진술해야 한다. 또한 사실이 가정에 포함되어서는 안 된다. 이

---

27 기간과 지역(수도권 포함시)은 국가자원의 피해를 최소화하고, 전후 보다 나은 평화를 달성하는데 중요한 요소 중의 하나이다.

것은 전략기획자가 가장 어렵게 생각하는 부분이기도 하다.

가정에 포함된 내용은 지속적으로 확인해야 한다. 가정이 현실화되면 설정된 가정을 제거해야 한다. 또한 가정 자체의 불확실성과 유동성 때문에 최초 설정하지 못한 새로운 가정을 선정할 수도 있다. 이렇게 가정을 최신화함으로써 군사전략 수정 소요가 생기게 되고, 군사전략이 변경되는 것이다.

(4) 군사전략목표 설정

군사전략목표는 국가안보목표를 달성하기 위하여 군사능력 및 자원을 투입해야 할 특정 임무 혹은 과업이며, 국가전략적 수준에서 도출한 모든 군사 분야의 과업이 성공적으로 완성된 최종상태로서, 전쟁 이후의 분쟁과 전쟁위협의 감소 또는 배제를 보장해야 한다.

군사적 최종상태인 군사전략목표는 평시 억제와 유사시 방위의 성공이다. 요컨대 기본적인 군사전략목표는 평시에 전쟁을 예방하고, 전시에 국가 총력전에 의한 단기결전으로 '전후보다 나은 평화조건'을 달성할 수 있어야 한다. 따라서 군사전략목표를 기술할 때에는 ①평시 억제의 개념과 전시 방위의 개념이 포함되어야 하고, 국지도발과 관련해서는 위기관리의 개념(예방 및 대비, 대응, 그리고 사후관리 및 재발방지)이 들어가야 한다.

②최종상태를 기술해야 하기 때문에 수단과 방법은 포함하지 않는다. ③ 인과관계를 추론하지 않는 상태에서 최종상태(패배나 승리냐)로 표현되어야 한다. ④상위차원의 목표에 합목적적으로 부합되는 적합성을 구비해야 한다. ⑤국력의 효과적인 운용을 위해 능동태보다는 수동태 형식으로 진술해야 한다.

군사전략목표기획 방법은 장기 군사전략(군사력 건설전략/군사력 개발전략)과 단기 군사전략(군사력 운용전략)의 목표기획 방법으로 구분할 수 있다.

〈표 5-2〉 군사전략목표 설정 방법

군사전략목표 설정(방법1)	군사전략목표 설정(방법2)
・국가목표/국가안보목표/국방목표 ・대상별 전략환경평가 ⇩ 군사전략목표	・상위목표 기여 ・위협 예측/대처 ・적의 약점/강점 ・가용자원

장기 군사전략목표 기획방법

장기 군사전략목표 기획방법은 두 가지 방법이 있다.

첫째, 위의 도표에서 보는 바와 같이 상위목표(국가목표, 국가안보목표, 국방목표)와 대상별 전략환경평가를 고려하여 설정할 수 있다. 이 방법은 전략환경평가 결과와 전략구상을 통해 바로 장기 군사전략목표 도출이 가능하다. 요컨대 첫 번째 방법은 ①상위목표에서 군사력 역할에 따른 군사적 조건을 염출하고, ②대상별(북한/잠재적/비군사적 위협) 전략환경평가에 따른 군사적 조건인 군사전략목표를 도출하여, 긍정적인 용어로 명확 간결하게 진술해야 한다. 예를 들면 1단계에서 군사력 역할을 설정한 방법과 마찬가지로, 상위목표로부터 염출한 군사력 역할을 고려하여 '평시 전쟁을 억제하고, 평화통일정책을 뒷받침하며, 전시(도발시) 전쟁에서 승리하여 국가의 생존권을 보장'이라는 군사전략목표를 설정할 수 있다.

둘째, 군사전략목표 설정 시 고려사항을 기초로 각각 군사전략목표를 설정하는 것이다. 두 번째 방법은 첫 번째 방법보다 직관력과 통찰력이 덜 요구된다고 할 수 있다. 각각의 고려요소는 세부 군사전략목표를 도출하기 위한 구체적인 사항이다. 여기로부터 공통요소를 염출하게 되면 군사전략목표가 설정된다. 군사전략목표를 설정할 때 고려사항은 첫째로 상위목표(국가·안보·국방목표)에 부합 또는 기여하고, 둘째로 가능성 있는 제반위협을 예측하고 대처가 가능하며, 셋째로 적의 위협분석 결과에 따라 적의 약점은 최대로 이용하는 반면에 적의 강점에 대해서 효과적으로 대응책을 강구하고, 넷째로 가용능력(자원) 범위 내에서 군사전략목표를 설정해야 한다.

단기 군사전략목표 기획방법

단기 군사전략목표는 당면사태 하에서 정치적 목적을 달성하기 위하여 조성해야 할 군사적 조건을 도출하여 진술해야 한다. 전시 군사전략목표는 피·아 군사력을 운용한 결과, 피·아가 어떤 상태에 있길 바라는가를 나타내는 것이다.

첫째, 이것은 군사력 운용 결과로 '적은 어떤 상태에 있길 바라는가?'를 의미한다. 이런 측면에서 예를 들면, 군사전략목표는 '적의 조직을 와해시켜 재건에 상당한 시간이 소요되고, 적의 전쟁지도부의 전쟁 수행의지가 분쇄되며, 적 지역으로 전략적 완충공간의 확대 등이 된 상태'라고 진술할 수 있다. 둘째, '군사력 운용 결과로 아군은 어떤 상태에 있길 바라는가?' 예컨대, 군사전략목표는 '적의 재도발을 방지해야 되고, 확대된 완충공간을 평화협상에서 강요할 수 있도록 상대적 우위의 전력을 보존해야 되며, 국가산업시설의 피해를 최소화 등이 된 상태'라고 기술할 수 있다.

종합적으로 군사력 운용 결과 피·아 최종상태를 고려하여 도출하면, 예컨대, 군사전략목표는 '한·미 연합방위체제 하에 전략적 완충공간을 확보하여 적의 재도발 의지를 즉각 분쇄할 수 있는 방위태세를 유지하며, 유리한 상황 하에서 전쟁을 조기 종결하고, 적의 주력 및 주요 전략적 요충지의 파괴로 재도발 의지를 말살하고, 조기에 적시적인 군사지원활동으로 대내 안전을 유지하여 평화적 통일 여건 조성'이라고 표현할 수 있다.

(5) 군사전략개념 수립

군사전략개념은 군사전략목표를 구현하기 위한 군사행동방안을 도출[28]하는 것으로써 전략환경평가에 따른 종합적인 위협대응책이자, 군사력 건설(개발) 및 운용에 대한 지침을 제공한다. 기본적으로 군사전략개념은 군사전략목표를 달성하는 방법이기 때문에 억제와 방위로 구분해서 설정하고 동일한 수단을 가지고 하지만 그 적용시기와 활용 방법은 상이하다. 억제든 방위든 군사전략개념은 방법의 포괄성과 통합성, 신축성, 선별성이 중요하다. 그래서 군사전략개념은 다양한 방법으로 선택하여 발전시켜야하고, 군사전략목표를 달성하기 위해 창의적인 방법을 탄력적으로 적용해야 한다.

따라서 군사전략개념을 도출할 때에는 미래 위협요소나 당면한 위협 그리고 위협형태(대상별, 상황별, 시기별)에 따라 전략목표별, 유형별, 시차별로 대응개념을 군사적 수단과 방법을 포함한 행위적 개념으로 기술해야한다.

군사전략개념의 기술요령을 구체적으로 설명하면 첫째, '미래 위협요소나 당면한 위협'은 군사전략개념 수립 시 고려사항 중에서 전략환경평가 결과에 해당된다. 둘째, '위협형태'는 대상별, 상황별, 시기별로 구분할 수 있다. 먼저 대상별로 북한, 주변국(잠재적국), 비군사적 위협으로 구분하며, 상황별로는 평시, 국지도발, 전면전으로 나눌 수 있으며, 시기별로는 남북 대치기, 평화공존기, 통일기로 분류할 수 있다. 셋째, '유형별'은 수단과 방법의 개념으로 기술하는 것으로, 억제전략은 제재적 억제전략, 거부적 억

---

28 『합동기본교리』, p.62.

제전략, 총합적 억제전략 등이며, 방위전략은 수세공세전략/응징보복전략/신축대응전략(방법), 선택적 방위전략, 넷째, '시차별'은 평시, 전시로 분류하여 평시 총합적 억제전략, 전시 적극적 공세전략 등으로 표현하면 된다. 마지막으로 '행위적 개념'은 군사전략 유형이라는 일반적 용어 선택에 중점이 있는 것이 아니라, 당면 여건하(즉, 한반도 지리적·전략적 특성 여건)에서 달성 가능한 방법과 수단을 구체적이고 현실적으로 강구하는 실천적인 개념이다. 그래서 군사전략개념은 수단을 고려하지 않고는 판단이 곤란하다.

따라서 군사전략개념은 '전략유형을 어떻게 기술할 것인가' 하는 것이 핵심요소라고 할 수 있다. 전략유형이란 '북한과 잠재적, 비군사적 위협에 대응하기 위해 전략목표에 따라 수단과 방법의 개념을 기술함으로써 전략을 대표하는 적합한 명칭'이라고 정의할 수 있다.

예를 들어 잠재적 위협과 관련해서 군사전략목표를 '주변국의 도발행위를 억제한다'라고 선정했다면, 이를 달성하기 위해 군사전략개념은 '전방위 외교를 통한 도발국 이외의 주변국과 연합한 총체적 억제전략', '주변 3강의 가능성 있는 잠재적 도발시 상대국의 취약점을 지향한 총체적 마비전략', '주변국의 도발을 억제하기 위해 군사력의 전진배치 및 무력시위' 등 선택한 수단과 방법을 함축적으로 표현하는 단일 용어 및 문구로 표현할 수 있다.

그러면 군사전략개념을 어떻게 수립할 것인가 하는 문제가 대두한다. 군사전략개념의 기획방법은 장기 군사전략과 단기 군사전략의 전략개념 기획방법으로 구분할 수 있는데, 먼저 장기 군사전략개념 기획방법에 대해서 설명하고자 한다.

〈표 5-3〉 군사전략개념 수립 방법

군사전략개념 수립(방법1)	군사전략개념 수립(방법2)
군사전략목표로부터 도출 ⇩ • 대 북한 • 대 잠재적 • 대 비군사적	군사전략목표 전략환경평가 가용자원 ⇩ • 대북한 위협 :공세적 (적극)방위 • 대잠재적 위협: 거부적 적극방위

장기 군사전략개념 기획 방법

장기 군사전략개념 기획 방법은 두 가지 방법이 있다.

첫째, 위의 도표에서 보는 바와 같이 대상별 군사전략목표로부터 군사
전략개념을 도출할 수 있다. 예를 들면 북한의 위협으로부터 '자주적 방위
태세를 구축하고, 한·미 연합방위태세를 발전시키거나 남북한 신뢰를 구
축하고 국가총력전에 의한 단기결전', 잠재적 위협으로부터 '자주적 방위
태세를 구축하여 군사력을 전진배치 및 무력시위를 하며, 한·미 동맹관
계를 유지하거나 주변국과 군사협력을 강화하고 국가 총력전에 의한 단
기결전', 그리고 비군사적 위협으로부터 '정부의 결정에 따라 타 국가와
기관에 군사력을 지원' 등으로 각각의 군사전략개념을 생각해낼 수 있다.
이들 개념들은 세부 군사전략개념이라고 할 수 있다.

이러한 대상별 세부 군사전략개념을 종합해서 '평시 자주적 방위태세
를 구축하며 한·미 동맹관계를 유지 및 발전시키고, 군사적으로 신뢰를
증진하고 국지도발시 통합적 위기관리체제를 유지시키며, 전쟁시 국가총
력전에 의한 단기결전'이라는 군사전략개념을 설정할 수 있다.

둘째, 군사전략개념을 설정할 때 고려사항을 기초로 각각 군사전략개
념을 수립하는 것이다. 군사전략개념 수립시 고려사항은 군사전략목표를
구현할 수 있는가 여부, 전략환경평가 결과(적 위협, 한반도 지리적 여건, 대내

·외적 환경 등), 가용자원(현재 또는 잠재적 자원)의 범위 등이다.[29]

　예를 들면, 북한을 대상으로 군사전략개념 설정시 고려사항을 토대로 다음과 같이 군사전략개념을 도출할 수 있다.

　①군사전략목표를 달성 가능한 군사전략개념을 수립해야 한다. 다시 말해서 국가정책 및 국가안보전략에서 제시된 목표를 군사전략목표로 전환할 시, 달성 가능한 군사전략목표를 설정한 다음, 거기에 부합되는 군사전략개념을 도출해야 한다. 예를 들면, 통상 군사전략목표는 평시 북한의 도발(또는 주변국의 침략)에 대한 억제 달성, 전쟁시에는 승리 달성, 그리고 국가이익 증진 등 억제와 방위 개념을 포함하여 선정한다. 이러한 고려사항을 토대로 도출한 군사전략목표는 '평시 적의 군사적 위협과 침략을 억제하고, 전시 한·미 연합전력을 이용하여 조기에 승리를 달성하는데 있다'라고 설정할 수 있으며, 기타 여러 가지 대안을 제시할 수도 있다. 군사전략목표를 구현하기 위한 군사전략개념은 여러 개의 대안 중에서 비교 평가하여 '평시 한·미 연합전력을 이용하여 제재적(능동적) 억제전략으로 전쟁을 방지하고, 전면전시 한·미 연합전력으로 즉응반격이 가능한 선택적 방위전략'으로 선정할 수 있다.

　②다음은 전략환경평가 결과로서 적 위협, 한반도 지리적 여건, 대내외적 환경 등 세 가지 요소를 고려한다. 수도권은 한국의 정치·경제·사회의 전략적 핵심지역으로 수도권의 방어 및 확보가 전쟁의 수행의 핵심이기 때문에, 군사전략개념은 여러 개의 안을 고려하여 '한·미 연합동맹체제 하에서 주변국과 군사외교를 강화하여 공세적(적극) 방위전략'으로 선택할 수 있다.[30]

　③끝으로 군사전략개념은 가용자원의 범위 내에서 설정해야 한다. 가

---

29 『합동기획』(2011), pp.38~39.

30 공세적 방위전략은 공세적 작전으로 전략목표를 추구함을 기초로 하되 상대방의 선공을 전제로 전략적 수세를 취하다가 즉시 공세로 이전하는 수세/공세 전략이다. 『합동·연합작전 군사용어사전』(서울: 합동참모본부, 2006), p.40.

용자원은 현존전력, 동원전력, 연합전력을 망라하고, 현재 능력뿐만 아니라 국가의 잠재력을 포함해서 미래 예상되는 능력까지 고려한다. 즉, 가용자원은 건설된 군사력과 건설할 군사력 모두 고려하여 군사력 범위(현존전력, 동원전력, 연합전력; 부대구조, 전력구조 등 군 구조)와 군사활동(운용과 배비 등)을 기술한다. 따라서 군사전략개념은 '평시 한·미 연합전력으로 제재적 억제전략으로 전쟁을 예방하고, 전시 한·미 연합전력을 이용하여 공세적(적극) 방위'라고 표현할 수 있다.

군사전략개념은 군사전략목표, 전략환경평가, 가용자원을 고려해서 공통인수를 뽑아서 압축적인 표현으로 '평시 제재적 억제전략, 전시 공세적(적극)방위전략'이라고 진술할 수 있다. 그러나 위의 군사전략개념의 기술은 전략수립가의 능력에 따라 다양하게 표현할 수 있다는 것을 명심해야 한다.

단기 군사전략개념 기획 방법

다음은 단기 군사전략개념 기획 방법이다. 단기 군사전략개념은 전시 군사전략목표를 달성하기 위해 군사적 제 수단, 활동, 작전을 합목적적으로 조직화하는 개념이다. 여기서 조직화의 의미는 ①위임된 비군사 분야 활동과 군사활동을 상호 보완적으로 조직하고, ②전역들을 연속적(공간적, 수직적), 동시적(시간적, 수평적)으로 조직하며, ③예하 작전사령부와 합동부대 및 기관들의 활동들을 상호 보완적으로 조직하고, ④전략적 중심과 병참지대 활동들을 전역계획에 상호 보완적으로 조직 등을 내포하고 있다.

이 단기 군사전략개념은 전쟁목표에 부합된 군사전략목표를 달성하기 위해 전시 군사력 운용 방안이기 때문에 전시 방위전략 형태로 기술되어야 한다. 예를 들면 북한을 대상으로 한 군사전략목표가 '한·미 연합방위 체제 하에서 전략적 완충공간을 확보하여 적 재도발 의지를 즉각 분쇄할 수 있는 방위태세 유지'라고 설정했으면, 군사전략개념은 이러한 전시 군사전략목표를 달성하기 위해 '전시 한·미 연합전력을 이용하여 초전에 북한의 기습을 거부하고, 수도권 북방에서 적의 주력을 저지·격멸하며, 결정적 공세로 적의 전쟁 수행능력을 격멸하여 한·중 국경선을 확보할 수 있는 공세적 방위전략'으로 수립할 수 있다. 그러나 이것도 다양한 개념으로 도출되고 기술된다는 것을 이해해야 한다.

(6) 군사력 소요제기, 과업부여 및 자원할당

군사전략목표와 군사전략개념을 구현하기 위한 군사력 소요제기와 과업부여 및 자원할당 단계는 군사전략수립절차의 마지막 단계로서, 군사전략의 2대 기능이라 할 수 있는 양병과 용병의 기능차원으로 귀결된다. 이 단계는 군사전략목표 와 군사전략개념을 달성하는데 필요한 군사자원의 개발과 운용에 관한 것이다. 요컨대 군사자원의 개발과 운용은 국방기획관리제도(PPBEES)에 연계되고, 국방부에 군사력 건설을 위한 소요를 제기하는 단계로 연결된다.[31]

군사력 소요제기는 장기 군사전략수립절차의 마지막 단계로서, 양병의 기능을 수행한다. 이것은 설정된 군사전략목표 및 개념을 구현하는데 필요한 자원을 판단하고, 국방정책에 군사력 소요를 제기하여 반영되게 함으로써 군사력을 건설하고 유지하는 것을 말한다. 반면에 과업부여 및 자원할당은 단기 군사전략수립절차의 마지막 단계로서, 용병의 기능을 수행한다. 이것은 군사전략목표 및 군사전략개념을 구현하기 위해 확정된 군사능력을 과업과 함께 예하 작전사에 하달함으로써 작전계획의 발전을 지도하는 것을 의미한다.

군사력 건설 소요판단은 두 가지 접근방식이 있다. 하나는 위협에 기초한 전력기획Threat-based Force Planning이고, 다른 하나는 능력에 기초한 전력기획Capability-based Force Planning이다. 대부분의 국가는 군사력 건설 기준이 명확하고 효율적이기 때문에 위협에 기초한 전력기획 방법으로 군사력을 건

---

31 『합동기획』(2003), pp.6~7.

설한다. 대체로 단기와 중기적으로는 위협에 기초한 전력기획방식을 적용하고, 장기적으로는 능력에 기초한 전력기획방식을 사용한다.

먼저, 위협에 기초한 모델은 ①잠재적국 또는 적국을 설정하여 그 보다 높은 국방력을 유지 및 확보하고자 하고, ②변화의 모습이 수동적이면서 점진적이며, ③변화를 위한 시간, 노력, 재원의 소요를 최소화할 수 있다. 이 방법은 우선순위가 가장 높은 위협위주로 대응하기 위한 군사력 건설 방법이기 때문에 당면 위협인 북한과 미래 잠재적 위협에 대비하는 이중적인 군사력을 건설한다.

다음, 능력에 기초한 모델은 적이 누구이고 어디에서 전쟁이 일어날 것인가 하는 것보다 적이 어떻게 싸울 것인가에 더 초점을 맞추고 있다. 그래서 능력에 기초한 전력기획은 ①명확한 잠재적국 또는 적국이 존재하지 않고, ②시대적 상황과 여건을 고려한 자체 판단을 통하여 변화의 정도와 방향을 설정하며, ③변화의 폭과 비용이 커질 가능성이 있다. 이 방법은 위협이 될 가능성이 있는 모든 것(북한 위협, 잠재적 위협, 비군사적 위협)에 대비하기 위한 군사력을 건설한다.

전력기획의 추세는 '위협에 기초한 군사력'을 건설하기 보다는 '능력에 기초한 군사력'을 발전시키는 방향으로 추구하고 있다.

군사력 소요 제기

군사력 소요 제기는 군사전략개념을 구현하는데 필요한 부대구조 및 무기체계, 장비, 인력 등의 군사적 수단을 요구하는 것이다. 여기에는 기획소요(순수소요), 증강목표, 목표소요로 구분할 수 있다.

기획소요(순수소요)는 군사전략개념을 구현하기 위한 전력구조별, 합동전장기능별 요망소요로서, 전시 동원, 부대확장 등 각종 계획수립에 필요한 기준이 된다. 이것은 군사력 소요판단의 최초 작업이고 대상기간은 장기(3년 17년)로서, 군사전략목표와 군사전략개념을 구현할 수 있는 군사력이란 다다익선多多益善이 바람직하나, 국방비 배분 추세 등을 고려하여 적정수준 또는 합리적 충분성32 등 실현성을 감안하여 판단한다.

증강목표는 기획소요를 기초로 하여 가용재원, 상비전력 운영수준, 작전 운용성 등을 고려하여 실제적으로 요망되는 소요로서, 중기계획 수립의 기준이 되며, 대상기간은 기획소요와 같다.

목표소요는 증강목표를 기초로 하여 소요전력 우선순위에 입각하여 중기 대상기간(3년 7년) 중에 반영한 군사력 건설 소요를 의미한다. 목표소요는 합동참모본부에서 작성하는 기획문서인 합동군사전략목표기획서(JSCP)에 포함되며, 국방부에서 수립하는 계획문서인 국방중기계획 수립의 근거가 된다.

군사력건설 소요 판단의 고려사항은 다음과 같다. ①미래전 양상: 현대의 총력방위개념을 적용하여 최대의 효과를 창출할 수 있도록 세계적인 군사발전의 추세 및 전쟁 양상의 변화, 무기체계의 발전, 지리적 조건 및 지형의 변화 등을 고려한다. ②전시 동원 능력: 전시 부대확장 또는 작전 지속에 필요한 군사력은 먼저 동원에 의한 해결방법 모색한 후 소요를 판단한다. ③국가자원의 배분: 국방목표와 경제목표는 국가자원 배분측면에서 상충가능성이 크므로 상호 보완 및 조화의 입장에서 소요를 판단한다. 군사기획이 타 정부부처와 경쟁관계인가? 보완 관계인가?를 고려한다. ④군사동맹 및 협력관계: 자주국방을 할 것인가, 연합전력을 이용할 것인가에 따라 소요가 달라지므로 연합전력을 고려하여 소요를 판단한다. ⑤상대국의 의도와 능력: 상대국의 위협은 군사력 소요의 요인이 되므로 상대국의 위협분석을 통한 군사전략개념을 개발하고, 이 대응전략개념에 따라 소요를 판단한다. ⑥상대국의 군사력 건설 추세: 일방적 군사력 건설은 상대방의 군비경쟁을 가열시키므로 상대국의 군사력 평가 결과를 고려하

---

32 이것은 방위 충분성과 같은 개념이다. 즉, 주변국의 군사위협 및 침략행위를 제지할 수 있으면서도 주변국들이 큰 위협으로 느끼지 않을 정도의 군사력을 보유한다는 의미이다. 또 군사력 규모는 크지 않지만 적대국의 핵심표적에 치명적 손실을 가할 수 있는 전력을 보유함으로써 적대국이 침략행위를 포기하도록 하는 능력이다.

여 소요를 판단한다. 군비경쟁은 안보딜레마로 국가경제 파탄의 결과를 가져올 수 있다. ⑦군사력 폐기 및 증강계획: 목표연도까지 폐기할 군사력과 증강할 군사력을 산정 후 소요를 판단한다.[33]

이러한 군사력건설 소요판단을 고려한 군사력 소요제기의 기획 방법은 중·장기 차원에서 미래 군사력 건설 목표와 건설방향을 제시하는 방법과 미래 지휘구조와 부대구조 등 군사력 모습을 제시하는 방법이 있다.

첫째, 미래 군사력 건설목표와 건설방향을 제시하는 것이다. 군사력 건설 목표는 미래 군사력의 최종 모습을 제시하는 최종상태를 기술해야 한다. 군사력 건설 방향은 아래 표와 같이 능력이 포함된 개략적이고 개념적인 부대구조로 표현하면 된다. 이러한 방법은 장기 전력기획의 산물로서 합동군사전략서에 포함할 군사력 건설 소요판단이다. 이런 군사자원 판단은 너무도 포괄적인 군사력 건설방향이기 때문에 군사력 소요제기라고 보는 것은 제한이 따른다. 또한 이것은 합동군사전략목표기획서(JSOP)에 군사력 건설방향에 대한 지침을 주어야 하는데 한계가 있으며, 군사력 건설목표와 건설방향을 진술시 너무 개념적이다. 그래서 보다 구체적인 군사력 소요제기 방법론이 필요하다.

둘째, 미래의 지휘구조와 부대구조, 전력구조 등 군사력 모습을 제시하는 것이다. 지휘구조는 국방부, 합동참모본부, 작전사령부(북부·중부·남부작전사) 또는 지상작전사령부, 군단, 사단, 여단 등의 지휘관계를 설정하는 것이다. 또한 부대구조는 단위부대, 예하 단위부대, 제대를 설계하는 것이다. 단위부대는 편성부대로서 지상군은 사단, 해군은 함대사령부, 공군은 비행단이다.[34]

---

33 『합동기획』(2011), pp.39~41.

34 부대구조는 국방부로부터 승인된 정원을 기초로 합동부대, 제병협동부대, 전투부대, 전투지원/전투근무지원부대로 구분하여 전투력 발휘가 용이하도록 한 단위제대별 편성구조를 말한다. 즉 부대의 수, 크기, 구성관계, 유형에 관한 내용이다. 『합동·연합작전 군사용어사전』, p.189.
   제대는 여단, 사단, 군단, 야전군처럼 사령부와 예하 직할부대의 일부만 편성부대이고, 기타 예하 부대는 단위부대를 조합하여 구성하는 편조부대를 뜻한다. 예를 들면 군단의 경우 군단 사령부와 그리고 전력구조는 인력배분, 유형별 전투부대 및 수, 주요 무기체계 등 전력의 개략적인 구상을 말한다.[35] 우리는 위협에 기초한 전력기획방법에 의거하여 북한의 위협에 대처하기 위한 중·단기적 군사대비태세를 유지하고 미래 잠재적 위협에 대비하기 위한 이중 목적을 구비한 군사력을 건설해야 한다. 이 두 가지 위협을 동시에 대비하기 위해 군사혁신 차원에서 첨단위주의 군사력을 건설해야 할 것이다.

두 가지 위협을 고려한 중장기 군사력 소요제기는 군사전략개념이 먼저 구상되어야 군사력의 구비조건을 설정하는데 용이하다. 이러한 군사전략개념은 미래 군사혁신에 의해 수행되는 전쟁 양상, 주변 강대국의 국력 중에서 특히 군사력의 건설, 주변국의 대한반도 정책, 한반도의 지·전략적 특징, 한국의 해외 의존적 경제구조 등을 고려하여 수립해야 한다. 예를 들어 군사전략개념은 평시 거부적 억제전략, 국지도발이나 국지분쟁시 신축대응전략, 전면전시 공세적 적극방위전략으로 설정할 수 있으며, 이러한 군사전략개념이 설정되었다면 이를 구현하기 위해 전략적 억제전력, 신속대응전력, 기반전력 등으로 구분하여 군사력을 요구해야 할 것이다.

과업부여 및 자원할당

과업부여 및 자원할당 단계에서는 전략능력을 기초로 전시 전략목표가 발전되고, 이 목표를 달성하기 위해 전략개념을 발전시키고, 자원이 할당된다. 이것은 단기 군사전략기획과정의 최종상태이다. 단기 군사전략 수립절차는 목표년도의 전쟁 발발에 대비한 단기 군사전략을 수립하는 것으로, 단기 군사전략의 산물인 합동군사전략능력기획서(JSCP)를 통하여

포병여단, 공병여단, 특공연대, 정보대대 등 직할부대는 편성부대이고, 그 예하 사단, 기갑여단 등은 편조부대이다.『전략기획』(독서자료 1-3, 육군대학, 1993), p.181.

35『합동·연합작전 군사용어사전』, p.358.

과업부여 및 자원할당이 제시된다. 과업부여와 자원할당은 작전기획지침에 포함된다. 작전기획지침 구상 시에는 합동작전기획을 위해 필요한 목표, 최종상태, 가정, 대응개념, 제한사항, 지휘관계, 가용전력 등을 포함하여 작성한다. 요컨대 이것은 군사전략목표 및 개념에 부합되는 전략지침이나 전략지시를 예하 제대(작전사, 각군 본부, 합동부대 등)에 하달함으로써 작전계획을 지도하는 용병위주의 기능을 수행한다.

과업부여는 각 군 본부와 작전사 및 합동부대에 군사전략목표와 군사전략개념을 구현하기 위한 활동(과업)을 작전요소별로 부여하는 것이다. 자원 할당은 군사전략 개념에 기반을 두지만 작전적 · 전술적 수준을 망라하여 배분의 우선순위를 설정한다.

CHAPTER 6

국방정책

INTRODUCTION
TO MILITARY
STUDIES

박효선 | 청주대학교 군사학과장

성균관대학교 산업공학과를 졸업한 뒤 학군 21기로 임관해 전후방 각지의 지휘관과 참모, 육군본부 인적자원개발장교 등을 역임했으며, 국방부에서 인적자원개발 및 평생학습 정책을 담당했다.

성균관대학교 대학원에서 행정학 석사학위, 중앙대학교 대학원에서 인적자원개발정책학 박사학위를 취득했다. 현재는 청주대학교 군사학과장으로 재직하고 있다.

주요 저서와 논문으로는 「한국군의 평생교육」, "군 인적자원개발 정책효과에 관한 연구", "해방 후 창군기 한국군의 평생교육 경향분석" 등이 있다. 관심 있는 연구분야는 군 인적자원개발, 성인학습, 평생학습, 전직지원교육 등이다.

I. 정책의 개념과 종류

1. 정책의 개념

정책학 연구의 대상은 '정책'이라는 사회현상이며 이에 대한 정의는 매우 다양하다. 이것은 연구자가 사회현상의 어느 측면을 보다 중시하느냐에 따라서 정책의 개념을 다르게 정의하기 때문이다. 이들 다양한 정책개념을 검토하면 학자들의 견해 뿐만 아니라 이들이 중요하게 생각하는 정책의 측면을 이해할 수 있다. 여러 학자들의 정책에 대한 개념정의를 간단하게 검토하면 다음과 같다. 라스웰^{Lasswell}은 캐플런^{Kaplan}과의 공저에서 "정책은 목적가치와 실행을 투사한 계획"이라고 부르며, 이때의 계획(또는 프로그램)은 일련의 행동경로$^{course\ of\ action}$를 의미하는 뜻으로 쓰이고 있다. 윌다브스키^{Wildavsky}도 프레스먼^{Pressman}과의 공저에서 정책을 "목표와 그것의 실현을 위한 행동으로 구성된 것"이라고 생각하고 있다. 허범은 정책을 "가치관 속에 들어 있는 당위성과 현실적으로 가능한 행동을 통합함으로써, 문제시되는 어떤 현실의 내용(환경의 부분)을 바람직한 방향으로 변화시키려는 지침적 결정"이라고 보고 있다.[1] 이를 종합하여 정리해 보면 '정책은 바람직한 사회 상태를 이룩하는 정책목표와 이를 달성하기 위해 필요한 정책수단에 대하여 권위 있는 정부기관이 공식적으로 결정할 기본방침'이다.

한편 정책이라는 용어와 비슷한 뜻으로 사용되는 용어로 시책, 대책, 정부방침, 정부지침 등이 있다. 일반적으로 시책, 대책, 사업 등은 정책과 거의 같은 뜻으로 쓰이는 상식적 용어이다. 그러나 이들은 정책 중에서 하위정책을 의미할 때가 많다. 정책구조에서 보았을 때 상위목표의 구체화는 하위목표로 나타나게 되는데 이것은 상위정책의 집행과정에서 발생하는

---

1 허범, 『기본정책의 형성과 운용』(중앙공무원교육원 고급관리자과정 교재, 1981), pp.5~19.

현상이다. 이때 상위정책의 집행을 위한 하위정책은 흔히 시책이라 불린다. 이러한 목표수단의 계층제적 구분은 정책policy과 프로그램program, 프로젝트project의 구분과 유사하다. 즉 정책을 구체화하면 프로그램으로 구분되고, 또 프로그램은 프로젝트로 구체화되어 집행된다.

계획plan은 사회계획, 이보다 범위가 좁은 경제계획, 경제개발계획, 사회복지계획 뿐만 아니라 부문계획으로 볼 수 있는 자원계획(자원의 보존과 이용 계획), 지역계획, 도시계획 등 무수히 많다. 계획은 이렇게 그 종류가 다양하기 때문에 정책만큼이나 개념정의가 어렵다. 갠스Gans나 레인Rein은 계획을 "의사결정의 방법"이라고 말하고 정책과 거의 같은 뜻으로 사용하며,[2] 루이스Lewis는 개발계획을 "국민소득의 향상을 위하여 정부가 수행하고자 하는 수단들에 대한 문서document"라고 정의하고 있다. 일반적으로 계획을 수립하는 행위, 또는 과정을 '기획planning'이라고 부른다.[3] 이상에서 알 수 있듯이 계획은 그 구성요소로서 목표와 수단을 지니고 있으며 정부계획의 경우는 수립주체도 정부이므로 정책과 공통적인 요소를 지니고 있다.

2. 정책의 구성요소

(1) 정책목표

정책을 통하여 이룩하고자 하는 바람직한 상태desirable state를 정책목표라고 한다. 예를 들면 경제안정정책의 목표는 경제의 안정이고, 대도시교통정책의 목표는 교통의 원활한 흐름이며, 보건정책의 목표는 국민건강인 것과 같다. 또한 정책목표는 소극적 목표와 적극적 목표로 나눌 수 있다. 소

---

2 갠스가 말하는 기획의 3단계는 정책 개발, 정책 집행, 정책 평가로서 정책과정과 완전히 일치한다. Hebert J. Gans, "Regional and Urban Planning", in David L. Sills (ed.), *International Encyclopedia of the Social Sciences*, vol. 12 (New York: The Macmillan Company and The Free Press, 1968), p.139.

3 김신복도 "기획은 절차와 과정을 의미하는 반면에 계획은 대체로 문서화된, 활동목표와 수단을 가르친다"라고 같은 견해를 취하고 있다. 김신복, 『발전기획론』(서울: 박영사, 1983), p.4 참조.

극적 목표는 치유적 목표^{remedial goal}로 적극적 목표는 창조적 목표라고 부를 수 있다. 소극적 목표와 적극적 목표를 구별하는 것은 목표의 차이에 따라 정책목표의 결정이나 정책수단의 탐색방법, 정책수단의 성질이나 정책관련자의 정책에 대한 태도 등이 달라질 수 있기 때문이다.

하나의 정책은 여러 가지 정책목표를 지니고 있으며, 이들 목표는 경우에 따라서 상호 모순·충돌하기도 하고 서로 보완적이기도 하며 때로는 독립적이기도 한다. 이들 목표가 서로 상·하 관계를 지니는 경우를 목표와 수단의 계층제^{ends-means hierarchy}라 하며, 상위목표이면서 하위수단에 대해서는 스스로 목표로서 역할을 하게 되는 경우를 도구적 목표^{instrumental goal}라 한다. 그러므로 정책목표는 이를 좀 더 구체화하기 위한 정책수단으로서 하위목표를 지니고 있으며, 자신을 통하여 달성하려고 하는 상위목표를 함께 동반하고 있다. 이때 더 이상의 상위목표가 없는 목표를 최종목표^{ultimate goal}라고 한다.

(2) 정책수단

정책수단은 정책목표 달성을 위한 수단이며 국민들에게 직접적인 영향을 미치기 때문에, 이를 둘러싼 이해관계자간 갈등은 치열하다. 정책을 둘러싸고 일어나는 정치적인 갈등이나 타협에서는 정책수단을 무엇으로 하느냐에 관한 것이 핵심이다. 특히 정책목표에 대한 갈등은 어느 특정 목표가 결정될 경우 그에 따라서 채택될 가능성이 있는 정책수단에 대한 이해관계 때문에 일어나는 것이 대부분이다. 이러한 정책수단의 종류는 크게 두 가지로 분류할 수 있다. 첫째 실질적 정책수단^{Substantive Poilcy Means}은 목표와 수단의 연쇄^{chain} 또는 계층제^{hierarchy}에서 말하는 것으로 상위목표에 대해서는 정책수단, 하위수단에 대해서는 목표 역할을 하기 때문에 도구적 정책수단^{instrumental policy means}이다. 예를 들면 다음 〈그림 6-1〉에서 민간기업의 기술혁신활동 지원 또는 연구개발투자에 대한 조세감면, 산학협동의 장려와 같은 것이다. 구체적인 정책의 실질적 내용에 의해서 결정되기 때

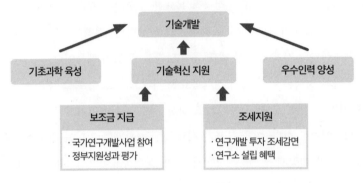

〈그림 6-1〉 실질적 정책수단의 예

기술개발

기초과학 육성 　 기술혁신 지원 　 우수인력 양성

보조금 지급
· 국가연구개발사업 참여
· 정부지원성과 평가

조세지원
· 연구개발 투자 조세감면
· 연구소 설립 혜택

출처 정정길 외, 『정책학원론』(서울: 대명출판사, 2007), p.66.

〈그림 6-2〉 실행적 또는 보조적 정책수단의 예

산업폐기물 단속

· 공기업 - 권위있는 기관에 의하여 관리
· 민간기업 - 정부에 의해서 민간 제조업체를 ① 설득, ② 유인, ③ 강압

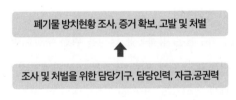

폐기물 방치현황 조사, 증거 확보, 고발 및 처벌

조사 및 처벌을 위한 담당기구, 담당인력, 자금,공권력

출처 정정길 외, 『정책학원론』 p.67.

문에 실질적 정책수단이라고 부르는 것이다.

　둘째, 실행적 정책수단 또는 보조적 정책수단은 앞서 언급한 실질적 정책수단을 현실로 실현시키기 위하여 필요한 수단이며, 이를 실행적 정책수단 또는 정책 집행수단이라고도 한다. 실질적 정책수단을 실현(정책 집행)하기 위한 실행적 정책수단은 순응확보수단과 집행기구, 집행요원, 자금, 공권력 등이 있다. 이러한 실행적 정책수단은 거의 모든 정책에서 필요한 것이므로 실질적 정책수단이 정책의 종류에 따라 완전히 달라지는 것과는 대조가 된다. 예를 들면 〈그림 6-2〉와 같이 산업폐기물 단속이라

는 정책수단을 실현하기 위해서는 공기업의 경우는 기관에 의한 관리를 하면 되고, 민간기업의 경우는 설득하거나 유인하거나 강압적으로 이를 금지해야 한다.

(3) 정책대상자

정책대상자는 정책의 적용을 받는 집단이나 사람들을 의미하며, 정책의 혜택을 받는 자들과 정책 때문에 희생당하는 자들로 구분된다. 정책의 혜택을 받는 자들을 흔히 수혜집단beneficiary group이라고 부르는데, 정책에서 제공하는 서비스나 재화를 받는 자들이다. 이와 같이 정책수단의 하나로 정부에서 서비스나 재화를 특정 집단에 제공하는 경우에는 정책내용 속에 수혜집단이 명백히 밝혀져 있어 집행자가 마음대로 수혜자를 선택하지 못하도록 하는 것이 일반적이다. 그러나 정책목표를 달성함으로써 얻게 되는 효과를 향유할 수 있는 자들이 특정 집단에 속하지 않고 광범위하면 정책 속에 명시하지 않는 경우가 많다.

또한 정책 때문에 희생을 당하는 사람들은 넓은 의미의 정책비용 부담자이다. 이 희생을 당하는 집단은 주로 정책수단의 실현과정에서 피해를 입게 된다. 정책 때문에 희생을 당하는 자들은 이 정책의 혜택을 받는 자들을 위해서 희생을 하는 것이므로 사회 전체의 입장에서 보면 부득이한 것 같지만 개인적으로 볼 때는 피해를 입게 된다. 이때 윤리적으로나 도덕적으로 희생이 당연한 경우이더라도 가급적 이를 회피하거나 줄이는 것이 바람직하며 불가피한 경우라면 반드시 국가의 보상이 있어야 한다. 또한 이러한 희생을 감수해야 하는 경우는 반드시 정책내용에 미리 명시하는 것이 바람직하다. 왜냐하면 일반 국민이 이러한 희생에 대해 예측을 하고 나아가 이를 피할 수 있도록 하는 것이 바람직하기 때문이며, 또 정책결정에서 정해진 것 이외에 집행과정에서 집행자가 마음대로 특정인에게 희생을 강요할 수 없도록 하기 위해서이다.

3. 정책의 종류

많은 학자들의 정책분류 중에서 로위Theodore J. Lowi의 분류가 가장 큰 영향을 미쳤으므로 이를 중심으로 보기로 한다. 로위는 1960년대 초에 미국 정치학계의 대논쟁이 되었던 미국식 다원론자들의 주장과 엘리트주의자들의 주장을 통합하려는 의도를 지니고 정책의 분류를 활용한 것 같다. 그에 의하면 규제정책의 경우에는 다원론자의 주장이 옳고, 재분배정책의 경우에는 엘리트주의자들의 주장이 옳다.[4]

(1) 분배정책

분배정책은 국민들에게 권리나 이익, 또는 서비스를 분배distribute하는 내용을 지닌 정책이다. 이 정책의 특징은 첫째, 여러 가지 사업으로 구성되며 이 사업들은 상호 연계 없이 독립적으로 집행된다. 이러한 세부사업들의 집합이 하나의 정책을 구성한다. 그래서 이들은 고도로 개별화된 의사결정이며 정책으로 보기가 어렵고 이 세부사업들의 집합이 하나의 정책을 구성하는 것이다. 둘째, 이 정책의 세부의사결정은 그 결정과정이 갈라먹기 다툼으로 특징지워지는데 저수지 건설에서 후보지구간의 싸움이나, 수출보조금이나 융자금을 더 많이 받으려고 기업들이 다툼을 벌이는 것과 같다. 셋째, 이러한 다툼이 있는데도 승자(수혜자)와 패자가 정면대결을 벌일 필요가 없음을 로위는 강조하고 있다.

(2) 규제정책

규제정책은 개인이나 일부집단에 대해 재산권행사나 행동의 자유를 구속·억제하여 반사적으로 많은 다른 사람들을 보호하려는 목적을 지닌 정책 속에서 기업 간의 불공정 경쟁 및 과대광고의 통제 등이 구체적인 예

---

4 Theodore J. Lowi, "American Business, Public Policy, Case-Studies and Political Theory", *World Politics*, vol. 16 (1964), pp.677-715.

가 된다. 규제정책의 특징을 보면 첫째, 정책의 불응자에게 강제력을 행사한다. 둘째, 국민 개개인의 권리나 자유를 제한하기 때문에 국가권력에 의한 남용을 막기 위해 반드시 국민의 대표기관인 국회의 의결을 얻도록 하고 있다. 즉 법률의 형태를 취하도록 하는 것이 원칙이다. 셋째, 정책으로부터 혜택을 보는 자와 피해를 보는 자(피규제자)를 정책 결정시에 선택하게 됨으로 양자 간의 갈등이 심해진다.

(3) 재분배정책

재분배정책은 고소득층으로부터 저소득층으로의 소득 이전을 목적으로 하는 정책으로, 누진세에 의하여 고소득층으로부터 보다 많은 조세를 징수하고 저소득층에게 사회보장지출을 하여 소득의 재분배를 도모하는 정책이 대표적이다. 이러한 좁은 의미의 재분배정책에서 한걸음 더 나아가 소득분배의 실질적 변경을 주된 목적으로 하여 실시되는 모든 정책도 넓은 의미의 재분배정책이라고 볼 수 있다.

재분배정책의 특징은 첫째, 가진 자와 못가진 자, 노동자 계급과 자본가 계급의 대립으로 인한 계급정책class policy이라는 것이다. 둘째, 이 정책은 규제정책에서나 배분정책에서와는 달리 재산권의 행사에 관련된 것이 아니라 재산 자체를, 그리고 평등한 대우가 문제가 아니라 평등한 소유를 문제로 삼고 있다는 것이다.

(4) 구성정책

로위는 구성정책은 정당이 그 결정에 가장 중요한 영향을 미친다고 했다. 이 정책의 구체적인 내용으로는 선거구의 조정, 정부의 새로운 기구나 조직의 설립뿐만 아니라 공직자 보수와 군인 퇴직연금에 관한 정책을 모두 포함하고 있다. 따라서 이 정책은 정당이 그 결정에 중요한 영향을 미친다는 것만 지적하고 있다.

4. 정책연구분야

정책을 연구하는 목적은 문제를 가장 바람직하게 해결하는 데 있다. 문제 해결에서 최선의 수단을 선택하는 합리적인 정책 결정만이 아니라, 그 이전에 문제의 올바른 파악에 입각한 정책목표의 올바른 설정을 위한 연구도 있어야 한다. 또 결정된 정책수단을 올바르게 집행하며, 그 결과로 처음 해결하려고 시도했던 사회문제가 어느 정도 해결되었는지를 정확하게 판단하는 방법도 연구해야 한다.

이들 연구분야는 사회에서 발생하고 있는 다양한 문제(빈곤, 실업, 범죄, 사교육 등)와 관련된 쟁점들이다. 연구는 대체로 이론적 연구와 실천적 연구라는 두 측면을 가지고 있는데 정책연구는 실천적 연구라는 성격이 강하다. 주로 정부기관에서 사회문제에 대한 정책적 고려를 위해 각 분야의 연구전문가들에게 연구용역을 주게 된다.

정책연구는 먼저 주어진 특정 사회문제에 대한 이론적 틀에 바탕을 두고 각 사회문제에 대한 인식조사를 하게 된다. 더불어 사회문제 해결을 위해 실시되고 있거나 실시하려고 하는 정책에 대한 평가 및 효과분석을 통해 앞으로의 개선방향 및 적합한 정책운영 방향을 제시하게 된다. 연구결과를 바탕으로 해서 관련기관에서는 정책을 수립하거나 기존 정책을 수정하게 된다.

특히 교육문제, 사회문제, 경제문제, 국방문제와 관련된 연구들을 각각 교육정책연구, 사회정책연구, 경제정책연구, 국방정책연구라고 한다. 정책연구는 특성상 연구를 위해 다양한 양적·질적 연구방법이 동원되며 각 사회문제 간의 상호연관성으로 인해 여러 학문분야의 연구자가 함께 참여하게 된다.

II. 국가정책과 국방정책

1. 국가목적과 국가정책

오늘날 국제사회에서 자국의 독립과 이익을 위해서는 '영원한 벗도 영원한 적도 없으며 오로지 국가이익만이 있을 뿐이다'라는 말이 있다. 모든 국가 간에는 ①분리운동을 포함한 영토분쟁 ②정부장악을 위한 분쟁 ③ 무역·통화·천연자원·마약밀수·기타 경제적 분쟁 ④종족·민족분쟁 ⑤ 종교분쟁 ⑥이념분쟁 등이 발생하고 있다. 이와 같이 다양한 국가이익과 국가 생존을 확보하기 위해 국가들은 국가목적을 갖게 된다.

국가의 성격을 명백히 하기 위해서 그것이 어떤 목적을 가지고 있는 집단인가를 명시할 필요가 있다. 따라서 국가목적은 집단사회의 존속 및 발전을 위하여 최고의 정체적 통제를 하는 것이다.[5] 즉 현대국가는 국가목적을 국민의 영속적인 염원이라고 정의하고, 모든 국가는 공통적으로 그 나라의 영속적인 염원으로서 안전·발전·복지에 관련된 국가목적을 가지게 된다. 국가목적은 한 나라가 행하는 모든 행동을 지배하는 기초적 지침이며, 광범하고 영속성이 있는 건국이념이나 국가이념 및 국가사명으로 표현함으로써 국가목표에 직접적인 영향을 미치는 특징을 갖고 있다(〈그림 6-3〉 참조).

국가목적의 달성기간은 무한이며, 요망하는 수준이 고차원적이기 때문에 국가목적의 표현도 개념적이고 추상적이다. 따라서 국가가 앞으로 달성할 수 있느냐, 없느냐 하는 문제도 크게 고려하지 않고 국가의 최고 소망사항을 국가목적으로 설정하게 된다. 이러한 국가목적은 그 나라 국민의 도덕적 가치와 이념, 전통문화와 역사적 경험, 또는 국가통치의 기본원칙 등 국내적 요소와 세계평화를 위한 국외적 요소 등에 의하여 결정된다.

---

5 정인홍 외, 『정치학대사전』(서울: 박영사, 2005), pp.179~180.

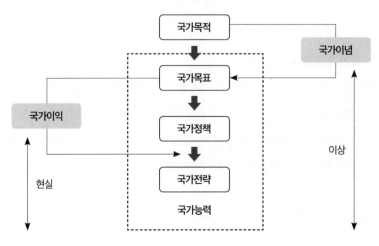

〈그림 6-3〉 국가목적과 국가정책의 관계

국가목적

국가이념

국가목표

국가이익

국가정책

국가전략

국가능력

현실

이상

출처 조영갑, 「국가안보학」 p.47.

즉 국가목적은 국가이념으로서 대단히 이론적이고 추상적으로 개념화하여 국가가 나가야 할 방향을 제시한다. 따라서 국가목적의 구체적 표현이 국가목표가 되고, 국가목표를 달성하기 위한 기본원칙이 국가정책이다.

2. 국가안보와 국방정책

빅토르 셰르뷜리에^{Victor Cherbuliez}에 의하면 인류는 기원전(B.C.) 1500년부터 기원후(A.D.) 1860년까지 약 8,000건에 달하는 평화조약을 체결했고, 그것들은 모두가 평균 3년 이상 계속되지 못했다.[6] 이러한 역사적 사실은 인류가 개인적 문제나 국가적 문제 해결을 위해서 전쟁과 평화의 연속선상에서 발전해왔다는 것을 보여준다.

현대국가는 자국의 안전을 보장하고 평화를 지키며 국가 번영을 추구하기 위하여 많은 국제적·국내적 문제에 직면하게 되는데, 모든 국가는

---

6 Henry Bailey Stevens, *The Recovery of Culture* (New York: Harper & Brothers, 1949), p.97; 이극찬, 『정치학』(서울: 법문사, 2005), p.709.

국가안보문제를 해결하기 위해서 국방정책의 중요성을 인식하게 된다. 예컨대 19455년 8월 6일 미국 트루먼H. S. Truman 대통령에 의해서 최종적으로 결정된 일본 히로시마 원자폭탄 투하는 인간의 상상을 초월한 많은 인적 피해와 물적 파괴로 제2차 세계대전을 종결시켰으며, 이는 미국의 국가이익과 안보목표 달성을 위한 국방정책 결정의 결과였다. 또한 1962년 10월 구소련 흐루쇼프N. S. Khrushchev 수상이 쿠바에 미국을 겨냥한 핵미사일을 설치한 것을 발견하자 케네디J. F. Kennedy 미 대통령이 미국의 이익과 안보를 위해 쿠바로부터 구소련의 핵무기 철수를 요구함으로써 발생한 쿠바 미사일 위기 사건은 핵전쟁으로 발전할 가능성이 충분히 있었다. 만약에 미국의 국방정책 결정에 반하여 흐루쇼프 수상이 자국의 국가이익과 안보목표를 달성하기 위해 전쟁방향으로 국방정책을 결정했다면 어떻게 되었을지 아찔하다.[7]

우리나라의 사례로 첫째는 1983년 10월 9일 버마(현 미얀마)를 방문 중이던 전두환 대통령 및 수행원들을 대상으로 한 아웅산 묘지 테러사건이 있다. 이 사건으로 17명이 사망했다. 수사 결과 북한 김정일의 친필지령을 받은 북한국 정찰국 특공대 진모 소좌 등 3명이 저지른 것으로 밝혀지자, 버마 정부는 북한과 외교관계를 단절했다. 전두환 대통령은 당시 남한과 북한의 전쟁만은 막아야 한다고 판단하여 극단적인 결정을 하지 않게 된다. 한국 내부에서는 30여 명의 특공대를 뽑아 김일성 주석을 공격, 보복하자는 제안도 나오고 전면전을 적극적으로 찬성하는 의견도 일부 제기되었지만 이는 성공할 가능성이 낮았고, 이 사건은 결국 당시 약화된 대통령과 신군부의 입지를 강화시키면서 마무리하게 된다.

두 번째 사례는 1976년 8월 18일 판문점 공동경비구역(JSA) 도끼만행 사건이다. 공동경비구역 '돌아오지 않는 다리' 남쪽 유엔군 초소 앞에서 미군과 한국군의 미루나무 가지치기 작업 중, 북한군 30여 명이 도끼와

---

7 조영갑, 『국가안보학』(성남: 선학사, 2011), pp.68-69.

쇠망치를 휘둘러 미군 장교 2명을 살해한 사건이다. 사건이 발생하자 북한은 오히려 잘못을 미군에 떠넘기고, 한미 양국은 전면전대비태세인 데프콘-3을 발령했다. 박정희 대통령은 한미 양국이 합동작전으로 보복해야 한다는 뜻을 스틸웰 유엔군사령관에게 전달했고, 유병현 합참본부장은 스틸웰 사령관과 협의 끝에 네 가지 대응책을 마련하게 된다. 그 내용의 핵심은 '사건발생의 책임을 북측에 추궁하면서 범인 인도나 처벌을 요구하고 이에 응하지 않을 경우 군사적 행동을 취하며 국지적인 전투도 불사한다'라는 것이며 북한군이 대응해올 경우 개성과 연백평야까지 국지전 계획을 세워놓고 미루나무 절단 작전을 끝마치게 되었다. 미국은 F-11 전폭기 20대와 B-52 전략폭격기 3대, F-4 팬텀전투기 24대를 한반도 상공으로 출격시켰고 미 제7함대 소속 미드웨이 항공모함을 동해로 급파했다. 이런 미국의 무력행동에 당황한 김일성 주석이 결국 각서 형태로 유감을 표시하고 미국이 이를 받아들이면서 전쟁 위기는 감소했다.

위의 사례들을 보면 국방정책 결정을 잘못하면 일순간에 국가와 민족을 파괴시킬 상황까지 초래할 수 있다는 것을 알 수 있다. 이와 같은 특성 때문에 국방정책은 다른 정책보다도 신중하고 합리적으로, 여러 요소를 종합적으로 고려하여 결정하고 집행하고 평가해야 한다. 현대국가에서 국가안보는 국토방위와 치안유지라는 전통적인 기능 이외에도 정치·외교적 안보, 경제적 안보, 사회·심리적 안보, 환경적 안보, 과학기술적 안보 등으로 그 범위가 확대되고 있다. 이를 위해 국가적 차원에서 인적·물적자원의 획득과 분배의 문제들을 종합하여 국가통합전력을 발휘하기 위한 포괄적인 국방정책의 중요성이 요구된다.

요컨대 국가정책 중에서 정치·외교정책, 경제정책, 사회·심리정책, 과학기술정책 등은 설령 잘못 결정되거나 집행되었더라도 다시 개정하고 회복할 수 있는 기회가 있고 시간도 있다. 그러나 국방정책은 한번 잘못 결정하고 집행하면 국가와 민족의 운명을 결정적으로 멸망케 하고 국민생활을 파괴할 수 있다.

따라서 국가안보를 연구하는 사람들이나 국방정책을 담당하는 사람들은 국가의 안전과 번영을 확보하고, 동시에 국가의 발전된 미래를 보장하기 위해 추구해야 할 국방정책을 깊이 연구해야 한다.

3. 국방정책의 구성요소

(1) 국방정책의 목표

국방정책목표란 정책을 통해서 궁극적으로 달성하고자 하는 미래의 바람직한 국방 상태를 의미한다. 국방정책목표는 ①시간적으로 보아서 미래에 도달하고자 하는 바람직한 상태로서 방향지향성, ②무엇이 바람직한 상태인가를 판단하는 가치판단 기준이 되며, ③정책의 임무와 활동의 정당성 근거를 제공해준다. 국방정책이 국가정책의 한 분야이기 때문에 국방정책목표도 국가 정책의 범주 내에서 자국의 특수조건에 적합한 목표가 설정되어 국가목표를 달성하는데 기여하게 된다.

국방정책목표는 국가목표를 달성하는데 있어 군사 분야와 비군사 분야를 포함한 군사위주 정책이지만 국가가 위기에 처했을 때는 제 분야의 국가정책은 국방정책목표를 달성하는데 모든 수단이 집중되는 것이다. 국방정책목표는 전쟁을 방지하고 적이 침공시에는 이를 격멸하여 국가를 수호하는데 있다. 영국 윈스턴 처칠Winston Churchill 수상이 "정치적·경제적·심리적 수단을 충분히 활용했으나 국가목표를 달성치 못했을 때, 다른 수단으로 실패한 것을 성취하기 위하여 실제적으로 군사력을 사용할 수 있다"라고 한 것은 국방정책목표를 달성한 것이 바로 국가목표를 달성한다는 것을 말해주고 있다.

현대국가는 국방정책목표의 3대 기본요소로서 ①국토의 보전, ②국민의 생명 및 재산보호, ③주권의 수호 등을 포함하게 된다. 그러나 국방정책목표는 국가의 특수성에 따라 설정되는 것이며, 시대 변천에 따라 국방정책목표도 변할 수 있다.[8]

(2) 국방정책의 수단

국방정책의 수단은 실질적 정책수단과 보조적 정책수단으로 구분한다. 첫째, 상위목표는 하위목표의 지침으로서 목표가 되고, 하위목표는 상위목표에 대해 실천수단(실천계획)이 됨으로써 상하목표들은 목표와 수단의 관계를 갖게 된다. 이를 도표화 하면 〈그림 6-4〉 같이 되는데 이러한 관계를 목표와 수단의 계층제라고 한다. 즉, 안보정책 측면에서 보면 국가안보정책의 상위목표가 있고, 상위목표보다 낮지만 상당히 포괄적인 국방정책의 중간목표가 있으며, 그보다는 구체적이고 세부적인 군사정책의 하위목표가 존재하여 목표와 수단의 계층제를 유지하게 된다.

예컨대 국가적 차원에서 '확고한 국가안보태세 완비'라는 상위목표가 있고, 국방부 차원에서 '자주국방건설과 병영복지달성'은 중간목표로서 상위목표를 달성하기 위한 정책수단이 되는 동시에 하위정책인 각 군 본부의 군사정책에 대한 정책목표의 지침 역할을 하게 된다. 즉 싸워 이길 수 있는 실전 같은 교육훈련 완성, 정신전력 강화, 효율적인 행정 및 보급 지원, 민주병영문화 달성, 전장에서 승리를 위한 육군목표·해군목표·공군목표는 하위목표로서 국방목표를 달성하기 위한 정책수단 역할을 하게

〈그림 6-4〉 목표와 수단의 계층제 관계

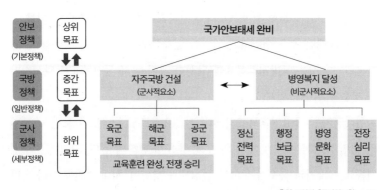

출처 조영갑, 『국가안보학』, p.95.

---

8 조영갑, 『국가안보학』, p.90

되고 예하작전부대에는 작전목표의 역할을 한다.

이와 같이 실질적 정책수단은 목표와 수단의 계층제로서 상위목표에 대해서는 정책수단(실천계획)으로서 하위정책에 대해서는 정책목표로서 역할을 하기 때문에 도구적 정책목표 또는 도구적 정책수단이 되는 것이다.

둘째, 보조적 정책수단은 실질적 정책수단을 현실로 실현시키기 위해 필요한 수단이 활동이나 작업으로 구체화하는 것이다. 실질적 정책수단을 실현하기 위한 보조적 정책수단으로서 국방정책(안보정책)의 중요성을 호소하여 정책의 타당성을 설득 및 이해시키고, 세금이나 특정 면에서 혜택을 주는 방법 등의 유인책으로 정책지지를 획득한다. 그것이 아니면 합법적 강압수단 등의 순응 확보수단으로서의 정책을 집행하기 위한 정책수단이 된다. 즉 정책 집행을 위한 설득, 유인, 법과 규범 등 강압적 수단의 적용과 담당할 집행기구 설치, 집행요원의 업무 수행, 필요한 자원 획득, 집행을 위한 공권력 사용 등이 있으며, 이러한 보조적 정책수단은 국방정책에도 필요한 것이다.

(3) 국방정책의 대상자

정책은 정책목표와 정책수단의 필수적 요소와 더불어 정책대상자로 구성된다. 정책대상자는 〈그림 6-5〉와 같이 정책에서 제공하는 서비스나 재화를 받는 수혜집단과 정책 때문에 희생을 당하는 정책비용 부담자로 구분하며, 국방정책 대상자는 군과 국민이 된다. 즉, 군대가 전쟁에서 승리할 수 있는 군사력을 건설하고, 사기 및 복지를 추진할 경우에 혜택을 받는 집단은 군인이며, 이를 추진하기 위하여 비용을 부담하는 집단은 세금을 지불해야 하는 국민이 되는 것이다. 국방정책목표를 달성하기 위해 국방비 제공으로 정책비용을 부담하는 국민들은 이 정책의 혜택을 받는 군인들을 위해 희생하는 것 같지만, 군인들은 대외적·대내적 위협으로부터 국가와 민족을 방위하여 국민들에게 행복한 삶을 영위할 수 있도록 서비스를 재창출하여 국민에게 제공하게 된다.

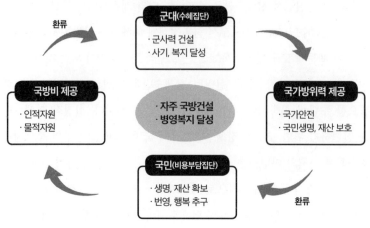

〈그림 6-5〉 국방정책 대상자

군대(수혜집단)
· 군사력 건설
· 사기, 복지 달성

환류

국방비 제공
· 인적자원
· 물적자원

· 자주 국방건설
· 병영복지 달성

국가방위력 제공
· 국가안전
· 국민생명, 재산 보호

국민(비용부담집단)
· 생명, 재산 확보
· 번영, 행복 추구

환류

출처 조영갑, 「국가안보학」 p.96.

국방정책을 수행하는데 있어 수혜집단과 정책비용 부담집단 사이에는 갈등이 있어서는 안 된다. 또한 당연할 경우일지라도 국가안보에 치명적인 내용이 되지 않는 한 정책내용이 투명하게 알려져 국민이 이해할 수 있도록 하고 국방정책의 중요성을 공유하면서 정책이 추진되도록 해야 한다. 왜냐하면 국방정책 결정이나 집행과정에서 특정인이나 집단에게 이익을 챙기게 하거나 혹은 희생을 강요할 수 없도록 하여, 국가방위에 효율성·투명성·공정성을 증대시킴으로써 국민의 신뢰를 얻어야 하기 때문이다. 국방정책수행으로 희생이나 손해를 당할 경우에 국가를 위한 당연한 것일지라도 국가의 보상이 있어야 한다. 그러나 국방정책은 국가의 다른 정책과는 달리, 국가존망과 관련하여 사활적 이익을 초래할 것으로 예상할 때는 공개적인 정책 결정·정책 집행·정책 평가가 이루어질 수 없는 경우도 있다.

4. 국방정책의 유형

국방정책의 유형은 전통적인 기능과 성격에 따라 분류할 수 있다. 첫째,

전통적인 기능별로 분류하면 정부조직 기능에 따라서 정치·외교정책, 경제정책, 노동정책, 경제정책, 통일정책, 교육정책, 산업정책, 사회복지정책, 농수산업정책, 문화정책, 과학기술정책, 국방정책 등으로 구분하고 있다. 둘째, 정책성격에 따라 분류하면 ①인적·물적자원을 민간부문에서 추출하는 내용을 지닌 정책으로서 징병, 국방비, 군사작전을 위한 토지수용, 방위성금 등을 포함하는 추출정책, ②개인이나 집단에 대해 행동의 자유나 재산권행사를 구속 억제하여 다른 사람들을 보호하려는 정책으로 군사시설보호 및 군작전지역규제, 군인 집단행위금지 및 사적활동제약 등의 규제정책, ③인적·물적자원과 서비스, 명예, 지위, 기회 등을 개인이나 집단에게 제공하는 정책으로서 국민의 생명과 안전을 위한 각 군별 인력 및 자원분배, 국방비 분배 사용, 국방연구사업, 군수물자 획득 및 분배, 군사교육 기회부여, 훈장수여 등에 해당하는 분배정책, ④정부가 일반사회나 국제환경에 유출시키는 상징과 관련된 상징정책 등으로 분류할 수 있다. 상징적인 산출이란 정책가치의 확인, 국기게양, 분열식 등의 군대의식, 왕족이나 군부엘리트의 친선방문, 정치지도자들에 의한 정책의지 천명 등을 말한다. 또한 ⑤체제를 조직화하고 조직의 구조와 운용에 관련된 정책으로서 군대조직이나 기구의 신설·관리·운영 등을 일컫는 구성정책이 있다.[9]

이상에서 국방정책은 국가에 대한 다양한 위협에 성공적으로 대처하여 국가안보목표를 달성할 수 있는 여러 가지 정책이 통합된 종합정책이란 것을 알 수 있다. 국방정책의 주요 유형인 군비통제, 인사복지, 국가동원, 국방획득정책 등을 세부적으로 알아보자.

---

9 조영갑, 『국가안보학』, p.99~100.

III. 국방정책 결정과정 및 집행

1. 정책 결정의 정의 및 중요성

정책 결정을 케이든G. E. Caiden은 "사회적 문제를 공적으로 해결하는 일반적인 방향의 결정"이라고 하고,[10] 드로어Y. Dror는 "다양한 요소들이 상이한 작용을 하는 동태적인 과정으로서 주로 정부기관에 의해서 장래의 활동지침을 결정하는 것"이라고 정의했다.[11] 김신복은 정책 결정을 정책 형성과 같은 개념으로 보고, 정책 형성은 "어떤 문제 해결 또는 목표 달성을 위해서 여러 개의 대안 중에서 하나를 선택하는 정책 결정과정"[12]으로 정의하고 있다.

이상의 내용을 종합하여 볼 때 국방정책 결정은 국방목표를 달성하기 위하여 행동지침과 방향을 결정하는 매우 복잡한 동태적인 과정으로서, 정치적·행정적·군사적 과정을 통한 합법적 결정이라고 정의할 수 있다. 국방정책 결정은 국가이익과 가치를 보존하기 위하여 군사력의 사용이나 위협을 통하여 내적·외적 질서를 창조해 나가는 정부의 결정을 의미한다. 따라서 국방정책은 국내적 요소와 국제적 요소를 다 같이 고려하여 결정하게 된다. 국제적 요소는 위협을 받고 있는 국가와 위협을 가하는 국가들의 상호작용관계를 말하며, 국내적 요소는 이러한 위협에 대처하는 과정에서 작용하는 군사적·비군사적 정책 결정의 제반행위가 포함되는 것이다. 정책 결정은 문제 해결을 위한 공식적 목표와 수단을 개발하는 과정으로 행동 지향적, 미래지향적이며, 궁극적인 가치는 국가의 존망을 결정하는 가장 핵심적인 요소이기 때문에 중요하다.

---

10 Gerald E. Caiden, *Public Administration* (Palisades Publishers, 1982), p.51.

11 Yehezkel Dror, *Public Policymaking Reexamined* (San Francisco: Chandler Publishing Company, 1968), p.12.

12 유훈 외, 『정책학』(서울: 법문사, 1983), p.11.

2. 정책 결정과정

정책 결정과정에 대한 학자들의 견해는 여러 가지이나 여기에서는 〈그림 6-6〉과 같이 정책문제의 인지, 정책목표의 명확화, 정책정보 수집과 대안 모색, 정책대안의 비교평가, 최적대안의 정책선택 등 5단계로 구분하여 국방정책 결정과정을 설명하기로 한다.[13]

(1) 정책문제의 인지

국방에 관련된 문제가 발생하거나 혹은 미래에 발생할 것을 예측하여 문제로 인식하게 된다. 중요성·적합성·전례의 유무 등을 고려하여 정책문제의 성격과 정책결정자의 전문성, 사회적 배경과 가치관 등에 따라서 문제의 인지 여부 및 인지의 속도는 달라지게 마련이다. 또한 그 문제를 방치하는 경우에 파생될 희생과 비용의 강도, 그 정책문제에 관련된 위협이 클수록 정책화 속도는 영향을 받게 된다.

〈그림 6-6〉 국방정책 결정의 과정

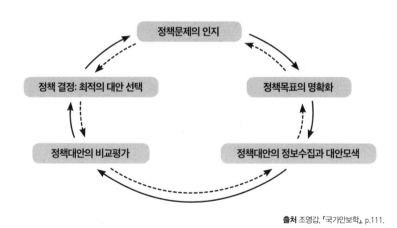

출처 조영갑, 「국가안보학」, p.111.

---

13 James A. Robinson and Richard C. Snyder, "Decision-Making in International Politics" in Herbert C. Kelman (ed.), *International Behavior: A Social-Psychological Analysis* (New York: Holt, 2005), pp.443~444.

(2) 정책목표의 명확화

국방문제의 성격이 인지되고 국방정책 의제로 채택되면, 이를 해결하기 위해 정책목표를 명확하게 설정해야 한다. 국방정책목표를 명확히 한 후에야 정책결정자들은 목표를 달성할 수 있는 합리적이고 실천 가능한 대안을 모색하고 평가할 수 있다. 만약 국방정책목표가 모호할 경우에는 문제를 더욱 복잡하게 만들게 되고, 목표 간의 우선순위 결정시 합의가 이루어지기 어렵게 됨으로써 혼란을 불러일으킬 수 있다.

(3) 정책정보수집과 대안 모색

국방문제를 인지하고 목표를 명확히 한 다음에는 정책대안에 관련된 정보나 자료를 수집한다. 정책결정자는 모든 관련 자료를 수집하기 위해 공식적 · 비공식적 통로를 활용해야 한다. 또한 수집된 정보 및 자료를 분석하여 국방의 문제 해결과 목표 달성을 위한 대안을 여러 개 모색해야 한다.

(4) 정책대안의 비교평가

국방정책에 대한 여러 대안을 비교 · 분석하여 평가하고, 그 결과로 미래의 국방상황을 추정하는 것이다. 정책대안의 비교평가 시 최선의 기법을 적용하여 정책결과에 대한 신뢰성을 증대시켜야 한다.

(5) 최적대안의 선택

국방정책대안의 평가가 끝나면 여러 대안 중에서 가장 적절하다고 생각되는 것을 최적의 정책으로 선택하게 된다. 이것은 합리성 · 과학성 · 합법성 · 가능성에 의한 국방정책 결정 과정으로서, 협상과 타협의 최종적인 산물이 되는 것이다.

3. 정책 결정 유형

국방정책 결정의 유형 중 실제 업무에서 가장 많이 적용하고 있는 기술적 접근방법에 의한 분류, 의사결정 방법에 의한 분류, 정치지도자 참여정도에 의한 분류를 중심으로 알아보면 다음과 같다.

(1) 기술적 접근방법에 의한 분류

합리모형

인간은 누구나 냉정한 이성과 고도의 합리성에 입각하여 완전한 정책 결정을 할 수 있는 능력을 갖추고 있기 때문에 모든 대안을 총체적·체계적으로 탐색하고, 이들 대안 하나하나가 가지는 모든 결과를 정확히 예측하여 최적의 대안을 선택하는 것을 말한다.[14] 합리모형은 정책결정자 능력의 전지전능성을 인정하고, 모든 지식과 정보를 동원하여 ①문제를 완전히 이해하고, ②해결을 위한 모든 대안을 파악하고, ③대안선택의 기준이 명확히 존재하며, ④자원이 충분하며 합리적으로 최선의 정책을 결정할 수 있다고 믿는 비현실적이고 규범적·이상적인 이론모형이다. 합리모형은 수많은 모든 대안을 철저히 탐색해 나간다는 장점으로 오늘날 컴퓨터를 이용한 관리과학기법(OR, 비용편익분석, 시뮬레이션 등)의 실용화로 인한 정책 결정의 과학화 및 합리화로 접근하고 있다.

만족모형

정책결정자의 전지전능성을 가정하는 합리모형에 대해서 사이먼[H. A .Simon]은 만족모형을 제시하고 있다.[15] 현실적으로 인간은 지식·시간·비용 등의 능력 제약으로 합리적인 최적의 결정을 할 수가 없기 때문에 검토 가능한 소수의 대안만을 가지고 탐색하여 심리적 만족을 가질 수 있는 수준에서 최적의 대안을 선택한다는 것이다. 만족모형은 합리모형에서 제시

---

14 David Braybrooke and Charles E. Lindblom, *A Strategy of Decision* (New York: Free Press, 2005), pp.48~57.

15 Herbert A. Simon, *Administrative Behavior*, 3rd edition (New York: Free Press, 1976), pp.80~84.

한 절대적 합리성의 기준보다는 제한된 합리성의 기준에서 현실적으로 만족할 만한 대안의 선택에 타당성을 두는 현실적·실증적 접근방법이다. 만족모형은 정책대안 선택에 있어서 만족의 기준을 주어진 상황으로 설정할 수 있는 장점이 있으나, 대안선택에서 지나치게 개인의 주관적 지배를 받기 쉽고 정책결정자의 만족화 척도가 없다는 단점이 있다.

점증모형

린드블롬^{C. E. Lindblom}은 정책결정자의 분석능력과 시간이 부족하고 정보도 제약되어 있으며 각 대안비교의 기준으로 이용할 가치기준마저 불분명한 상태에서는, 현재의 정책에 비하여 약간 향상된 정책대안만을 고려하여 정책을 결정하는 점증모형을 제시했다.[16] 점증모형은 현행정책과 크게 다르지 않은 대안만을 검토하여 약간 향상된 결정에 만족하고, 비교적 한정된 수의 대안만을 검토하여 현행정책을 개선하는 점진적·실용적 접근방법으로 실현가능성을 중요시하는 이론이다. 점증모형에서 선택된 대안들은 기존의 정책이나 결정을 부분적·점진적으로 개선함으로써 쇄신적·창의적인 정책 결정을 기대할 수가 없다.[17]

혼합주사모형

에치오니^{A. Etzioni}는 규범적·이상적인 합리모형과 점진적·실용적인 검증모형의 장점을 상호 보완적으로 혼용하여 제3의 접근방법으로 혼합주사모형을 제시했다.[18] 혼합주사모형은 정책 결정 과정에서 기본적인 대안결정과 세부적인 대안결정으로 구분하고, 기본적인 대안결정에 있어서는

---

16 Charles E. Lindblom, "The Science of Mudding Through", *Public Administration Review*, vol. 19 (1959), pp.79~88.

17 정정길, 『정책결정론』(서울: 대명출판사, 1988), pp.405~407.

18 유훈, 『행정학원론』(서울: 법문사, 2005), pp.98~100.

정책결정자의 목표를 달성하기 위해서 합리모형으로 주요 대안을 결정하고 세부적인 문제는 생략한다. 그 대신에 세부적인 대안결정은 합리모형에서 결정된 기본적인 대안의 범주에서 점증모형으로 세부대안을 결정하게 된다.

최적모형

드로어Y. Dror가 만족모형과 점증모형이 지닌 보수성을 비판하고 정책과학의 입장에서 경제적 합리성과 초합리성을 동시에 고려하여 제시한 거시적 정책 결정 모형이다.[19] 최적모형은 과거의 선례가 없는 새로운 결정을 해야 하는 경우에 경제적 합리성 외에도 직관·판단·창의성 등 초합리적인 요소가 개입되어 최적의 정책대안을 선정할 수 있다는 것이다. 즉 제한된 자원, 불확실한 상황, 지식 및 정보의 결여 등이 항상 정책 결정 과정에서의 합리성을 제약하므로 직관·판단·창의성 등 잠재의식 같은 초합리적인 요소를 중요시하여 정책을 결정해야 한다는 것이다. 이와 같은 최적모형은 합리성과 초합리성을 동시에 고려하여 경제적 이익의 극대화를 정책대안 선택의 가장 중요한 척도로 설정하고 있으나, 초합리성의 범위와 달성방법의 모호성 등이 명확하지 않다는 비판이 있다.

(2) 의사결정방법에 의한 분류
정형적 결정과 비정형적 결정 모형

사이먼H. A. Simon은 반복적이며, 일상의 과정화된 선례에 따라 관례적으로 처리되는 결정을 정형적 결정이라고 했으며, 지금까지 선례가 없는 새로운 문제, 구조와 성격이 복잡한 문제, 극히 중요한 문제를 해결하기 위한 결정을 비정형적 결정이라고 했다.[20] 특정한 상황에 따라 개인이나 조직

19 Yehezkel Dror, *Public Policymaking Reexamined* (San Francisco: Chandler Publishing Company, 2001), pp.129~213.

의 결정이 정형적인 결정이 되느냐 비정형적인 결정이 되느냐는 정책결정자가 직면한 문제의 복합성·중요성·신규성 등을 의미하는 선택상황과 정책결정자의 전문성·경험성에 의하여 정해진다. 예컨대 조직의 고위층의 결정, 장기적인 전망과 관련된 결정, 선례가 없고 불확실성이 존재하는 상황속에서 이루어지는 결정은 대체로 비정형적 정책 결정을 통해 이루어지며, 조직의 하위층에서 결정, 단기적인 결정, 선례가 있고 예측이 확실한 상황에서의 결정은 정형적 정책 결정으로 할 수 있다.

전략적 결정과 구조적 결정 모형

헌팅턴S. P. Huntington은 군사문제에 관한 정책 결정을 전략적 결정과 구조적 결정으로 구분하고 있다. 전략적 결정은 국제정치와 밀접한 관련이 있는 것으로서 부대의 수와 구성, 임전태세, 무기의 종류 및 수, 군사력의 전개 및 배치, 군사협약 등에 관한 정책 결정이며, 구조적 결정은 국내정치와 관련된 국방인원과 국방장비의 배치, 국방 조직에 따른 군사력의 관리·유지·운용에 관한 정책 결정이라고 했다. 즉 국가정책목표가 국민경제를 우선하는데 있다면 우선 국방예산의 감축이라는 구조적 정책 결정이 이루어지고, 이어서 군사력 축소라는 전략적 정책 결정이 이루어지게 된다는 것이다.

개인적 결정과 집단적 결정 모형

개인적 결정이란 정책결정자가 스스로 정책목표와 정책대안을 선택하고 결정하는 것을 말하며, 집단적 결정은 정책내용과 관련된 사람과 전문가들을 참가시켜 정책을 결정하는 것을 말한다. 개인적 결정은 논쟁의 여지가 별로 없고, 신속한 결정이 필요한 경우에 정책결정자가 다른 관련자를

---

20 Herbert A. Simon, *The New Science Of Management Decision* (New York: Happer & Row, 2005), p.5; 유훈, 『행정학원론』, pp.110~111.

불신하는 경우에 이루어진다. 또한 집단적 결정은 구성원에게 참여감을 부여하고, 그들의 결정능력을 신뢰하는 경우나 결정대상의 문제가 고도의 기술성과 전문성이 요구되는 경우에 관련분야 전문가 등을 참여시켜 정책을 결정하는 것이다. 즉 1964년 한국군의 베트남전 파병정책 결정은 집단적 결정보다는 강력한 리더십을 발휘했던 박정희 대통령의 개인적 정책 결정모형 사례가 된다.

(3) 정치지도자 참여방법에 의한 분류

형식적 모형

형식적 모형은 미국 트루먼H. S. Truman 대통령에 의하여 채택된 모형으로서, 잘 규정된 표준절차, 계층적 의사소통, 참모제도의 질서정연한 정책결정 구조의 보고에 의해서 정책을 결정한다. 형식적 모형에서 ①대통령은 각각의 각료가 안보정책·국방정책·군사전략의 특정 분야에 대해서 전문가가 되기를 바라며, 특정 분야에 대한 조언을 그 담당각료에게 요청한다. 또한 ②대통령은 보좌관들이 서로 정보를 교환하거나 공동으로 정책을 분석하고 문제를 해결하는 것을 원하지 않으며, ③대통령은 위계질서를 유지하여 각료를 거치지 않고 하위관료로부터 직접 정보나 조언을 얻으려고 하지 않는다. ④이와 같이 대통령은 보고된 정보와 조언을 종합하여 정책을 결정하고 책임을 진다.

경쟁적 모형

경쟁적 모형은 미국 루스벨트F. D. Roosevelt 대통령에 의하여 채택된 모형으로서, 대통령은 다양한 의사소통망을 유지하고 동일한 임무를 다양한 기관에게 부여함으로써 다양한 의견, 다양한 분석, 다양한 조언을 허용한다. 경쟁적 모형에서 ①대통령은 각료들에게 중첩된 임무를 부여함으로써 각료들간의 경쟁과 갈등을 고의적으로 조장시키고, ②각료들과 보좌관들은 거의 의사를 교환하거나 협조하지 않으며, ③독자적인 정보와 조언을 얻기 위하여 하위관료들과 직접 접촉하고, ④각료들은 중요한 정책을 결정하기 위하여 그 문제를 직접 대통령에게 보고하도록 강요한다. ⑤그러면서 대통령은 과도한 업무를 회피하기 위하여 선별적 문제만을 처리하여 정책을 결정하고 책임을 진다.

합동적 모형

합동적 모형은 미국 케네디J. F. Kennedy 대통령에 의하여 채택된 모형으로서, 앞에서 알아본 형식적 모형과 경쟁적 모형의 단점을 피하고 두 모형의 장점만을 발전시킨 것이다. 대통령은 각료들과 보좌관들로 하나의 팀을 구성하여 다양한 의견을 직접 수렴하여 정책을 결정하고, 문제를 해결한다. 합동적 모형은 정책 결정에서 다양성과 경쟁가능성을 활용하지만, 대통령은 보좌관들과 접촉을 통하여 정책 결정에서 편협성을 제거한다. 합동적 모형에서 ①대통령은 모든 정책결정자의 중앙에 위치하며, ②보좌관들은 합동적 팀을 구성하여 공동으로 문제를 해결하고, ③모든 정보는 다양한 하위관료로부터 합동적 팀으로 보고하며, ④보좌관들은 정책 결정을 할 때 특정 전문가로서가 아니라 전체문제를 헤아리는 일반이론가로서 행동한다. 또한 ⑤토론 형식은 다양한 모든 의견과 판단을 자유스럽게 제안할 수 있도록 비공식적으로 운영되며, 신분과 위계서열이 의사전달에 장애가 되지 않도록 하며, ⑥대통령은 보다 많은 정보와 독립된 조언을 얻기 위하여 때로는 하위관료와 직접 접촉하기도 한다.[21]

　이상에서 설명한 형식적 모형, 경쟁적 모형, 합동적 모형은 장단점이 있기 때문에 정치지도자의 리더십, 정책 결정 참여자들의 능력, 정책 결정의 중요성과 환경 등에 따라 적절히 적용할 수 있어야 한다.

---

21 조영갑, 『테러와 전쟁』(서울: 북코리아, 2005), pp.57~59.

구분	장점	단점
형식적 모형	• 질서정연한 정책 결정과정은 보다 철저한 분석을 가능하게 한다. • 정책결정자는 시간적 여유를 확보할 수 있으므로 보다 중요한 결정에 대하여 관심을 가질 수 있다. • 최적의 대안을 모색하려고 한다.	• 위계서열을 거쳐서 올라온 정보는 왜곡될 가능성이 있다. 즉 보고과정에서 정치적 요구와 여론이 무마되거나 왜곡되는 경향이 있다. • 위기에 대한 대처가 느리거나 부적절할 수 있다.
경쟁적 모형	• 정책결정자가 주요 정보망을 장악한다. • 정치적으로 실현가능하고 관료제가 처리 가능한 정책을 결정한다. • 경과와 정보망의 개방으로 인하여 창조적 대안을 접할 수 있는 기회가 많다.	• 정책결정자가 더 많은 시간과 관심을 정책 결정에 할애해야 한다. • 정책결정자가 부분적이거나 편협한 정보에 접하게 되므로 최적의 결정을 내리기 어려운 처지에 빠지기 쉽다. • 보좌관들 간의 경쟁은 에너지를 소모하고 번복을 자초하기 쉽다.
합동적 모형	• 최적의 정책 결정과 실현가능한 대안을 동시에 추구할 수 있다. • 정책결정자가 주요 정보망을 장악하지만 부처 간 합동성을 강조함으로써 시간과 관심을 확보할 수 있다.	• 정책결정자는 상당한 시간과 관심을 정책 결정에 할애해야 한다. • 부하를 다루고 의견의 차이를 중재하며 동료들 간의 합동성을 유지하기 위하여 비상한 기교가 요청된다. • 합동관계는 잘못하면 폐쇄적인 상부상조 집단을 형성할 가능성이 크다.

출처 조영갑, 「국가안보학」, p.121.

4. 정책 집행의 개념 및 평가

(1) 정책 집행의 개념

프레스먼J. Pressman과 월다브스키A. Wildavsky는 정책 집행이란 "정책을 실행하여 달성하고, 충족시키고, 생산하고, 완성하는 것"이라고 정의했다. 따라서 국방정책 집행이란 국방정책 결정 단계에서 설정된 국방목표를 달성하기 위한 활동과정이라고 정의할 수 있다. 국방정책 집행은 많은 관련자 및 조직이 참여하고, 많은 단계로 세분화되어 정책 결정과정과 상호작용을 할 뿐만 아니라 정책 평가과정에도 영향을 주고받는 상호 순환적 과정의 특징을 갖고 있다.[22] 그리고 국방정책 집행수단으로는 정책 집행조건이나 기구 및 절차, 재원 및 설비, 정보 및 권한 등이 있다.

(2) 정책 집행의 평가

무엇을 성공적인 정책 집행으로 볼 것인가에 대해 합의된 기준은 없고 학자별로 많은 차이점을 보이지만 가장 상용화된 나카무라[R. D. Nakamura]와 스몰우드[F. Smallwood]의 논리를 보면 ①정책목표 달성도[policy goal attainment], ②능률성[efficiency], ③정책지지 및 관련 집단 만족도[constituency satisfaction], ④정책수혜 집단의 요구대응성[clientele responsiveness], ⑤체제유지[system maintenance] 다섯 가지로 설명하고 있다.

정책목표 달성도

정책 집행의 결과 정책목표가 얼마나 충실히 달성되었는지를 측정하는 것이다. 일반적으로 정책 결정 시 정의된 목표를 계량화하여 집행의 결과와 비교하는 것이 주된 접근방법이다. 정책결정자의 정책의도에 명시된 특정한 목표의 달성여부를 측정하는 이 기준은 정책 집행을 기술적인 성격으로 간주하는 집행유형, 즉 고전적 기술관료형과 지시적 위임형에 해당하는 집행유형에 대한 평가기준으로서 적합하다.

능률성

능률성은 정책의 효과를 극대화하고 정책비용을 최소화하는 집행이 성공적인 것으로 보는 경우이다. 능률성은 정책비용을 감안하기 때문에 효과성보다도 넓은 의미를 지닌 기준이라고 볼 수 있다. 능률성 기준도 평가측정을 위해 계량적인 지표에 의존한다는 점에 있어서는 정책목표 달성도 기준과 유사하다. 평가의 일차적인 초점이 목적이 아닌 수단에 있으므로 지시적 위임형에 적합한 평가기준이다.

---

22 김해동·유훈, 『정책형성론』(서울: 서울대학교 출판부, 2005), pp.180~183.

정책지지 및 관련 집단 만족도

이 기준은 정책 집행에 의하여 이익과 손해를 보는 여러 집단의 만족도를 평가하고 하며, 앞의 두 기준과는 기본적으로 상이한 초점과 방법론을 가지고 있다. 계량화된 지표를 사용하는 대신 만족도라는 측면에서 정책의 효과를 평가하며, 질적이고 주관적인 피드백 정보에 의존한다. 정책의 궁극적인 성공은 정책담당자들이 관련 집단들로부터 정책에 대한 지지를 이끌어내고 이를 계속 유지하는 것이기 때문이다. 이 기준은 타협과 조정을 중시하기 때문에 협상형 집행유형의 평가기준으로 가장 적합하다.

정책수혜집단의 요구 대응성

이 기준은 계량화된 지표가 아닌 만족도를 사용하여 집행의 성과를 평가한다. 이 기준은 소비자 또는 고객 등 정책수혜집단의 만족도를 중시한다. 정책을 직접 전달받는 고객이 가지고 있는 요구에 정책이 얼마나 대응적인지를 평가한다. 또한 공통적으로 정책관련 집단의 요구에 충실히 대응하는 것을 성공적 집행의 기준으로 삼는다는 점에서는 민주적으로 평가받고 있다.

체제유지

체제유지는 정책 집행이 크게는 국가체제나 정부, 작게는 집행기관의 유지·발전에 어떠한 도움을 주는지를 성공적 집행의 기준으로 보는 것이다. 정책의 집행이 국민들의 의사, 정책결정자의 의도, 그리고 관련 집단들의 주장을 잘 반영하면 계속적으로 지지를 얻어서 체제는 성공·발전하게 되므로 정책 집행의 종합적 평가를 해주는 지표라고 생각할 수 있다. 미시적인 수준에서 적용하는 경우에는 관료적 기업가형에 적합한 기준이지만 궁극적인 적용범위는 한 가지 집행유형에만 한정되는 것은 아니다.

5. 정책 평가과정 및 유형

(1) 정책 평가과정

홀리J. S. Wholey는 정책 평가란 국가목표를 달성하는데 있어 국가사업의 효과성을 평가한 것이라고 정의했고, 나크미아스D. Nachmias는 정책 평가란 정부의 정책이나 공공사업이 목표를 얼마나 효과적으로 달성하는가에 대한 객관적이고 체계적이며 경험적 분석 연구라고 정의했다. 이러한 정책 평가는 〈그림 6-7〉과 같이 네 과정으로 세분화할 수 있다.

〈그림 6-7〉 정책 평가과정

① 탐색 및 상황판단: 국방정책 평가의 필요성이 있는지에 관해 상황판단을 하고, 평가활동에 대한 동의와 지지를 얻는 단계가 탐색 및 상황판단의 단계이다.[23]

② 평가의 목표와 대상의 확정: 집행된 국방정책에 대해 평가할 목표와 대상을 명확히 하는 단계로서 평가목표를 확인하고, 목표 상호간의 관련성과 중요도를 파악하면서, 어떤 대상을 평가할 것인가를 확정해야 한다.

③ 조사설계: 국방정책 평가를 위한 조사방법을 검토·결정하고 자료를 수집하는 단계로서 조사기간, 표본의 크기, 질문사항, 경비 및 인력 등이 검토되고, 그 평가를 위한 방법을 개발하는 단계이다. 그리고 성공적인 평가를 위해 전문요원의 확보와 관계기관의 협조적 태도 및 자세가 요구된다.

---

23 유영옥, 『행정학』(서울: 세경사, 2005), pp.289~291

④ 분석 및 해석: 정확한 국방정책 평가를 위해 수집된 자료를 분석 및 해석하고 의미를 부여하는 단계이다. 자료분석의 기준이나 사업의 타당성 등을 중심으로 복잡한 문제가 제기되며, 평가자의 주관이나 편견에 따라 동일한 자료라 할지라도 평가결과가 다르게 나올 수 있다. 그리고 분석결과에 따라서 정책을 평가하고 필요한 조치를 해야 한다.

(2) 정책 평가 유형

국방정책 평가는 국방정책 목표를 달성하기 위해 국방정책의 타당성 여부나 효과성을 객관적·체계적·경험적으로 분석하여 평가하는 것이라고 정의할 수 있다. 즉 국방정책 평가는 정책의 목표와 문제규정에서 내세웠던 필요성, 가치성, 효과성 등을 실제로 얼마만큼 충족시켰는가를 판단하는 행위이다. 이러한 국방정책 평가는 평가의 목적 및 내용에 따라 세 유형으로 분류할 수 있다.[24]

사전평가·과정평가·사후평가 모형

사전평가는 합리적인 정책 결정과 정책 집행 전에 정책의 타당성, 가능성, 자원의 배분을 위한 객관적인 정보를 얻기 위한 평가이다. 과정평가는 정책 집행과정에서 효과성과 관리의 능률성 향상을 목적으로 평가하고, 그 자료들을 산출하여 정책집행자에게 정책 집행과정에 대한 필요한 정보를 제공한다. 사후평가는 정책 집행이 종료된 후에 그 정책실현의 성패여부를 확인하고, 다음 정책의 결정 및 집행을 위한 환류를 목적으로 하는 평가이다.

내부평가·외부평가 모형

내부평가는 정책의 결정과 집행을 담당하고 있는 사람들이나 소속 조직

---

24 유영옥, 『행정학』, pp.288~289.

의 다른 구성원이 평가를 담당하는 것이다. 외부평가는 정책의 결정과 집행을 담당하는 기관이 아닌 외부기관이나 외부전문가들에 의해서 수행하는 평가인 것이다. 따라서 내부·외부 평가는 공정성·신뢰성·합법성·책임성·신속성 등을 고려하여 평가유형을 선정하여 실시해야 한다.

총괄평가·과정평가 모형

총괄평가는 국방정책이 집행되고 난 후에 정책목표의 달성여부를 판단하는 것으로서 효과성·능률성·공평성 등으로 평가한다. 과정평가는 정책 집행 활동과정을 분석하여 효율적인 정책 집행전략을 수립하거나 정책내용을 수정·변경하거나, 정책의 중단·축소·유지·확대여부의 결정에 도움을 주기 위한 평가이다. 과정평가도 시간적인 기준으로 정책 집행 도중에 집행전략이나 집행설계의 수정·보완을 위해서 실시간 중간평가와 정책이 원래의 집행계획이나 집행설계에 따라 이루어졌는지 과정을 확인 및 점검하는 사후적 평가로 구분한다.

IV. 국방기획관리

1. 국방기획 개념

굴릭^{L. Gulick}은 기획이란 "사업을 위해 설정된 목표를 달성하기 위해 수행해야 할 일과 이것을 수행하기 위한 방법들을 개괄적으로 창출해내는 것"이라고 정의하고 있다. 밀레트^{J. D. Millett}는 기획이란 "인간이 가지고 있는 최선의 가능한 지식을 공공분야에서, 공신력을 띠고 있는 사업의 추진을 위하여 체계적이고 계속적이며 미리 대비하여 적용하는 것"이라고 정의하고 있다. 또한 워터스턴^{A. Waterston}은 기획이란 "특정한 목표를 달성하기 위하여 이용 가능한 미래의 방법 및 절차를 의식적으로 개발하는 과정"이라고 정의하고 있다. 요컨대 개인적인 차원에서 기획이란, 자신의 행동을 통하여 보다 훌륭하고 뛰어난 성과를 얻기 위한 지혜, 또는 지혜를 활용한 창조적 행위이다. 또한 조직적인 차원에서 기획은 조직활동을 통하여 실적을 향상하기 위한 지혜, 또는 이를 활용한 창조적 행위를 의미한다. 여러 학자들이 제시하는 기획 개념을 종합하여 볼 때 국방기획이란, 국방기관이 국방목표를 달성하기 위해 여러 가지 대안을 모색하고, 그중에서 최적의 대안을 선택하고 계획을 수립하여 실제행동에 옮기기까지의 과정이라고 정의할 수 있다.

2. 국방기획과정

(1) 대내외 국방환경 분석과 예측

세계·지역정세 및 국가 여건과 같은 상위 차원의 체계가 국방이라는 하위 차원의 체계에 미치는 영향을 파악하는 것이다. 우선, 국가의 생존 및 안전에 대한 직접적인 위협과 잠재적 위협을 분석해야 한다. 위협은 침략의 능력과 의지를 포함한다. 어느 국가가 침략의 능력만 있고 의지가 없다면 위협은 형성되지 않는다. 둘째, 20~30년 앞의 세계 전략 판도를 예측해야 한다. 특히 전쟁의 촉진 요인과 억제 요인을 분석하고 그 발생 가능성을 예측해야 한다. 평시부터 그 대처능력과 방책을 준비해야 위험 상황에 직면해도 혼란에 빠지지 않기 때문이다. 셋째, 미래의 전쟁 양상을 예측해야 한다. 미래에는 어떤 무기체계를 쓰고 어떤 방식의 전쟁을 하며 군의 조직 편성은 어떻게 변화할 것인가를 예측해야 하는 것이다. 군사기술의 발전 속도가 전례 없이 빨라지고 무기체계의 수명주기도 아주 짧아지고 있으며 작전방식도 매우 신속하게 변화되고 있기 때문에 그러한 추이를 제대로 예측하지 못하면 쓸모없는 군사력을 건설할 우려가 있다. 넷째, 국가의 경제·기술능력 및 정치·사회 상황을 분석해야 한다. 국방의 발전은 국가의 능력에 바탕을 두고 기획해야 할 뿐만 아니라 국가의 노선 및 방책과 국민의 요구에 부응해야 한다.

(2) 국방목표 설정

목표란 달성하려고 하는 미래의 바람직한 상태를 의미한다. 국방목표는 국방체계와 연계하여 설정하며 다음과 같은 특징을 갖는다. 첫째, 국방의 여러 계층은 각각 그 수준에 맞는 목표가 있다. 최상위에는 총체적 목표가 있고 각 군별·부문별로도 목표가 있다. 하위 계층의 목표는 상위 계층의 목표 달성을 보장하고, 상위 계층의 목표는 하위 계층의 목표를 실현시켜 주어야 한다. 둘째, 단계성을 가지고 대체로 장기 목표(20년 전후), 중기 목표(10년 전후), 단기 목표(5년 전후)로 나뉘어 실현된다. 각 단계의 목표는 서로 연계 중첩되며 단기 목표는 중기 목표의 실현을 보장하고 중기 목표는 장기 목표의 실현을 보장할 수 있어야 한다. 셋째, 각 계층 및 단계의 목표는 명확하고 구체적이며 검증할 수 있어야 할 뿐 아니라 간단 명료하게 개념과 숫자로 표현해야 한다. 넷째, 단일지표를 추구해서는 안되며, 수량과 질 및 전투력 형성 등 다방면을 고려해야 한다.

(3) 발전노선 선택

국방목표로 통하는 길로서 발전노선을 선택할 때 효율성의 원칙과 경제성의 원칙에 부합해야 한다. 대부분의 국가들은 국가의 경제·기술적 능력과 가용 국방자원을 고려하여 국방목표를 달성할 수 있는 합리적인 발전 노선을 채택한다. 미국과 같은 강대국들은 튼튼한 경제력과 세계 일류의 첨단 과학기술을 기반으로, 군사적 우위를 차지하기 위하여 막대한 군비를 투자하면서 고차원적이고 대규모적이며 첨단·정밀화된 군사력을 건설한다. 구소련과 같은 독재국가들은 상대국과 군비경쟁에서 우위를 점하기 위해 국민 경제를 희생시키면서까지 군수산업의 육성에 주력하며, 군사력의 건설에 있어서 질적 발전에 한계가 있을 경우에는 양적 증강으로 상쇄한다. 나토 국가들과 일본 및 한국처럼 외부 세력과 동맹관계를 유지하고 있는 국가들은 강대국의 안보 우산에 의존하면서 국민경제와 과학기술을 발전시킴과 동시에 연합·협력적 차원에서 군사력을 발전시키는 노선을 채택한다. 세계 여러 국가들은 각각 자신의 전략적 구도와 국방 여건에 적합한 국방 발전노선을 채택하고 있으나 공통점이 있다. 평화시에 상비군을 줄이는 동시에 예비전력을 발전시키고, 동원체제의 정비·발전, 고도 전투준비태세의 유지, 군사과학기술 및 방위산업의 발전 등에 많은 노력을 기울이고 있다.

(4) 국방발전의 중점 설정

이 단계는 국방체계 전반이 성취해야 할 최우선 순위의 정책영역을 찾는 것을 말하며, 국방발전의 전반적 성과에 결정적 영향을 미치는 핵심을 도출하는 것을 뜻하기도 한다. 진정한 중점은 총체적인 국방 구조와 군사력 건설 전반에서 찾아야 하며, 전체와 부분의 연계관계 및 당면이익과 장래이익의 보완관계를 고려하여 정책영역을 식별해야 한다. 국방발전의 중점은 전반적 국방역량에 심대한 영향을 미치기 때문에 매우 신중하고 합리적으로 선택해야 한다.

(5) 행동계획 수립

이 단계는 국방발전전략을 구체적으로 실현하는 것이다. 행동계획은 보통 10~20년의 장기계획에 근거하여 단계별 실천계획과 연간계획이 수립되고, 상황변화에 신축적으로 부응할 수 있도록 상호 유기적으로 조화·결합되어야 한다. 장기계획에는 미래의 전략적 방침과 장기적 목표 및 실천 방안 등이 망라된다. 실천계획은 장기계획의 항목을 다소 크게 분류하여 중기차원의 계획으로 수립된다. 연도계획은 실천계획의 첫 해에 달성할 사업의 우선순위와 필요 예산을 확정한다.[25]

3. 국방기획관리

국방기획관리는 국방목표를 설계하고, 설계된 국방목표를 달성할 수 있도록 최선의 방법을 선택하여 보다 합리적으로 자원을 배분·운영함으로써 국방의 기능을 극대화하는 관리활동이다.[26] 제한된 국방자원을 가지고 국방목표를 가장 효과적으로 달성하기 위하여 기획-계획-예산편성-집행-분석평가의 기능을 상호 유기적으로 연결하고, 이에 따라 문서의 선후 단계를 체계적으로 규정하여 관리 순환고리를 완전히 형성시킨 국방자원 관리의 중추적 제도라고 할 수 있다.

(1) 기획

기획planning 단계는 예상되는 위협을 분석하여 국방목표를 설정하고, 대응 전략을 수립하며, 전략을 수행할 수 있는 군사력의 소요를 제기하고, 적정수준의 군사력을 효과적으로 육성하기 위한 제반 국방정책을 수립하는 과정이다.

(2) 계획

계획programming 단계는 기획단계에서 설정된 국방목표를 달성하기 위하여 수립된 중·장기 국방정책을 효율적으로 실현할 수 있도록 가용국방자원을 예측·판단하고, 이를 기초로 전력증강사업 및 군사력의 운영·유지사업 소요를 종합적으로 검토하고 조정하여 연도별, 사업별로 가용자원을 배분하는 과정이다.

(3) 예산편성

예산편성budgeting 단계는 상급기관 및 부대의 가용자원을 대상으로 하여 각급 제대가 체계적이고 객관적인 검토 및 조정과정을 통하여 중기계획의 사업과 소요예산을 구체적으로 결정하는 과정이다.

---

25 이종학·길병옥 편저,『군사학개론』(대전: 충남대학교 출판부, 2009), pp.503~504.

26 『국방기획관리규정』(서울: 국방부, 2006), pp.4~6.

(4) 집행

집행execution 단계는 예산편성단계에서 결정된 사업과 예산을 효과적으로 집행하기 위하여 예산배정 및 조달·집행계획을 수립하고 집행계획에 의거 인원, 장비, 물자 및 시설 등을 획득하고 군사력을 운영·유지하는 제반 활동과정이다.

(5) 분석평가

분석평가evaluation는 국방기획관리의 모든 단계에서 이루어지며 집행단계를 기준으로 사전분석과 사후분석으로 구분하여 실시한다. 사전분석은 기획·계획·예산편성 및 집행 단계에서 주요사업 추진에 따른 각종 의사결정에 기여하기 위하여 실시하는 분석이다. 사후분석은 당해연도에 집행되는 사업에 대하여 실시하는 분석으로서, 사업진행 중에 문제점이 발견되면 최단 시간 내에 이를 시정하고 사업완료 후에 발견되는 장·단점 등을 차기계획에 반영하기 위해 실시한다.

V. 군비통제정책

1. 군비통제 이론

군비통제Arms Control란 "군비경쟁에서 일어날 수 있는 위험 및 부담을 감소·제거하거나 최소화하려는 모든 노력"이라고 정의한다.[27] 즉 특정 군사력의 건설·배치·이전·운용·사용에 대하여 확인·제한·금지 등의 조치를 취함으로써 군사력의 구조와 운용을 통제하여 군사적 안정성을 제고하려는 국가 간 안보협력 활동을 의미한다. 따라서 군비통제는 국가안보정책

---

27 조영갑, 『국가안보학』, p.367.

의 일부로 추진하는 것이며, 근본적으로는 적대국가 또는 잠재적 적대국가와 정치적·군사적 협의를 통해 군사적 불안정성으로부터 발생하는 위협을 제거하려는 것이다.

군비경쟁이 위협 대응전력 확보를 통해 전쟁을 억제함으로써 평화를 '지키는Peace Keeping' 정책이라면, 군비통제는 위협 감소조치를 통하여 전쟁의 유발요인을 사전에 제거하거나 최소화시켜 전쟁을 예방하고 평화를 '만드는Peace Making' 정책이라고 할 수 있다. 군비통제는 신뢰구축을 통하여 적대국가의 도발 동기를 사전에 제거하고 보다 낮은 수준에서 군사력 균형을 달성하여 상호 공격능력을 제한하는데 중점을 둔다.

군비통제가 성립하기 위해서는 다섯 가지 조건이 있어야 한다. 첫째, 군비통제에 대한 국제적 요인으로 국가들 간에 정치적 관계 개선, 군사력 균형 존재, 경제적 상호의존성 증대, 군비통제기구 역할 증대가 있다. 둘째, 자국의 안보에 대한 자신감이 있어야 한다. 군사력을 감축하더라도 상대국가의 기습공격이나 어떠한 도발도 격퇴할 수 있는 힘이 보존된다는 것을 전제로 하고 있는 것이다. 셋째, 군비통제에 대한 필요성에 같은 인식을 가져야 한다. 군비경쟁이 유발하는 경제적 어려움과 정치적 부담 등에 대한 것과 무관하게 군비통제를 필요로 해야 한다. 넷째, 군비통제를 통하여 당사국 모두에게 이익이 있어야 한다. 다섯째, 군비통제를 준비하고 협상하며 실천하는 과정에 이르기까지 상호간에 신뢰구축이 있을 때 군비통제가 가능하다. 이와 같이 다섯 가지 성립조건 중 어느 한 가지라도 충족되지 않을 때는 군비통제가 불가능하고, 군비통제를 하더라도 그 실효성도 보장하기 어렵다.

군비통제의 저해요인은 내부적 요인과 외부적 요인으로 구분할 수 있다. 당사국 내부적 요인으로는 군비감축의 범위와 내용의 결정곤란, 군비감축비율의 합의 곤란, 감시 및 검증의 곤란, 위반 시 제재 곤란 등을 들수 있다. 이 경우 국가 간의 군비통제 개념의 이율성, 비진실성, 비신뢰성, 국가이익 위주 등으로 각기 해석을 달리하여 합의의 추진이 어렵게 된다.

외부적 요인으로 군부의 저항이나 거부, 군수업자의 방해, 제3국의 개입과 훼방이 있을 수 있다.

결론적으로 군비통제를 효과적으로 추진하기 위해서는 저해요인이 되는 요소를 사전에 조정·제거하고, 군비통제에 대한 신뢰를 확대시킴으로써 효과적인 추진을 보장할 수 있도록 인내와 노력을 계속해야 한다.

2. 한국군의 군비통제정책

(1) 단계적 군비통제 실천

2010년 이후 정부의 정책기조를 통해 보면 한국은 선 신뢰구축 후 군비축소를 원칙으로 한 군비통제정책을 추진하고 있다. 왜냐하면 북한체제의 점진적 개방과 개혁을 촉진시키고 군비통제를 유도함으로써 평화통일기반을 조성한다는 목표에서 정치적·선전적 고려가 아닌 실현가능성을 중점으로 정책을 추진하고 있기 때문이다. 신뢰구축 단계에서는 남북한 간에 군사적 긴장상태를 완화하고 상호 군사적 투명성을 향상시키며 불가침보장 체제를 확립함으로써 군비제한 및 군비축소의 여건을 조성하는데 목표를 두고, 이를 실현하기 위하여 남북한 간에 합의된 기본 합의서 및 불가침 부속합의서에 포함된 방안들을 우선적으로 추진하는 것을 기본방향으로 하는 것이다.

(2) 다양한 군비통제 접근전략 개발

한편 한국의 군비통제정책은 다양한 접근전략이 요구되고 있다. 첫째, 전략적 확실성 전략이 필요하다. 한반도 주변 4대강국이 한반도 문제를 동북아시아의 안보와 직결되는 국제적 문제로 보고 있는 반면에 남북한은 한반도 내부적·민족적 문제로 보는 차이점이 있기 때문에, 문제 해결을 위해 접근하는 생각과 방법이 다를 수 있다. 둘째, 전략적 모호성 전략도 필요하다. 주변 강대국들의 이익이 교차하는 전략적 다리에 위치한 한반도는 강대국 간의 세력다툼에 말려드는 행동은 피하면서, 다른 한편으로는 지정학적 특성을 적극 이용하여 국가이익을 창출하기 위해 시인도 부인도 하지 않는 모호성 전략이 필요하다. 셋째, 상호주의 전략은 자국이 다른 국가에서 부여받고 있는 이익의 범위 내에서 다른 국가에게도 같은 정도의 이익을 인정하고 줄 수 있는 전략이다. 상호주의 전략은 국제사회에서 자국의 이익과 권위를 보장하기 위하여 상호 교환하는 것으로서 국가 간의 조약으로 정하는 경우, 국내법으로 정하는 경우, 기타 상황과 조건에 따라 상호주의 전략을 군비통제에서도 사용해야 한다.[28]

(3) 통일정책과 군비통제의 조화

한반도 평화통일은 남북한 간의 긴장완화와 신뢰구축을 기반으로 군사적 투명성과 안정성의 확보를 통해 전쟁가능성이 제거된 후에야 가능하기 때문에, 군비통제는 평화통일을 위한 기본조건이며 수단이 되는 것이다. 따라서 군비통제는 〈표 6-2〉와 같이 국가안보목표 달성을 위하여 통일정책·안보정책과 연계하여 상호 보완적이면서도 단계적으로 추진해야 한다.

〈표 6-2〉 통일정책·안보정책·군비통제의 관계

구분	화해·협력 단계	남북연합 단계	통일한국 단계
통일정책	상호 실존 인정 분야별 교류·협력 확대	민족공동체 형성/국가연합 평화의 제도적 보장 통일 추구	통일국가 완성 민족공동체 완성
안보정책	전쟁 도발 억제 협력적 공존체제	평화공존체제 협력안보발전	통일국가 방위체제 완성 주변국가 위협 대비
군비통제	군사적 신뢰구축 불가침 보장체제 구축	군비제한/군비축소 군사통합 준비	군사통합 지역 군비통제 주력

출처 조영갑, 「국가안보학」, p.415.

---

28 조영갑, 『국가안보학』, p.408~414.

⑷ 핵 및 미사일 군비통제

21세기 미국은 국제적인 핵무기 경쟁이 일어난다면 자국 안보에 위협이 된다고 보고, 핵무기 비확산정책의 지속적인 추진과 핵무기 감축을 위한 군비통제를 더욱 강화시켜 나가고 있다. 따라서 미국은 6자회담 및 북미 간 양자회담을 통해서 북미간의 관계정상화 및 인도적 원조·경제지원과 북한의 핵시설 해체 및 핵무기 폐기를 위해 포괄적 노력을 한 것이다. 한국은 북한의 핵 폐기 및 한반도 군비통제를 위해서 정책적·전략적 노력을 지속해야 한다. 또한 한반도 주변 국가들은 핵 강대국가(미국, 러시아, 중국)이고 일본은 언제든지 핵개발을 할 수 있는 국가이기 때문에, 한국은 핵 및 미사일의 군비통제에 대한 정책과 대응책을 준비하고 실천할 수 있어야 한다. 그리고 한국은 국가번영과 평화통일정책을 실현하기 위해서 한반도 핵무기 군비통제와 함께 남북한 간의 재래무기 군비통제도 병행하여 발전시켜 나가야 한다.

3. 남북한 군비통제정책 비교

남북한에서 정치적·경제적·사회적·문화적·군사적 교류와 협력이 확대되고 평화적 통일의 방향으로 발전할수록 남북한 군비통제의 필요성은 증대하고 있다.

남북한의 군비통제 방안은 〈표 6-3〉과 같이 ①남북한 관계 발전상황과 통일단계별 내용을 동시 고려하고, ②남북한 사이의 화해와 불가침 및 교류·협력에 관한 합의서(이하 남북기본합의서) 내용을 우선 고려하며, ③남북한 간에 합의가 용이하고 실천이 가능한 방안을 제시하고, ④남북한이 중심이 된 재래식 군사력에 대한 군비통제를 하고, ⑤핵 및 대량살상무기에 대해서는 평화적 해결을 원칙으로 남북한이 협력하여 국제적·지역적 군비통제정책을 추진해야 한다.

구분	북한	남한
기본 원칙	• 전제조건: 주한미군 철수, 팀스피리트 훈련 중지 • 선 군비축소, 후 신뢰구축 • 단계적 타결보다는 일괄타결 접근	• 전제조건: 없음 • 선 신뢰구축, 후 군비축소 • 신뢰구축-군비제한-군비축소 순으로 점진적, 단계적 접근
군사적 신뢰구축	• 군사훈련의 제한 • 군사훈련의 사전 통보 • DMZ 평화지대화 • 우발적 충돌 및 확대 방지를 위한 직통전화 설치 • 군사공동위원회 설치	• 군사훈련 사전 통보 및 참관 • DMZ 완충지대화, 평화적 이용 • 군 인사 상호방문 • 군사정보 상호공개 및 교환 • 직통전화 설치 • 군사공동위원회 설치
군비제한	없음	• 주요 공격무기, 병력의 상호 동수 배치 • 전력배치 제한구역 설치
군비축소	• 3~4년 기간 중 3단계 병력감축 (30만-20만-10만) • 핵무기 즉각 제거, 군사장비의 질적 갱신 금지 • 군축사항 통보, 검증	• 통일국가로서 적정 군사력 수준으로 상호 균형 감축 • 핵무기 및 대량살상무기 제거 • 방어형 전력으로 부대개편 • 공동검증단과 상주감시단 운영
평화 보장 방안	• 남북한 불가침 선언 • 북한의 체제 보장 • 미-북한 평화협정 체결 • 한반도비핵화공동선언 실천 * 6·15 남북공동선언(2000.6.15) 실천	• 남북한 불가침 선언 • 남북한 평화협정 체결 • 한반도비핵화공동선언 실천 * 남북기본합의서 및 부속합의서(1991~1992) 실천 * 6·15 남북공동선언 실천

출처 통일원, 「남북한 군축제의 관련 자료집」(서울: 남북대화사무국, 2010).

VI. 인사복지정책

1. 국방인사정책

국방인사는 국방개혁에 따른 패러다임의 변화를 요구받고 있는 가운데 현재 인력의 질적관리 강화, 인력의 장기활용, 교육훈련 기회의 적재적소 활용 강화, 선진화된 인사 기반여건의 구비 등과 같은 과제를 안고 있다.

군사환경의 변화와 선진국의 최신 동향 등을 감안할 때 선진 국방인사 구현을 위한 기본방향은 ①인사패러다임의 전환, ②역량관리 기능의 강화, ③인사기반 여건의 완비 등 세 가지로 설정하고 있다.[29]

(1) 인사패러다임의 전환

인사패러다임의 전환을 위해서는 첫째, 국방인력의 양적관리에서 질적 관리로 전환해야 한다. 이를 위해 인력의 '대량획득 단기 활용' 중심에서 '소수획득 장기 활용' 중심으로 복무제도를 전환하고, 우수 인력을 유인할 수 있도록 복무 인센티브를 강화해야 한다. 둘째, 조직소요 충족 중심에서 조직소요와 개인요구 충족의 조화로 전환해야 한다. 조직소요 충족의 핵심은 전투력을 극대화하는 것으로 이를 위해 인적준비태세를 완비해야 하는데, 이 경우 자칫 잘못하면 개인요구 충족을 등한시할 수 있다. 따라서 조직 차원에서 경쟁을 강화하면서, 개인 차원에서 선택기회를 확대해야 한다. 그리고 조직 차원에서 직무수행에 필요한 핵심 역량을 개발하면서, 개인 차원에서 기본 자질을 개발해야 하는데, 이를 위해 교육훈련 기회를 대폭 확대해야 한다. 셋째, 주관적 지표 위주의 관리에서 객관적 지표 기반의 관리로 전환해야 한다. 국방인사의 공정성과 투명성을 제고하려면 무엇보다도 객관적 지표에 근거하고 관리하고 평가해야 하는데, 이를 위해 객관적 지표를 정의·개발하고 정보체계에 근거하여 관리하고 활용해야 한다.

(2) 역량관리 기능 강화

역량관리 기능 강화를 위해서는 첫째, 인력소요 차원에서 직무에 대한 체계적인 분석을 실시해야 한다. 인력 수급의 관점에서 본다면 인사관리는 직위별 직무수행에 요구되는 핵심역량을 정의하는 것에서부터 시작한다.

---

29 김종탁, 『국방개혁을 위한 국방인사정책 과제와 방향』(서울: 한국국방연구원, 2007), pp.2~9.

따라서 인력의 적재적소 관리를 위해 직무 및 역량관리 기능을 강화·정립하고, 이를 통해 정보체계 기반의 직무분석을 실시하여 조직에 맞는 직무 및 역량체계를 정립해야 한다. 둘째, 인력배치 차원에서 개인의 보유역량을 정의해야 한다. 인력수급의 관점에서 조직의 요구역량 뿐 아니라 개인의 보유역량을 체계화해야 하는데, 이를 위해 개인의 보유역량을 역량체계에 맞게 정의해야 한다.

(3) 기반여건 완비

인사 기반여건의 완비를 위해서는 첫째, 국방부 차원에서 정책 및 집행업무가 균형 발전하도록 인사조직을 정비해야 한다. 국방개혁에 따른 미래 인사환경 변화에 부응하기 위해 특히 인사정책 업무의 발전이 긴요하므로 이에 맞게 인사조직을 정비해야 한다. 둘째, 조직의 가치·규율과 응집력·리더십을 중시하면서 장병의 인권·자율과 자기계발·양성평등을 병행중시하는 병영문화를 정착시켜야 한다. 우리 군은 전투준비태세 완비를 통해 국방의 임무를 수행하는 곳인 동시에, 군 복무자에게 매력적인 직업을 제공하거나 개인 역량을 한 단계 높여 사회로 배출하는 곳으로 인식할 수 있도록 선진 병영문화를 정착시켜야 한다. 셋째, 인사자료의 관리 및 활용 중심의 정보체계에서 선진 업무절차 기반의 정보체계로 전환해야 한다. 우리 군이 전투·작전임무에 전념할 수 있도록 민간 정보통신기술의 아웃소싱을 통해 선진 인사정보체계를 구축해야 한다.

선진 국방인사를 구현하기 위해서는 이상에서 제시된 정책들의 입안도 중요하겠지만 관련 법령의 제·개정이 뒷받침되어야 한다. 주요 법령의 제·개정 소요를 살펴보면, 국방정원에 관한 법령의 제정, 국방교육훈련에 관한 법령의 제정, 국방부 직제에 관한 규정의 개정, 군 인사법과 군무원 인사법의 개정, 국방인사집행에 관한 법령의 제정 등을 들 수 있다. 국방개혁의 완성을 위해서도 이러한 법령의 제·개정이 차근차근 이루어져야 한다.

2. 국방복지정책

군인의 절반은 복지 인프라가 매우 취약한 읍·면 이하에서 살고 있기 때문에 주거환경이 열악하며 주택 및 거주지역 만족도가 사회와 비교하여 낮은 편이고, 또한 주택의 방의 수나 연건평도 저소득층 수준인데다가 자가 보유율은 사회의 절반 정도 수준이다.[30] 또한 공무원과 동일한 보수 수당에 관한 규정을 적용하기 때문에 군인의 다양한 특수성이 반영되지 않고 있어 개선요구가 지속 제기되어 왔다. 이러한 국방복지정책의 추진목표는 장기적으로는 국민평균 수준 이상의 주거여건 개선, 중산층 이상의 처우 보장과 독자적인 보수체계 구축, 민·관·군이 통합된 자연 친화적 복지제공 등이며, 중기적으로는 부족 숙소 해소와 공무원 대비 저조한 수당체계 개선, 대대급 이상 권역별 체육시설 건립 등이다. 이에 따라 국방부는 군인복지기본법(2008년 3월 1일 시행)을 근거로 2009년 4월 대통령의 승인을 받아 『군인복지기본계획』을 확정함으로써 군 복지의 미래 비전을 제시했으며, 이를 기초로 종합적인 복지정책을 수립하여 체계적으로 추진하고 있다. 『군인복지기본계획』의 주요 내용은 ①체감복지 향상, ②병영시설 현대화, ③의료체계 혁신, ④병영문화 혁신, ⑤생산적 복무여건 보장이다.

(1) 체감 복지 향상

군인복지는 군인의 삶의 질과 사기를 결정하며 무형전력 유지의 핵심요소이다. 국방부는 군인의 보수체계를 계급, 임무, 근무환경 등의 특수성을 반영하고 민간 대기업 수준으로 인상하기 위해 노력하고, 어려운 여건에서 근무하는 군인의 사기 및 근무의욕을 고취하기 위해 각종 수당(중대급 이하 전투부대 근무하는 부사관 장려수당, 군인대우수당, 가족별거수당, 대학생 자녀 학비보조수당, 접적지역 특수지 근무수당 과 함정수당, 항공수당, 위험수당 등)을 인

---

30 『군인복지실태조사』(서울: 국방부, 2008), p.213.

상해 나가고 있다. 또한 병사 봉급의 현실화를 위해 지속 노력하고 있다. 또한 가족복지 향상을 위해서 노후화된 간부들의 주거지(관사)를 BTL 사업으로 민간으로 이양해가고 있으며 전세금 대부사업도 확대하고 있다. 더불어 양질의 보육서비스를 제공하기 위해 군 어린이집의 국공립 전환을 병행하여 추진하고 있고, 군인자녀 특별전형과 대도시 위주 위치한 기숙사를 저렴하게 제공하고 있으며 군인자녀 호국장학금 제도를 시행하고 있다. 그리고 전역간부 전직지원 강화를 위해 정기적으로 중소기업청 등과 협약을 통해 취업기회를 확대하고 있으며 군의 전문성과 경험을 활용할 수 있는 유망직종에 대한 취업분야를 확대해나가고 있다. 마지막으로 안정화된 군인 연금제도를 지속 시행하고 있다.

(2) 병영시설 현대화

국방부는 국민생활 및 의식수준의 향상 등 사회발전 추세에 부응하고자 노후·협소한 병영시설을 단계적으로 개선하고 있다. 특히 장병들이 병영 공간 내에서 편리한 생활을 할 수 있도록 여러 과제를 국정과제로 추진하고 있으며 이를 통해 우리 군을 '가고 싶은 군대, 보람찬 군대'로 만들어 나가는데 기여하고 있다. 신세대 장병들의 성장환경과 병영 환경의 격차를 해소하여 장병들의 편리한 생활을 보장하기 위해 병영생활관을 개선하고 있다. 병영생활 현대화 사업은 부대 재배치 및 통합계획을 바탕으로 단계화하여 추진하고 있다. 1단계(2003~2009년)로 1982년 이전 건립되어 협소하고 노후화된 전방 및 격오지의 생활관을 우선적으로 개선했고, 2단계(2010~2012년)는 1983년 이후 건립된 생활관을 개수 및 증축하는 방법으로 개선하고 있다. 2011년에 재정사업으로 7,460억 원을 투자하여 육군 생활관 51개 대대, 해·공군 생활관 159개 동을 개선 중에 있으며, GOP와 해·강안부대 소초 생활관은 2009년 275개 동을 개선함으로써 사업을 완료했다. 세부적인 개선내용을 살펴보면 1인당 전용면적을 $2.3m^2$에서 $6.3m^2$로 확대하고, 소대 단위 침상형에서 분대 단위 침대형으로 개선해 나가고 있다. 또한 사이버지식정보방, 체력단련장, 휴게실 등 편의시설을 확보하고 여군 편의시설도 별도로 설치하고 있다.

(3) 의료체계 혁신

장병의 건강을 증진하고 전투력을 향상하기 위한 군 의료체계 개선은 지속되어 왔다. 특히 2011년 4월 육군훈련소 훈련병이 뇌수막염으로 사망한 사건을 계기로 군 의료체계를 획기적으로 개선하기 위한 대책을 마련했다. 민·군 합동위원회를 구성하여 수립한 『2012~2016 군 의료체계 개선계획』은 질병에 대한 사전 예방체계 강화, 장병의 진료 접근성 향상, 사단급 이하 부대 의료역량 확충, 민간 협력 강화 등에 중점을 두었다.

첫째, 질병 예방체계 강화를 위해서는 백신접종 확대, 예방 중심의 위생적 병영환경 조성, 군 의료 연구역량 강화에 중점을 두고 추진하고 있다. 둘째, 장병의 진료 접근성 향상을 위해 전입신병 건강 상담, 지휘관 대상 의료교육, 신병 교육기관 유급지침 개선, 격오지부대 원격진료 서비스 운영, 외진 셔틀버스 운행, 상병 건강검진 시행 등에 중점을 두고 추진한다. 셋째, 사단급 이하 부대의 의료역량 확충을 위해 장병들이 가장 많이 이용하는 대대→연대→사단의 3단계 진료체계를 대대·연대→사단의 2단계 진료체계로 간소화하여 신속한 치료를 받을 수 있도록 개선했다. 사단 의무대는 내과, 정형외과, 치과 등 전문과목별로 의료 인력을 보강하여 건강검진에서 재활까지 진료영역을 확대하고 있고, 2016년까지 총 200여 명의 군의관을 단계별로 보강하여 사단급 병원에서 진료를 종결시킬 계획이며, 또한 전문자격을 보유한 간호사, 치위생사, 물리치료사, 응급구조사 등 의무부사관을 충원하여 사단 의무대의 의료역량을 강화할 계획이다. 넷째, 민간과 네트워크 강화로 민간 병원과 협력을 강화하고 있으며 군 응급의료체계 협력을 119구급대, 소방방재청, 대한적십자사 등과 유대적 관계형성을 위해 노력하고 있다.

(4) 병영문화 선진화

군에서는 일과 후까지 지속되는 긴장, 편안한 휴식의 부족, 불만스러운 복지환경의 복무 스트레스가 가중되어 전투력 약화의 원인이 되어 왔다. 이에 국방부는 국민으로부터 신뢰와 사랑을 받는 '전투형 군대 육성'을 목표로 자율과 책임, 소통의 병영문화 선진화를 적극 추진하고 있다. 병영문화 선진화는 의욕적인 복무자세 및 건전한 병영생활을 유도하여 전투력을 창출하기 위해 교육훈련, 내무생활, 복지환경 등을 적극적으로 개선하는 것이다.

선진 병영생활 정착

병사 상호간의 잘못된 관행에서 발생하는 병영내의 악·폐습을 근원적으로 일소하고 존중과 배려가 넘치는 병영 분위기를 조성하기 위하여 2011년 '병영생활 행동강령'을 제정하여 시행하고 있다. 더불어 군내 언어폭력을 근절하고 올바른 언어 사용을 생활화하기 위하여 영상교육자료 등 '병영생활 언어 교육프로그램'을 개발하여 활용하고 있다. 또한 교육훈련과 휴식을 명확히 구분하기 위하여 일과표를 개선하여 적용하고, 병영생활관을 군 입대 동기단위로도 편성할 수 있게 하는 등 자율적인 병영생활을 적극 보장하고 있다. 더불어 외출·외박도 확대하여 병사들의 복무만족도를 증진시켜 교육훈련에 전념할 수 있는 여건을 조성하고 있다.

생명 존중의 사고예방 시스템 구축

군내 인명사고를 예방하고 안정된 부대관리를 통한 전투형 군대육성의 기반을 확고히 하기 위하여 다양한 사고예방 프로그램을 활용하고 있다. 관심병사 관리를 위해 '신 인성검사'를 4단계에 걸쳐서 시행하고 있으며, 전 장병을 '자살예방 지킴이'로 양성하기 위해 세미나와 전문상담관을 활용하고 있으며, 현역복무 부적합 병사의 적응을 돕기 위해 '그린캠프'를 2011년부터 운영하여 실효성을 증진시켰으며, 현역복무 부적합 병사에 대한 조치역량 강화를 위해 '병역심사관리대'를 육·해·공군에 6개소 운영하고 있다.

장병 인권 향상

일반사회의 인권 보호제도 발전에 부응하여 장병들의 인권 향상을 위해 법령과 제도를 정비하고 교육을 강화하고 있다. 또한 인권의식을 고취하기 위해 장병에게 친숙한 소재인 영화와 만화로 제작된 인권교육 자료를 보급하고 있다. 인권교육은 간부와 병으로 초점을 나누어, 온라인과 오프라인상에서 영상자료를 활용하여 맞춤식 교육으로 실시하고 있다. 또한 국방부에서 28개 예하부대를 대상으로 현장 지도방문을 적절히 실시하여 인권침해 예방·구제 활동, 취약시설 관리실태, 부대자체 인권교육 시행상태 등을 점검했고, 이를 통해 각급 부대의 인권업무 담당 간부와 지휘관들의 관심을 고취하고 인권보호에 대한 공감대를 형성했다.

⑸ 생산적 복무여건 보장

장병들이 군 본연의 임무에 충실하면서도 자기개발 학습을 통해 전역 후 개인의 미래를 설계하고 준비할 수 있도록 하는 생산적 군 복무여건을 보장하고 있다. 또한 원격교육을 통한 학점취득과 e-러닝 콘텐츠 학습 등 복무 중에도 입대 전 학습의 연속성을 보장하는 한편, 자격증 취득을 지원하고 군 복무경험을 사회적으로도 인정받을 수 있도록 제도를 개선해 나가고 있다.

학습의 연속성 보장

대학 재학 중에 입대한 병사들이 군 복무 중에도 학습을 계속할 수 있도록 대학과 협의하여 원격강좌를 개설하고, 사이버지식정보방에서 학습할 수 있도록 지원하고 있다. 원격강좌 개설 대학은 2007년 5개 대학을 시작으로 2011년에 69개, 2012년에 84개 대학으로 확대되었으며, 2015년까지 120개 대학을 목표로 협의 중에 있다. 이러한 원격강좌를 통해 병사들은 학기당 3학점, 연간 6학점까지 취득할 수 있다. 또한 연간 10,000여 명의 고졸 미만 학력 병사들의 자기개발과 복무의식 고취를 위해 검정고시를 치를 수 있도록 학습교재 및 e-러닝 콘텐츠를 제공하고 있으며 이를 통해 고졸 검정고시에 합격한 병사는 2011년에 1,605명에서 2013년 3,213명으로 증가했다. 또한 외국어 능력 향상을 위해 전화영어 수강, 영어마을 입소 등을 지원하고 있으며 어학능력시험에 응시하는 장병들에게 응시료를 일정부분 할인받도록 협조했다.

군 경력의 사회적 인정 확대

군 복무기간이 자기역량을 개발하고 장래를 설계·준비하는 기간이 될 수 있도록 관련 정책을 추진하고 있다. 특히 군에서 경험한 교육훈련 경력을 사회적으로 인정받을 수 있도록 관련 제도를 시행하고 있다. 군 교육훈련 과정의 학점인정은 교육과학기술부의 평가인증을 거쳐 대학 학점으로 인정받는 제도를 시행하고 있다. 현재 22개 병과학교 87개 과정이 인증을 받았으며, 이 과정을 수료한 병사들은 국가평생교육진흥원을 통해 2~3 학점을 취득하고 있다. 2012년에는 182개 대학이 학칙을 개정하여 군 교육훈련과정 이수를 통해 취득한 학점을 인정하고 있으며, 교육과학기술부와 협조하여 학점인정 대학의 확대를 추진하고 있다. 또한 국가기술자격 취득 활성화를 위해 84개 국가기술자격 종목을 위탁받아 군내에서 연 2회 자격검정 시험을 통해 활성화하여 국가기술자격 취득자는 2011년 16,310명에서 2012년 18,000명으로 증가했다.

3. 국방정책과 병역제도

군사력의 중심인 병력의 확보는 병역에 의해서 이루어진다고 했다. 개념을 정리하면 우리나라 헌법 제39조는 "①모든 국민은 법률이 정하는 바에 의하여 국방의 의무를 진다, ②누구든지 병역의무의 이행으로 인하여 불이익한 처우를 받지 아니한다"라고 규정하고 있다. 따라서 병역법의 규정에 의하여 복무하는 비군사적 분야에서의 대체복무도 병영의무(국방의무) 이행으로 보아야 하며, 병역법 제5조 병역의 종류에서도 비군사 분야에 근무하는 공익근무요원, 산업기능요원 등의 복무도 병역으로 규정하고 있다. 따라서 병역의 개념을 광의로 보아서 '국가의 군사력을 구성하는데 필요한 병원을 획득, 유지하기 위한 인적부담'이라고 정의할 수 있다. 징용이나 노무, 역무는 단순히 노동력만을 제공하고 그 반대급부로서 보수를 받는데 대하여 병역의무는 국가의 주권과 영토를 수호하고 국민의 생명과 재산을 보호할 목적으로 어떠한 위험도 감수하고 사명을 다해야 한다는 윤리적 충성심을 바탕으로 하고 있기 때문에 그 숭고성과 존엄성이 다른 의무보다도 더 강조되는 것이다. 병역제도의 유형은 크게 의무병 제도, 지원병 제도, 혼합형 제도로 나뉜다.

(1) 의무병제도

의무병제도란 국가는 국민 모두가 방위해야 한다는 관념 아래 국민에게 병역에 복무할 의무를 부과하는 제도이다. 여기서 국민 모두가 병역의무를 지는 관념을 국민개병주의라고 한다. 의무병제도는 국민개병주의에 따라 개인의 의사와 상관없이 국민이면 누구에게나 군사권력 작용을 행하는 국가가 병역에 복무할 의무를 부과하는 제도이다. 의무병제도는 다시 징병제와 민병제로 나뉘는데 징병제란 평시에는 국방에 필요한 최소한의 군대를 상설하여 징집된 병력을 일정기간 교육과 전투실기를 습득시켜 국방에 임하게 한 다음 차례로 교대하여 예비군을 확보하는 제도이다. 현재 한국을 비롯하여 북한, 러시아, 중국, 베트남, 브라질 등 많은 국가들이 이 제도를 채택하고 있다. 민병제란 평시에는 자기의 생업에 종사하면서 매년 일정기간동안 군사교육을 통하여 전술을 연마시키고, 유사시에는 동원 소집되어 전시체제로 편성되는 제도이다. 군의 기간이 되는 간부는 평시 지원에 의하여 조직하되, 전 국민은 반드시 단기간의 기초 군사교육을 받은 후 재영하지 않고 자가에서 생업에 종사한다. 이 제도는 평화 시에는 상비군의 수가 비교적 적기 때문에 비용 면에서 이점이 있다. 그러나 국가가 민병에 의존하기 때문에 적국의 갑작스러운 공격에 즉각 대처하기 곤란한 점이 있고, 민병에 대하여 기초 군사훈련은 가능하지만, 고도의 기술적 훈련을 시킬 만큼 충분한 시간이 부족하다는 단점이 있다. 현재 스위스, 스웨덴에서 실시하고 있다.

(2) 지원병제도

자유병제도라고도 하며 의무병제도와는 달리 국가와 개인의 계약에 의해 병역에 복무하는 제도이다. 따라서 지원병제도는 강제적인 의무병제도에 비해 국민적 갈등이 적다고 할 수 있다. 지원병제도는 전쟁 발발의 가능성이 비교적 없는 나라에서 채택되고 있으며, 역사적으로 볼 때 지원병제도는 의무병제도와 병행하거나, 또는 의무병제도가 해이하게 된 때 실시되었다. 종류로는 직업군인제, 모병제, 용병제, 의용군제 등이 있다.

(3) 혼합형제도

대개의 경우 세계 각국에서 실제로 가장 널리 사용되고 있는 병역제도는 혼합형 제도이다. 이는 의무병제도와 지원병제도를 적절한 비율로 혼합한 유형인데, 징병제와 모병제의 혼합이 전형적 유형이다.

VII. 국방동원정책

1. 국가동원 개념

(1) 국가동원 정의

인류역사는 전쟁의 역사와 함께 발전하여 왔으며 그 전쟁은 필연적으로 국가동원이란 과제와 관련을 갖게 된다. '동원^{Mobilization}'이란 용어는 특정 목적을 위해 현재적이고 잠재적인 국력을 가동화하는 의미로 사용되어 오고 있지만, 원래는 군사용어로 군대의 전부 또는 일부를 평시편제로부터 전시편제로 전환하는 것이었다.[31] 한국도 1979년에 제정된 국가보위특별조치법에서는 국가동원을 "비상사태에서 국가목표를 위하여 인적·물적자원을 효율적으로 동원하거나 통제 및 운용"하는 것이라고 했다.

(2) 국가동원 목표

국가동원의 목표는 전시 또는 비상사태 발생 시에 국가의 이용 가능한 인적·물적자원을 효율적으로 동원하여 군수소요^{軍需所要}를 충족시킴과 동시에 민수소요^{民需所要}의 적정수급으로 민생의 안정을 도모하고, 관수소요^{官需所要}를 충족시켜 지속적인 경제력을 확보함으로써 총력전 수행에 만전을 기하는데 있다.

(3) 국가동원 요건

국가가 동원을 실시할 때는 동원에 필요한 일정한 요건을 충족해야 한다. 국가동원은 국가의 존망과 국민의 생존에 중대한 영향을 미치는 비상사태 시에만 이루어져야만 하며 어떤 개인의 이익이나 목적을 달성하기 위해 이루어져서는 안 된다. 즉 동원의 필수요건으로서 동원의 시기(When)는 국가이익을 크게 위협하는 국가비상사태시가 되며, 동원의 주체(Who)는 개인이 아닌 국가여야 하고, 동원의 대상(What)은 국가의 모든 자원이며, 동원의 행위(How)는 국가공권력의 발동과 동원대상 자원의 의지가 통합되어 이루어져야 하며, 동원의 목적은 국가안보 및 국가이익을 충족시킬 수 있어야 한다.

---

[31] 『안보관계용어집』(서울: 국방대학교, 2006), p.277.

2. 국가동원의 구성

국가동원은 국가적 차원의 전시나 어떠한 국가비상사태시의 국가존립 목적을 달성하기 위하여 정치·경제·군사·사회심리·과학기술 등 국가의 모든 역량을 동원하는 국가의 총체적 행위이다. 국가동원은 국력요소를 중심으로 군사동원, 경제동원, 기타동원, 미방위, 복원 등으로 구성되며, 국가동원은 계획적·적시적·경제적·통합적인 동원이 되어야 한다(〈그림 6-8〉 참조).[32]

〈그림 6-8〉 국가동원의 구성

출처 조영갑, 「국가안보학」 p.432.

(1) 군사동원

군사동원이란 인원, 물자, 시설, 행정 등의 각 요소를 군사활동을 위하여 동원하는 것을 말한다. 군사동원에는 통상 예비병력의 소집, 징집, 훈련 시설의 확장과 비축장비 불출 준비, 후방지원을 위한 대책과 활동이 있으며, 전쟁 준비나 수행을 지원하는 제반 군수대책이 포함된다. 군사동원은 동원령이 선포된 후에 즉각 군사활동을 효율적으로 지원할 수 있도록 하

---

32 조영갑, 「국가동원연구」(서울: 국방대학교, 2000), p.5.

는 전쟁수행능력으로서 통상 전쟁의 규모가 커짐에 따라 점차 경제동원 및 기타동원으로 그 범위가 확대되며, 동원령이 선포된 후 단시간 내에 동원해야 하기 때문에 평시에 세밀한 계획과 준비가 있어야 한다. 인원동원, 물자동원, 시설동원, 행정동원으로 구분한다.

(2) 경제동원

경제원동원이란 전시 또는 어떤 국가비상사태에서 국가목적(목표)를 달성하기 위하여 자국의 경제자원을 동원하는 제반활동을 말한다. 경제동원에는 최소화할 수 있는 제반 통제수단이 포함된다. 현대전을 수행하는데 있어 첨단무기를 대량생산 및 해외구입을 하는데 그 비용이 증가하는 것이 필연적이라 하겠고, 일단 전쟁이 일어난 후에 소모되는 전비 및 물량을 보았을 때 그 나라의 경제력은 전쟁의 지속성과 전쟁의 승패를 결정하는 중요한 요소가 된다. 산업동원, 경제통제로 구분한다.

(3) 기타동원

기타동원은 정신동원, 정보동원, 과학기술동원으로 구분한다.

3. 국방동원의 분류

개념적 측면에서 동원정책을 살펴보면 그 범위, 시기, 형태, 방법, 대상에 따라 일반적으로 〈표 6-4〉와 같이 분류하는 것이 보통이다.

동원과 관련지어 생각할 수 있는 것이 이른바 동원의 전제조건이라고 할 수 있는 '비상사태'에 대한 논의이다. 현재 운용되고 있는 비상사태의 대표적인 것으로 충무사태는 〈표 6-5〉와 같다.

군(연합사) 운용개념은 보통 데프콘DEFCON: Defense Readiness Condition이라 불리는 것으로, 이는 '국제적인 긴장상태와 국지 및 전면전 상황발생 시 주어진 군사상황에 대처할 수 있도록 준비된 방어준비태세'를 의미한다. 일반적으로 〈표 6-6〉과 같이 3단계로 파악되나 '계속적인 경계가 요구되는

〈표 6-4〉 동원의 분류

분류		세부 내용
범위	총동원	동원대상이 되는 유·무형의 전 자원을 동원
	부분동원	동원대상 자원 또는 지역의 일부를 동원
시기	전시동원	전시동원령을 선포하고 일정계획에 의거 동원
	평시동원	전쟁 외의 비상사태 시 또는 전시대비 훈련 시
형태	정상동원	동원령 선포 시 사전계획에 의거 동원
	긴급동원	동원계획에 차질이 있거나 추가 소요가 있을 때 동원
방법	공개동원	각종 매체를 통하여 공개적으로 동원령을 선포하여 동원
	비밀동원	동원대상에게 개인적으로 통보하여 대상자만이 알게 하는 동원
대상	인적동원	병력 및 인력동원
	물적동원	인적동원 외에 산업, 수송·통신 및 기타 시설동원, 재정·금융 동원, 홍보매체 동원 등

출처 이재평 외, 『군사학 개론』(서울: 글로벌, 2010), p.170.

〈표 6-5〉 충무사태 개념

구분	개념
충무 3종	적의 전쟁 도발징후가 현저히 증가한 상황으로서 비상대비계획 시행을 준비하는 단계. 군의 데프콘3에 준하는 상황.
충무 2종	적의 전쟁 도발징후가 고조되어 전쟁의 위협이 한층 더 농후하고, 군의 데프콘2에 준하는 상황으로서 비상대비계획의 일부를 시행하는 단계.
충무 1종	전쟁이 긴박한 상태군의 데프콘1에 준하는 상황으로서 비상대비계획을 전면 시행하는 단계.

출처 이재평 외, 『군사학 개론』, p.178.

<표 6-6> 데프콘(DEFCON)

구분	개념
데프콘3	중대하고 불리한 영향을 초래할 수 있는 국지전적 긴장상태가 존재
데프콘2	적이 공격을 위해 준비태세를 강화할 징후가 있거나 긴장이 고조된 상태
데프콘1	중요한 전략 및 전술적 적대행위 징후가 존재하는 상태

<표 6-7> 통합방위사태

구분	세부 내용
병종사태	적 부대 및 요원의 침투도발이 예상되거나, 소규모(5명 이내) 적 부대 및 요원이 침투하여 일부 지역에서 기습·파괴·살상 등을 자행할 시, 경찰 책임하에 이를 소탕하여 단기간 내 치안을 회복할 수 있는 경우
을종사태	일부 또는 여러 지역에 적 부대 및 요원이 침투하여 기습·파괴·살상 등을 자행할 시, 단기간 내에 치안회복이 곤란하여 작전지역 구분 없이 군 책임하에 통합작전을 수행해야 하는 경우
갑종사태	전국적으로 대규모의 적 부대 및 요원이 침투하여 기습·파괴·탈취·살상행위 등으로 사회질서를 교란할 시, 당해지역에 계엄령을 선포하여 통합작전을 수행해야 하는 경우

출처 이재평 외, 『군사학 개론』 p.179.

국가적 긴장상태'를 데프콘 4로 설정하기도 한다. 충무사태가 정부의 운영지침이라면 데프콘은 군의 전쟁준비태세에 초점을 둔 것으로 단계별 성격은 충무사태와 비슷하다.

이와 함께 통합방위사태로도 살필 수 있는데 이는 <표 6-7>과 같다.

4. 국방동원 계획 및 정책

한국의 동원체제 특징은 사유재산에 대한 공권력의 통제를 그 기본으로 하고 있어 유사시 유가보상을 전제로 수용한다는 점이다. 따라서 동원령 선포 조건도 엄격히 규정[33]하고 있다. 동원기능 집행은 대통령이 법률적 효력을 가지는 총동원령을 내림으로써 시행한다. 안전행정부 총괄하에 해당 부처별로 관련분야 동원기능을 집행하게 하고 있는데, 안전행정부를 보좌하는 기구로서 평시에 비상대비 기획관을(2008.2.29일 개편) 두고 있다. 주 소요부처인 군은 단지 소요 요청만 할 뿐 동원에 관한 전반적인 업무는 일반 행정부처가 맡는데, 국방부가 병무청 계통으로 관여하는 병력동원 기능을 제외한 인력동원 기능이나 물자동원 기능 측면은 일반 행정계통의 지방자치단체가 기본 축을 이룬다고 할 수 있다. 또한 한국의 군사력 건설은 〈표 6-8〉과 같이 상비전력 감축에 따른 방위충분전력으로서 정예화된 동원전력을 확보해야 한다.

〈표 6-8〉 한국의 군사력 운용

구분	운용 개념
상비전력	초기 신속대응군, 전략적 타격군, 정보·과학기술군
동원전력	전쟁억제군(평시), 신속한 동원으로 국토방위 주력군(전시) - 지상부대 주 전력군 - 양적 우세보다는 기술성·전문성 위주의 질적 동원군 건설

한국의 상비전력은 신속 대응군으로 적의 초기공세를 저지하고 전쟁 진행상황에 따라서 전략적 타격군으로 운용할 수 있도록 하며, 동원전력은 평시에는 위협국가들이 감히 넘볼 수 없는 질 높은 전쟁 억제군으로 운용하고 있다. 또한 전시에는 신속한 동원능력을 발휘하여 지상부대 주 전력군으로 적의 침략의지를 분쇄하고 선별적인 보복력으로 적의 공격부

---

33 대한민국 헌법 제76조 ②대통령은 국가의 안위에 관계되는 중대한 교전상태에 있어서 국가를 보위하기 위하여 긴급한 조치가 필요하고 국회의 집회가 불가능한 때에 한하여 법률의 효력을 가지는 명령을 발할 수 있다.

대를 타격하여 승리할 수 있는 국토방위 주력군으로 발전시켜 나가야 한다. 이와 같은 동원전력의 적극적인 운용을 위해서 지금까지 양적 우위의 동원전력 보다는 질적 우위의 동원전력이 될 수 있도록 동원정책 및 제도를 발전시켜 나가야 한다.

VIII. 국방획득정책

1. 국방정책과 국방획득정책

현대적 국가안보 개념은 군사 분야뿐만 아니라 정치, 경제 등 국가활동의 모든 부문을 포함하는 포괄적 개념으로 변화되었다. 또한 국가이익과 목표 달성을 위한 국가안보전략, 즉 안보지침을 구현하기 위한 현 정부의 국방정책의 기조와 정책지침에 따른 국방부의 8대 정책기조는 ①포괄안보를 구현하는 국방태세 확립, ②선진 군사역량 구축, ③한미 군사동맹의 발전과 국방외교·협력의 외연 확대, ④남북관계 발전의 군사적 뒷받침, ⑤정예 국방인력 양성 및 교육훈련체계 개선, ⑥강도 높은 경영효율화, ⑦가고 싶은 군대, 보람찬 군대 육성, ⑧국민과 함께하는 국민의 군대 지향이다.

현재 국방부의 국방목표는 외부의 군사적 위협과 침략으로부터 국가를 보위하고, 평화통일을 뒷받침하며, 지역안정과 세계평화에 기여하는 것이다. 국방부는 국방정책 8대 기조 중 '강도 높은 경영효율화'를 위해 국방자원관리의 효율성 추구, 국가·민간자원 활용으로 국방자원 최적화, 무기조달·획득체계 개선, 국방경제의 국가경제 성장 동력화를 추진하고 있다.

이 중 '무기조달·획득체계 개선'은 방위산업과 관련된 것으로 사용자가 요구하는 성능을 갖춘 무기·장비·물자를 최소의 비용으로 보다 적기에 공급할 수 있도록 무기조달 분야와 국방획득체계를 개선해나가고 있다. 이를 통해 군사력 건설과 국방경영의 효율성, 경제성, 투명성을 높이는 데 기여할 것이다.[34] 특히 국가 제 부문의 노력을 군사적인 요구에 합치되도록 해야 하는 이유는 군사부문의 방대화와 무기·장비의 복잡화로 정부에서 군사부문을 정확하게 파악하기 어렵게 되었고, 또한 장차전에서 승리하기 위해서는 평시부터 국가의 모든 부문이 통합되어 일관성 있게 준비해야 승리를 보장할 수 있기 때문이다.

국방부에서 '획득'이란 용어를 본격적으로 사용하게 된 것은 1988년 국방기획관리규정과 무기체계획득관리규정(훈령 제382호)을 제정하면서부터이다. 역사적 측면에서 획득의 의미를 종합해보면 크게 두 영역, 즉 광의의 획득과 협의의 획득으로 구분할 수 있다. 첫째, 광의의 측면, 즉 국방정책 및 군사전략 구현을 위한 수단 확보 차원에서 전력기획(전력소요 도출 및 소요결정)에서부터 개발 및 전력화(야전배치 및 운용)까지를 포함하는 넓은 개념으로, 이는 과거의 군수에 대한 개념 정의와 같다. 둘째, 협의의 측면은 소요결정 이후 단계부터 전력화 단계까지를 말한다. 왜냐하면 과거와는 달리 오늘날 무기체계가 첨단 및 고가화되고 기술발전 속도가 과거에 비해 훨씬 빨라졌고, 이를 관리하기 위한 전문적 획득관리기법 등이 더욱 요구되기 때문이다. 오늘날 국방획득의 개념을 협의적으로 해석하는 것이 지배적이기는 하지만 시스템 획득 이전 단계에 대한 이해, 즉 국방정책으로부터 전력기획에 이르는 전체적인 프로세스를 이해하지 못한 상태에서는 결코 시스템을 효과적으로 확보할 수 없으며, 국가 차원의 자원 활용 효율성도 기대할 수 없게 된다.

2. 국방획득정책의 결정과정

정책 결정과정은 정책의 전 과정에 있어서 가장 중요한 과정이다. 지금까지 의사결정과정에서 가장 중요한 요소는 비용 대 효과의 비교를 통한 능

---

34 『국방백서 2010』(서울: 국방부, 2010), pp.160~173.

률성 문제였다. 공공정책은 사기업과는 달리 능률성만을 강조할 수 없고 경우에 따라 효율측면에서만 보면 손해를 보는 정책도 감수해야 하는 경우가 있다. 정책 결정과정에서 국민의 이익보다 특수계층의 이익을 반영하거나 확보에 치중한다면 정당성, 공공성 및 대표성을 잃게 되는 것이다. 따라서 정책 결정시 능률성과 함께 윤리성 확보도 매우 중요한 요소로 다가온 것이다.[35] 그리고 무기체계 소요를 판단하고 수요를 충족시키기 위한 절차는 ①현재 및 미래의 군사적 위협이 예상되면 위협에 대처할 수 있는 무기체계를 획득해야 하고(군사전략적 판단), ②그러한 무기체계의 기술적 성능을 어떻게 설정할 것인가?(기술적 판단), ③그리고 무기체계를 어떠한 방법으로 확보할 것이고(기술적 판단), ④비용은 얼마나 필요한가?(경제적 판단)와 같은 순서에 따라 업무가 추진된다. 따라서 무기체계 획득과 관련한 의사결정을 위한 판단순서는 ①군사적 판단, ②기술적 판단, ③경제적 판단 순으로 하되, 수요를 충족하기 위한 판단기준은 ①국방과학기술 획득, ②전력 증강(물량, 전력화 시기, 성능 등), ③민군겸용 기술 개발능력 향상 순으로 원칙의 패러다임을 정하는 것이 바람직하다.

획득정책은 '무기체계 국내개발 활성화 정책', '방위산업 육성' 등이라고 할 수 있으며, 과거 국방획득관리규정과 방위력 개선사업 관리규정에서 국방획득정책의 목표와 유사한 원칙적 방향을 제시하고 있다. 국방획득관리규정에서는 4원칙을 제시하고 있는데 즉 ①통합사업관리 수행, ②과학적 기법 적용 강화, ③기술관리 강화, ④통합전력 발휘 차원의 예산편성 강화이다.

3. 국방획득정책의 집행절차

국방획득정책은 앞에서 설명한 바와 같이 소요결정체계, 국방기획관리체계, 국방획득체계를 유기적으로 연계하여 집행할 때 성공적으로 수행할

---

35 『방위사업개론』(서울: 방위사업청, 2008), p.97.

수 있다. 국방획득정책이 효율적으로 집행되도록 하기 위해 고려할 사항은 크게 두 가지로 첫째는 정책기능결정과 정책 집행기능의 연계문제이고, 둘째는 획득정책 집행을 위해 시행할 구체적 세부 프로그램 수행의 문제이다. 이를 세부적으로 설명하면 다음과 같다.

첫째, 국방획득정책기능과 집행기능이 유기적으로 연계되어 추진되어야 한다. 정책의 계획과 집행, 평가가 유기적으로 연계되고 환류되어야 성공할 수 있으며, 정책결정자와 집행자들 상호간의 관계가 사업의 핵심 성공요소라고 할 수 있다. 이를 위해서는 담당자들의 업무에 대한 전문성이 절실히 요구된다. 예를 들어 전문성을 가지지 못한 경우에도 불구하고 정책 결정기능을 가지게 될 경우, 정책 결정의 영역은 하위수준인 집행자들에게 또 다른 형태의 위임을 초래할 수 있다. 결국 집행은 정책과정의 한 부분이며 다른 과정들과 복잡하게 연결되어 있기 때문에 정책과 분리된 상태 혹은 집행에 대한 충분한 이해가 부족한 상태에서 정책 결정을 하거나 분리된 상태에서 집행과정만 수행할 경우 원활한 정책 집행이 곤란하다.

둘째, 획득정책의 올바른 추진을 위해서는 군사전략적·경제적·기술적 판단뿐만 아니라 최소의 비용으로 최적의 성능을 가진 무기체계를 주어진 일정 내에 획득해야 하며, 효율적인 사업목표 달성을 위한 사업추진전략이 필요하다. 과거 국방획득관리규정과 현 방위사업관리규정에서 변함없이 강조하고 있는 획득의 기본원칙은 사용자(소요군) 중심의 군사력 건설에 있다. 특히 냉전시대 국방정책의 최고 우선순위는 적의 침략에 대비한 군의 준비태세를 확립, 강화시키기 위한 주요 수단으로서 무기체계 획득에 주어져 있었다. 그러나 탈냉전시대에 들어서면서 단지 군사력 증강 그 자체에만 치중하던 획득목표 및 전략에 대한 인식이 변하고 있다. 이것이 의미하는 바는 무기획득을 군사전략적 측면에서만 고려하는 것이 아니라 국가의 과학기술 발전, 더 나아가 총체적인 경제발전에 도움이 되는 방향으로 획득정책이 추진되어야 한다는 것이다. 최근 수년간 나타난 현상처럼 국민들은 국민들의 복지향상을 위해 군이 사용하고 있는 국 방비를 점점 더 줄여야 한다는 생각을 하기 시작했고, 또 한편으로는 그 것이 당연한 것처럼 받아들이고 있다. 예를 들어 국민들의 삶의 질 향상 에 직접적으로 관련이 있는 복지에 더 많은 관심을 가지고 있고, 정부예 산이 그러한 분야에 더 많이 투자되기를 희망한다는 것이다. 또 다른 측 면은 고가의 장비, 증가하는 획득비용, 삭감되는 국방예산의 시대에서 이 들 국가의 대부분은 변화된 안보환경 하에서의 위험판단, 예산관리, 범용 기술 개발, 가격변화 등에 관련된 이슈들에 관심을 표명하게 됨으로써 이 제 더 이상 군 소요만 충족시키는 무기획득은 사실상 진행하기가 어렵게 되었다는 것이다.

결국 무기획득 시 국방목표 달성을 경시한 채 경제성 및 기술적 효과만 을 고려할 수도 없다. 따라서 이에 대한 기본원칙을 세워야 할 필요성이 있다. 즉 사용자(소요군) 중심의 안보위험 판단 및 군사적 측면을 가장 우 선적으로 고려해야 할 것이며, 이러한 군사적 목표 달성을 효율적으로 수 행하기 위한 기술적 대안 혹은 기술적 파급효과를 고려해야 한다는 것이 다. 마지막으로 검토한 대안들 가운데서 비용대비 가장 효과적인 방안을 선택하는 일련의 군사전략적→기술적→경제적 판단을 고려해야 한다. 또한 국방획득목표 달성을 위해 사업을 추진하고 있는 사업관리자의 국 방획득의 목표는 획득목적에 부합되는 최소의 비용으로 최적의 성능을 가진 무기체계를 계획된 일정 안에 적시에 조달하는 것이다. 따라서 사업 관리자는 획득의 목표가 되는 사용자(소요군)의 요구성능, 일정 요구도, 그 리고 주어진 예산범위 내에서 총 사업비에 대한 최선의 예측이 선행되어 야 획득목표 달성을 위한 사업추진전략 수립이 가능해진다. 따라서 사업 관리자는 성능, 비용, 일정 상호간의 상쇄Trade off 가능한 범위 확보를 위해 사용자(소요군)와 함께 요구성능 목표값·한계값 설정을 위한 노력을 해야 한다. 현재의 획득환경을 고려해보면 중기소요로 전환된 소요에 대해서 결정된 작전운용 성능과 기술적 부수적 성능에 대한 검토를 통해 사업관리자라는 기술적 부수적 성능에 대한 결정 및 보완이 가능하도록 규정[36] 되어 있다.

셋째, 비용목표 달성을 위해 필히 수반해야 할 것이 바로 비용과 성능의 상호 상쇄이다. 사업관리자는 사용자(소요군)가 동의한 하나의 목표값과 이에 수반된 한계값의 차이, 즉 상쇄 가능한 여유공간Trade space을 확보할 수 있도록 노력해야 한다. 비록 작전운용 성능은 조정이 제한된다 할지라도 기술적 부수적 성능은 보완 노력여부에 따라 비용의 증감에 많은 영향을 줄 수 있다. 총 획득비용과 사업일정 단축을 위한 최적의 시기는 획득과정의 초기단계이다. 지속적인 비용, 일정, 성능 간의 상쇄분석은 비용과 일정단축에 상당한 도움을 줄 것이다. 즉 목표값과 한계값 사이의 '상쇄 가능한 여유공간' 범위 내에서 조정될 수 있는 소지는 매우 많다. 물론 획득사업 전체에 영향을 미치는 요소, 즉 여유공간을 벗어나는 항목 변경은 사용자(국방부, 합참, 소요군)의 결심과 사업관리자의 결심을 동시에 필요로 한다.

넷째, 사업목표 달성을 위한 사업추진전략을 수립하여 시행해야 한다. 사업추진전략은 광범위한 기획 및 준비 그리고 해당 사업의 특수성 및 일반성에 대한 충분한 이해를 통해 수립 가능하다. 따라서 잘 수립된 사업추진전략은 사용자(소요군)의 요구능력 만족을 위해 필요한 시간과 비용을 최소화하고, 무기체계 수명주기 전체 기간 동안 효율성을 담보하게 된다. 물론 사업추진 전략도 모든 주요 의사결정 시점, 사업추진전략의 변화가 승인될 때마다 지속적으로 최신화·구체화되어야 할 것이다.

4. 국방획득정책과 방위산업

주요 선진 방위산업국가의 국방획득제도는 각국별 정치·경제 및 국방문화와 국제적 환경변화에 의해 진화·발전되어 왔다. 냉전 종식 후 전 세계

---

36 방위력 개선사업 관리규정 제55·56조(기술적 부수적 성능의 결정 및 수정).

적인 국방비 감축 추세에 따라 주요 방위산업 선진국들은 강도 높은 구조조정 및 비용절감 노력을 강화해왔으며, 국방과학기술의 급격한 발전과 미래전쟁 개념에 대한 인식의 변화와 진화하는 무기체계 획득을 위한 비용 증대로 인해 방위사업 관리자의 전문성 증대 및 효율적이고 고도화된 사업관리 능력이 요구되고 있다.

특히 이러한 환경변화에 따라 우리나라와 같은 후발 방위산업국가는 선진국의 기술 패권주의의 일환으로 점차 증대되어 있는 첨단기술 이전에 대한 통제 강화에 적극적으로 대처하기 위한 국방획득제도 개선 및 연구개발 능력 확보를 위한 발전전략이 필요하다.

국방부는 소요군이 필요로 하는 무기와 장비를 구매하기 위해 매년 다양한 형태의 획득사업을 추진하고 있는데, 방위력 개선사업으로 분류되는 획득사업의 예산 규모는 2006년부터 2010년까지 34조 2,465억 원으로 전체 국방예산의 30%에 이른다.[37] 그런데 이러한 획득사업은 보통 10년 이상의 기간이 소요되며 때로는 수조 원의 예산이 투입되기도 하는데 규모의 대형화와 오랜 획득기간으로 인하여 일관적이고 효율적인 사업추진이 쉽지 않은 실정이다. 특히 무기체계별 형상의 복잡성, 군사규격의 정밀성 및 현대 무기체계의 전자화 등으로 말미암아 국방획득사업 수행 시에는 비용이나 일정만이 아니라 성능 및 기술에 대한 세심한 관리를 필요로 한다.

현대 무기체계의 획득은 실존 장비를 구매하는 방식 이외에 주문자 요구조건에 따라 연구개발을 수행하고 이를 바탕으로 체계를 통합하여 군이 원하는 무기체계를 공급하는 방식으로도 많이 이루어지고 있다. 즉 기존의 획득관리규정에 따른 국외도입 또는 국내 연구개발보다는 이들 두 가지 방식을 혼합한 형태의 사업이 점차 증가하고 있으며, 이에 따라 수행절차가 복잡해지고 동시에 사업관리도 더욱 어려워지고 있는 추세이다.

---

37 『방위사업청 통계연보』(서울: 방위사업청, 2011), p.166.

따라서 정보화되고 복합화된 현대 무기체계를 효율적으로 획득하기 위해서는 단순한 사업관리 방식만으로는 무리가 있으며 무기체계, 정보체계 및 비무기체계 등의 개별 체계뿐만 아니라 이들 체계가 통합된 복합체계도 수용할 수 있는 전문적인 사업관리방식이 요구된다고 할 수 있다.[38]

국방획득사업의 목적은 '저렴한 비용으로 성능이 우수한 장비를 적기에 배치'하는 것이다. 국방부는 이러한 목적 달성을 위한 여러 실천방안을 시행해왔고, 2006년 1월 방위사업청을 개청하여 획득에 관한 업무를 전담토록 하고 있으나 여전히 많은 문제점을 갖고 있다.

이에 따른 발전방향을 살펴보면 국방부에서는 방위사업청 개청 이후 효율적으로 운영되고 있는 제도는 지속적으로 발전시키되, 국방부·합참·각 군·방위사업청 등 획득조직들이 고유기능을 원활히 수행하면서 협력체계를 유지할 수 있도록 개선해 나가고 있다. 앞으로 중기계획 수립, 연구개발·방위산업 정책 등을 수행하면서 획득정책을 다른 국방정책과 연계하여 조정·통제하고, 합참은 싸우는 방법에 기초하여 소요를 결정하고 시험평가에 대한 최종 판정기능을 수행하며, 방위사업청은 사업관리와 계약관리 등의 집행을 전담하는 체제로 발전시켜 나갈 예정이다.[39]

이와 같은 국방부의 해결방안과는 별도로 검증하는 다음과 같이 해결방향을 제시하고 있다.[40] 첫째, 국방부와 방위사업청 간 중기계획 및 예산편성에 관한 기능을 재정립해야 한다. 둘째, 소요·획득·운영유지를 통해 경제적 획득관리 및 전력발휘를 도모할 수 있도록 제도를 개선해야 한다. 이를 위해서는 과학화된 소요창출 및 소요검증체계 구축이 반드시 이루어져야 한다. 셋째, 개발시험 및 운영시험 평가 시 소요군의 의견을 적극

---

38 조남훈·송병규·류지운, "국방획득체계 발전방향", 『국방정책연구』 통권 제58호 (2002년 겨울), pp.65~66.

39 『국방백서 2010』, p.174

40 김종하, "합리적 국방획득체계 구축을 위한 방안", 『한국 국방경영분석 학회지』 제35권 제2호 (2009. 8. 31), p.16.

반영해야 한다. 특히 운용시험평가의 경우 공급자인 방위사업청의 사업 관리자가 시험평가 준비 및 계획을 수립하고 최종 판정까지 전담하고 있으나, 이는 사용자가 운용할 무기체계를 획득기관에서 판정하는 모순이 발생하고 있고, 시험평가에 대한 객관성을 저하시킬 우려가 있다. 넷째, 소요와 획득 분야 상호간에 인력순환이 필요하고, 전문성을 강화하기 위해 미국의 국방획득인력관리법DAWIA: Defense Acquisition Workfaorce Improvement Act과 같은 획득인력관리에 관한 법률 제정 및 교육체계 구축이 필요하다. 다섯째, 무기체계 총 수명 주기체계관리를 통한 전력발휘 보장 및 총비용 최적화로 경제적 국방운영을 구현해야 한다. 그 이유는 국방개혁에 따른 신무기 집중 전력화로 향후 급격한 운용유지비용 증대가 예상되기 때문이다.

CHAPTER 7

동맹

INTRODUCTION
TO MILITARY
STUDIES

임채홍 | 원광대학교 군사학과 교수

육군사관학교를 졸업하고 영국 워릭대학교에서 이학 석사와 박사학위를 받았으며, 경남대학교에서 북한학 석사과정 및 정치학 박사과정을 수료하였다. 2008년부터 원광대학교 군사학과 교수로 재직하고 있다. 지역 및 국제 군비통제조약과 협정, 제네바 군축회의(CD), 유엔1위원회, 대량살상무기 및 대확산정책 등의 주제를 연구하고 있다.

I. 개요

1. 동맹의 개념과 의의[1]

(1) 동맹의 개념

각국은 자국의 안전보장을 위해 다양한 방법을 동원한다. 이러한 방법에는 군사력에 의한 자주국방, 타국의 힘을 이용하는 동맹, 집단안보, 공동안보, 협력안보 등 여러 가지가 있다. 이 가운데 동맹은 한 국가가 자신만의 군사력으로 국가의 안전을 확실히 보장하기 어려운 경우 우선적으로 고려하고 선택하는 안보수단이며, 특히 국제사회가 갈등과 분쟁에 휩싸여 각국의 국가안보가 불안정할 때 자주 등장한다.

이러한 동맹에 대한 개념 정의는 다양하다. 오스굿[R. E. Osgood]은 "참여한 국가들이 공동의 이익과 목표를 추구하기 위하여 모든 수단과 자원을 투입하는 협력적 노력을 기반으로 하는 잠재적 전쟁공동체"라고 정의했고, 월트[Walt]는 "둘 이상의 주권국가 사이에 맺은 안보협력에 대한 공식적 또는 비공식적 합의"라고 정의했으며, 리우[Liou]는 "집단적 안보에 대한 국가 간 합의로서, 모든 회원국은 서로 위협하지 않고, 탈퇴국에 대해서는 가능한 경우 제재를 가하며, 회원국들의 개별적 이익에 도움이 된다면 동맹 밖의 국가들을 위협하기로 합의한 것"이라고 정의한다. 한편 프리드먼[F. R. Friedman]은 동맹의 세 가지 특징으로 '실제적이든 잠재적이든 하나 또는 그 이상의 적대국의 존재', '군사적 개입의 고려와 전쟁의 위험성', '영토, 인구, 전략자원 등에 대한 현상유지 또는 확대에 대한 상호관심'을 들고 있다.

상기 각각의 정의를 살펴볼 때 오스굿은 동맹이 전쟁 수행과 관련한 협력을 포함하는 것임을 시사하고 있으나 '공동의 이익과 목표'와 '모든 수

---

1 윤정원, "동맹과 세력균형", 『안전보장의 국제정치학』, 함택영·박영준 편 (서울: 사회평론, 2011), pp.225-229.

단과 자원'이라는 표현은 매우 포괄적인 개념으로 구체성이 결여되어 있으며, 프리드먼은 동맹의 성격이 방어적일 뿐만 아니라 공세적일 수 있음을 시사하고, 월트와 리우의 정의는 동맹 참가국 간 상호관계를 규정짓는 점에서 의미가 있다.

이와 같은 동맹에 대한 여러 가지 정의를 종합해 보면, '동맹이란 둘 이상의 국가가 자신들의 국가이익을 보호·유지·증진하고, 하나 이상의 실제적·잠재적인 적대국을 설정하고 방어적 또는 공세적 차원에서 대응하기 위해, 전쟁 수행 등 다양한 군사협력에 대해 공식적으로 합의한 집합체'라고 볼 수 있다.

(2) 동맹의 의의

동맹이 다른 안보수단인 자주국방, 집단안보, 공동안보, 협력안보와 비교해 볼 때 어떠한 의의를 갖는지 살펴보면 다음과 같다.

자주국방self-defense은 어떤 국가가 스스로 군사력을 증강시켜 외부 위협으로부터 자신의 국가안보이익을 지켜나가는 것이며 가장 신뢰할만한 안보수단이라 볼 수 있다. 자주국방을 달성하기 위해서는 국가가 재원을 투자해야 하는데 외부 위협이 큰 경우 병력, 무기 및 장비를 확보하려면 국방비 지출이 과도해질 수 있으며 해당 국가의 군사기술 및 방산능력이 충분하지 않을 경우 무기 및 장비의 획득이 어려워질 수도 있다. 이에 따른 자주국방의 한계를 보완하기 위해 우선적으로 고려하고 채택하는 것이 바로 동맹이다.

집단안보collective security는 사전에 공동의 적을 설정하지는 않으나 일단 특정국가나 세력이 세계평화나 안정을 파괴하는 경우 이를 공동의 적으로 간주하여 여러 국가가 힘을 합쳐 군사제재를 가하는 방식이다. 그러나 국제연맹을 통한 집단안보는 회원국들의 만장일치 원칙 때문에 제2차 세계대전 발발을 예방하지 못했으며, 국제연합 체제하 집단안보 역시 안전보장이사회 상임이사국에 거부권을 부여하여 냉전기간 중 집단안보가 유명무실하게 되었다. 이에 따라 냉전시대에는 많은 국가들이 북대서양조약기구(NATO), 바르샤바조약기구(WTO), 기타 동맹 등에 의지하여 국가안보를 공고히하려고 했다. 탈냉전시대에도 여러 국가가 동맹이라는 수단을 통해 자국의 안보이익을 유지·확대하려 하기 때문에 집단안보는 경시되고 있다.

공동안보common security는 적대적인 국가들이 서로 군사적 신뢰구축을 통해 적대의식을 완화시킴으로써 전쟁 가능성을 낮추고, 군비통제를 통해 군사력 수준을 제한·동결·감축, 나아가 해제하는 등으로 상호 군사위협을 완화하는 방법이다. 그러나 심각한 안보위협 상황하에서는 신뢰구축 혹은 군비통제보다 군사력 증강을 선택하는 것이 일반적 경향이어서 그 실현이 쉽지 않다. 따라서 현실적으로 많은 국가들이 공동안보를 우선하기 보다는 좀 더 신뢰할만한 정책수단으로서 동맹을 추구한다.

협력안보cooperative security의 경우 적대국·우방국을 불문하고 관련 이해 당사국들이 다자간 국제회의나 국제기구에 참여하여 다자주의적 협력적 방법으로 군사적 분쟁의 원인이 될 수 있는 정치, 경제, 외교, 역사적 갈등의 요인 자체를 해결해 나가는 방식이다. 그러나 여러 국가의 안보이익을 조화할 수 있는 법적 구속력 있는 합의를 이끌어내기가 쉽지 않으며, 합의가 되더라도 서로 이질적이거나 혹은 적대국가까지 포함된 합의를 이행하기 어렵거나 나아가 파기할 수도 있다.

그러나 동맹은 실제적 혹은 잠재적인 적을 설정하여 안보위협에 대처한다는 점에서 참가국간에 강력한 공동이익이 존재한다. 그리고 유사시 신속하고 효과적인 군사행동을 위해 동맹국들은 평시에 상호 군사정보교환, 공동훈련 실시, 동맹군의 사전 파견배치, 나아가 공동·연합지휘체제를 마련해 놓을 수도 있다. 동맹은 유사시 국가안보를 위해 실제로 작동할 가능성이 높다는 점에서 실현가능성이 우수하고, 적에 대해 실질적인 군사력 억제 내지 보복을 가능케 한다는 점에서 실효성이 매우 높은 안보수단이다. 바로 이런 까닭에 많은 국가들이 동맹 결성에 적극적 태도를 보인다.

2. 동맹 형성의 목적[2]

동맹 참가국들 간에 동맹을 형성하는 목적이 모두 일치한다고 볼 수는 없다. 이와 관련한 논의가 다양하게 전개되어 왔는데 이를 몇 가지로 범주화하면 다음과 같다.

(1) 힘의 균형

힘이 약한 국가가 자신보다 강력하거나 위협적인 국가에 대항할 수 있는 힘의 균형을 이룩하기 위해 다른 국가와 동맹을 형성할 수 있다. 모겐소 Morgenthau는 동맹이 다수 국가로 이루어진 국제체제하에서 힘의 균형이 작동되도록 하는데 필수적 기능을 수행하며, 힘의 균형은 두 개의 개별국가 사이보다는 하나의 국가 내지 동맹과 다른 동맹 사이에서 역사적으로 뚜렷이 나타난다고 주장했다. 냉전시대의 북대서양조약기구(NATO)와 바르샤바조약기구가 힘의 균형을 추구한 대표적 동맹들이라고 볼 수 있다. 동맹은 전쟁의 예방과 억제를 위한 방어적 차원뿐만 아니라 전쟁을 통해 현상을 타파하고 새로운 국제질서를 형성하려는 공세적 차원에서 형성할 수도 있다.

(2) 편승

힘이 약한 국가가 강력하거나 위협적인 국가와 동맹을 맺음으로써 이러한 국가의 보호를 받아 자신의 안전을 보장하려고 할 수 있다. 이러한 동맹을 통해서 힘이 약한 국가의 안보에 대한 후견-피후견 관계가 형성될 수 있다. 이렇듯 편승을 추구하면서 동맹을 맺는 국가는 강대국의 군사적 지원은 물론 비군사적 지원과 협력을 기대하기도 한다. 동맹을 통한 힘의 균형 추구가 외부 위협에 대한 손실을 회피하기 위한 것이라면, 편승 bandwagoning의 추구는 어떠한 이익, 특히 감춰진 목표를 실현하여 이득을 취

---

2 윤정원, "동맹과 세력균형", pp.229-233.

하려는 것으로 볼 수 있다. 대체로 강대국보다는 약소국이 편승을 추구하며 힘의 균형을 달성하기 위한 동맹을 찾기 어려울 때 대안으로 편승을 추구할 가능성이 높다. 그리고 만일 적대국인 강대국에 편승을 시도할 경우, 이는 편승을 통해 강대국의 적대성을 약화시킬 수 있다고 기대하기 때문이다.

(3) 위협의 균형

힘의 균형이나 편승을 위한 동맹은 힘의 크기라는 변수만을 주로 고려한 것이다. 그러나 일국의 힘의 크기가 타국 안보에 대한 위협이 큰 것으로 볼 수는 없으므로, 어떤 국가가 동맹에 참가하기로 결정할 때는 타국의 힘의 크기에 주목하기보다는 직면한 외부 위협의 크기에 우선적 관심을 두면서 동맹을 형성하는 것이다. 동맹 형성의 동인을 제공하는 외부위협의 크기는 위협국가의 전반적 힘의 크기, 그중 공격적 능력, 공격의도의 수준, 지리적 인접성 등 다양한 요인에 의해 달라질 수 있다.

(4) 패권안정

동맹은 상대적으로 강대국인 국가가 주도하며, 이러한 강대국은 자신을 중심으로 하는 동맹을 확대시키거나, 여러 개의 동맹을 맺음으로써 세계적 또는 지역적 패권안정을 추구할 수도 있다. 이러한 면에서 동맹은 상대적으로 약한 국가가 힘의 균형, 편승, 또는 위협의 균형balance of threat을 위해서만 추구하는 것이 아니라고 볼 수 있다. 강대국이 세계적, 지역적 차원에서 동맹을 확대하는 경우 자신에게 유리한 기존의 국제질서를 유지하거나 새로운 국제질서를 만들어 낼 수 있기에 다양한 차원에서 국익증진을 모색하는 것이다. 예로써 탈냉전 이후 미국이 나토(NATO)를 동유럽 국가로 확대하려는 노력을 경주하고 있는 것은 미국을 중심으로 한 자유진영이 나토 동맹을 통해 유럽에서 패권적 지위를 추구하는 것으로 볼 수 있다.

(5) 무임승차

동맹은 참가국들의 안전을 보장해 주는 공공재 역할을 할 수도 있다. 동맹이 제공하는 안보효과의 비배타성$^{non-excludability}$과 비경합성$^{non-rivalry}$으로 인해, 동맹 유지의 부담을 적게 하거나 거의 하지 않는 국가도 동일한 혜택을 누림으로써 어느 정도 무임승차를 할 수 있다. 예를 들어 나토 회원국중 비핵국가는 미국이 제공하는 확장억제력을 제공받아 왔으나, 회원국중 국력이 약한 국가들은 대부분 미국보다 낮은 군사비 지출률을 보여 왔다. 무임승차를 추구하는 회원국이 있을 경우 동맹중심국의 자원할당 효용성이 떨어져 중장기적으로 동맹을 약화시킬 수도 있으나, 무임승차로인해 타동맹국의 군사적 이익이 증대하고 안보위험이 줄어드는 것을 고려할 경우 동맹전체의 이익이 증대할 수도 있다는 주장도 있다.

(6) 군비증강의 대체

한 국가가 외부위협으로 인해 군비증강이 필요한 경우 일정부분을 동맹을 맺어 대체함으로써 자신의 안보를 보완하려 할 수 있다. 어떠한 국가가 동맹을 통해 군비증강의 일정부분을 대체하려는 것은 군비증강을 위한 국내자원 동원에 한계가 있거나 동원능력은 있지만 경제성장, 사회복지, 교육 등 비군사적 부문에 대한 지출증대의 필요성이 앞서기 때문일 수도 있다. 예를 들어 제2차 세계대전 이후 미일동맹은 일본이 정식군대를 보유하지 않고도 안보를 보장받을 수 있도록 해 일본의 군비증강을 대체해 주었다. 그러나 각국은 군비증강 대체를 위한 무조건적 동맹 형성이 아닌 자신의 군비증강과 동맹이 가져다주는 비용과 효용을 함께 고려하면서 동맹의 선택여부를 결정하게 된다.

3. 동맹의 유형[3]

(1) 양자동맹, 다자동맹

동맹참가국이 2개국인 경우를 양자동맹이라고 하며 현재의 한미동맹이나 미일동맹이 그 예이다. 참가국이 3개국 이상인 경우를 다자동맹이라고 하는데 냉전시대의 대표적 동맹인 북대서양조약기구, 즉 나토(NATO)나 바르샤바조약기구 등이 그 예이다. 한편 다자동맹이라 하더라도 참가국의 범위에 따라 범세계적 동맹이나 지역동맹으로 나눌 수 있다. 나토는 미주와 유럽국가들이 공동 참여한 범세계적 동맹이라면, 미주기구(OAS)는 아메리카 대륙 국가만이 공동 참여한 지역동맹으로 볼 수 있다.

(2) 공식동맹, 비공식동맹

동맹이 국가 간의 공식적인 조약에 토대를 두고 있느냐 그렇지 않느냐에 따라서 공식동맹과 비공식동맹으로 나눌 수 있다. 대부분의 동맹은 공식동맹이나, 일부는 공식적인 조약 없이 형성될 수도 있다. 대체로 공식동맹이 비공식동맹과 견주어 그 지속성과 실효성이 강하다고 생각하기 쉽지만, 역사적으로 보면 반드시 그렇지만은 않다. 예를 들어 1873년 프랑스 혁명정부가 영국과 네덜란드에 선전포고했을 때, 당시 프랑스 동맹국인 미국은 프랑스를 지원하지 않았다. 반면에 제2차 세계대전 시 미국은 영국과 정식 동맹관계에 있지 않았으나 전쟁에 참가하여 영국을 군사적으로 지원하면서 독일에 대항해 함께 싸웠다.

(3) 공개동맹, 비밀동맹

동맹은 그 존재를 명시적으로 선언한 공개동맹이 있는가 하면 그 존재 자체를 비밀에 부치는 비밀동맹이 있다. 공개동맹은 동맹이 추구하는 목표를 공개적으로 추진하면서 참가국들에 대한 구속력을 높이고 해당 동맹에 대한 국제사회의 지지를 공개적으로 확대할 수 있다. 이러한 공개동맹의 장점에도 불구하고 타국과 복잡한 외교관계를 고려하여 비밀동맹이 유리하거나, 타국에 대한 군사공세적 목표를 공개적으로 추진 시 국제사

---

3 윤정원, "동맹과 세력균형", pp.233-235.

회의 비판을 받을 수 있어 이를 회피하고자 할 때 비밀동맹을 선택한다. 북한이 소련 및 중국과 1961년 7월에 각각 체결한 조소우호협력 및 상호원조조약, 조중우호협력 및 상호원조조약은 실질적으로는 군사동맹을 포함하고 있으나, 이를 공개하지 않으려는 비밀동맹의 성격을 갖는다.

(4) 균등행위자동맹, 불균등행위자 동맹

동맹참가국들의 국력수준에 따른 유형화도 가능하다. 동맹참가국들의 국력이 서로 비슷한 수준인 경우를 균등행위자동맹, 현격한 차이가 있는 경우는 불균등행위자동맹이라고 볼 수 있다. 균등행위자동맹은 19세기 유럽에서 영국·프랑스·프로이센·오스트리아·러시아 간의 5국동맹을 예로 들 수 있으며, 불균등행위자동맹으로는 한미동맹을 들 수 있다.

(5) 동종이익동맹, 이종이익동맹

동맹을 형성하기 위해서는 참가국 간에 일련의 공동목표가 있어야 하며, 이러한 목표 실현을 통해 개별 참가국이 얻을 수 있는 국가안보이익은 다양할 수 있다. 만일 동맹참가국들의 이익이 동일한 내용이라면 동종이익동맹이라고 하며 서로 다르다면 이종이익동맹이라고 하는데, 때로는 동종이익동맹과 이종이익동맹의 성격이 혼합되어 나타날 수도 있다.

예를 들어 참가국들이 소련의 유럽침공을 억제해 유럽평화와 안정을 도모하려 했다는 점에서 나토는 동종이익동맹이라고 볼 수 있다. 반면에 제2차 세계대전 당시 추축국인 독일, 이탈리아, 일본은 각각 다른 지역에서 자기들의 전쟁승리를 추구한 이종이익동맹이었다고 볼 수 있다. 한미동맹의 경우처럼 대북억제라는 동종이익과 미국의 동아시아 전략적 이익 추구라는 이종이익이 혼재하는 성격의 동맹도 있을 수 있다.

II. 동맹의 역사

1. 1815년 이전 근대 유럽의 동맹사[4]

30년전쟁(1618~1648)이 종결되는 시점에서 나폴레옹전쟁 직후 유럽협조체제(1815)가 성립되기 직전까지의 동맹은 대체적으로 세력균형의 작동에 따른다는 공통점을 지닌다. 주권국가들의 행위를 제어할 수 있는 국제제도가 부재한 상황에서, 국가들이 자국의 안전을 도모하기 위해 팽팽한 균형을 추구할 수밖에 없었다는 것은 당연한 일이었다. 특히 유럽에서 강력한 패권국가가 출현하여 주변국의 주권을 탈취하는 것은 모든 국가가 가장 경계한 상황이었다. 30년전쟁을 승리로 이끈 프랑스는 나폴레옹 전쟁에서 패배하는 시점까지 유럽의 패권국으로 등극하고자 하는 노력을 그치지 않았고, 많은 국가들은 프랑스에 대한 세력균형의 발로로 다양한 동맹을 추구했다. 물론, 대불동맹이 1648년부터 1815년까지 160여 년에 걸친 동맹사의 유일한 논리는 아니었다. 영국, 네덜란드, 에스파냐, 프로이센, 오스트리아, 러시아 등의 강대국들은 자국의 이익과 안보를 위해 이합집산을 거듭했다. 그러나 이 기간 동안 유럽 국가들의 동맹 결성과 유지, 종식을 관통하는 논리는 세력균형정책이었다는 점에서 일관성이 있다고 볼 수 있다.

30년전쟁의 종결은 근대 국제정치의 시발점으로 볼 수 있다. 30년전쟁을 끝낸 베스트팔렌조약에서 군주국가의 동맹체결권은 중요한 변화를 보인다. 이전의 군사적 유대·협력관계가 중세적 기독교 공동체의 관념에 의해 지배되거나 종교개혁을 거치면서 교파에 따라 이루어지던 것에서 탈피하여, 국가의 이익에 따른 군사적 협력관계 설정이 공식적으로 인정된 것이다.

---

[4] 전재성, 『동맹의 역사』(서울: 동아시아연구원, 2009), pp.3-5.

아래 소개하는 베스트팔렌조약 65조[5]는 근대 국제정치의 동맹 변화를 확연히 보여주고 있다. "각 국가들… 법 제정 혹은 해석, 전쟁선포, 과세, 군대의 징집 및 배치, 국가 영토 내 새로운 요새 건설, 혹은 구 요새의 신축 등에 있어 자율성을 가진다. 또한 동맹의 결성, 혹은 관련 조약 체결이 미래에 벌어질 경우, 제국 내 각 국가들의 자유의회의 선거 혹은 동의 없이 이루어질 수 없다. 무엇보다 자국의 보존과 안전을 위해 타국과 동맹을 체결할 경우, 제국 내 모든 국가는 영원히 자유롭게 동맹을 체결할 수 있다. 그러나 이러한 동맹이 제국, 황제, 그리고 공공의 평화에 반해서는 안 된다…."

이로써 구교와 신교의 종교적 갈등, 신성로마제국이 각 제후국에 대해 간섭권을 행사하던 문제 해결의 원칙이 제시되었으며, 제후들은 자국 내의 종교선택권과 동맹체결권을 소유하게 된다. 반면 평화를 관장하는 국제적 권한이 명시적으로 해소됨으로써 각각의 군주들은 자국의 안전과 이익을 스스로의 힘으로 보존해야 하는 주권의 책임을 가지게 되었다. 이러한 상황에서 세력, 특히 군사력의 균형에 의해 자국의 안전과 이익을 보장할 필요성이 더욱 증가하고, 동맹은 이를 위한 중요한 수단으로 등장하게 된다.

세력균형체제는 17세기 말부터 수차례 전쟁을 거치면서 더욱 확고해졌고, 전쟁을 마감하는 각 조약에서 명시적으로 표명되었다. 군주들은 어느 한 국가가 패권을 쥐고 자국의 안전을 위협하는 것을 막기 위해 패권국으로 등장하려는 국가에 대항하는 동맹을 수시로 체결하게 되었고, 그 상황에서 과거 국가들 간의 유대를 결정한 종교적 정향, 이데올로기적 동질성, 국가들 간의 친소관계 등의 중요성이 격감했다. 어제의 친구가 오늘의 적이 되는 동맹의 유연성이 18세기 세력균형체제의 전형을 만들어내게 되었다. 군주들은 국내정치에서 의회와 국민들로부터 자유로운 절대군주체

---

5 "Treaty of Westphalia", http://avalon.law.yale.edu/17th_century/westphal.asp.

제를 성립하게 되었는데, 이는 동맹의 가변성과 유연성을 확대하는 계기가 되었다. 동맹의 결성과 종식은 오직 군주가 판단하는 국가의 안전과 이익에 의해 좌우되게 되었으므로, 동맹을 둘러싼 정책결정은 자의적이라 할 만큼 자유롭게 된 것이다.

17세기 말부터 유럽의 주요 강대국들, 즉 프랑스, 영국, 네덜란드, 프로이센, 러시아, 오스트리아 등의 국가정책은 세력균형을 염두에 두면서도 패권적 이익을 도모하려는 경쟁성을 강하게 띠게 되었다. 이 과정에서 동맹은 매우 자유로운 결성과 종식의 논리를 보여주었고, 특히 7년전쟁 중에 프랑스의 부르봉 왕가와 오스트리아의 합스부르크 왕가가 동맹을 결성한 것은, 외교혁명이라 할 만큼 과거에 얽매이지 않는 새로운 근대적 동맹관을 구체화하는 사건이었다.

30년전쟁이 끝난 뒤, 유럽 강대국들은 각자 영토의 확대, 해상무역 등을 통한 자국의 이익을 위해 수차례 전쟁을 수행했다. 우선 1652년부터 20여 년에 걸쳐 프랑스, 영국, 네덜란드 간에 벌어진 전쟁 과정에서 다양한 동맹의 변천이 이루어졌다. 이어 벌어진 에스파냐 왕위계승전쟁 (1701~1714)은 세력균형에 의한 동맹의 결성이 자리 잡는 전쟁이라 할 수 있다. 에스파냐의 왕위계승을 둘러싸고 프랑스는 에스파냐와 동맹을 결성하여, 프랑스의 세력 확대를 방지하고자 한 영국, 오스트리아, 프로이센, 네덜란드 동맹 세력과 10여 년의 전쟁을 벌였다. 그 결과 체결된 위트레흐트조약은 세력균형의 원칙을 국제적으로 명시한 조약으로 간주되고 있다. 이 조약으로 유럽의 근대적 국제관계의 조직원리를 명시적으로 확인하게 되었고, 소위 국제정치의 구성적 원칙이 성립된 것으로 볼 수 있다.

1740년부터 1748년까지 벌어진 오스트리아 계승전쟁도 유럽의 각 세력이 자국의 이익을 최대화하고, 세력균형을 도모하기 위해 동맹을 운용한 상황을 보여준다. 오스트리아의 마리아 테레지아의 왕위계승을 둘러싼 논란으로 발발한 계승전쟁에서 프로이센, 프랑스, 에스파냐는 오스트리아를 공격했고, 이 과정에서 오스트리아는 영국에 원조를 요청하고 러시아와 힘을 합해 동맹을 결성하여 전쟁을 수행했다. 결국 마리아 테레지아의 왕위계승의 확정되고, 프로이센은 슐레지엔을 확보하며 전쟁을 종결했다.

이어 발발한 7년전쟁(1756-1763)은 한편으로는 오스트리아 계승전쟁의 연장이며, 다른 한편으로는 미국과 인도의 식민지를 둘러싼 영국과 프랑스의 대립의 결과이기도 했다. 오스트리아는 프로이센에 빼앗긴 슐레지엔을 회복하기 위해 전쟁을 일으키고, 이 과정에서 프로이센은 영국, 하노버, 이로쿼이 연맹, 포르투갈, 브라운슈바이크-볼펜부텔, 헤센-카셀 등과 동맹을 체결한다. 반면 오스트리아는 프랑스, 러시아, 스웨덴, 에스파냐, 작센, 나폴리, 사르디니아 등과 동맹하여 유럽 전역의 국가들이 전쟁에 휘말리게 된다. 결국 영국과 프로이센이 최종적으로 승리를 거두고 파리조약을 통해 슐레지엔의 영유권을 확보하고, 영국은 식민지 전쟁에서도 승리한다. 영국은 북아메리카의 프랑스 식민지 뉴프랑스를 획득하고 프랑스의 아메리카 지배를 잠식했으며, 인도에서도 승기를 잡게 된다.

동맹은 국제체제의 성격을 반영하여 결성과 종식을 반복하게 된다. 베스트팔렌조약에서 유럽협조체제까지 유럽의 국제체제는 각 국가들 간의 적나라한 세력팽창과 이익추구로 특징지을 수 있으며, 그 속에서 동맹은 세력균형의 원칙과 이익추구의 동기에 의해 운용되었다. 각각의 군주들은 국가 상위의 권위, 국가 내부의 세력에서부터 비교적 자유롭게 국가이익을 스스로 규정하며 동맹을 운용했다. 산업혁명 이전에 국력은 인구, 생산력 및 경제력, 산업화 이전의 무기수준에 의해 규정되었고, 동맹을 통한 군사력 확보는 전쟁의 승패에 중요한 기준이 되었다. 따라서 어떻게 동맹을 체결하는가는 전쟁의 승패, 더 나아가 세력배분의 결과에 중요한 요인들 중 하나였으며, 동맹은 안보전략의 중요한 축으로 기능하게 되었다.

2. 19세기 유럽의 동맹[6]

19세기 유럽의 국제체제는 다음의 몇 가지 점에서 이전의 체제와 차이점을 보이고 있다. 첫째, 나폴레옹전쟁을 계기로 패권의 출현에 대한 경계가 강화되고 이에 대한 공감대가 형성되어, 개별국가의 이익을 넘어선 국제제도적 고려가 강화된 것이다. 유럽협조체제는 세력균형의 원칙에 기초한 동맹의 형태를 띠고 있지만, 18세기 동맹과는 근본적으로 다른 점이 있었다. 둘째, 이탈리아와 독일이 통일되면서 새롭게 부상한 강대국들이 유럽의 동맹체제를 새롭게 규정했다. 특히 독일의 비스마르크 재상은 국가들 간의 관계를 교묘하게 이용하여 전쟁을 방지하면서도 안정을 도모하는 동맹체제를 유지했다. 셋째, 산업혁명을 겪은 이후 빠르게 성장하는 국가들, 특히 독일의 부상으로 인해 동맹체제에 새로운 변화가 나타났다. 18세기까지의 동맹이 급격한 국력의 신장이 부재한 상황에서 이루어진 동맹이었다면, 산업혁명 이후에는 독일과 같이 급격한 국력의 발전을 보인 국가가 등장했으며, 이 과정에서 과거 국가들 간의 관계보다 새로운 패권도전국에 대항하는 동맹이 더욱 중요해진 것이다.

우선 유럽협조체제를 성립시킨 쇼몽조약Treaty of Chaumont과 4국동맹 (1814)은 세력균형을 가장 중요한 원칙으로 내세운 동맹이었지만, 18세기의 동맹과는 근본적으로 다른 부분이 있었다. 나폴레옹전쟁은 프랑스혁명과 나폴레옹체제가 유럽을 석권하여 하나의 제국을 만들고자 한 노력의 일환이었다. 그 과정에서 민족주의와 공화국이라는 새로운 조건이 국력을 급속하게 배양시키는 예상치 못한 결과를 유럽의 각 국가들은 목도했다. 프랑스혁명 이후의 프랑스는 기존의 국민국가와는 달리 민주주의와 민족주의라는 새로운 이념 하에 국민국가를 넘어선 제국을 지향한 혁명적 국가였다. 정치적 이념의 군사적 힘을 경험한 유럽의 보수국가들과, 프랑스의 힘을 경계해온 영국은 프랑스의 팽창을 막아야 한다는 세력균

---

6 전재성, 『동맹의 역사』, pp.6-9.

형의 원칙에 공감하면서도, 이를 위해서는 프랑스가 내세우는 이념의 팽창도 같이 막아야 한다는 공감대를 형성했다. 그리고 이러한 노력은 기존의 동맹보다 더욱 강하고 지속력 있는 동맹이어야 했다.

쇼몽조약은 영국, 러시아, 오스트리아, 프로이센 4개국 사이에 맺은 조약으로 전후 프랑스의 국경선을 규정한 조약이었다. 한편으로는 4국동맹을 만들어 전쟁 종결 이후에도 프랑스가 다시 침략행위를 하지 못하도록 예방하는 영구적 평화장치의 기능도 같이 하도록 한 조약이었다. 이 조약의 전문은 유럽의 평화유지가 세력균형에 의해 이루어진다는 목적을 명시하고, 프랑스 전쟁 종식 이후, 동맹을 제도화하여 향후 협력을 약속하고 있다. 폴 슈뢰더는 쇼몽조약으로 시작되는 일련의 평화조약들이 겉으로는 세력균형을 내세우고 있지만, 사실 이때의 균형의 의미는 '평형 equilibrium'의 의미를 더 강하게 가지는 것으로서, 단지 세력 간의 물리적 균형이 아닌, 향후 평화에 대한 도덕적, 규범적 합의의 내용이 첨가된 것이라고 보고 있다. 즉, 프랑스의 패권 의지를 막아야 한다는 영토적 보수주의에 모든 국가가 합의하면서도, 영국을 제외한 보수정권들은 프랑스의 민주주의적 혁명적 열기도 동시에 막겠다는 왕조적 보수주의를 함께 구체화했다는 관점이다. 결국, 19세기 초에 만들어진 유럽 강대국들 간의 동맹은 잠재적 강대국인 프랑스에 대한 세력균형적 동맹이지만, 동시에 영구적 평화에 대한 열망과 정치적 이념의 구도에 따라 동맹의 논리를 또한 변화시킨 이념적, 도덕적 동맹이기도 했던 것이다. 이러한 점을 일컬어 슈뢰더는 18세기 말 19세기 초 유럽정치의 변화를 '변환transformation'이라고 명명했다.

4국동맹에 기초한 소위 '유럽협조체제'는 새로운 동맹의 세력균형 논리와 규범 논리의 변화과정에서 등락을 거듭한다. 엑스라샤펠 회의(1818)와 트로파우 회의(1820), 라이바하 회의(1821), 베로나 회의(1822) 등을 거치면서 영국의 영토적 보수주의와 프로이센, 러시아, 오스트리아의 왕조적 보수주의는 첨예한 갈등을 보이고 결국 영국 외무장관 캐슬레이Viscount

Castlereagh의 자살과 더불어 유럽협조체제는 위기에 봉착한다.

4국동맹이 19세기 초 동맹의 논리를 근본적으로 변화시킨 동맹이었다면, 19세기 중반부터 제1차 세계대전까지의 동맹들은 이념적 동맹보다는 세력균형동맹의 성격을 강하게 띠게 된다. 유럽의 지역정치는 나폴레옹전쟁 이후 민주주의의 확산과 이를 막으려는 보수정권 간의 대립으로 규정된다. 1830년 7월 혁명의 여파와 1848년 2월 혁명의 여파로 유럽 각국의 정치는 민주주의 이행의 몸살을 앓게 된다. 그러나 1848년 혁명이 유럽 각국에서 사실상 패배함으로써 유럽의 주요 국가들은 제1차 세계대전까지 민주혁명 위험에서 당분간 안전하게 된다. 동시에 1850년을 전후하여 유럽의 경제사정이 나아지면서 보수정권들은 또한 정권의 안정감을 회복하게 된다. 이러한 내부의 정치적, 경제적 안정을 바탕으로 국가들은 대외정책에서의 세력균형 논리를 다시 강조할 수 있었다.

1853년에 발발한 크림전쟁은 터키를 통해 세력을 확장하려는 러시아와 터키를 지원하는 영국, 프랑스, 오스트리아, 사르디니아 동맹이 충돌한 전쟁이었다. 크림전쟁 당시의 대러동맹은 과거 세력균형의 논리가 강하게 작동한 동맹으로 유럽협조체제의 규범적 논리가 사라지고, 다시 18세기의 세력균형의 논리가 등장하는 동맹이었다고 볼 수 있다. 그러나 한 가지 주목할 점은, 영국에서 시작된 민주주의와 여론의 등장이 전쟁의 향배에 영향을 미치기 시작하여, 동맹의 결성 및 활동에 관한 여론의 주목이 강하게 나타난 시발점이 되었다는 것이다. 이후 19세기 후반 유럽의 국제정치에서 제한된 민주주의는 국가의 외교정책에 더 많은 영향을 미치게 되고, 동맹의 결성 역시 부분적으로 여론의 영향을 받게 되기 시작한다.

1861년과 1871년, 10년의 간격을 두고 통일왕국을 수립한 이탈리아와 독일은 19세기 후반 유럽의 국제정치에 막대한 영향을 미친다. 이탈리아는 통일국가로 재탄생하여 19세기 후반 유럽의 동맹정치 구도에 큰 영향을 미치며, 독일과의 동맹 관계는 우여곡절을 거치면서 제1차 세계대전으로까지 이어진다. 독일이 유럽의 국제정치 전반, 특히 동맹정치구도에 미친 영향은 가히 압도적이다. 1862년 재상으로 등용된 이래 비스마르크는 1871년까지 통일전쟁 과정에서 국제정치를 최대한 이용했다. 독일 통일의 최대의 적인 오스트리아를 약화시키기 위해 한편으로 프랑스의 도움을 이끌어 내는 한편, 러시아와 영국을 중립화시키고, 이탈리아와 공수동맹攻守同盟[7]을 체결(1866)하여, 결국 프로이센-오스트리아 전쟁(보오전쟁)(1866), 그리고 보불전쟁(1870)을 통해 통일을 이끌어낸다.

통일 이후 비스마르크의 대외정책은 동맹을 최대한 활용한 세력균형과 현상유지의 정책이라고 요약할 수 있다. 대륙의 강대국인 프랑스와의 전쟁을 통해 통일을 달성하는 한편, 이후 독일의 팽창, 특히 식민지 팽창에 경계심을 가지고 있는 영국을 안심시키기 위해 독일은 유럽 내의 철저한 현상유지와 식민지팽창 자제정책을 추구했다. 또한 통일독일을 공고화하기 위해 주변 국가들의 현상유지를 바라고, 주변 국가들과 반목하거나 전쟁에 말려들어 독일의 통일이 손상되지 않도록 최대한의 노력을 기울였다. 이 과정에서 비스마르크가 추진한 정책은 철저한 세력균형의 동맹정치였다. 독일은 자국의 국력을 기반으로 하고, 다른 한편으로는 주변국가들 간의 적대관계를 이용하여, 교묘히 독일의 입장을 강화하고 현상을 유지하고자 했다. 특히 주변국 2개 국가의 적대관계와 자국의 관계를 3자관계로 엮어 다양한 전략적 삼각관계의 망으로 동맹정치를 관할하게 된다. 이로써 영국, 프랑스, 러시아, 이탈리아, 오스트리아, 독일 간의 관계에서 프랑스를 고립시키면서 영국을 중립화하고, 나머지 세 나라와의 동맹관계를 통해 자국의 입장을 강화하는 전략을 추진한다.

비스마르크는 러시아, 이탈리아, 오스트리아와의 관계설정에서 다양한 형태의 동맹을 활용하게 된다. 오스트리아와는 양국동맹(1879), 러시아, 오스트리아와는 3제협상(1873-1887), 이탈리아 오스트리아와는 3국동맹

---

7 두 나라 이상이 공동의 병력으로 제3국을 공격하거나 상대편의 공격에 대하여 공동으로 방어하기 위하여 맺은 동맹조약.

(1882), 그리고 러시아와는 재보장조약(1887)을 체결하여 비스마르크 동맹체제의 골간으로 삼았다. 모든 동맹조약은 프랑스를 고립시켜 프랑스와 독일이 전쟁을 할 경우 주변국들의 우호적 중립 혹은 원조를 약속 받았고, 한편으로는 다른 국가들의 안보위협을 독일이 중화시키는 역할을 강조하는 것이 주된 내용이었다.

그러나 이러한 복잡한 동맹관계는 주변국들의 이익구도가 더욱 복잡해짐에 따라 유지되기 어려웠고, 비스마르크의 후계자들 역시 동맹의 기본구도에 대한 이해와 열정이 부족했다. 더욱 중요한 점은 독일이 현상유지 세력으로 남지 못하고, 비스마르크 사임(1890) 이후, 빌헬름 2세의 보다 공격적인 세계전략 때문에 반독 연합의 가능성이 증폭된 것이다. 1891년 프랑스와 러시아 간의 정치협정, 그리고 1892년 군사협정이 이어지면서, 독일이 추구해왔던 프랑스 고립정책, 프랑스-러시아 연결방지정책은 좌초하게 되고, 오히려 반독 동맹이 형성되는 시발점을 목격하게 된 것이다.

이후 유럽의 동맹체제는 세력전이 속의 동맹체제라는 새로운 구도로 들어가게 된다. 독일의 눈부신 국력성장으로 빌헬름 2세는 팽창적 국가전략을 수립하게 된다. 독일의 패권을 방지하기 위해 1904년 영국과 프랑스의 협상, 그리고 19세기 전반을 통해 경쟁관계에 있던 영국과 러시아가 협상을 맺은 사건(1907)은 유럽 외교에서 또 하나의 혁명적 변화라고 할 수 있다.

이에 대해 독일은 한편으로는 오스트리아와의 동맹을 강화하는 한편, 자국의 군사력과 경제력을 강화하는 소위 '내적 균형internal balancing' 전략을 추구하게 된다. 이탈리아는 특유의 이익추구정책으로 프랑스와의 부분적 협상을 추구하지만 독일, 오스트리아와 3국동맹을 유지했고, 결국 제1차 세계대전의 구도는 삼국협상 대 삼국동맹으로 정착되고 만다.

제1차 세계대전의 원인에 대해서는 주로 독일의 부상이라는 세력전이의 체제적 관점, 선진국들 간의 제국주의적 경쟁, 유럽협조체제의 몰락, 빌헬름 2세 및 군국주의세력의 팽창주의 정책, 유럽 국가 지도자들 간에 존재했던 오인 등을 지적한다. 그러나 독일의 부상을 막으려는 주변 국가들의 노력과 팽창을 추진했던 독일이 선택한 군사적 수단이 동맹이었다는 점도 중요한 제도적 원인으로 지적할 수 있다. 양대 진영의 결속이 강화되고, 양자를 매개할 수 있는 균형자가 사라지면서, 작은 충돌도 양대 진영 전체의 충돌로 이어질 수 있는 제도적 여건이 마련된 것이다. 결국 사라예보사건(1914)으로 오스트리아와 세르비아가 충돌했을 때, 누구도 예상하지 못했던 세계전쟁이 발발하고 지속된 것은 동맹구도의 짜임새와 관련이 있다고 할 것이다.

3. 20세기의 동맹[8]

제1차 세계대전이 끝나고 유럽정치는 물론 세계정치의 구도가 급격히 변화하면서, 19세기와는 다른 국제정치가 시작되었다. 또한 40여 년간 지속되어온 냉전체제 종식으로 매우 다양한 정치현상을 보이기 시작했다. 동맹의 역사에서 20세기는 강대국 간의 동맹이 국제정치를 좌우한 시기였다.

20세기 동맹의 역사는 전간기의 특이한 기간과, 제2차 세계대전 전후에 형성된 동맹들, 그리고 냉전이 시작되고 지속된 시간의 동맹들로 나누어 볼 수 있다. 전간기 중에는 사실상 세력균형의 논리가 후퇴하고 집단안보의 논리가 전면에 등장하여 동맹은 이차적 정책수단으로 내려앉았다. 제2차 세계대전이 발발하면서 유럽 각국은 다시 동맹의 논리로 돌아섰고, 일본의 팽창에 대항하기 위해서 태평양에서도 동맹이 결성되었다. 독일과 일본의 팽창을 막기 위한 전형적인 전쟁동맹이었다. 제2차 세계대전 중의 동맹들은 전후의 집단안보의 모태가 되는 한편, 미소의 대립 구도 속에서 냉전적 동맹정치로 이어지는 특징을 보이게 된다. 이러한 동맹은 세력균형의 논리에 충실하면서도 이념적 대립을 동시에 추구했다는 점에서

---

8 전재성, 『동맹의 역사』, pp.9-15.

20세기적 특징이라고 할 수 있다.

20세기의 동맹이 19세기와 다른 점은 다음과 같다.

첫째, 세계적 규모의 동맹이 출현했다. 제1차 세계대전의 결과 유럽의 국제정치 문제는 전 세계적 대결양상을 야기했다. 유럽 자본주의 국가들이 식민지에서 전쟁에 필요한 인력과 물자를 추출하면서 결국 식민지 혹은 반식민지는 직·간접적으로 전쟁과 연루되었다. 또한 유럽 정치에 직접적으로 관여하지 않고 있었던 미국과 일본, 캐나다 등의 국가들이 유럽 전쟁에 연루되면서 전후처리과정에서 이들 국가는 중요한 행위자로 등장했다. 1919년 베르사유조약을 주도한 미국은 동맹이 과거 유럽 안보전략의 유산이라고 치부하고, 평시동맹과 세력균형의 논리가 아닌 신외교·자유무역·집단안전보장 체제를 실현한 국제연맹에 의해 국제정치를 주도하고자 했다. 이제는 지구 어느 곳의 국지적 동맹도 지구정치와 밀접한 연관을 가지지 않을 수 없게 된 것이다.

둘째, 국가들의 체제, 혹은 정체성의 변수가 점차 중요해지기 시작했다. 과거에는 세력균형의 논리에 따라 국가체제 간 정체성의 정치가 동맹정치와 밀접하게 관련이 없었으나, 제2차 세계대전을 거치면서 국가들의 성격은 동맹을 맺을 수 있는 나라와 그렇지 못한 나라를 가르는 중요한 경계가 되었다. 특히 전간기 파시즘과 군국주의의 등장으로, 민주국가와 독재국가 간의 정체성에 근거한 동맹 결성이 확고한 특징이 되었다. 제2차 세계대전 이후에도 공산주의 대 자본주의의 경계는 명확해졌고, 세력배분구조 상의 양극체제와 이념적 대립은 밀접한 관계를 이루며 진행된 것이다.

셋째, 민주주의가 활성화되면서 안보 및 동맹전략에 미치는 여론의 영향력이 강화되었다. 여론은 한편으로는 국가이익 논리에 따라 움직이지만, 다른 한편으로는 도덕주의적 판단에 따라 움직이는 것도 사실이다. 여론은 동맹정치를 무력화시키기도 하고, 동맹정치를 규범적 판단에 따라 움직이게도 한다. 전간기 여론은 동맹정치에 반대하는 효과를 가지고, 냉전기 여론은 이념적 대립을 공고화하는 효과를 가져오기도 했다.

넷째, 무기기술이 놀랍게 향상되면서 동맹논리가 급격히 변화했다. 특히 핵무기의 개발은 새로운 동맹논리를 가져왔다고 볼 수 있다. 핵을 가진 국가들이 출현하고 핵무기의 수평적 확산을 도모하면서, 핵우산 논리를 기점으로 새롭게 동맹체제를 재편할 수밖에 없게 되었다. 핵을 가진 국가들은 동맹국들에게 핵우산을 제공하는 대가로 비핵국가의 핵무장을 방지하고자 했고, 미소 양대 진영의 핵대결 속에서 동맹체제가 영향을 받게 된 것이다.

다섯째, 동맹을 유지하는데 나타난 다양한 문제들이 부각되었다. 특히 제2차 세계대전 이후 동맹의 수명이 장기화되면서 동맹의 유지관리에 영향을 미치는 많은 논리와 문제점이 부각되었다. 강대국과 약소국 간의 동맹체제가 유지되면서 정치적 자율성과 안보력 간의 교환딜레마가 발생하는가 하면, 동맹 유지비용의 분담문제가 동맹 유지의 관건으로 등장하기도 했다. 또한 연루와 방기의 딜레마가 동맹 유지에 큰 문제로 종종 등장하기도 했다. 20세기 이전과 같이 단기적으로 유동하는 동맹이 아닌 정체성과 이데올로기, 국가체제 변수에 의해 동맹이 유지되는 경우 중장기적 동맹을 유지하기 위해 이러한 문제들을 잘 다루어가야 하는 새로운 과제가 등장한 것이다.

제1차 세계대전을 마무리한 베르사유조약에서 강대국들은 동맹체제로 회귀하는 대신, 새로운 집단안전보장체제를 축으로 안보제도를 재편하게 된다. 이는 앞서 논의한 미국의 등장, 그리고 유럽 각 국가들이 보통민주제를 채택하게 되면서 여론의 영향이 강해진 결과이다. 더불어 동맹이 아닌 다양한 형태의 국제제도들, 즉, 국제연맹과 각종 군축제도, 국제법 및 협약에 대한 기대가 높아져갔다. 제도적으로는 집단안보에 의한 안보정책이 강조되었으나, 현실은 세력균형의 논리를 넘어서는데 많은 한계를 가지고 있었다.

독일이 제1차 세계대전의 패전에서 국력을 회복하여 다시 유럽 내 패권을 넘볼지 모른다는 두려움을 가지고 있었던 프랑스는 국제연맹보다는 영국, 미국과의 평시동맹을 통해 독일에 대한 균형을 취하고자 했다. 그러나 집단안보에 기대를 걸면서 고립주의로 회귀한 미국과, 프랑스의 지나친 강대화를 두려워하는 영국은 프랑스의 동맹제안을 거부했다. 프랑스는 1920년 벨기에와의 동맹, 1921년 체코 및 폴란드와의 동맹 등을 추구하고 이는 소위 '소연합Little Entente' 체제로 귀결된다. 독일을 포위하는 동유럽·북유럽 국가와 동맹을 추구한 프랑스는 세력균형에 의거한 동맹의 필요성을 절감하면서 실제 힘에 있어서는 독일에 균형을 취하기는 어려운 노력에 의지할 수밖에 없었던 것이다.

반면 독일은 1922년 소련과 맺은 라팔로조약을 통해 자국의 입지를 강화하고, 이후 1930년대에 들어 오스트리아, 이탈리아, 일본 및 소련과의 동맹을 통해 다시금 패권에 도전하게 된다. 이 과정에서 독일은 철저히 세력균형의 원리에 충실하는 한편, 다른 국가들은 독일의 성장에 힘입어 이익의 균형을 추구하게 된다.

프랑스, 영국, 이탈리아 등의 국가들은 1925년 로카르노조약을 통해 법적·정치적 문제 해결제도를 추구하나, 결국 독일의 성장과 팽창을 막지 못했다. 1935년 영국, 프랑스, 이탈리아는 반독 동맹을 추구할 수 있는 스트레자합의를 놓고 실랑이를 벌였으나, 결국 이탈리아의 에티오피아 침공을 적절히 처리하지 못한 결과 동맹을 통해 독일의 팽창을 견제할 수 있는 기회를 놓치게 된다.

동맹이 본격적인 전략기조로 다시 등장하는 것은 독일이 체코슬로바키아를 전부 점령하고 폴란드 점령을 앞둔 시기였다. 1939년 4월이 되어서야 영국은 폴란드와 동맹조약을 맺고 이어 프랑스와 폴란드가 군사협정을 맺게 된다. 1939년 9월 독일이 본격적으로 폴란드를 침공하여 유럽전쟁이 발발한 이후, 유럽정치는 다시 전시동맹을 축으로 한 안보정치로 돌아서게 되는 것이다.

결국, 전간기 세계의 안보상황에서 동맹은 새롭게 등장한 20세기적 요인들로 인하여 주변부의 수단으로 남아있었다. 세력균형의 원리를 대체하는 국제적 민주주의와 신외교, 그리고 자유주의 경제관계에 대해 기대가 넘쳤고, 국가들이 비밀리에 추구하는 동맹정치 대신 공개적으로 안보의 문제를 법적·제도적·정치적으로 해결하는 집단안보가 조명을 받았으며, 정책결정자의 고려에 여론의 다양한 법적, 도덕적 고려가 더해진 것이다. 그러나 현실국제정치는 여전히 세력과 이익의 논리에 따라 움직였고, 급기야 제2차 세계대전이 발발하면서 각 국가는 다시 전시동맹체제로 돌아선 것이라 할 수 있다.

제2차 세계대전을 거치면서 영국, 미국, 프랑스, 중국, 호주, 캐나다 등 주요 국가들, 그리고 독소전쟁 발발 이후의 소련은 동맹을 결성하여 독일과 일본의 침략에 대처하게 된다. 전시외교를 통해 연합국은 전쟁 수행의 문제와 전후처리의 문제를 논의하게 되는데, 이 과정에서 국제연합의 집단안전보장체제, 루스벨트 대통령이 추구한 4대강국의 협조체제, 영국이 추구한 세력균형의 논리 등이 각축을 벌이게 된다. 1945년 4월 루스벨트 대통령의 사망 이후 미소 관계는 급격히 악화되는데, 이는 양대국의 현실정치적·이데올로기적 대립의 결과였다. 냉전적 대립에서 동맹은 이후 40여 년의 세계정치의 안보적 측면을 규정하는데 가장 중요한 제도적 기반이었다고 볼 수 있다.

1947년 전후 미국은 트루먼 선언을 통해, 소련은 마셜플랜을 거부하는 상징적 행위를 통해 냉전이 본격화되는 시기에 접어든다. 1949년 4월 북대서양조약기구, 즉 나토(NATO)가 결성되면서 미국을 위시한 자유민주주의 국가들의 평시동맹체제가 자리잡게 된다. 처음에 벨기에, 캐나다, 덴마크, 아이슬란드, 이탈리아, 룩셈부르크, 네덜란드, 노르웨이, 포르투갈, 영국, 미국, 프랑스 등이 회원국이었고, 이후 1952년 2월 그리스와 터키, 1955년 5월 서독 등이 가입하게 된다. 이후 1982년 5월 에스파냐가 추가로 가입했다. 나토는 다자안보동맹으로서 회원국 일방에 대한 외부의 공격을 모두에 대한 공격으로 간주하고, 국제연합의 집단자위권에 근거한 공동방위정책을 공식화했다.

1950년 발발한 6·25전쟁을 계기로 미국은 본격적인 대소봉쇄정책을 단행하게 되고, 그 과정에서 트루먼 대통령은 '조약광pactomania'이란 별명을 얻을 정도로 다각적인 대소 동맹망을 형성하게 된다. 한편 미국과 일본은 1951년 안보조약을 체결한 이후, 1960년 미일상호안보조약을 체결하여 동맹관계를 발전시켰다. 또한 1951년 미국, 호주, 뉴질랜드 간에 3국 방위조약이 체결되었고, 6·25전쟁 종식과 더불어 1953년 한미상호방위조약이 체결되었다. 1954년 트루먼 행정부에 이어 등장한 아이젠하워 행정부는 이전 정책의 연속성 상에서 동남아시아조약기구SEATO: The South East Asia Treaty Organization를 결성하고, 호주, 방글라데시, 프랑스, 뉴질랜드, 파키스탄, 필리핀, 태국, 영국 등의 회원국을 확보했다. 1955년에는 중앙조약기구CENTO: The Central Treaty Organization 혹은 중동조약기구METO: Middle East Treaty Organization를 결성하여 중동에서의 대소봉쇄를 추구했다. 이란, 이라크, 파키스탄, 터키, 영국 등이 회원국이었고, 미국은 간접적으로 관여하다 1958년 군사위원회에 합류했다. 이들 동맹은 모두 미소 간 냉전논리에 따라 소련과 공산권의 안보위협으로부터 회원국을 방어하고, 적의 공격을 억지하며, 핵우산을 제공하여 핵공격으로부터의 안전을 보장하기 위한 것이었다.

이러한 미국의 대소봉쇄 동맹망에 대항하여, 소련은 기존의 위성국체제를 강화하면서 동시에 바르샤바조약기구를 창설하게 된다. 1955년 5월 동구권의 폴란드, 동독, 헝가리, 루마니아, 불가리아, 알바니아, 체코슬로바키아와 소련은 바르샤바에서 조약을 체결하여 군사동맹조약기구를 만든다. 이 조약을 통해 통합사령부를 설치하고 소련군이 회원국 영토에 주둔할 수 있는 권한을 규정했다. 조약은 전문 및 11개 조항이 있으며 무력공격의 위협에 대처하는 협의(3조) 및 무력공격에 대한 공동방위(4조)로 이루어져 있다. 조약의 4조는 나토의 5조와 흡사하게 회원국에 대한 공동방위를 규정하고 있으며, 국제연합 규정의 준수를 표명하고 있다.

냉전기 동맹은 냉전이 해체될 때까지 양극체제와 양대 진영의 논리, 그리고 핵우산의 논리에 따라 지속된다. 냉전이 해체되면서 바르샤바조약기구 등 구소련이 주도했던 모든 동맹체제는 종식되고, 반면에 미국이 주도하는 동맹체제는 새로운 존립근거를 찾아가면서 해체되지 않고 새로운 형태와 내용을 가진 동맹으로 지속하게 된다. 냉전기 동맹은 19세기 동맹과는 달리 세력균형의 논리와 정체성의 논리에 함께 기반하고 있으며, 냉전이 오랫동안 지속되면서 동맹체제도 지속되는 특징을 보였다. 동맹의 지속기간이 늘어나면서 이전에는 명백히 경험하지 못했던 현상들이 더 명확히 드러난 것이 20세기 후반 동맹체제의 특징이며, 이러한 특징들은 21세기에도 지속되고 있다.

소위 동맹딜레마 혹은 동맹 유지의 딜레마라고 부를 수 있는 문제들이 미소 양 진영에서 함께 드러난다. 첫째, 동맹 체결 당시에 동맹회원국들이 생각했던 동맹의 목적과 기능, 공동의 정치적 목적 등이 시간이 흐르면서 점차 달라지는 문제에 봉착한다. 애초에 동맹 체결 당시에는 양대 진영서로의 위협이 가장 중요한 동맹존속 근거였으나, 서로의 위협에 대처하는 방식, 위협의 급박성, 자국의 이익 등을 점차 더 고려하게 되면서 동맹회원국들 간의 단합된 행동이 어려워지는 상황이 발생한 것이다. 1956년 수에즈 운하 사건 당시 미국과 영국, 프랑스의 이해관계 차이는 핵심적인 동맹 회원국 간의 이해관계가 항상 일치하지 않음을 명백히 보여주었다. 비슷한 시기에 스탈린이 사망하고, 동독, 헝가리 등에서 소련의 간섭에 항의하는 대규모 저항사태가 발생함에 따라, 동맹국들 간의 정치적 이해관계가 또한 대립하는 문제를 보여주었다.

또 다른 예로는 소련의 대륙간 탄도미사일 개발과 더불어 미국의 핵전략이 상호확증파괴전략에서 유연반응전략으로 바뀌면서, 유럽의 국가들이 미국의 대유럽 안보공약에 대한 신뢰를 잃기 시작했던 사례이다. 그 결과 드골 대통령은 독자적인 핵개발을 추진하여 1960년 핵무기 생산에 성공하고, 소련과 직접 교섭을 통해 프랑스의 안보를 추구하는 데땅뜨 정책의 효시적 노력을 시작했다. 이러한 행보는 동맹국들 내부의 일치된 외교 정책에 심각한 문제를 제기하는 사례였다고 볼 수 있다. 이어 미국이 추구한 데땅뜨 정책 역시 동맹국들에게는 매우 큰 타격으로 다가왔고, 한국도 미·소, 미·중 간 데땅뜨에 적응하기 위해 많은 어려움을 겪었다.

둘째, 냉전의 동맹이 초강대국과 강대국, 혹은 초강대국과 약소국 간의 동맹으로 형성되면서 비대칭동맹의 정치적 문제들이 야기되었다. 강대국과 약소국은 초강대국과의 동맹으로 최대한의 안보력, 특히 핵억지력을 확보할 수 있는 이점이 있으나, 정치적 자율성을 훼손당하는 안보-자율성의 동맹 딜레마를 겪게 된다. 이러한 문제는 미국과 소련 모두가 자신의 동맹국들을 상대하면서, 그리고 동맹국들은 미·소라는 초강대국의 정치적 지도력에 대처하면서 공동으로 겪게 된 문제이다. 소련의 경우는 동맹국들의 주권을 제한하는 소위 브레즈네프 독트린으로 동맹국들의 정치적 반발을 지속적으로 경험했다. 미국의 경우는 소련의 경우보다는 약하지만 여전히 미국을 개입적 권력으로 보는 동맹국들과 많은 갈등을 일으킨 것이 사실이다. 미국은 동맹국들이 독자적으로 핵무기를 개발하는 것을 최대한 방지했고, 공산권 혹은 중립진영과 연대가 형성되는 것을 원하지 않았으며, 동맹파트너가 독자적인 전략노선을 택하는 것도 방지하고자 했다. 한미 간에 벌어졌던 많은 동맹 갈등 사례가 이러한 문제들을 대변한다고 할 수 있다.

셋째, 동맹 회원국들 간의 이해관계가 동맹 고유의 논리와 결합되면서 문제를 일으킨 경우도 발생했다. 동맹의 공약 때문에 자신이 원하지 않는 동맹파트너의 문제에 말려드는 연루 문제와, 연루를 방지하기 위해 거리두기를 하다 보면 동맹파트너에게 버림받는 방기의 문제가 결합되어 연루와 방기의 딜레마를 종종 보였다. 한미동맹의 경우 베트남전쟁에 대한 한국의 파병 역시 연루와 방기의 문제를 부분적으로 안고 있었다. 동맹의 유지에 필요한 분담의 책임을 최대한 피하면서, 동맹의 이익을 취하고자 하는 무임승차의 문제도 발생했다. 동맹으로 얻는 안보라는 재화는 공공재의 성격을 가지기 때문에, 동맹회원국들은 최소한의 비용으로 최대한의 효과를 얻고자 하는 동맹 내 부담 분담의 정치게임에 말려들어가게 된 것이다. 특히 나토와 같은 다자안보동맹의 경우 이러한 문제가 더 첨예하게 두드러졌다.

이상에서 살펴본 바와 같이 냉전기 동맹은 세력균형의 논리에 기본적으로 충실하면서도, 미소 대립에 독특한 정체성, 규범, 이데올로기적 대립을 함께 내포하고 있었다. 따라서 동맹의 지속 기간이 길어질 수밖에 없었으며, 이 과정에서 19세기까지의 순수 군사적 동맹에서 목격할 수 없었던 많은 새로운 현상이 나타나게 되었다. 또한 핵무기라는 가공할 무기의 출현으로 군사논리가 변한 것은 물론, 핵무기 보유국과 비보유국 간 안보정책의 차이로 인해 동맹도 특수한 성격을 지니게 된 것이다.

4. 탈냉전기와 21세기 동맹의 변화 양상[9]

냉전이 종식되었음에도 불구하고, 동맹은 새로운 목적과 형태, 존립근거와 기능을 가지고 여전히 지속되고 있다. 형태적으로는 미국 주도의 냉전적 동맹의 골간을 보존하면서도, 동맹의 확대, 기능변화라는 측면에서 이전과는 다른 모습을 보이고 있다. 특히 부시 행정부 1기에 럼즈펠드Donald Rumsfeld 국방장관을 비롯한 소위 '네오콘 세력'의 외교정책은 근대국제정치의 군사적 논리를 넘어, 미국의 군사력으로 지구군사거버넌스를 근본적으로 변화시키기 위한 노력도 부분적으로 기울인 것이 사실이다. 군사적 변환이 여타 정치적, 외교적, 이념적 변환을 동반하지 못함으로써 현재로서는 이러한 노력이 지속되고 있지 못하다.

그러나 향후 군사논리의 변화가 동맹에 어떠한 변화를 가져올지는 더 두고 볼 일이다. 미국은 사실, 군사변환을 기본논리로 하여 미국의 해외주둔군 재배치계획, 핵준비태세의 변화, 그리고 테러 등 새로운 위협에 대처

---

9 전재성, 『동맹의 역사』, pp.15-18.

하기 위한 국가안보전략의 변화 등을 추구했고, 그 과정에서 동맹구도가 크게 변한 것도 사실이다. 이러한 변화는 단지 미국 한 행정부의 변화라기보다는 더 거대한 추세를 반영하고 있으며, 이러한 변화는 향후의 21세기 동맹에도 지속적으로 나타날 것으로 보인다. 따라서 미국이 추구했던, 혹은 향후 추구할 동맹변환은 단순한 적 개념의 변화, 해외주둔군의 배치 변화, 동맹 상대국의 변화 등을 넘어서는 동맹개념 자체의 변화를 추진하고 있음을 알 수 있다. 이를 좀 더 구체적으로 살펴보자.

유럽에서 시작된 근대 국제정치체제에서 동맹은 전쟁 개시 이전에 명확한 적을 상정한, 시한적 개념을 가지고 출발한 군사협력제도였음을 알 수 있다. 일례로 19세기 동맹을 살펴보자. 1879년 10월 7일 독일과 오스트리아 간에 체결된 양국동맹을 보면, ①양국 중 일국이 러시아의 공격을 받는 경우, 타국은 모든 병력을 동원하여 지원한다, ②양국 중 일국이 러시아 이외의 국가로부터 공격을 받는 경우 타국은 우호적인 중립을 지키되 만일 러시아가 그 공격하는 국가에 가담하는 경우 타국은 모든 병력을 동원하여 공격받은 일국을 지원한다, ③유효기간은 5년으로 하고 더 연장할 수 있다는 내용으로 구성되어 있다. 이러한 동맹 개념은 전형적인 근대 동맹의 개념을 보여주는 것으로서, 적 개념과 동맹시한, 작전범위와 지원의 형태가 명시되어 있음을 알 수 있다.

20세기 동맹도 예외는 아니다. 한미상호방위조약을 살펴보면, ①당사국 중 일국의 정치적 독립 또는 안전이 외부의 무력공격에 의하여 위협받고 있다고 인정될 경우 언제든지 양국은 서로 협의한다, ②각 당사국은 상대 당사국에 대한 무력공격을 자국의 평화와 안전을 위태롭게 하는 것이라고 인정하고, 공동의 위험에 대처하기 위하여 각자의 헌법상의 절차에 따라 행동한다, ③이에 따라 미국은 자국의 육·해·공군을 대한민국 영토 내와 그 부근에 배치할 수 있는 권리를 갖고 대한민국은 이를 허락한다, ④이 조약은 어느 한 당사국이 상대 당사국에게 1년 전에 미리 폐기 통고하기 이전까지 무기한 유효하다는 내용이 명시되어 있다. 적이 구체적으로 상정되어 있지는 않지만 전쟁에 대비하고 있으며, 작전범위와 전쟁 수행 내용을 명시하고 있음을 알 수 있다. 1949년에 체결된 나토 조약 역시 ①분쟁의 평화적 해결 원칙, ②집단방위의 원칙(5조), ③적용되는 지리적 범위에 대한 명시(6조), ④조약기간 명시(13조) 등을 내용으로 하고 있다.

이에 비해 21세기 들어 미국이 고려하고 있는 동맹은 다음과 같은 특징을 가지고 있다. 첫째, 구체적인 적이 상정되어 있지 않다. 동맹이 결성될 당시 국가들은 자국의 이익에 따라 협력의 범위와 공동의 위협에 대한 정의를 기반으로 하고 있었지만, 21세기 동맹의 경우에는 문명에 대한 적, 민주주의에 대한 적으로 안보위협의 개념을 추상화하여, 사안이 발생할 때마다 정치적 협상에 의해 군사력을 신축성 있게 발휘할 수 있도록 동맹 개념을 재조정하고 있다. 냉전이 종식된 이후, 냉전기 형성된 동맹들의 구체적인 적이 사라짐에 따라 동맹무용론이 대두되었으나, 테러사태 이후에는 불특정 안보위협의 존재를 상정함으로써 동맹의 존재근거를 찾고 있다.

둘째, 군사공간의 개념이 변하고 있다. 기존에는 자신과 적국의 영토적 군사개념이 명확함에 따라 전선의 형성과 주둔의 개념이 적용되었으나, 현재의 안보위협은 탈영토화되고, 군사기술은 신속이동과 장거리 투사가 가능한 상황이 되어, 영토적 주권 개념을 존중하는 군사적 공간개념이 더 이상 적용될 수 없는 상황이 형성되었다. 미국은 해외주둔군을 유치하는 유치국의 행정협정이 미군의 전략유동성을 제한하는 상황을 최대한 탈피하고자 하고 있으며, 한미동맹에서는 이러한 노력이 '전략적 유연성' 개념을 통해 현실화되었다. 적이 영토적 네트워크가 아닌, 인적·초국적·사이버 네트워크를 타고 작동함에 따라, 동맹의 유대 역시 영토성을 탈피한 네트워크를 기초로 하게 되었다.

셋째, 위협의 성격이 초지역적으로 형성됨에 따라, 동맹의 형성과 연대 역시 초지역적으로 변화하고 있다. 탈냉전은 적의 소멸에 따라 동맹의 작동범위의 광역화, 취급 이슈의 다양화를 가져왔다. 즉, 지역 내 불특정 안보위협에 대비하고, 인간안보적 위협에 공동대처하는 형태로 냉전기 동맹이 변화된 것이 사실이다. 그러나 테러의 위협이 현실화되고 미국 군사전략의 주된 적으로 등장함에 따라, 동맹들 간의 네트워크, 그리고 초지역적 연대망이 중요하게 부상했다. 나토의 글로벌 파트너십은 유럽 지역과 아시아 지역의 군사연대를 강조하는 중요한 사례이며, 유럽과, 아시아의 각 동맹들은 중아아시아 및 중동지역의 미군과 긴밀한 유대를 강화한 바 있다.

넷째, 군사기술의 발전과 억지전략의 적용이 한계를 보임에 따라 선제공격의 불가피성이 논의된 바 있다. 그러나 선제공격은 명확한 적의 위협이 현재화되기 이전에 사용되는 것이 현실상 불가피하여, 선제공격preemption과 예방공격prevention 사이의 경계가 모호해지는 결과를 낳고 있다. 많은 국가들이 향후 발생할 수 있는 위협이 현재화되기 이전, 위협의 불특정성 및 억지불가능성을 내세워 선제공격을 감행할 경우, 전쟁을 둘러싼 근대적 규범이 붕괴할 가능성도 존재한다. 따라서 부시행정부 당시 미국이 추진했던 동맹을 통한 선제공격은, 제국적 군사공간의 출현과 제국적 군사전략의 출현이라는 위험성을 동시에 안고 있는 상황으로 발전하는 위험성을 노정한 바 있다.

다섯째, 동맹의 군사적 성격과 더불어 비군사적 성격 및 역할이 강조되고 있다. 즉, 테러위협의 성격상 정보의 공유, 테러집단과 은신처의 색출, 대량살상무기의 반확산, 경제제재의 군사적 지지, 강압외교 등이 강조됨에 따라 동맹은 비군사적 목적을 위해 점차 빈번하게 발동될 것이다. 미국은 단순히 테러리스트에 대한 방어 뿐 아니라, 테러지원국, 대량살상무기 확산국, 불법행위국, 탈법국가, 독재국가, 악의 축 국가, 도둑정치국kleptocracy 등 다양한 범주를 적국으로 상정하고, 이에 대한 방어와 억지를 미국은 물론 동맹국의 중요한 활동 대상으로 삼고 있다. 따라서 동맹은 과거보다 더욱 정치적 형태를 많이 띠게 된다.

여섯째, 동맹국의 활동 범위 광역화와 이슈의 다양화를 뒷받침할 수 있는 이념적 지지가 중요한 문제로 등장했다. 이미 이라크전쟁 수행과정을 통하여 미국은 전투에서의 승리가 전쟁의 승리로 연결될 수 없음을 체험했으며, 미국이 내세우는 대테러전쟁의 대의를 모든 동맹국이 같은 정도로 공유할 수 없음을 깨달았다. 따라서 반미의 확산을 막기 위한 '마음의 전쟁'과 동맹국들의 지원을 확보하기 위한 공공외교가 중요함을 절감하고 있다. 특히 전 세계적으로 민주화가 진행됨에 따라 동맹국들의 전쟁 및 외교정책 결정과정이 민주화되고, 그 과정에서 시민사회의 역할이 중요해짐에 따라, 상대국의 정부는 물론, 상대국의 시민사회의 동향까지 살펴야 하는 과제에 직면하게 되었다. 부시 행정부 2기에 들어 본격적으로 진행되고 있는 소위 '변환외교transformational diplomacy'와 오바마 행정부가 추진하는 '균형의 외교'는 이러한 상황을 단적으로 말해주고 있다.

이상의 변화를 살펴보건대, 탈냉전기 미국이 추진하고 있는 동맹 변환은 동맹개념, 동맹의 적용범위, 동맹의 발동원인, 기능과 역할을 근본적으로 변화시키고 있음을 알 수 있다. 문제는 이러한 변화가 향후 동맹구도를 좌지우지하는 중요한 변인으로 얼마만큼 작동할 것인가 하는 점이다. 미국이 과연 21세기 안보위협을 어떻게 정의하여 외교전략, 군사전략, 동맹전략을 구사할지, 미국의 군사적 단극체제가 얼마나 지속될지, 미국의 힘에 대항하는 군사적 동맹구도가 형성될 수 있을지, 혹은 소위 '연성균형soft balancing'이 지속되는 가운데 군사적 패권구도, 미국 주도의 동맹구도가 지속될 수 있을지 등의 변수에 따라 향후 동맹정치는 새로운 모습을 거듭할 것이다.

III. 현존 지역별 동맹

1. 유럽지역

(1) 브뤼셀조약

브뤼셀조약Brussel Pact은 1948년 3월 브뤼셀에서 영국·프랑스·벨기에·룩셈부르크·네덜란드 5국이 지역적 집단안전보장기구 설립을 목적으로 체결한 조약으로 서유럽연합(WEU)의 기원이 되었다. 정식명칭은 '경제적·사회적·문화적 협력 및 집단적 지위를 위한 조약'이며 체약국 1국 또는 다수 국가에 가해지는 무력공격에 대해 체약국 전체가 공동으로 대처(군사 또는 기타 원조)하는 것을 골자로 하고 있다. 표면상 독일의 침략정책 부활을 억제하기 위함이라는 명분을 내세웠지만 실제로는 동구권 공산화의 파급을 견제하려는 데 목적이 있었다. 그 후 북대서양조약이 체결되자 일시 그 의의가 퇴색되었다가, 프랑스 의회가 유럽방위공동조약 비준을 거부함으로써 다시 강화되었다. 그 결과로 1954년 12월 서독·이탈리아가 추가된 파리협정이 체결되었으며, 이 조약에 의해 1955년 5월 브뤼셀조약기구가 설립되었다.

(2) 유럽방위공동체

1952년 5월 파리에서 프랑스·서독·이탈리아·벨기에·룩셈부르크·네덜란드 6국이 서유럽방위를 목적으로 체결한 유럽방위공동체EDC: European Defence Community 조약에 따라 설립이 추진된 초국가적 성격의 군사공동체이다. 즉, 서유럽방위를 도모하기 위해 초국가적인 '유럽 통합군'을 창설하고, 서독의 재군비를 허용하여 통합군에 편입시키는 것을 골자로 했던 EDC조약은 같은 달 나토의 정식승인을 받았다. 궁극적으로는 브뤼셀조약을 대체하려 한 EDC계획은, 1954년 8월 프랑스 의회가 서독의 재군비를 인정치 않고 조약 비준을 거부함으로써 무산되었고, 이에 따라 브뤼셀

조약의 강화·확대가 다시 논의되어 1955년 5월 파리협정에 의해 브뤼셀 조약기구가 설립되었다.

(3) 서유럽연합

1948년 영국·프랑스·베네룩스 3국 등 5개국이 독일 침략정책의 부활을 저지할 목적으로 브뤼셀조약을 체결하여 지역집단안보체제로서 발족했으며, 1955년 서독·이탈리아가 추가되어 파리 협정을 체결함으로써 서유럽연합WEU: Western European Union 으로 확대 개편되었다. 성립목적도 회원국 간의 국방정책, 군비의 조정 및 사회·문화·법률 분야의 협력촉진으로 변경되어 유럽의 단결과 통합의 도모를 표방하고 있다. 산하에 총회, 회원국 외무장관으로 구성되는 이사회, 사무국, 군비관리국 등의 기구를 두고 있으며 유럽 연합 및 나토와 긴밀한 협력 관계에 있다. 1990년에 에스파냐와 포르투갈이, 1995년에 그리스가 가입해 가입국은 모두 10개국이다. 사무국은 브뤼셀에 있다.

(4) 북대서양조약

북대서양조약North Atlantic Treaty은 1949년 4월 워싱턴에서 미국을 주축으로 영국·프랑스·벨기에·캐나다·덴마크·아이슬란드·이탈리아·룩셈부르크·네덜란드·노르웨이·포르투갈 등 12개국 사이에 체결된 집단안전보장조약이다. 전문 14조로 구성된 이 조약은 당시 그리스 내전사태로 촉발된 동서냉전의 격화에 따라 소련의 위협에 대처하기 위해 유럽지역의 브뤼셀조약과 미국·캐나다간 집단안전보장을 기초로 체결된 것이다.

물론 정치적·경제적 분야에서의 협력관계도 포함하고 있었으나 본질상 군사동맹체로서, "체약국 1국에 가해지는 무력행사를 체약국 전체에 대한 공격으로 간주, 개별적 혹은 집단적 자위권을 발동함과 동시에 상호원조를 실시한다"는 제5조가 주요 조항이다. 1952년에 그리스·터키가, 1955년 서독이, 1982년 5월 에스파냐가 각각 가입함으로써 체약국은

16개국으로 확대되었고, 조약 체결 당시 유효기간을 20년으로 정했으나 1969년 4월 자동적으로 무기한 연장되었다. 나토의 설립근거인 이 조약은 동서냉전체제하의 유럽에서 미국을 주축으로 한 서방측 국가들의 대표적·상징적 공동방위동맹체 조약으로서 국제연합헌장상의 '지역적 협정'의 효시적 모델이며, 이후 서방세계의 지역적 집단안전보장체제 구축의 정형화로써 인용되었다. 그러나 소련·동유럽 국가들의 '바르샤바조약'을 유발시킴으로써 유럽지역의 군사적 긴장을 고조시킨 점이나, 미국의 주도적 역할이 지나치게 강조된 점 등은 논란의 여지가 있으며, 독일이 재통합되고 동유럽 국가들 내부에 대변혁이 일어나고 있는 상황에서 볼 때 본질적인 재조정·수정이 불가피하다.

(5) 북대서양조약기구

북대서양조약기구NATO: North Atlantic Treaty Organization는 1949년 4월 4일에 유럽의 여러 국가와 미국 및 캐나다 사이에 체결된 북대서양조약에 의거하여 설립된 북아메리카와 서유럽을 연결하는 집단안전보장기구이다. 나토(NATO)는 1989년까지 소련 및 중앙유럽 공산주의 국가들의 방위 체제인 바르샤바조약기구와 군사·정치적 균형을 이루는 데 공헌한 것으로 평가되고 있다. 이후 동서냉전 체제하에서 서방국가들의 집단적 안전보장체제 구축의 모델로서, 구소련과 동유럽 국가들에 대항하는 대표적 상징으로서의 위상을 지녀왔는데 그 본질은 군사동맹이었다.

북대서양조약 체약국으로 구성되는 나토는 회원국 간의 이해관계가 맞물려 파동을 겪기도 했는데, 프랑스는 1966년 3월 핵무기개발을 둘러싸고 미국과 대립하다가 통합군사조직에서 탈퇴했으나 2009년 3월 사르코지Nicolas Sarkozy 대통령이 공식 복귀를 선언했으며, 그리스는 터키의 키프로스 침공사태와 관련된 나토의 태도에 불만을 갖고 1974년 4월 역시 통합군사조직에서 탈퇴했다가 1980년 10월 다시 복귀했다.

나토의 조직은 상설기관으로 최고기관인 각료이사회와 사무국, 그리

고 그 아래의 전문·보좌 기관과 통합군사기구로 구성되어 있다. 각료이
사회는 회원국 외무·재무·국방장관 및 관계 장관으로 구성되는 최고기
관으로 연 2회 이상 정례회합을 가지며, 각국의 대통령·총리·수상이 개
인자격으로 참가하기도 한다. 산하에 핵방위문제위원회·방위계획위원회
·핵기획 그룹 등의 전문기관이 설치되어 그 보좌를 받으며, 보조기관으
로 대사급 상설이사회가 설치되어 있는데, 사무총장이 의장을 겸임하고,
회의방식은 만장일치제를 채택하고 있다. 전문기관 중 핵방위문제위원회
는 프랑스·룩셈부르크·아이슬란드를 제외한 회원국 국방장관으로 구성
되어 나토의 핵전략을 결정하며, 방위계획위원회는 회원국 국방장관으
로 구성되는 최고군령기관으로 통합군사조직을 통할하며, 핵기획 그룹은
1966년 12월 방위계획위원회와 동시에 설치되었는데 프랑스 아이슬란
드를 제외한 회원국방장관으로 구성된다.

방위계획위원회는 통합군사조직의 최고통수기관이며 그 아래 군사
위원회가 설치되어 유럽연합군최고사령부(SHAPE), 대서양해군사령부
(ACLANT), 해협연합군사령부의 세 기구를 관할한다. SHAPE는 북대서양
최고사령부라고도 칭하는데, 각료이사회의 결정에 의해 1951년 4월 발
족했다. 방위 범위는 영국·프랑스·포르투갈을 제외한 서유럽 전역과 영
국 영공이며, 전시에는 최고사령관이 유럽 지역의 육·해·공 3군이 작전
권을 행사한다. 산하에 북유럽군·중부유럽군·남부유럽군·영국반공군
·기동부대·조기경계기동대 등 6개 사령부를 두고 있다. ACLANT는 상
비병력은 없지만 훈련 시·전시에는 회원국 해군이 전속된다. 방위범위는
영불해협과 잉글랜드 연안을 제외한 미국 연합수역에서 유럽·아프리카
연안수역까지, 즉 위도상으로는 북극에서 적도까지이다. 해협연합사령부
는 해협연합군 사령관과 해협연합군 항공대 사령관의 지휘 아래 영불해
협과 북해 남부의 방위를 담당하고 있다.

설립 당시 파리에 본부를 두고 있었으나 프랑스가 통합군사조직에서
탈퇴하자 브뤼셀로 이전했다. CDE와 MRFA의 서방측 주체이기도 한 나

토는 1990년 10월 독일의 재통합과 관련, 딜레마에 봉착하기도 했는데 1980년대 후반기의 국제정세 변화과정에서 그 새로운 변화가 요구되고 있다. 1991년에는 나토 회원국에 대해 즉각적으로 어떠한 군사적 위협도 없을 정도로 상황이 개선되었다. 따라서 미래의 나토 역할에 대한 의문이 제기되었다. 예를 들면, 그 해에 바르샤바조약 가맹국들은 동맹관계를 청산하는 데에 합의했고, 소련의 공산당은 소련 정부에 대한 지배력을 잃었다. 1991년 후반에 소련은 해체되었다. 바르샤바조약이 붕괴된 후, 나토는 나토 회원국뿐만 아니라 이전에 바르샤바조약을 체결한 나라들도 포함하는 북대서양협력회의를 결성했다. 이 기구는 두 개의 국가 집단 사이의 연대를 강화할 목적으로 만들어졌다. 1991년에 나토는 유럽에 대한 핵무기 공급을 80% 줄일 것이라고 발표했다. 나토는 1992년에 소속군이 유럽의 비회원국들에게 평화유지 지원을 할 수 있도록 함으로써 군사적인 역할이 커지도록 했다.

1994년 2월 나토 소속 항공기가 국제연합이 지정한 보스니아헤르체고비나의 비행금지구역을 침범한 전투기 4대를 격추함으로써 처음으로 전투행위를 수행했다. 또한 1994년에는 대부분 과거에 공산국가였던 20개국이 '평화를 위한 동반자PfP: Partnership for Peace'라는 나토와의 연대기구連帶機構에 가입했다. 이들 나라는 이 기구에 군사적으로 참여했다.

냉전 종식 이후 나토의 목적과 임무는 그 강조점을 달리하여 군비태세보다는 정치·경제·사회와 환경적 측면을 강조하는 포괄적 접근을 강조하고 있으며, 기구의 질적·양적변화를 꾀하여 분쟁예방과 위기관리 등에 초점을 맞추고 회원국을 확대하여 그 개입범위를 증가시키고 있다. 또한 점증하는 새로운 유형의 안보위협 즉 테러리즘과 대량살상무기 확산 등에 공동대응하기 위해 다양한 지역별 협력 프로그램을 실시하고 있다. 나토가 추진 중인 대외적 동반자 협력관계는 다음과 같다.

먼저 유럽지역 국가들을 대상으로 한 '평화를 위한 동반자관계'와 '유럽-대서양 동반자관계 이사회EAPC: Euro-Atlantic Partnership Council'가 있으며, 지중해지역 국가를 대상으로는 '지중해 대화상대국MD: Mediterranean Dialogue'이 있다. 이와 함께 중동을 대상으로 한 '이스탄불협력구상ICI: Istanbul Cooperation Initiative', 동남유럽을 대상으로 한 '동남유럽구상SEEI: South East Europe Initiative', 러시아를 대상으로 한 '나토-러시아 이사회NRC: NATO-Russia Council' 등이 있다. 이외에 나토-우크라이나 간 협력 증진과 함께 아시아·태평양 지역의 한국, 일본, 호주, 뉴질랜드 등을 관심 접촉국가로 선정하고 적극 협력을 추진 중이다. 특히 중국과는 주벨기에 대사 겸 EU 대표부 중국대사가 실무급 수준에서 나토와 접촉을 유지하고 있다.

(6) 바르샤바조약

바르샤바조약Warszawa Treaty의 정식 명칭은 '동유럽 우호협력 및 상호원조에 관한 조약'으로 1955년 5월 바르샤바에서 소련을 중심으로 알바니아·불가리아·헝가리·동독·폴란드·루마니아·체코슬로바키아 8국 사이에 체결되었는데 유고슬라비아는 이미 1948년 소련에 의해 코민포름에서 추방되었기 때문에 조약에 초청되지 않았고, 알바니아는 그 후 친중국으로 노선을 전환하여 1961년 이래 불참하다가 1968년 9월 바르샤바조약군의 체코 침공 사태에 항의, 정식 탈퇴를 선언했다. 한편 1985년 4월 26일 소련과 6개의 소련 위성국들은 바르샤바조약의 유효기간을 20년 더 공식 연장했지만, 1990년 10월 독일이 통일하면서 동독이 탈퇴하고 1991년에 중심 국가인 소련이 해체되어 이 조약은 유명무실해졌다.

이 조약은 1954년 12월 파리 협정으로 소련·동유럽제국이 가장 두려워했던 서독의 재군비가 진행되고, 더욱이 서독의 서유럽연합(WEU) 및 나토(NATO) 가입이 승인되자 그 대항조치로 취해진 것이었다. 바르샤바조약은 공산권에 있어서는 최초의 집단적 안전보장체제 구축을 도모한 조약이었다. 조약 내용은 분쟁의 평화적 해결, 내정 불간섭, 군비축소, 경제적·문화적 협력관계의 강화 등 정치·경제적 분야와 관련된 우호협력 및 유지가 대다수를 점하고 있으나, 그 중심은 "유럽에서 체약국 중 1개국 또는 그 이상이 어떤 국가 또는 국가군으로부터 무력공격을 받았을 경우에, 체약국은 국제연합헌장 제51조에 규정된 집단적 자위권을 행사하고 동시에 공격을 당한 체약국에 신속한 원조를 공여한다"는 제4조에 있다. 바르샤바조약의 유효기간은 20년인데(최초의 시한은 1975년이 된다) 만료시한 1년 전에 각 당사국이 폐기하지 않으면 매 10년씩 자동적으로 연장되며, 유럽 전역의 집단안전보장 체제를 구축하기 위한 조약이 체결·발효될 경우에는 효력이 즉시 상실된다고 명시하고 있다.

(7) 바르샤바조약기구

바르샤바조약기구WTO: Warszawa Treaty Organization는 1955년 5월 바르샤바조약에 근거하여 설립된 동유럽권의 집단안전보장기구이다. 나토로 대표되는 서유럽 공동방위 공동체에 대항하기 위해서 소련의 주도 아래 유지되어온 동유럽 친소국가들의 정치·군사 공동체로 규정할 수 있다. 상설기관으로 최고기관인 정치자문위원회, 외무장관회의와 최고군사기관인 국방장관회의가 있고, 정치자문위원회 아래 상설위원회·군사평의회·합동사무국 등의 보좌기관이 설치되어 있고, 국방장관회의가 군사조직인 통합군사령부에 대한 통수권을 행사한다.

정치자문위원회는 회원국의 공산당 제1서기(또는 서기장)·총리·외무장관·국방장관·통합군사령관·통합군참모장으로 구성되며, 연 2회 정례회의를 갖는다. 보조기관 중 상설 위원회는 체약국의 외교정책 일반에 관해 권고하는 임무를 수행하는데, 정치자문위원회의 구성과 기능 및 보조기관의 역할에서 바르샤바조약과 WTO의 실체를 엿볼 수 있다. 즉, 공산주의 지도국가로서의 소련의 위상과 그 지배력이 광범위하게 행사되고 있음과 일반적인 정부간 기구 이상의 강력한 구심력이 작용하고 있음을 알 수 있다. 외무장관회의는 상설위원회 및 합동사무국과 협력하여 정치자문위원회에 권고하는 기능을 수행한다. WTO의 군사조직은 나토의 군사조직처럼 기구에 직속하는 형태가 아니라 '통합군에 대한 체약국의 파견

군 형태'로 유지되고 있다. 최고군사기관인 국방장관회의는 회원국의 국방장관으로 구성되는데, 회원국의 참모총장·국방차관·소련방공군부사령관 등과 WTO의 사찰총감·기술위원회의장 등이 참가하기도 한다. 국방장관회의 산하 통합군사령부는 회원국의 군 지휘계통을 통합하여 소속된 회원국군을 지휘하며 산하에 군사평의회와 참모본부를 두고 있다.

WTO 본부 및 산하기관 대부분은 모스크바에 소재하고 있고, 특히 군사조직의 지휘권은 소련이 독점하고 있는데, 이는 소련이 동유럽 국가들과 2국간 협정형태로 각국에 병력을 주둔시키고 있는 점과 관련하여 시사하는 바가 크다. 그러나 전술한 바와 같이 WTO는 중심전력이었던 동독이 서독과 통합함으로써 감당키 어려운 공백이 생겼고, 동유럽 대변혁 사태에 따른 공산주의 정권의 몰락으로 사실상 해체의 상황에 이르게 되었다. 실제로 1990년 10월 독일 통일로 동독이 조약에서 탈퇴하고 1991년에 중심적인 국가인 소련이 해체되어 바르샤바조약이 유명무실해지면서 1991년 7월 1일 프라하에서 열린 모임에서 WTO 기구의 공식 해체를 선언했다. 그 후 1999년 3월 12일 체코, 폴란드, 헝가리 등이 나토에 가입했으며 뒤를 이어 2004년 3월 29일 루마니아, 불가리아, 슬로바키아, 라트비아, 리투아니아, 에스토니아, 슬로베니아가 나토에 가입했다.

2. 미주지역

(1) 미주상호원조조약

미주상호원조조약Inter-American Treaty of Reciprocal Assistance은 1947년 9월 브라질 리우데자네이루에서 캐나다를 제외한 미주 21개국이 서명, 1948년 12월에 발효한 군사동맹조약으로, 일명 리우조약RIO Pact으로도 불린다. 1948년 이래 미국은 기본적인 외교정책을 봉쇄정책으로 설정하고 소련과 중국 공산당의 확장으로부터 유럽과 아시아를 보호하기 위해 나토 등의 동맹을 형성하게 되는데 리우조약도 그 중의 하나이다. 조약 내용은 미주美洲의 일국에 대한 공격을 미주 국가 전체에 대한 공격으로 보고, 개별적 또는 집단적 자위권을 행사한다는 것을 규정하고 있다. 그런데 비군사적 조치의 결정은 전 가맹국을 구속하게 되나 병력의 사용은 동의를 한 나라에 한하여 실행한다. 또한 동 조약은 미주국가간의 분쟁에 대해서 무력의 회피와 원상복귀를 요구하는 동시에 불응 시에는 협의를 거쳐 대상국가에 응징을 가할 수 있다고 규정하고 있었다.

(2) 카리브 지역안보체제

지역안보체제RSS: Regional Security System는 카리브 해 지역의 방위·안보를 위한 국제협정으로, 1970년대 말~1980년대 초에 지역 안정에 영향을 미치는 위협에 대해 집단으로 대응할 필요성에 의해 창설되었다. 1982년 10월 29일 동카리브국가기구의 4개 회원국(앤티가 바부다, 도미니카공화국, 세인트루시아, 세인트빈센트 그레나딘)과 바베이도스는 '요청시 상호원조'를 제공하기 위한 양해각서에 서명했다. 서명국들은 우발사태계획을 준비하고, 국가비상사태, 밀수방지, 수색구조활동, 이민통제, 어업보호, 관세 및 소비세 통제, 해양경찰 의무, 국가재난사태와 국가안보위협 등에 대한 상호원조에 합의했다. 이후 세인트키츠 네비스가 1983년에 그리고 그레나다는 미국-RSS 연합군이 자국을 침공한 지 2년 후인 1985년에 가입했다.

RSS는 최초에 카리브 지역 내 공산주의 확산에 대항하기 위한 미국의 수단으로서 출발했다. 5개국간 양해각서는 1992년에 개정되었으며 1년 후인 1996년 3월에 그레나다에서 5개국이 서명한 후 RSS는 정식조약으로서 법적 지위를 획득했다. 2010년 6월 미국과 카리브지역 국가들은 클린턴 행정부 시절에 추진했던 카리브지역 내의 번영과 안보를 위한 파트너십과 협력을 위한 계획을 재개했다. 이어서 미국은 상호간 협정에서 카리브지역 국가들 사이에 동카리브해 해안경비대 창설을 지원하기로 약속했다. 이 해안경비대는 RSS가 핵심역할을 하는 광범위한 '미국-카리브해 안보체제'를 더 강화시킬 것이다.

(3) 미주기구

미주기구OAS: Organization of American States는 1984년 4월 콜롬비아 보고타에서 개최되었던 제9차 미주연합회의에서 미주 20개국 간에 체결된 '미주기구 헌장(보고타 헌장)'에 의거, 1951년 12월 설립된 아메리카 대륙의 지역적 협력 및 집단안전보장을 위한 일반기구이다. 1890년 최초 개최되었던 미주회의는 아메리카 밖의 세력으로부터의 간섭배제와 상호협력 도모를 목적으로 발족, 그 상설기구로 '미주국제사무국'을 설립했다가 1910년 미주연합PAU: Pan American Union 으로 개편했다. 1948년 3월 제9차 PAU 회의가 보고타에서 개최되었는데 미주상호방위조약과 차풀테펙 결의Act of Chapultepec 에 의거하여 PAU의 개편·강화를 도모하고 실체적인 지역적 집단안전보장기구로서의 기능을 갖추는데 합의하여 당시 캐나다를 제외한 아메리카 대륙 국가 모두가 서명(20개국)함으로써 설립되었다. PAU헌장에 나타나 있는 설립목적은 미주지역의 평화와 안전보장의 강화, 분쟁의 평화적 해결과 상호 이해증진 및 경제·사회·문화 발전의 도모로 요약할 수 있으며, 상설기관으로 총회(미주회의)·외무장관 협의회의·이사회·사무국과 그 아래에 각종 전문·보조기관을 설치하고 있다. 미주회의는 회원국의 대표자로 구성되는 최고기관이며, 외무장관 협의회의는 긴급문제조정을 하며 직속기관으로 방위자문위원회를 두고 있고, 회원국 대사급으로 구성되는 이사회는 긴급시 외무장관협의회의의 임무를 대행하는데, 사무국과 같이 워싱턴에 본부를 두고 있다. 아메리카대륙 전체의 반공 교두보로 일컫던 OAS는 쿠바의 사회주의혁명 성공이나 니카라과·엘살바도르 내전사태로 서서히 퇴조의 기미를 보이기 시작했고, 미국의 독선적·착취적 지배태도에 대한 불만으로 중남미 전역에 반미 분위기가 고조되어 감으로써 분열의 조짐까지 엿보이고 있다. 실제로 1983년 10월 발생한 미국의 그레나다 침공과 1989년 12월 발생한 미국의 파나마 침공이나, 과거 공산주의 세력 억제를 위해 라틴아메리카 군사독재정권들을 지원한 것과 산디니스타 정권 전복을 위해 콘트라 반군을 지원한 사례 등을 볼 때 이율배반적이고, 명백한 국제법 위반이며 자신이 주도한 보고타 헌장 자체를 파괴하는 행위인 것이다. 원 회원국이었던 쿠바는 1962년 1월 제명되었고, 헌장 채택 당시 불참했던 캐나다가 1989년 11월 가입하는 등의 곡절을 거쳐 2002년 현재 회원국 수는 35개국이며 한국은 1981년 영구 참관국가로 가입했다.

3. 중동·지중해 지역

(1) 아랍연맹

아랍연맹^{Arab League}은 중동지역의 평화와 안전을 확보하고 아랍 국가의 주권과 독립을 수호하기 위하여 결성되었다. 1945년 3월 이집트의 제창으로 카이로에서 이집트·이라크·사우디아라비아·시리아·레바논·요르단·예멘 7국에 의해 채택된 '아랍연맹헌장'을 기초로 성립되었다. 아랍연맹헌장은 아랍국가 간 경제·사회·문화적 협력과 분쟁의 평화적 해결, 외세의 침략억지와 공동대처를 설립목적으로 규정하고 있다. 범아랍주의와 반이스라엘주의를 기치로 하여 민족주의적 통합을 표방한 아랍연맹은 1970년대 중반까지는 그런대로 그 위상을 유지했다. 그러나 팔레스타인 문제, 레바논 내전사태로부터 회원국 간에 이해관계가 대립하고, 친서방·친미·반미·비동맹노선 등 자체적인 분화가 일어나 마침내는 강경·온건파로 양분되었다.

1979년 3월 이집트가 이스라엘과 독자적으로 평화협정(캠프 데이비스 협정)을 체결하자 자격을 정지시키고(1989년 5월 복귀), 카이로에 있던 본부를 튀니스로 이동했는데, 이란의 이슬람혁명과 이란·이라크 전쟁으로 또한 차례의 파란을 거쳤고, 1990년 8월에 발생한 이라크의 쿠웨이트 침공 사태로 내부적 와해가 표면화되었다. 이미 걸프만협력기구(GCC), 아랍협의회의(ACC), 아랍·마그레브연합 등 이해관계를 같이하는 다자간 지역적 협력기구가 발족함으로써 예상된 아랍연맹의 퇴조는 군사공동체로서의 기능강화가 그 유일한 회복책이나 친서방·친소 노선에 강·온파 분화가 겹쳐 난관에 봉착해 있다. 1990년 1월 현재 회원국은 아랍권 21개국과 팔레스타인해방기구(PLO)로 이루어져 있다. 상설기관으로 정상회의·이사회·사무국과 그 아래 분과별 위원회조직으로 구성된 보조기관을 설치하고 있다.

(2) 발칸협약

발칸협약Balkan Entente은 그리스·터키·유고슬라비아 3국 간의 공동방위기구이다. 먼저 1953년 2월 터키의 수도 앙카라에서 3국 간의 우호협력조약이 체결되었고 다음해 4월 발효되었다. 유효기간 5년으로, 조약 내용은 우호관계의 유지와 함께 무력공격을 받았을 때의 공동방위에 대해서 규정하고 있었다. 그 후에 3국 간의 동맹, 정치협력, 상호원조에 관한 조약이 1954년 8월 체결되었다. 유효기간이 20년인 이 조약에서는 군사적 침략에 대한 상호원조를 규정하고, 침략국과 개별 협정을 맺는 것을 금지했다. 코민포름을 이탈한 유고슬로비아를 서방측 기구에 끌어들인 서방측 외교의 성공적 사례였으나 1955년 5월 이후 유고슬라비아가 소련과 관계개선을 도모하고, 키프로스 문제로 그리스와 터키가 첨예하게 대립함으로써 와해되었다.

(3) 중앙조약기구(1955-1979)

중앙조약기구CENTO: Central Treaty Organization는 중동지역의 상호방위동맹체이다. 초기 1955년 2월 이라크·터키 간 상호방위조약에 영국·파키스탄·이란이 참가하여 중동조약(바그다드조약)으로 확대·개편되었고, 이에 의해 동년 11월 중동조약기구METO: Middle East Treaty Organization가 설립되었는데, 이것이 CENTO의 전신이다.

중동조약기구(METO)는 여러 가지 면에서 나토(NATO), 시토(SEATO, 동남아시아조약기구) 등 기존의 서방측 지역적 집단안전보장기구와는 다른 특이점을 지니고 있었다. 즉, 미국은 참관인 자격으로 참가하고 있었으나

METO 설립의 사실상의 주체이며, 그 위상에 있어서 정회원국의 지위를 점하고 있었음은 물론 실제적인 주도국이었다는 점, METO는 표면상 국제연합헌장상의 지역적 집단안전보장 규정을 근거로 했으나 실제로는 중동지역에 대한 소련의 세력 확장을 저지하려는 미국의 의사에 의해 성립되었다는 점, METO는 나토·시토에 비해서 군사공동체 성격은 완화된 반면에 경제·정치 분야의 협력이 강화되어 있다는 점, 회원국 중 영국과 파키스탄이 시토 회원국이고, 영국과 터키는 나토의 회원국이라는 점 등이다.

METO는 본부를 이라크의 수도 바그다드에 두고 있었는데, 1958년 7월 이라크에서 압둘 카림 카셈Abdul Karim Kassem에 의한 군부 쿠데타가 발생해 파이살 2세가 살해되고 왕정을 폐지하고 공화정이 수립되었다. 이때 이라크가 METO 탈퇴를 선언함으로써 일시 와해위기를 맞았으나, 미국이 개입해 조정에 나서 1959년 3월 파키스탄·터키·이란 3국과 상호원조협정을 체결하고 중앙조약기구(CENTO)로 개칭해 본부를 앙카라로 옮겨 재출범했다. CENTO는 최고기관인 이사회(장관급) 아래 보좌기관으로 대사급 상설위원회와 정치·군사·파괴활동방지 등 4개 분과위원회를 설치하고 있었다.

그러나 범아랍 민족주의 부활과 비동맹세력의 확대로 점차 그 기능이 정체되기 시작했고 1979년 3월 이란 왕국의 이슬람 혁명으로 팔레비 왕조가 무너지고, 파키스탄이 점증하는 소련의 세력 확장을 의식하여 각각 비동맹운동을 위해 탈퇴함으로써 붕괴 직전에 이르렀다. 결국 터키가 기구의 해체를 요구해 1979년 9월 27일 정식 해체되었다.

(4) 이스라엘-미국 동맹관계

현존 이스라엘-미국간 군사동맹 관계는 매우 견고하며 중동지역에서 공동 안보이익을 상호 공유하고 있다. 미국 군사장비·물자의 주요 구매자인 이스라엘은 일부 군사기술을 미국과 공동으로 발전시키고 있으며 미국과 여타 우방국이 참가하는 합동군사연습에 정기적으로 참여하고 있다. 이스라엘-미국 간의 관계를 미국 노트르담대 이스라엘 전문가인 앨런 도티^{Alan Dowty} 교수는 "단순히 직선적으로 점증하는 협력관계라기 보다는 오히려 각각 서로 다른 전략적·정치적 목적을 달성하기 위한 계약관계에 있다"라고 평가하고 있다.

오바마 행정부의 로버트 게이츠^{Robert M. Gates} 전 국방장관은 미국의 대^對 이스라엘 동맹관계가 공고함을 다음과 같은 언급에서 보여주고 있다. "나의 공직생활 중에 양국관계가 지금보다 더 깊어진 적이 없었다. 이스라엘이 폭력적 극단주의, 핵무기 기술의 확산, 적국 또는 실패국가로부터 발생된 문제 등의 안보상 도전에 노출되어 있으므로 이에 대한 대처를 위해 양자 간 동맹관계가 매우 중요하다고 생각한다. 아울러 중동지역 내 급변하는 안보상황 속에서 미국의 이스라엘에 대한 흔들림 없는 안보약속을 다시 한 번 재확인하는 것이 중요하다."

4. 아시아·태평양 지역

(1) 태평양 안전보장조약

태평양 안전보장조약은 1951년 9월 1일 미국과 호주, 뉴질랜드 세 나라 사이에 체결된 군사동맹조약으로, 태평양 지역의 방위를 위한 군사적 협력을 목적으로 한다. 체결 국가의 영어 머리글자를 따서 안저스(ANZUS) 조약이라고도 부른다. 이 조약은 1952년 4월 29일에 효력이 발생했지만 1986년 미국과 뉴질랜드의 군사동맹조약이 효력을 상실하면서 현재는 호주와 뉴질랜드, 미국과 호주의 군사동맹 체제로 전환된 상태이다.

(2) 미일안전보장조약

이 조약은 미국과 일본의 군사적 관계를 규정한 조약이다. 1951년 9월 8일 샌프란시스코에서 강화조약과 함께 '일본과 미합중국의 안전보장조약'(이하 구조약)을 체결하고, 이후 이를 개정한 '일본과 미합중국의 상호협력 및 안전보장조약'(이하 신조약)을 1960년 1월 19일에 체결했다. 구조약 제4조 및 신조약 제19조의 규정에 따라 구조약은 신조약 발효일인 1960년 6월 23일에 효력을 상실했다.

구조약에서는 일본 내에 미군의 주둔을 인정하는 한편 극동에서 평화유지의 필요가 있거나, 일본에 대규모의 내란이나 소요가 발생하여 일본정부의 요청이 있을 경우, 또 일본에 대해 외부로부터의 공격이 있을 때 미군이 출동할 수 있다고 규정했다.

신조약에서는 미국의 일본방위 의무를 명문화하고, 외부로부터의 무력공격이 있어 방위행동을 취했을 경우 국제연합 안전보장이사회에 대한 보고 의무, 그리고 이사회가 평화를 회복하는 데 필요한 조치를 취했을 때는 행동을 중지할 것을 규정했다. 또한 미국과 일본 간의 정치·경제상의 협력이 강조되고 있으며, 일본 내의 내란 시 미군의 출동에 대한 규정이 삭제되었다. 또한 1960년 1월 19일 기시 노부스케岸信介 총리와 미국의 국무장관 사이에 교환한 '조약 제6조의 실시에 관한 교환공문'을 통해, 일본 내 미군의 장비와 배치에 대한 중요한 변경, 일본 이외 지역의 전투작전 행동을 위한 기지 사용 문제 등에 대해서 사전협의를 하도록 규정했다. 이 신조약은 1970년 자동으로 연장되었다.

이와 함께 '신조약 제6조를 바탕으로 한 시설 및 구역 등에서 일본에 대한 미합중국 군대의 지위에 관한 협정', 일명 '미일지위협정'이 있는데 이 협정은 일본이 미군에 시설 및 지역을 제공하는 구체적인 방법을 정한 것 이외에 그 시설 내에서의 특권이나 세금의 면제, 병사 등의 재판권 등을 정하고 있다.

(3) 미국-필리핀 상호방위조약

미국-필리핀 상호방위조약은 1951년 8월 30일 미국 워싱턴에서 서명되었다. 조약의 내용은 다음과 같다.

제1조	국제분쟁은 평화적 방법으로 해결해야 한다.
제2조	양국은 자력 혹은 상호원조를 통해 개별적으로 또는 합동으로 외부공격에 저항할 능력을 획득·개발·유지한다.
제3조	양국 외무장관은 조약 이행을 위한 적절한 방법을 결정하기 위해 가끔 회동하여 협의한다. 또한 양국은 태평양 지역에서 영토 보전, 정치적 독립성과 국가안보가 무력으로 위협받을 시 상호 협의한다.
제4조	일국에 대한 공격 시 양국은 자국의 헌법 절차에 따라 행동하게 될 것이며, 일국에 대한 무력공격은 유엔의 즉시적 대응에 대한 관심을 불러일으킬 것이다.
제5조	무력공격은 본국 영토와 태평양 지역 내 관할권이 미치는 섬, 군대 병력, 함정과 항공기에 대한 적대국의 모든 공격을 포함한다.
제6조	이 조약은 유엔헌장 하 양국의 권리와 의무에 영향을 미치거나 방해하지 않는다.
제7조	이 조약은 양국의 헌법절차에 따라 비준해야 한다.
제8조	조약의 유효기간은 무기한이며, 어느 한쪽이 다른 쪽에 통보한 후 1년이 지나면 조약을 종료할 수 있다.

(4) 동남아시아 집단방위조약과 동남아시아조약기구(1954~1977)

1954년 9월 8일 미국·영국·호주·프랑스·뉴질랜드·파키스탄·필리핀·태국 대표가 필리핀 마닐라에 모여 동남아시아집단방위조약에 조인했다. 1955년 2월 19일 이 조약의 발효로 동남아시아조약기구SEATO, South East Asia Treaty Organization가 설립되었다. 국제연합헌장 제52조의 지역적 집단안전보장 규정을 근거로 하는 것이지만 실질적으로는 미국 지도하에 있던 반

공산주의 군사블록으로, 나토(NATO) 또는 센토(CENTO, 중앙조약기구)와 동일한 성격을 지녔다. 1954년 인도차이나전쟁에서 프랑스의 패색이 짙자 미국 국무장관 덜레스^{John Foster Dulles} 등이 동남아시아에서 공산주의를 봉쇄할 목적으로 결성을 서둘렀다.

가맹국은 상기 8개국이고, 중심 기관은 각국 외무장관으로 구성되는 이사회이며, 본부는 태국의 방콕에 두었다. 조약구역은 ①동남아시아의 일반구역으로 아시아 가맹 제국의 전 영역을 포함하며 ②북위 21° 30' 이북의 태평양 지역을 제외하는 서태평양의 일반구역이다(8조). 따라서 대만, 일본, 한국은 조약구역에서 제외되지만 베트남, 라오스, 캄보디아는 조약구역에 포함되며, 부속 의정서에서 이 3국을 조약구역으로 지정했다. 미국의 베트남 군사 개입의 근거는 이 조약에 있었다. 그러나 아시아에서 3개국 외에는 이 조약에 가입하지 않았다는 것, 나토와 같은 독자적인 통합사령부를 갖지 못했다는 것 등이 이 기구의 약점이었다.

베트남전쟁 과정에서 프랑스·파키스탄이 사실상 탈퇴했고, 호주·뉴질랜드도 1973년 1월의 베트남평화협정 성립 후에 정식으로 이탈했다. 1975년 인도차이나반도의 공산화에 따라 붕괴 상태에 빠졌으며, 1977년 6월 30일 정식으로 해체되었다. 그러나 이 기구의 법적 기초가 된 조약 자체는 존속한다.

SEATO는 상비군을 보유하지 않는 대신 합동군사훈련에 참가하는 회원국들의 군사력에 의존했으며, 평의회 또는 대표단의 지시에 따라 행동하는 사무총장이 방콕에 있는 참모부를 대표했다. SEATO는 존립목적을 방위에 국한했는데, 특히 동남아시아 지역을 공산주의 세력의 팽창주의로부터 방위해야 할 필요성에 따라 설립되었다. 베트남·캄보디아·라오스 등 3개국은 1954년의 제네바 협정 등을 이유로 회원국으로 인정되지는 않았으나 의정서에 의해 군사보호를 승인받았다. 기타 나머지 남아시아나 동남아시아 국가들은 비동맹 외교정책을 유지했다. 파키스탄이 1968년 탈퇴했고, 1975년에는 프랑스가 재정지원을 중단했다. SEATO

는 1976년 2월 20일 마지막 군사합동훈련이 있은 뒤 1977년 6월 30일 공식 해체되었다.

(5) 영연방 5개국 방위협정

5개국 방위협정FPDA: Five Power Defence Arrangements은 영국, 호주, 뉴질랜드, 말레이시아, 싱가포르 간에 양자협정의 형태로 맺어진 방위관계로서 주 내용은 말레이시아와 싱가포르에 대한 외부침략이나 공격위협이 있을 경우 상호간 협의한다는 것이다. 이 협정은 1967년에 체결된 말레이시아와 싱가포르에 대한 영국의 방위보장이 종료됨에 따라 그 후속조치로 체결한 것이며, 이에 따라 5개국은 양국에 대한 방위협력을 제공하면서 동시에 말레이시아 페낭 주에 위치한 버터워스 공군기지RMAF Butterworth에 근거한 통합공중방어시스템을 운용하고 있다. 이 통합공중방어시스템은 5개국에서 파견된 항공기와 인원으로 유지된다.

1981년 5개국은 최초로 연례 지상 및 해상연습을 계획했고 1997년 이후부터 지상·해상 연합연습을 실시해왔다. 호주 국방장관 존 무어는 "FPDA가 아시아 지역에서 유일하게 기획립된 다자간 안보틀로서 역할을 수행하고 있다"고 말했다. 이 협정은 5개국뿐만 아니라 아시아·태평양 지역 관점에서도 지역 안정을 위한 전략적 이익을 제공하고 있다고 볼 수 있다.

2011년 11월에 싱가포르는 5개국 국방장관 참석 하에 FPDA 40주년 기념식을 거행하고 그 기간 중 군사적 준비태세와 협조문제를 시험하기 위해 3일 동안 연합연습을 실시했다. 영국은 FPDA 보장을 위해 싱가포르에 해군시설을 유지하고 말레이시아 버터워스에 위치한 통합지역방어시스템 본부에 인원을 파견하고 있다.

5. 북한, 중국, 러시아 동맹

(1) 중국—북한 동맹

중조우호협조 및 상호원조조약中朝友好合作互助條約은 1961년 7월 11일 중화인민공화국과 조선민주주의인민공화국 양국이 베이징에서 맺은 조약이다. 중국 저우언라이周恩來 총리와 북한 김일성 주석이 서명한 이 조약은 아래와 같은 유사시 즉각적인 군사지원, 즉 자동군사개입 조항을 담고 있다.

조약 제2조에는 "체약 쌍방은 체약 쌍방 중 어느 일방에 대한 어떠한 국가로부터의 침략이라도 이를 방지하기 위하여 모든 조치를 공동으로 취할 의무를 지닌다. 체약 일방이 어떠한 한 개의 국가 또는 몇 개 국가들의 연합으로부터 무력침공을 당함으로써 전쟁상태에 처하게 되는 경우에 체약 상대방은 모든 힘을 다하여 지체없이 군사적 및 기타 원조를 제공한다"라고 되어 있다.

중국이 조약 체결 50주년을 맞은 2011년 7월 11일 국영 CCTV를 통해 이례적으로 이를 공개했다. 중국 중앙TV 국제전문채널인 CCTV4는 7월 11일 "중조우호협조 및 상호원조조약은 1961년 7월 11일 저우언라이 총리와 김일성 주석이 베이징에서 만나 체결한 것으로 같은 해 9월 10일 발효됐다"면서 "이 조약의 유효기간은 20년으로 1981년과 2001년 두 차례 자동연장되었으며, 현재 이 조약의 유효기간은 오는 2021년까지다"라고 밝혔다.

중조우호협조 및 상호원조조약의 유효기간이 20년으로 정해져 있으며 두 차례 연장되었다는 사실은 2011년에 처음 확인된 것이다. 그동안에는 이 조약이 양측이 수정이나 폐기에 합의하지 않는 한 별도의 기한 없이 계속 유지되는 것으로 알려져 왔다. 실제로 이 조약 제7조에는 "양국이 조약의 개정 또는 효력의 상실에 대해 합의하지 않는 이상 효력이 유지된다"라고 규정하고 있다. 중국이 조약 체결 50주년을 맞아 양국 고위층이 교차 방문하고 각종 기념행사가 열리는 가운데 이례적으로 조약의 유효기간을 공개한 것은 '유사시 자동군사개입 조항' 등에 대한 중국의 부담감을 드러낸 것으로 해석한다. 그동안 조약에 대해 침묵해오던 중국 정부가 유효기간 등을 공개한 것은 사실상 양국 간 군사동맹으로 여긴 이 조약이 실제로는 유명무실하다는 점을 반증한 측면이 강해 보인다.

(2) 소련(러시아)―북한 동맹

북한은 구소련과 1961년 7월 조소우호협조 및 상호원조조약을 체결했으나 1995년 9월에 러시아가 일방적으로 이 조약의 사문화를 선언했다.

북한과 소련이 1961년에 맺은 원래의 조약 명칭은 '조선민주주의인민공화국과 소비에트 사회주의연방공화국 간의 우호협조 및 상호원조에 관한 조약'이다. 김일성의 소련 방문 중 체결된 이 조약은 6개 조항으로 이루어져 있었으며, 핵심조항인 제1조는 "체약 일방이 어떠한 국가 또는 국가연합으로부터 무력침공을 당함으로써 전쟁 상태에 처하게 되는 경우에 체약 상대방은 지체 없이 자기가 보유하고 있는 온갖 수단으로써 군사적 및 기타 원조를 제공한다"라고 되어 있다. 이밖에도 조선·소련 양국 간의 경제·문화·기술의 원조·제공 등을 주요 내용으로 담고 있었다. 북한과 소련 간의 이 조약 체결은 한국에서의 5·16군사정변 발생, 한일관계 정상화 움직임, 미국의 지역통합전략구상 등으로 1960년대 초부터 긴장이 고조되기 시작한 동북아시아 정세에 대응하기 위한 것으로 알려졌다. 이 조약의 효력은 10년으로 규정되어 있었으며 체약 일방이 기한 만료 1년 전에 조약 폐기에 관한 희망을 표시하지 않는다면 자동으로 5년간 연장되도록 되어 있었다.

그러나 1990년대 들어 소비에트연방이 해체되고 동서냉전이 종식된 데다 한·소 수교(1990)에까지 이르게 되자, 북한과 러시아 양국은 변화된 국제환경과 양국관계를 고려하여 새로운 조약을 체결하기 위한 외교적 협상을 진행했다. 이후 2000년 2월 이바노프 외무장관의 평양 방문에서 조러친선선린및협조에관한조약을 정식으로 체결하여 북한은 2000년 4월, 러시아는 7월에 이를 비준했다. 새 조약에는 쟁점 조항인 자동군사개입 규정이 삭제되었으며, 경제·문화·기술 협력에 대한 내용이 포함되어 있다. 양국은 1997년에 체결한 과학·기술 협조 협정에 따라 전자·생물학·화학·물리학·열공학·농업·의학 등 여러 분야에서 협력사업을 추진하고 있다. 2000년 7월 푸틴Vladimir Putin 러시아 대통령이 러시아 최고지도자로는 최초로 북한을 방문했다.

(3) 독립국가연합

독립국가연합(CIS)은 1991년 소비에트연방의 해체로 독립한 10개 공화국의 연합체이다. 러시아·몰도바·벨라루스·아르메니아·아제르바이잔·우즈베키스탄·우크라이나·카자흐스탄·키르기스스탄·타지키스탄이 회원국이다.

CIS는 독립국가연합단일군 통수권에 의한 집단안전보장체제 구축을 표방하고 있으며, 1992년 2월 14일 민스크에서 제3차 정상회담을 개최하여 우크라이나·몰도바·아제르바이잔을 제외한 8개국이 통합군을 편성하기로 합의했다.

독립국가연합의 조직은 최고협의기구인 국가원수평의회(정상회담)와 그 산하의 총리협의제, 그리고 가맹국의 해당 장관들로 구성되어 실무를 담당하는 각료위원회로 구성되어 있다. 정상회담은 연 2회 이상 개최하고, 협력체제의 효율적 확립을 위하여 6개월 임기의 순회의장제를 도입하고 있다.

(4) 집단안보조약기구

집단안보조약기구(CSTO)는 구소련 해체로 독립한 6개 공화국의 군사방위조직이다. 2002년 10월 7일 러시아, 벨라루스, 아르메니아, 카자흐스탄, 타지키스탄, 키르기스스탄의 6개국이 몰도바 키시너우에서 집단안보조약기구(CSTO) 창설에 관한 조약에 서명했으며, 2003년 9월 18일에 이 조약의 효력이 발생했다. 이후 우즈베키스탄이 2006년 6월 23일에 가입했다가 2012년 6월 28일에 탈퇴했다. 본부는 모스크바에 있으며, 러시아어를 공식언어로 채택하고 있다.

2009년 2월 4일 러시아 모스크바에서 열린 집단안보조약기구 가입국 정상회의에서 정상들은, 지역 내의 군사적 위협이나 국제 테러, 조직적 범죄, 마약 밀거래, 비상사태 등에 대해 공동적인 행동을 취할 수 있는 신속 대응군을 창설하기로 합의했다.

6. 한미동맹

한미동맹의 상징인 한미상호방위조약은 1953년 10월 1일 워싱턴에서 체결된 조약으로 정식 명칭은 '대한민국과 미합중국 간의 상호방위조약 Mutual Defense Treaty between the Republic of Korea and the United States of America'이다. 한국은 1948년 정부수립 이후 '한미군사안전잠정협정', 1949년에는 '대한민국 정부와 미합중국 정부 간의 주한미군 군사고문단 설치에 관한 협정', 뒤이어 1950년 '한미상호방위원조협정'을 체결했다. 한미상호방위원조협정에 따라 1950년 3월 구체적인 군사원조품목이 정해졌으나, 6·25전쟁 당시 겨우 실현단계에 이르자 이를 거울삼아 실질적 군사동맹인 이 조약을 체결하기에 이르렀다. 상호방위조약은 1954년 1월 양국의 의회에서 승인되어 비준절차를 거친 다음 11월 17일 비준서를 교환하고, 11월 18일 조약 제34호로 정식 발효되었다.

태평양 지역의 평화를 위해 집단안보를 추구한 한미상호방위조약은 전문과 본문 6개항의 본조약과 제3조와 관련한 미국의 양해사항이 포함된 교환의정서의 부속문서로 구성되어 있다. 본조약의 주요 내용은 ①국제적 분쟁에 대한 평화적 해결의 원칙, ②무력공격을 방지하기 위하여 당사국의 상호협의와 자조와 상호원조 원칙에 대한 규정, ③당사국 일방의 영토에 대한 무력공격에 공동 대처, ④미군의 한국 주둔, ⑤비준절차 및 효력발생에 대한 규정, ⑥유효기간의 무한정성 명기 등이다.

당시 이승만 대통령은 한국이 북한의 침략을 받을 경우 미국이 전쟁에 자동적으로 개입하는 내용을 상호방위조약에 포함할 것을 요구했다. 미국은 상호방위조약에 자동개입 조항이 포함되면 상원의 비준을 받기 어렵다는 이유를 내세워 한국 정부를 설득했다. 체결된 조약의 제2조에서 "어느 일국의 정치적 독립 또는 안전이 외부로부터의 무력공격에 의하여 위협을 받고 있다고 어느 당사국이 인정할 때에는 언제든지 당사국은 서로 협의"하며 "무력공격을 저지하기 위한 적절한 수단을 지속하며 강화시킬 것"이라고 합의했다. 그러한 위협이 있을 경우 적절한 조치를 취하는 구체적인 방안으로 제3조에는 "공통한 위험에 대처하기 위하여 각자의 헌법상의 수속에 따라 행동할 것을 선언한다"라고 되어 있다. 전쟁 발발 시 양국은 상호협의를 거친 후에도 각자의 헌법상 절차를 경유하도록 함으로써 자동개입 보장은 유보했다.

그런데 이 조약만으로 한미동맹이 법적으로 완벽하게 기능할 수는 없었다. 한미연합방위체제의 법적 근간인 상호방위조약을 중심으로 이미 체결된 정전협정과 1954년 11월 17일 '경제 및 군사문제에 관한 한미합의의사록Agreed Minute Relating to Continued Cooperation in Economic and Military Matters', 1966년에 체결되고 1967년부터 발효된 '한미주둔군지위협정The US·ROK Status of Forces Agreement(약칭 SOFA)' 등 정부 간 및 군사당국 간의 각종 안보 및 군사 관련 후속 협정이 어우러져 한미동맹의 제도적 틀이 완성되었다. 상호방위조약의 주목적이 북한의 남침을 막는데 있었다면, 한미합의의사록은 이승만의 북진을 견제하기 위한 것이었다.

상호방위조약을 근거로 국방부, 합동참모본부, 정보본부, 국군 등 군사당국 간 또는 실무부서 간의 전시비축물자, 미군 장비의 설치, 군사판대 및 기술지원, 작전, 정보협력 등 실무협정 체결이 잇따라 한미연합방위 능력 제고에 기여했다. 한미상호방위조약 체결에 따라 양국은 한미안보협의회(SCM)와 한미군사위원회회의(MCM) 등을 설치해 실질적인 안보협력 관계를 형성하는 계기를 마련했던 것이다.

CHAPTER 8

군사과학기술과 무기체계

INTRODUCTION TO MILITARY STUDIES

김종열 | 영남대학교 군사학과 교수

육군사관학교를 졸업하고 미 해군대학원에서 무기체계공학 석사학위, 플로리다대학교에서 재료공학 박사학위를 받았다. 육군과 방위사업청에서 무기체계 기획 및 사업관리 부서에 근무하고, 주미 군수무관을 역임하였다. 2011년부터 영남대학교 군사학과 교수로 재직하고 있으며, 국방획득, 무기교역, 방위산업 분야에 관심을 갖고 연구하고 있다.

I. 군사과학기술

1. 군사과학기술 발달사[1]

인류의 역사는 과학기술과 함께 진화해왔다. 현대는 지식정보화사회로서 이는 컴퓨터 개발을 통한 자동화 기술에 기인한 것이다. 과학기술이 바꾸어 놓은 것은 비단 문명의 모습뿐만이 아니다. 전쟁의 모습도 과학기술의 발전과 함께 변모했다. 무기나 군 장비에 응용되는 군사과학기술의 발전은 전쟁의 양상을 변화시켜 왔다. 과거에는 활, 창, 칼 등의 무기를 사용한 백병전이 전부였지만 화약이 개발된 후부터는 소총을 사용할 수 있게 되었으며, 산업시대에 기관총, 전차, 항공기 등이 개발된 이후 인류는 지상, 해상, 항공을 아우르는 입체전을 수행할 수 있게 되었다. 전문가들은 최첨단 기술의 발전이 미래의 전쟁을 컴퓨터를 통한 사이버전, 심지어는 위성을 통한 우주전으로까지 확장시킬 것으로 전망하고 있다.

대표적인 군사과학기술의 역사를 정리해 놓은 〈표 8-1〉에서 보듯 군사과학기술에서 가장 기본적인 무기요소라 할 수 있는 화약은 고대 중국에서 최초로 발명되어 18세기에는 세계적으로 널리 발전되어 운용되었다. 우리나라에서는 고려 말 최무선이 화약 제조에 성공한 것으로 기록되었다.

1903년에 라이트형제는 최초로 동력 비행에 성공하게 되고, 이후 제1차 세계대전부터 전투기와 전폭기는 전쟁의 승패를 좌우할 수 있는 중요한 전력으로 부상하게 된다. 제2차 세계대전에서 독일의 JU-87 급강하폭격기는 전격전의 선봉장 역할을 수행하며 전 유럽을 공포로 몰아넣었다. 또한 미국과 일본의 사활을 건 미드웨이 해전에서는 실질적으로 항공모함의 함재기에 의해 승부가 결정되었다. 최근의 코소보 전쟁은 스텔스 폭

---

1 황진환 외, 『군사학개론』(서울: 양서각, 2011), pp.218-225를 바탕으로 재정리했다.

<표 8-1> 군사과학기술 발달사

연도	군사과학기술 내용
300년경	흑색화약 발명(중국)
600년경	흑색화약을 화염병기로 이용(중국)
1430	화승식 소총 발명(유럽)
1485	청동제 대포를 탑재한 군함 완성(영국)
1591	장갑군함 거북선 완성(한국)
1771	라이플 발명
1866	다이너마이트 발명(스웨덴), 화이트헤드 어뢰 발명(영국)
1871	모제르 소총 완성, 박격포 완성(독일)
1884	맥심 기관총 발명(독일)
1898	홀랜드형 잠수함 발명(미국)
1903	라이트형제 첫 비행(미국)
1916	전차·장거리포·대전차포 완성 및 사용
1935	레이더 완성(영국)
1938	세균병기 완성(이탈리아)
1939	헬리콥터 제작 성공(영국)
1944	제트전투기 Me262, 로켓전투기 Me163, V병기 완성(독일)
1945	원자폭탄 완성 및 사용(미국)
1957	대륙간탄도미사일(ICBM) 실험 성공(미국) 인공위성 발사 성공(소련)
1962	원자력항공모함 엔터프라이즈 완성(미국)
1984	토마호크 순항미사일의 함정 배치 개시(미국)
1991	걸프전: 스텔스폭격기·패트리어트·전파교란장치 사용(미국)
2003	이라크전쟁: 고고도 무인정찰기 사용 (미국)
2004	이라크전쟁: 지상 로봇무기 사용 (미국)
2013	항공모함에서 무인전투비행기 이착륙 성공(미국)

격기와 같은 최첨단 항공기가 투입되어, 인류 전쟁사에서 최초로 항공력만을 이용하여 승리한 전쟁으로 평가받는다.

군사과학기술에 있어서 인류의 역사를 바꿔 놓은 무기의 발명 사례로 제2차 세계대전 시 원자폭탄의 등장을 들 수 있다. 1945년 8월 일본의 히로시마에 투하되어 세계대전을 종결시킨 원자폭탄의 위력은 13만 명의 생명을 순식간에 앗아갔다. 냉전 시 미·소 간의 군비경쟁은 히로시마의 원자폭탄보다 약 1,000배 이상의 파괴력을 가지는 수소폭탄의 개발로 이어졌다. 1957년 소련의 스푸트니크Sputnik 인공위성 발사는 현대 전장을 지상·해상·공중의 3차원으로부터 우주공간으로 확장하는 역할을 하게 된다. 현재 우주공간에는 수많은 군사용 인공위성이 배치되어 있으며, 주로 위성통신, 전장감시, GPS유도 및 항법장치에 활용되고 있다.

무기나 군사적으로 응용되어 사용되는 군사과학기술은 일반 과학기술과 특별히 다른 것이 아니고, 그 기본원리나 근본 이치에 있어서 뿌리를 같이한다고 할 수 있다. 군사과학기술과 일반 과학기술은 상호간에 서로 쉽게 다른 분야로 응용이 가능하다. 예를 들어 레이더 제작 시 부수적으로 터득한 마이크로파 발생기술은 오늘날 전자레인지를 제작하는 민간기술로 파급되기도 했다. 1960년에 미국의 민간연구소에서 개발된 레이저는 산업이나 의료 분야에 주로 활용되었는데, 베트남전쟁에서는 스마트폭탄에 응용되어 명중률을 높이는데 사용되었다. 현대의 자동차와 조선업의 발달은 각각 전차와 전함의 개발에 영향을 미쳤다.

민간기술이 군사기술로 전환되는 현상을 '스핀온spin on', 이와 반대로 군사기술이 민간기술에 영향을 미치는 현상을 '스핀오프spin off'라고 말한다. 또 다른 예로 지구촌을 급속도로 가깝게 만들어주고 있는 인터넷도 사실은 군사목적으로 시작한 ARPANET이 확장되어 민간분야에서 사용되고 있는 것이다. 차량과 휴대폰에 널리 사용되는 GPS 내비게이션도 최초에는 미 해군에서 함정과 잠수함의 위치식별 및 항해를 위해 사용한 군사과학기술이었으며, GPS 위성신호를 민간에 상용으로 개방한 이후 지금은

〈그림 8-1〉 스핀온, 스핀오프 현상의 개념도

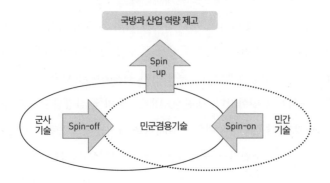

대부분의 이동차량이나 선박, 항공기 등에 없어서는 안 될 시스템이 되었다. 스핀온·스핀오프 현상에서 알 수 있듯이 군사기술과 민간기술은 상호 의존적인 성향을 가지고 있다. 민간기술이 군사기술을 이끌기도 하지만, 때로는 군사기술이 민간기술의 발전을 주도하기도 한다.

과학기술은 크게 국방 분야의 군사과학기술과 일반의 민수과학기술로 구분할 수 있으나 모든 과학기술의 80% 이상이 사실상 민군겸용기술이다. 민군겸용기술이란 민과 군이 공동으로 연구 개발한 기술이나, 서로 보유하고 있지 않은 기술일지라도 호환하여 사용할 수 있는 기술을 뜻한다.

전체적인 흐름을 살펴보면, 1950년대까지는 전쟁을 위한 군수 수요에 따라 군이 최첨단 기술혁신을 주도하고 무기개발에 많은 예산과 기술력을 투자했기 때문에 국방과학기술이 국가 과학기술력을 선도했다. 그러나 1960년대부터는 민간기술 혁신과 민수제품의 대량생산 및 그에 따른 가격 인하로 오히려 민수과학기술이 혁신을 주도하게 되었고, 2000년대부터는 다시 민군겸용기술 방향으로 발전하는 추세이다. 1993년부터 민군겸용기술을 강력히 추진해온 미국뿐만 아니라 러시아, 중국, 일본 등의 선진국들도 그 중요성을 인지하고 있다. 우리나라도 1998년부터 민군겸용기술사업 촉진법을 제정하여 대열에 합류하기 위해 노력하고 있다.

2. 군사과학기술과 무기의 발전

최근 컴퓨터와 정보통신기술의 발달에 따라 군사과학기술도 비약적으로 발전하고 있다. 군에서는 이러한 군사기술의 혁신, 작전운용의 혁신, 군 조직의 혁신을 기본으로 하는 군사혁신RMA: Revolution in Military Affairs을 추진하여 전투력과 국방력 증대를 꾀하고 있는 추세이다. 무엇보다도 군사과학기술의 발전은 무기체계의 성능 향상으로 나타나는데 〈표 8-2〉는 주요 무기체계 성능의 향상 추세를 보여주고 있다.[2]

〈표 8-2〉 주요 무기체계 성능의 향상

구 분	제1차 세계대전 시	제2차 세계대전 시	현재
전차 최대속도	4km/h	40km/h	70km/h
전차 장갑 두께	1.2cm	1.5~2.0cm	10~30cm
야포(155mm) 사거리	3.2km	16km	30~40km
목표 1개당 포탄 수	300~400발	30~40발	3~4발
함포 사거리	2km	10km	20km
전투기 속도	95km/h	500km/h	1,200km/h

제1차 세계대전 중에 영국에서 제작되어 프랑스 솜 전투에 최초로 투입된 전차를 예로 들면, 그 당시 전차의 속도는 보병이 걷는 속도인 시속 4km 정도였으나, 지금은 출력 1,500마력 정도의 강력한 엔진을 장착하고 시간당 70km로 운행하게 되었다. 과거의 전차는 사격을 하기 위해서는 반드시 정지해야 했지만, 현재는 컴퓨터로 통제되는 사격통제장치와 포안정장치를 적용하여 최대속도로 달리면서 목표물을 명중시킬 수 있다. 전차의 장갑 두께도 과거에는 10m 정도의 거리에서 폭발하는 155mm 곡사포 포탄의 파편을 막을 수 있는 정도의 두께인 1.2cm이던

---

2 최윤대·문장렬, 『군사과학기술의 이해』(서울: 양서각, 2003), pp.17-18.

것이 현재는 30cm 정도까지 두꺼워졌는데, 이는 대전차포탄의 성능 향상에 대응하기 위한 조치라고 볼 수 있다.

야포의 경우를 살펴보면, 155mm 곡사포의 사거리가 과거에는 약 3km에서 현재는 30~40km까지 사격할 수 있게 되었다. 목표 1개당 투발되는 폭탄 수 또한 100배 이상 감소했다. 과거에 표적 1개를 파괴하기 위하여 300-400발의 폭탄이 투하되었다면 현재는 레이저유도 스마트폭탄 1발로 정확히 목표를 파괴할 수 있다.

전투기의 속도도 과거 시간당 95km 정도였는데 현재는 초음속 전투기가 보편화되어 있으며, 한국이 보유한 KF-16 전투기의 경우 마하 2.7의 속도로 공중전을 할 수 있다.

1964년 미국의 한 보고서[3]에서 기원전부터 오늘날까지 사용된 무기에 대한 단위시간당 살상력을 계산했다(〈그림 8-2〉). 단위시간당 살상력이란 무기의 발사속도, 발당 치사표적의 수, 유효사거리, 정확도, 신뢰도 등을 고려하여 이론적으로 계산한 것이다. 창과 검, 화살은 기원전 4세기경부터 19세기 중반까지 사용되었는데 이들 무기는 이론적으로 시간당 최대 20명 정도의 적을 살상할 수 있다. 그 이후 사람의 근력을 이용한 무기 대신 화약에너지를 이용하는 총과 화포가 개발되었다. 총과 화포는 창이나 검에 비해 살상력이 훨씬 더 컸다. 17세기 대포의 살상력은 검의 살상력에 비해 20배 이상, 그리고 18세기의 대포는 200배나 되었다. 18세기에 개발된 수석총燧石銃, flint gun의 살상력은 검의 살상력에 비해 겨우 2.5배였으나, 19세기의 기관총은 250배나 되었다. 그리고 제2차 세계대전에서 사용한 전차의 살상력은 검의 살상력에 비해 10만 배 이상이었다. 이와 같은 무기의 살상력은 군사과학기술의 발전과 더불어 지수함수적 형태를 띠며 비약적으로 증가하고 있다. 최근에는 살상력이 큰 무기와 동일한 효

---

3 Richard A. Gabriel and Karen S. Metz, *A Short History of War: The Evolution of Warfare and Weapons* (Strategic Studies Institute, US Army War College, 1992), p.107

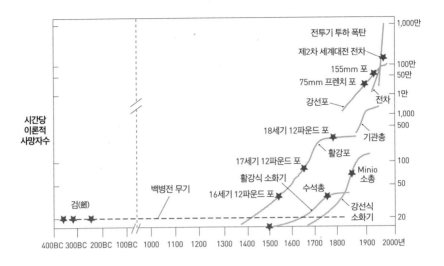

〈그림 8-2〉 연도별 무기의 이론적 살상력 비교

과를 거둘 수 있는 비살상무기의 개발이 진척되고 있어서 인명피해 없이 작전의 성공을 도모하기도 한다.[4]

II. 무기체계

1. 무기체계의 정의[5]

무기체계weapon system는 협의로는 무기 자체만을 의미하고 광의로는 무기와 이에 관련된 물적요소와 인적요소의 종합체계를 의미한다. 사전이나 문헌에도 여러 가지 내용으로 기술되고 있다. 군사학 대사전에는 무기체계를 군수지원적 용어와 무기분석적 용어로 구분하고 있다. 군수지원적 용

---

4 이진호, 『알기쉬운 무기공학』(성남: 북코리아, 2013), pp.20-21.

5 이상길 외, 『신편 무기체계학』(파주: 청문각, 2011), p.3.

어에서 보면, 무기체계는 '폭격기, 미사일과 같은 하나의 전투용 기구와 이 기구를 표적이나 표적 상공에 운반하는 데 동원되는 모든 부수장비, 지원시설 및 근무 등을 포함하는 하나의 총체적인 체계'라 할 수 있다. 반면 무기분석적 용어에서 보면, 무기체계란 '기능을 가진 구성요소가 복잡하게 결합되어 있는 하나의 전투용 기구'를 의미한다.

한편 합동참모본부에서 발행한 합동무기체계에서는 "무기체계란 전투수단을 형성하는 장비와 그의 조작 및 운용기술을 망라한 복합체를 말한다"라고 정의하고 있다. 또한 미 공군 규정에 의하면 "무기체계란 장비와 숙련기술로 이루어진 하나의 완전한 전투도구로서 부여된 작전상황하에서 독자적으로 타격력을 발휘할 수 있는 기본단위이며, 무기 자체뿐만 아니라 무기를 보관, 운용 및 유지하는 데 소요되는 제반시설, 보조 지원장비, 보급물자, 서비스, 그리고 일정 기준을 가지고 이들을 운용 조작하는 인적자원 등을 총 망라한 것이다".

이상의 여러 가지 무기체계에 대한 정의를 정리하면 좁은 의미의 무기체계는 무기 자체를 뜻하지만 넓은 의미에서는 무기를 운용하는 데 필요한 인적요소와 물적요소를 포함한다는 것을 알 수 있다. 즉 '무기체계란 무기와 이에 관련된 물적요소와 인적요소의 종합체계로서, 전투수행과정에서 무기의 사용목적을 달성하는 데 필요한 도구, 물자, 시설, 인원, 보급, 그리고 전술, 전략 및 훈련 등으로 이루어진 전체의 체계'라 할 수 있다.

여기서 체계^{system}란 '어떤 공통목표를 지향하여 상호 유기적으로 기능을 수행하는 구성품들의 집합'으로 정의할 수 있다. 즉, 전투를 위해 만들어진 무기들도 공격, 방어 혹은 기타 목적을 위해 일정한 규칙과 구조 속에서 서로 복합적이고 유기적인 역할을 수행함을 알 수 있다. 일반적인 체계구성은 체계^{System}-하부체계^{Subsystem}-요소^{Element}-구성품^{Component}의 관계로 이루어진다. 예를 들어 하부체계중 하나인 미사일은 탄두, 유도장치, 추진장치라는 요소로 구성된다. 또한 탄두라는 요소는 신관과 작약이라는 구성품으로 구성됨을 알 수 있다. 이러한 구성은 관점에 따라 다른 것으로 만약 미사일 담당자의 입장이라면 미사일이 체계가 되고, 탄두, 유도 장치, 추진장치는 하부체계가 되는 것이다. 이러한 체계구성은 상·하부체 계 및 구성품 중 어느 하나라도 제 기능을 발휘하지 못하면 원하는 목표 달성이 어렵다는 특성이 있다.

우리 국방부의 국방전력발전업무훈령(제1388호, 2012.2.3)에서는 무기체 계란 "유도무기·항공기·함정 등 전장에서 전투력을 발휘하기 위한 무기 와 이를 운영하는 데 필요한 장비·부품·시설·소프트웨어 등 제반요소를 통합한 것"으로 정의한다. 또한 전력지원체계를 "무기체계 외의 장비, 부 품, 시설, 소프트웨어, 그 밖의 물품 등 제반요소"로 정의했다. 즉 군수품을 '무기체계'와 '전력지원체계'로 구분하고 있다. 전력지원체계는 무기체계 를 제외한 군수품으로 과거에는 비무기체계라는 용어를 사용해오다가 부 정적인 의미를 탈피하기 위하여 전력지원체계로 바꾸어 사용하고 있다. 예를 들어, 현대 지상전에서 대표적인 무기인 전차를 운용하기 위해서는 전차장을 비롯하여 포수, 탄약수 등의 인적요소와 연료, 탄약 등의 물적 요소를 무기체계의 범주에 포함시킨다. 더 나아가 전차를 운용하는 병력 을 교육시키기 위해 필요한 훈련장비와 일반군수품은 전력지원체계로 분 류하고 있으나 넓은 의미에서는 모두 무기체계라고 할 수 있다.

2. 무기체계의 분류[6]

무기체계를 분류하는 방법은 다양하다. 일반적으로 지상무기체계, 해상무 기체계, 항공무기체계 같이 무기체계가 사용되는 전장지역에 따라 구분 할 수 있다. 또는 화기의 구경 및 특성에 따라 소화기, 대구경화기, 유도무 기, 대량살상무기 등으로 구분하기도 한다. 우리나라 방위사업시행령(대 통령령 제23036호, 2011.7.19)에는 무기체계를 통신망 등 지휘통신무기체계, 레이더 등 감시정찰체계, 전차·장갑차 등 기동무기체계, 전투함 등 함정

---

6 이진호 외, 『합동성 강화를 위한 무기체계』(성남: 북코리아, 2013), pp.19-20.

〈표 8-3〉 무기체계의 세부분류

대분류	중분류	소분류
지휘통제/ 통신	지휘통제체계, 통신장비 및 체계	합동지휘통제체계, 전술통신체계, 지상·해 상·공중지휘통제체계, 유·무선장비 등
감시·정찰	전자전장비, 레이더장비, GOP, 과학화경계시스템 등	전자지원·공격·보호장비, 레이더, 전자광학 장비, 열상감시장비, 음향탐지기 등
기동	전차, 장갑차, 전투차량, 기동/대기동 지원장비 등	(전투·지휘통제·전투지원용)전차, 장갑차, 전술차량, 전투공병장비, 지뢰극복장비 등
화력	소화기, 대전차화기, 화포, 탄약, 유도·특수무기 등	개인화기, 박격포, 야포, 함포, 지상탄약, 항공탄약, 지상·해상·공중발사유도무기 등
방호	방공, 화생방	대공포, 대공유도무기, 방공레이더, 화생방보, 화생방 정찰·제독 등
함정	수상함, 잠수함(정), 함정전투체계, 전투지원장비 등	전투함, 기뢰전함, 상륙함, 수송정, 상륙지원정, 함정항법장치 등
항공기	고정익 항공기, 회전익기, 무인항공기, 항공전투 지원장비	전투기, 폭격기, 공격기, 수송기, 훈련기, 기동·공격·정찰헬기, 정밀폭격장비 등
기타 무기체계	전투필수시설, 국방 M&S, 중요시설 경계시스템	작전지휘시설, 통신시설, 전투진지, 워게임 모델(훈련·분석·획득용) 등

무기체계, 전투기 등 항공무기체계, 자주포 등 화력무기체계, 대공유도무기 등 방호무기체계, 모의분석 장비 등 기타무기체계로 분류하고 있다. 국방부는 무기체계를 운용목적과 용도에 따라 크게 여덟 가지로 분류하고 이를 다시 세분화하고 있다(〈표 8-3〉 참조).

『2007 국방과학기술조사서』에서는 지휘통제·통신무기체계, 감시정찰·정보전자전 무기체계, 기동무기체계, 함정무기체계, 항공무기체계, 화력

무기체계, 유도·방공무기체계, 신특수·화생방무기체계로 분류하고 있다. 『현대무기체계론』의 분류는 이보다 더 간략해서 〈그림 8-3〉에서 보는 바와 같이 지상무기체계, 해상무기체계, 항공무기체계, 대량살상 및 유도무기체계, 정보통신무기체계로 분류하고 있다.[7] 이러한 비교적 간단한 분류 기준에 따라 주요 무기체계의 운용개념과 발전추세는 본장의 마지막 부분에 정리하여 놓았다.

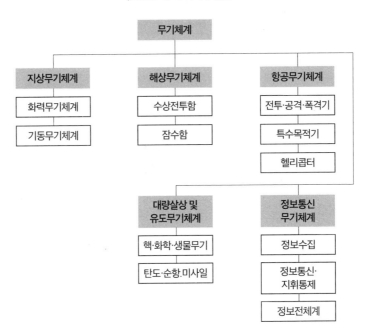

〈그림 8-3〉 무기체계 분류

3. 현대 무기체계의 특성[8]

제2차 세계대전은 첨단과학기술의 결정체인 원자폭탄으로 종결되었고, 걸프전과 이라크전쟁에서는 최신 전차를 비롯한 정밀유도무기가 그 위력

---

7 조영갑 외, 『현대무기체계론』(서울: 선학사, 2009), pp.5-9.

8 이상길 외, 『신편 무기체계학』, pp.4-7.

을 유감없이 보여주었다. 현대 무기체계는 고도의 과학기술이 고스란히 집약된 것이며, 이들 무기체계가 사용될 전투공간은 더더욱 복잡하고 불확실하여 무기, 이를 조작하는 병사, 3차원적인 작전환경 등을 고려해야 하는 복합적인 공간이 되었다. 변화하는 전쟁 양상을 바탕으로 끊임없이 진화하고 있는 현대 무기체계의 일반적인 특성을 알아보면 다음과 같다.

(1) 다양성

과거의 무기는 한 가지 고유임무만을 수행할 수 있도록 연구 개발되었다. 따라서 주어진 목표를 타격할 경우 '어떤 화력무기를 사용해야 할 것인가?'는 깊게 생각할 필요가 없었다. 그러나 최근 급속하게 발달해온 과학기술 덕분에 무기체계의 기능과 역할이 다양화되고, 특정한 임무를 수행할 수 있는 무기체계의 수가 현저히 증가했다. 이러한 특성을 무기체계의 다양성이라고 한다. 예를 들면 어떤 목표를 타격할 경우 과거에는 주로 화포에 의존했지만 현재는 헬리콥터나 미사일에 의한 공격도 가능하다.

(2) 복잡성

과학기술의 발전은 무기체계의 성능향상에 일대 혁신을 가져왔다. 무기의 사거리, 정확도, 파괴력이 향상되자 이에 대응하여 무기에 추가 장치를 부착하고, 체계를 확장시키며 복잡하게 만들었다. 이들 무기체계의 복잡성은 특히 항공기, 미사일, 핵무기, 전자통신 및 전장감시장비 등의 분야에서 획기적으로 증가했다. 예를 들면 방공무기의 발달로 항공기(전투기, 폭격기, 정찰기 등)의 피격 확률이 높아지자, 이를 회피하기 위하여 항공기는 열 추적 미사일을 방어하기 위한 적외선 섬광탄Flare 등 전자방호EP: Electronic Protection 장치를 추가했다. 또한 전자기술의 비약적인 발전으로 말미암아 과거 사람이 수행하던 임무도 표적획득장치, 피아식별장치, GOP 경계시스템 등으로 자동화되었다.

(3) 고가성

현대 무기체계는 그 구조가 매우 복잡하고 성능이 계속 향상되고 있어 무기 및 부수장비 획득비용, 시설투자비용, 운영유지비용, 조작요원의 훈련비용 등이 급격히 증가하고 있다. 예를 들어 신형 K-9 자주포는 약 40억 원, K-2전차는 약 79억 원, 해군의 세종대왕함은 약 1조 원, 그리고 공군의 F-15K 전투기는 약 1,300억 원이다. 일반적으로 무기체계의 가격이 상승하는 이유는 전자장비의 가격이 비싸기 때문인데, 예를 들어 전투기의 경우 전체 비용 중 37%는 기체, 20%는 엔진이 차지하고, 레이더와 사격통제장치, 피아식별장치 등 첨단전자장비 비용이 전투기 가격의 43%에 이르고 있다.

(4) 적용기술의 급속한 진부화

지식정보화시대에는 과학기술의 가속적인 발전 속도 때문에 무기체계의 평균수명이 크게 단축되고 있다. 극단적인 경우 어떤 무기체계 개발을 도중에 포기하거나, 야전에 배치하더라도 불과 수개월 만에 퇴역하는 예도 있다. 이는 잠재적 적국의 군사기술수준을 제대로 파악하지 못한 것에서 비롯하는 것이 대부분이다. 또한 기술발전 속도를 제대로 예측하지 못해서이기도 한데, 이러한 현상은 마이크로칩과 같은 전자부품이 포함되는 첨단 무기체계의 경우 더욱 두드러진다. 마이크로칩 기술 발전 속도에 관한 '무어의 법칙'에 따르면 칩의 가격을 고정했을 때 마이크로칩에 저장할 수 있는 데이터량은 18개월마다 2배로 증가한다. 따라서 이와 관련한 무기체계의 경우 소요제기에서부터 개발 및 양산, 전력화시기까지 기간을 충분히 고려해야 한다.

(5) 무기체계의 비밀성

무기를 개발하는 목적은 적을 격멸하기 위한 것이다. 따라서 적에게 기습적 충격효과를 가할 수 있어야 하며, 그러기 위해서는 무기체계의 개발 구상부터 배치에 이르기까지 비밀을 유지해야 한다. 제2차 세계대전을 종식시킨 원자폭탄의 경우 그 계발계획인 일명 '맨해튼 계획Manhattan Project'을 철저히 비밀에 부쳐, 일본 히로시마에 폭탄을 투하할 때까지 직접 개발에 참여한 사람을 제외하고는 아무도 그 위력을 몰랐다고 한다. 이 비밀의 유지는 적에게 뿐만 아니라 동맹국에게까지도 적용하는 경우가 많다. 하나의 군사기술이 실용화되면 다른 국가에 의해 쉽게 모방되는데, 이를 방지하기 위하여 각국에서는 다양한 정책을 시행하고 있다. 예를 들어 전 세계의 무기시장을 석권하고 있는 미군은 F-22 전투기를 포함한 주요 무기에 대한 판매금지법을 제정하여, 자국의 핵심적인 무기체계 기술의 유출을 방지하고 있다.

4. 무기체계의 효과요소[9]

전쟁의 승패는 화력, 기동성, 생존성에 달려 있다. 이들 세 가지 요소에 지휘통신능력, 가용성 및 신뢰성을 덧붙여 무기체계의 능력을 결정하는 5대 효과요소라고 한다. 중요한 것은 어느 하나에만 치우치지 않고, 기대하는 전투효과를 얻을 수 있도록 이들 효과요소를 균형 있게 통합하는 노력을 해야 한다는 것이다.

첫째, 화력Fire power은 기동성과 함께 전투에서 핵심적인 요소이다. 일반적으로 전차 대 전차전에서 주포의 화력이 승리의 주 요인이 된다. 통상 주포의 화력은 발사속도와 구경 등에 비례한다. 이것에 대한 예는 6·25전쟁에서 찾을 수 있다. 6·25전쟁에서 적의 인해전술은 아군의 화력에 의해서 저지되었다. 적의 야포의 수는 아군보다 우세했으나, 아군 야포의 발사속도가 6~10배 빨라서 전체적으로 화력이 2배 정도 우세했던 것이다. 화력의 절대량이 크면 적의 사상자 수가 많고, 반대로 화력이 약하면 아군의 사상자 수가 늘어나게 되는 것은 상식이다.

---

9 이진호 외, 『합동성 강화를 위한 무기체계』, pp.24~25를 중심으로 첨삭.

둘째, 기동성^{mobility}은 화력과 함께 무기의 가장 기본적인 효과요소이며, 특히 병력집중 및 분산의 기본수단이기 때문에 전투에서 매우 중요하다. 일반적으로 기동성이 없는 군대는 화력이 월등하게 우세하지 않는 한 기동성이 우수한 군대에게 패하기 마련이다.

셋째, 무기는 극한적 상황에서 적을 격멸하기 위한 도구이기 때문에, 적을 격멸하기에 앞서서 자신을 방호하지 못하면 전쟁에서 패하고 만다. 따라서 모든 무기는 성능과 함께 생존성^{survivability}을 고려하여 개발하고 운용해야 한다. 기사의 갑옷과 방패, 보병의 방탄헬멧, 전차의 장갑, 항공기의 전자공격장비 등이 모두 자신을 방호하기 위한 수단이다.

넷째, 현대전쟁은 육해공군 합동 작전인 입체전立體戰이다. 해저에서는 잠수함이, 해상에서는 전함 및 기동함대가, 육상에서는 전차 및 야포로 장비된 기동부대가 전투를 벌이고, 공중에서는 헬리콥터, 전투기, 폭격기가 비행하며 수륙양용전차가 바다에서 육지로 기어오른다. 이때 막대한 병력과 장비를 효과적으로 지휘·통솔하기 위해서는 지휘통신능력$^{command\ and\ communication}$이 중요하다.

다섯째, 무기체계는 일단 개발이 완료된 후 실전배치단계에서는 개선이 어렵기 때문에 무기개발 초기에 가용성 및 신뢰성$^{availability\ and\ reliability}$을 고려해야 한다. 무기체계가 화력이 월등하고, 기동성이 우수하며, 통신능력이 양호하고, 생존성이 높게 설계되었다 하더라도 주어진 성능을 제대로 발휘하지 못하면 우수한 무기라고 말할 수 없다. 즉 정비시간이 많이 소요되면 무기의 가용성에 제한을 받으며, 고장빈도가 높으면 임무수행 시 실패할 확률이 높아 신뢰성이 떨어진다.

5. 무기체계의 획득[10]

군이 무기체계를 도입하는 제반활동을 '획득^{Acquisition}'또는 '국방획득$^{Defense\ Acquisition}$'이라고 한다. 그 방법과 절차는 복잡하고 까다롭다. 국방획득의 관련 당사자도 다양하여 우리나라의 경우 국방부와 합동참모본부, 육·해

·공군을 비롯해 방위사업청, 국방과학연구소, 국방연구원, 국방기술품질원 방산기업(방산업체) 등이 있다. 간략하게 무기체계에 대한 국방획득절차를 기술해 보자면, 먼저 육·해·공군이 각기 필요로 하는 무기체계 소요를 제기하면, 합동참모본부는 그 무기체계가 갖추어야 할 각종 성능, 즉 작전운용성능ROC: Required Operational Capability과 소요량을 결정한다.

이어서 국방부와 방위사업청은 해당 무기체계를 국내에서 개발할 것인지, 아니면 해외에서 도입할 것인지 등 획득방법을 결정한다. 이때 국내개발이라면 주로 국방과학연구소가 연구개발을 담당하며, 해외에서 도입할 경우에는 절차에 따라 시험평가와 방위사업청의 구매협상, 국방부에 의한 기종결정 등을 거쳐 무기체계를 획득한다. 이때, 획득의 원칙은 아래와 같이 요약할 수 있다.

①무기체계 국산화 촉진: 자주국방 달성
②연구생산성 증대: 산학연 협력체제 확대로 저비용 고효율
③국가 경쟁력 제고: 국가과학기술과 연계된 국방과학기술 발전
④경제적 획득: 성능보장이 가능한 장비를 경제적으로 획득

통상적으로 국방부가 특정한 무기체계의 획득방법을 결정하는 주체가 되며, 앞서 언급한 바와 같이 무기체계 획득방법은 크게 '국내개발'과 '해외구매'로 구분하며, 세부적으로는 다음과 같은 네 가지 방법이 있다.

첫째, 국내연구개발 방식은 순수한 자국의 능력으로 무기체계를 연구·개발·시험·평가하고 생산하여 국방소요를 충당하고, 그 여력을 수출하여 정치적으로 영향력을 행사할 수 있는 생산형태이다. 국내연구개발은 다시 정부 주도 연구개발, 업체 주도 연구개발, 그리고 업체 자체개발로 세분할 수 있다.

---

10 이진호 외, 『합동성 강화를 위한 무기체계』, pp.25-28를 중심으로 첨삭.

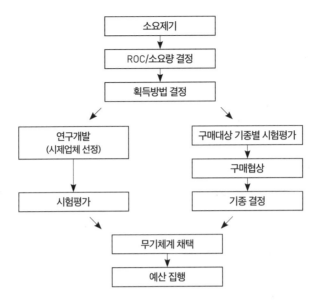

둘째, 국제공동연구개발 방식은 2개 이상의 국가가 동등한 자격으로 협력하여 개발비를 공동으로 부담하고, 동일한 생산체계를 갖추어 분업적으로 생산하는 방식으로 나토의 여러 국가에서도 활발히 적용하고 있다.

셋째, 직구매 방식은 문자 그대로 외국에서 연구·개발·생산된 무기를 자국의 국방예산으로 구매하는 것이다. 우리나라의 경우 미국의 대외군사판매제도FMS: Foreign Military Sales가 가장 중요한 공급원이며, 이때 미국은 기존 무기체계를 우리에게 우선적으로 판매한다. FMS란 미국 정부가 무기수출통제법 등 관련 법규에 의거 미국의 우방국·동맹국 또는 국제기구에 필요한 물자를 유상 판매하는 제도이다. 그러나 직구매한 무기체계를 유지하는 데 간혹 문제점이 발생하는데, 특히 수리부속품을 조달할 때 해당 품목이 단종되어 어려움을 겪는 경우가 있다.

넷째, 기술도입생산 방식은 국가 간의 협조에 의한 생산방식으로 무기체계를 개발할 기술이 없는 국가가 관련 기술을 전수할 목적으로 수행한다. 이때 무기체계도입국은 생산국에게 특허료 및 이전료를 지불하고, 그 대가로 무기생산에 필요한 기술 및 자료, 생산기계, 공구, 시설, 부속까지 제공받는다.

Ⅲ. 현대 무기체계의 발전과 미래전 양상[11]

1. 무기체계 발전과 전쟁의 변화

무기체계의 발달은 이와 밀접한 연관관계를 가지고 있는 전술·전략도 변화시켰다(〈표 8-4〉 참조).

창, 칼, 화살, 방패가 주요 무기였을 때에는 돌격이 용이한 종대 대형이 주로 사용되었지만 화승총이 개발되면서 화력을 전방에 집중할 수 있도록 횡대 대형이 발달하게 되었다. 미 남북전쟁 때는 붉은 옷을 입고 행진을 하다가 적을 발견하게 되면 각 열별로 차례차례 사격을 하는 것이 전형적인 전투 모습이었다.

근대 초기 통신이나 이동수단이 미비하던 시기에는 지휘·통제 및 보급이 용이할 수 있도록 내선작전內線作戰을 수행했으나, 철도와 전신의 발달로 군수·보급 및 통신이 용이해지자 외선작전外線作戰도 가능하게 되었다.[12]

현대로 오면서 무기의 화력 및 사거리가 증가함에 따라 후티어 전술로 대표되는 평면전투를 수행할 수 있게 되고, 전차·항공기·잠수함 등의 개발은 전장을 3차원으로 확장, 비로소 입체전투를 가능하게 했다. 히로시마 원자폭탄 투하를 통해 핵무기의 파괴력을 실감한 미국과 소련은, 핵을

---

11 황진환 외, 『군사학개론』, pp.226-228, 232-246을 중심으로 첨삭.

12 외부에서 포위·협공 형태로 공격하는 둘 이상의 적에 대하여 중앙에 위치하여 상대하는 작전을 '내선작전', 반대로 둘 이상의 부대가 그 사이에 있는 부대에 대하여 밖에서부터 포위·협공하는 작전을 '외선작전'이라고 한다.

고 대	중 대	근 대	현 대
농업사회		산업사회	정보화사회
집단전투 종대대형	1차원 선전투 횡대대형	내선작전 외선작전	평면/입체전투 다차원 동시통합전투
창, 칼, 화살 방패, 갑옷	화승총 화포	소총 철도, 전신	전차, 항공기 핵무기, 전자전

사용하여 서로 공격할 경우 상호 파멸할 수밖에 없으므로 냉전 시기 내내
견제만 해야 했다. 전투기와 헬리콥터의 성능향상은 미국을 중심으로 공
지전투 전술 발전을 가속화했으며 컴퓨터의 성능향상은 C4I 체계[13]를 통
한 동시통합전투 개념을 등장시켰다. 또한 전쟁에서 컴퓨터에 대한 의존
성이 증가할수록 적국의 중요정보를 획득하기 위한 해킹 기술과 또 이를
보호하려는 보안 기술이 중요시되고 있으며, 미래에는 이러한 사이버전
이 정규전에 포함될 것이라는 전망이 제시되고 있다.

2. 미래 전장환경

현대의 무기체계는 과거보다 훨씬 복잡하고 많은 종류의 무기로 구성되
어 있다. 기관총, 야포, 전함 등 기존의 무기체계가 발전했을 뿐만 아니라,
전장이 공중으로까지 확대되면서 헬리콥터, 전투기 등의 무기체계가 추
가되었다. 전자공학과 컴퓨터의 발전은 전쟁을 정밀화·자동화함으로써
기존의 전쟁형태와는 다른 형태로 전장을 변화시켰다.

---

13 C4I는 지휘(Command), 통제(Control), 통신(Communication), 컴퓨터(Computer), 정보(Intelligence)
를 말한다.

(1) 군사과학기술의 발전과 무기체계 측면

정보통신기술, 우주항공기술, 생명공학기술, 나노^{Nano}기술, 로봇 및 무인체계 기술 등 과학기술의 비약적인 발전은 무기체계 뿐만 아니라 전쟁 수행개념 및 수행방식에도 전반적으로 영향을 주고 있다.

정보통신과 첨단 컴퓨터기술의 발전은 전장의 제 요소를 효과적으로 연결하여 분산된 위치에서도 전장상황을 공유하면서 실시간 지휘통제가 가능한 네트워크 중심의 작전환경을 조성할 것이다. 또한 로봇 및 무인무기체계 발전으로 감시·정찰, 경계, 전투, 전투지원 등 광범위한 분야에서 로봇과 무인체계가 전투원을 대체하거나 보조하여 임무를 수행하게 될 것이다. 정밀유도 및 정밀타격기술의 발전에 따라 다양한 타격수단에 의한 장거리 정밀교전이 보편화되고, 이를 복합정밀타격체계로 운영함으로써 승수효과乘數效果[14]를 추구하는 경향은 더욱 확산될 것이다. 우주 및 사이버 영역 활용기술의 발전은 미래 전장을 지상·해상·공중 등 3차원 공간에서 우주 및 사이버 영역이 추가된 5차원 공간으로 확장할 것이다. 이러한 전장영역의 확장으로 우주전력 운영능력과 사이버 영역에서의 주도권 장악이 전쟁의 승패에 중요한 요소가 될 것이다.

(2) 전쟁 수행개념 변화측면

군사 분야 선진국들은 전쟁 경험, 과학기술 및 무기체계 발달 등 작전 환경의 변화에 능동적으로 대처하고, 지속적인 군사혁신을 통해서 새로운 전쟁 수행개념을 발전시켜 왔다. 걸프전에서는 공지전투 개념을 적용한 기동전, 아프가니스탄 전쟁에는 특수전부대와 장거리 정밀타격 전력을 결합한 정보전 개념이 대두했다. 이라크 전쟁에서는 네트워크 중심의 작전환경 속에서 대규모 공중정밀타격과 지상전을 병행하여 적군을 심리적

---

14 경제 현상에서 어떤 경제 요인의 변화가 다른 경제 요인의 변화를 유발하여 파급 효과를 낳고 최종적으로는 처음의 몇 배가 증가 또는 감소하는 것으로 나타나는 총효과.

으로 마비시켜, 최단시간 내에 전쟁목적을 달성하고 대량파괴를 최소화하면서 전투효과를 달성하는 효과중심작전Effect Based Operation 개념이 적용되었다.

(3) 전투조직 측면

기존의 군사력 수단을 포함하여 다국적·범정부적 제 요소의 통합운영 필요성이 대두하고, 원거리에 분산되어 있는 부대를 네트워크로 연결하여 동시통합적으로 운영함으로써 승수효과를 배가할 수 있을 것이다. 아울러 각 군의 개별적인 작전이나 전력 운영보다, 상호협력에 의한 합동작전의 중요성이 더욱 부각할 것이다.

(4) 작전 수행방식 측면

미래전은 효과중심작전 개념 하에 인간적 요소를 중시하는 작전경향이 대두하여 특수작전·공보작전의 중요성이 강조되고, 작전개념도 물리적 파괴력보다는 인간의 심리를 마비하고 인명피해를 최소화하는 방향으로 변화할 것이다.

(5) 작전 지속을 위한 지원 측면

작전과 지원이 연계된 전쟁 기획과 실시는 물론 적시·적소·적량의 효율적인 통합군수지원체계 구축의 중요성이 더욱 강조될 것이다. 작전계획은 지원능력을 고려하여 수립되며 적정량의 전쟁물자를 사전에 확보하고, 지원능력을 고려하여 전투부대의 기동 및 작전 속도를 유지해야 한다. 또한 분배 및 속도 중심의 지원과 보급·정비·수송이 통합된 군수정보 및 통신체계의 구축, 지원부대의 기동화 등 효율적인 통합군수지원체계의 주요성은 더욱 증대할 것이다.

3. 미래전쟁 양상

21세기 현대전에서는 지상군의 첨단 정밀유도무기, 해군의 이지스함과 핵잠수함 및 핵항공모함, 공군의 스텔스전투기와 폭격기 및 군사인공위성, 전자통신장비, 첨단 무인무기, 다양한 로봇, 그리고 사이버무기 등이 등장했다. 현대 무기체계의 발전은 새로운 전장환경을 야기하고, 전쟁 수행에 있어서도 새로운 양상을 보이고 있다.

(1) 5차원전

무기체계의 능력이 획기적으로 광역화, 장사정화, 정밀화, 고위력·고기동화, 네트워크화함에 따라 전장의 공간이 근본적으로 변하고 있다. 공간적으로는 전장이 지·해·공의 3차원에서 우주와 사이버공간이 추가된 5차원전으로 변화함에 따라, 미래전에서는 지상·해상과 같은 수평 공간보다는 지하·해저·공중·우주의 수직 공간이 더욱 중요시된다. 미래에는 전장이 '현실세계'에서 '가상현실세계'로 크게 확대된다.

(2) 네트워크 중심전

네트워크 중심전NCW: Network Centric Warfare은 전장의 여러 전력요소를 연결Link/Networking함으로써 지리적으로 분산된 위치에서 정보의 공유·활용에 의해 신속하게 전쟁을 지휘하는 정보·지식시대의 새로운 전쟁 및 작전개념이다. 미 국방부에서 추진하고 있는 군사력 변환의 핵심으로 자리 잡은 새로운 전쟁 패러다임으로, 점차 범세계적으로 확산되고 있다.

정보수집체계와 정밀타격체계, 원활한 정보네트워킹 기능을 통합하여 합동전투력을 효과적으로 발휘하게 하는 NCW 개념은 이미 이라크전쟁과 아프가니스탄전쟁에서 그 효용성이 상당부분 검증된 상태이다. 현재는 교리·조직·인력 및 교육훈련 등 전투발전의 제반 분야로 확대, 발전하고 있다.

(3) 정보전과 사이버전

정보전IW: Information Warfare은 특정목표 달성을 위해 위기나 분쟁 시 수행하는 정보작전을 의미하고, 정보작전IO: Information Operation은 정보우위 달성을 위해 전·평시 가용한 모든 수단을 사용하여 아측의 정보 및 정보체계(지휘통제체계, 정보시스템, 정보통신망 등)는 안전하게 보호하고 상대측의 정보 및 정보 체계에는 영향을 주는 군사행동을 의미한다.

사이버전Cyber Warfare은 21세기 정보·지식사회에서 가장 특징 있는 새로운 전쟁 양상이다. 컴퓨터와 네트워크를 통해 구현되는 전자적 가상 현실 세계(사이버 공간)에서 상대측의 정보 및 자산을 교란·거부·통제·파괴·마비시키고 적의 이와 같은 행위로부터 아측을 방어·보호하는 모든 행동, 즉 사이버 공간을 통제·지배하기 위한 무형의 전투라고 정의할 수 있다. 사이버전의 중요한 특성을 알아보면, ①저비용의 초보적인 공격기술로도 핵무기 못지않은 치명적인 손상을 줄 수 있다. ②세계 전체가 하나로 연결된 정보공동체이므로 사이버전은 지구촌 어디든지 미칠 수 있다. ③전·평시 구분 없이 군사, 정치, 경제, 사회, 심리 등 모든 분야에 적용된다. ④상대측 인명에 피해를 주거나 장비 및 시설을 외형적으로 파괴하지 않고도 상대 국가, 조직, 군대의 기능을 무력화시킬 수 있다. ⑤사이버전은 지금까지의 전쟁과 비교해볼 때 조직, 인력, 자금 등의 방대한 지원이 필요치 않다. 따라서 사이버전은 힘이 약한 국가 또는 집단(국제범죄 카르텔, 테러리스트)이 강대한 국가에 비대칭적으로 대응할 수단이 될 수 있다.

(4) 효과 중심의 정밀타격전

정밀타격전은 점표적point target 파괴가 가능한 정밀유도무기에 의한 효과위주의 전장을 의미하며, 정밀유도무기가 미래전에 미치는 영향은 다음과 같다.

첫째, 적과 접촉하지 않는 원거리의 안전한 지역에서 초정밀유도무기로 적의 전쟁지휘부를 직접 겨냥해서 정확하게 타격할 수 있다. 지금까지

유지된 접적·선형전투는 비적접·비선형 전투로 변모하고, 대량파괴·대
량살상에 의한 소모전 양상이 정밀파괴·정밀살상에 의한 인명중시, 파괴
최소화, 효과위주의 전쟁 양상으로 바뀌고 있다. 예를 들어 탄두의 위력이
2배 증가할 경우 표적에 대한 파괴효과는 40% 증가하지만, 정밀도가 2배
증가하면 그 효과는 400% 증가한다고 한다.

둘째, 지금까지 중시되던 병력집중의 원칙이 효과집중의 원칙으로 변
하고 있다. 과거에는 병력 및 화력의 집중도에 따라서 피·아의 손실률과
전진율 및 전진속도가 결정되었다. 분산된 병력 및 부대를 집중시키기 위
해서 기동이 필수요건이었다. 그러나 미래전에서는 아측의 후방 원거리
에서 적의 중심^{Center of Gravities}을 선별적으로 타격할 수 있으므로 기동의 의
존성이 대폭 감소하고, 아측의 안전 및 피해 최소화를 보장하면서, 대량
파괴·대량살상을 하지 않고서도 적에게 아군의 정치적 의지를 강요할 수
있다.

셋째, 미래전에서는 전장상황인식의 고도화로 적의 전쟁계획에 충격적
인 영향을 미칠 수 있는 작전적 수준의 중심을 식별·선정할 수 있고, 소
부대를 적진 깊숙이 침투시켜서 각종 장사정 정밀타격무기를 통합적으로
표적에 집중시킬 수 있다. 따라서 미래 정밀타격전에서는 전술적·작전적
·전략적 수준의 구분이 모호해지고, 핵무기가 아닌 첨단 정밀무기만으로
도 분별력 있는 전쟁 억제가 가능하게 될 것이다.

넷째, 정밀유도무기는 비용 대 효과 면에서 유리하다. 정밀유도무기는
더욱 정밀화, 자동화, 지능화, 고치사성, 고은폐성 및 침투성, 장사정화되
는 추세이며, 반비례적으로 비용은 감소하고 있다. 만약 한 국가의 전략적
표적이 1,000개 수준이라고 할 경우, 1개 전략적 표적에 10발의 유도탄을
할당한다고 할 때 필요한 유도탄 수는 1만 발이고, 획득비용은 약 10억 달
러이다. F-16기 50대의 비용(약 11억 달러), 레오파르트 2^{Leopard-II} 전차 300
대의 비용(약 10.5억 달러), 패트리엇^{Patriot} 미사일 1개 대대 구축비용(약 12
억 달러)보다도 적은 액수이다. 10억 달러의 적은 금액으로 1만 발의 스텔

스 순항미사일을 적의 전략적 중심에 우박처럼 쏟아부어 동시병렬공격을 한다면, 이는 핵무기보다 더 큰 엄청난 효과를 보일 것이다.

다섯째, 정밀타격무기는 불필요하고 비인도적인 동반피해를 최소화할 수 있다. 현대사회에서는 인명손실이 크거나 파괴가 큰 전쟁을 거부한다. 인명손실이 크면 반전여론이 형성되고 정치권에 큰 부담을 안기게 된다.

(5) 무인로봇전

21세기 정보·지식사회의 전장에서는 다양한 유형의 수많은 로봇이 전투원을 대신하여 정보수집, 표적식별 및 추적, 레이더 교란, 지뢰·기뢰제거, 오염제독, 표적공격 등의 임무를 수행하는 전쟁 양상이 표출될 것이다. 로봇체계가 전통적인 3D작업을 대행하고, 전투의 경제성·생산성·효율성·능률성을 증진시키며, 인간중시의 전투수행을 가능하도록 하고, 군의 직업적 위상 및 매력을 제고시키는 수단이 될 것이다.

현재 미국은 무인전투체계(UCAV) 개발에 박차를 가하고 있다. 각 군은 무인체계를 경쟁적으로 개발하고, 육군의 무인지상차량UGV: Unmanned Ground Vehicle, 해군의 무인잠수정UUV: Underwater Unmanned Vehicle 및 공군의 무인비행체UAV: Unmanned Aerial Vehicle를 감시정찰용에서 전투용으로 발전시키고 있다.

(6) 비대칭전

최근에 9·11공격사건의 충격 속에 테러와의 전쟁을 체험하면서 미국의 전략가들은 비대칭전의 개념을 재조명하게 되었다. 일반적인 비대칭전의 정의는, 전쟁에서 아측에게는 최대한 유리하고 적에게는 최대한 불리하게 피·아 간의 차이점(강·약점)을 이용해서 승리를 도모하는 지략적 전쟁수행방식이다. 여기에서 차이점은 유형적 영역(양과 질, 체계, 기술, 부대 등)과 무형적 영역(가치, 리더십, 전략, 교리, 전술, 훈련, 사기, 응집력 등)을 망라한다. 그리고 핵심 논리는 차이점 분석을 통해서 아측의 강·약점과 적의 강·약점을 식별하고, 이를 기반으로 아측의 강점 최대화·약점 최소화 방책과 적의 강점 최소화·약점 최대화 방책을 도출하여 모험과 승부수를 걸고 대담하게 실천하는 데 있다.

(7) 동시통합전

동시통합전은 동시성과 통합성의 특성이 합성된 전쟁 양상으로, 가용한 모든 능력과 방책을 동시적이고 통합적으로 운영·활용하는 전쟁 수행개념이다.

동시성은 전장에서 제반 군사행위가 일련의 시간 흐름에 따라서가 아니라 거의 일시에 이루어지는 것을 의미한다. 다차원·광역·분산 전장에서 제반 군사행위가 동시 또는 근동시적으로 이루어지려면 전장의 모든 참여 주체(장병, 플랫폼, 부대, 시설 등)가 네트워크로 밀접히 연결되어 전장 정보를 공유할 수 있어야 한다.

통합성은 군사목적을 결정적으로 달성하기 위해서 가용한 전투공간, 전투수단 및 노력, 전투 수행방식을 통합적으로 운영함을 의미한다. 미래 전장에서 결정성과 주도권을 확보하려면 모든 가용한 능력 및 방책을 특정 목표 달성에 집중해야 하며, 미래전의 체계 및 수행개념이 모두 상호 연계된 가운데 상황 적응적으로 통합되어 운영될 것을 요구하는 것이다.

4. 군사과학기술의 중요성

통상적으로 군사과학기술의 발전은 일반 과학기술의 발전을 이끌어내는 역할을 해왔다. 좋은 예로 인터넷이나 핵발전소, GPS을 이용한 항법장치와 측량 등은 최초에 군사용으로 개발되어 민간 상용으로 확대되었다. 그러나 이는 군사과학기술의 저변에 다양한 일반 과학기술이 있었기 때문에 가능했던 것이다.

한 국가의 과학기술력은 그 국가의 군사력 건설에 있어서 매우 중요한 부분을 차지하고 있다. 특히 선진 강대국들은 자국의 군사과학기술 확보를 위해 국방예산의 많은 부분을 연구개발에 쏟아붓고 있다. 더구나 최근의 과학기술은 급속하게 발전하고 있고, 신무기체계의 개발은 인간의 상상력을 초월하고 있다. 예를 들면 레이더의 발전으로 적 항공기의 침투를 미리 발견하게 된 이후에, 이러한 레이더망을 회피하고 무력화할 수 있는 스텔스기술의 발전으로 무인 스텔스전투기가 등장하게 되었다. 더 나아가 최근에는 스텔스전투기를 탐지할 수 있는 대(對)스텔스 레이더가 개발되고 있다.

급속히 발전하는 군사과학기술은 새로운 무기체계의 개발로 이어지고, 이는 새로운 전쟁 양상을 불러오며, 이러한 새로운 변화에 대응하여 신개념의 군사전략이 필요하다. 그리고 새로운 군사전략은 또 다른 군사과학기술의 창출을 요구하게 된다. 즉 군사과학기술, 무기체계, 전쟁 양상, 군사전략은 하나의 고리로 상호 연결되어 순차적으로 변화·발전해가고 있다. 연결된 순환고리에서 군사과학기술은 무기체계, 전쟁 양상, 군사전략의 변화를 이끄는 출발점 내지는 견인차 역할을 한다고 볼 수 있다. 군사과학기술의 역할에 대한 중요성을 인식한 세계 각국은 정보지식사회에서 현재와 미래의 전쟁을 대비하고 군사과학기술의 역량을 제고하고자, 국가적인 차원에서 정책적 투자를 적극적으로 추진하고 있다.

IV. 주요 무기체계의 운용 및 발전추세[15]

1. 지상무기체계

(1) 소화기

소화기란 '병사 개개인, 혹은 2~3명의 소수 인원이 전장에서 부여된 임무

---

15 무기체계의 운용개념은 황진환 외, 『군사학개론』, pp.248-293, 무기체계의 발전추세는 이상길 외, 『신편 무기체계학』, pp.21-512를 참조하여 정리했다.

를 수행하기 위해 휴대 및 운반하면서 조준 및 지향 사격으로 개인의 생명을 보호하고, 적을 제압하는 무기'를 통칭한다. 고대 전투에서 주로 사용하던 칼, 창, 활을 포함하는 개념이었지만, 화약무기가 사용되면서부터 권총, 소총, 기관총, 유탄발사기를 포함하는 보병용 소화기를 의미하게 되었다.

운용개념

권총은 소화기 중 가장 작은 형태로서 휴대성이 높다. 근거리 사격용으로 사용되며 사거리는 짧으나(유효사거리 100m) 명중률이 높고 신속하게 사격하기에도 용이하다.

소총은 보병의 표준 무장으로 사용되며 기존에는 다양한 구경이 있었으나 점차 5.4/5.5mm 급으로 표준화되는 추세이다. 제2차 세계대전 때까지 소총은 사격 후에 손으로 재장전을 실시하는 반자동사격방식이었으나, 현대소총은 자동사격방식으로 사격할 때마다 탄피가 자동으로 배출되어 연속사격이 가능하다. 이러한 자동사격방식은 소총의 시간당 발사속도 및 장전수량 등의 전투효과를 크게 향상시켰다.

기관총은 권총이나 소총보다 긴 유효사거리(2~5km)를 가지며 다량의 빠른 사격이 가능(1분당 500~1,000발)하다는 특징이 있다. 이는 보병의 화력수준을 크게 향상시켜 주었으며 제1·2차 세계대전을 통해서 그 효과를 입증했다. 그러나 소총보다 3배가량 무거운데다 반동을 줄이기 위해서 받침대를 사용해야 한다. 기관총은 구경에 따라 경^輕기관총(7.6mm 이하), 범용기관총(7.6~12.7mm), 중^重기관총(12.7mm 이상) 등으로 구분한다. 경기관총과 범용기관총은 보병부대에서, 중기관총은 일반 차량이나 전차, 장갑차 등에 탑재하는 무장으로 사용되고 있다.

유탄발사기^{Grenade Launcher}는 제2차 세계대전과 6·25전쟁에서 사용되던 총유탄^{銃榴彈}에서 기원했으며, 기존에 사람의 손으로 수류탄을 던지던 것이 총으로 유탄을 발사하는 것으로 바뀐 것이다. 30/40mm급 유탄을 장착하여 수백 미터 밖의 표적을 공격할 수 있으며 특히, 직사화기 사격이 곤란한 사각지역이라든지 적 밀집지역, 건물 등의 공격에 효과적이다.

발전추세

①표준화: 대량생산을 통한 생산원가의 저렴화와 보급의 용이성을 목적으로 각 화기별로 대표적인 규격탄으로 표준화를 지향하고 있다. 나토는 연합작전 시 탄약을 공통으로 사용할 수 있도록, 1953년 7.62mm탄을 제1차 나토 표준탄으로 채택하여 이 탄약에 맞는 구경의 소총 및 기관총을 개발·보급했다. 그러나 베트남전쟁에서 미국이 5.56mm M16 소총을 사용하고 나토에 배속된 미군에서도 이 소총을 보급함에 따라, 1979년 제2차 표준화를 시도하여 5.56mm탄을 표준탄으로 선정하여 사용하고 있다.

②소구경화: 미국은 1952년부터 수행된 연구에서 한 명의 사상자에 대해 과도한 소총탄이 소요된 것을 알게 되었다. 이에 소총 구경을 5.56mm로 축소함으로써 소총의 명중률 향상과 전술적 운용능력의 증대를 시도했다. 그 후 나토에서도 제2차 나토 표준탄으로 5.56mm탄을 선정하게 되었다. 한편 구소련에서도 소구경인 5.45mm AK-74 소총을 개발했고, 최근 러시아에서는 소총과 기관총의 구경을 5.56mm의 소구경으로 단일화하려는 추세로 발전하고 있다.

③경량화 및 소형화: 소화기 무기체계는 총열이 소구경화함에 따라 탄약과 화기도 소형화되고 있다. 이러한 소형화는 무기체계의 경량화에 기여할 뿐만 아니라, 탄알집 용량의 증가와 반동력의 감소로 명중률을 향상하는 효과를 달성할 수 있고, 병사의 피로 감소로 임무수행능력을 증대할 수 있기 때문이다.

④다양한 탄약의 개발: 탄약 분야에서는 최근 금속탄피를 소진탄피로 대체·활용하는 것이 보편화되었고 소진탄피, 무탄피 탄약 등 여러 가지 형태의 제품이 사용되고 있다. 소진탄피는 발사 시에 탄피가 연소하는 탄

피로서 금속탄피와 비교하여 생산비가 저렴하고, 발사 후 탄피의 제거 필요성이 없으므로 자동장전이 용이하며, 추진에너지의 활용도를 높일 수 있을 뿐만 아니라 총신 마모 및 부식이 감소되는 장점이 있다. 반면에 탄약이 외적 환경요인으로 손상을 입기 쉽고, 불발탄의 제거가 어렵다. 운용 특성에 적합한 기능을 보유한 다양한 소화기용 탄약이 개발되고 있는 추세이다. 엄폐·은폐 표적, 경공격기 등에 대해 효과적으로 제압하기 위한 공중폭발기능Air Burst 탄약, 건물 내부에 있는 표적 제압을 위해서 창문 관통 후 폭발하는 지연기능 탄약, 섬광 등을 이용하여 인마를 살상하지 않는 비살상 탄약 등이다.

(2) 대전차무기

대전차무기는 탱크, 장갑차 등 장갑 방호능력을 갖춘 적의 지상 기동무기를 파괴·무력화하거나 기동을 방해함으로써 적 지상군의 기동력을 상실·약화시키기 위해 사용되는 무기를 뜻한다.

운용개념

대전차로켓탄은 유도기능이 없기 때문에 500m 내외의 근거리 표적에 대한 사격 용도로 활용되며 적 전차에 대한 관통 및 파괴능력도 상대적으로 낮다. 중대급 이하의 소규모 보병부대에서 집중적으로 배치·운용하고 있으며 전차공격보다는 참호·지하벙커와 같은 견고한 적의 표적을 공격할 수 있는 화력수단으로 사용하고 있다.

대전차미사일은 유도기능을 보유함으로써 수킬로미터 밖에 위치한 적 전차도 정확히 공격할 수 있다. 초창기에는 사수가 조종을 해야 하는 수동 유도방식을 채택했고, 이후에는 레이저로 표적을 지정하여 미사일을 유도시키는 반자동유도방식이 개발되었다. 이러한 방식은 표적을 지정하는 과정에서 유도하는 사람이 적에게 노출되어 적의 공격을 받을 수 있다는 단점이 있다. 최근에 개발되는 신형 대전차미사일은 미사일 내부에 탑재된 유도장치에서 직접 표적을 탐지 및 유도하는 자동유도방식이다. 주로 군용차량, 전차, 장갑차, 항공기 등에 탑재되어 연대 내지 사단의 작전범위에 해당하는 넓은 전장에서 사용한다.

발전추세

대전차무기와 관련된 전차의 방호장갑은 압연균질강판(RHA) → 복합재료장갑 → 반응형 장갑으로 발전하여 왔으며, 최근에는 능동방호체계까지 개발·적용하여 전차의 생존성을 획기적으로 향상시키고 있다. 이러한 전차의 생존성 향상은 보병이 사용하는 대전차무기의 발전을 유도하여 대전차무기의 다양화 및 고성능화를 촉진시키는 요인이 되었으며, 이러한 수단과 대응수단 간의 부단한 기술경쟁은 앞으로도 더욱 첨단화·가속화할 전망이다.

　대전차 유도무기의 유도기술 발전에 있어서 유도방식은 수동시선유도(MCLOS) → 반자동시선유도(SACLOS) → 레이저호밍유도 → 발사 후 망각형 유도(호밍유도)로 발전되어 가고 있다. 이들 유도기술의 발전추세를 요약하면 〈표 8-5〉와 같다.

〈표 8-5〉 대전차 유도무기 유도기술 발전추세

구분	1세대	2세대	2.5세대	3세대	
				발사후망각	광통신
유도 방식	수동시선유도 (MCLOS)	반자동시선유도 (SACLOS)	레이저호밍유도 (레이저 지시기)	수동형 탐색기, 호밍유도, LOBL	수동형 탐색기, LOAL 기능
공격 방식	정면 직접	정면 직접 상부 비월	상부 경사 정면 직접	상부 경사 정면 직접	상부 경사 정면 직접
체계명/ 개발국	AT-3/러시아 SS-10/프랑스	Dragon, Tow/ 미국 AT-5, Metis/ 러시아	Trigat/유럽 Hellfire/미국	Javelin/미국 Gil/이스라엘 Trigat-LR/유럽	Spike/이스라엘 EFOG-M/미국

(3) 박격포

박격포란 '포구로부터 포탄을 장전, 발사하는 소형 곡사화기'를 뜻한다. 박격포는 구경을 기준으로 60mm급 이하 경經박격포, 80mm 내외의 중中박격포, 그리고 100mm가 넘는 중重박격포로 분류한다.

운용개념

박격포의 무게와 사거리는 박격포의 구경과 비례하지만 연속발사속도는 반비례한다. 경經박격포는 뛰어난 휴대성으로 중대급 부대 내에서 예하 소대의 화력지원 임무를 담당하도록 편성되어 있다. 중中박격포는 대대급 부대에서 중대 단위의 전투를 지원하고, 중重박격포는 주로 차량에 탑재하거나 일반적인 대포와 동일한 형태로 운영하고 있다.

최근에는 현대전의 특성인 기동성 및 생존성 증대에 따라 박격포도 자주화되어 단독사격임무가 가능하도록 발전했다. 즉 전방관측병 혹은 무인정찰기가 적 표적을 탐지하여 기동 중인 박격포에 적 좌표를 전달한다. 그러면 박격포는 GPS 및 관성항법장치를 이용하여 기동 진로 및 자기위치를 식별하고, 입력된 적 좌표와 더불어 탄도계산을 실시하여 초탄 명중이 가능하도록 탄종, 장약, 사각, 편각 등의 사격제원을 산출한다. 산출된 사격제원은 전시기를 통하여 운용병에게 제공되며, 운용병은 전시된 사각 및 편각에 따라 관성항법장치를 이용하여 포신을 조준한다. 그 후 선정된 탄약을 준비하여 단독으로 사격을 실시한다.

박격포의 최대장점인 45° 이상의 고사각 탄도특성은 다른 화포에 비해 상대적으로 월등한 고사각 사격을 가능하게 하여 고지 후방 및 참호와 고층 건물 사이에서 벌어지는 현대의 시가전에서 효과적인 공격능력을 제공하며, 지면에 거의 수직으로 낙하하는 탄두에 의해 보다 넓은 살상면적을 제공한다.

발전추세

1910년경 박격포가 출현한 이후로 수십 년 동안 기본적인 구조는 크게 변함이 없이 유지되어 왔으며, 대구경화, 사거리 증대, 경량화, 발사속도의 증대, 탄 위력의 증대 등 지속적인 성능향상이 이루어져 왔다. 최근에는 전투 개념의 변화에 따라 기동성, 생존성, 화생방능력을 갖춘 자주박격포와 다련장박격포 등이 출현하고 있는 추세이다.

①대구경화 및 단일화: 보병의 자구적인 측면에서 화력이 큰 대구경 박격포가 요구되고 있다. 박격포 구경의 발전추세를 살펴보면 서구권 국가들은 60mm, 81mm, 4.2인치 및 120mm 등을, 러시아를 비롯한 동구권 국가들은 82mm, 120mm, 160mm, 240mm를 개발하여 운용하여 왔다. 그러나 근년에 들어 동서양을 막론하고 박격포체계의 주력 구경은 120mm로 통합되는 추세이다.

②사거리 증대: 일반적으로 사거리를 늘리는 것은 포열 길이를 연장하거나, 탄두에 작용하는 약실 압력을 증가시켜 포구속도를 증대함으로써 가능하다. 그러나 박격포의 포열 길이는 인간공학적 측면과 탑재형의 경우 장갑차 내부공간 측면에서 약 2m 수준으로 제한된다. 약실 압력도 사격 시의 충격력 등과 같은 기술적 요소에 의해 제한을 받아서 고폭탄으로 달성 가능한 120mm 박격포의 최대사거리는 8.5km 내외로 한정되고 있다. 그렇지만 사거리를 연장하려는 노력으로 로켓보조추진탄(RAP)을 사용하여 최대사거리를 50% 정도 증가시킬 수 있다.

③살상위력 증대: 다목적 근접신관을 이용하여 일정 높이에서 공중폭발시키거나, 탄체의 파편효과를 증대시키는 재질을 사용하거나, 위력이 큰 충전폭약을 사용하는 방법 등으로 살상력을 증대하는 것이 가능하다. 또한 탄체 내에 수십 개의 자탄을 넣은 분산탄을 사용하는 경우 살상위력이 약 2배 이상 증대하고, 성형작약 형태의 자탄에 의한 장갑판 관통능력도 보유하고 있다.

④경량화와 자주화: 박격포는 운용목적상 보병이 휴대 운반해야 하므

로 중량을 대폭 감소시킨 경량박격포로 발전하고 있다. 박격포를 구성하는 주요 부품에는 강철 대신 알루미늄 합금, 마그네슘 합금, 복합재료 등 경량소재를 사용한다. 또한 기동성과 생존성 증대 측면에서 장갑차를 이용하여 자주화가 이루어지고 있다.

⑤ 사격통제장치의 자동화: 장차의 박격포는 사격통제장치가 자동화되어 사격임무가 하달되면 GPS 및 관성항법장치를 이용하여 자기 위치를 식별하고, 입력된 적의 좌표를 이용하여 디지털 탄도계산을 실시함으로써 초탄 명중이 가능하도록 탄종, 장약, 사각, 편각 등의 사격제원이 산출되어 포신이 조준되도록 할 것이다.

(4) 대포

대포는 화약의 폭발력을 이용하여 탄환을 발사하는 고정식·이동식의 중·대형화기로, 제2차 세계대전까지 지상화력의 주체였다. 대포는 전후 핵무기, 로켓, 유도탄의 출현으로 한때 효용성이 저평가되었으나, 핵무기 사용의 제한성이나 로켓 및 유도탄의 비용 대 효과 분석을 통하여 가장 경제적인 투발수단으로 인식되었다.

대포는 병사 및 차량의 힘으로 움직여야 하는 견인포, 전차와 유사한 장갑차량 상부에 포신을 탑재하는 형태를 취한 자주포, 수십 발의 로켓탄을 동시다발적으로 사격할 수 있는 다연장로켓포 등 세 가지로 구분할 수 있다.

운용개념

화포의 운용은 전방관측자→사격지휘소→포반의 순서로 이루어진다. 즉, 전방관측자FO: Forward Observer로부터 사격지휘소FDC: Fire Direction Center로 표적제원 및 사격요구를 통보하면, FDC에서 사격제원을 산출하여 포반에 사격제원을 통보하는 과정으로 이루어져 있다. 그러나 앞으로는 FO로부터 표적제원 및 사격 요구가 포반으로 직접 통보되어 포에 장착된 컴퓨터에 의해 사격제원이 산출된다.

견인포는 관리가 편리하고 가격이 저렴하나 기동성이 낮기 때문에, 일반 보병 및 공수부대 예하에 배치하여 화력지원제공임무를 담당하게 하고 있다.

자주포와 다연장로켓포 모두 차량에 탑재한 형태로 운용되는데 이에 따라 지형 및 기상조건의 제약에 구애를 덜 받는다. 또한 사격 후 진지변환을 통해 적의 대포병사격에 대하여 높은 생존성을 보장받을 수 있다. 자주포는 좁은 범위에서 상대적으로 소수의 표적을 공격하는 반면에, 다연장로켓포는 넓은 공간에 배치된 대규모의 적을 일거에 제압하는데 효과적이다.

〈표 8-6〉 자주포 주요 제원

구분	승무원 (명)	중량 (t)	항속 거리 (km)	속도 (km/h)	최대 사거리 (km)	발사속도		탄약 적재		비고
						최대	지속	포탄	MG50	
K-55	6	25	349	56.3	18/24	4	1	36	500	RAP탄
K-9	5	47	360	60	30/40	6	2	48	1000	RAP/ HE/BB

발전추세

일반적으로 대포탄약은 최대사거리 증대, 탄의 위력 증대에 주안점을 두고 소량의 탄약으로 표적을 정밀 타격하는 지능탄체계로 발전하고 있는 추세이다.

①최대사거리 증대: 대포의 사거리를 늘리기 위하여 높은 포구속도가 요구되는데, 이 높은 포구속도는 또한 비행시간의 감소, 명중률 향상 및 목표물에 대한 종말효과의 증대를 가져온다. 그리하여 새로운 에너지 물질을 이용한 고에너지 추진제 개발이 이루어지고 있다. 높은 포구속도를 얻기 위해 액체 추진제, 전자포, 전자열(화학)포 등에 대한 연구도 추진되

고 있다.

②탄 위력의 증대: 탄약의 탄두 위력을 증대시키기 위한 방법들은 다음과 같다. 첫째로 고파편 소재를 사용하여 살상위력을 증대시키거나, 기존 고폭탄에서 자탄을 내장한 DPICM탄을 사용한다. 둘째로 사거리 증가에 따라 일어나는 탄의 분산도 오차를 감소시키기 위해 정확도 향상에 주력하여, 포 발사용 유도포탄이나 사거리 및 편의 수정이 가능한 2차원 탄도 수정 장치를 부착한 탄을 개발 중에 있다.

③지능화 탄약Guided Munition or SMART Munition: 지능화 탄약은 감응기폭탄과 유도포탄으로 구분할 수 있다. 감응기폭탄의 대표적인 예는 감지파괴식 대전차탄(SADARM)을 들 수 있는데, 이는 원거리에 있는 전투장갑차나 전차를 파괴하는 탄으로서 155mm 포탄의 경우 탄체 내부에 2~3개의 SADARM 자탄을 운반할 수 있다. 유도포탄은 탄이 목표물의 상공에 도달하면 센서에 의해 목표 주사를 시작하고, 탄도와 목표와의 오차를 발견하면 탄도수정기구를 작동하여 탄도를 수정하여 목표에 명중하게 한다.

④정밀유도탄PGM: Precision Guided Munition 개발: 정밀유도탄은 비가시선 지역BLOS: Beyond Line-Of-Sight에 대한 정밀타격능력으로 표적을 선별타격하여 군사표적 이외 주변 피해를 최소화하는 능력을 보유하고 있다. 그러므로 저강도 분쟁이나 평화유지작전 시 특정 임무에 적합한 무력 사용을 용이하게 한다.

(5) 전차

전차는 무한궤도형 주행장치에 의한 기동력, 장갑 자체에 의한 방호력, 일정수준의 화력을 동시에 겸비한 무기체계이다.

제2차 세계대전 이후로 대부분의 국가들은 주력전차MBT: Main Battle Tank라는 단일화된 유형의 전차만을 개발하여 운용했다. 이후 전차의 분류는 세대 기준으로 이루어지고 있다.

1세대는 1950년대 개발된 전차들로서 90/100mm의 주포, 100~

200mm 두께의 장갑을 갖추고 있다. 구소련의 T-54/55, 미국의 M47/48, 영국의 센추리언^{Centurion}이 대표적이다.

2세대 전차는 1960년대에 개발되었으며 무장과 방호능력이 강화되고 주포도 110~120mm 내외로 증대되었다. 동력기관을 가솔린에서 디젤 엔진으로, 주포 형태는 강선포에서 활강포로 바뀌었다. 구소련의 T-62/64, 미국의 M60, 독일의 레오파르트가 대표적이다.

3세대 전차는 1970년대의 다양한 기술혁신과 함께 등장했다. 반응장갑을 갖추어 피격되더라도 포탄의 파괴력을 약화시킨다. 복합장갑은 신소재를 사용한 다중 구조로서 방호력을 300~500mm 수준으로 강화시켰다. 또한 가스터빈 엔진을 사용하여 기존 디젤 엔진보다 가속성이 우수해졌으며 자동추적장치, 탄도컴퓨터 등의 탑재로 명중률을 비약적으로 향상시켰다. 대표적인 예로는 미국의 M1A1 에이브람스, 러시아의 T-72/80, 영국의 챌린저를 들 수 있다.

운용개념

전차는 주로 여단 또는 사단·군단급의 독립적인 기갑부대로 편성하여 운용한다. 개전 초부터 신속하게 적진을 돌파하여 후방으로 깊숙이 진격하여, 적의 정치·경제·군사적인 핵심을 직접적으로 포위·제압하는 공세적인 작전을 펼친다. 방어의 경우에는 고정된 상태의 지역방어가 아닌 전투력이 소모·약화된 적을 상대로 결정적인 시점에 투입되는 기동방어를 담당한다.

발전추세

①체계: 전차체계는 대부분 360° 회전하는 포탑에 무장장치를 탑재하고, 동력장치는 차체 후방에 탑재하고 있다. 그리고 자동장전장치를 채택하여 탄약수 없이 3명의 인원에 의해 운용되고 있다. 고속 입체기동전 형태의 현대전 및 장차전에서 효과적으로 대처하기 위해서는 소형·경량 전

차가 요구되며, 세계 각국이 추구하는 차기 전차의 개념에서도 대부분 40~50톤급의 스텔스설계 전차를 고려하고 있다. 디지털 데이터버스를 근간으로 각종 전자장비를 통합관리하고 있으며, C4I와 연계된 정보통제 ·관리장치에 의해 전차 간 또는 전차와 전장지휘통제소 간의 모든 정보를 승무원에게 실시간으로 전달함으로써 합동전투가 가능해졌다.

②화력: 전차포는 점진적으로 그 구경이 증대되어 왔다. 현재 서방국가들의 최신 전차는 120mm 포를 탑재하고 있으며, 러시아 전차는 미사일 발사 겸용의 125mm 전차포를 탑재하고 있다. 또한 기존 120mm 포의 포구속도를 높이고, 탄 자체의 성능을 개선시키는 노력을 하고 있다.

고체추진제에 의한 전차포의 성능개선 한계를 인식한 선진국들은 전자열포 및 전자포 등 신개념의 포를 연구개발하고 있다. 전자포가 실용화될 경우 4,000m/s 이상의 초고속 포구속도가 달성되어 탄의 파괴력이 크게 증가하며, 사격통제장치가 간단해지며 탄두가 작아지고, 추진체를 사용하지 않으므로 내부공간이 축소되어 전차의 형상에 혁신적인 변화가 일어날 수 있다.

사격통제능력에 있어서는 탄도계산기의 디지털화와 고속연산화에 의한 탄도계산의 정확성 제고, 열상장치에 의한 관측능력 향상, 안정화장치의 정확도 증대로 기동 간 사격능력이 증대되어 왔으며, 짧은 시간 내에 여러 표적을 상대할 수 있게 되었다.

③기동력: 기동력의 핵심인 동력장치는 엔진 및 변속기 등을 조밀하게 통합하면서 고출력화 추세에 있다. 예를 들어 독일은 기존 엔진에 비해 부피가 40% 이상 줄어든 디젤 엔진을, 미국은 AIPS(Advanced Integrated Propulsion Systems)계획 하에서 차세대 동력장치인 가스터빈 엔진을 개발했다. 전차의 동력장치는 전자포 및 전자기장갑과 결부되어 전기모터에 의한 완전 전기식 구동장치로 발전할 것이다. 한편 험지를 고속으로 주행하면서도 승무원에게 양호한 승차감을 제공하고 전차포 및 사격통제장치의 안정상태를 유지시켜 주기 위해서는 현수장치의 성능이 우수해야 한

다. 전차의 자동항법장치가 개발되어 최신 전차에서 운용 중인데, 이는 차량종합정보시스템과 연계하여 피아 차량의 위치식별과 최적의 기동 진로를 선정할 수 있기 때문에 낯선 지역에서도 효과적으로 전투가 가능하다.

④생존성: 더 이상의 중량 증가를 지양하고 새로운 방호개념에 의하여 생존성을 향상시키려는 경향을 보이고 있다. 스텔스 기술을 이용한 피탐지 확률의 감소와 능동방호시스템에 의한 피탄 확률의 최소화 등을 대표적인 예로 볼 수 있다. 또한 열화우라늄과 같은 새로운 장갑재료를 개발·적용함으로써 수동형 복합장갑 자체의 방호효율을 증가시키고 있으며, 대장갑 위협의 성능향상에 탄력적으로 대처할 수 있도록 장갑 구조물을 모듈화하고 있다. 방호개념도 전방위 방호개념으로 바뀌고 있다. 이를 위해 복합장갑, 반응장갑 및 능동방호시스템을 적절히 조화시키고 있다. 이 중에서 능동방호시스템은 특히 대전차미사일 또는 로켓에 피격하기 전에 이를 탐지하고, 유도교란 또는 대응파괴 등의 수단을 사용하여 회피하는 장치이다. 미래의 방호수단은 수동형과 능동형 방호기능이 통합된 능동장갑의 형태로 발전하고 있다.

(6) 장갑차

장갑차는 비교적 경량의 장갑차체를 갖추고, 내부에 소규모의 보병을 탑승·이동시킬 수 있는 지상 전투차량을 뜻한다. 기동력을 중심으로 화력과 방호능력까지 갖춘 무기이면서 전차와는 달리 탑승·수송기능을 함께 보유하고 있다.

장갑차는 주행장치의 형태에 따라 궤도형과 차륜형으로 구분한다. 궤도형 장갑차는 동력장치에서 발생한 동력이 종감속기와 구동륜으로 전달되어 궤도를 구동함으로써 주행하며, 차륜형 장갑차는 동력전달 축과 차동장치를 통하여 바퀴를 구동함으로써 주행하는 차이가 있다. 궤도형 장갑차는 전투중량 제한이 적어 방호력 증대가 용이하고 야지기동성이 우수한 반면, 차륜형 장갑차는 평지 및 포장도로 기동성이 우수하며 운용 및 정비·유지비용이 저렴한 장점을 가지고 있다. 궤도형 장갑차는 산악 및 야지 지형에서 운용이 유리하여 주로 병력 수송 및 전투용으로 많이 운용되며, 차륜형 장갑차는 포장도로 및 평지에서 매우 우수한 기동성과 승차감을 제공하여 수색·정찰 및 기지 방어용으로 운용된다.

장갑차는 수행하는 임무의 성격에 따라 보병수송용장갑차APC: Armored Personnel Carrier, 보병전투용장갑차IFV: Infantry Fighting Vehicle로 분류한다.

운용개념

장갑차는 전장에서 전차만으로는 탈취한 목표의 계속적인 확보가 곤란함에 따라, 전차와 협동작전을 수행할 보병에게 기동력과 방호력을 제공하는 개념에서 출발했다.

보병수송용장갑차(APC)는 신속하고 안전한 수송에 중점을 두고 개발되어 화력·장갑방호능력은 제한적이다. 따라서 중무장한 적과 직접적으로 대치할 가능성이 낮은 지역·임무에 활용된다. 수색 및 정찰, 기지 방어, 후방지역에서의 신속한 적 침투 대응작전 등에 운용된다.

보병전투용장갑차(IFV)는 수십 밀리미터 구경의 기관포, 대전차미사일 등 경전차에 준하는 화력을 보유하고 있으며, 전장에서 전차와 함께 기동하는 과정에서 생존성을 확보하기 위해 상당한 수준의 방호능력도 보유하고 있다. 걸프전에서는 미 육군 M2/3 브래들리가 M1A1 에이브람스 전차보다 많은 이라크군 전차를 파괴하여 화제가 되었다.

발전추세

보병에게 기동력과 방호력을 제공하는 개념의 보병수송용장갑차(APC)에서, 전차와 보병 협동작전의 보다 효율적인 수행을 위하여 탑승상태에서 전투를 수행할 수 있는 전투장갑차 개념으로 발전하고 있다.

성능 측면에서는 장갑차에 탑재하는 주 무장이 소구경에서 중구경으로 증가하는 추세를 보이고, 최근에는 대전차 유도무기를 탑재함으로써 대전차전을 수행할 수 있는 능력을 확보하는 추세이다. 이와 함께 탄약의 관통력과 사거리 증대도 동시에 추진되고 있다. 탑승전투 개념의 도입에 따라 사격통제장치는 주야간, 기동 간 임무수행이 가능하도록 열영상장비 및 2축 안정화장치를 탑재하고, 최근에는 미국을 중심으로 무선 데이터통신 및 전장정보 공유가 가능한 지휘통제장치 탑재가 활발히 진행되고 있다.

2. 해상무기체계

과학기술의 발달과 전쟁 수행개념의 변화로 전장공간은 지상·해양·공중의 3차원 공간을 망라하며, 동시·통합전 형태로 전쟁이 수행되고 있다. 즉, 지상은 지상군이, 해양은 해군이, 공중은 공군이 전적으로 담당하는 형태가 아니라, 각 군이 유기적으로 통합되어 전투력을 발휘해야만 전쟁 수행목표를 효율적으로 달성할 수 있다. 또한 해전의 목표가 적 함대 격멸을 통한 해양통제뿐만 아니라 지상작전에서 우세 달성을 위한 적극적인 해양활용으로 변화하는 추세에 있다. 해군은 바다에서의 전력에서 바다로부터 육상으로 투사되는 전력개념으로 바뀌고, 해군 단독작전이 육·공군과의 합동작전으로 변모하고 있다. 해전에서의 전장은 함대함 및 함대지 순항유도탄으로 인해 수평으로 약 1,000마일(1,600km), 함대공유도탄 및 해상유도탄 방어시스템의 출현으로 수직으로 수백 마일, 그리고 수중으로는 잠수함에 의해 수천 킬로미터까지 확대되었다.

(1) 수상전투함

수상전투함은 바다를 비롯한 수면 위에서 전투를 수행하기 위해 다양한 종류의 무장을 탑재, 운용하는 수상함정을 뜻한다. 수상함 무기체계의 특성은 다음과 같다. 첫째, 함정은 다수의 개별 무기체계와 장비를 탑재하고 이를 연동시켜 통합된 성능을 발휘하는 복합 무기체계이다. 예를 들어 우리나라 구축함인 KDX-III(세종대왕함)의 경우 탑재된 32종의 개별무기체계와 98종의 일반 장비를 하나의 전투시스템에 의해 운용 및 통제하여 전투력을 발휘한다. 둘째, 함정을 건조하는 것은 부대를 창설하는 것이다. 승조원이 함내에 거주하면서 작전, 정비, 훈련 및 행정업무를 수행하기 때문에 함정은 단위부대로 편성되어 임무를 수행한다. 셋째, 다종의 함정을 소량으로 운용한다. 해군에서는 다양한 작전 형태와 적위협 세력에 대처하기 위해 다종의 함정을 소요하며, 대체적으로 동종의 함정은 소량으로 획득하여 운용하는 특징이 있다.

수상전투함은 선체 규모를 기준으로 구분하는데 무게보다는 배수량(배를 바다에 띄웠을 때 밀어내는 물의 양)을 기준으로 한다. 이를 기준으로 할 때 크게 중·소형 규모 선체를 사용하는 연안전투함과 대형 선체를 사용하는 대양전투함으로 분류할 수 있다.

운용개념

①경비정: 배수량 수백 톤급의 소형 전투함정을 포괄하며, 항해속도는 빠르지만 원해상에서 작전수행능력은 제한된다. 따라서 영해 이내를 범위로 하는 협소한 해역에서 연안경비, 순찰 등의 임무를 수행한다.

②초계함: 배수량 1,000~2,000톤의 소형 수상전투함을 말하며 경비정에 비해서 선체 규모가 확대되었고, 구경 70/100mm 함포와 대함미사일을 기본무장으로 탑재하여 전투력을 향상시켰다. 경비정과 마찬가지로 영해 주변의 연안 해역으로 작전범위를 제한한다.

③호위함: 배수량 2,000~3,000톤의 중형 수상전투함이다. 구경 100mm급 함포와 대함미사일, 자체 방공을 위한 단거리 함대공미사일을 탑재할 수 있을 정도의 무장수용 능력을 갖추었다. 영해 인근을 넘어 해당 국가의 주변 해역에서도 임무수행이 가능하며, 제한적인 대양작전의 능력을 갖추었다.

④구축함: 연안에서 전함을 방어하기 위한 용도로 사용되다가 전함의 쇠퇴 후 순양함과 함께 주력 군함으로 자리 잡았다. 배수량이 3,000

~7,000톤이며 함포와 대함미사일, 중·장거리 함대공미사일 등의 강력한 무장을 갖춘 대양작전의 핵심 전력이다.

⑤ 순양함: 대양에서 적 전함의 공격을 방어하기 위해 개발되었다가 전함의 쇠퇴 후 전함을 직접적으로 대체하는 수상전투함으로 자리매김했다. 배수량 1만 톤을 넘는 초대형 군함이며, 미국과 러시아 등 초강대국만이 보유하고 있다.

⑥ 항공모함: 자체 무장은 단거리 함대공미사일뿐이지만 수십 대 이상의 항공기를 탑재함으로써 대양에서 아군 수상전투함의 대공방어를 담당할 뿐만 아니라, 필요시 항공기를 출격시켜 인근 지역을 공격할 수도 있다. 배수량 10만 톤 이상의 대형 항공모함(함재기 80대 이상)은 미국에서만 운용하고 있으며, 배수량 2만 톤 이하의 경항공모함(함재기 20대 이하), 배수량 3~5만 톤 수준의 중·소형 항공모함(함재기 약 30~40대)은 8개국(영국, 러시아, 에스파냐, 프랑스, 이탈리아, 인도, 브라질, 태국)에서 운용하고 있다.

발전추세

수상전투함의 발전은 선체 자체의 발전뿐만 아니라 탑재 무장의 발전까지 포함한다.

첫째, 기존의 마하 1 미만의 아음속subsonic에서 마하 2 이상으로 높인 초음속supersonic 대함미사일로 대체할 것이다.

둘째, 구축함급 이상의 대형 수상전투함에 탑재되는 함포는 150mm급 이상으로 확대하고, 위성항법체계나 관성항법장치를 도입하여 정밀유도 기능을 갖춘 사거리 연장 포탄을 운용하도록 발전할 것이다. 이로 인해 함포 사거리가 100km 이상까지 연장되고 바다에서 지상으로 화력지원임무 수행이 가능해질 것이다.

셋째, 함대공미사일 탑재수단으로 수직발사대VLS: Vertical Launching System를 채택할 것이다. 평시부터 수십 기의 미사일을 탑재하며 발사 후에도 짧은 시간 내에 재장전을 함으로써 적 항공기, 대함미사일을 상대로 동시다발적인 교전이 가능하다. VLS에는 함대공미사일뿐만 아니라 대잠로켓, 지상공격용 순항미사일 등 유도무기 탑재가 가능하여 수상전투함의 임무에 다양성을 더해준다. 아울러 함대공미사일의 사거리도 최대 수백 킬로미터 수준까지 증대함으로써 수상전투함이 탄도미사일 방어를 위한 해상요격임무에서 중추적 역할을 담당하게 될 것으로 전망한다.

넷째는 대함·대공·대잠 등의 개별 교전기능을 동시 통합적으로 운용하기 위해 필요한 함정전투체계의 발전이다. 컴퓨터를 이용하여 자동화된 정보를 지휘통제팀에 제공하여 위협 탐지·평가, 자료처리·관리, 정보수집, 지휘·결심, 사격통제 등의 다양한 전투기능을 하나로 통합했다. 대표적인 예로 이지스^Aegis 전투체계가 있다.

다섯째, 기존의 가스터빈·디젤 기관에 의한 프로펠러 대신 통합전기추진체계^IEPS: Intergrated Electric Propulsion System 방식을 채택할 것이다. IEPS는 주기관에 의해 발전시킨 전력을 추진용 전동기, 주요 무장 및 장비 등에 통합적으로 공급하는 방식이다. 이는 기존의 복잡한 장비 문제 및 소음 문제를 해결했다.

(2) 잠수함

잠수함이란 수중으로 잠수, 항해하면서 전투를 비롯한 다양한 군사임무를 수행하는 함정을 뜻한다. 잠수함의 특징은 잠항 시 우수한 스텔스 성능을 발휘하여 독자적인 은밀작전 및 기동전투전단과 연합작전을 수행할수 있다는 점이다. 잠수함은 대수상함전, 대잠수함전, 대지전, 정찰 및 감시, 기뢰전, 특수전 지원에 효과적으로 운용할 수 있는 종합 무기체계이다. 또한 항만 및 해역봉쇄, 장거리 대지공격 능력 보유에 의한 전쟁 억제 및 보복 등 전략적 임무를 수행하는 비대칭 공세전력이다.

잠수함은 추진 에너지원에 따라 재래식잠수함과 원자력잠수함으로 구분된다. 재래식잠수함은 필요한 전기에너지를 발전기를 이용하여 생산한후, 추진 프로펠러 구동 및 함내 공급용 전기에너지로 사용하고 동시에 축전지에 저장했다가 잠항할 때 추진 동력으로 사용한다. 원자력잠수함에 비해 잠항기간, 항해속도, 항속거리 등이 크게 뒤지지만, 동력 발전량이 작으므로 항해 과정에서 나타나는 소음이 작아 적함에게 탐지당할 위험이 적다.

원자력잠수함은 소량의 연료 우라늄을 이용하여 막대한 에너지를 얻게 되며 이 경우 무한에 가까운 항속거리를 얻을 수 있고, 재래식잠수함처럼 축전지를 충전할 필요가 없기 때문에 수중에서 무한정으로 작전할 수 있는 특징이 있다. 또한 재래식 추진방식보다 월등히 높은 30노트급의 항해속도를 지속적으로 낼 수 있어 생존성이 높다. 그렇지만 항해 과정에서 많은 소음이 발생하여 적에게 탐지당할 위험부담이 높다.

한편 재래식잠수함의 경우 잠항하기 위해서는 연료의 연소와 실내공기 순환을 위한 공기가 필요하며, 일정시간(평균 3일)이 지나면 소모된 공기를 보충하기 위해 수상으로 부양해야 한다. 이로 인해 작전시간이 제한을 받게 되고, 수상 노출로 인하여 생존성에 위협을 받게 되었다. 최근 재래식잠수함들은 이러한 문제를 해결하기 위해 공기불요추진체계AIP: Air Independent Propulsion를 채택하고 있다. 공기불요추진체계(AIP)는 외부에서의 공기보충 없이도 잠수함 내부에서 축전지 충전으로 추진에 필요한 전원을 발생시키는 장치로, 잠항기간을 최대 2~3주일로 늘려주어 핵추진잠수함(원자력잠수함)에 버금갈 정도의 장기간 임무수행을 가능하게 했다.

운용개념

일반적으로 재래식 추진방식은 잠항기간, 항해속도, 항속거리 등이 크게 뒤지지만, 동력발전량이 작으므로 핵추진방식보다 소음이 적어 적에게 탐지당할 확률이 상대적으로 낮다. 수중 배수량 200~500톤 이하의 소형 잠수정, 1,000~3,000톤 내외의 중·소형 잠수함이 주로 사용되고 있다. 영해와 주변 해역에서 주로 초계활동 및 연안전투함정을 지원하는 방어적인 작전에 사용된다. 적진으로 특수전부대원들을 수송·침투시키는 임무에도 사용된다.

핵추진잠수함은 원자력이 제공하는 무제한적인 동력으로 재래식 추진 방식보다 월등히 높은 30노트의 항해속도를 지속적으로 낼 수 있으며 이에 따라 잠항기간, 항속거리도 월등하다. 사격 후 위치가 노출되어도 재빨리 회피할 수 있으므로 상대적으로 생존성이 높다. 수중 배수량 5,000~1만 톤 이상의 대형 선체를 사용한다. 해상기동부대를 방어·지원하거나, 상대 국가의 해역으로 침투하여 적 주요 군함의 차단, 추격, 습격 등 중·소형 잠수정보다 적극적이고 공격적인 임무를 수행한다.

발전추세

최근에는 은밀한 기동성과 공격성의 특성을 더 강화시키는 잠수함의 개발이 추진되고 있다. 다름 아닌 무인잠수함이다. 무인항공기, 무인함정 등이 개발되면서 그 기술을 활용하여 장시간 수중에서 작전이 가능한 무인잠수함을 개발하고 있다. 유인 잠수정보다 내부구조의 단순화, 작전시간의 연장 등 많은 장점을 보유하게 될 것으로 보인다. 지금은 단순한 대 잠수함 탐지용으로 개발되고 있지만 곧바로 무기를 탑재한 공격용 무인잠수함으로 발전할 것이다.

(3) 기타 해상무기체계

상륙함정

지상에서 군사작전을 수행하는 병력·무기를 해안으로 이동시키는 군용함정을 뜻한다. 제2차 세계대전의 노르망디 상륙작전, 6·25전쟁의 인천 상륙작전 등이 전세를 일거에 역전시킴으로써 상륙작전 및 상륙함정의 군사적 중요성을 인정받았다. 선체와 탑재능력의 규모, 수행임무에 따라 배수량 1,000톤 미만의 상륙정, 수천톤급의 중형 상륙함, 그리고 1.5만~3만 톤급의 상륙모함이 있다.

기뢰함정

바다의 지뢰라고 불리는 기뢰는 공 모양으로 만든 관 속에 다량의 폭약, 발화장치 등을 설치하여 적 군함을 파괴한다. 기뢰는 선체와 직접 부딪히면서 폭발하는 접촉기뢰와 엔진에서 발생하는 자기장, 추진장치의 소음, 수압 등의 차이로 폭발하는 감응기뢰가 있다. 기뢰함정은 기뢰를 설치하는 기뢰부설함과 반대로 기뢰를 제거하는 소해함掃海艦으로 구분한다.

지원함정

지원함정은 비전투적인 성격의 지원 임무를 수행하는 함정으로 탄약과 연료, 음식 등을 공급해주는 보급함, 사고 및 피격으로 손상된 군함의 수리·침몰 함정의 인양·승무원들의 구조를 위한 구난수리함, 그리고 바다에서 발생하는 각종 정보를 수집·분석하는 정보수집함 등이 있다.

3. 항공무기체계

항공무기체계는 공중 전투공간에서 공중 우세를 달성하는 것뿐만 아니라 다양한 작전지원을 위한 전투용 항공기를 말한다. 육지·바다에서 원활한 군사력 동원을 위하여 동시에 하늘을 사용할 수 있는 제공권의 확보는 현대전에서 전쟁 승리를 위한 필수조건이 되고 있다. 항공기는 크게 일반목적기와 특수목적기로 분류한다.

(1) 일반목적기

일반목적기는 임무 및 기능에 따라 〈표 8-7〉과 같이 공중전을 담당하는 전투기fighter, 적 지상부대에 대한 화력지원 담당하는 공격기attacker, 적 후방에 대규모의 공습을 가하는 폭격기bomber로 분류한다.

〈표 8-7〉 일반목적기의 분류

항공기		임무/기능	기종
전투기 (Air Combat Aircraft)	공중우세 전투기 (Air Superiority Fighter)	공대공 전투	F-14, F-22
	다목적 전투기 (Multi Role Fighter)	공대공 전투, 공대지 공격	F-15, F-16, F/A-18
공격기 (Attacker)		후방차단, 전장차단, 근접지원	A-10, F-117
폭격기 (Bomber)		전술 및 전략폭격	B-1, B-2, B-52

전투기

전투기는 원래 적의 전투기를 공중에서 제압하여 제공권을 장악하는 순수 제공작전용 항공기를 의미했으나, 현대에는 자체무장으로 공대공 전투와 공대지 공격능력 모두를 겸비한 항공기를 총칭하는 개념으로 발전하고 있다. 전투기는 오늘날 세계 각국 공군의 주력으로서 대부분 자동유도방식의 중·장거리 공대공미사일을 탑재하여 완전한 가시거리 밖BVR: Beyond Visual Range 교전능력을 갖추었고, 컴퓨터에 의한 자동화된 사격통제 및 비행기능도 갖추고 있다. 미국의 F-15 이글과 F-22 랩터가 대표적인 예이다.

공격기

지상에 위치한 적을 공격 및 제압하는 것을 주요 임무로 하기 때문에 공대공 무장능력은 자체 방어를 위한 기관포와 소수의 단거리 공대공미사일 등으로 제한된다. 일반 폭탄·유도폭탄, 로켓포, 공대지미사일 등을 이용하여 지상군에 대한 근거리 화력지원을 제공한다. 구체적으로 전선에서 작전 중인 지상군을 화력지원하는 근접항공지원, 적 지상군 추가투입을 거부하기 위한 전장항공차단, 적 후방지역 공격임무인 항공후방차단, 적 해상전력에 대한 대함공격임무 등을 수행한다. 미국의 A-10, F-117

스텔스 공격기, 러시아의 SU-25, 영국 및 독일의 토네이도가 대표적이다.

폭격기

폭격기의 주요 임무는 적의 전방지대 뿐만 아니라 후방까지 비행하여 대규모의 공습을 통해 전략적 목표 및 산업기반 자체를 초토화시켜, 적의 전쟁 수행역량과 의지를 총체적으로 약화시키는 것이다. 이를 위해 전투기, 공격기보다 월등하게 많은 양의 일반유도폭탄과 공대지미사일 등의 공대지 무장을 탑재한다. 공대공 방어는 주로 전투기의 호위에 의존한다. 대표적인 예로는 미국의 B-1, B-52, 러시아의 TU-95, TU-22, 중국의 H-6가 있다.

현대의 전략폭격기는 대륙간탄도미사일(ICBM) 및 잠수함발사탄도미사일(SLBM)과 더불어 초강대국 간의 전쟁억제력으로 운용되고 있다. 전략폭격기가 대륙간탄도미사일(ICBM) 및 잠수함발사탄도미사일(SLBM)에 비해 목표도달시간이 길고 적의 방공망에 취약한 약점에도 불구하고 전쟁억제력을 갖는 이유는, 유사시 폭격기에 핵탄두순항미사일을 탑재하여 핵 보복전력으로 활용할 수 있기 때문이다.

발전추세

항공기의 발전은 크게 기체 자체의 발전과 기체에 탑재하는 무장의 발전으로 구분할 수 있다. 먼저 기체 자체의 발전으로는 추력편향^{thrush vectoring} 노즐의 채택과 초음속 순항기능이 있다.

추력편향은 기체 제어에 필요한 추진력을 말하는데 기존의 항공기는 추력편향 시 주로 기체 뒷부분의 보조날개에 의존했다. 그러나 최근 개발되는 전투기들은 엔진 배기구의 노즐 방향을 조절함으로써 회전 시 보다 적은 연료로 높은 기동성을 발휘할 수 있게 되었다.

초음속 순항기능은 항공기가 배기장치를 가동하지 않고서도 지속적으로 음속비행을 가능하게 해준다. 기존에는 배기구로부터 방출되는 열이

적 공대공미사일의 추적대상이 될 수 있다는 문제점 때문에 음속비행에 제한을 받았다.

항공기에 탑재되는 공대공미사일은 기존의 로켓엔진에 램제트^{ramjet} 엔진이 더해져서 사거리가 더욱 연장될 것이며, 이는 수십 킬로미터 거리에서 이루어지는 BVR 교전에서 적 전투기의 회피율을 크게 낮출 것이다. 공대지미사일은 더욱 정밀한 유도가 가능하도록 발전할 것이다. 향후 개발할 공대지 무장은 적의 요격범위를 벗어난 최소 100km 이상의 사거리를 가지게 될 것이며, 레이저 및 위성항법체계에 의한 정밀유도방식을 채택하게 될 것이다. 이러한 공대지 무장의 발달은 전투기의 공대지 임무 수행능력을 향상시킴으로써 전폭기$^{strike-fighter}$의 개념으로 발전하고 있다. 미군의 주력 전투기인 F-15E 스트라이크 이글 한 대의 무장이 B-29 폭격기를 능가한다는 것은 그 반증이라 할 수 있다.

앞으로 전방위 스텔스 기술을 완전히 적용하여 동체 내부에 공대공 및 공대지 무장을 탑재하고 항공전자장비와 센서무장을 완전히 통합하여 운용할 것으로 예상한다.

(2) 특수목적기

특수목적기란 공중에서 특화된 임무를 수행하기 위해 제작, 운용되는 군용 항공기를 뜻한다. 구체적으로는 수송기, 정찰기, 공중조기경보(통제)기, 해상초계기, 공중급유기 등으로 구분한다.

수송기

수송기는 군용물자와 병력을 전장으로 직접 운반하거나, 낙하산을 통해 공중에서 투하하는 기능을 수행하는 군용 항공기이다. 항속거리 2,000km 이하는 단거리 수송기, 2,000~6,000km를 중거리 수송기, 6,000km 이상을 장거리 수송기로 분류한다. 또는 단거리와 중거리는 중소형 수송기, 장거리는 대형 수송기로 분류한다. 대형 수송기는 대양을 횡단하여 다른 대륙 및 지역으로 대규모의 수송 임무를 수행하는 전략임무를 담당한다. 미국의 C-17, 러시아의 IL-76/78이 대표적이다.

정찰기

정찰기란 적의 군사적 동향이나 능력을 판단하는데 필요한 각종 정보를 수집, 확보하는 임무를 수행하는 군용 항공기이다. 전방과 그 주변의 좁은 범위에 대한 군사정보를 수집하는 전술정찰기와 중·고고도에서 장시간 동안, 넓은 범위의 비행을 하는 전략정찰기로 구분한다.

공중조기경보(통제)기

공중조기경보(통제)기는 지상 레이더의 문제점이었던 산악지형 탐지, 지평선 및 수평선 밖의 표적 탐지의 어려움을 해결하기 위해 개발되었다.

조기경보기는 주로 탑재된 장거리 레이더를 통하여 적 항공표적을 탐지하고, 추적 정보를 지상의 관제·지휘통제기지로 전달하는 소극적 기능을 담당한다. 미국의 E-2 '호크아이'가 대표적이다.

조기경보통제기는 기체 내부에 상당 규모의 지휘통제시설과 관련 요원들을 탑승시켜서, 독자적으로 1개 비행대대급(항공기 10여 대) 아군 항공기들의 임무까지 하달하여 관장한다. 한 마디로 '하늘의 관제탑'이다. 대표적인 예로는 미국의 E-3 센트리, 러시아의 A-50 메인스테이가 있다.

해상초계기

해상초계기는 넓은 해역에 대하여 적 해군의 수상·수중전력침범을 정찰, 추격하고 필요시 파괴하는 임무를 수행하는 항공기이다. 미국의 P-3와 러시아의 IL-38, 프랑스의 아틀란틱이 있다.

공중급유기

공중급유기는 공중에서 항공기의 연료를 재보급하고, 이를 위한 기술적인 장치를 갖추도록 설계·제작된 군용 항공기이다.

(3) 헬리콥터

헬리콥터(일명 회전익기)란 날개를 회전시켜 얻는 양력을 통해서 수직으로 이착륙하고 비행하는 형태의 항공기를 뜻한다. 고정익 항공기에 비해 헬리콥터의 가장 큰 이점은 활주로와 기타 시설이 없어도 자유롭게 이착륙할 수 있다는 것이다. 헬리콥터는 수직이착륙 성능뿐 아니라 특정 지점에서의 공중정지, 공중에서의 후진과 측방향 이동 등 고정익 항공기에 비하여 공중에서의 이동이 매우 자유롭다. 주로 육군에서 많이 사용되고 있으나 공중에서 작전하는 항공기의 일종으로 여기서는 항공무기체계로 분류하기로 한다.

운용개념

헬리콥터가 수행하는 임무는 기동 및 수송, 공격, 정찰, 수색·구조, 해양임무, 등이 있다.

기동/수송형 헬리콥터는 전투지원 및 전투근무지원 임무를 수행하는 헬리콥터로서 인원, 장비 및 화물의 전술적 공중수송 또는 공중기동 임무를 수행하는 다목적 헬리콥터이다. 공격형 헬리콥터는 고도의 기동력과 공중화력으로 지상전투부대의 전투능력을 증대시키는 헬리콥터로서 대전차공격 및 공중기동부대를 엄호하며 제병협동부대의 일부로서 전투임무를 수행한다. 즉, 기관포, 로켓탄, 공대지미사일 등 일정수준의 무장을 갖추어 정의 지상표적을 파괴하기 위한 전투를 수행한다. 미국의 UH-60 블랙호크, CH-47 치누크는 기동/수송형 헬리콥터이며, AH-1 코브라, AH-64 아파치는 공격형 헬리콥터이다.

발전추세

임무탑재장비의 발전으로 헬리콥터의 임무영역은 날로 확장되어 가고 있다. 낮은 고도로 비행하는 특성상 여러 장애물에 의한 빈번한 사고 발생으로 야간 운용이 어려웠으나 열상장비, 레이더 등의 장착으로 야간 및 전천후 운용이 가능하게 되었다. 적 위협에 노출되었을 경우 다양한 회피 및 대응수단의 발달로 적지 종심에서의 공격 및 공중강습작전, 특수임무 등이 가능하게 되었다.

(4) 무인항공기

무인항공기UAV: Unmanned Air Vehicle 란 조종사가 직접 탑승하지 않고 원거리에서 무선으로 원격조종하거나 사전에 입력된 프로그램에 따라 자율비행조종이 가능한 비행체를 말한다. 과학기술이 발달함에 따라 다양한 무인항공기가 개발되었는데 중동전쟁에서 이스라엘군이 정찰용·기만용 무인항공기를 운용한 것이 본격적인 운용의 효시라 할 수 있다. 최근의 이라크전쟁에서도 다양한 무인항공기가 크게 활약했으며, 약 50개국에서 개발 또는 운용하고 있다.

운용개념

현재는 유인정찰항공기가 위성과 상호 보완적인 개념에서 운영되고 있으나 미래에는 경제성이 우수한 무인항공기가 많은 부분에서 활용될 것이다. 정찰용 무인항공기는 유인정찰항공기나 위성이 수행하지 못하는 특유의 정보수집 자산의 역할을 담당할 수 있으므로, 위성 정보수집체계 및 유인정찰항공기의 역할과 상호 보완적인 관계에 있거나 대체되는 개념으로 운영될 것이다. 또한 미래에는 공격용 무기체계인 무인전술항공기의 형태로 발전할 것으로 예측한다. 미래의 전술 개념상 무인항공기는 현재의 유인전술항공기를 점진적으로 대체 및 보완하는 개념으로 발전되어 현재보다도 미래에 더욱 중요한 무기체계로 인식되고 있다.

한국 육군의 군단급 부대에도 대표적인 전술급 정찰용 무인항공기체계인 무인항공기 RQ-101(일명 '송골매')가 있다. 비행체에는 실시간 동영상

정보 획득을 위해 TV 또는 전방감시 적외선카메라를 탑재하는 것이 일반적이며, 탐지범위를 넓히기 위해 가시선 또는 적외선 주사카메라를 탑재하기도 한다. 유인정찰항공기인 U-2를 능가하는 성능의 고공전략정찰용 무인항공기체계가 개발되어 실전에서 운용되었다. 미국의 글로벌호크가 대표적인 고고도 무인정찰기로서 원거리 정찰을 위해 고해상도 전자광학 장비와 합성영상레이더를 탑재하고, 획득영상을 고속 광대역 데이터링크를 통해 지상으로 전송한다. 장거리 운용 시 통신 가시선 차단을 극복하기 위해 통신위성을 통해 데이터를 중계한다.

특수목적의 무인항공기는 적 레이더 기만용, 대레이더 공격용, 지상표적 공격용, 대공 요격용 등 매우 다양한 종류가 있다. 기만용 무인항공기는 비록 소형이지만 적 레이더에는 대형의 유인전술기가 기동 중인 것으로 오인하게 하여 적 대공망의 소진을 유도하거나, 적 대공망 제압작전에서 적 레이더를 계속적으로 작동하도록 유인하는 미끼역할을 한다. 대레이더 공격용 무인항공기는 탐색기와 탄두를 탑재하여 표적을 정밀 추적하여 파괴하게 되는데, 적 레이더신호를 수신하고 발신원의 방향을 탐지하여 이를 추적 파괴하는 용도로 운용된다. 지상표적 공격용 무인기는 레이저 레이더 등의 지상표적 탐색기를 탑재하여 전차 등을 공격할 수 있으며, 대공 요격용은 열추적 등 영상탐색기와 중간유도용 데이터링크를 탑재하여 저속 항공기 또는 순항미사일을 요격한다. 전투용 무인항공기는 정밀타격 무장을 탑재하여 공대지 및 공대공 전투 등의 유인 전투기의 임무를 대신 수행할 수 있는 무인항공기 체계이다.

발전추세

과학기술의 발전은 전장의 무인화를 촉진하고 있으며, 특히 적 위협에 노출되어 가장 취약하다 할 수 있는 공중정보 획득 임무에서는 인명손실 위험이 적고, 비용 대 효과면에서 우수한 무인항공기를 더욱 폭넓게 활용할 것으로 예상한다. 앞으로 무인항공기 분야는 유인항공기의 능력을 상회하는 고성능 무인항공기로 발전하는 추세이다. 훈련받지 않는 병사도 운영할 수 있는 소형의 무인항공기, 단추 하나로 이륙에서 착륙까지 자동화되며, 다양화된 임무장비를 바꿔가며 여러 임무를 수행하는 무인항공기로 발전하고 있다.

4. 대량살상무기 및 유도무기

(1) 화학무기

화학무기란 화학약품을 사용하여 인원을 살상하거나 초목을 말려 죽이고, 소이 및 발연 효과를 발생시키는 모든 무기로, 인체에 미치는 생리적 작용을 기준으로 신경작용제, 질식작용제, 혈액작용제, 수포작용제 등으로 분류한다.

신경작용제는 호흡기·소화기·피부를 통해 체내에 흡수되어 동공축소, 호흡곤란, 근육경련 등의 증상을 가져온다. 1995년 3월 도쿄 지하철 테러에 사용된 사린sarin이 대표적이다. 질식작용제는 호흡기를 통하여 인체에 흡수되면, 코에서부터 폐에 이르는 호흡경로의 조직을 자극함으로써 염증을 유발하여 사망에 이르게 한다. 포스겐phosgene이 대표적인 예이다. 혈액작용제는 호흡기를 통해 체내에 흡수되면 혈액의 산소운반을 불가능하게 만들어 신체조직, 특히 중추신경계통의 산소부족을 유발함으로써 죽음을 가져온다. 시안화수소 및 염화시안이 있다. 수포작용제는 호흡기·소화기·피부에 염증과 수포를 유발하여 신체조직을 파괴한다. 유황계 수포, 질소계 수포 등이 있다.

(2) 생물무기

생물무기는 세균과 독소 등의 특수한 생화학 물질을 이용하여 인간, 동물을 살상하거나, 식물을 고사시키는 무기로 정의된다. 자연적으로 존재하거나 인공적으로 생산한 바이러스 및 미생물체가 발생하는 독소가 인체에 영향을 미친다. 탄저균, 콜레라, 천연두, 페스트 등이 대표적인 예이다.

(3) 핵무기

핵무기는 핵물질의 인위적인 분열·융합에서 발생하는 에너지를 이용하여 파괴와 살상을 일으키는 무기이다. 핵무기 제조에는 플루토늄(Pu)과 고농축우라늄(HEU)이 사용된다. 핵무기 내부는 핵물질, 핵물질의 인위적인 분열을 발생시키는 중성자 발생장치, 그리고 기폭장치로 구성된다.

핵분열 방식의 핵무기보다 더욱 강력한 것이 핵융합 방식의 수소폭탄이다. 기본 원리는 기존 원자폭탄이 폭발할 때 발생하는 핵분열 에너지를 융합시켜 훨씬 큰 폭발을 일으키는 것이다. 핵분열 무기가 일반 화약무기의 수천만 배의 파괴력을 가지고 있다면 핵융합무기는 핵분열 무기의 수백 내지 1,000배의 파괴력을 가진다.

(4) 탄도·순항미사일

지상공격용 미사일은 비행방식을 기준으로 포물선 형태의 고정된 탄도를 따라서 상승 및 하강하는 탄도미사일ballistic missile, 비행과정에서 고도와 방향을 조정하며 비행할 수 있는 순항미사일cruise missile로 각각 구분한다.

탄도미사일을 사거리 1,000km 이하의 단거리 탄도미사일, 1,000~2,500km의 준중거리 탄도미사일, 2,500~5,500km의 중거리 탄도미사일, 5,500km 이상의 대륙간 탄도미사일로 구분한다. 대부분이 지상발사형이지만 1960년대 잠수함발사형 탄도미사일Submarine-Launched Ballistic Missile이 개발되었다.

순항미사일은 지상의 발사기지, 잠수함뿐만 아니라 해군 수상전투함, 항공기 등 훨씬 다양한 투발수단을 가진다. 탄도미사일이 냉전시대에 각광받았다면, 탈냉전시대에는 첨단무기로 조명 받은 무기는 순항미사일이다. 걸프전과 이라크전쟁 등에서 사용된 BGM-109 토마호크가 대표적인 예이다.

오늘날 장거리 지상공격용 미사일은 주로 전방에서보다 적 후방의 정치·경제·군사적 핵심표적을 제압하는 목적으로 사용된다.

탄도미사일은 로켓 형태의 추진기관을 사용하여 음속 이상의 비행이 가능하므로 적으로부터 요격확률이 낮지만 피탄지 정확도가 최고 50~100m 내외이다. 이에 따라 실전에서는 탄도미사일이 대량살상무기의 발사수단으로 사용될 것으로 전망한다. 또한 개전 초기에 적의 대규모 집결지역이나 고정된 표적(주요 기지, 군수시설)을 제압하기 위한 장거리 포병의 역할을 수행하게 될 것이다.

이에 반해 순항미사일은 제트엔진을 사용하므로 음속 이하의 비행속도를 가진다. 이에 따라 요격위협에는 취약한 편이지만, 오차범위 10m 내의 높은 명중률을 자랑하므로 정확도가 요구되는 특정표적(지하시설, 지휘통제소)을 대상으로 사용될 것이다. 특히 지하벙커 등을 공격할 수 있도록 관통기능을 갖추게 될 것이다. 현재 순항미사일이 공중요격으로부터 안전을 보장받을 수 있도록 음속 이상의 비행이 가능한 추진기관을 개발 중에 있다.

5. 정보통신무기체계

(1) 정보수집체계

레이더

레이더Radar란 무선탐지측정장비RAdio Detection And Ranging의 약자로, 특정 대상물을 향해 전파를 방사하고, 그 반사파를 측정하여 대상물까지의 거리나 형상을 측정하는 장비로 정의한다. 제2차 세계대전 당시 영국이 최초로 사용했으며 연합군 승리의 숨은 공신으로 평가 받았다. 최초에는 지상기지에 설치되어 사용되었으나 현재는 해군 함정, 항공기, 지상 방공무기 등 다양한 무기에 탑재되어 표적의 탐지, 추적, 피아식별, 화력 유도 용도로 사용되고 있다.

오늘날 레이더는 방향, 거리와 더불어 고도까지 탐지해내는 3차원 레이더이다. 또한 개별적인 표적 탐지·추적 능력을 보유한 소형 안테나 소자들을 수백~수천 개씩 평면에 고정 부착시키는 형태의 위상배열레이더

Phased Array Radar를 통해, 전 방향의 반경 수백 킬로미터 이내에서 활동하는 수백 개의 표적에 대한 탐지 및 추적이 가능하다.

지상기지에 배치되는 레이더는 주로 미사일의 발사여부 및 경로를 추적하는 조기경보레이더로 사용되며, 해군 함정용 레이더는 적 항공기와 대함미사일에 대하여 운용된다.

영상정보 수집체계

영상정보 수집체계는 적 군사력에 관한 사진, 동영상 등의 시각화된 정보를 확보하기 위한 것으로서 주요 수단으로는 전자광학장비Electro-Optic, 적외선Infra-Red 촬영장비, 합성개구레이더SAR: Synthetic Aperture Radar가 있다.

전자광학장비는 가장 기본적인 영상정보 수집용 자산으로서 날씨가 좋은 낮에만 사용할 수 있다는 단점이 있다. 이에 반해 표적의 열을 탐지·추적하는 원리로 영상정보를 얻는 적외선 촬영장비는 밤에도 촬영이 가능하며, 지상에서 시동을 거는 기동차량이나 항공기의 이착륙 및 가짜 전자 및 항공기도 구별할 수 있다. 그러나 짙은 안개나 구름이 끼는 악천후시 영상 확보가 제한된다는 단점이 있다. 합성개구레이더(SAR)는 레이더 전파를 통해 영상을 촬영하기 때문에 기상조건에 구애받지 않는다는 특징이 있지만 상대적으로 화질이 선명하지 않다는 단점이 있다. 각각의 장단점 때문에 상황에 따라 세 가지 방식을 병행하여 정보를 수집하는 것이 일반적이다.

이상의 장비들은 다양한 무기에 탑재하여 운용할 수 있는데, 가장 대표적인 것이 정찰용 항공기와 인공위성이다. 특히 정찰용 인공위성은 정찰용 항공기보다 안전하게 오랫동안 정보를 수집할 수 있다는 점에서 각광받고 있다. 기술의 발전에 따라 차량, 군함, 항공기를 비롯한 인공물체와 지형 외부의 변화까지 식별이 가능한 1m 이하의 고해상도[16]를 갖고 있다.

---

16 1m 해상도는 정상적인 상태에서 1m×1m 크기의 지표면 물체를 영상자료에서 하나의 점으로

(2) 정보통신·지휘통제체계

정보수집 활동만으로는 작전의 효율성을 극대화할 수 없다. 수집한 정보를 군 지휘부와 각 실전부대에 신속하게 전달해야 한다.

군사 분야에서 통신·지휘통제기능의 역할은 OODA, 즉 식별Observe → 판단Orient → 결정Decide → 행동Act의 주기를 가진다. 이를 위해 필요한 조건은 세 가지가 있는데 그 첫 번째가 정보와 지시사항들을 다양한 형태로 지휘부와 실전부대에 전달할 수 있는 우수한 소프트웨어이다. 컴퓨터가 널리 보급된 오늘날에는 단순히 문자, 음성을 넘어 영상정보까지 신속히 전달이 가능한 체계가 구축되었다.

둘째는 정보의 분석, 융합, 배분, 그리고 관련 지시사항들을 전달하는데 필요한 고성능의 지휘통제체계이다. 오늘날 지휘Command, 통제Control, 통신Communication, 컴퓨터Computer, 정보Information의 약자인 C4I는 자동화된, 방대한 규모의 정보처리능력을 고스란히 나타내고 있다. 이러한 지휘통제체계는 육·해·공군 합동 형태로 운용됨으로써 총체적 전투력의 극대화에 기여할 것으로 전망한다.

셋째는 빠른 속도로 대용량의 정보를 보다 넓은 지역에 전송할 수 있는 고성능의 중계장치이다. 물리적인 제약이 자유로운 인공위성이 지상중계기지국보다 효과적인 수단으로 평가되고 있다.

(3) 정보전 무기체계

정보전이란 군사상의 정보우위를 달성하기 위해 자국의 정보 및 정보체계를 보호하고, 상대국의 정보체계를 파괴·교란하려는 목적으로 실시하는 제반 활동을 말한다. 구체적인 유형으로는 전자전electronic warfare과 사이버전cyber warfare이 있다.

식별할 수 있다는 것을 뜻한다.

전자전

전자전이란 적의 효과적인 전자파 사용을 거부 및 박탈하고, 한편으로 아군 측의 전자파 사용을 보장하고 강화하기 위한 모든 군사적 활동으로 정의한다.

전자전을 크게 세 가지 활동으로 구분한다. 첫째는 전파의 형태로 된 정보를 탐지 및 식별하는 전자지원ES: Electronic Support, 둘째는 적의 전파사용을 교란 및 방해하는 전자공격EA: Electronic Attack, 셋째는 적의 전파교란 및 방해로부터 각종 전자관련 자산과 수행능력을 방어하기 위한 전자보호EP: Electronic Protection이다.

사이버전

사이버전이란 인터넷을 비롯한 사이버 공간에서 일어나는 전쟁을 총칭하는 용어로서 해킹 등을 통해 적군의 컴퓨터 시스템을 파괴하거나 무력화시키고 아군의 시스템을 방호하는 행위를 말한다. 해킹에도 트로이 목마와 같은 바이러스를 활용한 방법과 스푸핑spoofing, 스니핑sniffing과 같은 네트워크 기술을 이용한 방법 등 다양한 방법이 존재한다.

CHAPTER 9

국방조직 및 군사제도

INTRODUCTION
TO MILITARY
STUDIES

김재철 | 조선대학교 군사학과 교수

육군사관학교를 졸업하고 조선대학교에서 정치학 박사학위를 받았다. 2005년부터 조선대학교 군사학과 교수로 재직하고 있으며, 한국동북아학회 부회장을 맡고 있다. 통일안보, 군사전략, 군비통제, 군사제도 등을 주제로 연구하고 있으며, 저서로 『무기체계의 이해』 등이 있다.

I. 국방조직

1. 국방조직의 개념

원시사회에서 국가의 형태가 어떻게 발전했는가를 밝히는 국가 기원에 관한 학설은 신의설神意說, 사회계약설, 계급설, 실력설, 재산설, 족부권설族父權說 등 다양하다.[1] 원시사회에서 현대에 이르기까지 인간에게는 안전보장을 위한 방위조직이 필요했다. 이러한 점에서 '국가'는 안보의 중심조직이다. 따라서 모든 국가는 자국의 이익을 수호하기 위해 전 역량을 집중하여 안보정책과 전략을 수립, 시행하고 있는 것이다.

국가안보에서 가장 중요한 역할을 담당한다고 볼 수 있는 국방조직은 '국방'과 '조직'의 합성어이다. 국방National Defence이란 국가를 방위하는 제반 활동으로 국가와 방위를 결합한 개념이다.[2] 여기서 방위의 주체는 국가이며, 방위의 중심수단은 무력이다. 국방은 국가의 3요소인 국민, 주권, 영토를 수호하기 위한 필수적 전제조건으로, 특히 외부의 위협과 침략을 억제 또는 배제함으로써 국가의 평화와 독립을 수호하고 국가의 생존을 보장하는 역할을 수행한다. 다음으로 조직이라는 용어는 '조직organization'이라는 실체 및 '조직화organizing'라는 두 가지 의미를 내포하고 있다. 전자는 목표를 달성하기 위해 구성원으로 성립된 집단 그 자체를 의미하며, 후자인 조직화는 조직의 목표를 효율적으로 달성하기 위해 과업을 구성원들에게 할당하고 조정하는 과정 또는 방법을 의미한다.[3] 이를 종합해 볼 때, 국방조직은 실체적 차원에서 '국방목표를 달성하기 위하여 활동하는 구성원

---

1 이에 대한 세부내용은 유낙근·이준,『국가의 이해』(서울: 대영문화사, 2006), pp.102-123; 김열수,『국가안보: 위협과 취약성의 딜레마』(서울: 법문사, 2011), pp.70-72 참조.

2 민진,『국방행정론』(국방대학원 교재, 1992), p.11.

3 황진환 외,『군사학개론』(서울: 양서각, 2011), p.139.

들로 조직된 집단'이라 할 수 있으며, 조직화 차원에서는 '국방목표를 효율적으로 달성하기 위하여 과업을 조직 및 구성원들에게 할당하고 조정하는 과정 또는 방법'이라고 정의할 수 있다.

2. 군정과 군령

국방에는 '군정'과 '군령'이라는 두 기능이 있다. 합동참모본부 한글용어사전에 따르면 군정軍政, military administration은 "국방목표 달성을 위하여 군사력을 건설·유지·관리하는 기능으로 국방정책의 수립, 국방관계법령의 제정·개정 및 시행, 자원의 획득배분과 관리, 작전지원 등을 의미"한다. 또한 전시 또는 이에 준하는 사태하에서 군정은 "법률의 원리·원칙 및 전쟁규칙에 의거하여 군 지휘관이 점령지역에서 입법·사법·행정권한을 행사하는 통치기능"을 포함한다. 군령軍令, military command이란 "국방목표 달성을 위하여 군사력을 운용하는 기능으로 군사전략기획, 군사력 건설 소요 제기, 작전계획의 수립, 작전부대에 대한 작전지휘와 운용, 통합작전능력 강화를 위한 훈련·교육·전비태세검열 등을 의미"한다.[4] 군정과 군령 기능을 비교하여 구분해 보면 〈표 9-1〉과 같다.

〈표 9-1〉 군정과 군령의 비교

구분	군정	군령
국방 기능	군사정책(양병)	군사전략(용병)
군사 기획	군사력 건설·유지·관리	군사력 사용·요구
성격	행정	작전
기관	국방부 본부, 각 군 본부	합동참모본부

---

4 합동참모본부 한글용어사전 http://jcs.mil.kr/user/indexSub.action?codyMenuSeq=1009596&siteId=jcs&menuUIType=top (검색일: 2013. 7. 15)

군령은 용병用兵 기능으로서 군사력 소요를 판단하여 요구하고, 조성된 군사력을 운용하며, 그 결과에 따라 군사력 소요를 다시 제기하는 기능인 반면, 군정은 양병養兵 기능으로서 군령의 요구에 맞게 군사력을 조성하여 제공하는 기능이다. 이들의 관계는 상·하 우열관계가 아닌, 분할병립하며 상호 보완하는 개념이다.[5]

미국은 군정을 양병producer과 행정administration, 군령을 용병user과 작전 operation 분야로 세분하고 있다. 일본은 군사력의 조성·정비·관리를 위한 군사행정 기능을 군정으로, 군사력을 운용하는 술책과 용병 기능을 군령으로 보고 있다. 한편 대만은 군정을 국방상 국민의 권익과 관련되는 군사업무로, 군령은 군대의 통솔과 작전의 지휘로 정의하고 있다. 이를 종합해 볼 때 군정이란 군대가 용병작전을 수행할 수 있도록 지원하는 행정(인사, 교육 등)과 군수 분야의 업무를 의미하고, 군령이란 군의 용병작전과 밀접한 관계를 갖는 사항의 업무를 의미한다.[6]

군정과 군령의 기능을 국방체제하에서 어떻게 통합할 것인가. 여기에는 이원화 원칙과 일원화 원칙이 있다. 군정·군령 이원화 체제는 국가원수가 통수권을 행사함에 있어서 군정은 내각의 일원인 국방장관을 경유하여 행사하나, 군령은 군부에 직접 하달함으로써 기능이 이원화되는 것이다. (〈그림 9-1〉 참조.)

〈그림 9-1〉 군정·군령 이원화 체제

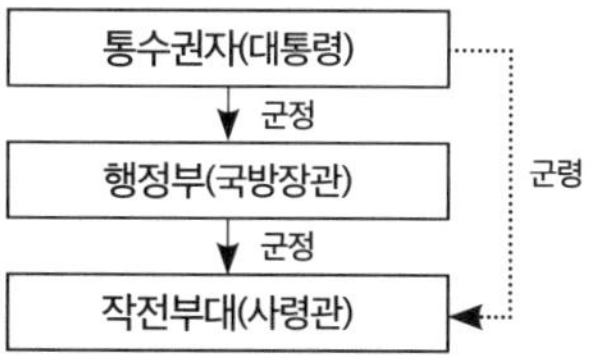

---

5 황진환 외, 『군사학개론』, p.141.

6 조영갑, 『국방정책과 제도』(국방대학교 교재, 2004), p.313.

이는 '통수권은 초법적 위치에서 독립되어야 한다'는 군사제일주의 사고에서 비롯된 것이다. 이러한 사상은 근대국가 성립 전 군주가 야전사령관을 겸했기 때문에 자연스럽게 통용되어 왔으며, 제2차 세계대전 당시에도 나치 독일과 일본은 군정·군령 이원화 체제로 전쟁을 수행했다. 그러나 오늘날 대부분 국가는 군정·군령 이원화를 강력히 부인하고 있다.[7]

군정·군령 일원화 체제는 군정과 군령을 분할하지 않고 국방장관이 통할統轄하는 제도이다. 이는 서방 민주헌정체제 국가들에 의해 전통적으로 시행되고 있으며, 문민통제civilian control 확립을 위해 국방장관과 주요 국방보좌기관을 문민으로 충원하고 있다. 미국의 경우 국방장관은 물론 각 군 장관과 차관은 예편한 후 10년이 지나야 임명될 수 있으며, 국방부 내국은 민간인 85%, 군인 15% 정도로 구성되어 있다.[8]

군정과 군령에 관한 일원화 또는 이원화 문제는 작전부대의 지휘체계 일원화 및 이원화 문제와는 차원이 다르다. 즉, 최고통수권자인 국가원수가 군정과 군령을 국방장관에게 위임할 경우 이는 '군정·군령 일원화'이다. 그러나 군정과 군령을 위임받은 국방장관이 군령은 합동작전사령관(합참의장)[9], 군정은 각 군 참모총장을 통해 수행할 경우 이는 '지휘체계 이원화'이다. 군의 지휘체계는 일원화하는 것이 작전의 효율성을 보장할 수 있음에도 불구하고 선진국가에서 군의 상부지휘체제를 이원화하는 이유는 단일 지휘관에게 과다한 권력이 집중되는 것을 방지하기 위해서이다.

3. 국방조직의 특성

국방조직은 일반 사회조직과는 다른 특성을 가지고 있다. 그것은 국방조직의 임무, 규모, 체계 구성 등이 사회조직과 비교할 때 독특하기 때문이다.[10]

---

7 조영갑, 『국방정책과 제도』, pp.314-315.

8 한용섭 외, 『미·일·중·러의 군사전략』(서울: 한울아카데미, 2008), p.24.

9 합동작전사령관은 육·해·공군 및 해병대의 제반 작전요소를 통합하여 합동작전을 수행하는 군의 최고지휘관이다. 현재 평시작전 간 한국군의 합동작전사령관은 합참의장이다.

첫째, 국방조직은 군이라는 특수집단을 건설·유지·운용하여 사활적 이익에 해당하는 국가안보를 수호함을 사명으로 하고 있다. 이를 위해 평시에는 전쟁을 억제하고 대비하며, 억제 실패 시에는 반드시 승리를 달성해야 하는 조직이다. 그러나 이러한 중요성을 인식하지 못할 경우, 국방조직은 국가예산을 낭비하는 집단으로 인식되기 쉽다.

둘째, 국방조직을 건설하고 유지하기 위해서 막대한 예산이 소요된다. 이에 따라 국가 재정에서 국방예산이 차지하는 비중이 매우 크다. 효율적인 국방운영은 국가전체의 가용자원을 타 분야로 배분하는 여력을 제공할 수 있다는 점에서 효율성, 경제성, 합리성 등이 요구된다.

셋째, 국방조직은 그 규모가 방대하며, 대체로 관료주의적 운용방식을 채택하고 있다. 특히 조직의 구성원이 민·군으로 혼합되어 있으며 기구의 구성도 전투부대, 행정·교육 및 지원기관 등 다양하다.

넷째, 국방조직은 다단계 지휘계선으로 광범위하게 분산되어 있어 신속한 의사결정 전달체계 및 정보·통신체계 활용이 매우 중요하다. 또한 군의 일사불란한 지휘체제를 보장하기 위해 각 단위부대의 지휘관에게 권한이 집중되어 있다. 따라서 효율적 의사결정 및 부대지휘의 성과는 지휘관의 역량에 의해 적지 않은 영향을 받게 된다.

4. 국방조직의 유형

군사력을 보유한 국가는 위협인식, 전쟁 수행경험, 군에 대한 정치적 통제 필요성, 군사적 전통, 인구와 국가경제력 등을 종합적으로 고려하여 자국의 여건에 부합하는 국방조직을 유지하고 있다.[11] 국방조직의 유형은 군종軍種, 군사지휘체제, 병종兵種에 따라 분류할 수 있으며, 세부유형은 〈표 9-2〉와 같다.

---

10 조영갑, 『국방정책과 제도』, pp.319-320.

11 오관치, "미래지향적 국방조직의 기본구상", 『국방논집』 제23호 (1993), pp.102~103.

기준	유형
군종 중심	3군 병립제, 합동군제, 통합군제, 단일군제
군사지휘체제 중심	자문형 합참의장제, 통제형 합참의장제, 합동형 합참의장제, 단일 참모총장제
병종 중심	기능군 사령관형, 통합군 사령관형, 단일군형

출처 황진환 외, 『군사학개론』, p.139.

이 중에서 가장 대표적인 유형은 '군종에 의한 분류'로서 ①3군 병립제, ②합동군제, ③통합군제, ④단일군제 등 네 가지 형태가 있다.[12]

(1) 3군 병립제

3군 병립제는 육·해·공군 참모총장이 해당 군의 군정과 군령을 통합하여 수행하는 형태이다. 국방부장관은 군정·군령을 통할하여 통수권자를 보좌하며, 합참의장은 군사자문 역할을 수행한다.

3군 병립제는 각 군의 전통과 특성을 유지하여 권한의 집중을 방지할 수 있는 제도이다. 그러나 육·해·공 합동작전 수행 시 지휘 일원화가 곤란하며, 교리 및 훈련기준 등의 차이로 3군간 조정·통제가 어렵다는 단점이 있다. 현재 인도에서 3군 병립제를 채택하고 있다.

(2) 합동군제

합동군제는 군정은 각 군 참모총장이 수행하고, 군령은 단일 지휘관이 육·해·공군을 통합하여 수행하는 형태이다. 물론 국방장관은 군정·군령을 통할하여 통수권자를 보좌한다. 여기서 군령권을 행사하는 단일 지휘관

---

12 군종에 의한 분류의 내용은 조영갑, 『국방정책과 제도』, pp.321-324를 참조.

〈그림 9-2〉 3군 병립제

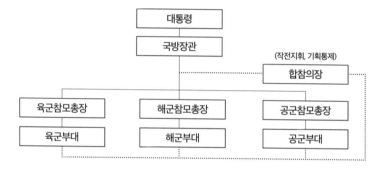

〈그림 9-3〉 합동군제

은 우리나라와 같이 합참의장이 될 수도 있고, 별도로 합동작전사령관을 둘 수도 있다.

합동군제는 3군 병립제의 장점을 갖추고 더하여 작전지휘도 일원화할 수 있는 제도이다. 그러나 강력한 지휘권 발휘가 어렵다는 단점을 지니고 있다. 합동군제를 채택하고 있는 나라는 한국, 미국, 영국, 프랑스, 독일, 러시아 등이 있다.

(3) 통합군제

통합군제는 3군(육·해·공군)은 존재하나 각 군 본부 및 참모총장이 없고, 각 군의 작전부대를 단일 지휘관(통합군 사령관)이 통합하여 지휘하는 형태이다.

통합군제는 전·평시 작전지휘 일원화로 군사력 통합운용과 상부의 신속한 의사결정이 용이하다. 반면에 각 군의 전문성 훼손 및 3군 균형발전 저해, 과다한 권한 집중 등의 단점을 지니고 있다. 통합군제를 채택하고 있는 국가는 이스라엘, 중국, 대만, 캐나다, 북한 등이다.

(4) 단일군제

단일군제는 육군·해군·공군을 구분하지 않고 임무에 따라 부대를 구분하며, 단일 지휘관이 전 작전부대를 지휘하는 형태이다. 지휘 일원화로 군사력 통합운용과 상부의 신속한 의사결정이 용이하다. 그러나 3군의 균형발전과 전통 및 전문성을 보장할 수 없으며 총사령관에게 과도한 권한이 집중되어 문민통제원칙을 위배할 요소가 있고, 또한 국가 간 연합작전이

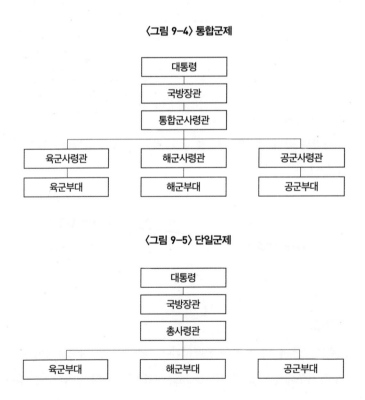

〈그림 9-4〉 통합군제

〈그림 9-5〉 단일군제

나 다국적 작전에는 적합하지 않다. 단일군제를 채택하고 있는 국가로 스위스가 있다.

5. 한국의 국방조직과 한미연합 군사지휘체제

(1) 한국군의 국방조직

오늘날 한국의 국방조직은 8.18계획[13]의 추진을 통해 개선되었다. 이는 군정·군령권을 국방부장관이 각 군 참모총장을 통해 행사하는 3군 병립제·자문형 합참의장제를 합동군제·합동형 합참의장제로 개선하는 계획이었다. 이 계획은 1990년 10월 1일부로 합동참모본부의 작전기능을 강화하는 합동군제로 전환되어 오늘에 이르고 있다.

한국군의 국방조직이 합동군제로 전환됨으로써 각 군의 특성과 전통성을 유지한 가운데 육·해·공군의 합동성을 강화할 수 있는 계기가 되었다. 또한 한미연합작전체제하에서 독자적인 작전지휘체제가 미정립됨으로써 작전통제권의 전환에 대비한 수용태세가 부족하던 3군 병립제의 문제점을 어느 정도 해소할 수 있게 되었다.

합동군제에 의한 한국군 지휘계통은 대통령으로부터 군정권과 군령권

〈그림 9-6〉 한국의 국방조직(1990. 10. 1. ~ 현재)

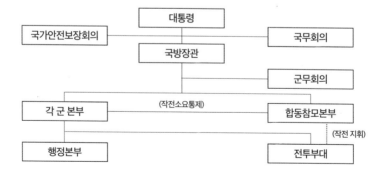

---

13 '8.18계획'이란 명칭은 1976년 8월 18일 일어난 북한의 판문점 도끼만행사건에서 비롯했다. 또한 이 계획에 대한 대통령의 재가일자가 1988년 8월 18일이다. 윤광웅, "국방조직 현황과 발전방향",『한국의 국방조직 발전방향』(한국군사학회, 2000), p.117.

을 위임받은 국방부장관이 각 군 참모총장을 통하여 국방행정을 수행하고, 합동참모본부를 통하여 작전지휘를 하도록 되어 있다.

(2) 한미연합 군사지휘체제

1950년 6·25전쟁이 발발하자 유엔 안전보장이사회는 북한의 남침을 격퇴하기 위하여 유엔군을 창설했고, 유엔군의 군사지휘권을 미군에 위임하여 초대 유엔군사령관으로 맥아더 장군이 임명되었다. 이에 맥아더 장군은 모든 참전국 군대를 지휘하여 군사작전을 수행하게 되었으며, 한국군 역시 이승만 대통령의 공한公翰에 의거 유엔군 사령관의 작전지휘를 받게 되었다.[14]

한국 방위를 위한 군사지휘체제를 공식적으로 명시한 문서는 1954년 11월에 체결된 '한미합의의사록'이다. 한미합의의사록 제2조에 "유엔군사령부가 대한민국의 방위를 위한 책임을 부담하는 동안 대한민국 국군을 유엔군사령부의 작전통제하에 둔다"라고 명시했다. 이후 1978년 한미연합사령부가 창설되기 이전까지 유엔군사령부가 한국군에 대한 작전통제권operational control authority[15]을 수행했다.

한미연합사령부가 창설됨으로써 한국군에 대한 작전통제권은 유엔군사령관으로부터 한미연합사령관으로 이양되었다. 이는 유엔군사령관이 일방적으로 행사해온 작전통제권을 한국과 미국이 연합으로 행사하는 체제로 바뀐 것이다. 그동안 한반도 안보상황과 여건을 고려할 때, 한미연

---

14 이승만 대통령의 서한에는 '지휘권(command authority)'이라고 명시되었다. 이에 대해 당시 주한 미 대사 무초(John J. Muccio)가 맥아더 원수의 서한을 전달하면서 "대한민국 육·해·공군에 대한 그(맥아더 장군)의 작전지휘권을 지명한 귀하의 서신에 대해 회신을 전달함"이라고 설명했다. 이 대통령이 군사용어를 잘 이해하지 못하고 '지휘권'이라고 표현한 것을 '작전지휘권'으로 수정한 것이다. 김열수, 『국가안보』, pp.238-239.

15 작전통제권이란 지정 부대에 임무 또는 과업을 부여하고, 부대를 전개하거나 재할당하는 등의 권한을 말한다. 여기에는 행정 및 군수, 군기, 내부편성 및 부대훈련 등에 관한 책임 및 권한은 포함되지 않는다.

합사령부는 한국군과 미군의 연합방위체제를 가장 효율적으로 수행할 수 있는 지휘기구로 평가되어 왔다. 현재 적용되고 있는 한미연합 군사지휘체제는 〈그림 9-7〉과 같다.

〈그림 9-7〉 한미연합 군사지휘체제

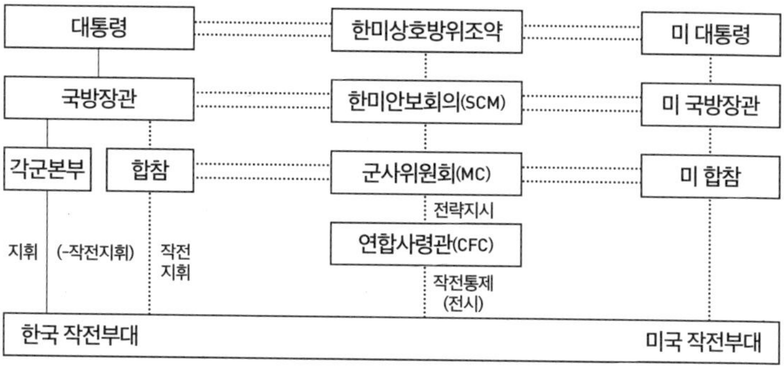

한미연합사령관은 한미 양국의 국가통수 및 군사지휘기구NCMA: National Command and Military Authority와 최고 군령기관인 한미군사위원회MC: Military Committee의 통제를 받도록 되어 있다. 특히 한미군사위원회는 양국 합참의장의 합의로 전략지시와 전략지침을 발전시켜 연합사령관에게 하달하고, 연합사령관은 이에 따라 양국의 작전부대를 작전통제한다.[16]

연합사령관이 수행해온 한국군에 대한 평시작전통제권은 1994년 12월 1일부로 한국 합참의장에게 이양되었고, 전시작전통제권은 연합사령관이 계속 수행하고 있다. 그러나 한국의 국력 신장과 더불어 군사주권에 대한 논란 등으로 전시작전통제권의 한국군 반환을 추진하고 있다.[17]

---

16 백종천, "한미연합체제의 발전방향", 『한미군사협력: 현재와 미래』(성남: 세종연구소, 1998), p.48.

17 전시작전통제권의 한국군 반환은 참여정부에서 추진하기 시작하여 한미 간 합의로 2012년 4월 17일에 반환하기로 1차 결정했다. 그러나 이명박 정부 출범 이후 북한의 핵실험과 천안함 피폭 및 연평도 포격도발 등 북한의 비대칭위협이 증가함에 따라, 한반도의 안정을 위해 반환을 2015년 12월 1일로 연기하기로 합의했다. 또한 2013년 2월 12일 북한의 3차 핵실험 이후 재연기가 논

6. 북한의 국방조직

(1) 북한군의 성격과 역할

북한의 군대는 통치자를 수호하는 역할과 함께, '남조선 혁명과 해방을 통한 전 한반도의 적화통일'이라는 당과 수령의 정치적 목적을 실현하기 위한 무력수단으로 이용되고 있다.

첫째, 북한군은 '당의 군대'이다. 북한군은 북한 체제의 근간이 되는 노동당과 최고통치자의 친위대로서 정권유지를 위한 핵심 권력장치로 기능해왔다. 김일성에 의해 북한 체제가 성립되는 과정부터 '조선인민혁명군'이 주축이 되었을 뿐 아니라 유일체제를 수립하여 통치하는 과정에서도 군이 지배적 역할을 수행했다.[18] 이러한 북한군부의 정치세력화는 김일성 사후 김정일의 선군정치를 통해 지속되었으며, 현재도 김정은에 의해 유지되고 있다.

둘째, 북한군은 '혁명의 군대'이다. 북한은 선군정치를 강조하고 인민군을 '혁명의 군대'라고 자칭하고 있다. 이는 무력에 의한 적화통일을 아직도 포기하지 않았음을 반영한 것이다. 북한은 이러한 목표 수행을 위한 4대 군사노선을 "국가는 군대와 인민을 정치사상적으로 무장시키는 기초위에서 전군 간부화, 전군 현대화, 전민 무장화, 전국 요새화를 기본내용으로 하는 자위적 군사노선을 관철한다"라고 헌법에 명문화하고 있다.

셋째, 북한군은 '수령의 군대'이다. 북한은 "선군혁명 로선을 관철하여 혁명의 수뇌부를 보위"하는 것이 무장력의 사명임을 헌법에 명시하고 있다. 여기서 '혁명의 수뇌부'라 함은 최고 통치자인 김일성, 김정일, 김정은을 말한다. 김정일 사후 2012년 신년공동사설에는 김정은을 김정일과 동일시하고, '전군의 수반', '영원한 단결의 중심', '최고 영도자'로서 우상화

의되는 등 전시작전통제권 반환 시기에 대한 논란은 아직도 계속되고 있다.

18 육군사관학교, 『북한학』(서울: 황금알, 2006), pp.112-113.

하여 김정은 중심의 유일적 영군체계 확립을 강조했다.[19]

이상과 같이 북한의 군은 한반도 적화통일을 위한 무력수단인 동시에 정권과 체제유지를 위한 핵심적 역할을 담당하고 있다.

(2) 북한의 군사기구 및 군 지휘구조

북한의 주요 군사기구로는 당 중앙군사위원회, 국방위원회가 있다. 당 중앙군사위원회는 당의 군사노선과 정책을 관철하기 위한 대책을 토의·결정하며, 혁명무력을 강화하고 군수공업을 발전시키기 위한 사업을 비롯하여 국방사업 전반을 지도한다.[20] 오늘날 북한의 국방위원회는 국가주권의 최고국방지도기관이다. 북한은 1972년 사회주의헌법 채택 시 국방위원회를 신설한 이래 그 기능을 점차 강화해왔다. 김정일의 군권 장악을 제도적으로 뒷받침하기 위해 1992년 헌법 개정을 통해서 국방위원회를 최고군사지도기관으로 승격시켰으며, 1998년 헌법에서는 국가주권의 최고군사지도기관이자 전반적 국방관리기관으로, 그리고 2009년 헌법 개정을 통해서는 국가주권의 최고국방지도기관으로 기능이 강화되었다.[21]

김정일 사후 김정은은 당 제1비서, 국방위원회 제1위원장, 최고사령관, 당 중앙군사위원장을 겸하면서, 모든 군사조직을 장악하고 지휘·통제하고 있다. 국방위원회 예하에는 총정치국, 총참모부, 인민무력부가 있으며, 총정치국은 군의 당 조직과 정치사상 사업을 관장하고, 총참모부는 군사작전을 지휘하는 군령권을 수행하며, 인민무력부는 군 관련 외교, 군수, 행정, 재정 등 군정을 행사하면서 대외적으로 군을 대표한다.[22] 또한 국방위원회로부터 직접 지시를 받고 있는 호위사령부는 김정은 일가와 노동

---

19 통일부 통일교육원,『2012 북한이해』(서울: 통일부, 2012), pp.87-90.

20 조선노동당규약(2010년 9월 28일 개정) 제3장 27항 참조.

21 통일부 통일교육원,『2012 북한이해』, p.91.

22 『2012 국방백서』(서울: 국방부, 2012), pp.24-25.

당 고위 간부의 경호, 평양 내 핵심시설 경비 임무 등을, 보위사령부는 반
체제 세력을 단속하는 군 내 비밀경찰 역할을 수행한다.(〈그림 9-8〉 참조.)

〈그림 9-8〉 북한의 군사지휘기구

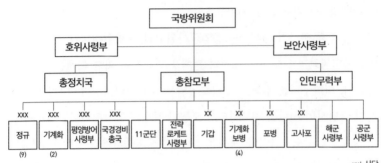

xx: 사단
xxx: 군단
전략로케트사령부: 구(舊)미사일지도국
고사포사단: 2011년 평양방어사령부에서 총참모부 직속으로 소속 변경

출처 「국방백서 2012」 p.25.

II. 군사제도

1. 군사제도의 개념

(1) 군사제도의 정의

군사제도military system에서 '군사軍事, military affairs'란 민사民事와 대별되는 말로
서, 여기에는 군대조직, 훈련 및 작전, 무기 및 장비의 연구 및 제작, 생산
과 사용, 전략·전술의 연구와 운용, 전쟁물자의 비축과 보급, 국방시설의
계획과 건설, 예비군 및 민방위의 조직과 동원 등 전쟁준비와 수행 및 이
와 관련된 제반 활동을 포함한다. '제도制度, system'란 한 집단이 공동생활을
영위함에 있어서 그 집단의 운영과 발전을 위해 필요로 하는 규율을 말
한다. 따라서 합성어 차원에서 군사제도란 '군사업무에 관하여 규정한 규
율 또는 법제'라고 단순한 정의를 내릴 수 있다. 그러나 군사제도는 한 나

라의 운명을 좌우하는 국가안전보장과 직결된다는 점에서 보다 구체적인 정의가 필요하다. 지금까지 여러 학자가 내린 군사제도에 관한 정의는 다양하다.

〈표 9-3〉 군사제도에 관한 다양한 정의

구 분	내 용
국어대사전 (이희승 편저)	국가제도의 일부로서 군의 건설·유지·관리·운용에 관한 제도의 총칭
국방대학교, 『안전보장이론』	한 국가의 군대를 건립 및 발전시킴에 있어서 이를 조직·편성·유지하는 유효활동을 체계화하고, 현존하거나 잠재적인 군사역량을 관리·운용 및 통제하는 여러 방법을 규정화하는 것
한용원, 『군사발전론』	국가의 군사적 안전보장을 주 임무로 하는 일종의 사회제도로서 사회와는 유기적인 관련성을 가지며, 합법적인 권위가 군정권과 군령권을 가지고 군을 조직 및 편성, 충원 및 은퇴, 교육 및 훈련, 작전 및 관리하는 법도

출처 이강언 외, 『신편 군사학개론』(서울: 양서각, 2007), pp.55-56.

이러한 정의가 지니는 공통점과 군대의 특성을 고려해 볼 때, 군사제도란 '한 나라의 안전보장을 위해 국가의 합법적인 권위로 만든 사회제도의 일종으로, 군의 조직·편성·유지·관리 및 운용에 관련된 제도의 총칭'이다. 즉 성공적인 임무 수행을 위해 군대를 조직·편성하고, 관리·유지하며, 누가 어떻게 운용할 것인가에 관한 제도라 할 수 있다.

(2) 군사제도의 의의와 중요성

인간은 조직을 만들기 전에 구성원들의 공동목적에 부합하는 제도를 먼저 결정하기 마련이다. 인간사회에서 제도가 확고하지 못하거나 비합리적일 경우 기율이 문란하게 되어 조직을 와해시킨다. 또한 아무리 좋은 제도를 만들었다 하더라도 구성원들의 정신이 이완될 경우 제도는 무위화無爲化될 수도 있다. 따라서 현대국가에서 국가제도는 번영과 발전을 위한 초석이라 할 수 있다. 그중에서도 군사제도는 중요한 위치를 점유하고 있다. 국가의 안위와 존망에 영향을 미치는 국가안보 문제와 직결되기 때문이다. 전쟁으로 점철된 역사 속에서 군사제도는 국가발전의 중요한 수단으로 간주되어 왔다.

군사제도의 중요성을 일깨워주는 사례는 무수히 많다. 대표적인 예로 조선시대의 방군수포放軍收布를 들 수 있다. 조선은 건국 초기부터 세조에 이르기까지 사대교린정책을 통해서 외침을 방지한 가운데 왕권을 강화하는 과정에서 군사제도를 집중 정비했다.[23] 세조 때 개편된 중앙군 5위는 그 임무의 성격상 국방군이라기보다는 왕권 유지와 수도 치안을 위한 친위대라고 할 수 있으며, 이러한 측면에서 볼 때 조선 초기 국방에서는 중앙군보다 지방군이 더 중요한 역할을 담당했다. 1457년(세조 3년) 중앙군 개편과 함께 지방군 조직을 진관체제鎭管體制로 일원화했다. 진관체제는 국토 전체를 독립된 통수권과 작전권을 보유하는 '진관' 단위로 편성하여 거진巨鎭, 주진主鎭, 제진諸鎭을 두고 진관 밑에 무수한 방어거점을 둔 지역방어체제였다.[24] 조선 초기의 병역제도는 평시에는 농사에 종사하면서 군사훈련을 하다가 전시가 되면 징집하는 민병제로서, 16세로부터 60세에 이르기까지 거의 평생 군역의 의무를 수행해야만 했다. 하지만 사대교린정책으로 장기간 평화가 지속된 가운데 국방의식이 해이해짐에 따라 성종 때부터 이러한 원칙이 점차 무너지기 시작했다. 당시 조선의 군사제도는

---

23 고려 말 이성계가 병권을 장악하기 위해 설치한 삼군총제부(三軍摠制府)를 1393년(태조 2년)에 의흥삼군부(義興三軍府)로 개칭하여 그 예하에 종래의 십위군(十衛軍)을 중·좌·우의 3군으로 나누어 귀속시킴으로써 강력한 중앙군사체제를 갖추게 되었다. 1457년(세조 3년)에 이러한 3군부 체제를 5위(中·左·右·前·後)로 개편하고 이를 통제할 의흥삼군부를 오위총독부로 개편했다. 이는 부대편제와 지휘통제, 교육훈련체제를 연계함으로써 군사력을 향상시키려는 조치였다. 장학근, 『조선시대 군사전략』(서울: 국방부 군사편찬연구소, 2006), p.39.

24 전국을 도 단위로 구분해서 주진(主鎭)을 설치하고 군인을 배치하며, 각 도의 중요한 도시를 선정하여 첨사를 배치하고 그곳을 거진(巨鎭)이라 했다. 그리고 군·현을 거진에 예속시켜 방어임무를 담당케 했다. 또한 각 도마다 국방상 중요도에 따라 병영(兵營)과 수영(水營)을 두고 병마절도사와 수군절도사가 육군과 수군을 지휘했다. 앞의 책, p.48.

장정이 현역병으로 복무하는 가정은 농사를 위한 노동력이 부족하게 되는 문제점을 안고 있었다. 따라서 일정기간 번상番上하는 정병正兵(육군, 3개월 징집)과 수병水兵(해군, 6개월 징집)의 가족에 대한 생계비 조달을 위해 보인제도保人制度를 시행하게 되었다.[25] 그러나 보인의 수가 점차 감소함에 따라 성종 이후부터는 2필의 포를 관에 납부하면 군역을 면제하거나 타인이 병역을 대신하게 하는 방군수포放軍收布를 실시하게 되었다.[26] 방군수포의 폐단으로 인해 국가의 정치·경제·사회·군사 면에서 부정부패가 극에 달했으며, 지방군의 각 진은 병력 부족으로 진관체제를 더는 유지할 수 없게 되었다. 이로써 백여 년 동안 지속해온 진관체제는 을묘왜변(1555)을 전후로 제승방략制勝方略 체제로 전환되었다.[27] 방군수포로 인해 부족한 병력을 해결하기 위해 임시방편으로 시행한 제승방략은 적이 소규모로 침투해 오는 국지전에서는 효과적이지만, 대규모의 적이 공격해올 경우 어느 한 곳의 전선이 무너지면 그 후방은 무방비 상태가 되는 취약점을 안고 있었다. 결국 임진왜란(1592) 때는 다대포 및 부산진이 무너지자 20일 만에 수도를 왜군에게 탈취당하는 비운을 겪게 되었다.

2. 군사제도의 근원

(1) 헌법

군사제도를 산출하는 가장 기본적 토대는 헌법이다. 헌법은 큰 틀에서 군사제도에 지속성과 강제성을 부여하고 있다. 또한 군사제도를 구성하는 내용이 헌법에 저촉되면 효력이 없다.[27] 현재 우리나라의 헌법 조문 가운

---

25 정병으로서 실역을 서거나 보인(保人)으로서 실역 복무에 소요되는 제반경비를 부담하는 두 가지 중의 어느 하나를 선택해야만 했다.

26 육군교육사령부 교리발전부 편저, 『한국군사사상』(대전: 육군본부, 1992), pp.125-126.

27 제승방략은 전쟁이 발발하면 각 진영에 배치되어 있던 군사들이 전략적 요충지 한곳으로 집결한 후 조정에서 파견된 장수의 지휘를 받는 형태이다. 이장희, "조선전기 사대교린관계와 국방정책", 『군사』 제34호 (1997), p.87.

데 군사제도와 관련이 있는 내용을 살펴보면 다음과 같다.

제5조	② 국군은 국가의 안전보장과 국토방위의 신성한 의무를 수행함을 사명으로 하며, 그 정치적 중립성은 준수된다.
제39조	① 모든 국민은 법률이 정하는 바에 의하여 국방의 의무를 진다.
	② 누구든지 병역의무의 이행으로 인하여 불이익한 처우를 받지 아니한다.
제74조	① 대통령은 헌법과 법률이 정하는 바에 의하여 국군을 통수한다.
제89조	다음 사항은 국무회의의 심의를 거쳐야 한다.
	6. 군사에 관한 중요사항

(2) 국가정책 및 전략

군사제도는 국가안전보장을 위한 국가제도의 일부분으로서 국가정책 및 전략과 상반되어서는 안 된다. 모든 국가정책과 전략은 국가이익 및 국가목표에 기초를 두고 수립, 시행된다. 따라서 군사제도 역시 국가이익과 국가목표를 고려하여 수립되어야 한다.

국가이익이란 우리 민족의 항구적인 생존과 번영을 보장하기 위해 어떠한 환경에서도 추구해야 할 가치이다. 헌법정신에 반영된 한국의 국가이익은 ①국가안전보장, ②자유민주주의와 인권 신장, ③경제발전과 복리증진, ④한반도의 평화적 통일, ⑤세계평화와 인류공영에 기여 등이다. 다소 추상적 의미를 가지고 있는 국가이익은 국가가 국가목표를 추구하고

---

28 이강언 외, 『신편 군사학개론』(서울: 양서각, 2007), p.61.

달성하기 위해 국가의지를 결정할 때 기준이 된다.

국가목표란 국가이익을 추구하기 위하여 국가정책이 지향하고 국가의 노력과 자원을 집중해야 할 목표로서, 국가이익의 대상과 범위를 개념화한 것이라 할 수 있다. 우리나라의 국가목표는 1972년 국무회의를 거쳐 설정된 후 1973년 개정되어 오늘에 이르고 있다.

국가목표

- 자유민주주의 이념 하에 국가를 보위하고, 조국을 평화적으로 통일하여 영구적 독립을 보전한다.
- 국민의 자유와 권리를 보장하고, 국민생활의 균등한 향상을 기하여 복지사회를 실현한다.
- 국제적인 지위를 향상시켜 국위를 선양하고, 항구적인 세계평화에 이바지한다.

(3) 국방정책/군사전략

국방정책은 국가안보정책의 일부로서 외부의 위협이나 침략으로부터 국가를 보호하기 위하여 군사·비군사에 걸쳐 각종 수단을 유지·조성 및 운용하는 정책으로 군사전략계획 수립 및 발전의 근거가 된다.[29] 우리나라는 1981년 국방부 정책회의 의결을 거쳐 '적의 무력 침공으로부터 국가를 보위하고 평화통일을 뒷받침하며 지역적인 안정과 평화에 기여'하는 것을 궁극적인 국방목표로 설정한 바 있다. 군사전략은 국가목표 및 국방목표를 달성하기 위하여 평시에는 전쟁에 대비하고 억제하며, 유사시에

---

29 합동참모본부 한글용어사전 http://jcs.mil.kr/user/indexSub.action?codyMenuSeq=1009596& siteId=jcs&menuUIType=top (검색일: 2013. 7. 19).

는 전쟁에서 승리할 수 있도록 군사력을 효과적으로 운용하는 방책이다.[30]

　이러한 국방정책과 군사전략은 구체적인 내용보다는 전쟁지도기구의 전략지침 및 전략지시 등 대원칙으로 제시하게 된다. 따라서 국방정책과 군사전략을 실현하기 위해서는 이에 부합하는 군사제도를 제정해야 한다. 예를 들면 인적자원을 효과적으로 운용하기 위해서는 병역제도 및 인사제도, 교육제도 등이 뒷받침되어야 하고, 물적자원을 보장하기 위해서는 동원제도와 군수지원제도 등이 마련되어야 한다. 또한 효율적인 군의 운용과 지휘를 위해서 군대 편제 및 참모제도, 국방기획관리제도가 필요하다.

3. 군사제도의 기본원칙

현대국가에서 적용되는 모든 제도는 그 조직이 지향하는 목적을 달성함에 있어서 효율성은 물론 합리성, 민주성, 공정성 등이 조화롭게 보장되어야 한다. 그러나 일사불란한 명령체계로 이루어진 군 조직에서는 군사제도를 제정하는 과정에서 특정 개인의 주관적 의사가 반영되기 쉽다. 군 조직이 국방업무를 효율적으로 수행할 수 있도록 합리적이고 객관적인 군사제도를 제정하는 기본원칙은 다음과 같다.[31]

(1) 상대적 우위의 전력 유지

군사제도는 군의 존재 목적에 부합하도록 제정해야 한다. 군의 1차적 존재 목적은 전쟁을 억제하는 것이다. 그러나 전쟁 억제에 실패하여 적이 침공해올 경우에는 적과 싸워 이기는 것이 목적이다. 평시 전쟁 억제와 전쟁 발발 시 승리를 위해서는 상대적 우위의 전력戰力, war potential을 유지해야 한

---

30 박휘락,『전쟁, 전략, 군사 입문』(파주: 법문사, 2005), p.117.

31 김용현,『군사학개론』(서울: 백산출판사, 2005), pp.32-35; 이강언 외,『신편 군사학개론』, pp.57-59.

462 · 군사학개론

다.[32]· 전력은 국가총력전 수행을 위한 수단으로 현존군사력, 동원군사력, 국가의 전쟁잠재력 등의 다양한 형태로 존재한다. 또한 각종 형태의 전력은 유형전력과 무형전력으로 구성되어 있다.[33] 병력 및 장비의 수적 우위에도 불구하고 사기, 군기, 훈련수준 등 무형전력이 취약할 경우 승리를 보장하기 어렵다. 반면에 정신력이 강한 군대도 병력 및 무기 등 유형전력면에서 지나치게 열세할 경우 이를 만회하기란 어렵다. 따라서 군사제도는 평시 첨단무기체계를 갖춘 군사력 건설과 유사시 군사력을 효율적으로 사용할 수 있는 전략·전술의 개발 그리고 군대의 사기·군기 및 복지향상 등 유형전력과 무형전력을 동시에 갖출 수 있도록 제정되어야 한다.

(2) 경제성과 효율성

경제성과 효율성 모두 투자에 비해 얻는 이득이 높아야 함을 의미한다. 경제성은 객관적으로 표현되는 능력의 조건이며, 효율성은 제도 추진상의 요구조건이다. 군사력은 국가의 경제능력에 직접 영향을 받는다. 과도한 군사비는 자원 분배의 왜곡을 가져와 국가경제를 위축시킬 수 있다. 냉전이후 국민들은 과도한 군사비 지출 억제에 더 많은 관심을 쏟고 있다.[34]

모든 군사제도는 근본 목적에 부합하도록 제정되어야 하며, 경제성과 효율성 양자 간 조화가 이루어지도록 신중히 다루어야 한다. 특히 국가안보보다 경제성에 과도하게 집착한 나머지 목적이 수단에 의해 조정되는 실수를 범해서는 안 될 것이다.

---

32 여기서 '전력'이란 전쟁을 수행할 목적과 기능을 갖는 무력 또는 군사력으로 군사무기체계, 장비, 조직, 전술교리, 군사훈련 및 기반시설 등을 망라한다.

33 김열수, 『국가안보』, pp.178-179.

34 앞의 책, p.111.

(3) 간명성과 연관성

군사제도의 내용은 오용과 시행착오를 최소화하도록 간단·명료하고 논리 정연해야 한다. 만약 어떤 군사제도가 복잡다단하여 시행자가 실마리를 찾기 어렵다면 그 제도는 곧 유명무실하고 말 것이다. 특히 규제가 지나칠 정도로 세부적이라면, 행동의 폭이 협소하여 다양한 상황에서 융통성이 크게 제한될 것이다. 어느 한 특정 분야의 군사제도는 독립적으로 존재할 수 없다. 크게는 관련된 국가제도, 작게는 타 분야의 군사제도와 상호 연계되어 있다. 따라서 특정 분야의 군사제도를 설정하기에 앞서 항상 관련 법규와 해당 분야와 연관된 각종 제도를 심층 고려해야 한다.

(4) 적응성, 융통성 및 지속성

군사제도는 최초부터 적응성과 융통성, 지속성을 염두에 두고 설계해야 한다. 그 이유로는 첫째, 제도가 일단 제정된 후에는 쉽게 변경할 수 없기 때문에 전·평시 다양한 환경과 여건에 대처할 수 있도록 적응성을 고려해야 한다.

둘째, 다양한 상황이 전개될 수 있는 환경에서는 우발상황에 대비할 수 있는 조치가 필요하다. 따라서 제도는 관련 법규와 규정 내에서 융통성이 보장되도록 마련해야 한다.

셋째, 군의 전통과 토대를 튼튼히 유지하기 위해서는 지속성이 유지되어야 한다. 군사제도가 영향력 있는 특정인의 지시에 의해 제정되거나 수정 또는 폐지될 경우 제도의 지속성은 상실된다. 이는 군 발전의 후퇴를 의미한다. 따라서 제도는 원활한 의사소통을 바탕으로 합법적이고 논리적인 절차를 밟아야 한다.

(5) 자동성과 인간성

군사제도의 자동성이란 상급 제대의 지시나 당면한 상황을 처리함에 있어 적용할 수 있는 시스템을 말한다. 군인은 자신의 업무와 관련된 제도의 개념과 절차를 정확히 이해함으로써 군사업무를 공정하게 처리할 수 있는 능력을 갖추어야 한다.

　모든 제도는 인간을 대상으로 하기 때문에 대중에게 운용되는 인간성 요소를 참작하지 않으면 성공을 기약하기 어렵다. 훌륭한 제도란 인간 본연의 순리에 따르는 윤리 관념을 고려할 때 실효를 거둘 수 있다. 집단의 목표 달성을 위해 개인의 희생만을 강요하거나 애국심에 호소하는 것만으로 성공을 기약할 수 없다. 군사제도가 군인의 복리 및 기본욕구를 충족시키려는 성의를 보일 때 책임감이 증진하고 개인의 역량이 충성심으로 승화할 수 있다.

4. 군사제도의 분류

군사제도는 그 나라가 처해 있는 안보상황과 여건에 따라 범위와 내용이 다양하지만, 대부분 국가에서 적용하고 있는 군사제도의 분류 유형은 다음과 같다.

대표적인 군사제도

- 국방체계　• 군대편제　• 병역제　• 인사관리제도
- 참모제도　• 군사동원제도　• 군사교육제도　• 군수지원제도
- 군사법제도　• 국방기획관리제도　• 연구발전제도 등

　대표적인 군사제도는 군사력을 건설·유지·관리·운용하는 국방조직의 절차와 기능을 유기적으로 통합·체계화하는 국방체계를 비롯하여 군을 조직·편성하고 장비하는 군대편제, 군의 인적자원을 보충하고 구성원의 복무형태를 규정하는 병역제도, 조직을 효과적으로 운용하기 위해 인재를 적재적소에 배치 관리하며 장병의 개인 신상을 관리하는 인사관리제

도, 지휘관의 성공적인 지휘와 효율적인 과업 수행을 위해 참모조직의 구성 및 운용 등을 다루는 참모제도, 전시 또는 이에 준하는 비상사태 시 필요한 많은 인원과 물자를 효과적으로 충당하기 위한 군사동원제도, 인재를 양성하고 직책 수행에 필요한 능력을 배양하기 위한 군사교육제도, 전·평시 전투력 발휘를 보장하기 위한 제반 장비 및 탄약의 보급·수송 등 지원업무에 관한 군수지원제도, 군내의 질서유지와 범죄예방 및 군기유지를 위한 군사법제도, 국방기능을 강화하고 국방기구의 원활한 협력구조를 통해 국방행정을 효율적으로 구현하기 위한 국방기획관리제도, 국방의 제 분야에 대한 연구발전제도 등이 있다. 모든 군사제도는 국가목표 및 국방목표를 구현하기 위해 규정한다는 점에서 상호 밀접한 관계를 유지하고 있다. 여기서는 군사제도 가운데 병역제도와 참모제도에 대해서 소개하고자 한다.

5. 병역제도

(1) 병역의 의의

병역military service이란 '국가의 국방력 구성을 위한 국민의 인적부담'이라 정의할 수 있다. 국방목표 달성을 위해 일정기간 동안 국군의 일원으로 종사해야 하는 인적부담은 충성심을 전제로 한다는 점에서 노무勞務와 구별된다.

병역제도란 군대의 병원을 획득하여 소요병력을 유지하고 전시의 급격한 증원을 보장하기 위한 병사의 징집과 소집, 병역의 구분, 복무, 병역연한 등에 관한 제도이다. 즉, 군에서 소요로 하는 병력의 충원방법을 제도화한 것이다.[35]

국가의 절대이익에 해당하는 국가안보는 국방력에 의해서 보장할 수 있음은 주지의 사실이다. 국방력의 구성요소라고 할 수 있는 병원兵員과

---

35 황진환 외, 『군사학개론』, p.155.

무기·장비 및 물자, 전략·전술, 훈련 가운데 병원이 무엇보다 중요하다. 무기·장비 및 물자 등은 사람에 의해 운용되기 때문이다. 따라서 병역제도는 매우 중요한 국가정책이 아닐 수 없다.

(2) 병역제도의 유형

병역제도는 크게 의무병제도와 지원병제도, 혼합형제도로 구분할 수 있다.[36]

〈그림 9-9〉 병역제도의 유형

의무병제도

의무병제도義務兵制度, compulsory military service system는 국민개병주의國民皆兵主義 원칙에 따라 국가가 국민에게 병역에 복무할 의무를 부과하는 체계이다. 이러한 의무병제도는 동양에서는 중국의 춘추전국시대 말엽 농전지사農戰之士를 양성한 것이 시초이며, 서양의 경우 그리스 시대의 시민군제도[37]에서 연유하고 있다. 고대 도시국가의 시민군제도는 병역의무를 공평하게 배분한다는 측면에서 가장 민주적 제도라 할 수 있다. 또한 모든 지역사회가 자기 방위를 담당했기 때문에 군과 시민의 괴리가 생기지 않으며, 평화시

---

36 병무청 http://www.mma.go.kr/ (검색일: 2013. 10. 20.)

37 이 당시 시민권을 가진 사람들 중에서 병역수행이 가능한 사람은 모두 일정 기간 시민군으로서 훈련을 받고, 그 후에는 예비군으로 봉사할 의무를 지녔다.

대에는 군에 종사하는 상비 병력을 최소화할 수 있어 비용 면에서도 이점이 지대했다. 그러나 시민군제도는 적의 기습공격에 취약할 뿐만 아니라 훈련시간이 충분치 못한 관계로 본질적으로 아마추어들에 의해 병원이 충원되는 문제점을 안고 있었다. 1789년 프랑스혁명 이후 징병제에 의한 국민군의 등장은 기존 시민군제도의 문제점을 극복할 수 있는 계기가 되었다. 이러한 국민군은 1807년 이후 프로이센에 의해 발전되어 현대 징병제도의 모형을 제공했다.[38] 이상과 같이 시민군제도에서 연유된 의무병제도는 징병제와 동원제로 구분할 수 있다.

징병제는 국가가 법률에 따라 국방에 필요한 병력을 징집하여 일정기간 강제적으로 병역에 복무시키는 제도이다. 징병제를 시행하고 있는 국가는 관계법령이 정하는 일정 연령 이상의 국민은 반드시 징병검사를 실시하고, 그 결과에 따라 일정기간 군인으로 복무하도록 하고 있다. 이러한 징병제는 전쟁의 위협이 상존하는 국가에서 주로 선택하는 병역제도로서, 개인의 의사가 고려되지 않는 강제성과 낮은 보수를 특징으로 한다. 이 제도는 병역의 양적·질적 소요를 충족시키는 동시에 예비전력의 확보에도 용이하다. 그러나 병력 선발 절차가 복잡하고, 병역비리와 같은 부작용이 발생하는 등 종종 사회적 문제를 야기할 수 있다. 징병제의 장·단점은 아래와 같다.

〈표 9-4〉 징병제의 장·단점

장점	단점
· 병역의무의 형평성 제고 · 풍부한 인적자원/우수자원 확보 가능 · 젊은 세대의 안보교육 도장화 · 낮은 급여로 국방비 절감 · 예비군 정예자원 확보 용이 · 국가 총력전 수행능력 제고	· 선병 절차의 복잡성 · 국민부담의 과중 · 전문요원 획득 곤란 · 징집인력 초과 시 병역비리 발생 우려 · 국가인력활용의 효율성 저하 · 젊은 세대의 자유를 제한

---

38 김문성, 『병무행정론』(서울: 계명사, 2006), p.43.

민병제는 고대 도시국가에서 시행한 것처럼 인구가 비교적 적은 국가에서 채택할 수 있는 제도이다. 민병제 역시 국민개병주의에 입각하고 있으며, 군의 경제적 운용에 역점을 두고 있다. 모든 국민이 단기 기초훈련을 받은 후 자택에서 생업에 종사하다가 매년 동원훈련을 통해서 전술·전기를 연마하며, 유사시 국가방위를 위해 동원되는 제도이다. 단, 군의 기간이 되는 간부는 지원자로 조직한다. 민병제는 병사들에게 일정수준을 유지하기 위한 기초훈련을 시키는 것은 가능하지만 고도의 전술훈련을 시키기는 어렵다.[39] 민병제를 채택하고 있는 대표적인 나라는 영세중립국인 스위스이다.

지원병제도

지원병이란 징집에 의하지 않고 스스로 지원하여 복무하는 병사를 말한다. 지원병제도志願兵制度, voluntary military service system는 국민 가운데 병역에 복무하기를 지원하는 자들을 선발하여 계약을 맺고 병역에 종사케하는 제도를 말한다. 지원병이란 단어는 병사를 의미하지만 지원병제도는 병사와 간부를 포괄하여 적용되고 있다. 이러한 측면에서 '지원병제도' 대신에 '지원제'라는 용어를 사용하기도 한다. 지원병제도는 국방을 위한 소요인력이 지원자로도 충분할 경우 국가의 기본 병역제도로 선택할 수 있다. 그러나 외부 위협이 상존하는 국가에서는 지원병제도를 의무병제도와 병행하여 특정 분야에 국한하여 시행하고 있다. 지원병제도는 직업군인제, 모병제, 용병제 등으로 구분된다.[40]

직업군인제는 군인을 직업으로 선택하여 군복무가 생활수단이 되게 하는 제도이다. 즉, 장교, 부사관 등 장기복무를 희망하는 자가 지원하여 직업군인으로 근무한다. 모병제는 개인의 자유의사에 의하여 국가와 계약

---

39 김문성, 『병무행정론』, p.45.
40 앞의 책, p.46.

을 맺고 근무하는 제도로서, 당사자의 의사와는 무관하게 강제적으로 병역을 부과하는 징병제와 반대되는 개념이다. 용병제는 지원에 의해 선발하는 병역제도이나, 지원동기 면에서 여타의 병역제도와 차이가 있다. 즉, 용병제는 지원동기가 복무대가인 금전 획득에 목적을 두고 있고 외국인도 선발대상이 된다는 점에서, 충성심을 바탕으로 하고 있는 직업군인제 및 모병제와는 다르다.

지원병제도 중 가장 대표적인 유형인 모병제는 적의 위협이 비교적 적은 국가에서 선택하는 병역제도로서 국민의사를 고려하고, 국방비를 절감할 수 있는 장점이 있다. 또한 강제로 병역의무를 수행하는 의무제에 비해 지원동기가 뚜렷한 구성원을 선발함으로써 질적으로 우수한 자원으로 조직할 수 있다. 아울러 병역의 형평성문제를 해소하고 인력의 효율적 배분을 달성할 수 있다. 그러나 일반사회에 비교하여 보수 및 처우가 우수 인력 확보에 적지 않은 영향을 미칠 수 있으므로 대규모 군대를 유지해야 하는 국가의 경우는 오히려 국방비가 크게 증가할 수도 있다. 모병제의 장·단점은 〈표 9-5〉와 같다.

〈표 9-5〉 모병제의 장·단점

장점	단점
· 동기유발 극대화/국민부담 경감 · 전투력의 질적 수준 향상 · 국가인력활용의 효율성 제고 · 병역비리문제 근본적 제거	· 유사시 예비군 동원체제 확립 곤란 · 대규모 병력 소요 시 획득 곤란 · 국방예산 중 인력운영비 과다 소요 · 국민의 국방의식 약화 우려

혼합형제도

혼합형제도란 의무병제도와 지원병제도를 국가별 상황에 따라 적절한 비율로 혼합한 유형으로 여러 국가에서 실제로 사용하고 있다. 특히 징병제와 모병제의 혼합이 전형적이다. 혼합형제도를 결정할 때에는 적 위협에 대응할 수 있는 병원兵員 수와 기술인력의 효율적 확보, 동원병력의 경험과 훈련수준 등을 고려해야 한다.

(3) 병역제도 선택 시 고려사항

자국에 가장 적합한 병역제도는 어떤 것인가. 국가별로 처해 있는 안보환경과 여건이 상이相異하기 때문에 어떤 국가에 적합한 병역제도를 선택하기 위해서는 그 나라의 역사적 요인, 국민성, 지리적 요인, 주변국가와의 관계, 경제력 등 수많은 변수를 동시에 고려해야 한다. 여기서는 병역제도 선택 시 모든 국가가 공통적으로 고려하는 사항을 중심으로 살펴보고자 한다.

첫째, 지정학적 위치를 고려해야 한다. 한반도는 역사적으로 주변국의 각축장이 되어 왔다. 현재에도 이러한 요인은 동일하게 적용되고 있다. 탈냉전 이후 세계의 중심축으로 자리 잡은 동북아에서 한반도의 안보는 남북한의 안보라기보다는 동북아 안보라 해도 과언이 아니다. 이러한 지리적 요인으로 한반도는 항상 전쟁에 대비하지 않을 수 없다. 이는 통일 이후에도 마찬가지일 것이다.

둘째, 자국의 안보상황을 최우선으로 고려해야 한다. 남북으로 분단된 우리나라는 세계에서 위험하기로 손꼽히는 곳 중 하나로, 전쟁 발발 가능 지역으로 인식되고 있다. 이러한 안보상황에 처해 있는 국가는 강력한 상비군을 유지할 수 있는 징병제를 선택하는 것이 바람직하다.

셋째, 적국의 동향을 고려해야 한다. 우리에게 북한은 경계의 대상이자 협력의 대상이라는 이중적 존재이다. 군사적으로 대결상태에 있는 남·북한은 아직도 적대관계를 청산하지 못했으며, 북한은 우리의 안보를 위협할 수 있는 충분한 군사능력을 가지고 있다. 북한의 위협이 상존하고 있는 상황에서 가장 적합한 병역제도는 징병제이다.[41]

---

41 통일부 통일교육원, 『2013 북한이해』(서울: 통일부, 2013), p.11.

넷째, 병역제도는 경제적 여건을 고려하지 않을 수 없다. 군사력은 경제력에 의존하기 때문이다. 북한 및 파키스탄과 같이 취약한 경제력에도 불구하고 군사력을 증강하는 나라도 있지만, 대부분 나라에서는 경제력과 군사력이 비례한다. 국방재원의 과다 책정이 복지 및 경제 등 국가의 균형발전을 저해하는 요인으로 작용하여 국방비 삭감으로 이어지는 사례가 종종 발생하고 있다.

다섯째, 국민적 요구이다. 민주주의 체제에서 병역제도는 국민들에게 수락 가능한 것이어야 한다. 특히 강제적 봉사를 부담해야 하는 징병제에서는 더욱 그러하다. 1973년 미국이 징병제를 폐지하고 모병제를 선택하게 된 배경은 미국 젊은이들의 강력한 요구였다. 미국은 우리나라와는 달리 주변에 적국이 없고, 모병제를 할 수 있는 충분한 경제력이 있었기 때문에 국민들의 요구를 받아들인 것이다. 우리나라도 모병제를 해야 한다는 주장이 있으나 북한의 군사적 위협과 경제력을 감안해 볼 때 징병제가 불가피하다는 여론이 지배적이다.

앞에서 살펴본 바와 같이 국가가 병역제도를 선택함에 있어 고려해야 할 사항은 다양하다. 또한 적용하는 요소별 비중은 국가마다 다르다. 따라서 대부분 국가들은 단일제도보다는 의무병제와 지원병제의 혼합형제도를 선택하고 있다. 단, 어느 제도에 비중을 두고 있느냐에 따라서 징병제와 모병제로 분류하는 경향이 있다. 징병제와 모병제를 선택하고 있는 국가의 현황은 〈표 9-6〉과 같다.

〈표 9-6〉 징병제와 모병제를 선택한 주요 국가

징병제	모병제
독일, 대만, 중국, 러시아, 이스라엘, 칠레, 싱가포르, 브라질, 이집트, 태국, 이탈리아, 카자흐스탄, 폴란드, 한국 등	미국, 일본, 영국, 프랑스, 인도, 페루, 인도네시아, 남아프리카공화국, 미얀마, 아르헨티나, 파키스탄, 페루, 필리핀 등

출처 병무청 홈페이지(세계 각국의 병역제도 유형비교)

한반도 주변 4강인 미국, 일본, 중국, 러시아의 병역제도를 살펴보면 다음과 같다. 먼저, 미국이 채택하고 있는 병역제도는 평시에는 모병제로 운용하다가 전시에는 징병제로 운용하는 형태이다. 일본은 자위대 설치법에 따라 자위대원을 지원제로 모집·운영하고 있다. 중국의 경우는 병력을 충원한 뒤에 일정기간 복무케 하고, 이후에 추가로 장기복무가 가능하도록 하는 선택적 징병제를 운영하고 있다. 러시아는 징병제에서 모병제로 이행하는 과정에서 혼합형 제도의 모습을 보이고 있다. 러시아는 군의 개혁과정에서 민주화 초기의 사회질서 혼란, 안보의식 약화, 군복무 기피현상 등 군의 전력약화 요인과 인구감소 현상에 대비하여 병·부사관·준사관 직책에 대한 모병제인 '계약직 복무제도'를 적극 시행하고 있다.[42]

(4) 한국의 병역제도

우리나라의 현대적 병역제도는 1948년 8월 31일 국방부가 창설되고 국군이 창건되는 과정에서 형성되기 시작했다. 6·25전쟁을 겪은 이후 국내외 안보환경 변화에 따른 적정수준의 병원을 획득·관리하는 병무행정은 지속적으로 개선되었다. 특히 1970년 8월 국방부 외청으로 병무청이 창설되고 각 시·도의 병무조직이 지방병무청으로 개편되었다. 1980년대에 들어와서는 인구 증가에 따른 병력자원의 누적, 사회구조의 복잡다양화, 병역부과의 형평성 및 국민 편익 등으로 병무행정에 급속한 변화가 요구되었다. 또한 1990년대에 이르러 시민사회 성숙, 지식정보화, 세계화, 국가경쟁력 강화 등으로 병무행정도 성과위주 행정혁신, 고객 개념에 입각한 행정서비스 확대, 형평성 및 신뢰성 제고를 위한 제도 개발에 중점을 두었다.[43]

---

42 김태웅, "러시아연방의 병역제도 발전과 전망: 지원병제로서의 계약직 복무제도 도입을 중심으로", 『한국동북아논총』 제12권 제4호 (2007), p.35.

43 김문성, 『병무행정론』, pp.73-76.

오늘날 우리나라의 병역제도는 의무병제도(징병제)를 원칙으로 하고 있으며, 특정 분야에서는 직업군인제와 모병제 등 지원병제도를 부분적으로 병행하고 있다.

우리나라의 병역은 헌법과 병역법을 근거로 제도화되어 있다. 헌법 제39조 1항에서는 "모든 국민은 법률이 정하는 바에 의하여 국방의 의무를 진다", 2항에서는 "누구든지 병역의무의 이행으로 인하여 불이익한 처우를 받지 아니한다"라고 규정하고 있다. 또한 병역법에는 제1국민역, 현역, 보충역, 예비역, 제2국민역 등 5개 역종이 규정되어 있으며, 아울러 현역병 입영, 상근예비역의 입영 및 소집, 전투경찰대원 등으로 전환복무, 공익근무요원의 복무, 공중보건의사의 복무, 전문연구요원 및 산업기능요원의 복무, 병력동원 소집, 병력동원훈련 소집, 전시근로소집 등 갖가지 병역의무 이행규정이 명기되어 있다.

병역의무는 제1국민역에서 출발하여 예비역이 끝날 때까지 계속된다. 대한민국 국민인 남자는 18세가 되는 해의 1월 1일부터 병역의무가 발생하여 제1국민군에 편입됨으로써 병적관리가 시작된다. 병역의무자는 19세가 되는 해에 지방병무청장이 지정하는 날자와 장소에서 징병검사를 받아야 한다. 징병검사 결과에 따라 현역(1~3급), 보충역(4급), 제2국민역(5급), 병역면제(6급), 재검사대상(7급)으로 병역처분이 내려진다.

징병검사를 통해 적격자로 판정받은 사람은 군복무에 임하게 된다. 군복무라 함은 현역 및 상근예비역, 군사임무 대신에 치안업무 보조·교정시설 경비업무·소방업무 보조를 담당하는 전환복무뿐만 아니라 국가·공공기관 또는 산업체에서 근무하는 대체복무까지 포함된다. 복무기간은 21~34개월로 복무유형별로 차이가 있다. 예를 들면, 현역과 상근예비역 및 의무경찰은 21개월이며, 해양경찰 및 의무소방원은 23개월, 국제협력봉사요원은 30개월, 예술체육요원은 34개월 등이다.

군복무를 마쳤다고 해서 병역의무가 해제된 것은 아니다. 예비역의 병 또는 의무복무를 마친 보충역의 병은 전역 다음 날부터 8년이 되는 해의

12월 31일까지 예비군으로서 병역의무가 부여된다. 간부로 전역한 사람도 예비군에 편성된다. 또한 예비군으로서 병역의무를 마친 자는 40세까지 민방위에 편성되어 국가안보에 일익을 담당하게 된다.

(5) 북한의 병역제도[44]

북한은 사회주의 헌법 제86조의 규정에 의해 국민개병주의를 명문화하고 있지만 실질적으로 징병제도는 정치 및 경제적 여건에 따라 임의로 운영되고 있다.[45] 북한의 모든 남자는 만 14세가 되면 초모대상자招募對象者로 등록하고, 만 15세가 되면 군 입대를 위하여 두 차례 신체검사를 받으며, 중학교를 졸업하는 해에 입대하게 된다. 신체검사 합격기준은 신장 150cm, 체중 48kg 이상이었으나, 식량난의 영향으로 1994년 8월부터는 신장 148cm 체중 43kg 이상으로 낮추었다.

입영대상자 중에 신체검사 불합격자, 적대계층 자녀, 성분불량자(반동 및 월남자 가족, 월북자 및 정치범 가족, 형 복무자 등) 등은 입대할 수 없으며, 특수분야 종사자 및 안전원, 과학기술·산업필수요원, 예술·교육행정요원, 군사학시험 합격 대학생, 특수·영재학교 학생, 부모가 고령인 독자 등은 정책적 이유로 입대에서 제외한다.

북한 인민군의 복무기간은 법 또는 규정에 우선하여 노동당의 군사정책 결정 및 인민무력부의 방침에 따르고 있다. 복무기간은 1958년 내각 결정 제148호에 의해 지상군은 3년 6개월, 해·공군은 4년으로 정하고 있으나 실제로는 5~8년간 복무한다. 1993년 4월부터는 김정일의 지시에 따라 만 10년을 복무해야 제대할 수 있는 '10년복무연한제'를 실시했다. 2003년 3월에 개최된 제10기 6차 최고인민회의에서 '전민군사복무제'를

---

44 북한의 병역제도에 대해서는 통일부 통일교육원에서 매년 발간하는 『북한이해』를 참조.
45 정치문제에 대한 고려는 징집대상자의 성분에 대한 참작을 말하며, 경제적 여건에 대한 고려란 노동력 확보 대책을 의미한다.

법령으로 채택하여 남자는 10년, 여자는 7년(지원시)으로 의무복무기간을 단축했으나, 그중에도 특수부대(경보병부대, 저격부대 등) 병력은 13년 이상 장기복무를 하며 주특기나 특별지시에 따라 사실상 무기한 근무하는 경우가 적지 않다.

6. 참모제도

(1) 참모제도의 필요성과 개념

참모제도는 인간이 집단을 형성하여 집단 내에 계층과 역할분담이 이루어진 시기부터 존재했으리라고 추측한다. 어떤 무명의 전사대장이 한 동료 전사에게 도움과 조언을 구했을 때 이를 군사상 참모제도의 기원으로 보아야 할 것이다. 원시시대에서 존재했던 집단끼리의 싸움은 별다른 전략·전술 없이 지극히 단순한 방법으로 이루어졌다. 그러나 비록 단순한 싸움에서도 대장이 싸움을 준비하고 지휘하는 과정을 돕는 사람들이 필요했을 것이다. 고대전쟁에서도 창과 칼, 방패 등 단순무기와 팔랑크스 phalanx와 같은 단순 전투대형을 중심으로 전투가 이루어졌다. 군대의 단위가 커짐에 따라 전투원을 모집하고, 훈련시키며, 전투계획을 수립하고, 지원하는 업무가 복잡해져서 지휘관 혼자 힘만으로는 그 조직을 움직일 수 없게 된 것이다. 따라서 참모제도는 조직이 확대되는 과정에서 자연스럽게 태동하기 시작했다고 할 수 있다. 동양에는 예로부터 '군사軍士'라는, 전·평시 국가정책과 전쟁 전반에 걸쳐 왕을 보좌하는 참모의 형태가 존재했다. 우리나라 조선 시대 세조를 옹립한 것으로 잘 알려진 모사謀事 한명회, 중국에서는 촉의 유비를 도운 제갈공명, 월나라 왕 구천의 참모 범려와 오나라 왕 부차의 참모 오자서 같은 인물들이다. 서양에서는 군대의 규모가 커지기 시작한 중세기부터 오늘날 참모제도와 유사한 모습이 등장했다. 특히 1789년 프랑스대혁명 이후 징병제의 도입으로 군의 조직이 방대해짐에 따라, 군의 편제 및 관리제도가 체계화되기 시작했다.

현대에는 고도로 발달된 무기체계와 정보의 필요성, 병종의 통합과 분권화 작전 등이 요구되고 있다. 이러한 현대전을 효율적으로 수행하기 위해서는 지휘관이 책임지고 있는 업무를 나누어 일부는 참모가 담당하게 하고, 지휘관이 중요치 않은 업무에 매달려 시간과 노력을 소비하지 않고 대관大觀하여 건전한 판단을 내릴 수 있도록 보장해야 한다. 특히 '현재 및 장차전에서 적과 어떻게 싸워 승리할 것인가' 하는 문제는 지휘관 한 사람의 고민으로 해결할 수 없다. 지휘관에게 부여된 임무를 성공적으로 수행하기 위해서는 반드시 참모제도가 필요하다.

참모(參謀)에서 '參'자는 참여할 참 또는 살필 참이고, '謀'자는 꾀할 모 또는 도모할 모로서, 지휘관이 지휘권을 효율적으로 행사할 수 있도록 조언하고 보좌하는 사람을 의미한다. 참모를 뜻하는 영어 단어 'staff' 역시 지휘관의 지팡이 역할을 강조한 것이다. 참모에 대한 사전적인 의미는 ① 어떤 일을 꾀하고 꾸미는 데 참여함, ②모의에 참여하는 사람, ③지휘관을 보좌하며 지휘본부의 각 부서별 업무를 맡아 처리하는 장교 등이다. 군사적 측면에서 참모에 대한 정의를 살펴보면『육군 군사술어사전』에는 "지휘관의 지휘권 행사를 보좌하도록 특별히 임명되거나 파견된 장교"로 정의하고 있으며,『지휘관 및 참모』라는 야전교범에서는 "지휘관과 그의 참모는 단일목적을 가진 군사적인 단일체"임을 강조하고, 또한 미 육군의 참모업무 야전교범에는 "지휘관의 지휘권 행사를 보좌하는 장교"로 정의하고 있다. 이를 종합해 볼 때, 참모가 '지휘관의 임무 수행을 보좌하는 장교'라는 의미는 모든 나라에서 동일하다. 하지만 참모편성 및 운용방법 등 참모제도에는 여건에 따라 상이한 점이 존재하고 있다.[46]

(2) 참모편성 목적

참모는 지휘관의 분신分身이다. 지휘관과 참모는 '지휘관의 임무를 성공적으로 수행한다'라는 동일한 목적을 지닌 협동체라고 할 수 있다. 이러한

---

[46] 김용현,『군사학개론』, pp.131-132.

측면에서 참모를 편성하고 운용하는 목적은 다음과 같다.[47]

참모편성의 목적

- 휘관 및 예하부대의 요구에 대한 즉각적인 반응
- 지휘관에게 계속적인 첩보제공
- 작전을 지휘, 통제 및 협조시키는데 소요되는 시간의 단축
- 과오(過誤)의 감소
- 일상적인 업무에 대한 지휘관의 세부적인 감독을 감면

(3) 참모편성 시 고려사항

참모편성 시 고려해야 할 사항은 임무, 업무분야, 법률 및 규정, 특정 분야에 대한 직접적인 통제 등이며 이들은 상호 연관성을 갖는다. 먼저, 최우선 고려사항은 부대의 임무이다. 부대의 임무가 지휘관 및 참모가 수행할 업무를 결정한다. 둘째로 업무분야를 고려해야 한다. 부대의 참모업무는 통상 인사·정보·작전·교육훈련·군수·동원·관리 분야로 구분된다. 이러한 참모업무의 상대적인 중요성은 부대의 임무와 제대의 규모 및 전장환경에 따라 상이하며, 자원을 절약하고 부대의 노력을 촉진시키기 위하여 둘 이상의 참모를 통합시킬 수도 있다. 셋째, 법률 및 규정을 고려하여 참모를 편성해야 한다. 국군조직법, 대통령령, 육군규정 등에 지휘관과 특정 참모들의 관계에 대해 규정되어 있다. 넷째, 특정 기능분야에 대한 직접적인 통제이다. 지휘관은 특별히 중요하다고 생각되는 분야에 대해서 참모장을 거치지 않고 직접 통제할 수 있다. 이러한 경우 그 분야에 책임을 지는 참모는 참모장을 거치지 않고 지휘관에게 직접 보고해야 한다.

---

47 김용현, 『군사학개론』, p.182.

⑷ 참모편성의 기본형태

참모편성의 형태는 일반형一般型과 부장형副長型이 있다. 이는 부대의 임무와 기능, 성격에 따라 적용된다.

일반형

일반형 참모편성 형태는 지휘관을 보좌하는 참모장이 있고, 각 참모는 참모장의 보좌관으로서 기능과 권한을 갖는다. 군사령부급 이하 야전부대에서는 대부분 일반형 참모편성 형태를 적용한다. 참모의 수와 편성은 제대의 규모와 임무에 따라 상이하며 일반참모, 특별참모 및 개인참모로 구분된다.

부장형

여기서 부장副長은 부서의 장長에 대한 호칭이다. 부장형 참모편성 형태는 참모장이 없는 대신 각 참모가 해당 부서의 장으로서 기능과 권한을 가지고 지휘관을 직접 보좌하는 형태이다. 일반형 참모형태와 비교해 볼 때, 참모장이 없는 대신 참모 임무를 수행하는 부장에게 보다 많은 권한이 위임된다. 이는 주로 합동참모본부, 각 군 본부, 교육기관 등 전문적인 분야의 업무를 수행하는 부대에서 편성·운용한다. 부장형 참모편성의 예를 들면, 육군본부의 경우 기획관리참모부장, 인사참모부장, 정보작전지원참모부장, 군수참모부장, 정보화기획실장, 동원참모부장이, 군사학교기관의 경우는 통상 교수부장, 행정부장, 전투발전부장 등이 편성되어 있다.[48]

⑸ 참모의 구분 및 활동범위

일반참모

통상 참모는 일반참모, 특별참모, 개인참모로 구분한다. 일반참모는 해당

---

[48] 대한민국 육군 http://www.army.mil.kr/ (검색일: 2014. 1. 19.)

업무분야에 대한 지휘관의 주무참모로서 부대의 활동을 계획, 조정, 통제하며, 해당 분야의 특별참모 활동을 협조·통합한다. 야전군, 군단 및 사단 사령부의 일반참모는 다음과 같이 편제되어 있다. 단, 교육훈련참모와 동원참모 및 관리참모는 제대의 임무와 특성에 따라 편제 여부가 결정된다.

일반참모

- 인사참모   • 정보참모   • 작전참모   • 교육훈련참모
- 군수참모   • 동원참모   • 관리참모

일반참모부간 상호 관련되는 업무에 대해서는 참모장이 협조시키되 해당 업무에 대한 주무참모를 지정하여 주관토록 한다. 또한 일반참모가 자신의 주무책임이 아닌 분야에 대한 감독을 실시할 경우, 주무참모와 협조해야 한다. 이러한 감독은 주무참모의 권한을 침해하는 것은 아니다. 일반참모는 참모장의 통제하에 업무를 수행하지만, 지휘관과 직접 접촉할 수도 있다. 이러한 경우 참모는 지휘관에게 보고한 사항과 지휘관으로부터의 수명사항을 참모장에게 즉각 보고해야 한다.

특별참모

특별참모는 전문기술·행정 분야 및 특정 병과에 관한 업무에 관하여 지휘관을 보좌하는 참모이다. 지휘관은 임무 완수에 필요한 특별참모를 편성하고 특정사항에 대처할 수 있도록 책임을 부여하며, 참모장은 일반참모의 보좌를 받아 특별참모의 활동을 감독하고 지시하며 협조시킨다. 연락장교 또는 지휘관의 비서실장도 특별참모에 해당한다. 특별참모의 임무 수행을 위한 주요 활동은 다음과 같다.

특별참모의 주요 활동범위

• 해당 기술 및 기능분야에 대한 업무수행
• 지휘관/일반참모에게 해당 분야에 관한 첩보 및 정보, 판단을 제공하고 조언
• 계획, 명령 및 보고서 작성 시 일반참모를 보좌
• 해당 기술분야에 관한 부대활동을 감독
• 해당 기능의 훈련을 계획하고 감독
• 부대의 지휘관을 겸하고 있는 특별참모는 참모와 지휘관의 이중기능을 수행

개인참모

개인참모는 지휘관이 직접 조정하고 통제하기를 요망하는 업무 또는 특정 분야에 관하여 지휘관을 보좌하는 참모로서, 부여받은 업무에 관하여 참모계통을 통하지 않고 지휘관에게 직접 보고한다. 통상 개인참모는 사단급 이상 제대에서 운용되며, 감찰참모와 법무참모, 정훈공보참모, 전속부관 등이 있다.

(6) 참모의 주요 기능

지휘관이 달성해야 할 궁극적인 목표는 전투에서 승리하는 것이다. 참모는 이러한 막중한 책임을 성공적으로 완수할 수 있도록 지휘관을 보좌할 수 있어야 한다. 이를 위해 참모는 항시 지휘관의 의도를 명찰하고 하의상달을 도모하며, 상·하 의지를 일치시켜 임무를 완수할 수 있도록 책임을 다해야 한다. 지휘관을 보좌하기 위한 참모의 주요 기능은 다음과 같다.

참모의 주요 기능

- 첩보수집 및 교환
- 판단
- 건의
- 계획 및 명령 작성
- 감독
- 기타

첫째, 참모는 해당 분야에 대한 첩보 및 정보를 수집하고, 이를 효과적으로 활용할 수 있도록 신속히 지휘관과 관계부서에 보고·전파해야 한다. 이를 위해 모든 참모는 해당 분야에 대한 지휘관의 결심수립을 보좌할 수 있도록 첩보수집계획을 수립하고 시행해야 한다. 또한 모든 출처로부터 획득하는 첩보를 수집·분석하여 중요성과 신뢰성 및 적합성을 평가하고, 최신 첩보 및 정보를 지휘관과 타 참모, 필요시에는 상·하급 및 인접부대에 신속히 보고·전파하여 적시성을 상실하지 않도록 한다. 참모는 무엇보다도 지휘관이 요구하는 첩보 및 정보를 우선적으로 수집하여 제공해야 한다. 이러한 참모의 첩보수집 활동은 지속적으로 수행해야 하는 과업 중 하나이다.

둘째, 참모의 올바른 판단은 지휘관이 성공적으로 임무를 수행할 수 있도록 보좌하는 핵심 기능이다. '판단'은 임무 수행에 영향을 미치는 제반 요소를 논리적인 절차에 의해 검토하는 지속적인 사고과정으로, 가용한 모든 첩보 및 정보를 기초로 방책에 영향을 미칠 만한 사태를 전부 고려해야 한다. 즉, 참모판단 시에는 임무에 영향을 미치는 모든 사실을 고려하고 가능성이 있는 방책을 분석·비교하며, 성공 가능성이 가장 많은 방책을 지휘관에게 건의해야 한다. 이러한 판단의 완전성은 가용한 시간과 환경에 따라 달라질 수 있다. 만일 시간이 급박하여 지휘관의 신속한 결심을 요구할 경우에는 판단절차를 단축하거나 염두판단으로 진행하며, 가용시간이 충분할 경우에는 타 참모와 세밀한 분석을 통해 보다 완전한 판단이 될 수 있도록 해야 한다. 참모판단 시 고려하는 세부사항은 부대의 규모, 형태 및 기능에 따라 상이할 수 있다. 또한 첩보가 부족할 때에는 가용한 첩보를 보완하기 위하여 현재 및 장차의 상태에 대한 가정을 사용할 수 있다. 브리핑과 토의를 통해서 보다 완벽한 판단이 될 수 있도록 하며, 필요시 형식에 구애받지 않고 지휘관에게 건의하여 지휘관으로 하여금 결심할 수 있게 해야 한다.

셋째, 참모는 지휘관 결심이 필요한 중대한 사항에 대해서는 지휘관에게 건의해야 한다. 참모의 건의는 가급적 타 참모와 사전협조가 이루어진 후에 실시하는 것이 바람직하며, 적시성·합리성·정확성이 있어야 한다.

넷째, 참모는 지휘관의 결심사항을 수행하기 위해서 중요한 분야에 대해서는 계획 및 명령을 작성하여 지휘관에게 보고하고 이를 예하부대에 하달하여 시행한다. 작전과 관련된 전·평시 작전계획은 시기가 도래 시 작전명령으로 전환된다. 전시 및 국지도발상황 하에서는 바로 새로운 작전명령을 작성하여 하달해야 할 경우도 있다. 이러한 계획 및 명령은 지휘관을 대신하여 참모가 하달할 수 있다.

다섯째, 참모는 지휘관의 의도를 숙지하고 계획이나 명령이 지휘관의 의도에 따라 시행되도록 감독해야 한다. 참모감독의 수단은 예하부대의 보고서를 면밀히 분석·평가하여 진행사항을 파악하는 '보고서 분석'과 확인을 통해 이행상태를 확인하는 '방문'과 '검열' 등이 있다.

여섯째, 참모는 지휘관의 지시사항에 대한 수명방안 제시, 지시 및 검토, 제안 등의 과업을 수행하여 지휘관으로 하여금 건전한 결심이 가능하도록 보좌해야 한다.

앞에서 제시된 참모의 기능을 효율적으로 수행하기 위해서는 참모 간 긴밀한 협조와 참모감독, 그리고 참모연구서·참모판단서·기록·보고·통신·회의 및 브리핑 등 제반 참모활동수단을 효율적으로 활용해야 한다.

CHAPTER 10

국가동원

INTRODUCTION TO MILITARY STUDIES

권헌철 | 국방대학교 국방관리학과 교수

고려대학교 경제학과를 졸업하고, 미국 오하이오주립대학교에서 경제학 박사학위를 받았다. 1995년부터 국방대학교 국방관리학과 교수로 재직하고 있다. 화폐금융, 경제정책, 국가동원, 국방경제 등의 주제를 연구하고 있다.

로마의 명장 베게티우스^{Vegetius}는 "평화를 원한다면 전쟁을 준비하라"는 명언을 남겼다. 전쟁은 인류 역사상 가장 오래된 정치 행위이지만, 어떤 전쟁도 상비군과 준비된 물자만으로 수행된 적은 없다. 항상 국민이 조달한 인력과 물자를 전투원과 군수품으로 활용하는데, 이를 '국가동원'이라고 한다. 국가동원체계는 전쟁 준비의 한 부분으로, 이런 체계가 제대로 확립되었느냐가 전쟁 승패에 큰 영향을 미쳤다.

전쟁 양상이 변하면서 동원방식도 크게 변해왔다. 이전에는 병력을 동원하는 것이 가장 중요했지만, 과학기술이 발달하고 첨단무기체계가 등장함에 따라 병력보다는 무기, 자원, 물자 등 경제동원의 중요성이 점점 더 커지고 있다. 이 장에서는 국가안보를 담당하는 큰 축인 국가동원에 대하여 알아본다.

I. 전쟁과 국가동원

1. 전쟁 양상의 변화

최근 약 400년간 주요한 전쟁 양상의 변화를 자세히 살펴보면 다음과 같다. 400여 년 전 30년전쟁(1618~1648년)은 독일을 무대로 신교(프로테스탄트)와 구교(가톨릭)간에 벌어진 종교전쟁이었다. 이 전쟁에서는 화력과 사거리가 증대한 대포의 중요성이 높아지고, 중대·연대 등 군사조직과 참모제도를 비롯한 근대적 시스템이 도입되었다. 당시에는 주로 넓은 개활지에서 밀집횡대진형을 이루어 전진하면서 병·포병·기병이 협동해서 싸우는 것이 일반적인 전쟁 양상이었다.

약 200년 전의 나폴레옹시대에는 과거같이 단순히 병력이 많다는 것이 강군을 의미하는 것이 아니고, 더 화력이 강한 무기체계를 갖고, 군기가 엄정하게 확립된 군이 강군임을 알리게 된다. 당시에는 단순 전투보다 기습과 우회기동, 병참선 차단 등을 전략적으로 종합한 전쟁을 치르고, 사단·군단과 같은 대규모 군사조직체도 만들었다. 또한 간단한 훈련으로도 전사가 될 수 있어 국민 모두가 참여하는 징병제가 실시되었다.

산업혁명 이후 전쟁은 대량소모전으로 변했고, 이로 인해 더 많은 자원과 무기가 필요해졌다. 이때부터 전투는 군인이 할지라도 이 군을 위하여 온 국민이 군수품을 만들고, 식량을 지원하고, 정보를 전달하는 국가총력전 양상을 띠게 되었다. 즉 국가동원이 전쟁의 핵심이 되는 것이다.

4년간 약 900만 명의 전사자를 낸 제1차 세계대전은 그 당시까지 가장 큰 인명피해를 낸 전쟁이었다. 독일, 오스트리아, 불가리아, 오스만 제국 등 동맹국과 영국, 프랑스, 러시아 등 연합국 진영으로 나뉘어 싸운 이 전쟁은 또한 유럽에 새로운 강자로 부상한 독일 제국과 기존 제국주의 국가들의 기득권 다툼이기도 했다.

이 시기에는 과학기술도 발달하여 전쟁기간 동안 맥심 기관총, 독가스, 탱크, 전투기, 유보트$^{U-boat}$ 곡사포 등의 신무기가 등장했다. 비약적인 과학기술 발달은 또한 전쟁 양상을 크게 변화시켰다. 제1차 세계대전은 국가의 모든 역량을 전쟁에 투입하는 총력전 양상을 보였는데, 기갑·항공·수송·공병 합동작전이 일반화되고 막대한 물량공세가 뒤따랐다.

모든 참전국에서 총동원을 시행했으나 이는 불완전하고 시행착오도 컸다. 대량의 병력을 무계획적으로 동원한 러시아는 여러 혼란을 겪었고, 이는 혁명이 일어나 소비에트 사회주의 국가가 들어서는 계기가 되었다.

제2차 세계대전은 인류 역사상 가장 규모가 크고, 가장 많은 인명피해와 재산피해를 남긴 전쟁이다. 유럽, 아프리카, 중동, 동남아시아, 태평양, 인도양 등 전 세계가 전쟁터였다. 사상자는 2,500만 명, 민간의 희생자는 3,000만 명에 달했다. 대학살과, 무자비한 살해, 인종청소가 자행되었다.

기갑·기계화사단, 항공모함, 잠수함, 제트전투기, 레이더, V-1,2 미사일, 핵무기 등 대부분의 무기가 사용되었고, 사용 물량도 상상을 초월할 정도였다. 병력으로 전쟁에 참가한 징집군인들을 대신하여 노인, 부녀자

〈표 10-1〉 전쟁 양상의 변화

시대 구분	무기체계	전술	전략	제도
30년전쟁 (1618~1648)	· 창병, 기병, 소총, 포병	· 밀집횡대 대형, 화력집중 · 보·포·기병, 협동 전술	· 기동성 증대 · 전투대형 변경	· 중세적 징집군대 · 중대, 연대 · 참모제도
나폴레옹전쟁 (1796~1815)	· 기병, 소총, 포병	· 산개대형, 중대전술 · 충격, 기동, 기습	· 우회기동, 병참선 차단 · 측후방 공격, 측방포위기동	· 국민군, 징병제 · 사단, 군단 편성 · 일반참모제도 · 장교선발, 진급제도 · 교육제도
남북전쟁 (1861~1865)	· 기병, 소총 · 증기전함(Steam Battle-Ship), 철도 · 전선, 기구 · 부교, 참호 · 철조망, 철도포 · 개틀링포(기관총 일종), 연발소총		· 총력전	
제1차 세계대전 (1914~1918)	· 기관총 · 야포(집중탄약사격) · 철조망, 장애물 · 리에주 요새 · 항공기 · 독가스(Bolimov) · 탱크(Somme) · 화염방사기(Veraun)	· 진지전, 화력전 · 평면전투(2차원) · 독일: 후티어 (Hutier) 돌파전술, 파상공격전술 · 프랑스: 구로 (Gouraud) 종심 방어전술(반사면 배치, 종심배치)	· 초기: 섬멸전 사상(독일, 슐리펜 "Cannae") · 후기: 소모전략	· 기갑, 항공, 수송, 공병, 통신병과 · 3군 합동작전 필요성 인식, 연합작전 CCS, 합동작전 JCS 기구 설치 · 직업군인제도 필요성 인식
제2차 세계대전 (1939~1945)	· 육군: 기갑, 기계화사단 · 해군: 항공모함, 잠수함, UDT · 공군: 젯트기, 전술·전략공군 · 특수전: 비정규전, 심리전 · 레이더, 근접신관, V-1.2 *핵무기	· 전격전 · 입체전투(3차원) · 독일: 전격전술 (Blitzkrieg), 3S(Speed, Superiority, Surprise) · 연합국: 상륙전술, 육·해·공 합동작전 · 일본: 옥쇄전술, 고슴도치전술	· 초기: 선전심리전, 경제봉쇄전, 주변지역 전략 · 중기: 물량전, 소모전 전략, 전장차단, 융단폭격, 근접화력지원	· 연합, 합동작전 · 민군관계 중요성 인식 · 동원, 국가총력전
걸프전쟁 (1991. 2. 8 ~4. 5)	· 육군: 기계화, 자주화, 헬기 · 해군: 항공모함, 핵잠수함 · 공군: 전술·전략공군 · High-Tek: SDI - AWACS, ECM, ECCM - C3I, Laser - ABM, 인공위성 - Missile	· 공지전투(AL3) · 우회기동 · 전략 차단	· 속전속결 전략 (피해 최소화) · 하이테크(High-Tech) 마비전	· 3군 통합작전 · 전략·전술 심리전 · 군전문화, 과학화 중요성 부각

출처 박관섭, "국가동원 강의안"(국방대학원 강의자료, 2004), p.41에서 인용하여 정리.

도 군수공장에서 군수품 생산에 일익을 담당하면서 국가적인 내핍을 이겨냈다. 경제봉쇄, 물량전, 대량소모전, 융단폭격, 대규모 화력집중지원 등 국가동원이 전쟁의 성패를 갈라놓았다고 해도 과언이 아니다.

20세기 말 걸프전(페르시아 만 전쟁)은 과거와는 크게 다른 전쟁 양상을 보였다. 융단폭격, 대규모 함포사격, 상륙작전 같은 물량 위주의 전쟁에서 미사일, 정밀타격공습 등이 등장하는 하이테크High-tech 전쟁으로 변한 것이다. 미사일, 항공모함, 핵잠수함, AWACS, C4I, 레이저, ABM, 인공위성, 하이테크 마비전 등 듣기만 해도 전쟁의 변화상이 보인다. 그로 인해 인명피해는 줄어들었지만, 전비戰費는 한없이 늘어났다. 갈수록 전쟁은 병력이 수행하는 것이라기보다, 경제력을 바탕으로 첨단무기체계를 이용하여 수행하는 양상으로 변하는 것을 알게 된다. 대량소모전에 쓰이는 물자와 장비를 만들고 병력을 차출하던 것에서 더 많은 국방비를 지불하는 방향으로 국가동원의 양상도 변한 것이다. 전쟁 양상의 변화에 대한 요약은 〈표 10-1〉에 나타난 바와 같다.

2. 국가총력전과 국가동원

(1) 국가총력전과 국력

국가총력전의 일반적인 개념은 '전쟁목표를 달성하기 위하여 국가의 여러 분야가 협력해서 싸우는 전쟁'을 의미한다. 군인뿐만 아니라 국민 전체(정치·경제·사회)에 걸쳐 총체적인 힘을 종합하여 발휘하는 것을 말한다. 총력전의 구조는 다음의 〈그림 10-1〉과 같다.

〈그림 10-1〉 총력전의 구조

총력전은 국력과 관계가 깊다. 한스 모겐소^{Hans J. Morgenthau}는 국력이 유형의 능력인 지리(영토), 자연자원, 군비(군사력), 인구(국민성 포함)와 무형의 능력인 국민사기, 정부의 질, 공업력, 외교의 질 등 총 여덟 가지로 구성되었다고 주장했다. 레이 클라인^{Ray S. Cline}은 아래와 같이 국력을 측정하는 국력분석공식을 만들었다.

$$Pp = (P + C + E + M) \times (S + W)$$

국력 = (인구+영토+경제력+군사력)×(국가전략+국민안보의지)

클라인 역시 유형의 능력과 무형의 능력 모두가 국력의 요소이며, 유형의 국력요소인 인구(P), 영토(C), 경제력(E), 군사력(M)과 이를 활용하는 능력인 무형의 국력요소 국가전략(S), 국민안보의지(W)가 함께 조화롭게 상승 작용할 때 국력(Pp)은 큰 힘을 발휘한다고 주장했다.

(2) 국가총력전 개념의 변천

왕정시대에는 전제군주를 위해 용병 중심의 군사력으로 전쟁을 수행했다. 18세기 산업혁명 이후 산업이 크게 발전하면서 소총 등의 다양한 전쟁 무기가 개발되고, 또 전사를 양성하는데 소요되는 기간이 짧아짐에 따라 국민개병제와 국가총력전의 개념이 대두했다.

특히 제1 · 2차 세계대전은 한 국가의 정치, 경제, 군사뿐 아니라 정신적인 면까지 모든 국력을 총동원한 전체전, 총력전이었다. 전쟁에서 타격목표도 적국의 전쟁 수행의지를 마비시키기 위해 군사적 목표뿐만 아니라 산업시설 등을 목표로 한다. 군사작전도 과거 단순히 전선을 마주하면서 화력을 사용하여 공방을 벌이는 전투에서 정밀유도무기, 첨단무기 등의 무기체계를 사용하여 전후방을 동시 전장화하는 개념으로 변했다.

II. 국가동원의 정의 및 개념

1. 국력과 전력 및 국가동원

국가동원國家動員을 간단히 요약하면 '국력을 전력화하는 과정'이다. 다시 말해 국가의 공권력, 즉 강제력에 의해 자원을 배분하는 작용이다.

여기서 국력은 '국가의 목표를 달성하기 위해 사용할 수 있는 한 나라의 총체적인 역량'을 의미한다. 대부분 국가들의 목표는 확고한 국가안보와 국민의 복지증진 등이다. 우리나라는 분단국가이기에 '통일'도 국가목표라 할 수 있다. 한편 전력이란 '전쟁계획'을 지원하는데 쓰이는 유형·무형의 모든 요소를 의미하는데 이 전력은 국력에서 비롯한다. 주로 국가동원은 평시보다는 국가비상사태 시에 일어나고, 공권력을 기반으로 국가가 직접 행하는 것이 일반적이다.

이와 같은 개념을 기반으로 국가동원을 정의하면, '전시 또는 비상사태 시 국가목표를 달성하기 위하여 국가의 자원을 결집, 편성하는 과정 및 행위'라고 할 수 있다. 자세히 살펴보면 ①동원은 전시·사변, 이에 준하는 비상사태 시에 실시되고, ②동원의 주체는 국가이며, ③동원의 실시목적은 국가안전보장의 달성에 있고, ④한 국가의 모든 유·무형 자원이 동원대상이며, ⑤동원 실시방법은 국가가 직접 통제·운용하는 형태를 취한다.

2. 국가동원의 분류

국가동원의 분류는 범위, 시기, 방법, 목적, 규제정도, 국력요소, 대상자원 등에 따라 여러 가지가 있다.

첫째, 동원하는 범위를 기준으로 전면전에 임하여 국가와 모든 역량을 모두 동원하는 총동원/전면동원Total Mobilization/Full Mobilized과 국지전, 재해 등에 대응하여 국가역량 일부만 동원하는 부분동원Partial Mobilization으로 나눌 수 있다. 현재 우리나라의 경우 부분동원을 할 수 있는 근거는 없고, 오직 중대한 교전 시에 총동원만 가능한 상황이다.

둘째, 동원하는 시기에 따라 전시에 동원하는 전시동원, 평시에 동원하는 평시동원으로 나눈다. 또한 평시에 비상사태에 임박한 상황에서 주요 전쟁물자나 장비 등을 생산, 비축하는 '서지Surge'라는 상태가 있다. 이는 전시동원과 평시동원의 중간 형태로 생각할 수 있다.

셋째, 동원대상에 따라 인적동원, 물적동원, 사람과 장비 등을 동시에 동원하는 동시동원으로 나눈다. 예를 들어 중장비와 중장비 운영요원을 함께 동원하는 것이 동시동원에 속한다.

넷째, 규제 정도에 따라 여러 가지로 분류한다. 소유권이 이전되는 수용동원은 주로 소모성 물품 등에 쓰인다. 소유권에는 변화 없이 단지 사용권만 제한하고 동원하는 사용동원의 경우, 사용 후에 반환할 의무가 있다. 주로 토지, 건물, 중장비 시설 등이 사용동원에 해당한다. 마지막으로 '통제운영'은 소유권도 사용권도 침해하지 않고, 국가가 원하는 방향으로 통제하고 운영하면서 동원하는 것을 의미한다. 병원, 방송국의 동원 등에 주로 사용하는 동원방식이다.

이밖에 대상자원, 동원 주체 등에 따라 여러 가지로 국가동원을 분류한다(〈표 10-2〉 참조).

〈표 10-2〉 국가동원의 분류

범위	총동원, 부분동원
시기	전시동원, 평시동원
방법	공개동원, 비공개동원
목적	군수동원, 관수동원, 민수동원
규제정도	수용동원, 사용동원, 통제운영
국력요소	인적동원, 물적동원, 동시동원
대상자원	인원, 물자, 시설, 수송, 산업, 재정금융, 통신, 홍보매체

3. 국가동원과 징발

국가동원과 징발은 여러 면에서 차이점이 있다. 국가동원은 법에 따라 사전에 계획되고, 동원대상을 국가목적·국방목적에 사용하도록 절차에 의해 집행된다. 반면에 징발은 비록 사전에 계획되지 않았고 동원대상으로 지정되지 않았다 하더라도 전투목적상 필요물품이나 인력을 명에 의해 사용하는 것이다. 전투 시 필요한 식량을 주변에서 주인으로부터 받아 사용하거나 병력 이동시 지나가는 차량을 얻어 쓰는 것은 징발에 해당하고, 건설교통부·농림축산식품부의 동원계획에 의해 사전에 지정되어 동원령에 따라 조달된 식량이나 차량은 국가동원에 해당한다. 국가동원은 국가동원령 선포 시 효력이 발생하는 반면 징발의 경우 계엄령 선포 시 효력이 발생하게 된다. 국가동원의 경우 주무부처 장관이 명령권을 가지고 있으며, 징발의 경우 계엄사령관이 명령권을 가지고 있다. 그 차이는 〈표 10-3〉에 나타난 바와 같다.

〈표 10-3〉 국가동원과 징발의 차이

기준	국가동원	징발
목적	국방상 목적을 위한 인적·물적자원의 효율적인 통제 및 운영	군의 작전 수행을 위하여 필요한 물자와 시설 및 권리의 사용
효력발생	국가동원령 선포 시	계엄령 선포 시
사전준비	계획 수립	계획 없음
대상	인적·물적자원	동산, 부동산, 장비 등
명령권자	주무부처 장관	계엄사령관

4. 경제동원

경제동원이란 전시 또는 비상시에 국가목표 달성을 위하여 국가 경제자원을 활용하는 것에 관한 제반조치를 총칭한다. 경제동원은 군수지원과 더불어 전시에 최소한의 민수조달을 목표로 삼고, 이에 따라 산업동원과 민간동원으로 나눈다. 이때 산업동원은 국가의 산업체제 전반을 평시체제로부터 전시체제로 전환하는 것을 뜻하고, 민간동원은 민간에서 일어나는 모든 경제활동을 국가가 의도하는 방향으로 유도하고 통제하는 것이 주된 내용이다. 국가동원과 군사동원 및 경제동원의 관계를 보면, 경제동원과 군사동원은 국가동원의 일부분에 해당한다. 국가동원의 전반적인 구조는 아래의 〈그림 10-2〉와 같다.

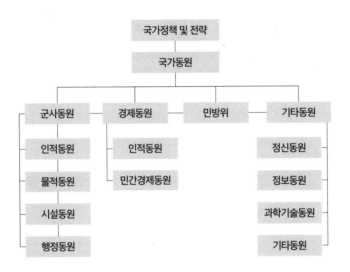

〈그림 10-2〉 국가동원의 구조

5. 동원대상 자원의 구분 (인적·물적자원)

국가동원 시 대상 자원을 인적·물적자원으로 구분하여 동원한다. 주로 인력은 병력과 전시근로소집요원, 기술자격요원으로 동원하고, 물적자원은 군 지원에 필요한 군수품, 국가기관유지에 필요한 물품, 국민생활안정에 필요한 물품 등을 중심으로 동원한다. 국가기능 유지에 필요한 업체도 함께 동원한다. 국가동원 시 동원대상 자원의 구분은 〈표 10-4〉와 같다.

구분		세부내용
인 적 자 원	병력 동원 대상 자원	1. 병력동원 소집: 예비역, 방위병 및 방위소집을 마친 보충역, 교육소집 교육을 마친 보충역 2. 징집·모집: 제1국민역과 미필 보충역 3. 근무소집: 방위소집이 면제된 보충역, 제2국민역
	인력 동원 대상 자원	1. 동원대상 업체 종사자로 20세부터 50세 남자 2. 국가기술자격법, 기타 국내외 법령에 의거 기술면허 및 자격을 취득한 20세부터 60세까지의 남녀 3. 자연과학을 전공한 석사학위 이상의 학위 소지자로 국가, 지방자치단체, 기타 공공단체 및 기업체의 연구기관에 종사하는 20세부터 60세까지의 남녀
물 적 자 원	동원 대상 물자	1. 무기, 탄약, 화약 기타 군용물자 2. 식량/식품, 동물 사료 및 농약 3. 피복류, 피혁류, 고무류, 화공류 기타 공산품류 4. 전기, 연료 및 기기·기구류, 소방기류 5. 자동차, 선박, 항공, 철도, 건설/하역 기타 수송/건물용 장비 6. 토지, 건물, 토목용 물자, 공작물 및 그 부속물자 7. 전산장비, 통신장비, 통신용품, 기타 통신용 물자 8. 방송, 신문, 통신, 영화 및 인쇄시설 기타 홍보용 물자 9. 물의 사용권 10. 광업권, 조항권, 어업권, 특허 및 실용신안권 11. 의약품, 의료기기, 의료기구, 기타 위생물자
	동원 대상 업체	1. 중점관리대상 물자의 생산, 수리, 가공, 수출·입, 보관, 판매 또는 관리에 관한 업무를 수행하는 업체 2. 동력, 운송, 하역, 준설, 통신, 전자, 건설, 의료, 화학, 기계, 금속, 토목, 건축, 금융, 조폐, 인쇄, 보도 관련 업무 수행

III. 주요 국가의 국가동원제도

1. 국가비상사태의 범위

'위기'란 지역사회나 국가의 정상적인 기능이 위협받는 상황을 말한다.
'비상사태National Emergency'란 위기상황에서 지역사회나 국가의 기능을 한곳으로 집중해야 할 경우, 특별한 기능 발휘가 필요한 상황이다. 국가비상사태에는 전쟁, 반란·폭동을 비롯한 사회혼란, 자연적·인위적 재난, 경제위기 등이 모두 포함된다. (〈그림 10-3〉 참조)

〈그림 10-3〉비상사태의 형태

전쟁	·············	적의 침공
사회혼란	·············	내란 폭동 시위(대규모)
경제위기	·············	경제공황 금융·유통혼란
자연재난	·············	기상재해 지변재해(지진)
인위재난	·············	산업재해 교통재해, 환경재해 도시재난

비상대비업무의 범주는 광의적으로 볼 때 군사방위Military Defence에서 민방위Civil Defence 업무까지를 포함한다. 협의적 범주에서 비상대비업무를 볼 때는 군사 분야를 제외한 분야의 전시대비업무와 재난대비업무만을 포함한다. 즉 군사방위는 제외한다. 나라에 따라 비상대비제도에 재난·재해를 국가비상사태의 범위에 두고 비상대비계획을 수립하기도 하고, 한편으로는 제외하기도 한다.

2. 미국의 비상대비제도

미국의 전체적인 비상대비제도의 흐름과 주요 비상대비기구에 대하여 자세히 살펴보면 〈그림 10-4〉와 같다. 국가비상사태에 대비한 기구로 국가안보회의(NSC), 비상동원 준비위원회, 연방비상관리처가 있다.

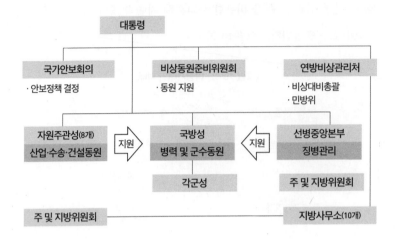

〈그림 10-4〉 미국의 비상대비기구

(1) 국가안보회의

미국의 국가안보회의NSC: National Security Council는 1947년 국가안전보장법에 의하여 설치된 기구로서 국가안보에 관한 최고위 대통령자문기구이다. 국가안보회의는 국가안보와 관련된 국·내외 군사정책 등에 관하여 대통령에게 조언을 하며, 실질적으로 안보정책 관련 사항에 대하여 토의하고 결정하는 기능을 담당하고 있다.

국가안보회의기구는 대통령을 의장으로 부통령, 국무장관, 국방장관 등 중요관료로 구성되어 있으며, 중앙정보국장(CIA), 합참의장, 대통령 국가안보담당보좌관이 배석한다.

(2) 비상동원 준비위원회

비상동원 준비위원회EMPB: Emergency Mobilization Preparedness Board는 동원자원의 효율적 관리를 위하여 1981년 설치된 대통령 직속기관이다. 동원계획 관련부서의 합의제 기관으로서 국가동원방침 설정, 긴급준비태세를 위한 국가계획의 집행 감독, 동원계획 집행과정에서 발생하는 문제점 해결 등의 기능을 수행한다. 대통령 국가안보담당보좌관이 의장을 맡고 있으며 연방비상관리처를 포함한 23개 연방기관의 고급관료(차관급)들이 위원을 맡고 있다. 또한 12개 작업반이 산업동원, 정부유지, 민방위, 비상정보체제 등을 각기 담당한다.

(3) 연방비상관리처

연방비상관리처FEMA: Federal Emergency Management Agency는 1979년 4월 1일 설치되었다. 우리나라의 소방방재청과 비슷한 기능을 한다. 연방비상관리처(FEMA)의 주요업무는 재난을 대비한 계획·준비, 재난 피해 완화, 재난 대응 및 복구활동 등이다. 또한 대규모 재난 발생 시 대통령의 비상사태 선포 또는 재난 선포에 따른 연방정부 지원을 조정하고, 전문적인 재난관리 능력 제고를 위한 훈련 등을 주관한다. 연방비상관리처는 10여 개의 지방사무소와 하와이 및 푸에르토리코에 지역사무분소를 운영하고 있다. 편성은 아래 〈그림 10-5〉와 같다.

〈그림 10-5〉 미 연방비상관리처(FEMA) 편성

3. 이스라엘의 비상대비제도

이스라엘은 비상대비제도가 매우 잘 정비된 나라로 이는 이스라엘의 안보환경과 밀접한 관계를 가지고 있다. 첫째, 지리적으로 이스라엘은 주변이 아랍국으로 포위되어있고 국토가 협소하며 국력을 키우기 힘들다. 둘째, 역사적으로는 2,000년간 나라 없이 유랑하고, 제2차 세계대전을 거치면서 나치에 의하여 혹독한 민족적 수난을 겪었다. 셋째, 종교적으로도 배타적인 유대교를 믿어 타민족의 박해와 도전을 받으며, 주변 아랍국들과 종교적으로 분쟁이 심하다.

나라 없는 설움과 대학살의 경험은 어떠한 위기에서도 국가를 수호해야 한다는 강한 의지를 갖게 하고, 그 생존의지가 국가비상대비제도를 더 강하게 만든 면이 있다.

이스라엘은 국민이 곧 군대라는 개념을 갖고 있고, 평소에는 최소의 상비군만을 유지하다가 전시에 국가총동원을 실시하는 총력전 준비태세를 취하고 있다. 유사시에는 국민이 총동원되어 단기간에 거대한 군으로 변한다. 이스라엘의 동원 및 비상대비기구는 군의 총참모부이다. 총참모부는 비상대비 계획 및 집행에 관한 총괄적인(병력, 물자동원, 민방위) 임무를 수행

〈표 10-5〉 이스라엘의 주요 비상대비 내용

구분	내용
동원 지휘체계	· 지휘체계가 일원화되어 있고, 비상대비계획과 집행을 총괄함
병력동원	· 상비군 17만, 동원예비군 55만(24시간 내에 동원) · 거주지 중심 지역단위로 동원편성
물자동원	· 수송, 공병, 건설장비, 급유, 병원 ※ 전투 기본장비 및 물자 부대별로 전량확보
물자비축	· 모든 전투장비 및 보급품100% 확보저장 ※ 전투부대 편제상 3일분의 탄약, 연료, 수리부속 확보
민방위	· 현역군 위주로 지휘부구성, 필요시 군사작전 임무수행
대피시설	· 시설 신축 시 각종 대피시설 설치를 법제화

하고 현역 지휘계통으로 동원 및 비상사태태세를 일원화하고 있다.

이스라엘의 주요 비상대비내용은 〈표 10-5〉와 같다.

(1) 이스라엘 동원제도의 주요 내용

병력동원

이스라엘의 예비군 편성은 연령별로 가드나, 제1예비역, 제2예비역, 민방
위대 등 네 가지 역종으로 분류된다. 가드나는 어린학생들로 구성된 우리
나라의 과거 학도호국단과 비슷하다. 주로 14~17세 남녀 고교생과 특기
소지자로 편성되어 준군사훈련을 받는다. 제1예비역은 동원병력의 핵심
으로 현역을 필한 남녀 정예자원으로 구성된다. 연령은 남자 21~39세,
여자 20~25세이다. 제1예비역은 현역과 비슷한 최전방 공격임무를 수행
한다. 제2예비역은 제1예비역을 필한 40~44세 남성으로 편성되어있다.
제2예비역의 주된 임무는 후방지역방어로 제1예비역의 보조적인 임무를
수행한다. 마지막으로 민방위대는 예비역을 필한 45~54세 남성과 지원
자로 편성되며 생활거주지의 민방위임무를 수행한다. 이스라엘은 비상사
태 시 24시간 이내 50만 병력을 동원할 수 있으며, 예비군은 제1·2예비
역을 중심으로 동원한다.

또한 이스라엘의 예비군은 기능별로 동원예비군, 지역방위군, 후방 긴
요요원으로 나뉘어 각자 맡은 임무를 수행한다. 각 기능별 임무는 다음의
〈표 10-6〉과 같다.

〈표 10-6〉 예비군의 기능별 편성과 임무

편성	임무
동원예비군	제1·2예비역을 중심으로 편성하며 공격부대로 지상군의 주력군을 형성
지역방위군	국경지대 전략촌과 내륙 취약지역에 거주하는 제1·2예비역, 민방위대를 통합하여 편성
후방 긴요요원	국가 주요 산업기관에 종사하는 자를 필수요원으로 지정하여 전시에 동원되지 않고 산업군으로 근무하도록 편성

물자동원

이스라엘의 물자동원을 살펴보면 군 작전에 필요한 대부분의 장비가 동원계획에 의해 지정되어있고, 전쟁예비물자도 확보하여 비축해 놓고 있다. 먼저 장비동원을 살펴보면 버스나 트럭 같은 수송장비는 평시에 소요량의 40%를 확보하여 운영하고, 전시에는 나머지 소요의 60%를 목표로 동원한다. 트랙터나 불도저 같은 공병·건설장비는 동원예상목표 소요의 90%를 동원하고, 평시 10%를 확보 운영한다.

수송 및 공병·건설장비를 제외한 모든 전투장비 및 보급품을 편성대별로 100% 확보하여 저장해 놓았고, 속전속결 전략을 위하여 전투부대에 편제상 3일분의 탄약, 연료, 기타 부속품 등 여러 가지 물자를 확보하여 비축하고 있다.

〈표 10-7〉 장비동원의 주요 내용

구분	품목	목표	평시 확보
수송장비	버스, 트럭	소요의 60% 동원	평시에 40% 확보운영
공병·건설장비	트랙터, 콤프렛샤, 도자, 그레이더, 크랏샤	소요의 90% 동원	평시에 10% 확보운영

(2) 이스라엘의 동원 사례

이스라엘은 4차에 걸친 중동전쟁을 치르는 동안 모두 국가동원체계를 활용했고, 이는 전쟁 승리에 절대적인 역할을 했다.

시나이전쟁

1956년 이집트의 나세르Gamal Abdel Nasser가 대통령으로 취임하면서 수에즈 운하의 국유화를 선언하자 경영권을 소유한 영국과 프랑스, 이스라엘이 이집트에 공격을 감행한 전쟁으로 제2차 중동전쟁으로도 불린다. 영국, 프랑스, 이스라엘은 이 전쟁에서 승리했지만, 미국과 소련의 압력으로 1956년 11월 정전이 이루어지고 점령지에서 철수하기로 약속했다. 유엔 (UN)과 각국의 압력에 의해 이스라엘군은 1957년 3월 시나이 반도에서 철수를 완료했고, 이집트의 수에즈 운하 국유화가 인정되었다.

시나이전쟁 당시의 동원과정을 시간별로 보면 다음의 〈표 10-8〉와 같다.

〈표 10-8〉 시나이전쟁 시 동원단계별 병력동원

D-3	D-2	D-1	D-Day / D+1
기갑여단 동원	기타부대 동원	요르단과 시리아 전선에 부대 집결	시나이로 전환 공격

동원에 힘입어 전력을 증강한 이스라엘은 이를 바탕으로 전쟁을 승리로 이끌었다. 시나이전쟁 시 북부 및 중부방어는 동원된 병력이 큰 역할을 했다. 나할, 키브츠, 모사브를 지역방위부대로 활용했고, 이외에도 동원여단, 2개의 증원대대, 4개의 장년동원 예비대대, 3개의 현역 국경수비대, 2개의 지역사 전차대대가 전투가 치열하지 않은 전장인 북부와 중부지역을 맡아서 주로 방어임무를 수행했다.

6일전쟁

당시 시리아와 이스라엘 간에는 골란 고원$^{Golan\ Heights}$을 둘러싸고 긴장이 고조되고 있었다. 1967년 4월, 이스라엘이 일방적으로 제1차 중동전쟁 이후 비무장지대로 설정된 골란 고원 일대에 농작물을 경작한다는 조치를 발표하여 시리아의 감정을 악화시키게 되었다. 이것이 계기가 되어 6일전쟁, 즉 제3차 중동전쟁이 발발했다.

이 전쟁에서 놀라운 사실은 이스라엘이 동원을 개시하여 전쟁을 끝나고 복원하는데까지 걸린 시간이 29일 밖에 되지 않았다는 것이다. 이스라엘의 선제공격과 속전속결이 큰 역할을 한 전쟁이었다. 동원에서 복원까

〈그림 10-6〉 6일전쟁 시 동원과 복원과정

지의 과정은 〈그림 10-6〉과 같다.

　반면에 치열한 전투지역인 남부지역에서는 최정예 정규군과 정예 예비 사단이 중심이 되어 전투를 치렀다. 그 당시 남부사령부 전투부대를 살펴보면 다음과 같다. 2개의 공수여단, 6개의 보병여단, 3개의 기갑여단, 총 참모부 예비 2개 여단 등 총 13개 여단으로 남부사령부가 구성되었고, 주공으로서 역할을 다했다.

4. 스위스의 비상대비제도

스위스는 무장중립국으로 역사적으로 국가동원체계를 잘 확립하고 적절히 활용했다. 스위스는 지리적으로 주변이 독일, 프랑스, 오스트리아, 이탈리아 등의 강국으로 둘러싸여 있고, 국토는 험난한 산악지형이다. 그러나 국가의 독립과 수호의지는 어려운 황경 속에서도 강하게 자리 잡고 있다. 스위스는 국민개병주의에 의한 군사력 건설을 기본개념으로 삼아, 평상시에는 상비군 3,500명만 유지하지만, 유사시에는 48시간 이내에 국가총동원에 의해 63만 명의 대병력을 갖추게 된다.

(1) 주요 동원제도

병력동원(민병제도)

20세부터 모든 남성에게 병력의무를 부과한다. 대상자는 입대 후 소정기간 신병훈련을 받고, 그 후 일단 제대하여 거주지를 중심으로 편성된 민병에 편입된다. 민병은 평시 사회생활을 영위하다가 유사시에 동원을 하여 병력으로 운영한다. 민병의 복무기간은 비교적 길어 사병은 30년(20~50세), 장교는 40년(20~60세)간 복무하고, 이후에는 민방위 의무를 부과하고 있다.

물자동원

물자동원은 기본적으로 군의 기본장비를 완전히 갖추기 위해 사전에 준비된 계획에 따라 동원하여 사용한다. 동원지정물자에 대해 사전에 영장을 교부하고 동원장비 소유주에 대해서는 동원기관에 신고하고 주기적으로 확인·검사하는 수검의무를 부과하고 있다. 기본 동원물자에 포함되지 않은 부수물자 보충을 위한 수시동원, 재난 등으로 인한 긴급동원도 실시한다.

수송장비는 전시 소요의 66%를 민간차량으로 동원하고 식량 및 연료는 400일분, 탄약은 90일분을 비축하는 것을 동원목표로 삼고 실천하고 있다.

또한 스위스는 대피시설을 중요시 여기고 있는데, 대부분의 건물 신축에 대피시설 설치를 의무화하고 정부가 이를 지원하기도 한다. 이에 대한 자세한 내용은 〈표 10-9〉에 나타난 바와 같다.

〈표 10-9〉 대피시설 종류 및 정부지원

구분	내용	정부지원
개인용	아파트, 주택 공연장, 학교, 교회, 공장	개인: 50% 연방정부: 50%
공공용	개인용 대피시설이 미비한 지역 상업중심지, 교통요충지	지방정부: 70% 연방정부: 30%
지휘용	민방위 지휘기구 통신, 공기정화, 제독, 급수, 화장실	지방정부: 70% 연방정부: 30%
의료용	병원, 기타 응급처치소	연방정부: 30~70% 지방정부: 잔여

(2) 스위스 국가동원 사례

스위스의 확고한 국가동원체계가 국가를 위기에서 구한 사례가 세 번 있었다.

첫 번째는 1870년 보불전쟁 당시, 초기에는 우세했으나 후기에는 열세에 빠진 프랑스군이 전세를 역전시키고자 스위스를 통해 독일로 진격하려고 했다. 이때 스위스는 국가동원령을 발령하고 5개 사단을 동원하여 프랑스군의 월경 시도를 저지했다.

두 번째 사례는 제1차 세계대전 시에 있었다. 당시 독일, 프랑스, 오스트리아, 이탈리아 등 참전국들이 국경을 침범할 기미를 보이자 스위스는 국가동원령을 발령했다. 1914년 7월 울리히 빌레Ulrich Wille 장군을 총사령관으로 임명하고 25만 명의 예비군을 소집하여 결국 침략을 막아냈다. 또 한 번 확고한 국가동원체계가 국가를 구한 것이다. 이때는 스위스에 본부를 둔 적십자사의 혜택도 보았고 양 진영의 회의장소 제공이라는 명분 때문에 중립을 유지한 면도 있었다.

세 번째로 제2차 세계대전 시 스위스는, 독일이 폴란드를 침공하기 전인 1939년 8월에 전쟁을 대비하여 국가동원령을 발령했다. 앙리 기장Henri Guisan 장군을 총사령관으로 40만의 예비군을 소집하고, "만일 독일이 스위스를 침공한다면 유럽 여러 나라를 잇는 모든 도로망, 터널, 다리, 교통시설 등을 파괴하겠다"는 결의를 보였다. 이에 독일은 스위스를 침공해 점령하더라도 도로망과 기타 시설이 모두 파괴된 상태에서는 아무런 이득이 없고, 그 과정에서 희생도 적지 않을 것으로 판단하고 침공을 포기했다. 이처럼 스위스는 확고한 국가동원체계 확립과 군은 결사항쟁 의지로 국난을 극복했다.

Ⅳ. 한국의 국가동원제도

1. 비상대비제도 연혁

1962년 12월에 개정된 제3공화국 헌법 87조에 의해 처음으로 국가안정보장회의(NSC)가 설치되었고, 1963년 12월 국가안전보장회의법이 제정되고 사무국이 설치되었다. 이후 1965년 2월에 민방위개선위원회가 설치(대통령령 제2053호)되고, 1966년 5월에 국가동원체제위원회로 개편(대통령령 제 2537호)이 되었다.

실제로 비상대비제도 정비에 힘을 기울인 것은 1968년 북한 무장공비의 청와대 기습사건인 1·21사태 이후의 일이다. 1968년 2월 27일 국무총리를 반장으로 하는 충무계획반이 구성되어 방호, 정부 및 주민이동, 동원전시교육, 구호, 방위, 전시법령의 6개 분야, 71개 세부과제를 선정하여 비상대비제도 개선에 힘썼다. 1968년 7월 5일 최초로 국가비상대비 연습인 태극연습을 경복궁에서 실시하고 관계부처별로 자체 충무계획을 수립했다. 1968년 10월 1일에는 향토예비군이 설치되었고, 1969년 3월 23일 비상기획위원회가 출범하여 같은 해 12월 정부 전체에 적용되는 충무계획지침을 작성함으로써 충무계획의 체계적인 수립 기반을 조성했다.

미국의 닉슨 대통령 집권 이후 '아시아 각국은 스스로 안보를 책임져야 한다'는 새로운 안보전략, 즉 '닉슨 독트린'이 발표되었다. 우리나라에서는 위기감이 고조되어 여러 안보상의 조치와 행동이 이루어졌다. 그 일환으로 1969년 3월 25일 종전의 태극연습을 을지연습으로 개칭하여 청와대에서 실시했으며, 1971년 12월 27일에는 국가동원령 선포에 관한 내용이 담긴 '국가보위에 관한 특별조치법'을 제정했다. 이어 1974년 8월 16일에는 비상대비업무 종합지침인 '충무계획기본지침(대통령 훈령 제38호)'을 제정했다.

제5공화국 출범 후 1981년 12월에 '국가보위에 관한 특별조치법'은 폐기되고, 1984년 8월에 평시 비상대비 법률인 '비상대비 자원관리법'(법률 제3745호)으로 대체되었다. 또 비상기획위원회는 대통령직속기관에서 국무총리 보좌기관으로 변경되었다. 1986년 6월부터 비상기획위원회가 맡았던 국가안전보장회의 의사업무는 1998년 9월 정부조직 개정으로 국가안보회의 사무처로 이관되었다. 이후 비상대비기구에는 큰 변화가 없다가, 2008년 이명박 정부 들어 정부조직 개편으로 40년간 국가비상대비업무를 담당하던 비상기획위원회는 해체되고, 행정안전부 재난관리실로에 흡수되었다. 2013년 박근혜 정부에서는 부처 명칭을 안전행정부 안전관리본부로 개칭했다.

2. 국가동원법의 변천 및 문제점

우리나라 동원법의 변천을 살펴보면 다음과 같다. 의원내각제에서 대통령중심제로 바뀐 제3공화국 헌법 제73조에 "국가의 안위에 관계되는 중대한 교전상태에 있어서 국가를 보위하기 위하여 긴급한 조치가 필요하고 국회의 집회가 불가능한 때에 한하여, 대통령은 법률의 효력을 가지는 명령을 발할 수 있다"라는 긴급명령권 조항이 신설되었다.

1970년대 초 안보위기가 고조됨에 따라 1971년 12월 '국가보위에 대한 특별조치법'이 제정되었다. 동법에 국가동원령 규정을 넣어 평시 법령 하에서도 동원령을 발령할 수 있는 법적 근거를 마련했다. 이 법은 ①비상사태 하에서 국방상의 목적을 위하여 필요한 경우 대통령은 국무회의의 심의를 거쳐 전국에 걸치거나 또는 일정한 지역을 정하여 인적·물적자원을 효율적으로 동원하거나 통제 운영하기 위하여 국가동원령을 발할 수 있게 했다. ②평시에도 동원대상, 동원인원 및 동원물자, 동원의 종류, 기관을 지정하고 이를 위한 조사를 할 수 있게 했다. ③또한 대통령이 동원대상 지역 내의 토지 및 시설의 사용과 수용에 대한 특별조치를 할 수 있도록 규정했는데, 이는 국민의 권리를 크게 침해할 수 있는 조항이었다.

비상대권적인 요소가 많이 포함된 '국가보위에 대한 특별조치법'은

1981년 12월에 폐지되었고, 1984년 4월 대체 법령으로 '평시 비상대비 자원관리법'이 제정되어 오늘에 이르고 있다.

1987년 10월 9차 개정한 현행 헌법 제76조에서는 ①항과 ②항에서 긴급명령을 발할 수 있다고 규정하고 있다.[1] 이 긴급명령권을 법적 근거로 삼아 전시에 사용할 여러 개의 전시법령이 마련되어 있다. 이 중 하나가 '전시자원관리에 관한 긴급명령'인데, 이 명령 제13조에 국가동원령 선포 규정이 있다. 이 조항이 국가동원령을 선포할 수 있는 법적인 근거이다.

우리나라 국가동원의 가장 큰 문제는 법률조항이 너무 엄격하게 규정되어 있어 적기에 동원령 선포가 어려운 것이다. 헌법 제76조 ②항에 따르면 '중대한 교전상태 시'에 긴급명령을 발할 수 있고, 이후 동원령을 선포할 수 있다. 그런데 '중대한 교전상태'가 광의로는 사전경고, 전쟁의 지하행동 등도 포함하지만 협의로는 '전쟁' 그 자체로 한정되기 때문에, 이로 인하여 동원령 선포가 적기에 이루어지지 못할 수도 있다. 따라서 '중대한 교전상태 시'를 '전시, 사변 또는 이에 준하는 비상사태 시'로 변경하고, 확대된 의미로 규정할 필요가 있다. 또한 동원의 융통성의 보장이라는 차원에서 총동원뿐만 아니라 부분동원, 사전동원이 가능토록 법령을 개정할 필요가 있다.

---

1 현행 대한민국 헌법 제76조
① 대통령은 내우·외환·천재·지변 또는 중대한 재정·경제상의 위기에 있어서 국가의 안전보장 또는 공공의 안녕질서를 유지하기 위하여 긴급한 조치가 필요하고 국회의 집회를 기다릴 여유가 없을 때에 한하여 최소한으로 필요한 재정·경제상의 처분을 하거나 이에 관하여 법률의 효력을 가지는 명령을 발할 수 있다.
② 대통령은 국가의 안위에 관계되는 중대한 교전상태에 있어서 국가를 보위하기 위하여 긴급한 조치가 필요하고 국회의 집회가 불가능한 때에 한하여 법률의 효력을 가지는 명령을 발할 수 있다.
③ 대통령은 제1항과 제2항의 처분 또는 명령을 한 때에는 지체없이 국회에 보고하여 그 승인을 얻어야 한다.
④ 제3항의 승인을 얻지 못한 때에는 그 처분 또는 명령은 그때부터 효력을 상실한다. 이 경우 그 명령에 의하여 개정 또는 폐지되었던 법률은 그 명령이 승인을 얻지 못한 때부터 당연히 효력을 회복한다.
⑤ 대통령은 제3항과 제4항의 사유를 지체없이 공포하여야 한다.

3. 안보 및 비상대비기구와 계획

우리나라에서는 안보관련 최고 기관으로 헌법 제91조에 의해 국가안전 보장회의가, 비상대비 자원관리법 제4조에 의해 비상대비업무 총괄 및 조정 보좌기구로 안전행정부 안전관리본부가 설치되어있다.

국가안전보장회의(NSC)는 국가안전보장에 관련되는 대외정책, 군사정책 및 국내정책 수립에 관하여 국무회의 심의에 앞서 대통령에게 자문하는 기구이다. 국가안전보장회의를 통해 처리된 주요사항으로는 1964년 베트남 파병, 1976년 판문점 도끼만행사건, 1983년 버마 아웅산 묘소 폭파사건, 1991년 걸프전 영향, 1994년 북핵 및 김일성 사망관련 대책, 2004년 이라크 파병, 2010년 천안함 폭침, 연평도 포격, 2012년 북한의 장거리미사일 발사 등이 있다. 국가안전보장회의는 대통령을 의장으로 국무총리, 외교부장관, 통일부장관, 국방부장관, 국가정보원장과 대통령이 정하는 약간의 위원으로 구성된다. 필요시 관계부서의 장長, 안보회의 상근위원, 합동참모회의 의장, 그 밖에 관계자가 출석하여 발언할 수 있다.

최근에는 박근혜 정부 출범 후 국가안보에 관한 대통령의 직무를 보좌하기 위하여 국가안보실을 설치했다. 과거 비상대비 총괄기관이었던 비상기획위원회는 안전행정부로 흡수되었다. 현재는 안전행정부가 비상대비 업무에 관하여 국무총리의 비상대비업무를 조정·보좌하는 총괄 기관이다. 비상대비에 관련하여 전시 전쟁수행지원, 비상대비업무의 총괄조정, 비상대비교육 및 훈련, 비상대비조사연구, 국가종합상황실 운영 등의 역할을 한다.

비상대비계획은 크게 충무계획, 전시 민방위계획, 전시 계엄계획, 응전자유화 계획으로 나뉘며 계획체계 및 주관하는 기관은 〈표 10-10〉과 같다.

각급 정부기관의 비상대비체계는 국무총리, 각 부처, 청, 시·도 순으로 이루어지며, 충무계획은 비상계획관이나 민방위 담당관이 총괄 조정만 하고, 계획의 작성 및 관리는 각 부서별(실, 국, 과별)로 한다.

〈표 10-10〉 주요 비상대비 계획

구분	계획체계	주관
충무계획	· 기본계획지침 · 기본계획 · 집행계획 · 시행계획 · 실시계획	비상기획위원회 비상기획위원회 주무부처 시·도 및 특별 행정기관 시·군·구 및 업체
전시 민방위계획	· 기본계획 · 집행계획 · 시·도계획, 시·군·구 계획	행정자치부 주무부처 해당기관
전시 계엄계획	· 계엄계획 · 시행계획	국방부 합동참모본부(전 육군본부)
응전자유화계획	· 기본계획 · 집행계획 · 부록계획	통일부 통일부 각 원·부처

4. 충무계획

충무계획은 여러 비상대비계획 중 국가적 차원의 전쟁대비계획이다. 충무계획의 최우선 목표는 전시 군사작전 지원이며, 정부기능 유지, 국민생활 안정이 또 다른 목표이다.

충무계획의 작성체계는 다음과 같다. 국무회의의 의결과 대통령의 재가를 얻어 충무기본계획지침이 확정되면 안전행정부가 충무기본계획을, 각 부처는 국무총리의 승인 하에 충무집행계획을 수립한다. 이에 맞추어 청 및 시·도 별로 시행계획을, 시·군·구 별로 실시계획을 수립한다.

5. 충무사업 및 훈련

충무사업이란 국가비상사태에 대비하여 전쟁초기에 소요되는 주요 물자를 비축하고, 방호·대피시설, 안보관련 시설물을 확장하며, 자원조사, 교육훈련, 연구개발 등을 통하여 비상대비능력을 확장하는 일이다. 충무사업은 여러 가지 사업으로 구성되어 있으나 크게 물자비축, 시설방호, 시설

확장으로 나뉜다.

물자비축은 전시에 필요한 전략물자를 90일분 이상 비축하고, 긴요물자를 초기단계 긴급소요량만큼 비축하는 것이다. 물자비축사업의 대상은 ①해외수입에 의존하는 긴요물자, ②국가중요시설의 긴급복구자재, 전시구호물자, 긴요 약품, ③전시 증원경찰장비 및 장구 등이다.

시설방호사업은 국가 중요시설과 국민생활에 필요한 필수시설을 보강하여 전시피해를 최소화하는 것으로 중앙부처, 청, 시, 도, 전시필수통신 및 방송시설, 기간산업, 중요물자보호시설 등이 주된 대상이다.

시설확장사업은 통신·방송·수송·전력·급수시설 등을 보강하여 군사지원역량을 제고하는 것이다. 시설확장사업의 대상은 국가기간통신망, 방송중계장비 보강, 주보급로 우회도로 개발, 집단 아파트 단지 인구조밀지역의 저수조 및 정화시설 확보 등이다.

충무사업의 주요 내용을 살펴보면 다음과 같다. 전시대비 비축 긴요물자는 양곡, 석유류, 의약품, 긴급복구 장비 등이 있다. 양곡의 경우 권역별로 비축하고, 수도권의 경우 일정 소요량을 농협창고나 하나로마트 같은 유통저장시설에 상시 비축한다. 석유류는 위험에 대비하여 G-1, K-1, T-1, U-1, U-2, 여수, 평택 LNG 기지 등 여러 곳에 분산하여 비축한다. 의약품 및 의료용품의 경우 변질성 문제로 인하여 대용혈액 등을 순환 비축하고, 철도·교량·항만·방송·통신 등 기간산업시설의 긴급복구 자재 등을 비축한다. 전시에 전투경찰을 전투요원으로 전환할 수 있도록 전시 전환 장비류 또한 비축한다.

방호대피시설로 각 시·도에 벙커, 녹지발전소, 이동변전차 등을 설치한다. 또한 비상활주로, 각종터널, 잠수교, 지하철, 지하상가, 송유관 등을 설치·관리하여 비상시에 대비하고 있다.

동원령의 상태(충무사태)는 3단계로 구분하여 나타낸다. 충무사태는 전투태세인 데프콘과 비슷하게 진행된다. 충무 3종사태 발령은 데프콘 3 단계와 비슷하며, 전쟁도발 징후가 현저히 증가할 때 발령한다. 이때는 공무원 비상근무령 발령, 중요시설 방호강화, 동원업체 전시전환 준비 등의 조치사항이 시행된다. 충무 2종사태 발령은 데프콘 2와 비슷한 단계로 전쟁위협이 일층 농후할 때 발령한다. 이때의 주요 조치사항으로는 임시국회 소집, 전시법령 공포, 정부기관 소산 및 이동 등이다. 충무 1종사태는 데프콘 1 단계로 전쟁 긴박단계에 발령한다. 계엄령 선포, 주민·차량통제 강화, 전시국민 생활안정대책 등의 조치사항이 시행된다(〈표 10-11〉 참조).

〈표 10-11〉 충무사태 단계와 주요 조치사항

구분	상황	주요조치사항	비고
충무 3종사태	전쟁도발 징후 현저히 증가	· 공무원 비상근무령 발령 · 중요시설방호강화 · 동원업체 전시전환 준비	시행준비 DEF-3
충무 2종사태	전쟁 위협 가일층 농후	· 임시국회 소집 · 전시법령공포 · 정부기관소산 및 이동	일부시행 DEF-2
충무 1종사태	전쟁임박단계	· 계엄령선포 · 주민·차량통제강화 · 전시 국민생활안정대책 시행	전면시행 DEF-1

국가비상사태, 특히 전쟁을 대비한 국가연습으로 을지연습과 충무연습 등이 있다. 을지연습은 충무계획의 실효성을 점검 검토·보완하고 관계요원의 전시임무 수행절차를 숙달시키기 위하여 매년 정기적으로 정부에서 실시하는 연습을 말한다. 을지연습 기간에 충무계획의 실효성을 점검하고 전시 동원절차를 숙달하며 전시 국민생존훈련을 실시한다. 을지연습은 비상대비 자원관리법 및 동시행령 근거로 시행된다. 또한 대통령훈령 제43호의 비상대비 업무 종합지침, 국무총리훈령 제215호 정부 훈련예규도 근거가 되고 있다. 1968년 7월 태극연습이라는 이름으로 국가연습이 최초로 이루어졌고, 이듬해 을지연습으로 개칭되어 지금까지 국가적인 연습으로 실시되고 있다.

CHAPTER 11

민군관계

INTRODUCTION
TO MILITARY
STUDIES

김병조 | 국방대학교 안보정책학과 교수

서울대학교 사회학과를 졸업하고 동 대학교 대학원에서 사회학 석사 및 박사학위를 받았다.
1993년부터 국방대학교 교수로 재직하고 있다. 군대와 사회 외에 북한사회와 사회안보 분
야를 연구·교육하고 있다.

I. 서론

군사학은 크게 군 내부의 작동원리를 탐구하는 연구와 군과 외부환경 간의 상호작용 관계를 탐구하는 연구로 구분할 수 있다. '민군관계^{civil-military relations}'는 군과 외부 환경의 상호작용에 대한 연구를 대표하는 영역으로 정치학 및 사회학에서 주로 연구가 이루어졌다.

군은 확고한 군사안보를 위해 군사적 효율성^{military efficiency}을 추구하는 조직이다. 군의 입장에서 보면 민군관계란 군이 군사적 효율성을 추구하는데 필요한 정치사회적 환경을 의미한다. 민군관계가 원만해야 군이 주어진 역할을 제대로 수행할 수 있다. 그러나 민군관계가 항상 원만한 것은 아니다. 국가 무력을 독점한 강력한 권력집단인 군이 해당 권력을 자의적으로 사용하거나, 정치사회환경과 상치되는 정책을 추구하는 경우, 군은 민과 갈등관계를 형성한다.

정치학에서는 시민사회를 보호하기 위한 전문가집단인 군이 막강한 힘을 잘못된 방향으로 사용하면 오히려 시민사회의 안전을 위협할 수 있다는 점에 초점을 맞추어 민군관계를 연구해왔다. 이를 통해 시민사회가 군을 통제하는 '문민통제^{civilian control}' 관련 이론이 발전했다. 한편 사회학에서는 군이 수행하는 군사안보 기능이 사회의 다른 집단이 수행하는 기능과 다르다는 점을 주목한다. 군이 자신의 특수성에 집착하면 군과 사회가 이질화되고 심지어는 군이 사회로부터 고립될 수 있음을 우려하면서, '민군통합^{civil military integration}'의 중요성을 강조해왔다.

본장에서는 정치학적 전통과 사회학적 전통 모두를 포함해 민군관계 연구를 제시하고자 한다. 실제 민군관계는 '군과 정치', '군과 (시민)사회' 양측을 모두 포괄하기 때문이다. 이를 위해 먼저 민군관계 연구의 영역과 쟁점을 밝힌 다음, 이어서 주요 이론을 살펴보고 마지막에는 민군관계 이론의 최근 발전 경향을 소개한다.[1]

II. 민군관계 연구의 영역과 쟁점

〈그림 11-1〉을 통해 민군관계 연구의 영역과 쟁점을 구체적으로 살펴보면 다음과 같다.[2] 첫째, 시민사회 속에 군대(또는 군대사회)가 존재함을 알 수 있다. 민군관계 연구가 특정 국가의 국내문제를 중심으로 이루어짐을 의미한다.[3] 그러나 군대를 포함한 시민사회가 진공상태에 존재하는 것이 아니라 특정 안보환경에 둘러싸여 있음을 잊지 말아야 한다. 민군관계 연구는 주로 국내문제를 다루지만, 안보환경이 해당 국가의 민군관계 전체에 상당한 영향을 미치고 있기 때문이다.[4] 특히 군대는 기본적으로 외부로부터의 위협에 대응하기 위한 집단이기 때문에, 안보환경에 따라 군대가 갖는 정치사회적 특성이 달라진다. 따라서 특정 국가의 민군관계를 연구할 때는 해당 국가가 어떠한 안보환경 아래 놓여있는지 고려해야 할 것이다.

둘째, 군대(사회)는 국가 무력을 관리·운영하는 특수한 기능을 수행하기 때문에 시민사회의 여타 부분과 구별된다. 그렇지만 군대도 결국 시민사회에서 발생한 것이다. 그림에서 보듯이 군대와 시민사회는 서로 격리되어 있는 것이 아니라 경계를 맞대고 결합되어 있다. 이러한 점을 새삼 지적하는 것은, 군대와 사회를 분리해서는 제대로 민군관계가 발전할 수 없다는 상식적이고 기초적인 내용을 강조하기 위해서이다. 극단적인 상

---

1 한국의 민군관계를 포함하여 개별 국가의 민군관계에 대한 실증연구도 매우 중요한 연구영역이나, 이 글에서는 이론적 논의를 중심으로 서술하고자 한다.

2 이 부분은 김병조, "21세기 한국 민군관계의 바람직한 모델," 『한국의 민군관계: 역사적 변천과 미래』(국방대학교 안보대학원 학술세미나 발표논문집, 2006), pp.58-62를 재정리한 것이다.

3 경우에 따라서는 그림과 달리 시민사회 밖에 군대가 존재할 수도 있다. 식민 모국의 군대가 식민지에 주둔하는 경우, 또는 시민사회가 자신의 안보를 다른 나라 군대에 전적으로 의존하는 경우가 이에 해당하지만 매우 예외적이다.

4 안보환경이 일방적으로 시민사회나 군대에 영향을 미치는 것은 아니다. 군대와 시민사회가 상호작용을 하는 것처럼 안보환경과 시민사회, 군대는 서로 영향을 주고받는다. 그러나 보통은 시민사회나 군대가 안보환경에 미치는 영향보다 안보환경으로부터 받는 영향이 크다.

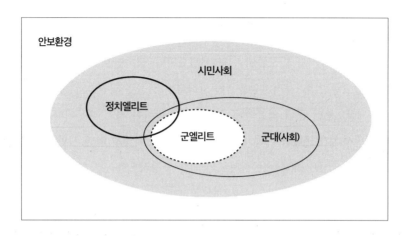

황을 가정해보자. 군대가 시민사회가 지향하는 가치와 정반대 가치를 추구한다면 시민사회가 군대를 지원하겠는가? 군대가 시민사회의 동의 없이 필요한 인적·물적자원을 동원하려 한다면 민군관계가 원만하겠는가? 역으로 군대가 본연의 기능을 수행하는데 필요한 물질적·정신적 지원을 시민사회가 제대로 하지 않는다면 적절한 민군관계를 유지할 수 있겠는가? 그런 경우가 계속되면 극단적으로 시민사회 전체가 정상적인 체제로 작동하지 못하게 될 것이다. 민군관계가 원만해야 해당 국가나 사회를 안전하게 유지할 수 있는 것이다.

여기서 민군관계 연구의 쟁점을 시민사회의 입장과 군대의 입장으로 구분해서 제시하면 다음과 같다. 시민사회 입장에서 보면 시민사회의 보호 요구를 군대가 충족하거나 충족하려고 노력할 때 군대의 존재가 정당화된다.[5] 그런 점에서 군대가 국가나 시민사회가 지향하는 가치를 제대로

---

5 우리나라의 경우는 국군의 사명을 헌법에 명시함으로써 군대의 존재를 정당화하고 있다. 한국군은 "국가의 안전보장과 국토방위의 신성한 의무를 수행"하기 위해 존재한다(대한민국 헌법 제5조 2항). 그런데 군이 국가안전을 보장하는 유일한 수단은 아니다. 보다 정확하게 말하면 군은 국가를 안전하게 지키기 위한 '무력수단'이며, 정치나 외교 등 '모든 국가안보 요소=국가안전을 보장하기

추구하는가, 군대가 시민사회를 제대로 보호하고 있는가, 또는 어떻게 하면 군대가 보다 적절하게 기능할 것인가 하는 것이 민군관계 연구의 쟁점이 된다.

군대 입장에서도 민군관계 연구가 필요하다. 군사안보 기능을 수행하는데 필요한 인적·물적자원을 시민사회로부터 선뜻 지원받기 위해서는, 시민사회로부터 군대 역할의 중요성을 인정받아야 하기 때문이다. 따라서 시민사회가 군대를 어떻게 평가하고 있는가, 어떻게 하면 시민사회가 군대의 중요성을 제대로 인식하고 군대를 긍정적으로 평가할 것인가 등이 민군관계 연구의 쟁점으로 부각한다.

셋째, 〈그림 11-1〉을 보면 시민사회 속에 정치엘리트가 있고, 군대 속에도 별도의 군엘리트가 있다. 특히 정치학에서 정치엘리트와 군엘리트의 관계는 민군관계 연구의 핵심 쟁점이다. 그러나 여기서 유의해야 할 점이 있는데, 정치엘리트와 시민사회 간의 관계가 권위주의 체제이냐, 민주주의 체제이냐, 아니면 사회주의 체제이냐에 따라 정치엘리트와 군엘리트가 맺는 관계 양상이 근본적으로 다르다는 점이다.[6]

권위주의 체제하에서 정치엘리트는 시민사회로부터 지배의 정당성에 대해 끊임없는 도전을 받으므로, '무력 수단'을 관리하는 군대를 시민사회의 도전을 억압하는데 활용하려는 유혹에 빠지기 마련이다. 특히 군엘리트가 정치엘리트를 겸하는 군사정권의 경우, 보다 적극적으로 군대를 지배도구로 활용하는 경향이 있다. 따라서 권위주의 체제에서 민군관계 연구의 쟁점은 '언제, 왜 군이 정치에 개입하느냐'는 것이다. 이때 군의 정치 개입을 주도하는 군엘리트의 정치성향이나 군엘리트와 정치엘리트의 관계 등도 연구 쟁점이 된다.

위한 수단'이 된다.

6 정치엘리트와 시민사회의 관계는 민군관계 연구영역이 아니지만, 해당 국가 민군관계에 큰 영향을 미치는 요인이다.

한편, 민주주의 체제하에서 정치엘리트는 권위주의 체제에서와 달리 시민사회로부터 '정당성이 없다'는 식의 존재 자체에 대한 근본적인 도전을 받지 않는다. 다수 시민의 지지를 받는 집단이 정치엘리트를 형성하기 때문이다. 시민사회가 선거를 통해 정치엘리트를 교체할 수 있기 때문에, 민주주의 체제에서 정치엘리트는 군대보다 시민사회에 관심이 많고, 시민사회로부터 보다 많은 '표'를 확보하는데 주력한다. 그런 점에서 민주주의 체제에서는 정치엘리트가 군대를 지배의 도구로 활용하려는 유혹이 줄어든다. 따라서 민주주의 체제하에서는 군엘리트가 정치에 개입하지 않도록 하는, 군에 대한 문민통제에 관심이 모인다. 물론 이 경우 '통제를 하지 않으면 군대가 정치에 개입하는가?'라는 기본적인 의문이 가능하다.[7] 하지만 군대가 보유하고 있는 가공할 '무력'을 비합법적인 방법으로 사용하거나 그것을 구실로 삼아 정치에 개입한다고 했을 경우, 정치엘리트는 물론 시민사회의 어느 집단도 감히 대항하지 못할 것임은 자명하다. 따라서 만일의 경우를 가정한 것이기는 하지만, 민주주의 체제에서는 효과적인 문민통제 방안을 모색하는 것이 민군관계 연구의 핵심 쟁점이 된다. 여기에는 군을 합법적이고 제도적으로 통제하는 방안이 무엇인가를 탐구하는 연구를 위시하여, 군을 시민사회와 국가를 위해 어떻게 효과적으로 활용할 것인가, 그렇게 하기 위해서 정치엘리트와 군엘리트는 어떠한 관계를 형성해야 하는가 하는 쟁점이 포함된다.

그리고 사회주의 체제 국가에서 민군관계 연구는 일반적으로 군과 시민사회의 관계에 대해서는 관심이 적은 반면, 정치엘리트와 군엘리트 간의 관계 분석에 초점을 둔다. 이는 사회주의 체제가 정치엘리트가 속한 '당'이 시민사회의 의사를 수렴하고 대변한다고 전제하고 있기 때문이다. 즉 이론

---

7 여기서 정치란 시민사회의 자원을 동원하고 배분을 결정하며 사회집단의 세력분포를 변화시키는 일련의 활동을 말한다. 이러한 활동에 군이 비합법적으로 관여하는 것을 '군의 정치개입'이라 말한다.

적으로 사회주의 체제에서는 정치엘리트와 시민사회 간에 갈등이 존재하지 않는다.[8] 따라서 사회주의 체제에 대한 민군관계 연구는 '당군관계party-military relations'라는 용어로 이루어지는 경향이 있다. 이때 당군관계 연구의 쟁점은 당과 군이 협력적인가 아니면 갈등을 빚는가 하는 데 초점을 둔다. 마오쩌둥이 중국 공산주의혁명 과정에서 '공산당과 주민'의 관계를 '물고기와 물'의 관계로 비유한 것처럼 군과 일반 시민 간의 원만한 관계를 강조하기도 한다. 북한의 경우도 군과 민의 협력관계를 매우 강조하고 있다. 그러나 북한이 민군관계라는 용어 대신 '군민관계'라는 용어를 사용하는 데서 알 수 있듯이, 시민사회의 발전보다는 체제 유지를 위해 군을 앞세우고 민이 군에 협력하고 따라야 한다는 점을 일차적으로 강조하고 있다.

III. 민군관계 이론

민군관계 이론은 앞에서 살펴본 민군관계의 연구영역 중에서 어디에 초점을 두느냐에 따라 다양하게 제시할 수 있다. 여기에서는 '안보환경과 민군관계', '군의 정치개입', '민주주의 사회의 문민통제'에 관련된 주요 이론을 정리해 소개한다.

1. 안보환경과 민군관계

(1) 라스웰의 병영국가론

라스웰Harold D. Lasswell은 1937년 중국 베이징대학교 방문교수로 있으면서 행한 강연에서 향후 '병영국가garrison state'가 '시민국가civilian state'를 대치할

---

8 물론 사회주의 국가 외부에서의 사회주의 민군관계 연구에는 시민사회와 군의 갈등관계 분석이 포함된다.

수 있다고 주장했다. 이후 그는 기존의 논지를 확장하여 보다 세밀한 형태로 병영국가론을 개진한다.[9]

라스웰은 당시 일본이 병영국가 특성을 가장 많이 갖춘 국가라고 생각했다. 쇄국정치를 포기하고 서구에 문호를 개방한 이래, 일본은 군사력 증강에 국력을 집중했다. 그 결과 일본은 국민생활을 포함하여 국가의 모든 활동이 전쟁을 준비하는 데 초점을 맞추게 되고, 민군관계 면에서 군부가 의회의 정치적 통제를 벗어날 정도로 군부 우위 국가가 되어 버렸다.

그리고 군사기술 혁신으로 인해 이러한 민군관계 변화가 일본에 국한하지 않을 것이라는 점이 라스웰이 병영국가론을 주장하는 근거가 되었다. 라스웰은 군사기술, 특히 항공전aerial warfare의 발전에 주목했다. 전장에서 물리적으로 멀리 떨어진 민간인이라 할지라도 더 이상 안전하지 않게 된 것이다. 더구나 현대전에서는 무차별 폭격이 이루어지기 때문에 민간인 사상자가 군인 사상자보다 많아졌다. 그 결과 민·군 할 것 없이 모든 사회구성원이 전쟁의 두려움 속에 살게 되었다. 이토록 전쟁의 위협이 큰 상황에서는 전쟁을 준비하고 수행하는 것이 국가의 가장 중요한 일이 된다. 이러한 관점에서 라스웰은 '거래 전문가specialist of bargaining'인 기업가가 지배하는 사회에서 '폭력 전문가specialist on violence'인 군인이 우월한 시대로 전환될 것이라고 진단했다.

병영국가란 국가에서 폭력을 다루는 사람이 중요해지고, 폭력 전문가인 군인이 사회에서 가장 힘센 집단인 국가를 말한다. 이때 군인이 권력집단이 된다는 점에서 병영국가는 군사독재와 비슷하다. 그러나 병영국가에서는 군인뿐만 아니라 민간인을 포함한 사회구성원 모두가 전쟁 수행을 중심으로 국가가 운영되는 것을 수용하고 받아들인다는 점에서, 체제의 정당성 면에서 군사독재와 큰 차이가 있다.

---

9 Harold D. Lasswell, "The Garrison State," *The American Journal of Sociology*, vol. 46, No, 4 (1941), pp.455-468.

라스웰의 병영국가론은 사회이론 측면에서 실제 민군관계 연구에 큰 영향을 끼쳤다. 당시는 인류가 군사형 사회에서 산업형 사회로 이행할 것이고 기업가가 사회 발전을 주도할 것이라는 스펜서[H. Spencer]의 낙관적인 전망이 주를 이루었기 때문에, 라스웰의 비관론은 지식인 사회에서 매우 큰 반향을 일으켰다. 제2차 세계대전이 끝난 후 동서간의 첨예한 군사적 대립이 지속되면서 핵무기가 확산되고 미사일 기술이 발전하는 가운데, 실제 민군관계 측면에서 라스웰이 묘사한 병영국가와 같은 모습이 여러 곳에서 감지되었다.

그러나 민주주의 국가를 포함하여 모든 국가가 병영국가로 변할 수 있다는 라스웰의 도발적인 주장은 많은 반론을 받기도 했다. 대표적으로 헌팅턴[Samuel P. Huntington]은 라스웰이 "군인이 민간인보다 전쟁과 폭력을 선호하고 민주주의를 반대할 것이라는 편견을 갖고 있으며, 방법론적으로도 세계를 '평화와 번영' 또는 '전쟁과 파괴'라는 단순한 2분법으로 구분"했다고 비판한다.[10] 실제 역사의 발전과정을 되돌아보면 세계가 병영국가로 바뀔 것이라는 라스웰의 예측이 맞았다고 할 수는 없지만, 일부 국가가 라스웰이 기술한 병영국가와 같은 특성을 보여주는 것도 부정할 수 없다. 더구나 대량살상무기가 확산되고 테러 발생의 두려움이 지속되는 안보환경에서는 병영국가 형태로 민군관계가 변할 수도 있을 것이다. 그런 점에서 병영국가론은 민군관계의 한 유형으로 지속적으로 연구할 가치가 있다고 평가할 수 있다.

(2) 데슈의 국내외 위협과 민군관계

라스웰은 안보환경이 악화되면 군인 주도의 민군관계가 형성된다고 주장했지만, 이와 대립하는 주장도 존재한다. 안드레스키[Stanislav Andreski]는 국외

---

10 Samuel P. Huntington, *The Soldier and the State: The Theory and Politics of Civil-Military Relations* (Cambridge: Harvard University Press, 1957), pp.345-350.

위협의 증가가 군에 대한 문민통제를 강화하고 반대로 전쟁이 없거나 전쟁을 준비하지 않는 군인은 국내정치에 간섭하려는 유혹에 빠진다고 주장했다.[11]

이상과 같은 두 가지 대립되는 주장을 배경으로 데슈^{Michael C. Desch}는 국내외 위협과 민군관계의 관계를 연구했다.[12] 국가 전체에 대한 국외위협이 존재하면 군을 포함한 시민사회가 단결하게 되고, 모두의 관심이 외부에 집중된다는 것이다. 반면에 국내위협이 군에 영향을 미치게 되면, 군이 지지하는 민간독재를 창출하거나 군사정권이 등장하기 쉽다고 주장했다. 이러한 입장에 근거하여 데슈가 국내외 위협과 민군관계 사이에 설정한 구조적 모형은 〈표 11-1〉과 같다.

국외위협이 높고 국내위협이 낮은 국가는 가장 안정적인 민군관계를 유지한다(a). 국내위협이 낮고 국외위협이 높은 상태에서는 군인뿐만 아니라 민간인 지도자도 국외위협 감소에 관심을 집중한다. 이때는 국제정치를 잘 알고 경험이 많은 민간지도자에게 힘이 실린다. 민과 군은 애국심으로 뭉치게 되고, 군인은 국외위협 중 군사적 위협에 대응하는 데 주력하게 된다.

〈표 11-1〉 국내외 위협과 민군관계

		국외위협	
		높다	낮다
국내위협	높다	c. 나쁜 민군관계	d. 최악의 민군관계
	낮다	a. 좋은 민군관계	b. 중간적 민군관계

자료 Michael C. Desch, *Civilian Control of the Military*, p.14.

---

11 Stanislav Andreski, *Military Organization and Society* (Berkeley: University of California Press, 1968) 참조.

12 Michael C. Desch, *Civilian Control of the Military* (Baltimore: The Johns Hopkins University Press, 1999) 참조.

대조적으로 국외위협이 낮고 국내위협이 높은 국가는 최악의 민군관계를 갖는다(d). 민간인 지도자는 국가안보에 관심이 없고, 민간 행정기구는 약하고 분열현상을 보인다. 이 경우 민간인 일부가 국내 갈등에서 군에 편승하기도 한다. 궁극적으로 민군 간 생각과 이념에 큰 차이가 생기면서, 군은 문민통제에 따르지 않고 정치에 빈번하게 개입하게 된다.

데슈의 구조 모형에서 애매한 경우가 국외위협도 낮고 국내위협도 낮은 경우(b)와 국외위협도 높고 국내위협도 높은 경우(c)이다. 국내외 위협이 모두 낮은 경우 민간인 지도자는 군사문제에 대한 식견이나 경험, 관심이 낮을 것이다. 또한 위협이 없기 때문에 민간기구들의 응집력도 낮을 것이다. 국내외 위협이 낮기 때문에 군인들 역시 응집력이 낮아 집단행동을 야기하기 힘든 상황이다. 하지만 민군이 서로 조화를 이루는 상태는 아니다. 민군이 모두 내부적으로 분열된 이와 같은 상태에서는 낮은 수준의 민군 갈등이 발생할 가능성이 높다. 민군관계는 중간에서 민간 우위 사이에 존재하게 된다(b).

국내외 위협이 모두 높은 경우도 복잡하다. 이 경우 문민통제가 이루어질 수도, 그렇지 않을 수도 있다. 일단 국내위협이 높기 때문에, 민간지도자는 군대를 자기편에 두려고 한다. 국내외 위협이 모두 높은 상태에서 민간기구는 의견 차이로 분열되어 있고, 반면에 군대는 단결되어 있다. 이러한 경우 군대는 다음 두 가지 행동이 가능하다. 한 가지는 군대가 스스로 국내정치로부터 멀어지는 경우이다. 이 경우 민간지도자와 군인 간에 생각이 다르지만, 민간 우위 민군관계를 어느 정도 유지할 수 있다. 다른 경우는 민간지도자가 위협에 대한 군인들의 생각을 받아들이는 경우이다. 이 경우 민군 간에 같은 생각을 하지만, 군에 대한 문민통제가 어려워진다. 국내외 높은 위협 상황에서 군대가 보다 통합되고 합의된 행동을 할 수 있기 때문이다(c).

데슈의 이론에 대해서도 비판이 존재한다. 데슈는 국내외 위협이 민군관계를 결정하는 중요한 독립변수라고 판단했다. 그러나 실제 상황은 데슈가 상정한 것처럼 국내외 위협을 '높다', '낮다'로 명확히 구별하기 어려운 경우가 대부분이다. 따라서 특정한 사례를 제외하면, 일반적인 민군관계를 분석하는 데 데슈의 이론은 크게 도움이 되지 않는다. 하지만 국내외 위협의 정도가 특정 국가의 민군관계에 상당한 영향을 미친다는 데슈의 주장은 설득력이 있다. 그런 점에서 특정 국가의 민군관계를 분석하는 데 국내외 위협 정도를 하나의 변수로 고려하는 것은 매우 중요한 가치가 있다고 판단된다.

(3) 모스코스의 포스트모던 밀리터리론

1989년 베를린장벽 붕괴와 2년 후 소비에트 연방의 해체로 대표되는 냉전시대의 종막은 국제질서의 근본을 바꾼 크나큰 안보환경 변화라고 할 수 있다. 모스코스Charles C. Moskos와 버크James Burk는 민족국가nation-state 개념이 약화되면서 냉전시대와 다른 민군관계가 형성될 것으로 보고 이를 '포스트모던 밀리터리Post-Modern Military'라는 개념으로 포착했다.[13] 그리고 모스코스는 미군이 포스트모던 밀리터리를 대표한다고 주장하면서 포스트모던 밀리터리의 특징을 〈표 11-2〉와 같이 제시했다.[14]

민군관계 변화에 초점을 맞추어 포스트모던 밀리터리의 특징을 제시하면 다음과 같다. 첫째, 소련의 해체로 세계전쟁의 가능성이 낮아지면서, 군 임무도 국토 방어에서 다국적 평화유지활동이나 인도적 지원으로 강조점이 바뀌게 되었다. 군이 국가존립에 필수적이지 않은 국제 분쟁에 개

---

13 포스트모던이라는 개념은 1960년대 건축학에서 시작되어, 1970년대 문화비평, 1980년대 사회이론으로 확대되었다. '포스트모던 밀리터리' 개념은 다음 문헌에서 처음 등장한다. Charles C. Moskos and James Burk, "The Postmodern Military," in James Burk, ed., *The Military in New Times: Adapting Armed Forces to a Turbulent World* (Boulder, Colorado and Oxford: Westview, 1994), pp.141-162.

14 Charles C. Moskos, "Toward a Postmodern Military: The United States as a Paradigm," in Charles C. Moskos, John Allen Williams and David R. Segal, eds., *The Postmodern Military: Armed Forces After the Cold War* (New York: Oxford University Press, 2000), p.15.

입하게 되면서, 군이 이러한 분쟁에 개입해야 하는지, 개입하는 근거가 무엇인지, 또한 분쟁을 어떻게 종결해야 하는지에 대한 군의 관심이 높아졌다. 그 결과 군인-정치인, 군인-학자의 필요성이 증대했다. 이는 민군관계에서 군이 정치에 무관심해야 한다는 전통적인 입장과 어긋나는 현상이라 할 수 있다.

둘째, 정보통신기술의 발전으로 미디어를 통해 전투장면을 볼 수 있게 되었고, 군 내부적으로는 여성과 민간인의 비중 및 역할이 증가하게 된다. 그동안 군이 유지해오던 민간인과 구별되는 규범 및 조직문화를 더 이상은 고집할 수 없게 되었다. 군 문화와 민간인 문화 사이에는 어느 정도 차이가 존재하기 마련이다. 따라서 여성과 민간인 역할의 증가는 민군 간에 갈등을 야기하게 된다. 과거 부대업무를 자신의 일이라고 생각하고 참여하는 등 군대와 통합되어 살아가던 군인 배우자도 점차 군과 관계를 맺지 않게 되었고, 군대 규모를 축소하면서 군 복무를 경험한 시민이 줄어들었기 때문에, 민군 갈등을 중간에서 조절할 수 있는 완충집단은 크게 줄어든다. 그 결과 1990년대 미국에서는 민군관계에 '위기[crisis]'가 존재한다는 논의가 광범위하게 이루어졌다.[15]

한편, 모스코스 등은 미국을 위시로 해서 서구 군대가 포스트모던 밀리터리로 변할 것이라고 주장했지만, 2001년 발생한 9·11테러와 지속되는 국제 테러 및 2003년의 이라크전쟁은 포스트모던 밀리터리 이론의 적절성에 의문을 가하게 했다. 대표적으로 포스터[Anthony Forster]는 유럽 국가에서 여성의 증가나 민간인 비중 확대 등 포스트모던 밀리터리 특성이 보편적으로 발견되기도 하지만, 모든 국가가 미국식 모델로 발전하는 것이 아니라 국가별로 다양한 발전양식이 존재한다는 결론을 내린다.[16] 하지만 급

---

15 '위기'라는 표현이 빈번하게 사용되었지만, 당시 미국에서 민군관계 갈등이 '문민통제'를 근본적으로 위협할 정도는 아니었다고 판단한다.

16 Anthony Forster, *Armed Forces and Society in Europe* (New York: Palgrave Macmillan, 2006) 참조.

시기	모던 (냉전 이전) 1900-1945	후기 모던 (냉전기) 1945-1990	포스트모던 (냉전 이후) 1990년 이후
위협에 대한 인식	적의 침입	핵전쟁	민족분쟁, 테러리즘 등
군대 구조	대중군, 징집병 중심	대규모 군 전문직업	소규모 군 전문직업
주요 임무	본토 방어	동맹 지원	평화유지, 인도적 지원 등
지배적인 군 전문직업 유형	전투지휘관	경영자, 기술자	군인-정치인, 군인-학자
군에 대한 국민의 태도	지지 (제2차 세계대전)	상반되는 감정 (베트남전쟁)	무관심 * (모병제 이후)
미디어 관계	군에 통합	군이 조정	군이 초청
여성의 역할	별도 군 또는 배제	부분적 통합	완전 통합
민간인 고용자	소수 구성	중간 구성	다수 구성
배우자와 군대	통합	부분적 참여	분리

* Moskos는 '무관심'으로 판단했으나, 9·11테러 이후 지지로 변했을 수 있음.
자료 Charles C. Moskos, "Toward a Postmodern Military: The United States as a Paradigm," p.15에서 발췌.

격한 안보환경의 변화나 가치관의 변화가 해당 국가의 민군관계에 영향을 미친다는 이론적 입장, 그리고 21세기 민군관계 변화 연구에 중요한 기준점을 제공했다는 점에서 포스트모던 밀리터리 이론의 가치는 충분하다고 할 것이다.

2. 군의 정치개입 이론

(1) 프레토리아니즘

민군관계 연구에서 가장 오랫동안 그리고 가장 많이 연구된 부분이 군의 정치개입에 대한 것이다. 특히 제2차 세계대전 이후 독립한 신생국가에서 군부가 쿠데타를 통해 민간정치에 개입하는 경우가 빈번하게 발생하면서, 이 분야에 대한 연구가 많이 이루어졌다.

많은 경우 군의 정치개입은 '프레토리아니즘Praetorianism'으로 설명된다. 프레토리아니즘이란 로마 시대 근위대가 정치에 개입했던 것에서 유래한다. 로마 초대 황제인 옥타비아누스Octavianus는 국내 소요에 대비하여 자신과 정부를 보호하기 위해 엘리트 장교단인 근위대praetorian guard를 구성했는데, 시간이 흐르면서 근위대는 독자적인 권력을 갖게 된다. 정부는 근위대의 지지 없이는 존재할 수 없게 되었고, 심지어는 근위대가 황제를 바꾸기도 했다. 현대적인 의미에서 프레토리아니즘은 군이 불법적인 방식으로 정치에 개입해서 권력을 장악하고 국가를 통치하는 것을 의미한다.

헌팅턴은 군부가 정치에 개입하는 원인이 군대의 사회적·조직적 특성이 아닌, 해당 사회의 정치적·제도적 구조에 있다고 설명한다.[17] 정치가 불안정하고 타락하면 각종 정치세력이 현 체제에 불만을 갖고 권력과 지위의 분배과정에 개입하려 한다. 그런데 정당정치가 제도화되지 못한 국가에서는 이러한 정치세력의 개입이 파업, 시위, 폭력 등의 무질서한 형태로 나타난다. 정치세력들은 적나라한 대립관계를 형성하게 되고, 어떤 정치제도나 정치지도자, 정치집단도 갈등을 조절하는 합법적 조정자로서 인정되거나 허용되지 않는다. 이때, 군대가 정부를 운영할 수 있는 유일한 조직적인 행위자로 부각한다. 폭력을 독점적으로 관리하고 있다는 점에서 유리한 입장에 있는 군대가 권력을 장악하게 된다는 것이다.

헌팅턴이 군의 정치개입을 군대가 속한 사회의 정치적·제도적 구조에서 찾았다면, 파이너S. E. Finer는 해당 국가의 정치문화수준이 군의 정치개입과 관련된다고 주장한다.[18] 구체적으로 파이너는 해당 사회에서 정당성legitimacy을 어떻게 간주하느냐에 따라 정치문화의 수준을 4등급으로

---

17 Samuel P. Huntington, *Political Order and Changing Societies* (New Haven: Yale University Press, 1968) 참조.

18 S. E. Finer, *The Man on Horseback: The Role of the Military in Politics*, 2nd edition (Baltimore: Penguin Books, 1975). 초본은 1962년에 발간되었으나, 여기서는 1975년 개정판을 참고했다.

서, 이 분야에 대한 연구가 많이 이루어졌다.

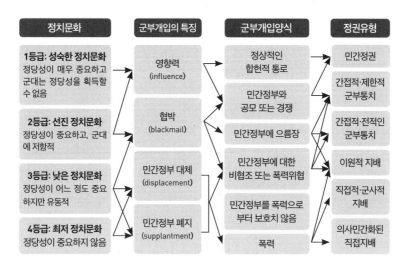

<그림 11-2> 정치문화수준과 군부개입

정치문화	군부개입의 특징	군부개입양식	정권유형
1등급: 성숙한 정치문화 정당성이 매우 중요하고 군대는 정당성을 획득할 수 없음	영향력 (influence)	정상적인 합헌적 통로	민간정권
2등급: 선진 정치문화 정당성이 중요하고, 군대에 저항적	협박 (blackmail)	민간정부와 공모 또는 경쟁	간접적·제한적 군부통치
		민간정부에 으름장	간접적·전적인 군부통치
3등급: 낮은 정치문화 정당성이 어느 정도 중요하지만 유동적	민간정부 대체 (displacement)	민간정부에 대한 비협조 또는 폭력위협	이원적 지배
		민간정부를 폭력으로 부터 보호치 않음	직접적·군사적 지배
4등급: 최저 정치문화 정당성이 중요하지 않음	민간정부 폐지 (supplantment)	폭력	의사민간화된 직접지배

자료 S. E. Finer, *The Man on Horseback: The Role of the Military in Politics*, p.152에서 부분 수정.

구분하고, 각 단계에서 나타나는 군부 정치개입의 특징과 결과를 〈그림 11-2〉와 같이 정리했다.

파이너는 정치문화수준이 낮으면 군대가 정치에 개입하고, 정치문화수준이 높으면 군대가 정치에 개입하지 않는다고 주장한다. 이상과 같은 설명은 공리적이어서 특정 국가에서 군대가 정치에 개입할 것인지를 예측하는 데는 도움이 되지 않는다. 하지만 파이너는 군대가 정치에 개입하게 되는 원인(동기)과 결과(정권 형태) 사이에 정치문화라는 매개변수를 설정함으로써 군대의 정치개입을 보다 입체적으로 분석했다고 평가할 수 있다.

(2) 에드먼즈의 정치관여론

파이너의 논의에서 일부 시사되고 있지만, 정치문화가 성숙한 국가에서도 군대는 정치와 무관하지 않다. 성숙한 정치문화 국가에서 군대는 정치에 '영향력influence'을 미치고 있다. 여기서 영향력이란, 민간 권력의 우월성이 유지되는 상태에서 군대가 이성과 정서에 호소하여 합법적으로 민간 당국을 설득하는 것을 말한다. 국가 무력을 독점적으로 관리하는 권력기 관인 군대가 정치와 긴밀한 관계를 맺고 있는 것이 현실이다. 이러한 관점에서 군대와 정치 간의 상호작용은 매우 일상적이고 당연한 것으로 보아야 한다.

따라서 에드먼즈Martin Edmonds는 군이 비합법적으로 정치에 개입하는 것은 억제하되, 군이 정책 결정에 정당한 영향력을 미치는 것은 인정해야 한다는 입장을 취한다.[19] 이에 그는 군과 정치의 관계를 부정적인 관점에서 파악하는 '정치개입intervention'이라는 개념 대신 중립적인 '정치관여involvement'라는 개념을 사용할 것을 주장한다.

그리고 에드먼즈는 군대의 정치관여 동기, 장려 · 억제요인, 방식, 결과로 세분하여 제시한다. 첫째, 군이 정치에 관여하는 동기는 크게 '군대에서 비롯한 것'과 '사회에서 비롯한 것'으로 구분한다. 군대에서 비롯한 동기는 군 조직 및 군인의 이익(처우, 사기, 장비, 개인 · 집단 · 각 군의 야망, 정부지지 상실 등)과 관련된 것이다. 군대가 사회에서 비롯한 동기로 정치에 관여하는 경우는 다시금 해당 동기가 사회 전체를 대표하는 국가이익에서 비롯한 경우와 사회의 특정 부분에서 비롯한 경우로 구분된다. 헌법에 근거하거나 정부의 정당한 요청에 의해 군대가 정치에 관여하는 경우가 국가이익에서 비롯된 군의 정치관여 양식이다. 또한 시민의 지지를 바탕으로 잘못된 정부나 부패한 정부에 대항하여 군대가 정치에 관여하는 경우도 이에 포함된다. 여기서 국가 전체가 아닌 '사회 특정 부분'이라 함은 특정 계급, 특정 지역이나 종족, 특정 이익집단 등 매우 다양하게 상정할 수 있다.

둘째, 동기가 있다고 해서 자동적으로 군대가 정치에 관여하는 것은 아니다. 사회에 따라 군대가 정치에 관여하는 것을 장려하는 요인이 광범위하게 존재하는 경우가 있고, 반대로 군대가 정치에 관여하는 것을 억제하

---

19 Martin Edmonds, *Armed Services and Society* (Boulder & San Francisco: Westview Press, 1990) 참조.

는 요인이 강하게 존재하는 경우도 있다. 물론 대부분의 국가에서는 군대가 정치에 관여하는 것을 장려하는 요인과 억제하는 요인이 혼재하고 있다(〈표 11-3〉 참조).

〈표 11-3〉 군의 정치관여를 장려·억제하는 요인

장려요인	억제요인
· 국제적 지지 · 행정적 효율성 · 무력의 독점 정도 · 조직 응집력 · 군대 비중이 큰 경우 · 비정당성(non-partisan) · 국가 독립의 상징성	· 군국주의를 반대하는 정치문화 · 정당성의 정도 · 군전문직업주의 전통 · 군대의 정치적 경험이 취약한 경우 · 시민의 물리적 저항 강도

자료 Martin Edmonds, *Armed Services and Society*, p.102에서 발췌 작성

셋째, 군대의 정치관여 방식은 크게 '영향력'과 '개입'으로 구분된다. 이중 영향력은 앞에서 언급한 것처럼 합법적이며 군대의 정상적인 활동에 속하나, 개입은 군대의 부당한 정치관여로 비판의 대상이 된다. 에드먼즈는 영향력과 개입 모두 직접적 방법과 간접적 방법으로 구분하여 제시한다. 군대의 영향력은 정부 및 정당을 대상으로 입법과정에서 공식·비공식적 로비를 통해 발휘된다. 간접적 방식은 군이 직접 나서지 않고 예비역 단체나 기타 민간인을 매개로 활용하는 방식이다. 군의 정치개입 역시 직접적 방식과 간접적 방식으로 구분하는데, 군의 직접적인 정치개입에는 쿠데타를 통해 민간정부를 대체하거나 스스로 정치에 참여하는 것 등이 포함되고, 간접적인 정치개입 방식에는 민간정부 지시를 불이행하거나 무력을 사용하겠다고 정부를 협박하는 것 등이 포함된다.

에드먼즈는 파이너의 연구를 일반 이론으로 확장했다고 평가할 수 있다. 그러나 에드먼즈의 정치관여론은 고려할 변수가 지나치게 많다는 한계가 있어, 특정 국가 군대의 정치개입을 사전에 예측하기란 매우 어렵다.

반면에 고려해야 할 변수를 포괄적으로 제시했기 때문에, 특정 국가에서 발생한 군사개입의 원인을 사후 분석하는 데는 매우 유용한 지침서로 활용할 수 있을 것이다.

3. 민주주의 사회의 문민통제 이론

(1) 헌팅턴의 문민통제 이론

군의 정치개입 이론이 제2차 세계대전 후에 독립한 신생국의 민군관계에 대한 연구를 중심으로 발전되어 왔다면, 선진 민주주의 국가의 민군관계 연구는 문민통제와 관련된 논의를 중심으로 이루어졌다.[20] 문민통제라는 용어는 종종 '민간인에 의한 군인의 통제'라는 식으로 오해를 받는다. 이에 문민통제가 무엇을 의미하는지 먼저 살펴보고 나서 문민통제 이론을 검토하기로 한다.

문민통제란 용어가 민간(엘리트) 권력이 군엘리트 권력보다 우월함을 의미한다고 알려진 것은, 민군관계의 대가 헌팅턴이 문민통제란 "민간인과 군 집단의 상대적 권력에 대한 것이다. … 군인 집단의 권력을 감소시킴으로써 문민통제가 가능하다"고 기술한 데서 비롯한다.[21] 하지만 헌팅턴이 문민통제 방식을 분석한 것은 민주주의 사회에서 정치와 군대의 관계를 정립하기 위해서라는 점을 상기해야 한다.

대의민주주의 체제에서 시민사회의 의지는 시민이 '선출한elected' 정치엘리트가 갖고 있는 것으로 상정된다. 반면, 군엘리트는 시민에 의해 선출된 것이 아니라 어디까지나 군사에 대한 전문성을 기초로 '선발된not elected, but selected' 자이다. 민주주의 사회가 추구하는 권력의 정당성 면에서 볼 때, 군엘리트가 정치엘리트의 정당성을 능가할 수는 없다. 이렇게 보면 헌팅

---

20 이하 내용은 김병조, "21세기 한국 민군관계의 바람직한 모델," pp.72-75를 수정한 것이다.

21 Samuel P. Huntington, *The Soldier and the State: The Theory and Politics of Civil-Military Relations*, p.80.

턴이 말하는 문민통제란 바로 민주주의 정체에서 군에 대한 정치의 통제, 즉 '국민주권을 이념으로 하는 민주주의 사회에서 시민들이 선출한 정당한 정치체제가 군대를 통제한다'는 것으로 이해해야 한다. 그렇지 않고 민간인에 의한 군대의 통제라는 의미로 문민통제 개념을 사용한다면 '문민통제'와 '민주적 통제'의 연관성은 낮아진다. 이 경우 문민통제는 민주적 통제의 필요조건이지만, 문민통제가 바로 민주적 통제는 아니다.[22]

역사적으로 미국은 군대가 민주주의 발전에 걸림돌로 작용한다는 믿음 때문에 전시에 군대를 소집하고 전쟁이 끝나면 군대를 해체하는 전통을 갖고 있었다. 하지만 제2차 세계대전 후 찾아온 냉전체제는 미국으로 하여금 막강한 상비군을 유지하지 않을 수 없게 했다. 이런 상황에서 군대가 미국 민주주의 발전을 저해하지 않게 하려면 어떻게 해야 하는가? 이러한 질문에 대하여 헌팅턴이 바람직한 민주적 통제방식으로 제시한 것이 '객관적objective' 문민통제이다. 객관적 문민통제란 직업군인을 '전문직업인profession'으로 보고 군사전문성을 극대화하면, 군이 자신의 업무에 전념하면서 정치에 개입하지 않을 것이라고 보는 것이다. 이처럼 정치와 군대가 분리되면 정치엘리트는 안보·국방목표를 설정하고 정책을 입안하는 한편, 군엘리트는 군사작전을 구상하고 수행하는 데 전념한다. 그 과정에서 정치는 군사작전에 영향을 미치지 않고, 군대는 정책에 영향을 미치지 않는다. 결국 군엘리트가 '군사'라는 자신의 전문적인 업무영역에 전념한다면 정치에 무관심할 뿐 아니라 '정치적으로 중립'적일 것이라는 점의 그의 논지이다.

그리고 헌팅턴은 군에 대한 '주관적subjective' 문민통제의 위험성을 다음과 같이 설명한다. 주관적 문민통제란 특정 정치지도자나 사회계급의 힘을 극대화하고, 군엘리트 및 군대가 그들의 통제를 받는 것을 말한다. 그

---

22 예컨대 사회주의 체제에서 당에 의한 군대 통제는 문민통제이기는 하지만 민주적 통제는 아니다.

러나 군이 주관적 통제를 받게 되면 정치엘리트가 군엘리트의 전문성을 무시하고 군사작전 분야에까지 관여하는 경우가 발생하고, 군엘리트 역시 자신의 진급을 비롯한 신분보장을 위해 군사전문성을 제대로 주장하지 못하게 된다. 또한 군엘리트가 특정 집단에 주관적으로 충성을 바친다면 민간 엘리트집단 간에 군을 둘러싼 권력투쟁이 발생할 수도 있으며, 군이 특정 집단의 통제 대상임을 자임한다면 군대의 정치적 중립성이 훼손되며 급기야 민주주의 체제를 위협할 수도 있다. 주관적 문민통제가 군의 정치적 중립성을 훼손함으로써 궁극적으로는 국가안보가 위기에 처하게 된다는 논리이다.

이상과 같은 논리에 기초하여 객관적 문민통제 이론을 많은 나라에서 바람직한 민군관계 발전모델로 간주해왔다. 하지만 헌팅턴의 이론 역시 보편적 이론이라고 할 수는 없다. 헌팅턴은 주관적 문민통제가 민주주의에 맞지 않다고 했지만, 스위스 같은 경우에는 민주주의 체제에서 주관적 문민통제를 유지해나가고 있기 때문이다.

헌팅턴의 문민통제 이론이 민군관계 연구에 미치는 영향력이 매우 컸던 만큼, 그의 이론에 대해서 많은 비판도 있어왔다. 그중 대표적인 두 가지를 제시하면 다음과 같다. 첫째는 헌팅턴의 기본적인 민군관계 인식에 대한 비판이다. 헌팅턴은 민·군을 대립적으로 보고, 강력한 군대는 국가안보에 위협이 될 수 있다는 가정 아래 논지를 전개하고 있다. 그러나 기능면에서 보면 민·군은 대립적인 관계가 아니라 보완적인 관계에 있다. 따라서 민과 군을 분리해야 한다는 객관적 문민통제는 오히려 민과 군을 소원케 해서 민군 갈등을 야기할 수 있다는 비판을 받게 된다. 둘째는 전문직의 특성에 대한 헌팅턴의 해석을 둘러싼 논의이다. 헌팅턴은 자신들의 이익보다 '사회적 책임성social responsibility'을 중시하는 것이 전문직의 특성이라고 규정하고, 군 또한 그러한 특징을 갖고 있다고 주장한다. 따라서 군을 전문직업화하면 군대의 정치개입은 사라질 것으로 본 것이다. 그러나 전문직이 사회적 책임성을 우선한다는 그의 주장은 현실이 아니라 '그

래야 한다'는 당위를 나타내는 것에 불과하지 않느냐는 비판을 받는다. 군
전문직업주의가 자동적으로 문민통제로 이어지는 않는다.

하지만 여러 비판에도 불구하고, '군사안보를 위해 군사력을 효율적으
로 사용해야 하는 군대의 특성과 민주주의를 지향하는 사회적 가치 간에
충돌이 발생할 수 있으며 이를 원만하게 해결하는 것이 중요하다'는 헌팅
턴의 문제의식은 문민통제 이론의 핵심과제로 여전히 존재한다.

(2) 기타 문민통제 이론

자노위츠Morris Janowitz 역시 헌팅턴과 마찬가지로 막강한 군대의 존재가 민
주주의를 보전할 수 있는지에 대하여 관심을 갖고 민군관계를 연구했다.[23]
헌팅턴이 연역적이고 역사적인 방법론을 통해 문제에 접근한 반면, 자노
위츠는 귀납적인 방법으로 문제에 접근했다. 군엘리트에 대한 설문조사
와 인터뷰 등을 통해, 자노위츠는 헌팅턴이 생각했던 것과 달리 민군 간에
수렴convergence 현상이 나타나고 있음을 발견했다. 군대 운영에도 민간기업
과 같은 경영기법이 동원되고, 군인도 기술적인 능력을 중시한다는 점이
다. 또한 핵무기의 존재로 인해 군대의 정치적 책임이 증대함에 따라 군대
의 정치적 역할도 증가하고 있었다. 전반적으로 미국 사회에서 군대의 민
간화와 민간의 군대화가 동시에 진행되고 있다는 것이다.

이상과 같은 분석에 기초하여 자노위츠는 문민통제를 위해서는 민군
간에 활발한 교류가 필요하다고 주장한다. 자노위츠의 분석에 따르면 장
교단은 법치를 존중하고 직업윤리에 기초하여 문민통제에 따르고 있다.
그렇지만 헌팅턴의 주장과 달리 민간인과 유사한 방식으로 업무를 수행
하고 정치적 식견을 갖고 있는 집단이다. 그렇기 때문에 장교단이 민간과
분리되어 정치적으로 고립되어 있다고 느낄 때, 오히려 부당한 방식으로

---

23 Morris Janowitz, *The Professional Soldier: A Social and Political Portrait* (New York: Free Press, 1960) 참조.

정치에 개입할 수 있다고 우려하는 것이다.

군이 시민사회의 가치와 원칙을 공유하도록 하기 위해서는 군대를 고립시키는 것이 아니라 군대와 사회를 보다 밀접하게 연계시켜야 한다. 시민사회수준에서는 많은 시민이 군대를 경험하게 하고, 정치수준에서는 정치엘리트와 군엘리트가 상호 보완적인 역할을 수행하는 가운데 의회가 군에 대한 감독을 확실히 하고, 민간인 고위관리가 국방관련 실무부서에 장기간 보직할 수 있도록 해야 한다. 이상과 같이 민과 군의 상호의존성이 높아진 상태에서 민주주의 체제를 유지하기 위해서 문민통제가 중요하다는 사실을 민간인은 물론 군인도 내면화했을 때, 확실한 문민통제가 이루어진다.[24]

한편, 군전문직업주의가 군의 정치개입을 억제할 것이라는 헌팅턴의 주장에 대한 가장 극단적인 비판은 아브라함손Bengt Abrahamsson에게서 찾을 수 있다.[25] 군대도 다른 모든 조직과 마찬가지로 자기 목표를 추진하고 성장과 발전을 도모하며, 궁극적으로 자기 조직의 생존에 주된 관심이 있다는 것이다. 따라서 그는 군대가 정부나 시민사회의 지시에 따른다는 생각 자체가 잘못되었다고 본다. 실제 군대는 강한 정치적 견해를 갖고 활발하게 자신의 이익을 추구하는 정치화된 집단이라는 것이다. 아브라함손의 주장은 지나친 면이 없지 않다. 그러나 전문직업인으로서 군인이 언제나 자신들보다 국가와 민족, 시민사회를 위해 헌신할 것이라고 기대해서는 곤란하다는 경구로 받아들일 필요가 있다. 그런 면에서 볼 때 군대에서 일상적으로 국가나 시민사회에 봉사할 것을 끊임없이 강조하는 것은, 역설적으로 군대의 이익집단화를 억제하기 위함이라 해석할 수 있다.

또한 스테판Alfred Stepan은 군전문직업주의가 정치개입을 억제한다는 헌팅

---

24 독일에서는 군인이 군인이기 전에 시민이라는 사실을 강조하여 군인을 '군복을 입은 시민'이라고 지칭하는데, 이는 자노위츠의 주장과 상통한다.

25 Bengt Abrahamsson, *Military Professionalization and Political Power* (Beverly Hills: SAGE Publications, 1972) 참조.

턴의 주장은 군대가 대외안보에 전념할 때는 맞지만, 군대가 대내안보와 국가발전에 전문화를 추구하게 되면 정치에 개입할 가능성이 높다고 주장한다.[26] 스테판은 대외 방어에 전념하는 헌팅턴의 군전문직업주의를 '구old 전문직업주의'로, 대내안보에 관심을 기울이는 군전문직업주의를 '신new 전문직업주의'로 구분하고 둘의 특성을 〈표 11-4〉와 같이 제시한다.

〈표 11-4〉 구전문직업주의와 신전문직업주의

	구전문직업주의	신전문직업주의
군대 기능	대외안보	대내안보
통치체제에 대한 민간인의 태도	기존 통치치제의 정당성 인정	통치체제 정당성에 대한 사회 분파들의 도전
요구되는 군대 기술	정치와 양립할 수 없는 고도의 전문성	정치와 군사기술의 상호연관
군의 전문직업적 행동 범위	제한적	무제한적
전문직업적 사회화의 영향	군대의 정치적 중립화	군대의 정치화
민군관계에 미치는 영향	군대의 정치적 중립과 문민통제에 기여	군-정 통합관리주의와 군 역할 확대

자료 Alfred Stepan, "The New Professionalism of Internal Warfare and Military Role Expansion," p.52.

그러나 피치J. Samuel Fitch는 남미지역 사례를 연구하면서 민주화 이후 군대가 신전문직업주의 특성을 보유하면서 정치적 중립을 견지하는 '민주적 직업주의'의 가능성을 제시했다.[27] 민주적 직업주의의 가장 기본적인 전제는 군대가 '국가수호자national guardians'라는 초국가적 역할을 주장하지 않는다는 점이다. 군대는 시민사회를 초월한 집단이 아니다. 군대가 국가

---

26 Alfred Stepan, "The New Professionalism of Internal Warfare and Military Role Expansion," in Alfred Stepan, ed., *Authoritarian Brazil: Origins, Policies, and Future* (New Haven: Yale University Press, 1973), pp.47-68.

27 J. Samuel Fitch, *The Armed Forces and Democracy in Latin America* (Baltimore: The Johns Hopkins University Press, 1998) 참조.

이익을 규정하거나 국가의지를 대변하는 집단이라고 자신을 규정해서는 곤란하다. 민주적 직업주의는 군대의 대내안보 기능을 확대하되, 기존 통치체제의 정당성을 인정하고, 정치와는 어느 정도 거리를 두고 전문적인 역할을 수행하는 것이다.

이상의 논의를 종합하면 민주주의 사회에서 문민통제가 제대로 이루어지기 위해서는 다음과 같은 요건이 충족되어야 함을 알 수 있다. 첫째, 군대의 기본적인 임무는 국가방어이며, 군대는 이와 관련된 전문직업주의를 발전시켜야 한다. 따라서 업무 수행 면에서 민간분야와 일정 부분 수렴되는 점도 존재하지만 '폭력의 관리자'라는 군인의 전문성은 계속 유지해야 할 것으로 보인다. 그 점에서 민과 군은 서로 차이를 인정하고 존중해야 할 것이다. 둘째, 군대는 민주주의 체제를 지키기 위해 존재한다는 점을 인식해야 한다. 민군의 역할과 기능이 다르다 할지라도, 민주주의 가치 수호라는 면에서는 민군 간에 차이가 없어야 한다. 셋째, 실제 상황에서 민군 간에 이견이 발생할 수 있다. 그러나 최종 결정에 있어서는, 설령 추후에 그것이 잘못된 결정이라고 밝혀진다 할지라도, 모든 군인은 정치엘리트의 결정에 따라야 한다. 민주주의 사회에서 정당성은 선출된 정치엘리트에게 있기 때문이다.

IV. 민군 거버넌스

전통적으로 정치학과 사회학 분야에서 각기 발전해온 민군관계 연구가 냉전 종식 이후에는 '민군 거버넌스civil-military governance'에 대한 연구로 확산되는 경향을 보인다.[28] 예컨대 코티Andrew Cottey 등은 민군관계를 '국방 및 안보영역에 있어서 민주주의적 거버넌스'라는 개념으로 재규정하고, "국방·안보정책을 어떻게 관리하고 실행할 것인가 하는 지점까지 확대해야 한다"고 주장한다.[29] 그동안 정치학이 '군과 정치'에, 그리고 사회학이 '군과 (시민)사회'에 초점을 두고 양자관계를 중심으로 민군관계를 연구해왔다면, 민군 거버넌스에 대한 연구에서는 '군, 정치, 시민사회' 삼자 간 연구로 확대했다는 특징이 있다.

민군 거버넌스에서는 민군관계를 보완적인 관계로 분석한다는 특징이 있다. 실제로 민과 군을 대립관계로 분석한 것은 제3세계에서 발생하는 군의 정치개입을 주된 분석대상으로 한 데서 비롯했고, 선진 민주주의 국가의 민군관계를 분석해보면 대체적으로는 민과 군이 국가안보에 대해 공동의 노력을 경주함을 발견하게 된다. 그 결과 선진국의 민군관계에서는 안보·국방문제를 해결하는 데 있어서 군엘리트, 정치엘리트, 시민사회가 대화를 통해 가치와 목적을 공유하는 화합concordance이 제시되거나,[30] 민군이 서로 보완적 역할을 수행하면서 안보·국방문제에 공동 책임shared responsibility을 진다고 분석한다.[31] 결국 민군 거버넌스는 정치엘리트, 시민사회, 군엘리트 모두가 민주주의 체제를 지켜야한다는 데 합의하고, 군이 정치적 중립성을 유지하도록 협력할 때 형성된다.

이상의 논의를 바탕으로 군대에 대한 통제를 수직적 통제, 수평적 통제, 자기통제로 구분한 본Hans Born의 논의를 활용해서, 민군 거버넌스 모델을 〈표 11-5〉와 같이 제시하고자 한다.[32]

---

28 이하는 김병조, "선진국에 적합한 민군관계 발전방향 모색: 정치, 군대, 시민사회 3자 관계를 중심으로,"『전략연구』 통권 제44호 (2008), pp.45-51를 축약·수정한 것이다.

29 Andrew Cottey, Timothy Edmunds, and Anthony Forster, "The Second Generation Problematic: Rethinking Democracy and Civil-Military Relations," *Armed Forces & Society*, vol. 29, no. 1 (Fall 2002), pp.31-56.

30 Rebecca L. Schiff, "Civil-Military Relations Reconsidered: A Theory of Concordance," *Armed Forces & Society*, vol. 22, no. 1 (Fall 1995), pp.7-24.

31 Douglas L. Bland, "A Unified Theory of Civil-Military Relations," *Armed Forces & Society*, vol. 26, no. 1 (Fall 1999), pp.7-26.

32 Hans Born, "Democratic Control of Armed Forces: Relevance, Issues, and Research Agenda," in Giuseppe Caforio, ed., *Handbook of the Sociology of the Military* (New York: Kluwer Academic/

	수직적 통제	수평적 통제	자기통제
주체	정치엘리트 (행정부, 입법부, 사법부)	시민사회 (중간집단)	군엘리트 (군인)
측면	· 합법성과 정당성 · 효과성과 효율성 · 법 준수 및 인권 존중	· 투명성 · 책임성 · 군사력 건설 및 교육	· 정치적 중립성 · 군전문직업주의
방법	법, 제도	전문지식, 여론	사회적 책임성
내용	· 국방정책 방향 결정 · 예산 통제 · 군대 관련 입법 · 군내 균형발전 · 군엘리트 검증 · 시민이 제기한 민원 조사/해결	· 군대와 정치·사회를 매개 · 안보·국방전문가 육성 · 군에 대한 인식 제고 · 국방 관련 논쟁과 토론 · 정치의 군 통제방식 감시 · 군대 기능·영향력 감시 · 군 예산 사용 감시	· 민주주의 내면화 · 인권 존중 여부 · 법, 제도 존중 · 군사전문 기준 수립 · 정치적 중립 교육

자료 김병조, "21세기 한국 민군관계의 바람직한 모델", 『한국의 민군관계: 역사적 변천과 미래』(국방대학교 안보대학원 학술세미나 발표논문집, 2006) 및 "Democratic Control of Armed Forces" (DCAF Backgrounder, 2008), p.5에서 정리.

첫째, 정치엘리트는 수직적 통제의 주체가 된다. 구체적으로 정치엘리트는 법과 제도를 활용하여 군대를 통제한다. 의회를 통해 군대 예산을 확정하고, 예산 사용을 감사하며, 행정부는 군대 규모를 정하고, 병역제도를 개정할 수도 있으며, 각 군의 균형발전을 유도할 수 있다. 경우에 따라서는 법에 정한 바에 따라 군엘리트를 청문회에 부를 수도 있고 군 고위자의 자격을 검증할 수도 있다. 사법부는 시민사회가 제기한 민원을 조사하고 해결하는 역할을 수행한다.

둘째, 시민사회는 수평적 통제의 주체이다. 그러나 현실적으로 국방 및 군사부문에 전문성이 심화되면서 일반 시민이 군에 대해서 알거나 이해하기 어려워진다. 따라서 시민사회에 속하면서 군대와 국방에 관심을 갖고, 이와 관련된 정보를 시민사회에 제공하며, 시민들의 입장이나 여론을

Plenum Publishers, 2003), pp.151-165.

군에 알려주는 역할을 수행할 수 있는 중간집단$^{intermediate\ group}$이 주요 역할을 한다.[33] 이와 같은 중간집단에는 국방전문가 집단, 예비역 조직, 국방 NGO, 언론 등이 포함된다. 이들은 갖고 있는 전문지식과 여론을 통해 군대를 통제한다. 또한 이들은 시민사회에 안보·국방과 관련된 지식을 전파하며, 군대가 시민사회나 정치영역에 부당한 영향력을 행사하는지 감시한다. 반대로 정치엘리트가 군대를 정치화시키는지 여부를 감시하는 것도 이들의 몫이 된다.

셋째, 군엘리트는 민주주의 체제를 지킨다는 사회적 책임감을 갖고 군대를 스스로 통제해야 한다. 이를 위해 군엘리트는 민주주의 체제가 부여한 법이나 제도에 순응해야 한다. 아울러 군대 구성원 모두가 민주주의 가치를 내면화하고, 정치적으로 중립을 지키는 것이 군대 본연의 자세임을 지속적으로 교육해야 한다.

민군 거버넌스 중에서 수직적 통제와 수평적 통제는 법, 제도, 여론, 전문지식 등을 통해 객관적으로 확인할 수 있지만 군대가 사회적 책임성을 유지하고 있는지 여부는 외부에서 객관적으로 확인하기 힘들다. 민과 군이 수행하는 기능이 다르기 때문에, 민군의 가치 인식에 어느 정도 차이가 존재하는 것은 자연스럽고 당연하다. 그러나 민군 간 가치와 인식에 격차가 너무 크면, 민군 협력관계를 형성하는데 위협이 된다.[34] 따라서 군엘리트가 수호하고자 하는 '군대 가치$^{military\ value}$'가 시민사회가 수호하고자 하는 '사회적 가치$^{social\ value}$'와 괴리되지 않도록 유의할 필요가 있다. 두 집

---

33 민군 사이에서 매개자, 중간자적 역할을 수행하는 시민을 '중간집단'이라고 규정한다. 이들은 군인이 아니기 때문에 구태여 민과 군을 구분한다면 시민에 포함되지만, 군이나 국방 분야에 관심이 많고 아울러 관련 전문지식을 구비했다는 점에서 일반 시민과는 구별된다. 이들 집단에 대한 연구는 김병조, "민군관계 발전을 위한 중간집단 활성화 방안," 민진 외 공저, 국방대학교 안보문제연구소 편, 『안보정책의 심화방안과 대외협력의 전개』 (서울: 국방대학교 안보문제연구소, 2007), pp.71-120 참조.

34 Peter D. Feaver and Richard H. Kohn, eds., *Soldiers and Civilians: The Civil-Military Gap and American National Security* (Cambridge, Massachusetts: The MIT Press, 2001) 참조.

단의 서로 다른 가치나 인식이 민주주의 체제를 유지하는 데 있어서 상호 보완적이라는 생각을 갖고, 서로의 의견을 존중하고 조정·조율함으로써 의견 차이가 대립으로 확대되지 않도록 노력해야 할 것이다.

V. 결론

군사학을 군대 내부 학문으로 규정한다면 민군관계에 대한 연구는 그 중 요성이 드러나지 않는다. 하지만 '군대가 왜 존재하는가?'라는 기본적인 질문을 던진다면, 군사학에서 민군관계는 매우 중요한 연구영역으로 부 각할 것이다. 군대는 사회의 지지와 성원을 바탕으로 발전한다. 따라서 원 만한 민군관계를 구축하지 않고서는 군대가 발전할 수 없다.

한편 국가안전을 보장할 수 없는 상황에서 사회가 지속적인 발전을 추 구하기란 거의 불가능에 가깝다. 그렇기 때문에 시민사회는 국가안보의 핵심집단인 군대가 제대로 역할을 할 수 있도록 지원해야 한다. 결국 바람 직한 민군관계의 발전은 사회 전체가 발전하는데 필수 불가결한 요인이 라 할 수 있다.

CHAPTER 12

국방경제

INTRODUCTION
TO MILITARY
STUDIES

신용도 | 국방대학교 국방관리학과 교수

서울대학교 농업경제학과를 졸업하고, 미국 컬럼비아대학교에서 경제학 박사학위를 받았다. 정보통신정책연구원(KISDI) 연구위원으로 근무하였고, 1997년부터 국방대학교 국방관리학과 교수로 재직하고 있다. 경제와 국가안보 간의 관계성에 관심을 두고 국방경제, 북한경제, 경제안보 등의 주제를 연구하고 있다.

대내외적 위협으로부터 국가를 지켜내고 국방을 강화하기 위해서는 기본적으로 적정 군사력이 요구된다. 현재 대부분의 국가 재정에서 군사력 유지를 위한 군사비 지출이 차지하는 비중은 상당하다. 우리나라의 경우 2012년 기준으로 국방비가 정부 재정에서 차지하는 비중은 14.8%이며, GDP 대비 2.5%에 이르고 있다. 적정 국방비는 경제규모와 같은 경제적 요인 이외에도 안보위협에 대한 국민인식, 국내외 안보환경 등 다양한 비경제적 요인을 동시에 고려해서 결정해야 한다. 하지만 제한적인 국가 자원에서 막대한 자원을 국방부문에 배분하는 것은 민간부문에 분배할 자원의 양이 그만큼 축소되면서 국민소득, 경제성장 등이 영향을 받게 된다는 것을 의미하기 때문에, 적정수준의 국방비 지출은 국가경제에 중요한 문제가 된다. 또한 한정된 자원을 가지고 군사력을 극대화하기 위해서 국방비를 어떻게 분배할 것인가의 문제는 바로 주어진 국방비라는 예산제약식 하에서 군사력 또는 전쟁억지력이라는 목적함수를 극대화하는 전형적인 경제문제이다. 이러한 점에서 국방비 문제는 경제분석방법론의 적용대상이 된다.

　결론적으로 국방은 대내외적 안보위협에 대한 인식으로부터 필요성이 제기되지만, 제한된 자원 가운데 국방력을 극대화하고 효율화하는 문제와 밀접하게 연결되어 있다는 점에서 경제문제이기도 하다. 따라서 본장에서는 경제분석의 대상으로 국방문제를 조명하는데 초점을 맞추고, 우선 공공재로서 국방재의 특성 및 경제학 분석대상으로서 국방경제가 이론적으로 어떻게 발전되어왔는지를 살펴보고, 국방경제학의 연구주제들을 간략하게 정리, 소개한다. 그 다음으로 국방경제에서 가장 중요시되는 국방비 결정요인과 국방비와 국민경제 간의 관계성을 분석하고, 마지막으로 국방경제의 중요한 이슈로서 방위산업을 다룬다.

I. 국방과 경제

1. 국방과 공공재

재화는 사유재private goods와 공공재public goods로 분류할 수 있는데, 국방은 공공재에 속한다. 공공재는 사유재와는 다른 특성을 지니고 있기 때문에 시장기구를 통해 공공재의 공급과 소비가 이루어질 때, 사회적 최적규모보다 과소 공급 및 소비의 문제가 발생하면서 시장의 실패market failure가 나타나게 된다.

일반 사유재의 경우 A가 일정량을 소비한다면 B는 A가 소비한 나머지에 대해서만 소비를 할 수 있다. 즉 A의 소비는 B의 소비를 감소시키기 때문에 경합성rivalry의 특성을 지닌다. 또한 재화에 대한 비용을 지불한 개인만이 소비를 할 수 있으며, 비용을 지불하지 않은 개인은 소비에서 제외하는 배제성exclusiveness을 가지고 있다. 하지만 사유재와 달리 공공재는 재화의 소비에 있어서 비경합성non-rivarly과 비배제성non-exclusiveness의 특성을 지닌다. A의 소비가 B의 소비를 감소시키지 않으며, 설사 B가 비용을 지불하지 않더라도 재화를 소비하는 것으로부터 배제하는 것이 불가능하다.

공공재가 지니는 소비의 비경합성과 비배제성으로 인하여, 시장에서 공공재의 공급과 소비가 결정되도록 할 경우 공공재는 사회적 최적수준보다 적게 공급, 소비되는 결과를 초래하게 된다. 공공재가 어떻게 사회적 최적수준보다 과소 공급·소비되는지를 부분균형분석partial equilibrium analysis[1]을 통해 사유재의 경우와 비교하여 설명하면 다음과 같다.

분석을 단순화하기 위하여 시장은 개인 A와 개인 B로 구성되어 있다고

---

[1] 부분균형분석은 분석대상이 되는 재화의 시장균형만 분석하는 것을 말하며, 이와는 달리 일반균형분석(general equilibrium analysis)은 모든 재화의 시장균형을 동시에 고려하여 분석하는 것을 의미한다.

가정하자. 경합성과 배제성으로 인해 사유재의 시장수요함수 D는 개인수요함수 D_A와 D_B를 수평으로 합한 것이 되며, 시장수요함수 D와 시장공급함수 S가 교차하는 점 E에서 사유재가 Q^*만큼 공급되면서 시장균형이 달성된다. 이때 사유재의 시장가격은 P^*가 되고 개인 A는 Q_A, 개인 B는 Q_B를 소비하게 된다. 시장균형점 E는 사회적으로도 최적점이 되는데, 왜냐하면 〈그림 12-1〉에서 시장수요함수는 사회적 한계편익marginal social benefit 함수, 시장공급함수는 사회적 한계비용marginal social cost 함수와 동일하기 때문이다.

<그림 12-1〉 사유재의 최적 공급 및 소비

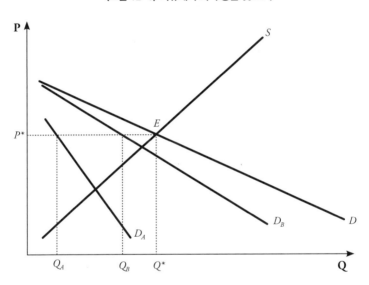

공공재의 비경합성과 비배제성으로 인해 개인 A의 소비가 개인 B의 소비를 감소시키지 않기 때문에, 공공재에 대한 시장수요함수 D는 개인수요함수 D_A와 D_B를 수직적으로 합한 것이 된다. 시장수요함수와 시장공급함수가 교차하는 점 E에서 시장균형이 이루어지고, 공공재의 균형공급량은 Q^*가 된다. 이때 개인수요함수의 수직적 합으로 구한 시장수요함수는 사회적 한계편익함수를 나타내며, 시장공급함수는 사회적 한계비용함수와 동일하기 때문에 사회적 한계편익함수와 한계비용함수가 교차하는

점 E는 사유재의 경우와 마찬가지로 사회적 최적점이 된다. 이때 공공재의 비경합성과 비배제성으로 인해 개인 A와 개인 B는 각자의 소비량과 관계없이 시장공급량만큼 동일하게 공공재를 소비하게 된다. 개인수요함수는 일정량의 재화를 소비하는 것으로부터 개인이 갖는 한계편익을 의미하기 때문에 수익자부담 원칙에 따라 균형공급량 Q^*로부터 각 개인이 누리는 한계편익만큼 비용을 지불하게 되면, 즉 개인 A는 P_A, 개인 B는 P_B만큼의 비용을 부담하면 사회적으로 최적상태의 공공재 공급과 소비가 이루어지게 된다.

〈그림 12-2〉 공공재의 최적 공급 및 소비

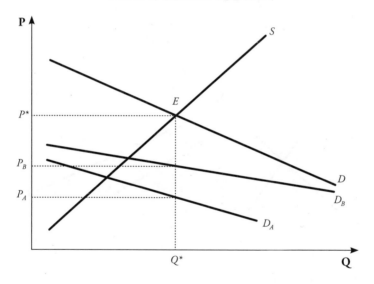

〈그림 12-1〉과 〈그림 12-2〉를 비교하면, 사유재의 시장균형이 이루어질 때 각 개인은 동일한 공급가격에 서로 다른 양을 소비하는 반면에, 공공재의 시장균형에서는 각 개인이 서로 다른 공급가격에 시장공급량과 동일한 양을 소비한다. 여기서 문제는 공공재의 비경합성과 비배제성으로 말미암아 어떤 개인도 공공재에 대한 자신의 선호도, 즉 한계편익함수를 명시적으로 드러내지 않으려고 할 것이며, 드러낸다고 하더라도 실제

보다 더 작은 한계편익함수를 표시한다는 것이다. 이에 따라 시장기구를 통해 표시된 공공재의 시장수요함수는 〈그림 12-2〉에서 나타난 사회적 한계편익함수보다 낮은 위치에 있기 때문에, 사회적 한계비용함수인 시장공급함수와 시장수요함수가 교차되는 균형점은 사회적 최적점인 E보다 좌측에 위치하게 된다. 그러면서 공공재가 사회적 최적규모인 Q^*보다 적게 공급·소비된다.

사회적 한계비용이 사회적 한계편익과 다를 경우 외부효과external effect가 발생하며, 사회적 한계비용이 사회적 한계편익보다 작을 경우는 외부경제external economy가, 클 경우는 외부불경제external diseconomy가 존재하는 것으로 설명된다.[2] 예를 들어 시장기구에서 반영되지 않지만 양봉업자와 인근 과수원의 관계처럼 한 경제주체의 행위가 다른 경제주체의 후생을 직접적으로 증가시킬 경우에는 외부경제가, 공장 매연과 인근 주민의 건강에서 나타나는 것처럼 직접적으로 다른 경제주체의 후생을 감소시킬 경우에는 외부불경제가 나타난다. 국방부문을 보면, 시장기구에 의해서 자원배분이 이루어지면 국방서비스의 비경합성 및 비배제성으로 인해 사회적 최적점보다 과소 공급·소비 현상이 나타나고, 이에 따라 사회적 한계편익이 사회적 한계비용보다 크게 되면서 외부경제가 발생한다. 따라서 국방서비스의 경우 시장기구를 대신해서 정부가 직접 공급하며, 공급비용은 수익자부담이 아닌 지불능력에 기초한 비용부담을 통해 조달한다.

한편 공공재로서 국방의 과소 공급·소비의 문제는 개인들이 명시적으로 한계편익곡선을 표시하더라도 그것이 국방에 대한 정확한 선호도를 반영하지 못할 가능성으로부터 발생한다. 일반적으로 국방에 대한 개인의 선호도는 얼마만큼 국가안보가 위협당하고 있는지, 현재의 군사력이 어떠한 수준인지, 잠재적 적국의 군사력 수준은 어떠한지 등, 안보 및 군

---

2 J. P. Gould and C. E. Ferguson, *Microeconomic Theory*, 5th edition (Richard D. Irwin, 1980), pp.460-463.

사와 관련된 다양한 정보에 의존하게 되는데, 개인은 이러한 구체적 정보에 대한 접근이 용이하지 않다. 또한 일반적으로 강건한 국방서비스의 제공으로 안보위협이 억제되고 있는 상황에서 실생활에서 경제적 혜택을 느낄 수 있는 다른 사회복지서비스의 한계편익보다 국방의 한계편익을 낮게 평가할 가능성이 높다. 따라서 개인의 국방에 대한 선호도, 즉 국방에 대한 한계편익함수가 실제보다 낮게 평가되면, 사회적 최적상태보다 낮은 국방의 과소 공급·소비의 문제가 발생한다.

2. 국방경제학의 발전과정

국방경제학이 어떻게 발전되어왔는지를 전쟁 및 국방경제에 관한 주요 사상과 이론을 중심으로 보면 다음과 같다.[3]

(1) 애덤 스미스

경제학의 원조인 애덤 스미스Adam Smith는 1776년 『국부론』에서 외부의 폭력과 침략으로부터 국가를 보호하는 국방이 주권국가의 가장 중요한 의무이며, 이러한 의무는 군사력에 의해서 달성되기 때문에 국가세입을 국방비에 투자해야 한다는 이론을 제시했다. 원시농경사회와는 달리 노동분업이 이루어지는 사회에서 국민들이 전쟁에 참여할 경우, 이들의 가족이 생계를 유지하도록 지원하기 위해 사회적 비용이 발생한다. 그러한 점에서 애덤 스미스는 전쟁에 참여하는 행위가 사회집단의 방어행위로서 공공재적 성격을 지니고 있으며, 이로 인하여 혜택을 받는 사람들이 비용을 부담하게 해야 한다는 개념을 도출했다.

애덤 스미스는 국가안보를 위한 군사력을 조직함에 있어서 비상근 민병part-time militia 또는 항구적 상비군permanent standing army 중 어떤 형태를 택할

---

3 Gavin Kennedy, *Defense Economics* (Gerald Duckworth & Co. Ltd., 1983), pp.5-21을 토대로 요약, 정리했다.

것인가에 대해서 관심을 가졌는데, 이때 외부의 침략 또는 위협으로부터 국가를 보호하는 목적에 가장 부합하는 방향으로, 즉 최소비용이 아니라 효율성의 기준에서 군 조직의 형태를 결정해야 함을 강조했다. 즉 규칙적인 훈련과 교육을 받는 상비군이 그렇지 못한 민병보다 외부침략으로부터 국가를 보다 잘 보호하고 문명을 영속시킬 수 있기 때문에 상비군이 보다 효율적인 군 조직 형태라고 보았다. 특히 애덤 스미스는 상비군이 독재권력의 수립 또는 유지에 사용될 수 있기 때문에 위협이 된다는 주장에 대해, 군 조직이 민간당국을 지지하는 사람들에 의해서 지휘된다면 상비군은 오히려 독재권력의 억압으로부터 자유를 쟁취하는 데에 도움이 된다고 보았다. 애덤 스미스는 기술진보의 결과로 새로운 화기 등이 등장함에 따라 주권국가의 제일 임무인 국방을 수행하기 위한 전·평시 비용이 지속적으로 증가하는 점을 지적하면서, 부유한 국가가 국방에 보다 많은 재원을 확보하여 투입할 수 있기 때문에 전쟁 수행에 유리함을 강조했다.

효율적인 상비군의 조직, 훈련 및 교육을 위해서는 이에 대한 국가재원의 동원이 중요한 과제가 된다. 애덤 스미스는 국방은 특정 개인의 이익을 위해 존재하는 것이 아니라 공익을 위해 존재하는 것이기 때문에 그에 따른 비용은 사회 전체가 조달해야 함을 강조했다. 국방서비스의 특성상 국민 개개인이 얼마만큼 혜택을 받는지 파악하는 것은 불가능하다. 그렇다고 해서 모든 국민이 국방비를 동일하게 부담하는 방식 또한 소득이 기본 생계비 이하인 국민들의 생존권을 위협할 수 있다는 점에서 비현실적이다. 따라서 애덤 스미스는 국방비 조달방식과 관련하여 생계비 수준 이상의 소득을 획득하는 각 개인을 대상으로, 획득하는 소득에 비례하여, 국방비를 공평하게 부담하는 방식을 제안했다.

(2) 데이비드 리카도

효율성 기준에서 군사력 건설 및 운영에 관한 문제를 논의하고 부유하고 문명화된 국가일수록 국방에 유리한 것으로 인식한 애덤 스미스와는 달리, 데이비드 리카도$^{David\ Ricardo}$는 나폴레옹 통치기에 일어난 프랑스와 영국 간의 소모적인 전쟁이 정부재정과 국가경제에 부정적인 영향을 미치는 것을 보고 재정운영과 국가경제의 효율성 차원에서 국방문제를 해결하는 방안에 관심을 보였다.

리카도의 비교우위론$^{principles\ of\ comparative\ advantage}$에 따르면 국가 간 무역에 있어서 어떤 상품을 수출하고 수입할 것인가는 무역재화의 비교우위에 따라 결정된다. 국가는 비교우위에 있는 생산부문을 특화하여 해당 상품을 수출하고 무역상대국이 비교우위에 있는 상품을 수입함으로써 무역에 종사하는 양국의 후생이 증대한다는 것이 비교우위론의 핵심이다. 평시 영국은 농업에 비하여 공업이 비교우위를 차지하기 때문에 공산품 생산·수출을 특화하고 식량을 외국으로부터 수입한다. 전쟁으로 인해 무역이 중단되고 영국이 외국으로부터 식량을 수입하지 못하게 되면 영국은 공업부문으로부터 농업부문으로 생산자본을 이동시켜 식량 생산을 증대시키게 되는데, 이는 전쟁 이후 평화 시에 영국의 농업부문이 필요로 하는 생산량을 훨씬 초과하는 생산능력을 갖게 되는 것을 의미한다. 농업부문의 과잉생산능력이 해소되기 위해서 상당 시간이 요구된다는 점에서 리카도는 전쟁이 정상적인 산업활동을 교란하고 국가경제에 심각한 영향을 미친다는 것을 인식하고, 전시 자원배분에 대한 정부의 통제가 필요하나 국가경제에 미치는 부정적인 파급효과를 최소화하기 위해서 이러한 통제는 가급적 단기간 운용해야 한다는 것을 주장했다.

급증한 전시소요물자 생산을 위하여 사유재 생산부문으로부터 국방재 생산부문으로 생산요소가 이전되면서 정상적인 생산활동을 교란하고, 비교우위에 기초한 무역을 저해하는 등, 결과적으로 전쟁은 자원배분의 왜곡으로 국가경제에 부정적 영향을 주고 있다. 이러한 점에서 리카도는 전쟁을 부정적으로 인식하고 이를 억제하기 위한 방안을 모색하는데 많은 관심을 두었다. 전쟁에 대한 리카도의 부정적 인식은 전비 조달방식에 대한 그의 생각에서 뚜렷하게 나타난다. 리카도는 국가지도자의 개인적 이해관계로 인하여 전쟁이 발생한다고 생각하고, 국가가 불필요한 전쟁에 개입하는 경향을 억제하기 위해 전비 조달방식이 공채public bond가 아닌 조세tax를 통해 이루어져야 한다고 주장했다. 전비를 공채로 조달하는 방식은 미래 세대에게 전쟁비용을 전가하기 때문에 정부는 큰 제약 없이 전쟁에 개입할 수 있다. 반면에 조세를 통한 전비 조달은 의회의 승인을 필요로 하고, 이 과정에서 전쟁이 국민의 지지를 받지 못할 경우 의회는 세금인상을 통한 전비 조달을 반대할 것이다. 때문에 조세를 통한 전비 조달방식이 정부가 불필요한 전쟁에 개입하는 것을 억제할 것으로 리카도는 인식했다.

리카도의 주장은 일반적으로 국가지도자 개인의 욕망보다는 장기적 국익 관점에서 전쟁 개입이 결정된다는 점에서 한계점을 보이고 있다. 특히 전쟁에 소요되는 막대한 비용을 고려할 때, 전비를 조세에만 의존하는 것은 국민들에게 감당하기 어려운 부담을 안기기 때문에 현실적으로 불가능하다. 전쟁으로 인한 국익수호 또는 국익증진의 혜택을 미래세대도 공유한다는 점에서 전비 조달은 조세와 공채방식을 적절히 조화시킬 필요가 있다.[4]

(3) 토머스 맬더스

리카도와 동시대에 살았던 토머스 맬더스Thomas R. Malthus는 인구는 기하급수적으로 증가하는 반면에 식량은 산술급수적으로 증가하기 때문에 인구와 식량수급 간에 불균형이 발생할 수밖에 없으며, 전쟁은 이러한 불균형을 해소하는 한 수단이라고 인식했다. 즉 맬더스는 전쟁을 사람들이 도덕적 자제를 하지 못함에 따라 발생하는, 불가항력의 자연법칙으로 생각했다. 평시의 번영은 도덕적 무절제를 초래하고, 그에 따라 가난한 사람들의 출산이 들어나면서 인구가 증가하게 되며, 인구증가에 따른 식량 및 주거

---

4 이성연, 『현대 국방경제론』 (대구: 선코퍼레이션, 2007), pp.201-202.

시설의 부족이 전쟁을 초래한다는 것이다. 맬더스는 전시 동안 전시물자 조달을 위한 막대한 생산자본이 축적되면서 잠시 호경기가 찾아오나, 다시 가난한 사람들의 출산이 증가하고 인구와 식량공급 간의 불균형이 발생하는 등 악순환이 반복되는 것으로 보았다.

맬더스의 전쟁관에 따르면 평화가 전쟁을 촉발하고 전쟁이 다시 번영을 가져오지만 전쟁으로 인한 호경기에 달성한 경제적 번영은 일시적일 수밖에 없다. 전쟁 중 전시물자 생산을 위하여 군수부문을 중심으로 막대한 생산자본이 축적되면서 경기가 호황을 보이지만 이는 자원배분의 왜곡을 초래하게 되고, 전쟁이 끝난 이후 유휴생산시설은 증가하는 반면에 경제 전체의 유효수요가 줄어들면서 경제가 불황에 빠지게 된다. 이러한 점에서 맬더스는 전쟁에 따른 호경기는 전쟁특수에 따른 일시적 호황이며, 전쟁 이후 경기침체는 전쟁으로 인한 경제적 이익이 클수록, 즉 군수부문에 대한 막대한 투자로 인해 발생하는 자원배분의 왜곡이 심할수록 더욱 악화되는 것으로 보았다.

여기서 흥미로운 점은 맬더스가 전쟁이 종료된 이후 경기가 불황에 빠지는 이유를 경제 전반에 걸친 유효수요의 부족으로 설명하고 있다는 것이다. 이것은 다시 말해서 침체된 경제를 회복시키기 위해서는 경제의 유효수요를 증대시키는 것이 필요하다는 것을 맬더스가 인식하고 있다는 뜻이다. 전쟁이라는 수단을 통해 유효수요가 증대하면서 경제호황이 다시 달성된다는 맬더스의 설명은 과연 인류가 경제불황을 해소하기 위해 전쟁을 선택할 것인가에 대한 논란을 제공하지만, 케인스의 이론에 앞서 경제침체를 해소하기 위한 유효수요의 역할을 주장하고 있다는 점에서 뛰어난 통찰력을 보여주고 있다.

또한 비교우위에 기초한 자유무역주의를 주장한 리카도와는 달리 맬더스는 자유무역은 한 국가의 식량자급도를 떨어뜨리고, 전쟁과 같은 비상상황이 발생할 경우 경제생활의 안정성을 더욱 위협할 수 있다는 이유로 관세 등을 통한 보호무역주의를 주장했다. 경쟁에 기반을 두고 있는 시장메커니즘이 장기적 경제번영을 담보하지 못한다는 점에서 관세를 통해 식량 자급능력을 확보할 필요성을 강조한 맬더스의 주장은 경제안보적 측면에서 중요한 시사점을 주고 있다.

(4) 장 바티스트 세이

'공급이 수요를 창조한다'는 법칙을 정립한 장 바티스트 세이^{Jean Baptiste Say}는 현대경제학에서 매우 중요하게 인식되고 있는 인적자본^{human capital}의 개념을 처음으로 국방경제학에 도입했다. 리카도와 마찬가지로 세이 또한 국가지도자들의 어리석은 야망에 의해서 전쟁이 발생한다고 보고 전쟁에 대해서 매우 부정적인 시각을 견지했다. 하지만 불필요한 전쟁을 억제하기 위한 방안으로써 전비 조달문제를 검토한 리카도와 달리, 세이는 전쟁은 단순히 현재 시점에서 전쟁 수행에 따른 경제적 비용만을 초래하는 것이 아니라 인적자본을 파괴함으로써 장기적으로 더 큰 피해를 사회에 끼친다는 점을 지적했다.

세이의 주장을 간략하게 설명하면 다음과 같다. 사회는 어린이들에게 소비와 교육을 제공함으로써 미래의 생산자에 대한 투자를 하며, 어린이가 성인이 되어 생산활동을 펼칠 때 사회적 투자는 회수된다. 하지만 전쟁으로 인해 젊은이들이 죽게 되면 그러한 생산활동이 중단됨에 따라 투자회수가 불가능하고, 사회적으로 전쟁 수행을 위해 직접적으로 사용되는 비용을 넘어서서 더 큰 비용이 초래된다는 것이다. 세이의 주장은 매우 간단하지만 전쟁으로 초래되는 사회적 비용을 동태적 관점에서 파악하고 있다는 측면에서 국방경제 분야에 새로운 비용개념을 도입한 것으로 평가된다.

(5) 프랜시스 허스트

1914~1918년 벌어진 제1차 세계대전은 지금까지 군사적 영역에서 논의되었던 전쟁의 성격을 크게 뒤바꿔놓았다. 이전까지의 전쟁은 단순히 전

쟁기술에 의해서 승패가 결정되었다고 할 수 있는 반면에 막대한 물자와 인력이 소요된 제1차 세계대전은 산업력의 뒷받침이 없는 군사력은 더 이상 전쟁에서 승리할 수 없음을 보여주었다. 따라서 제1차 세계대전 이후 열강들은 산업적 측면에서 전쟁 수행수단을 어떻게 지속적으로 확보할 것인가에 많은 노력을 기울였다.

군사력과 산업력 간의 연관관계가 중요해지면서 1930년대 많은 경제학자들이 현대전에서 일어나는 여러 가지 문제에 대해서 연구했는데, 이 중 프랜시스 허스트Francis W. Hirst는 영국의 전비 조달과 관련한 3대 원칙을 발표함으로써 현대전에서 전비 조달 관련 문제들을 광범위하고 명료하게 규정했다. 허스트의 3대 전비 조달 원칙은 다음과 같다. ①경제적 관점에서 파괴력을 가진 무기를 개발하고 생산하는데 소요되는 모든 지출은 낭비이다. ②항구적이고 보편적인 세계평화를 위해서 일정한 군비지출은 필수적이다. ③국방비 지출은 국가의 안전을 보장하고 정치체제를 유지하는데 충분한 규모여야 한다.

국민소득체계에서 국방비 지출이 총수요확대를 통해 국민소득을 창출하고 있음을 무시하고 있다는 점에서 첫 번째 원칙은 과장된 측면이 있지만, 두 번째 및 세 번째 원칙은 안정적인 경제활동을 위한 공공재 산출이라는 관점에서 국방비 지출의 불가피성과 이러한 목적을 달성하기 위한 국방비 지출 규모의 충분성을 지적하고 있다. 따라서 허스트는 국방비 지출과 관련된 보편적 원칙, 즉 불가피성과 충분성의 원칙을 확립했다고 볼 수 있다.

한편 허스트는 제1차 세계대전이 세계경제에 미친 부정적 파급효과를 지적하고, 군사력 확보를 위한 국가 간 경쟁이 국가재정을 고갈시키고, 일반 국민의 경제활동을 저하시키고, 국제무역에 부정적 영향을 주기 때문에 상대국을 자극하는 과도한 군비지출은 억제해야 한다는 점을 주장했다. 또한 전쟁자금을 공공부채로 조달하는 것은 전쟁 이후 국가재정의 파탄과 국가경제의 붕괴를 초래하는 것으로 보았다. 이러한 허스트의 설명은 국방비와 국가경제 간의 상관관계를 분석하고 있다는 점에서 국방경제학의 이론적 발전에 공헌했다.

막대한 공공부채를 통한 전비 조달과 전후 심각한 경제불황만 남긴 제1차 세계대전의 경험은 허스트로 하여금 공공지출 증대는 결국 납세자의 부담으로 연결되면서 정상적 기업 및 고용활동을 방해하기 때문에, 국가안보와 국가경제의 효율성을 유지하면서 공공지출을 최소한도로 억제하는 노력이 중요한 것으로 생각하게 했다. 이러한 공공지출에 대한 매우 보수적 인식은 제1차 세계대전 이후 광범위하게 받아들여졌다. 케인스[Keynes]가 지적하듯이 경제가 불경기인 상황에서 정부지출을 더욱 축소하는 것은 총수요를 감소시켜 경제를 침체에 빠트린다는 점에서, 공공지출에 대한 부정적 인식은 전후 국가경제의 회복을 오히려 더 지연시켰다고 볼 수 있다.

(6) 아서 세실 피구

신고전학파 경제학자인 아서 세실 피구[Arthur Cecil Pigou]는 전시경제를 "국가가 평시에 보유한 인적·물적자원을 전쟁 수행과정에 즉각 투입할 수 있는 경제"로 정의하고, 국가가 정상적인 소득생산능력을 갖추고 있는 상태에서 전쟁에서 투입할 실질전쟁기금은 ①유휴자원을 활용한 생산의 증가, ②개인 소비의 감소, ③신규 투자의 감소, ④징발과 해외매각을 통한 기존 자본의 소모 등 네 가지 주요 원천으로부터 획득한다고 보았다.[5] 피구는 제1차 세계대전 동안 영국에서 중요한 경제문제로 부상한 전비 조달문제에 대한 해결책 모색을 통해 국방경제학의 발전에 크게 기여했다.

피구는 전시경비를 조달하기 위한 수단으로 조세[taxes], 공채[public loan], 통

---

[5] 피구는 전쟁에 가용한 자원량 추정을 통해 평시 실질소득의 약 50%에 해당하는 자원을 전시에 사용할 수 있는 것으로 인식했다. A. C. Pigou, *The Political Economy of War* (New York: Macmillan Co., 1941), pp.42~43.

화발행$^{creation\ of\ new\ money}$, 은행신용창조$^{creation\ of\ new\ bank\ credits}$를 제시하고 각 수단이 경제에 미치는 영향을 분석했다. 첫째, 피구는 평시의 통상적인 정부지출은 조세에 의해 조달해야 하며, 예외적인 지출에 한해서 공채를 발행해야 한다고 주장했다. 만약 통상적 정부지출을 공채에 의해 조달한다면 부채와 이자가 계속해서 증가하면서 궁극적으로 정부가 부채를 상환하지 못하는 상태에 도달할 것으로 보았다. 예외적 지출은 공채에 의존하는 것이 일반적이며, 만약 예외적 지출로부터 기대되는 수익이 공채이자를 지급할 정도로 충분한다면 그러한 지출은 전적으로 공채에 의존해야 한다. 반면 수익이 전혀 없는 전비 지출 같은 경우 어느 정도 수준에서 공채를 발행할 것인가는 어려운 문제였다. 둘째, 전시비용을 전적으로 조세로 충당하는 것은 조세부담능력의 제한으로 말미암아 현실적으로는 불가능하다. 때문에 피구는 일반적으로 대규모 전쟁을 수행함에 있어서 새로운 조세를 부과하고 공채를 발행하는 것이 필연적이며, 조세와 공채 간의 조달비율은 그 당시의 경제적 상황 등을 고려하여 결정해야 할 것으로 생각했다. 셋째, 새로운 통화 발행 및 은행신용창조는 제1차 세계대전 동안 주요교전국에서 광범위하게 사용된 전비 조달수단이다. 그러나 이러한 수단을 통해 전비를 지속적으로 조달할 경우 통화량의 누적 증가로 인해 인플레이션이 발생하면서 국가경제에 심각한 피해를 주게 된다. 따라서 피구는 전쟁 초기 조세 및 공채 발행계획이 제대로 수립되지 않은 시기에 이러한 수단을 전비 조달을 위해서 손쉽게 활용할 수 있지만, 가능한 한 제한된 규모에서 활용해야 한다고 주장했다.[6]

(7) 에번 더빈

제2차 세계대전이 발발하기 몇 년 전부터 전쟁의 경제적 파급효과에 대한 관심이 제고되었는데, 에번 더빈$^{Evan\ F.\ M.\ Durbin}$을 포함한 몇몇 경제학자

---

6 이필중, 『국방경제학』, (서울: 국방대학교, 2002), pp.53-56.

들은 현대전쟁에 있어서 경제적 요소의 중요성에 주목하고 군수산업, 민수산업, 재정정책 간의 관계성을 규명하고자 했다. 전쟁이 일어날 경우 자원을 민간소비부문으로부터 군수부문으로 전환하여 전쟁에 필요한 물자를 생산하는 산업동원을 위해서 정부는 국가자원을 통제하고 조정해야 한다. 이를 위한 방안으로 더빈은 ①조세의 신속한 증가, ②민수산업의 직접통제, ③통화공급의 증가, ④정부차용에 대한 저리 이자 적용, ⑤민간부문의 대출통제, ⑥민간금융기관의 정부에 대한 직접적이고 강제적 대출이라는 여섯 가지 지침을 제시했다. 또한 더빈은 이러한 여섯 가지 방안이 신속하게 전시자원을 조달할 수 있지만 동시에 국가경제 및 국민생활을 위협할 수 있음을 언급하고, 경제적 원리를 무시한 전비 조달방안은 매우 큰 경제적 위험을 초래할 수 있음을 지적했다.

(8) 존 메이너드 케인스

존 메이너드 케인스John Maynard Keynes는 1920년대 말에 발생한 대공황을 극복하기 위해 미국 루스벨트 대통령이 시행한 뉴딜 정책의 이론적 근거를 제시한 거시경제학의 창시자이다. 케인스는 제2차 세계대전 발발 이후 영국 전시경제정책의 바탕이 된 저서 『전비 조달론How to Pay for the War』을 통해 국방경제와 관련된 다양한 생각을 제시했다. 케인스는 전투행위를 통한 공격뿐만 아니라 후방지역의 경제능력을 파괴하는 것이 궁극적으로 전쟁 수행능력에 손상을 입히고 전쟁의 승패를 결정짓게 된다고 보았다. 한편 전시동원을 통해 군사부문에서 임금소득이 상승하게 되는데, 전시로 인하여 소비재 생산은 증가하지 않은 상태에서 이러한 소득인상이 소비재 지출로 연계되면 결국 인플레이션이 발생하게 되면서 국가경제에 나쁜 영향을 주게 된다. 따라서 전시 근로소득 증대로 인한 인플레이션 발생 가능성을 억제하기 위해서는 증가한 화폐소득을 미래소비를 위한 저축으로 전환시킬 필요가 있다는 점을 주장했다.

케인스는 리카도와는 달리 조세에 의해서 모든 전비를 조달하는 것은 현실적으로 불가능하며, 따라서 일부는 공채 발행을 통해 조달해야 한다고 설명했다. 그는 인플레이션을 야기하지 않으면서 전비의 일부를 조달하기 위해 전시에 증가한 임금소득분을 공채 발행을 통해 흡수하는 방식을 제시했다. 이는 국민의 일방적 희생을 강요하지 않고 전후 원금과 이자를 되돌려주기 때문에, 국민의 전쟁노력을 상대적으로 적게 위축시킨다는 점에서 조세 조달방식보다 효과적인 방식으로 보았다. 케인스는 법제화를 통해 전시 소득증가분을 공채 발행으로 흡수하는 강제저축compulsory savings 방식을 제안했으며, 이후 공채 발행에 의해 현재 소득의 지불 시기가 미래로 연기되었다는 측면에서 '강제저축'이란 용어를 '지불연기된 소득deferred income'이란 용어로 바꾸었다.

전비 조달방식에 대한 케인스의 인식을 보면, 첫째로 전시에 증가한 소득금액에 상응하는 소비가 이루어지지 않는다는 점에서 공채방식의 강제저축을 통해 개인소득의 일정비율을 지불연기해야 한다고 보았다. 공채방식 대신에 통화발행을 통한 강제적 인플레이션에 의해서 전비를 조달할 경우, 국민적 저항 없이 손쉽게 전비를 조달할 수 있지만 부의 재분배를 악화시키는 등 경제적 부작용을 일으킨다. 둘째는 긴급한 전비 조달 소요 중 일부는 고소득층에 대한 즉각적인 조세 증가를 통해, 나머지는 저소득층을 대상으로 한 공채 발행을 통해 조달해야 한다는 것이다. 셋째는 전비 조달을 함에 있어서 저소득층이 적정한 최저생활수준을 유지할 수 있는 방안을 추진해야 한다는 것이며, 이에 따라 케인스는 가족 수에 따른 최저면세소득방식을 제안했다.

한편 케인스가 제안한 전시공채 발행방식은 전후 경제를 복구하는데도 크게 기여할 수 있다. 더빈은 전후 경제가 정상적으로 회복할 수 있도록 정부지출을 서서히 삭감할 것을 제안했지만, 케인스의 방식에 따르면 전시 발행된 공채 규모만큼 지불연기된 소득을 전후 국민들에게 지급하기 때문에, 전쟁 종료에 따른 정부지출의 감소에도 불구하고 총수요가 일정수준 유지될 수 있다는 점에서 전후 불황이 발생할 가능성을 줄일 수 있다. 이러한 측면에서 케인스의 전비 조달방식은 정부재정수단에 의한 총수요관리정책을 활용하여 국민소득을 조정할 수 있음을 시사하고 있다. 케인스의 이론이 제시된 이후 재정지출 규모의 조정이 주요한 경제정책 수단으로 각국에서 활용되었다.

제2차 세계대전 이후 냉전으로 인해 국방비 지출 규모가 확대되고 케인스의 이론에 근거하여 재정수단을 활용한 경제정책이 광범위하게 사용되면서, 국방비 지출의 효율성에 대한 관심이 제고되었다. 이에 따라 1960년대부터 국방지출의 효율적 사용을 위한 체계 및 기법이 많이 개발되었다. 공공지출의 효율적 관리에 대한 기법이 국방 분야에서 많이 개발된 것은 국방부문이 타공공부문에 비해서 상대적으로 규모가 크다는 이유 이외에도, 국방 분야 최종생산물이 다른 부문보다 측정이 어려움에 따라 지출삭감에 대한 압력이 더욱 높았기 때문이라고 볼 수 있다. 가용자원이 제한된 상황에서 자원사용의 효율성 제고는 국방력의 수준을 결정짓는 중요한 문제라는 점에서 국방경제학에서도 국방비 사용의 효율성 제고, 즉 국방지출프로그램의 효율성 제고를 위한 이론 및 방안 모색에 많은 노력을 기울이고 있는 상황이다.

3. 국방경제학 연구주제

국방경제학defense economics은 국방관련 주제를 대상으로 경제학적 방법론을 적용하여 자원배분, 소득분배, 경제성장, 안정화 등을 연구하는 학문이다. 국방은 한 국가의 이익을 규정하고, 제고하며, 보존하기 위한 보호적이며 공격적인 행위를 포함하고 있기 때문에, 국방경제학은 그러한 행위에 한계를 가하면서 동시에 행위의 근원이 되는 자원 희소성resource scarcity에 관한 연구를 포함해야만 한다. 또한 개별 국가는 국제체계 하에서 기능하기 때문에 국방경제학은 안보를 추구하는 다양한 국가 간의 상호작용에 관한 내용을 포함해야만 한다. 즉 한 국가의 국방행위가 국제경제시스템에 미치는 영향, 그리고 국제경제시스템이 한 국가의 국방에 미치는 영향을 모

<표 12-1> 국방경제학의 연구주제

세부주제	비고
억지, 분쟁, 전쟁회피, 전쟁 개시 및 종료	군사력의 전략적 운용 및 파급효과 (군사경제학)
전략적 상호작용, 군비경쟁, 군비통제, 군축 및 군사전환	
동맹 형성, 자원배분 및 전략적 행위	
국방비 조달 및 전·평시 국방거시경제 상호작용	군사력 건설을 위한 재원 조달 및 파급효과, 인적·물적자원 획득 및 운용, 방산기반 구축 (협의의 국방경제학)
국방재원조달체계로서 중앙통제경제와 시장경제	
동원, 전쟁복구 및 군사력 재구성	
군사력 수준 및 구성의 최적화 및 효율화	
자본-노동 가동률, 국방인력, 징병제 및 모병제	
군사대비, 전략자원, 방위산업정책 및 무기 수출	
조달, 획득 및 국방계약분석	
핵물질의 국제적 관리, 비확산	군사력과 안보위협 (안보경제학)
내란 및 지역분쟁	
초국가적 위협, 테러리즘, 마약, 난민, 인종 및 종교적 광신주의	

두 고려해야만 한다. 최근 제기되는 논점을 포함하여 국방경제학의 연구주제를 크게 〈표 12-1〉과 같이 구분할 수 있다.

국방경제학의 주제는 군사력의 건설 및 운용, 군사력과 안보위협 간의 상관성, 새로운 안보위협 등 광범위한 내용을 포함하고 있다. 국방경제학이 경제적 분석방법론을 사용하여 국방과 안보와 관련된 다양한 이슈를 평가하고, 영향요인들 간의 상호관계성을 분석·이해하는 학문이기 때문에 이와 같은 주제의 광범위성은 당연하다고 할 수 있다.

〈표 12-1〉에서 제시한 국방경제학의 연구주제들은 개략적으로 군사력의 운용, 특히 국가정책에 따른 군사력의 전략적 사용과 관련된 주제, 군사력의 건설과 관련된 주제, 그리고 새로운 안보위협 등 국가안보와 관련된 주제 등으로 구분할 수 있다. 현재 일반적으로 군사력과 국력 간의 상관성,

군사력 건설을 위한 자원 조달 및 확보, 방위산업기반을 비롯한 국방자원의 확보·배분 및 관리 등과 관련된 내용을 좁은 의미에서 '국방경제학'이란 이름 아래 다루고 있다. '군사경제학military economics'을 군사력의 운용에 관한 사항, 특히 전략적 차원에서 군사력의 사용과 관련된 문제들을 경제적 분석을 통해 연구하는 학문분야라고 본다면, 국방경제학의 세부영역을 군사력의 전략적 사용 등과 밀접하게 관련된 군사경제학, 군사력의 건설과 관련된 주제를 다루는 협의의 국방경제학, 그리고 군사력과 안보위협 간의 관계성 등을 다루는 안보경제학 분야로 구분할 수 있을 것이다.[7]

한편 9·11테러 이후 세계안보환경이 변함에 따라 기존 연구주제 이외에 국방의 지역적 효과, 초국가적 테러, 사이버안보, 비확산, 세계경제위기와 국방, 재정위기에 따른 국방예산 교환관계, 국제방산협력, 전쟁 및 지역분쟁의 직간접비용, 내란, 새로운 세계적 안보도전에 대응한 집단안보, 국방과 환경 등이 국방경제학의 새로운 연구주제로 관심을 끌고 있다.[8]

II. 국방비와 국민경제

1. 국방재의 최적규모 결정

비경합성 및 비배제성이라는 공공재적 특성으로 말미암아 국방은 사회적으로 최적수준보다 과소 공급·소비된다는 것을 앞에서 알아보았다. 이론적으로 최적규모의 국방생산, 다시 말하자면 '전체 가용자원 중 어느 정도를 국방부문에 배분할 것인가'라는 문제는 부분균형모형이 아닌 일반균

---

7 비확산, 초국가적 위협, 테러리즘 등과 관련된 안보 이슈는 군사력의 전략적 사용을 내포함에 따라 군사경제학으로 구분할 수 있을 것이다.

8 Daniel Arce and Christos Kollias, "Defense and Peace Economics: The Second Decade in Retrospect," *Defense and Peace Economics*, vol. 21, issue 5-6 (October-December, 2010), pp.405-406.

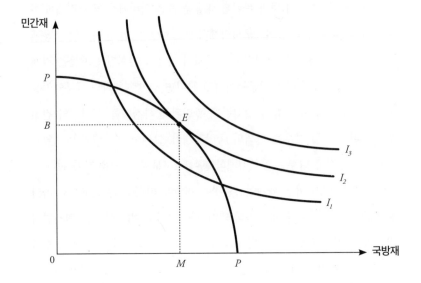

형모형을 통해 설명할 수 있다. 논의의 편리상 재화를 민간재와 국방재로 구분하고, 주어진 생산요소 노동(L)과 자본(K), 그리고 일정한 기술수준을 통해서 경제가 민간재와 국방재를 생산한다고 할 경우, 최대한으로 생산 가능한 민간재와 국방재의 조합점들을 연결한 선이 바로 〈그림 12-3〉의 생산가능곡선production possibility curve PP이다. 생산가능곡선 안에 위치한 점들은 생산에 활용된 생산요소의 양을 증가시키지 않더라도 효율적 생산요소 결합을 통해 생산가능곡선상에 위치한 조합점들로 이동할 수 있다는 점에서 비효율적인 조합을 나타내고 있으며, 생산가능곡선 밖에 위치한 점들은 주어진 생산요소와 기술수준으로는 생산할 수 없는 조합점들을 나타내고 있다. 일반적으로 민간재와 국방재를 생산하기 위한 생산요소의 최적결합비율이 재화별로 다르기 때문에 특정재화의 생산을 증가시킬수록 한계기회비용이 체증함에 따라 생산가능곡선은 〈그림 12-3〉과 같이 원점에 대해서 오목한 형태를 지니게 된다.

생산가능곡선의 어떤 조합점에서 두 재화의 최적생산이 이루어질 것인가는 민간재와 국방재에 대한 사회의 선호도를 나타내는 사회무차별곡선 social indifference curve에 의해서 결정된다. 사회무차별곡선은 동일한 사회적 후생수준을 나타내는 민간재와 국방재의 조합점을 연결한 선으로서 사회무차별곡선이 우축에 위치할수록 더 높은 후생수준을 나타내고 있는데, 생산가능곡선이 사회무차별곡선이 접하는 점, 즉 사회후생이 극대화되는 점 E에서 결정되고, 이때 최적규모의 민간재 및 국방재 생산은 각각 B와 M이 된다.[9]

전체 가용자원 중 어느 정도를 국방재 생산에 투입할 것인가에 대한 결정, 즉 생산가능곡선상의 어떤 점에서 민간재와 국방재의 최적생산이 이루어질 것인가는 민간재와 국방재에 대한 사회적 선호를 나타내고 있는 사회무차별곡선의 구체적 형태에 크게 좌우된다. 〈그림 12-4〉에서 보여주는 것처럼 사회적으로 국방재에 대해 상대적으로 더 높은 가치를 부여하는 I_3의 사회무차별곡선을 가질 경우 민간재에 비하여 상대적으로 많은 가용자원이 국방재 생산에 배분되면서 국방재의 최적생산규모는 M_3가 된다. 반대로 사회무차별곡선이 국방재에 대한 사회적 가치가 상대적으

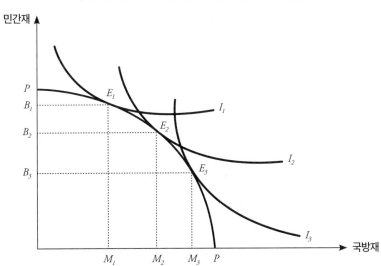

〈그림 12-4〉 사회무차별곡선에 따른 국방재의 최적생산

로 낮게 부여되는 I_l일 경우 가용자원이 민간재 생산에 보다 더 많이 사용되면서 국방재의 최적생산규모는 M_l으로 감소한다.

이와 같이 생산가능곡선과 사회무차별곡선을 활용하여 국방재 생산의 최적규모를 결정하는 것은 이론적으로는 가능하지만 실제 현실에서는 불가능하다고 할 수 있다. 왜냐하면 생산가능곡선은 경제가 보유하고 가용자원과 기술수준을 통해 어느 정도 측정 가능하지만 사회무차별곡선을 측정하는 것은 매우 어렵기 때문이다.

사회무차별곡선에 대한 측정의 어려움은 세 가지 측면에서 발생한다. 첫째, 민간재와 국방재에 대해 개인들이 갖는 무차별곡선이 유사하여 개인의 무차별곡선을 사회무차별곡선으로 활용하더라도, 앞에서 언급한 것처럼 국방의 공공재적 특성으로 인하여 개인들이 국방재에 대한 한계편익을 드러내지 않을 가능성이 높다. 둘째, 명시적으로 국방재가 주는 한계편익을 표시하더라도 개인들은 안보 및 국방현실 등에 부정확한 정보를 갖고 있기 때문에 표시된 한계편익이 국방재로부터 발생하는 한계편익을 올바르게 반영하지 못할 가능성이 크다. 셋째, 일반적으로 사회적 신분, 소득수준, 전쟁 경험 여부, 안보관 등에 따라 개인들이 국방재에 대해 가지는 선호도는 다르다. 즉 민간재와 국방재에 대한 서로 다른 무차별곡선을 가지며, 이를 하나의 통합된 사회무차별곡선으로 도출하는 것은 매우 어렵다. 사회무차별곡선 도출의 어려움으로 인해 국방재의 생산규모는 일반적으로 국정을 담당하는 정부와 국민을 대표하는 국회의 예산과정을 통해 결정된다.

정부와 국회의 예산과정을 통한 국방예산의 결정방식에는 소요우선접

---

9 일반적으로 동일한 만족도를 주는 두 재화의 조합점을 연결한 선으로 나타난 개인의 무차별곡선은 특정재화의 양이 늘어날수록 해당재화와 다른 재화 간의 한계대체율이 체감되는(diminishing marginal rate of substitution) 특징을 보여주는데, 여기서는 사회적 무차별곡선도 이와 유사하게 한계대체율이 체감되는 것으로 가정함에 따라 〈그림 12-3〉의 사회무차별곡선은 원점에 대해 볼록한 형태를 나타내고 있다.

근, 예산우선접근, 균형접근방식이 있다.[10] 소요우선접근방식은 국방부문에 대한 소요를 결정한 다음, 이에 따라 국방비를 배분하는 방식이다. 이러한 접근방식에 따라 국방비가 결정될 경우 국방부문에 충분한 가용자원이 배정될 수 있으나, 안보환경에 대한 분석과 그에 따른 소요추정이 정확히 이루어지지 않을 경우 국방부문에 과도하게 자원이 투입되면서 국가 전체적으로 자원배분의 효율성이 떨어질 가능성이 있다. 일반적으로 소요우선접근방식은 전시 또는 준전시 등 국가가 안보위기상황에 놓여있을 경우 적용하는 방식으로, 이러한 상황에서는 국방부문에 대한 자원배분의 한계편익이 매우 높기 때문에 국방부문 소요를 충족하는 자원배분이 적정 국방비 규모가 된다.

예산우선접근방식은 국가 전체적으로 가용한 자원 범위 내에서 일정한 국방예산을 결정하고, 결정된 예산범위 내에서 군사력 건설을 추진하는 방식이다. 이 방식은 국가 가용자원을 고려하여 국방예산을 결정한다는 점에서 국민적 합의를 쉽게 도출하는 장점이 있으나, 국방부문에 대한 소요를 고려하지 않은 상태에서 국방예산이 결정되기 때문에 국가안보에 필요한 군사력 건설이 어렵다는 문제점을 갖고 있다. 일반적으로 예산우선접근방식은 안보위협이 낮아 군사력 건설이 우선순위에 들지 못하는 경우에 적용하는 방식으로, 이러한 상황에서는 국방부문에 대한 자원배분으로 도출되는 한계편익이 상대적으로 낮기 때문에 국가재정에서 다른 부문의 중요도가 높아지면서 국방비 규모도 상대적으로 적은 수준에서 결정된다.

균형접근방식은 소요우선접근방식과 예산우선접근방식을 절충한 방식으로, 안보 및 국방상황에 대한 평가로부터 도출한 국방부문 소요와 국가 가용자원의 규모를 고려하여 국방예산이 결정된다. 균형접근방식을 통해 적정규모의 국방비를 결정하기 위해서는 무엇보다도 안보상황에 대한 정

---

10 이성연, 『현대 국방경제론』, pp.331-333.

확한 분석과 이에 대한 국가지도자들의 공통된 인식, 그리고 부문별 예산 배분에 대한 국민적 합의가 중요하다. 균형접근방식에서도 안보위협으로 인해 국방부문에 대한 자원배분의 한계편익이 커지면 국방 소요가 상대적으로 더 중요하게 고려되면서 국가 가용자원 중 국방부문에 배당하는 비율이 높아지게 된다. 이와는 달리 안보환경이 안정되어 군사력 건설이 중요시되지 않아 국방부문에 대한 자원배분의 한계편익이 낮아지면 자원배분에서 국방부문의 우선순위가 낮아지면서 국방예산의 규모가 상대적으로 작아지게 된다.

결론적으로 국방비 규모는 국내외 정치, 경제, 사회, 군사 등 다양한 요인과 이에 대한 국가지도자들의 주관적 판단이 결합되어 결정된다. 여러 상황적 요인에 의해 국방부문에 대한 자원배분의 한계편익이 높을수록 국가예산 배분에서 국방부문의 우선순위가 높아지면서 국방비의 규모도 상대적으로 증가할 것이다.

2. 국방비 지출과 국민경제

국방경제에 관한 이론적 발전과정에서 잘 나타나고 있듯이 전통적으로 국방지출은 소모적 지출로서 국가경제에 부정적 영향을 미치는 것으로 생각되었다. 따라서 국가안전을 보장하기 위한 국방비 지출은 필요하지만 군비경쟁을 초래하는 과도한 지출은 억제해야 하며, 전비재원 조달에 대해서도 공채와 같이 국가가 쉽게 재원을 조달하는 방식보다는 국민적 동의가 필요한 방식으로 이루어지도록 함으로써 전쟁을 억제하고 과도한 국가부채가 축적되는 것을 피해야 한다는 주장이 역사적으로 끊임없이 제기되어 왔다.

하지만 케인스 이후 국방비 지출은 재정정책의 일환으로 활용되어, 전쟁이 경제의 총수요를 자극함으로써 국가경제의 활성화에 기여할 수 있다는 점을 인식하기 시작했다. 이에 따라 국방비 지출이 어떠한 경로를 통해서 국민경제에 얼마나 큰 영향을 미치는지를 이론적 모형을 사용하여 실증적으로 분석하는 연구가 1970년대 이후 활발하게 수행되었다.

여기서는 국방비 지출이 국민경제에 미치는 효과를 이론적 측면에서 분석하고, 실제 자료를 활용하여 이를 실증분석한 연구결과에 대해서 간략하게 살펴보기로 한다.

(1) 국방비 지출의 국민경제적 효과

국방비 지출이 국민경제에 미치는 파급효과는 수요측면과 공급측면으로 구분하여 설명할 수 있다. 먼저 수요측면에서 보면, 국방비 지출은 케인스의 이론에 따라 총수요를 증대시켜 국내총생산(GDP) 증대에 기여한다. 케인스 이론에 따르면 한 경제의 총수요는 민간소비, 민간투자, 정부지출, 순수출로 구성되는데, 국방비 지출의 증대는 정부지출을 증대시키고 이는 승수효과multiplier effect를 발생시키면서 경제의 총생산량을 증대시키게 된다. 따라서 정부 재정지출의 일환인 국방비 지출도 총수요확대를 통해 국민소득을 증대시키고 실업을 낮추는 효과를 발생시킨다.[11]

한편 국방비를 포함한 재정지출의 확대는 결국 민간부문에 배분되는 가용자원을 정부부문으로 전환시킨다는 점에서 민간투자가 위축crowding-out되는 효과를 가진다. 이로 인해서 국방비 지출의 확대가 국민경제에 미치는 긍정적 파급효과가 예상보다 작을 수 있으며, 만약 민간투자 확대로 인한 국민소득 증대효과가 국방비 지출확대가 유발하는 소득증대효과보다 클 경우에는 국방비 지출확대가 국민소득에 오히려 부정적 영향을 미칠 수도 있다. 일반적으로 저개발국 또는 개발도상국의 경우 경제 전체에서 차지하는 민간투자의 규모가 작고 금융제도를 통한 자원배분기능이 취약하기 때문에 국방비 지출확대에 따른 민간투자 위축효과는 미미한 수준인 반면에, 국방비 지출확대로 인한 승수효과가 크게 일어나면서 경제발

---

11 Rudiger Dornbusch, Stanley Fischer, and Richard Startz, *Macroeconomics*, 11th Edition (McGraw-Hill, 2011), pp.206-210.

전 및 성장을 촉진할 가능성이 높다. 이와는 달리 선진국의 경우, 국방비 지출의 확대로 인해 민간투자가 상대적으로 크게 위축되면서 실제 국방비 지출로 인한 승수효과가 별로 크지 않을 수 있다. 따라서 국방비 지출로 인한 총수요의 증대가 국민경제에 미치는 긍정적 파급효과는 경제가 어떠한 수준 및 발전단계에 놓여 있는지에 따라 정도가 다를 수 있다.[12]

공급 측면에서 국방비 지출의 국민경제적 효과는 기술개발 및 확산, 사회간접자본 확충, 인적자본 확충, 안보재 생산 등 다양한 측면에서 분석할 수 있다. 첫째, 국방비 지출은 국방재 생산을 위한 기술발전을 촉진하고 이에 따라 국방재 생산성이 높아지면서 국가경제에 이바지한다. 또한 국방부문에서의 기술적 발전은 민수 분야에 파급되면서 민간부문의 생산성에 기여하는 외부효과를 발생시킨다. 내생적 성장이론에 따르면 개별 기업의 생산함수는 자체적으로 개발에 투자하여 획득한 기술 이외에도 경제 전체의 가용한 기술수준에도 영향을 받게 된다. 국방비 지출로 인한 국방부문의 기술발전은 파급효과를 통해 개별기업이 사용하는 기술수준을 높이면서 사회 전반적으로 생산성이 증대하는 효과가 발생한다. 이처럼 국방부문으로부터 비용이 지불되지 않는 가용기술을 획득하여 민간부문의 생산성이 증대하는 것은, 국방비 지출을 통해 외부경제가 발생한다는 것을 의미한다. 또한 이는 민간부문의 생산함수를 구성하는 생산요소에 민간부문의 노동, 자본, 기술수준 외에 국방부문의 기술수준도 포함되어 있다는 것을 의미한다.

둘째, 군사목적으로 구축한 도로, 항만, 비행장, 통신시설 등은 민간부문과 공동으로 사용한다. 즉 민간경제활동에서 중요한 사회간접자본이 국방비 지출을 통해 건설되고 있다. 국방 분야에서 제공된 사회간접자본을 통해 민간부문의 생산성이 높아지고 따라서 국민소득이 증대하는 효과가

---

12 Saadet Deger and Ron Smith, "Military Expenditure and Growth in Less Developed Countries," *Journal of Conflict Resolution*, vol. 27, no. 2 (June 1983), pp.335-353.

발생한다.

셋째, 군대는 교육 및 훈련을 통해 경제활동에 필요한 지식과 기술을 갖춘 인력을 양성하여 노동시장에 공급함으로써 가용한 노동인력의 질과 양을 높이는 역할을 수행한다. 노동인력이 어떠한 기술과 지식을 지니고 있는가에 따라서 노동생산성에 큰 차이가 나타난다는 점에서, 국방부문에서 축적된 인적자본은 경제 전체의 생산성 제고에 기여한다. 특히 교육수준이 낮은 국가들의 경우, 군대가 교육기관의 역할을 일부 수행한다는 점에서 경제발전에 실질적으로 기여한다.

넷째, 국방비 지출은 안정적 경제활동에 필수적인 안보재를 생산함으로써 국가경제에 이바지한다. 적정수준의 군사력을 통해 국가의 안전을 보장받지 못한다면 정상적 경제활동이 유지되기 어렵다. 즉 적절한 군사력 부재로 인한 안보상황의 불안은 민간소비 및 투자를 위축시키고 외국인투자가 감소하면서 국민경제를 위협한다. 따라서 적정규모의 국방비 지출은 국민 및 외국투자자들이 예측 가능한 경제활동을 수행하도록 함으로써 경제성장에 기여한다. 한편 한 국가의 경제적 능력을 넘어선 과도한 안보재 생산이 이루어질 경우, 오히려 민간부문에서 가용할 자원이 지나치게 줄어들면서 경제 전체가 위축하는 효과를 발생시킬 수 있다. 그러한 점에서 안보재 생산을 통한 국방비의 경제성장 기여도는 각 국가의 경제적 상황 및 국방비 지출규모에 따라 달리 평가할 수 있다.

(2) 국방비 지출의 실증분석결과

국방비 지출이 경제성장에 어떠한 영향을 미치는지를 실증적으로 분석한 연구들을 보면, 케인스이론에 바탕을 둔 수요모형, 국방부문과 비국방부문에 대한 생산함수를 기반으로 하는 공급모형, 또는 수요측면과 공급측면에서 국방비 지출에 경제에 미치는 영향을 동시에 고려한 연립방정식 모형simultaneous equation model이 사용되고 있다.

국방비 지출이 경제에 미치는 영향을 문헌조사한 연구[13]에 따르면, 수요모형을 사용하여 분석한 연구에서는 대부분 자원배분을 둘러싼 국방지출과 민간투자 간의 경합으로 인해 국방비 지출이 경제성장에 부정적 영향을 미치는 것으로 나타났다. 한편 수요모형을 사용한 연구에서는 국가소득에서 국방지출이 차지하는 비중이 총수요를 구성하는 다른 요소에 비해서 상대적으로 작기 때문에 국방이 경제에 미치는 부정적 영향 역시 그다지 크지 않은 것으로 조사되었다.

수요 및 공급측면에서 국방비 지출이 경제에 미치는 영향을 동시에 고려한 연구들을 보면, 수요측면에서는 부정적 영향을, 공급측면에서는 긍정적 영향을 일으키지만 수요측 영향이 공급측 영향을 압도하는 것으로 나타났다.[14]

몇몇 공급모형을 사용한 실증연구에서는 예상대로 양의 외부효과가 발생하면서 국방비 지출이 경제성장에 긍정적 영향을 주는 것으로 조사되었다.[15] 하지만 이러한 연구에서는 수요측 요인을 분석모형에서 제외하고 있어, 연구결과를 토대로 국방이 경제를 촉진하는 순효과[net effect]를 가진다

---

13 Todd Sandler and Keith Hartley, *The Economics of Defense* (Cambridge University Press, 1995), pp.215-219.

14 이러한 연구에 관련해서는 다음 자료를 참고하라. Saadet Deger. "Economic Development and Defense Expenditure", *Economic Development and Cultural Change*, vol. 35, no. 1 (Oct., 1986), pp.179-196; Saadet Deger, *Military Expenditure in Third World Countries: The Economic Effects* (Routledge Kegan & Paul, 1986); Saadet Deger and Ron Smith, "Military Expenditure and Growth in Less Developed Countries," pp.335-353; James H. Lebovic and Ashfaq Ishaq, "Military Burden, Security Needs, and Economic Growth in the Middle East," *The Journal of Conflict Resolution*, vol. 31, no. 1 (Mar., 1987), pp. 106-138; Thomas Scheetz, "The Macroeconomic Impact of Defense Expenditures: Some Econometric Evidence for Argentina, Chile, Paraguay and Peru," *Defense Economics*, vol. 3, issue 1 (1991), pp.65-81.

15 다음의 연구를 참고하라. H. Sonmez Atesoglu and Michael J. Mueller, "Defense Spending and Economic Growth," *Defense Economics*, vol. 2, issue 1 (1990), pp.19-27; Rati Ram, "Government Size and Economic Growth: A New Framework and Some Evidence from Cross-Section and Time-Series Data," *American Economic Review*, vol. 76, issue 1 (1986), pp.191-203; Michael D. Ward, David Davis, Mohan Penubarti, Sheen Rajmaira and Mali Cochran, "Military Spending in India (Country Survey I)", *Defence Economics*, vol. 3, issue 1 (1991), pp.41-63.

고 결론내리기는 어렵다. 한편 상당수의 공급모형 기반 실증연구에서는 국방비 지출이 경제에 유의한 영향을 주지 않는 것으로 나타나고 있으며, 국방비 지출로 인한 외부효과도 아예 없거나 아주 적게 발생하는 것으로 나타났다.

지금까지 내용을 종합하면 국방지출이 민간투자를 구축하는 수요모형에서는 국방이 경제성장에 부정적 영향을 미치고 있는 반면에, 대부분의 공급모형에서는 경제에 아주 작은 긍정적 효과가 나타나거나 아예 영향을 미치지 않는 것으로 조사되었다. 이러한 실증분석결과는 조사대상국가의 수, 조사기간, 모형추정방식 등의 차이에도 불구하고 일관성 있게 나타나고 있다는 점과 공급모형에서는 수요측 요인을 포함하고 있지 않아 국방이 경제에 미치는 부정적 영향이 제외되고 있다는 점 등을 고려할 때, 국방비 지출이 경제에 미치는 순효과는 크기는 작지만 부정적인 것으로 해석할 수 있다. 하지만 수요측 영향을 고려한 모형들을 보면 이론적 체계가 없는 임시적 모형ad hoc model에 기반을 두고 있으며, 국방비의 민간투자 구축효과에 중점을 두는 부분적 분석에 치우쳐 있다. 따라서 공급측 영향 요인인 외부효과 또는 요소생산성factor productivity 효과 등이 보다 체계적으로 모형에 포함되어 실증분석이 이루어질 필요성이 있다. 지금까지 제시된 연구결과를 기초로 국방비 지출이 경제에 부정적 영향을 준다고 결론내리는 것은 어려우며, 보다 이론적으로 발전된 실증연구를 향후 지속적으로 수행할 필요가 있다.[16]

---

16 Rati Ram, "Defense Expenditure and Economic Growth," in Keith Hartley and Todd Sandler (eds.), *Handbook of Defense Economics* (Elsevier Science B. V., 1995), pp.266~268.

III. 국방과 방위산업

1. 방위산업의 개념 및 특성

방위산업에 대해서는 다양한 정의가 통용되고 있는데, 현재까지 논의된 방위산업의 정의를 정리하여 보면 다음과 같다.[17] 첫째, 방위산업은 국방부와 군에 그들이 필요로 하는 장비를 공급하는 기업들로 구성된다. 둘째, 방위산업은 군사력과 국가안보에 핵심적 요소를 공급하는 산업자산으로 형성되어 있으며, 그러한 자산들은 정부의 특별한 주의가 요구된다. 셋째, 방위산업은 대포, 미사일, 잠수함 등의 군사재뿐만 아니라 민간재를 제조하는 산업부문을 포함한다. 방위산업으로 지정되는 것은 산업생산물의 대부분이 어디로 소모되는가에 달려있으며, 만약 대부분의 생산물이 국방재화로 사용될 경우 해당산업은 방위산업으로 구분한다. 넷째, 방위산업은 한 국가의 군대에 의해서 소모되는 재화 및 기술들을 산출하기 위해서 동원되는 경제부문으로 평시에 군이 요구하는 재화를 공급해야 하며, 전시나 비상시에는 증가한 군의 수요를 충족시키기 위하여 급속히 확장되어야 한다.

이와 같이 방위산업의 정의는 너무 광범위하고 모호하며 주관적이어서, 실제로는 연구의 목적과 성격에 따라서 서로 다른 정의를 사용하고 있다. 공급측면에서 보면, 방산업체는 다양한 형태로 존재하고 있기 때문에 단일의 시장 또는 사업을 의미하는 것으로 방위산업을 규정하기는 힘들다. 이러한 어려움으로 인해 각국은 운용 차원에서 방위산업에 관한 정의를 내리고 그에 따라 관련정책을 수립, 집행하고 있다. 예를 들어 미국의 경우 국방성 구입비 기준으로 선택된 상위 n개의 산업과 국방재생산에 매우 중요한 것으로 간주되는 기타 산업들이 방위산업을 구성하는 것으

---

17 Todd Sandler and Keith Hartley, *The Economics of Defense*, pp.182-183.

로 정의한다.[18] 우리나라의 경우 방위산업은 방산물자를 생산하거나 연구 개발하는 업으로 규정하고 있으며(방위사업법 제3조 8항), 여기서 방산물자 는 국방부 및 각 군 등이 사용·관리하기 위하여 획득한 군수품 중 방위사 업청장이 산업부장관과 협의하여 지정하거나 대통령령으로 지정한 물자 를 말한다(방위사업법 제3조 2항).

무기체계의 공급비용 증가와 냉전 이후 감소추세를 보이고 있는 방위 비를 감안할 때, 방산업체의 효율성이 구입하는 장비의 양을 결정하는데 중요한 요소가 되고 있다. 이러한 관점에서 방위력 유지를 위한 방산물자 를 효율적으로 구매하는 것이 국가방위의 중요한 요소가 된다. 하지만 방 산시장은 경쟁시장과는 실제적으로 거리가 먼, 정부에 의해서 조절·규제 되는 시장이기 때문에 방산기업의 효율성을 정부의 장비구입정책과 분리 하여 독립적으로 평가하는 것을 불가능하다고 할 수 있다. 따라서 바람직 한 방산구매정책 수립을 위해서는 방산시장의 특성을 이해하는 것이 매 우 중요하다.

우선 방산시장의 운영체계를 보면 〈그림 12-5〉와 같다. 국방부와 군, 외국정부가 방산품을 수요하고, 국내외 방산업체가 방산품을 공급하며,

〈그림 12-5〉 방산시장 운영체계

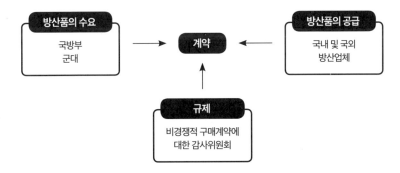

18 Jonathan Ratner and Celia Thomas, "The Defense Industrial Base and Foreign Supply of Defense Goods," *Defense Economics*, vol. 2, issue 1 (1990), pp.57-68.

수요자와 공급자가 특정 상품을 특정 기일에 공급하고 이에 대해서 일정한 가격을 지불하는 계약을 체결하게 된다. 이 과정에서 어떤 경우에는 구매자인 정부가 판매자에게 이윤 조정과 같은 규제적 요구조건을 부과하기도 한다. 방산시장은 일반시장과 달리 다음과 같은 특성을 보이고 있다.

첫째, 단독 구매자로서 정부의 역할을 들 수 있다. 독점적 구매자 monopsonist로서 정부는 장비의 선택을 통해서 기술발전을 결정하고 국내 산업체로부터 구매할 것인지 수입할 것인지에 관한 결정을 할 수 있으며, 국내 방위산업의 크기, 구조, 진입 및 퇴출, 가격, 수출, 이윤, 효율성 그리고 소유권을 결정할 수 있다.[19]

둘째, 방산제품에 대한 구매비용이 빠르게 증대하는 추세를 들 수 있다. 국방장비, 특히 새로운 고기술장비는 매우 고가이며, 구형을 대체하는 신형 장비의 경우 구형보다 더욱 비싸지는 등, 국방장비구입의 실질비용이 상승하고 있는 추세이다. 일반적으로 항공기, 미사일, 전함 및 잠수함 등 국방장비의 실질 단위생산비용은 매년 약 10%씩 상승하고 있으며, 7.25년마다 비용 측면에서 두 배씩 증가하고 있다.[20] 그러나 국방예산의 증가율은 그러한 비용증가율을 따르지 못하기 때문에 불가피하게 군사력의 크기 및 구성을 축소하라는 압력을 받게 된다. 이러한 압력은 방위산업의 재편성으로 나타나게 되는데, 이러한 압력에 대하여 새로운 장비구입정책의 도입으로 비용 상승에 따른 충격을 어느 정도 흡수하고자 하는 노력이 각국에서 추진되고 있다.

셋째, 방산시장의 기술혁신적 특성이다. 과거의 예를 보면, 제트엔진, 헬리콥터, 전자품 등과 같은 새로운 제품을 낳는 주요 기술혁신은 방산시장

---

19 이러한 관점에서 국방부의 방산품 구매를 국가산업정책의 수단으로서 사용해야 한다는 견해, 이른바 간섭주의 산업정책(interventionist industrial policy)이 제시된다. 그러나 방산품 구매가 국가 방위산업기반을 포함한 보다 광범위한 경제적·사회적 목적의 추구보다는 주로 국가방위를 위한 방산품의 효율적 구매 자체에 목적이 있음을 감안하면, 산업정책적 수단으로 방위산업정책을 사용한다는 것은 현실적으로 설득력이 없다고 할 수 있다.

20 Philip Pugh, "The Procurement Nexus," *Defence Economics*, vol. 4, issue 2 (1993), pp.179-194.

에서 새로운 상품시장을 창조하고, 그에 따라 R&D(연구개발)에 더 큰 중점을 두면서 새로운 개발과 생산시설을 갖춘 기업들이 방산시장에 등장했다. 1945년 이후 방산시장은 합병과 퇴출을 통해 소수의 대규모 기업 체제로 변화하는 추세이며, 특히 항공우주 및 항공전자산업 같은 첨단기술부문은 전국적인 규모를 가진 1~2개 공급업체로 구성되어 있다. 미국, 영국, EU 등에서의 방위비 감소로 인하여 방위산업은 더 적은 숫자의 대형 방위업체 체제로 재구성될 것이며, 향후 상당수 국가에서 국내시장을 외국 방산업체에 개방하여 경쟁을 유지할 것으로 전망한다.

넷째, 방위산업, 특히 첨단기술의 방산부문은 평균비용곡선이 하향하는 특징을 보이고 있다. 하향 평균비용곡선에 따른 규모의 경제를 최대한 이용하려면 국내 방산시장은 단일 공급업체로 구성되어야 할 것이며, 그러한 경우에는 생산량이 단위비용, 즉 경쟁력을 결정하는 주요 요인이 된다. 이는 장기간의 생산운영으로 높은 고정적 연구개발비용을 더 많은 생산량 단위로 배분시킬 수 있으며, 이외에도 생산에서 학습경제learning economy가 방위산업에 존재할 수 있음을 의미한다.

다섯째, 방산품 시장과 방위산업은 정부에 의해서 규제되고 있다. 구체적으로 보면, 정부는 국내시장의 개방 유무를 결정할 수 있고, 방위산업활동을 감시할 수 있으며, 방산품 구매계약에 관한 규제를 통해 이윤에 제한을 가할 수 있다. 전통적으로 방산업체에 대한 이윤 규제의 목적은 방산업체가 방위사업과 관련하여 과도한 이윤이나 손실을 내지 않도록 보장하는 것이다. 과도한 손실 방지는 국내 방위산업기반 유지라는 안보목적을 위해 고안되었기 때문에, 방위사업과 관련한 이윤이 진입 또는 퇴출에 대한 정형적인 시장신호로서 역할을 했다고 보기는 어렵다. 특히 방산업체의 이윤에 관한 규제는 사치스러운 사무실, 회사차량, 고임금의 기술자와 과학자 유치 등 규제되지 않는 항목에 대한 비용이 증가하는 도덕적 해이 현상을 발생시키는 부작용을 초래했다고 볼 수 있다.

2. 방산품 구매를 위한 정책대안

무기체계 등 방산품 구매와 관련하여 각 국가는 완전 독립적 국내구매, 국제협력, 면허생산과 공동생산, 외국수입의 네 가지 정책대안을 가지게 되는데, 완전 독립적 국내구매complete independence는 외국업체에 의존하지 않고 모든 방산품을 국내기업으로부터 구매하는 정책이다. 이러한 방안의 선택은 자체 방산기반 확립이라는 측면에서는 장점을 가지고 있지만 국제무역으로 발생할 잠재적 이익의 포기를 의미한다는 점에서 매우 비싼 비용을 수반하는 것으로 볼 수 있다. 국제협력international collaboration은 보통 두개 이상의 국가로 구성되며, 장비 기능 및 성능에 대한 협력국가들의 요구에 상호 동의하고 R&D 비용을 공유하면서 개별 국가들의 장비수요를 종합하는 것을 내용으로 하고 있다. 면허생산licenced production과 공동생산coproduction은 다른 국가의 무기를 전부 또는 부분적으로 국내에서 제조하는 것을 포함한다. 외국수입foreign import은 국제 방산장비시장에서 가장 낮은 비용의 공급국가로부터 장비를 구매하는 것을 말하며, 이 경우 국가는 방산품을 직접 수입할 수도 있지만 수입국의 산업에 어떤 일거리를 제공하는 합의와 해외구매를 연결시킬 수 있다.

이러한 정책대안들 간의 선택은 비용편익분석cost-benefit analysis을 통해서 이루어질 수 있는데, 구체적으로는 특정장비 구매와 관련한 비용은 구입가격 및 사용주기life-cycle에 따른 비용측면에서, 이익은 군사전략적 면과 일반 국민경제에 미치는 이익을 고려하여 구매정책대안을 결정할 수 있다. 아래에서는 완전 독립적 국내구매를 제외한 각 정책대안에 대한 이득과 비용을 구체적으로 검토하고 있다.

(1) 국제협력

첨단 방산장비의 개발비용이 증대하고 방산품의 국내수요 충족을 위해서는 비교적 소규모의 생산만으로 충분하다는 사실이 방산품 구매에 있어서 국제협력이 이루어진 배경이라고 볼 수 있다. 현재 프랑스, 영국, 독일,

이탈리아 등은 2개국 또는 그 이상이 참여하는 공동개발 및 생산계획에 다양하게 참여하고 있다.

일반적으로 국제협력의 이점으로 세 가지 측면이 강조된다. 첫째는 연구개발비용과 생산비용의 절약으로서 협력국가들은 공동개발을 통해 비싼 연구개발 분야 지출을 나누고, 협력국가들의 전체 방산수요에 공동으로 대응함으로써 규모 및 학습경제효과를 얻을 수 있다는 점이다. 예를 들어 두 나라가 일정한 개발비용이 요구되는 폭격기를 각각 일정한 대수로 생산한다는 것을 가정하면, 동등한 비율의 합작투자는 개발비용을 반으로 줄이면서 생산을 두 배로 확대함에 따라 단위생산비용을 더욱 감소시킬 수 있을 것이다. 둘째는 산업적 이익으로서, 협력국가들은 우주항공업과 같은 첨단기술장비 부문에서 세계시장에서 경쟁할 수 있는 거대산업그룹을 형성할 수 있다. 셋째는 군사 및 정치적 이익으로서 국제협력은 장비의 표준화를 더욱 촉진하면서 동맹관계를 더욱 공고화하는 결과를 가져다 줄 수 있다는 것이다.

여러 이점에도 불구하고 국제협력은 비용을 수반한다. 특히 협력정부, 관료, 군 간의 협상은 다양한 이해관계자로부터의 로비와 더불어 비효율성을 초래할 수 있는데, 구체적으로 보면 협력 작업은 효율성, 비교우위, 경쟁보다는 정치적 평등성 및 협상기준에 기초하여 할당될 수 있다. 또한 국제협력은 조직의 중복, 합의에 의한 운영, 과도한 관료체제, 의사결정의 지연 등을 반영하는 막대한 거래비용^{transaction cost}을 포함한다. 이러한 거래비용은 각 협력국가의 상이한 군사 및 예산요구를 충족시키기 위하여 운영기준과 생산·전달기간을 조화시키는 필요성에 의해서도 발생한다.

이러한 이유로 인하여 국가별 독자적 구매계획보다 국제협력계획에서 더 증가한 비용과 개발기간을 초래할 것이라는 전망이 있지만 협력국들은 협력관계가 유지할 만한 가치가 있는 한 계속 협력할 것이며, 궁극적으로 한 국가가 국제협력을 할 것인가의 여부는 공동계획으로부터의 한계이득과 한계거래비용 간의 비교에 의해서 결정될 것이다.

국제협력은 새로운 국제조직을 요구하거나, 주계약자-보조계약자의 모형이 사용되거나, 아니면 산업계와 정부의 대표자로 구성된 공동위원회 등에 의해서 운영될 수 있으며, 이러한 조직상의 조정이 국제협력의 성공과 실패를 결정짓는 중요한 변수가 된다. 우주항공산업과 국방 분야에서 분석한 연구에 의하면 국제협력의 상업적 성공은 조직상의 운영체제와 관계를 가지고 있는 것으로 나타나고 있다.[21]

(2) 면허생산과 공동생산

방산품의 표준화는 군사동맹관계에 있는 국가들이 동일한 장비를 구입하도록 요구하며, 이러한 것은 모든 동맹국가가 동일한 국가로부터 장비를 구입하는 것에 동의할 때 이루어질 수 있다. 하지만 많은 국가가 수출국에서 완성품을 직접 구입하는 것을 넘어서서 수입국가가 공급자로서의 역할을 부분적으로 수행할 수 있는, 일정한 형태의 '상쇄적^{offsetting}' 경제활동을 요구한다. 면허생산이나 공동생산은 바로 이러한 상쇄적 경제행위의 일종으로 볼 수 있다.

면허생산은 직접적 오프셋의 전형적 형태로서 무기 구매국들은 면허를 가지고 외국에서 고안된 장비를 자국 내에서 생산하게 되며, 면허생산국의 목적은 모든 장비를 국내에서 생산하거나 몇몇 부품을 생산하고 최종 조립하는 것이 될 수 있다. 공동생산은 광의로는 주요 무기체계의 구입계획에서 생산단계 동안에 이루어지는 국제간 협력으로 정의할 수 있으며, 이러한 정의에 의하면 면허생산도 공동생산의 한 변형으로 볼 수 있다. 전통적인 개념에서 공동생산은 완전히 통합된 공동생산을 의미하며, 여기서 참여국가는 동일한 장비를 구입하고 다른 국가 주문량의 일부를 생산

---

21 Pierre Dussauge and Bernard Garrette, "Industrial Alliances in Aerospace and Defence: An Empirical Study of Strategic and Organizational Patterns," *Defence Economics*, vol. 4, issue 1 (1993), pp.45–62.

하게 된다.

면허생산과 공동생산은 해외생산업체로부터 직접 구매하는 것에 비교하여 추가비용을 포함하고 있으며, 이러한 추가비용은 진입비용, 기술이전비용, 비교적 짧은 생산운영과 학습경제효과의 부재 등에 의해서 발생한다. 조사연구결과에 따르면 면허생산과 공동생산에서 추가비용은 일반적으로 수입 비용의 10~15%이며 어떤 경우에는 50%에 이른다.[22] 면허생산과 공동생산은 한 국가의 방위산업기반 확립, 관리 및 생산을 포함한 기술이전, 고용증대, 수입대체, 방산품의 표준화라는 측면에서 이득을 주며, 또한 독자적 사업의 수행 시 요구되는 연구개발비용을 절감할 수 있다.

(3) 오프셋

오프셋^{offset}은 국방장비를 판매하는 외국 방산업체에 조건을 부과하여 구매국 정부가 구입가격의 전부 또는 일부를 상쇄하는 것을 의미한다. 오프셋은 보통 장비공급국가로부터 장비구매국가로 경제활동을 재배치하기 위한 목적으로 고안된 것이다. 이러한 재배치는 무역전환$^{trade\ diversion}$과 공통점이 있으며, 이론적으로는 경제적 후생을 감소시킨다는 점에서 경제학자들에게 비난을 받아왔다.

공급업체에게 오프셋은 외국정부와 거래를 하고 싶어하는 욕구를 반영하는 것으로, 판매패키지와 가격할인의 대체방안으로 고려되어 왔다. 방산품 계약에 대한 경쟁적 입찰 하에서 외국업체들은 입찰조건의 하나로 매력적인 오프셋을 제공할 동기를 가지고 있으며, 오프셋을 최대화하는 것이 경쟁과정이 되고 있는 추세이다.[23] 구매국가의 입장에서 오프셋은

---

22 자세한 내용은 다음을 참조하라. Michael W. Chinworth, *Inside Japan's Defense* (Brassey's Inc, 1992); Keith Hartley, *NATO Arms Co-operation* (London and Boston: George Allen and Unwin, 1983); Keith Hartley and Andrew Cox, "The Costs of Non-Europe in Defense Procurement, Executive Summary" (EC, 1992)

23 오프셋 방식에 대한 이러한 동기부여에도 불구하고 수출국가, 특히 미국에서는 오프셋이 미국

일자리, 기술이전, 국내 방위산업기반 지원, 외환 절약 등의 산업적 이득을 제공하기 때문에 국민여론에 민감한 정부는 오프셋 거래의 크기를 최대화함으로써 방산품 수입을 정당화하려는 동기를 가지게 된다.

오프셋 방안의 경제적 효과를 보면, 일반경제이론에서 지적하듯이 오프셋이 필연적으로 비효율적이거나 후생감소를 초래하지는 않으며, 오히려 효율성 제고에 기여할 수도 있다. 또한 불완전시장, 과점적 지대, 복잡한 거래와 비대칭적 정보가 존재하는 세상에서 오프셋은 거래비용을 절약한다는 측면에서 구입국의 후생을 증대시킬 수도 있다. 하지만 강제적으로 오프셋을 부과하는 것은 구매자가 유리한 계약을 교섭할 유연성을 떨어뜨려 결과적으로 비효율적 구매를 초래할 수 있다. 오프셋으로 발생하는 거래가 오프셋 계약 합의가 없었더라면 발생할 수 없는, 정말로 새로운 작업을 나타내는 정도에 대해서는 의문이 적지 않으며, 한 연구에 의하면 전체 오프셋 거래의 25~50%가 순수한 새로운 사업이라고 조사되고 있다.[24]

3. 방산품 구매의 특성과 계약형태

방산품 구매는 일반상품 구매와는 달리 다음과 같은 특징을 지니고 있다. 첫째, 국내시장에서 정부는 단일의 거대한 지배고객으로 존재하게 된다. 정부는 조세권과 규제 및 강제력을 갖고 있으며, 또한 투표권과 로비에 의해서 영향을 받을 수 있는 정치적인 시장에서 움직이고 있다고 볼 수 있다.

둘째, 빠르게 변모하는 고가의 첨단기술이 방산품 개발 및 생산에 사용된다는 것은 방산품의 필수적 성능요건, 구매 가격, 구매자의 요구 등이

방위산업, 고용, 잠재적 경쟁자에 대한 기술이전 등에 미치는 충격에 대한 염려를 많이 논의하고 있다. OMB, *Impact of Offsets in Defense-Related Exports* (Office of Management and Budget, Executive Office of the President of the USA, 1987).

24 Keith Hartley and Nicholas Hooper, *The Economic Consequences of the UK Government's Decision on the Hercules Replacement* (York: University of York, Centre for Defence Economics, 1993).

불확실하다는 것을 의미한다. 구매자와 공급자 간의 정보의 차이는 불확실성을 더욱 악화시키는 결과를 초래한다. 공급자는 기술적 가능성과 비용조건에 대한 정보에서 상대적 우위를 점하며, 구매자는 독점적 구매권과 요구조건을 수시로 변화시킬 수 있는 능력에서 우위를 지니게 된다.

셋째, 구매계약은 기획, 개발, 생산 및 A/S서비스를 포함하는 다년에 걸친 장기계약일 가능성이 높으며, 불확실한 조건하에서 체결된 장기계약은 불가피하게 불완전한 계약이 된다. 왜냐하면 미래에 일어날 수 있는 사건·사고를 모두 예상할 수는 없기 때문에 이를 고려한 계약서를 작성하는 것은 매우 어렵다. 특히 계약업체가 사전에 특정한 투자를 하도록 장려하기 위해서는 그에 따른 공정한 보상을 사후에 해주어야 한다는 제약조건으로 인해 계약의 불완전성이 증폭된다.

넷째, 개발과 생산을 포함하는 장기계약은 생산작업단계에서 독점적 지대를 얻기 때문에 계약업체는 개발계약에서 낮은 금액으로 입찰하려고 노력한다. 또한 첨단 기술계획사업들에 있어서 공급업체의 시장구조는 독점 또는 과점시장이며, 대부분의 공급업체는 다양한 군수품 및 민간품을 동시에 생산하는 다생산$^{multi-product}$ 기업인 것이 일반적이다. 따라서 한 기업이 다수의 방산품 구매계약을 수행하면 생산비 측정에 문제를 일으키게 된다.

다섯째, 비용측정, 회계처리 관례, 수의계약사업의 수익성 등에 관한 규칙에 의해서 방위산업은 규제된다. 규제내용은 일반적으로 미래 우발사건 발생 시 구매자인 정부 및 각 군과 판매자인 생산업체 간의 의견불일치를 어떻게 해소할 것인지에 대해서 규정하고 있다.

이와 같은 방산품 구매의 특징에 의해서 계약체결과정에서 비대칭적 정보$^{asymmetrical\ information}$,[25] 역선택$^{adverse\ selection}$,[26] 도덕적 해이$^{moral\ hazard}$,[27] 위험분담$^{risk\ sharing}$, 감시^{monitoring} 등의 사항으로 인해서 계약과 관련된 문제가 발생하게 된다. 이러한 문제를 해결하기 위한 계약형태로서 기본적으로 고정가격계약, 비용보상계약 및 동기부여계약이 이용 가능한데, 각각의 계약형태에 대한 성격 및 특징을 알아보면 다음과 같다.

첫째, 고정가격계약^{fixed-price contract}은 기술적·경제적으로 불확실성이 거의 없는 단일공급원에서 방산품을 구매하는 경우에 채택하는 계약형태이다. 정부는 정보의 비대칭성이 있을 경우에는 고정가격계약을 체결하는 것에 부담을 갖게 되는데, 왜냐하면 기업의 비용조건에 대해서 정부가 명확히 알지 못함에 따라 사전에 추정된 비용을 가지고 고정계약가격을 논의할 수 없기 때문이다. 이러한 경우에 기업은 상대적으로 우월한 정보적 위치를 활용하여 지대를 얻게 된다.

둘째, 비용보상계약^{cost-plus contract/cost reimbursement contract}은 업체에게 막대한 이윤을 주는 것을 피할 수는 있지만, 업체가 총이윤 자체를 늘리기 위하여 비용을 극대화할 가능성이 있다. 또한 비용보상계약으로 인하여 정부는 보험업자로서 모든 위험을 지면서 업체에게 완전한 보험을 제공하는 역할을 수행하게 된다. 정부가 위험중립적^{risk neutral}이고 방산업체가 위험회피적^{risk averse}일 때, 비용보상계약은 최적의 위험분담상태이지만 비효율적이다.

---

25 차량소유자는 다른 사람보다 차의 성능에 대해서 더 정확하고 많은 정보를 갖게 된다. 따라서 후일 차를 중고시장에 팔 경우에도, 사고자 하는 사람보다 더 많은 정보를 갖는 현상을 초래하게 된다. 이때 정보의 비대칭성이 존재하게 된다. 정보에서의 이러한 차이는 실제적으로 시장의 작동에 큰 영향을 미치게 된다. 중고차시장에서 균형상태를 보면, 중고시장의 참여자는 실제로 중고차가 불량품(lemon)일 확률보다 더 높게 중고차가 불량일 것이라고 생각하며, 이러한 결과로 구매자가 지불하려고 하는 가격보다 더 낮은 가격에서 중고차의 균형매매가격이 결정된다. 따라서 완전한 정보가 유통되는 시장에서보다 시장균형은 비효율적이다.

26 보험시장에서 보험 가입자는 보험회사보다 관련된 위험에 대해서 더 나은 정보를 가지고 있기 때문에 정보의 비대칭성이 발생한다. 예를 들어 보험회사가 자전거도난 관련 보험상품을 판다면, 자전거 도난율을 조사하고 채산성이 맞는 수준에 보험가를 결정할 것이다. 그런데 실제적으로 보험상품이 팔리는 경우를 보면 자전거 도난율이 높은 지역에서 보험상품을 많이 사는 반면에 도난율이 낮은 지역에서는 보험상품이 적게 팔리기 때문에 보험회사 입장에서는 채산이 맞지 않게 된다. 이렇듯 정보의 비대칭성으로 인해 불리한 의사결정을 하는 상황을 '역선택'이라고 한다.

27 한 개인이 자전거도난보험에 가입한 경우, 보험이 도난위험을 완전히 보장하기 때문에 그는 자전거도난 방지에 신경을 덜 쓰게 될 가능성이 높고, 그로 인하여 보험회사는 결과적으로 보험상품의 판매로 손해를 입게 될 가능성이 높다. 이러한 도덕적 해이를 방지하기 위하여 보험회사는 보험가입자가 완전한 보장을 받지 않도록 공제상품을 제공하며, 이러한 정책이 자전거도난 방지를 위해서 보험가입자가 신경을 쓰도록 하는 동기부여를 제공한다.

셋째, 동기부여계약incentive contract은 고정가격계약과 비용보상계약이 절충된 계약이다. 극단적인 고정가격과 비용보상계약은 위험분담(즉 보험)과 효율성 간에 상호 교환관계를 보여주고 있기 때문에, 구매기관으로서 정부의 문제는 정부와 방산업체 간에 최적의 보험합의[28]를 포함한 동기부여계약을 형성하는 것이라고 할 수 있다. 지금까지 국방구매계약은 대부분 '전부全部 아니면 무無'라는 방식에 따라 고정가격 또는 비용보상방식을 택하여 왔다고 할 수 있는데, 효율성과 위험부담을 동시에 고려한다는 측면에서 앞으로 동기부여계약의 사용은 매우 중요하다. 동기부여계약에서는 구매자와 공급자 간에 목표비용, 목표이윤, 분담비율, 정부의 최대가격부담에 대한 교섭이 있게 된다. 교섭과정에서 방산업체는 당연히 높은 비용보상, 유리한 분담합의, 최대 계약가격을 목표로 한다. 이러한 행위를 조절하기 위해 부분적으로 경비에 기초를 둔 방안이 동기부여계약에서 사용되는데, 여기서 동기부여금액은 방산업체가 사업 초기에 산정한 비용 추정치와 실제 비용 간 차이에 비례한다.

각 계약형태가 계약가격의 결정과 계약자의 이윤에 미치는 영향에 대해서 자세히 알아보면 다음과 같다. 먼저 실제 방산업체의 이윤은 아래의 식으로 표시할 수 있다:

$$\prod{}_a = \prod{}_t + s(C_t - C_a)$$

$\prod{}_a$ = 계약업체의 실질이윤
$\prod{}_t$ = 정부가 동의한 계약기업의 목표 혹은 추정이윤
s = 위험분산율
C_t = 계약업체의 목표 혹은 추정원가
C_a = 계약업체의 실질원가

---

28 '최적의 보험합의'는 바람직한 위험분담의 특성을 포함하면서 효율적 수행을 위한 동기를 제공하는 것을 의미한다.

여기서 위험분산율 s는 계약기업의 목표원가와 실질원가의 차이가 계약기업과 정부 사이에서 분산되는 정도를 반영하는 비율로 해석된다. 따라서 고정가격계약에서는 만일 기업이 당초 목표원가보다 실질원가를 절감했다면 그 차액을 모두 기업에 돌려주어야 하므로 $s = 1$이 된다. 비용보상계약에서는 기업이 원가를 절감하여도 정부가 원가정보를 알고 있다면 이윤을 증대시킬 방법이 없으므로 $s = 0$이 될 것이며, 동기부여계약에 대해서는 s가 0과 1 사이에 위치하게 된다. 따라서 s가 0에 가까운 동기부여계약일수록 비용보상계약의 특성을 많이 보일 것이고 s가 1에 가까운 동기부여계약일수록 고정가격계약의 특성을 많이 보이게 된다.

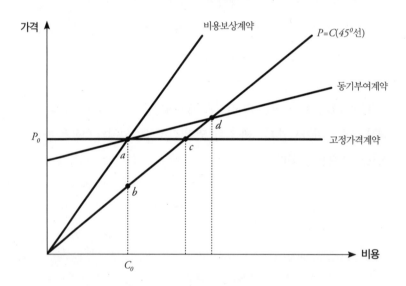

〈그림 12-6〉 방산계약형태

고정가격계약, 비용보상가격 및 동기부여계약간의 관계는 〈그림 12-6〉에서 잘 나타나고 있는데, 〈그림 12-6〉에서 계약가격(P_0)은 추정비용(C_0)에 목표이윤(Π_t)을 더한 식으로 표시할 수 있다:

$$P_0 = C_0 + \Pi_t$$

고정가격계약에서는 실제비용과는 관계없이 계약가격은 P_0에서 수평선이 되고 비용보상계약은 $45°$ 선상 위에서 목표이윤율이 추가되어 $45°$선보다는 가파른, 양의 기울기를 갖는 직선으로 계약가격이 표시되며, 동기부여계약은 두 계약선 사이에서 위치하면서 비용의 증가에 따른 계약가격의 상승은 $45°$ 선보다는 작은 기울기로서 나타나며, 이때 직선식의 기울기는 정부와 계약업체 간의 위험분산율을 반영하게 된다.

〈그림 12-6〉에서 잘 나타나듯이 고정가격계약 하에서는 계약가격이 P_0에서 결정되며 이때 계약기업은 bC_0의 원가에 ab의 이윤을 얻는다. 동 계약 하에서는 원가를 절감할수록 이윤의 폭이 확대되므로 원가를 절감할 유인동기를 갖게 되며, 원가가 c점을 넘는 기업들은 손실을 보게 되므로 계약에 참여하지 않게 될 것이다. 이는 시장에서 효율성을 보장하는 결과를 가져오게 되며, 다만 정부가 계약가격을 올리게 되면 같은 C_0의 원가를 갖는 기업이라도 이윤의 폭이 증가하므로 정부에 로비를 해서 P_0를 인상시킬 유인을 갖게 된다는 점에서 비효율성을 초래할 가능성이 있다. 비용보상계약에서 만일 P_0에서 계약가격이 결정된다면 이때 계약기업은 고정가격계약에서와 마찬가지로 bC_0의 원가에 ab의 이윤을 얻게 되지만, 동 계약에서는 계약업체가 비용을 높일수록 비례적으로 이윤총액도 증가되기 때문에 효율성 증대를 통한 비용감소보다는 비용증대를 위한 유인하는 동기가 더욱 많이 존재하게 된다. 한편 동기부여계약에서는 비용이 d점을 초과하여 발생하면 오히려 손실을 보기 때문에, 비용보상계약과 비교하여 비용절감을 위한 동기부여가 있다고 볼 수 있으나, 그 정도에 있어서는 고정가격계약보다는 상대적으로 작다고 볼 수 있다.

부록 1

주변국의 국방비와 주요 전력 비교

1. 한국과 주변국의 국방비 비교

국가	GDP (억/달러)	국방비 (억/달러)	GDP 대 국방비 (%)	병력 (1,000명)	국민 1인당 국방비 (달러)
한국	10,147	257	2.52	642	529
미국	145,000	6,936	4.77	1,569	2,250
일본	54,600	544	1.0	248	426
중국	58,700	764	1.3	2,285	57
러시아	14,800	419	2.84	956	301

출처 『2012 국방백서』(서울: 국방부, 2012), 부록 2.

2. 주변국의 주요 전력 비교

구분	핵탄두	ICBM /SLBM	인공위성	4·5세대 전투기	공중 급유기	항공 모함	잠수함
미국	2012년: 2,200 2018년: 1,550	550/432	441기	F-15: 524 F-16: 755 F-18: 740 F-22: 167	570	11	SSBN: 18 SSN: 53
중국	410	66/32	67기	J-10/J-11/Su-30 총 359기	13	1	SSBN: 3 SSN: 68
일본	0	0	정찰위성 6기	F-2/F-15 총 291기	4	0	SSN: 18
러시아	2012년: 2,200 2018년: 1,550	376/0	99기	MIG-29: 266 MIG-31: 188 Su-27: 281	20	1	SSBN: 14

출처 박영준, "주변국 군비경쟁 추세와 한반도 안보 전망," 『合參』 제53호 (2012년 10월), p.18. 각국의 전략무기 증강 현황을 나타낸 것으로, 핵탄두, ICBM·SLBM, 첨단 해·공군력, 우주항공전력 등에서 미국은 중국을 비롯한 타국을 압도한다.

부록2

우리나라의 국가목표, 국방목표, 군사전략목표

우리나라의 군사전략목표는 기본적으로 국가목표와 국방목표로부터 출발한다. 따라서 헌법에 명시되어 있는 기본 이념과 국방목표를 제시한다.

1. 헌법의 기본 이념

남한의 헌정사는 1948년 제헌헌법부터 시작한다.[1] 1948년 7월 17일 공포된 헌법의 주요 내용을 살펴보면 민주주의, 국제평화유지 노력, 영토는 한반도와 그 부속도서, 모든 침략전쟁 부인, 대통령은 국가를 보위하며 국군을 통수, 모든 국민은 국토방위의 의무를 지닌다는 내용이 포함되어 있다. 그리고 선전포고는 국회의 동의를 받도록 하고 있다. 북한의 사회주의와는 상반된 개념이다. 따라서 타국의 침략을 고려하지 않는 반면에 타국이 침략 시에는 당연히 체제수호를 위해 가용한 군사력을 사용하게 된다. 이는 군사력의 공세적 운용보다는 방어적 성격을 갖게 되는 특성을 내포하고 있다. 제헌 헌법의 주요 내용은 아래와 같다.

〈前文〉…大韓國民은… 이제 民主獨立國家를 再建함에 있어서…同胞愛로써 民族의 團結을 鞏固히 하며…民主主義諸制度를 樹立하여… 안으로는 國民生活의 均等한 向上을 期하고 밖으로는 恒久的인 國際平和의 維持에 努力하여 … 憲法을 制定한다.
第1條 大韓民國은 民主共和國이다.

---

[1] 1945년 8월 15일 우리 민족은 일제로부터 해방되고, 그로부터 3년 동안의 미 군정기를 거쳐 1948년에야 비로소 우리의 헌법을 제정했다. 1948년 5월 31일 198명의 국회의원으로 구성된 제헌국회는 대통령제와 단원제국회 및 국무총리제를 채택한 제헌헌법을 완성하여 7월 17일 공포했다.

第2條 大韓民國의 主權은 國民에게 있고 모든 權力은 國民으로부터 나온다.

第4條 大韓民國의 領土는 韓半島와 그 附屬島嶼로 한다.

第6條 大韓民國은 모든 侵略的인 戰爭을 否認한다. 國軍은 國土防衛의 神聖한 義務를 遂行함을 使命으로 한다.

第30條 모든 國民은 法律의 定하는 바에 依하여 國土防衛의 義務를 진다.

第42條 國會는…宣戰布告에 對하여 同意權을 가진다.

第54條 大統領은 就任에 際하여 國會에서 左의 宣誓를 行한다.…「나는 國憲을 遵守하며…國家를 保衛하여…宣誓한다.」

第59條 大統領은…宣戰布告와 講和를 行하고….

第61條 大統領은 國軍을 統帥한다. 國軍의 組織과 編成은 法律로써 定한다.

제헌헌법이 제정된 이후 1970년대까지는 총 7회의 헌법 개정이 있었으나[2] 안보에 관하여 명시한 사항은 제헌헌법 이래로 변함이 없다.

2. 국가목표

우리나라의 국가목표는 '1966년의 국방부 기본시책'이 수립되면서 처음으로 제시되었고, 1970년 안보회의 사무국에서 '국가안전보장 기본정책서'를 작성할 때 대통령의 재가로 확정되었다. 그러다가 1973년 2월 16일 제23회 국무회의 의결을 통해 부분 개정되었다. 그 내용은 다음과 같다.[3]

---

2 1차 개정은 1952년 7월 7일, 2차 개정은 1954년 11월 29일, 3차 개정은 1960년 6월 15일, 4차 개정은 1960년 11월 29일, 5차 개정은 1962년 12월 26일, 6차 개정은 1969년 10월 21일, 7차 개정은 1972년 12월 27일에 공포·시행되었다.

3 국방부가 독자적으로 '국방시책'의 기본방향을 제시한 것은 1966년부터지만, 정책발전의 방향과 정책지침에 따라 체계적으로 국방정책을 수립하게 된 것은 1970년 이후부터였다. 『국방사』3 (서울: 국방부, 1990), pp.62~76; 『국방정책변천사』(서울: 국방군사연구소, 1995), pp.2, 194~195.

가. 자유민주주의 이념 하에 국가를 보위하고 조국을 평화적으로 통일하여 영구적 독립을 보전한다.

나. 국민의 자유와 권리를 보장하고 국민생활의 균등한 향상을 기하여 복지사회를 실현한다.

다. 국제적인 지위를 향상시켜 국위를 선양하고 항구적인 세계평화유지에 이바지한다.

3. 국방목표

1971년 이전까지 우리나라의 국방목표는 명시적으로 구체화된 바 없었다. 그러나 1970년대에 자주국방이 절실해지면서 국가목표를 효율적으로 뒷받침하고 국군의 베트남 파병과 주한미군 감축에 따른 선행조치로 한·미 양국 간에 합의된 국군 현대화 5개년계획(1971~1975)을 일관성 있게 추진할 수 있도록 1972년 12월 29일 정부차원에서 새롭게 정립한 국가목표에 맞추어 국방목표를 재정립했다.[4] 이는 헌법과 명시되어 있는 국가목표를 달성할 수 있도록 군의 역할과 국가보위를 위한 군사력 운용개념, 그리고 전·평시 군사력의 사용에 대한 근거를 밝힘으로써 국방정책방향과 군사전략목표 수립의 기초가 되었다. 이러한 국방목표는 '국방력을 정비·강화하여 평화통일을 뒷받침하고 국토와 민족을 수호'하고 '적정군사력을 유지하고 군의 정예화'를 기하며, '방위산업을 육성하여 자주국방체제를 확립'하는 데에 있다.

이를 종합해보면 우리나라가 추구하는 군사전략은 '북한의 도발과 침략을 격퇴'하는 방어적 전략을 기본으로 하고 있으며, 이는 군사전략 결정에 주요 요인으로 작용하고 있다.

---

4 국방부는 1972년 국방목표를 재설정하기 이전에도 국방기본시책에 따른 목표를 제시하고 있었다. 『국방사』 1 (서울: 국방부, 1984), pp.67~75: 『국방사』 4 (서울: 국방부, 2002), p.105.

CHAPTER 1

군사학이란 무엇인가 | 박용현(대전대학교 군사학과장)

『'92 안보학술세미나: 군사학 학문체계 정립방향』, 서울: 국방대학원, 1992.

『'99 군사연구세미나: 군사학 학문체계 및 교육체계』, 서울: 육군사관학교 화랑대연구소, 1999.

『1980년대 육군정책 제3집: 간부정예화방안』, 서울: 육군본부, 1979.

『국방학술세미나 논문집: 군사학 이론과 교육체계 정립』, 서울: 국방대학원, 1980.

『한국군사사상』, 대전: 육군본부, 1992.

군사학학문체계연구위원회, 『군사학 학문체계와 교육체계 연구』, 서울: 육군사관학교 화랑대연구소, 2000.

김열수, "군사학 학문체계 정립", 『군사논단』 제39호 (2004).

노병천, 『도해 손자병법』, 서울: 가나문화사, 1991.

류재갑, "군사학의 학문체계", 『'99 군사연구세미나: 군사학 학문체계 및 교육체계』, 서울: 육군사관학교 화랑대연구소, 1999.

바실 헨리 리델하트 지음, 주은식 옮김, 『전략론』, 서울: 책세상, 1999.

박용현, "전문직업장교의 육성을 위한 일반대학 군사학과 교육과정에 대한 연구", 대전대학교 대학원, 2013.

박종철, "러시아 군사학의 구조에 관한 연구", 『한국군사학논집』 제56집 1권 (2000).

박휘락, "군사(軍事)의 학문화(學問化)와 과제", 『군사논단』 제53호 (2008).

백기인, 『중국군사정책, 1949-1990: 교육훈련체제를 중심으로』, 서울: 국방군사연구소,

1999.

백종천, "국가안보, 국가방위 및 군사연구: 대상과 시각", 『국제정치논총』 제24권 2호 (1984).

육군본부 편, 『군사이론의 대국화 추진방향』, 서울: 육군본부, 1983.

윤종호·김열수, "군사학 학문체계 정립 및 군사학 학위수여방안", 국방정책 연구과제, 2002.

윤형호, 『전쟁론: 평화와 실제』, 서울: 한원, 1994.

이강언 외, 『신편 군사학개론』, 서울: 양서각, 2007.

이강언 외, 『최신 군사용어사전』, 서울: 양서각, 2009.

이명환, "군사학의 학문 패러다임 연구", 『공군사관학교 논문집』 제50집 (2002).

이재호, "자주국방을 위한 전문교육의 일고", 《육사신보》, 1978년 1월호.

장용운, 『군사학 개론』, 서울: 양서각, 2006.

정성, 『국내.외 군사학 학문체계 연구』, 서울: 국방대학교 합동참모대학, 2004.

정성, "군사학의 기원과 이론체계", 『군사논단』 제41호 (2005).

진석용, 『대전대학교 군사학과의 설치경과 및 운영계획』, 대전대학교 연구보고서, 2003.

차영구·황병무, 『국방정책의 이론과 실제』, 서울: 오름, 2004.

황진환 외 공저, 『군사학개론』, 서울: 양서각, 2011.

CHAPTER 2 ————————————————————————————

군사학 연구방법론 | 이필중(대전대학교 군사학과 교수)

김광웅, 『사회과학 연구방법론: 조사방법과 계량분석』, 서울: 박영사, 1984.

김재은, 『교육·심리·사회과학연구방법』, 서울: 익문사, 1971.

김준섭, 『과학철학서설』, 서울: 정음사, 1963.

앤드루 세이어 지음, 이기홍 옮김, 『사회과학방법론』, 서울: 한울아카데미, 1999.

한배호, 『비교정치론』, 서울: 법문사, 1971.

Earl R. Babbie, *Survey Research Methods*, Belmont, California: Wadsworth, 1973.

Hans Reichenbach, *The Rise of Scientific Philosophy*, Berkely and Los Angeles: University of California Press, 1968.

J. Donald Moon, "In What Sense are the Social Sciences Methodologically distinctive?", Unpublished mimeo presented at 1974 Annual Meeting of the American Political Science Association.

Joyotpaul Chaudhuri, "Philosophy of Science and F.S.C. Northrop: The Elements of a Democratic Theory", *Midwest Journal of Political Science*, XI (1. February 1967).

Karel Lambert and Gordon G. Brittan Jr, *An Introduction to the Philosophy of Science*, Englewood Cliffs, N.J.: Prentice-Hall, 1970.

Norman Robert Campbell, *Foundations of Science: The Philosophy of Theory and Experiment*, New York: Dover, 1957.

Oliver Benson, *Political Science Laboratory*, Columbus, Ohio: Charles E. Merrill, 1969.

Ray Pawson, *A Measure for Measure: A Manifesto for Empirical Sociology*, London: Rougledge, 1989.

CHAPTER 3

전쟁의 이해 | 최북진(대전대학교 군사학과 교수)

『국가위기관리지침』, 국가안보회의 사무처, 2005.

『안보기초이론』, 국방대학원 교재, 1994.

『합동기본교리』, 서울: 합동참모본부, 2009.

김석용 외, 『안전보장이론』, 서울: 국방대학교, 2007.

루덴도르프 지음, 최석 옮김, 『국가총력전』, 서울: 재향군인회, 1972.

박계호, "한반도 위기발생시 미국의 역할 결정요인에 관한 연구", 충남대학교 대학원, 2012.

박창희, 『군사전략론』, 서울: 플래닛미디어, 2013.

박휘락, 『전쟁, 전략, 군사 입문』, 파주: 법문사, 2005.

새뮤얼 헌팅턴 지음, 이희재 옮김, 『문명의 충돌』, 서울: 김영사, 1997.

서상문, 『중국의 국경전쟁: 1949~1979』, 서울: 국방부 군사편찬연구소, 2013.

온창일, 『전쟁론』, 서울: 집문당, 2009.

윤형호, 『전쟁론』, 서울: 한원, 1994.

이상우, 『국제관계이론』, 서울: 박영사, 1979.

조영갑, 『국가위기관리론』, 서울: 선학사, 2006.

존 린 지음, 이내주·박일송 옮김, 『배틀, 전쟁의 문화사』, 서울: 청어람미디어, 2006.

카알 폰 클라우제비츠 지음, 김만수 옮김, 『전쟁론』 제1권, 서울: 갈무리, 2006.

케네쓰 월츠 지음, 김광린 옮김, 『인간·국가·전쟁』, 서울: 소나무, 1988.

퀸시 라이트 지음, 육군본부 옮김, 『전쟁연구』, 육군인쇄창, 1979.

황진환 외 공저, 『군사학개론』, 서울: 양서각, 2011.

Berenice A. Carroll, "How Wars End: An Analysis of Some Current Hypotheses", *Journal of Peace Research*, vol. 6, no. 4 (1969).

CHAPTER 4

전쟁 양상의 변화 | 김정기(대전대학교 군사학과 교수)

『2012 국방백서』, 서울: 국방부, 2012.

권태영·노훈, 『21세기 군사혁신과 미래전』, 서울: 법문사, 2008.

김정익, 『한국의 미래 전쟁양상과 한국군의 합동작전개념』, 서울: 한국국방연구원, 2010.

노계룡·김영길, 『한국의 미래전 연구실태 분석』, KIDA 연구보고서, 서울: 한국국방연구원, 1999.

맥스 부트 지음, 송대범·한태영 옮김, 『MADE IN WAR 전쟁이 만든 신세계』, 서울: 플래닛미디어, 2007.

배달형, 『미래전의 요체 정보작전』, 서울: 한국국방연구원, 2005.

손태종·노훈 외, 『네트워크중심전』, 서울: 한국국방연구원, 2009.

앨빈 토플러·하이디 토플러 지음, 이규행 옮김, 『전쟁과 반전쟁』, 서울: 한국경제신문사, 1997.

Jeffery R. Barnett 지음, 홍성표 옮김, 『미래전』, 서울: 연경문화사, 2000.

T. N. 듀푸이 지음, 박재하 옮김, 『무기체계와 전쟁』, 서울: 병학사, 1987.

피터 W. 싱어 지음, 권영근 옮김, 『하이테크 전쟁: 로봇 혁명과 21세기 전투』, 서울: 지안출판사, 2011.

Arthur K. Cebrowski and John J. Garstka, "Network Centric Warfare: Its Origin and Future", Naval Institute Proceedings (www.usni.org/proceedings/Article 98/Pro cebrowski.html).

David A. Deptula, "Effects-Based Operations", Defense And Airpower Series, 2001. (www.au.af.milau/awe/awegate/dod/to3202003_to319effects.htm)

JFC, Toward a Joint Warfighting Concept, Rapid Decisive Operations, RDO Whitepaper version 2.0, USJFCOM, 2002.

John A. Warden III, "Air Theory for the Twenty-first Century", Battlefield of the Future: 21st Century Warfare Issues (www.airpower.maxwell.af.mil/airchronicles/battle/ chp4.

html)

John Arquilla and David Ronfeldt, *Swarming and the Future of Conflict*, Santa Monica, CA: RAND, 2000.

Martin Van Creveld, *Technology and War: From 2000 B.C. to the Present*, New York: The Free Press, 1989.

Quincy Wright, *A Study of War*, Chicago: University of Chicago Press, 1965.

William A. Owens, "The American Revolution in Military Affairs", *Joint Force Quarterly* (Winter 1995-96).

William A. Owens, "The Emerging System of Systems", *U.S. Naval Institute Proceeding*, vol. 121, no.5 (1995).

William S. Lind, Keith Nightengale, John F. Schmitt, Joseph W. Sutton and Gary I. Wilson, "The Changing Face of War: Into the Fourth Generation", *Marine Corps Gazette* (October 1989).

CHAPTER 5

군사전략 | 이종호(건양대학교 군사학과 교수)

『2012 국방백서』, 서울: 국방부, 2012.

『국방백서 2000』, 서울: 국방부, 2000.

『국방정책변천사』, 서울: 국방군사연구소, 1995.

『전략기획』, 진해: 육군대학, 1993.

『합동 · 연합작전 군사용어사전』, 서울: 합동참모본부, 2006.

『합동기본교리』, 서울: 합동참모본부, 2009.

『합동기획』, 서울: 합동참모본부, 2003.

『합동기획』, 서울: 합동참모본부, 2011.

박창희, 『군사전략론』, 서울: 플래닛미디어, 2013.

앙드레 보프르 지음, 국방대학교 옮김, 『전략론』, 서울: 국방대학교 안보문제연구소, 2004.

온창일, 『전략론』, 파주: 집문당, 2004.

이종학 편저, 『군사전략론』, 대전: 충남대학교 출판부, 2009.

조상제, 『군사전략』, 조선대학교 교재, 2010.

줄리안 라이더 지음, 국방대학교 옮김, 『군사이론』, 서울: 국방대학교, 1985.

황성칠, 『군사전략론』, 파주: 한국학술정보, 2013.

Dictionary of Military and Associated Terms, USA Joint Chiefs of Staff and Department of Defense, 1984.

A. Lynn Daniel, "Strategic Planning: The Role of the Chief Executive", *Long Range Planning*, vol. 25, no. 2 (April 1992).

B. H. Liddell Hart, *Strategy*, London: A Meridian Book, 1967.

Barry Buzan, *An Introduction to Strategic Studies: Military Technology and International Relations*, New York: St. Martin's Press, 1987.

Edward N. Luttwak, *Strategy: The Logic of War and Peace*, Cambridge: Belknap Press, 1987.

Harry G. Summers Jr, *On Strategy II: A Critical Analysis of the Gulf War*, New York: A Dell Book, 1992.

CHAPTER 6

국방정책 | 박효선(청주대학교 군사학과장)

『2012 국방백서』, 서울: 국방부, 2012.

『국방기획관리규정』, 서울: 국방부, 2006.

『국방백서 2010』, 서울: 국방부, 2010.

『국인복지실태조사』, 서울: 국방부, 2008.

『방위사업개론』, 서울: 방위사업청, 2008.

『방위사업청 통계연보』, 서울: 방위사업청, 2011.

『안보관계용어집』, 서울: 국방대학교, 2006.

김신복, 『발전기획론』, 서울: 박영사, 1983.

김종탁, 『국방개혁을 위한 국방인사정책 과제와 방향』, 서울: 한국국방연구원, 2007.

김종하, "합리적 국방획득체계 구축을 위한 방안", 『한국 국방경영분석 학회지』 제35권 제2호 (2009. 8. 31).

김해동·유훈, 『정책형성론』, 서울: 서울대학교 출판부, 2005.

유영옥, 『행정학』, 서울: 세경사, 2005.

유훈, 『행정학원론』, 서울: 법문사, 2005.

유훈 외, 『정책학』, 서울: 법문사, 1983.

이극찬, 『정치학』, 서울: 법문사, 2005.

이재평 외, 『군사학 개론』, 서울: 글로벌, 2010.

이종학·길병옥 편저, 『군사학개론』, 대전: 충남대학교 출판부, 2009.

정인홍 외, 『정치학대사전』, 서울: 박영사, 2005.

정정길, 『정책결정론』, 서울: 대명출판사, 1988.

정정길 외, 『정책학원론』, 서울: 대명출판사, 2007.

조남훈·송병규·류지운, "국방획득체계 발전방향", 『국방정책연구』 통권 제58호 (2002년 겨울).

조영갑, 『국가동원연구』, 서울: 국방대학교, 2000.

조영갑, 『국가안보학』, 성남: 선학사, 2011.

조영갑, 『테러와 전쟁』, 서울: 북코리아, 2005.

허범, 『기본정책의 형성과 운용』, 중앙공무원교육원 고급관리자과정 교재, 1981.

Charles E. Lindblom, "The Science of Mudding Through", *Public Administration Review*, vol. 19 (1959).

David Braybrooke and Charles E. Lindblom, *A Strategy of Decision*, New York: Free Press, 2005.

Gerald E. Caiden, *Public Administration*, Palisades Publishers, 1982.

Henry Bailey Stevens, *The Recovery of Culture*, New York: Harper & Brothers, 1949.

Herbert A. Simon, *Administrative Behavior*, 3rd edition, New York: Free Press, 1976.

Herbert A. Simon, *The New Science Of Management Decision*, New York: Happer & Row, 2005.

Herbert J. Gans, "Regional and Urban Planning", in David L. Sills (ed.), *International Encyclopedia of the Social Sciences*, vol. 12, New York: The Macmillan Company and The Free Press, 1968.

James A. Robinson and Richard C. Snyder, "Decision-Making in International Politics" in Herbert C. Kelman (ed.), *International Behavior: A Social-Psychological Analysis*, New York: Holt, 2005.

Theodore J. Lowi, "American Business, Public Policy, Case-Studies and Political Theory", *World Politics*, vol. 16 (1964).

Yehezkel Dror, *Public Policymaking Reexamined*, San Francisco: Chandler Publishing Company, 1968.

Yehezkel Dror, *Public Policymaking Reexamined*, San Francisco: Chandler Publishing Company, 2001.

CHAPTER 7

동맹 | 임채홍(원광대학교 군사학과 교수)

전재성, 『동맹의 역사』, EAI 국가안보패널 연구보고서 No. 33, 서울: 동아시아연구원, 2009.

함택영·박영준 편, 『안전보장의 국제정치학』, 서울: 사회평론, 2011.

"Treaty of Westphalia", http://avalon.law.yale.edu/17th_century/westphal.asp.

CHAPTER 8

군사과학기술과 무기체계 | 김종열(영남대학교 군사학과 교수)

『국가별 국방과학기술수준조사서』, 서울: 국방기술품질원, 2012.

『방위사업개론』, 서울: 방위사업청, 2008.

김진태, 『방위사업개론』, 서울: 21세기북스, 2012.

이상길 외, 『신편 무기체계학』, 파주: 청문각, 2011.

이진호, 『알기쉬운 무기공학』, 성남: 북코리아, 2013.

이진호 외, 『합동성 강화를 위한 무기체계』, 성남: 북코리아, 2013.

조영갑 외, 『현대무기체계론』, 서울: 선학사, 2009.

최윤대·문장렬, 『군사과학기술의 이해』, 서울: 양서각, 2003.

황진환 외 공저, 『군사학개론』, 서울: 양서각, 2011.

Richard A. Gabriel and Karen S. Metz, *A Short History of War: The Evolution of Warfare and Weapons*, Strategic Studies Institute, US Army War College, 1992.

CHAPTER 9

국방조직 및 군사제도 | 김재철(조선대학교 군사학과 교수)

『2012 국방백서』, 서울: 국방부, 2012.

김문성, 『병무행정론』, 서울: 계명사, 2006.

김열수, 『국가안보: 위협과 취약성의 딜레마』, 서울: 법문사, 2011.

김용현, 『군사학개론』, 서울: 백산출판사, 2005.

김태웅, "러시아연방의 병역제도 발전과 전망: 지원병제로서의 계약직 복무제도 도입을 중심으로", 『한국동북아논총』 제12권 제4호 (2007).

민진, 『국방행정론』, 국방대학원 교재, 1992.

박휘락, 『전쟁, 전략, 군사 입문』, 파주: 법문사, 2005.

백종천, "한미연합체제의 발전방향", 『한미군사협력: 현재와 미래』, 성남: 세종연구소, 1998.

오관치, "미래지향적 국방조직의 기본구상", 『국방논집』 제23호 (1993).

온창일, 『전략론』, 서울: 집문당, 2007.

유낙근·이준, 『국가의 이해』, 서울: 대영문화사, 2006.

육군교육사령부 교리발전부 편저, 『한국군사사상』, 대전: 육군본부, 1992.

육군사관학교, 『북한학』, 서울: 황금알, 2006.

윤광웅, "국방조직 현황과 발전방향", 『한국의 국방조직 발전방향』, 한국군사학회, 2000.

이강언 외, 『신편 군사학개론』, 서울: 양서각, 2007.

이장희, "조선전기 사대교린관계와 국방정책", 『군사』 제34호 (1997).

장학근, 『조선시대 군사전략』, 서울: 국방부 군사편찬연구소, 2006.

조영갑, 『국방정책과 제도』, 국방대학교 교재, 2004.

통일부 통일교육원, 『2012 북한이해』, 서울: 통일부, 2012.

통일부 통일교육원, 『2013 북한이해』, 서울: 통일부, 2013.

한용섭 외, 『미·일·중·러의 군사전략』, 서울: 한울아카데미, 2008.

황진환 외 공저, 『군사학개론』, 서울: 양서각, 2011.

대한민국 육군 http://www.army.mil.kr/ (검색일: 2014. 1. 19.)

병무청 http://www.mma.go.kr/ (검색일: 2013. 10. 20.)

합동참모본부 한글용어사전 http://jcs.mil.kr/user/indexSub.action?codyMenuSeq=1009596&siteId=jcs&menuUIType=top (검색일: 2013. 7. 15; 7. 19)

CHAPTER 10

국가동원 | 권헌철(국방대학교 국방관리학과 교수)

『국가동원』, 국방대학원 교재, 1985.

『국방경제』, 국방대학원 교재, 1981.

『미국의 동원제도』, 서울: 육군본부, 1985

『외국의 비상대비 정부조직 및 기관현황』, 서울: 비상기획위원회, 2003.

『이스라엘동원제도』, 서울: 육군본부, 1986.

국방대학원 편, 『국가자원동원』, 서울: 국방대학원, 1980.

권헌철, 『국가자원 동원의 이해』, 서울: 국방대학교, 2004.

권헌철·김화수, "민간정보자원 동원방안 연구", 국방개혁위 연구과제, 서울: 국방대학원, 2000.

김희상, 『중동전쟁』, 서울: 전광, 1998.

박관섭, "국가동원 강의안", 국방대학원 강의자료, 2004.

안충영, 『국가동원에 관한 연구』, 서울: 국방대학원, 1984.

육군본부 동원참모부 편, 『서독·서서·서전·화란동원제도』, 서울: 육군본부, 1986.

Hardy L. Merritt and Luther F. Carter (eds.), *Mobilization and the National Defense*, Washington, D.C.: National Defense University, 1985.

CHAPTER 11

민군관계 | 김병조(국방대학교 안보정책학과 교수)

김병조, "21세기 한국 민군관계의 바람직한 모델", 『한국의 민군관계: 역사적 변천과 미래』, 국방대학교 안보대학원 학술세미나 발표논문집, 2006.

김병조, "민군관계 발전을 위한 중간집단 활성화 방안", 『안보정책의 심화방안과 대외협력의 전개』, 민진 외 공저, 국방대학교 안보문제연구소 편, 서울: 국방대학교 안보문제연구소, 2007.

김병조, "선진국에 적합한 민군관계 발전방향 모색: 정치, 군대, 시민사회 3자 관계를 중심으로", 『전략연구』 통권 제44호 (2008).

"Democratic Control of Armed Forces", DCAF Backgrounder, 2008.

Alfred Stepan, "The New Professionalism of Internal Warfare and Military Role Expansion", in Alfred Stepan (ed.), *Authoritarian Brazil: Origins, Policies, and Future*, New Haven: Yale University Press, 1973.

Andrew Cottey, Timothy Edmunds, and Anthony Forster, "The Second Generation Problematic: Rethinking Democracy and Civil-Military Relations", *Armed Forces & Society*, vol. 29, no. 1 (Fall 2002).

Anthony Forster, *Armed Forces and Society in Europe*, New York: Palgrave Macmillan, 2006.

Bengt Abrahamsson, *Military Professionalization and Political Power*, Beverly Hills: SAGE

Publications, 1972.

Charles C. Moskos, "Toward a Postmodern Military: The United States as a Paradigm", in Charles C. Moskos, John Allen Williams and David R. Segal (eds.), *The Postmodern Military: Armed Forces After the Cold War*, New York: Oxford University Press, 2000.

Charles C. Moskos and James Burk, "The Postmodern Military", in James Burk (ed.), *The Military in New Times: Adapting Armed Forces to a Turbulent World*, Boulder, Colorado and Oxford: Westview, 1994.

David Chuter, *Defence Transformation: A Short Guide to the Issues*, ISS Monograph no. 49, Institute for Security Studies, 2000.

Douglas L. Bland, "A Unified Theory of Civil-Military Relations", *Armed Forces & Society*, vol. 26, no. 1 (Fall 1999).

Hans Born, "Democratic Control of Armed Forces: Relevance, Issues, and Research Agenda", in Giuseppe Caforio (ed.), *Handbook of the Sociology of the Military*, New York: Kluwer Academic/Plenum Publishers, 2003.

Harold D. Lasswell, "The Garrison State", *The American Journal of Sociology*, vol. 46, no. 4 (1941).

Harold Lasswell, "Sino-Japanese Crisis: The Garrison State versus the Civilian State", (1937) reprinted in Jay Stanley (ed.), *Essays on the Garrison State*, New Brunswick, New Jersey: Transaction Publishers, 1997.

J. Samuel Fitch, *The Armed Forces and Democracy in Latin America*, Baltimore: The Johns Hopkins University Press, 1998.

Martin Edmonds, *Armed Services and Society*, Boulder & San Francisco: Westview Press, 1990.

Michael C. Desch, *Civilian Control of the Military*, Baltimore: The Johns Hopkins University Press, 1999.

Morris Janowitz, *The Professional Soldier: A Social and Political Portrait*, New York: Free Press, 1960.

Peter D. Feaver and Richard H. Kohn (eds.), *Soldiers and Civilians: The Civil-Military Gap and American National Security*, Cambridge, Massachusetts: The MIT Press, 2001.

Rebecca L. Schiff, "Civil-Military Relations Reconsidered: A Theory of Concordance", *Armed Forces & Society*, vol. 22, no. 1 (Fall 1995).

S. E. Finer, *The Man on Horseback: The Role of the Military in Politics*, 2nd edition, Baltimore: Penguin Books, 1975.

Samuel P. Huntington, *Political Order and Changing Societies*, New Haven: Yale University Press, 1968.

Samuel P. Huntington, *The Soldier and the State: The Theory and Politics of Civil-Military Relations*, Cambridge: Harvard University Press, 1957.

Stanislav Andreski, *Military Organization and Society*, Berkeley: University of California Press, 1968.

CHAPTER 12

국방경제 | 신용도(국방대학교 국방관리학과 교수)

이성연, 『현대 국방경제론』, 대구: 선코퍼레이션, 2007.

이필중, 『국방경제학』, 서울: 국방대학교, 2002.

A. C. Pigou, *The Political Economy of War*, New York: Macmillan Co., 1941.

Daniel Arce and Christos Kollias, "Defense and Peace Economics: The Second Decade in Retrospect", *Defense and Peace Economics*, vol. 21, issue 5-6 (October-December, 2010).

Gavin Kennedy, *Defense Economics*, Gerald Duckworth & Co. Ltd., 1983.

H. Sonmez Atesoglu and Michael J. Mueller, "Defense Spending and Economic Growth", *Defense Economics*, vol. 2, issue 1 (1990).

J. P. Gould and C. E. Ferguson, *Microeconomic Theory*, 5th edition, Richard D. Irwin, 1980.

James H. Lebovic and Ashfaq Ishaq, "Military Burden, Security Needs, and Economic Growth in the Middle East", *The Journal of Conflict Resolution*, vol. 31, no. 1 (Mar., 1987).

John Maynard Keynes, *How to Pay for the War*, Harcourt, Brace & Co., 1940.

Jonathan Ratner and Celia Thomas, "The Defense Industrial Base and Foreign Supply of Defense Goods", *Defense Economics*, vol. 2, issue 1 (1990).

Keith Hartley, *NATO Arms Co-operation*, London and Boston: George Allen and Unwin, 1983.

Keith Hartley and Andrew Cox, "The Costs of Non-Europe in Defense Procurement, Executive Summary", EC, 1992.

Keith Hartley and Nicholas Hooper, *The Economic Consequences of the UK Government's Decision on the Hercules Replacement*, York: University of York, Centre for Defence Economics, 1993.

Michael D. Ward, David Davis, Mohan Penubarti, Sheen Rajmaira and Mali Cochran, "Military Spending in India (Country Survey I)", *Defence Economics*, vol. 3, issue

1 (1991).

Michael W. Chinworth, *Inside Japan's Defense*, Brassey's Inc, 1992.

OMB, *Impact of Offsets in Defense-Related Exports*, Office of Management and Budget, Executive Office of the President of the USA, 1987.

Philip Pugh, "The Procurement Nexus", *Defence Economics*, vol. 4, issue 2 (1993).

Pierre Dussauge and Bernard Garrette, "Industrial Alliances in Aerospace and Defence: An Empirical Study of Strategic and Organizational Patterns", *Defence Economics*, vol. 4, issue 1 (1993).

Rati Ram, "Defense Expenditure and Economic Growth", in Keith Hartley and Todd Sandler (eds.), *Handbook of Defense Economics*, Elsevier Science B. V., 1995.

Rati Ram, "Government Size and Economic Growth: A New Framework and Some Evidence from Cross-Section and Time-Series Data", *American Economic Review*, vol. 76, issue 1 (1986).

Rudiger Dornbusch, Stanley Fischer, and Richard Startz, *Macroeconomics*, 11th Edition, McGraw-Hill, 2011.

Saadet Deger, "Economic Development and Defense Expenditure", *Economic Development and Cultural Change*, vol. 35, no. 1 (Oct., 1986).

Saadet Deger, *Military Expenditure in Third World Countries: The Economic Effects*, Routledge & Kegan Paul, 1986.

Saadet Deger and Ron Smith, "Military Expenditure and Growth in Less Developed Countries", *Journal of Conflict Resolution*, vol. 27, no. 2 (June 1983).

Thomas Scheetz, "The Macroeconomic Impact of Defense Expenditures: Some Econometric Evidence for Argentina, Chile, Paraguay and Peru", *Defense Economics*, vol. 3, issue 1 (1991).

Todd Sandler and Keith Hartley, *The Economics of Defense*, Cambridge: Cambridge University Press, 1995.

군사학
연구총서
1

INTRODUCTION
TO MILITARY
S T U D I E S
군사학개론

개정판 1쇄 인쇄 2023년 2월 3일
개정판 1쇄 발행 2023년 2월 13일

지은이 군사학연구회
펴낸이 김세영

펴낸곳 도서출판 플래닛미디어
주소 04029 서울시 마포구 잔다리로 71 아내뜨빌딩 502호
전화 02-3143-3366
팩스 02-3143-3360
블로그 http://blog.naver.com/planetmedia7
이메일 webmaster@planetmedia.co.kr
출판등록 2005년 9월 12일 제313-2005-000197호

ISBN 979-11-87822-72-1 93390